北京大学物理化学丛书

U0204501

统计热力学导论

高执棣　郭国霖　编著

北京大学出版社
PEKING UNIVERSITY PRESS

图书在版编目(CIP)数据

统计热力学导论/高执棣,郭国霖编著.—北京:北京大学出版社,2004.6
ISBN 978-7-301-07139-7

Ⅰ.统… Ⅱ.①高… ②郭… Ⅲ.统计热力学 Ⅳ.O414.2
中国版本图书馆 CIP 数据核字(2004)第 025627 号

书　　名:统计热力学导论
著作责任者:高执棣　郭国霖　编著
责 任 编 辑:赵学范
封 面 设 计:张　虹
标 准 书 号:ISBN 978-7-301-07139-7/O·0587
出 版 发 行:北京大学出版社
地　　址:北京市海淀区成府路 205 号　100871
网　　址:http://www.pup.cn
电　　话:邮购部 62752015　发行部 62750672　编辑部 62752021　出版部 62754962
电 子 信 箱:zpup@pup.pku.edu.cn
印 刷 者:北京大学印刷厂
经 销 者:新华书店
787 毫米×1092 毫米　16 开本　28.25 印张　700 千字
2004 年 6 月第 1 版　2010 年 2 月第 3 次印刷
印　　数:6001～9000 册
定　　价:48.00 元

内 容 简 介

本书首先简明而系统地介绍了经典分析力学和量子力学的基本内容,力求将统计理论植根于力学原理之上,使两者有机地融合,展现统计热力学的完美性和科学性。这样不仅有助于读者排除学习中的障碍,而且使他们能真正领会统计热力学的基本原理和方法的实质,为掌握与发展统计力学奠定坚实的理论基础。

本书主要介绍平衡态统计热力学的基本原理、方法及典型应用。全书分三篇,共16章。每章附有习题,新成果的介绍列有文献。必备的数学知识列入附录。第一篇力学及微观运动状态描述,提供必要的经典分析力学与量子力学基础以及量子态与相空间体积的对应关系,以便量子统计与经典统计相互过渡。第二篇近独立子体系的统计理论,以等概率原理作为统计的基本假设。采用概率法导出三种统计分布律,通过理想气体系统介绍统计力学处理问题的方法。第三篇统计系综理论,介绍统计力学处理普遍体系的原理与方法,并将其应用于各类典型的化学体系,适当介绍了该领域的新进展。

编著者在北京大学化学学院为研究生讲授统计热力学20余年,讲义历经修改,最后形成了本书。其内容,从科学性、系统性及实用性诸方面经受了实践的检验。本书可作为各类高等院校化学专业及相近专业的教材及参考用书。

前 言

自然科学中,我们所认识和利用的对象通常是由大量粒子组成的宏观物体.研究宏观物体的性质与规律有两种观念及方法,相应形成了两类理论.

唯象理论 它直接以宏观现象的观察与实验为基础,从体系的整体变化上总结归纳出宏观物体的共同规律性.因此,这类理论并不追求组成体系粒子的微观结构及运动规律,也就是说不考虑更小层次物质的特性,这类理论具有高度的可靠性与普遍性,当然也存在有一定的局限性,热力学、流体力学就是这类理论的典型代表.

统计理论 它是从组成体系的粒子所遵循的力学规律(量子力学或经典力学)出发,采用对微观量求统计平均的方法,推引出体系的宏观性质及规律性,在这里微观粒子的结构及运动规律与性质是已知的,这显然是更为基本而深刻的理论学科.

唯象理论与统计理论是互相渗透,相辅相成的.

统计力学的内容丰富,理论精美,应用广泛,其研究成果不断开拓新领域,现已成为化学学科的基础理论之一.

化学问题本质上是多体问题,它的基本规律性总是带有显著的统计特征.借助统计力学在化学问题研究中获得重要成果已屡见不鲜.在化学系开设统计力学课程正是适应了化学科学的这种发展需求.

我国著名物理化学家黄子卿院士、唐有祺院士,先后为北京大学化学系的本科生和研究生讲授统计热力学.编著者正是在他们的指教下得以入门.唐先生的《统计力学及其在物理化学中的应用》成功地哺育着历代学生,堪称经典,我们从中更是受益匪浅.从20世纪80年代开始,编著者有幸执教这门课,至2003年底,课程讲义历经修改,最终整理形成了本书.

平衡态统计力学的任务就是从体系的微观结构和微观运动来说明体系的宏观性质.如何描述体系的微观状态,对应体系宏观状态的全部微观状态有多少?这是统计热力学首先要回答的问题.体系的微观运动是随机事件,体系的不同微观运动状态将以何种概率出现?如何求得体系微观状态的概率分布函数?这是统计热力学研究的核心,余下的问题是要揭示分布函数包含的随机事件的全部信息.通过建立分布函数与热力学宏观量的联系,可由分布函数导出各种热力学函数和热力学基本方程,从而实现统计热力学的学科目标,形成完备的理论体系.整个统计热力学就是围绕这彼此相关的三个问题展开,本书正是以此作为编写的纲领.

统计热力学涉及的领域十分广泛,一本教材不可能,也没有必要论及全面.我们选材强调基本概念、原理和方法,同时也力求表现其应用与最新进展.全书内容分三篇,共16章.

第一篇主要解决体系微观状态的描述问题.鉴于非物理类学生的背景,第1章比较系统而简明地介绍了经典分析力学的基本内容.第2～3章分别讨论微观状态的经典描述与量子描述,并揭示量子态与相空间体积之间的对应关系,使量子统计和经典统计可以相互过渡.本篇将有助于他们领悟统计原理如何与力学原理融合,形成了美妙的理论.

第二篇包括6章,讨论近独立子体系的统计理论.前三章用概率法,从等概率假设,推引微观状态的分布律，进而建立由分布函数求热力学宏观量的统计方法，并引出配分函数. 后三章将上述理论与方法用于讨论理想气体的热力学函数和化学平衡，并引申出各种具体而有用的分布函数.

最后一篇的系综理论是将第二篇的统计原理和方法，推广到相依子体系，这不仅将研究对象一般化，而且使统计原理更加彻底与严谨，然后用其讨论量子气体、晶体、液体和相变. 第16章介绍了统计力学中的计算模拟. 1995年诺贝尔奖获奖工作(玻色-爱因斯坦凝聚)及我国科学家在计算模拟上的一些最新成果在这部分里有所介绍.

在编写本书的过程中，我们曾得到多方面的帮助和支持. 首先，我们要提到中国科学院物理研究所所长王恩哥教授、北京大学化学与分子工程学院徐筱杰教授和侯廷军博士，感谢他们所提供的最新研究成果，并允许我们引用，使本书增加了几分新意. 特别是王恩哥教授，特意将他们自编的KMC程序放在网上，供学生练习使用. 历届学生的仔细推敲和无数次质疑，锤炼了课程的内容，改正了讲义中的错误. 另外，于永翔、姜骏、王炳武等同学在录入、软件调试等方面给予了帮助，在此对他们一并表示感谢. 学校、院、所领导的鼓励与支持，促进了本书的出版. 北京大学出版社的赵学范编审，她的细致工作和精心设计为本书添色，没有她的辛勤工作，本书不可能如此顺利出版.

我们在编写本书时，虽曾参考了国内外的许多统计力学教科书，也查阅了一些专著和期刊，但由于我们的水平和时间有限，书中肯定会有不少不足，甚至错误，衷心希望读者批评与指教，以便重印时改正.

作　者

2004年春于北京大学

目　录

第二篇　近独立子体系的统计理论

第三篇　统计系综理论

绪　论

0.1　统计物理发展简况

统计力学是理论物理中最完美的科目之一，因为它的基础假设是简单的，但它的应用却十分广泛.

——李政道(统计力学，1984)

近年来统计物理领域中出现了许多鼓舞人心的进展，……，使这门学科发生了革命性的变化.

——L. E. Reichal(A Modern Course in Statistical Physics, Univ. of Texas Press, 1980)

让我们先对统计物理发展简况作一回顾.

1. 早期的统计物理-分子运动论

随着17～19世纪物质原子论的复兴，定性的分子运动论得到了初步的发展，物理学由宏观向微观迈出了第一步，开辟了物理学的一个新领域.

真正引起人们对分子运动论的巨大兴趣，并使其发展成定量的理论，主要是由R. E. Clausius(克劳修斯，1822～1888)、J. C. Maxwell(麦克斯韦，1831～1879)和L. Boltzmann(玻尔兹曼，1844～1906)的杰出工作. Clausius在"论热运动形式"(1857)一文中指出，气体的平移运动同器壁的碰撞产生了气体的压力. 第一次明确地运用了统计概念，从大量分子的碰撞的平均，推出了气体的压强公式.

1859年9月，Maxwell在"气体动力论的说明"一文中假设：热平衡时分子速度3个分量的分布彼此无关，对宏观上静止的气体，分子速度分布的各向同性，导出了分子速度的分布

$$f(v)=\left(\frac{m}{2\pi kT}\right)^{3/2}v^2\exp\left(-\frac{mv^2}{2kT}\right).$$

在Maxwell之前，人们在处理分子运动时常假设所有分子具有相同的速度，这是一种不彻底的统计观念. 突出分子热运动的无规则性，并运用建立在概率概念上严格的统计方法处理，这是Maxwell的历史功绩.

2. Boltzmann统计

1868～1871年，Boltzmann抛弃了有关分子间碰撞的任何假设以及单个分子速度分量与统计无关的假定，仅简单地假设有限分子间分布着恒定的总能量，经过足够长时间，体系将取遍相应于这一总能量的所有可能分布，他推导出了Boltzmann分布

$$\mathrm{d}N=\alpha\exp(-E/kT).$$

进一步，他还得出了气体分子在重力场中按高度z分布的规律，说明了大气的密度和压力随高度的变化.

1872年，Boltzmann建立了包含时间因子的非平衡态的分布函数$f(v,t)$的运动方程，

$f(v,t)$表示在时刻t气体分子按速度v的分布.

他还引进了一个H函数,定义为

$$H=\int f(v,t)\ln f(v,t)\mathrm{d}v.$$

依碰撞过程的对称性,Boltzmann 证明了

$$\frac{\mathrm{d}H}{\mathrm{d}t}\leqslant 0.$$

即在气体经分子碰撞达到平衡时,H 取极小值,$\mathrm{d}H/\mathrm{d}t=0$;未达平衡前,$H$ 值单调下降(Boltzmann H 定理).H 定理从微观角度表征了自然过程的不可逆性.为了回答如何由单个粒子运动的可逆性得出宏观过程的不可逆性,Boltzmann 将熵S 和体系的热力学状态的概率Ω 联系,建立了揭示热力学第二定律统计本质的Boltzmann 关系

$$S=k\ln\Omega.$$

此式铭刻在Boltzmann 墓碑上,充分显示了它在科学中的作用与意义.

3. 系综统计理论

1902 年,J. W. Gibbs(吉布斯)在《统计力学基本原理》一书中,改进和发展了 Maxwell、Boltzmann 的统计方法,使统计物理学从气体分子运动论中升华出来,建立了完整的系综统计理论,成为一门原则上可以应用于任何物质系统的独立的统计力学学科.

Gibbs 提出了三种稳定系综:(i) 微正则系综(Microcanonical Ensemble);(ii) 正则系综(Canonical Ensemble);(iii) 巨正则系综(Grand Canonical Ensemble).按照严密的逻辑,推出了热力学的全部结论,为温度、熵和自由能等热力学量找到了统计力学表达式,发展了统计涨落理论.Gibbs 使统计力学体系化,其他人所获得的各个结果都成为Gibbs 理论的特殊部分.Gibbs 在统计热力学上的贡献可与Maxwell 在电磁理论上取得的成就媲美.

4. 量子统计

应用经典统计力学计算黑体辐射的能量分布时,遇到了"紫外发散"的困难.1900 年M. Planck(普朗克)提出能量子概念,导致了量子力学的建立,为统计力学提供了新的力学基础,发展出了量子统计.

1924 年印度青年物理学家S. N. Bose(玻色)发现了光子所服从的统计法则.A. Einstein(爱因斯坦)相继于1924~1925 年发表了两篇论文,将Bose 的方法推广到实物粒子系统,形成了Bose-Einstein 统计.在1925 年的论文中Einstein 理论上预测存在Bose-Einstein Condensation,BEC(玻色-爱因斯坦凝聚).1995 年,在Einstein 理论预言之后70 年,终于在实验室观察到了中性原子的BEC.*Science* 把BEC 选为1995 年明星,1997 年原子激光实现.2001 年诺贝尔物理学奖授予实现BEC 的三位美国科学家E. C. Cornell(科尼尔),W. Ketterle(开德尔)和C. E. Wieman(维曼).

1924~1925 年,W. Pauli(泡利,奥)提出了不相容原理.1926 年E. Fermi(费米,美)和P. A. M. Dirac(狄拉克,英)各自独立地发展了自旋为半整数的微观粒子所服从的统计法则,导致了Fermi-Dirac 量子统计的建立.

5. 非平衡统计物理

非平衡是物质运动的一种普遍形态，平衡态只是它的特例. 关于非平衡态的统计与平衡统计实际上有着几乎同样的悠久历史. 早期Boltzmann导出的非平衡分布函数所满足的方程——Boltzmann积分-微分方程及H定理，极大地深化了非平衡态和不可逆过程的认识，对非平衡态统计做出了具有里程碑意义的贡献. 平衡态的统计理论已发展的比较完备，统计力学的重心向非平衡统计转移.

弛豫、输运和涨落是平衡态附近的主要非平衡过程，有着深刻的内在联系. L. Onsager(昂萨格)利用Einstein涨落理论和微观可逆性原理证明了在近平衡条件下耦合的输运过程的输运系数具有对称性(Onsager倒易关系). 线性非平衡过程热力学(或不可逆过程热力学)的近代理论完全是建立在Onsager倒易关系的基础之上，为此，Onsager荣获了1968年诺贝尔化学奖.

远离平衡态的非线性非平衡态的统计物理研究，为在非平衡条件下出现的时空有序的起因提供了理论框架. 1967年，I. Prigogine(普里戈金)在第一届国际理论物理和生物学会议上提出这类非平衡的有序结构为耗散结构，它的形成和维持需要能量的耗散. 耗散结构新概念的确立，使人们第一次认识到非平衡和不可逆过程在建立有序方面所起的积极作用，从而对自然界的发展规律有了更完整的认识. 目前流行的除了Prigogine的耗散结构理论之外，还有Haken(哈肯)的协同论(Synergetics)和Thom(托姆)的突变论(Catastrophe Theory)，这些理论都是通过非线性动力学分析和对涨落的研究来揭示有序现象的宏观行为和微观起源. 1977年诺贝尔化学奖授予Prigogine，以表彰他在非平衡统计物理上的杰出贡献.

6. 涨落理论

涨落是宏观物体普遍存在的固有属性，只有大和小之分. 涨落及其引发的许多特殊现象[如Brown(布朗)运动、光散射、临界乳光等]不能用唯象理论加以解释，但却是统计力学的重要组成部分.

首先，伴随统计力学的发展建立了涨落的统计理论，得出了用统计分布函数计算涨落的普遍公式. 实际上就是求统计平均值的内容.

1908～1910年，Smoluchowski(斯莫卢霍夫斯基)和Einstein注意到涨落都能用热力学函数表示的事实，建立了涨落的准热力学理论，得出了由热力学量偏差的概率函数求算涨落的普遍方法与公式，使涨落的计算变得直接与简便.

涨落的第三种理论是线性响应理论. 它是在涨落与响应函数C_V、κ等有关的启迪下建立的，得出了响应函数与相关函数的关系式. 其成果推动了临界现象标度理论的发展.

涨落的理论及其应用仍然是值得研究与发展的领域.

7. 平衡相变和非平衡相变的统计物理

1873年，J. D. van der Waals(范德瓦耳斯，1837～1923)在他的博士论文“论液态与气态的连续性”中，提出了对理想气体状态方程修正的新方程

$$\left(p+\frac{n^2a}{V^2}\right)(V-nb)=nRT.$$

并用此方程对CO_2气液相变中观察到的现象做出了令人满意的解释，特别是对临界温度的存

在做出了论证，求出了临界点的状态参量.因在气体和液体状态方面的研究成就，他荣获了1910年诺贝尔物理学奖.

1907年P. Weiss(外斯)发展了铁磁-顺磁相变的分子场理论. 20世纪30年代，L. Landau(朗道)提出了有关第二类相变的平均场理论，但这还只是唯象理论. 1925年E. Ising(伊辛)建立了铁磁有序无序相变的统计模型，并给出了一维Ising模型的解析解，证明了一维Ising模型不会呈现相变.直到1944年Onsager才给出了二维Ising模型的严格解，它表明应用统计力学方法可以解释相变.三维Ising模型的严格求解，迄今尚未成功.

1966年L. Kadanoff(卡丹诺夫)揭示了系统在临界点相关长度趋于无穷的特性，提出了标度不变性的标度理论.临界现象的标度理论建立了临界指数之间的关系式，但未能解决计算临界指数的问题. 20世纪70年代初，K. Wilson(威尔孙)将量子场论中重正化群方法与标度变换相结合，开创了一条研究相变和临界现象的新途径.按照Wilson的理论，不是直接计算配分函数，而是研究配分函数在某些变换下的不变性，由此得出了普适性的结论. 1982年诺贝尔物理学奖授予Wilson，以表彰他对相变理论的贡献.

激光、贝纳特现象、化学振荡等皆是非平衡条件下的突变现象.混沌(chaos)的出现不是由外界环境的不确定性造成的，而是由系统内在的确定性动力学机制引起的(确定性混沌).确定性混沌的发现是20世纪自然科学中的最重大发现之一.混沌概念的出现为统计力学带来了新的研究课题.空间有序状态的出现及混沌态的发生都是大量分子集体运动的结果.这些非平衡相变(又称自组织现象或合作现象)的探索已成为统计力学前沿领域之一.

8. 大分子体系的统计理论

Staudinger(斯托丁格)的大分子学说在20世纪30年代得到承认，深入研究大分子构象的问题就提上了日程.

采用无规行走的自由连接链模型、旋转异构态模型，Monte-Carlo(蒙特-卡罗，M-C)方法数值计算等方法研究大分子. 20世纪60年代，Flory(弗洛里)等具体计算了许多高分子模型化合物的构象能，提出了计算链构象性质的最普适方法——生成元矩阵法(generator matrix).利用此法，可完整表示各种依赖于构象的物理量. Flory和Huggins(哈金斯)各自独立利用晶格模型导出了高分子溶液的混合熵公式，成为高分子溶液的理论基础. Flory还发现处在特殊状态下的高分子链可用简单无规飞行链来作统计描述①. Flory荣获1974年诺贝尔化学奖.

1991年诺贝尔物理学奖授予法国的P. G. de Gennes(德让纳)，以表彰他把研究简单系统中有序现象的方法推广到更复杂的物质形态，特别是对液晶和聚合物所作的贡献.他用通用的数学语言描述磁体、超导体、液晶和聚合物溶液的相变，证明了液晶和超导体之间在行为上有重要的相似性，揭示了向列相液晶的奇异光散射起源于液晶取向有序的涨落、微乳的相变和稳定性条件、聚合物动力学的标度律. P. G. de Gennes的工作表明，“不简单”的物理系统也能成功地用简单公式来描述，开辟了研究复杂物理体系的新领域②.

下面引述两位诺贝尔奖得主的话作为本节的结束.

---

① P. J. Flory. Statistical Mechanics of Chain Molecules. Interscience Publishers, NY, 1969

② P. G. de Gennes. Scaling Concept in Polymer Physics. Cornell Univ. Press. 1979; P. G. de Gennes. The Physics of Liquid Crystals. Clarendox, Oxford, 1974

"我坚信,我们正处在科学史中的一个重要转折点上.我们走到了Galileo(伽利略)和Newton(牛顿)所开辟的道路的尽头,他们给我们描绘了一个时间可逆的确定性宇宙的图景.我们现在却看到了确定性的腐朽和物理学定律新表述的诞生.""本(20)世纪末,我们并非面对科学的终结,而是目睹新科学的萌生,我衷心希望,中国的青年一代科学家能为创立这一新科学做出贡献."

——I. Prigogine(The End of Certainty:Time,Chaos and the New Law of Nature,1996)

"20世纪的文明是微观的,我认为21世纪微观和宏观应结合成一体."……"20世纪是越小越好,觉得小的是操纵一切的,而我猜测,21世纪将要把微观和宏观整体的联系起来,这不光是影响物理,也会影响到生命的发展.……目前,微观和宏观的冲突已经非常尖锐,靠一个不能解决另一个,把它们联系起来会有一些突破.这个突破会影响科学的将来.""仅是基因并不能解开生命之谜,生命是宏观的."

——李政道(《21世纪的100个科学难题》,1998)

0.2 概率概念及其基本关系

统计物理学是以物质的微观运动为基础来阐明物质宏观性质的学科.对于大量微观粒子组成的体系,其宏观性质及所服从的规律根本不同于体系的纯力学性质及规律,而是发生了本质的变化,呈现出统计规律性.统计规律性是一种概率性(本书又称几率性).它表明在一定的宏观条件下,体系以某种概率处在某种微观运动状态.有关概率的概念及其基本关系作为统计物理的预备性知识首先在此予以介绍.

1. 事件

在一定条件下可能发生,也可能不发生的现象,称为随机现象.将随机现象的每一种表现或结果称为随机事件,简称事件.随机现象的样本空间是一个集合 S,随机现象的任何结果都对应于 S 样本空间的一个或多个元素.

以集合论的概念讨论事件的关系.

● 如果事件 A 发生,则事件 B 一定发生,称事件 B 包含事件 A,用符号 $B\supset A$.如果 $A\subset B$,且 $B\subset A$,则称事件 A 与 B 相等,用 $A=B$ 表示.

● 事件 A 与 B 的和(或并),记为 $A+B$ 或 $A\cup B$,是指仅 A 发生或者仅 B 发生或者 A 与 B 同时发生.

● 事件 A 与 B 的积,记为 AB 或 $A\cap B$,是指仅 A 发生且 B 也发生.即事件 A 与 B 同时发生,亦称为 A 与 B 的交.

● 事件 A 与 B 的差,记为 $A-B$,是指事件 A 发生,而 B 不发生.显然 $A-B$ 与 $B-A$ 是两个不同的事件.

● 如果事件 A 与 B 不能同时发生,即 $AB=0$,称为 A 与 B 互不相容(或互斥).当然,A 与 B 互不相容只表示 A 与 B 不能同时发生,但却允许它们同时都不发生.

● 如果事件 A 与 B 不能同时发生,也不能同时不发生时,称 A 与 B 为对立事件或互逆事件,记为 $A=\overline{B}$ 或 $\overline{A}=B$.当 A 与 B 对立时,A 发生则 B 一定不发生,而 A 不发生时,B 一定发生.

为定量描述随机事件发生的可能性,就要建立随机事件概率的概念.

2. 事件的概率

对随机现象的实验中，将发生随机事件 A 的次数 N_A 与实验总次数 N 之比叫做事件 A 的频率. 实验次数越多，频率越接近于一个确定值. 定义事件 A 的概率为

$$P(A)=\lim_{N\to\infty}=\frac{N_A}{N}.$$

概率满足一些简单的关系，这些关系可从概率的定义推导(练习). 以下关系几乎是不言而喻的，但十分重要.

- 必然事件的概率等于1，概率的归一化条件

$$P(S)\equiv\sum_A P(A)=1.$$

- 不可能事件的概率等于零.
- A 的对立事件的概率 $P(\overline{A})=1-P(A)$.
- 概率加法定理：两个互不相容事件 A 和 B 的和的概率，等于事件 A 与 B 的概率之和

$$P\{A\cup B\}=P(A)+P(B).$$

- 概率乘积定理：A,B 两事件的交的概率等于其中一事件(其概率必须不为零)的概率乘另一事件在前一事件发生条件下的条件概率①

$$P(AB)=P(B)P(A|B)=P(A)P(B|A).$$

当事件 A 与 B 独立时：

$$P(AB)=P(B)P(A)\qquad[\text{因}\,P(A|B)=P(A)].$$

3. 随机变量与分布函数

对于一随机试验，其样本空间为 $S=\{u\}$，如果对于每一个样本点 $u\in S$，都有唯一的实数值 $X(u)$ 与之对应，则称变量 $X(u)$ 为一随机变量.

注意：(i) 随机变量是定义在样本空间上的；(ii) 随机变量取值是随机的，但它取每一个可能值都有一定概率.

随机变量分为离散随机变量和连续随机变量及混合型随机变量.

只取有限或可列个可能值的随机变量，称为离散随机变量. 离散随机变量所取的可能值是可以编号的.

离散随机变量 X 的分布律或 X 的概率函数是指给出了所有可能取值 $x_k(k=1,2,\cdots)$ 与其取值概率 $P(x_k)$ 的对应关系，其含义为

$$P(x_k)\equiv P\,|X=x_k|,$$

或表、图的形式表达.

随机变量 X 小于某一实数 x 的概率称为随机变量的概率分布函数，记为 $F(x)$，即有

$$F(x)=P(X<x).$$

离散随机变量 X 的分布函数为

① 条件概率：在事件 B 已经发生的条件下，事件 A 发生的概率称为事件 A 发生的条件概率，简称 A 对 B 的条件概率，用 $P(A|B)$ 表示.

$$F(x)=P\{X<x\}=\sum_{x_k<x}P\{X=x_k\}=\sum_{x_k<x}P(x_k),$$

其中求和是对所有满足不等式$x_k<x$的指标k进行的.

分布函数完整地描述了随机变量的统计特征,如果随机变量X的分布函数$F(x)$可以表达成

$$F(x)=\int_{-\infty}^{x}P(z)\mathrm{d}z.$$

其中$P(z)\geqslant 0$,则称X为连续随机变量,其中$P(z)$成为随机变量的分布密度(或密度函数).

需要注意,本书中使用的分布函数概念是这里的分布密度或概率函数.

4. 二项式分布

设随机现象只有两个可能的结果A和$\overline{A}$,它们出现的概率分别为p和$q=1-p$. N次独立试验中事件A出现m次的概率$P_N(m)$.

$$P_N(m)=C_m^N p^m q^{N-m}.$$

上式称为二项式分布. 因为$C_m^N p^m q^{N-m}$正好是$(p+q)^N$展开式中的第$m+1$项,m是服从二项式分布的随机变量.

$$\sum_{m=0}^{N}P_N(m)=1.$$

例如:投掷N个硬币,n个显示正面的概率;平衡气体中,N个分子中n个在体积V中的概率;N个自旋1/2的理想体系,N个磁矩中自旋向上的数目为n的概率皆为二项式分布.

二项式分布可趋向于Gauss(高斯)分布(正态分布)或Poisson(泊松)分布,这取决于A概率的大小.

● 当大N和大pN(即p不很小)的极限下,二项式分布趋向于Gauss分布,即

$$P(n)=\frac{1}{\sigma\sqrt{2\pi}}\exp\left(-\frac{(n-a)^2}{2\sigma^2}\right).$$

● 当$N\to\infty$,而$p\to 0$,致使$Np=a\ll N$(a是一有限常量),二项式分布趋向于Poisson分布①

$$P_N(n)=\frac{a^n\mathrm{e}^{-a}}{n!}.$$

5. 随机变量的数字特征——平均值、方差

描述随机变量某种特征的量称为随机变量的数字特征,利用它可以简化概率计算的问题,避免去求出分布律. 另外,有一些随机变量的分布律恰好只依赖随机变量的数字特征,由数字特征就可以决定它的分布律(如正态分布).

设$x_1,x_2,\cdots,x_n,\cdots$是离散随机变量$X$的可能取值;$P_1,P_2,\cdots,P_n,\cdots$分别表示$X$取这些值的概率,如级数

$$\sum_{i=1}^{\infty}x_iP_i$$

绝对收敛,则称它为离散随机变量X的平均值(或期望值),记为$\bar{x}$.

---

① 相关的证明可参考L. E. Reichl著,黄畇等译.《统计物理现代教程》(上册). 北京大学出版社,1983

对连续随机变量的平均值(或期望值)$\overline{x}$ 定义为

$$\overline{x}=\int_{-\infty}^{\infty} x\,P(x)\mathrm{d}x,$$

其中 $P(x)$ 是随机变量 X 的分布密度,并假定这个积分是绝对收敛的.

在概率与数理统计中用方差描述随机变量与数学期望的离散程度,方差定义为随机变量 X 与其平均值之差平方的数学期望,记为 Dx

$$Dx=\overline{(x-\overline{x})^2}=\overline{x^2}-\overline{x}^2.$$

随机变量方差的平方根,称为均方差(或标准偏差)

$$\sigma=(Dx)^{1/2}.$$

标准偏差是分布函数宽度的度量.

习　题

0.1 验证正态分布完全由其数学期望和方差所决定.

提示 证明 $p(x)=\dfrac{1}{\sigma\sqrt{2\pi}}\exp\left(-\dfrac{(x-a)^2}{2\sigma^2}\right)$,式中 $\overline{x}=a$,$\sigma=(Dx)^{1/2}$.

0.2 已知随机变量 x 在[0,1]上的分布密度函数为

$$f(x)=\begin{cases}1, & 0\leqslant x\leqslant 1,\\ 0, & \text{其他}.\end{cases}$$

试求算该随机变量的期望值和方差.

0.3 已知二项式分布为 $P_N(m)=C_m^N p^m q^{N-m}$,试证明:

(1) 当大 N 和大 pN 的极限下,二项式分布趋向于正态分布(Gauss 分布).

(2) 当 $N\to\infty$ 和 $Np=a\ll N$(a 是一有限常量),二项式分布趋向于 Poisson 分布.

参 考 书 目

[1] 唐有祺.统计力学及其在物理化学中的应用.北京:科学出版社,1964

[2] 刘光恒,戴树珊.化学应用统计力学.北京:科学出版社,2001

[3] 汪志诚.热力学·统计物理.北京:高等教育出版社,第二版,1993

[4] D. A. McQuarrie. Statistical Mechanics. Harper & Row Publishers, 1976

[5] M. E. Everdell. Statistical Mechanics and Its Chemical Application. Academic Press, 1975

[6] T. L. Hill. An Introduction to Statistical Thermodynamics. Addison-Wesley, 1960

[7] D. Chowdhury and D. Stauffer. Principles of Equilibrium Statistical Mechanics. Wiley-VCH, 2000

[8] L. Couture and R. Zitoun. Statistical Thermodynamics and Properties of Matter (Fr.). Translated by E. Geissler, Gordon and Breach Science Publishers, 2000

[9] Gupta Momica. Statistical Mechanics and Reaction Kinetics. Prints India, Prints House, 2002

[10] R. Stephen Berry, Stuart A. Rice, John Ross. Matter in Equilibrium: Statistical Mechanics and Thermodynamics. Oxford: Oxford University Press, 2002

[11] Ken Ai Dill, Savina Bromberg. Molecular Driving Forces: Statistical Thermodynamics in Chemistry and Biology. NY: Gorlang Science, 2002

[12] Michel Le Bellace, Fabrice Mortessagne, G. George Butrouni. Equilibrium and Non-Equilibrium Statistical Thermodynamics. NY: Cambridge University Press, 2004

第一篇

力学及微观运动状态的描述

第 1 章　经典分析力学

经典分析力学属于Newton 力学的范畴但又高于Newton 力学. Newton 力学的特点是用矢量形式建立运动的基本方程和处理问题的，所以有时称之为“矢量力学”. 由于它在处理某些问题(如约束系统、变形体的动力学)上的困难，逐渐发展了分析力学. 它是以普遍原理为基础，采用分析的方法来导出运动的基本微分方程，这就是分析力学叙述体系的特征. 阐述力学的普遍原理，由这些原理导出基本运动微分方程，并研究这些方程本身及其积分方法——所有这些构成了分析力学的基本内容.

我们在Newton 运动方程的基础上，只介绍Lagrange(拉格朗日)运动方程和Hamilton(哈密顿)运动方程. 在分析力学中，这两种运动方程的形式与坐标选择无关，可用于普遍地讨论问题. 它们一方面提供了研究力学问题的多种途径，另一方面为物理学新理论的建立提供了基础.

1.1　Lagrange 形式的Newton 运动方程

先讨论含有 N 个质点组成的体系在惯性坐标系的运动①，并假设各个质点的坐标及速度之间无任何特定的联系(即无约束).

令第 i 个质点的质量为 m_i，在笛卡儿坐标系中，质点 i 的坐标为 x_i, y_i, z_i，该质点组的 Newton 运动方程为

$$\begin{cases} m_i \ddot{x}_i = F_{x_i}, \\ m_i \ddot{y}_i = F_{y_i}, \quad (i=1,2,\cdots,N). \\ m_i \ddot{z}_i = F_{z_i} \end{cases} \tag{1.1.1}$$

其中 $F_{x_i}, F_{y_i}, F_{z_i}$ 分别为作用于第 i 个质点上的力 $\boldsymbol{F}$ 在 x, y, z 方向上的分量；而 $\ddot{x}_i = \dfrac{\mathrm{d}^2 x_i}{\mathrm{d}t^2}$，$\ddot{y}_i = \dfrac{\mathrm{d}^2 y_i}{\mathrm{d}t^2}$，$\ddot{z}_i = \dfrac{\mathrm{d}^2 z_i}{\mathrm{d}t^2}$ 分别为第 i 个质点的加速度 $\boldsymbol{a}$ 在 x, y, z 方向上的分量.

Newton 运动方程是用力及加速度等矢量表示质点运动规律的，它着眼于体系内每个质点受到的力和产生的效果上. 我们发现，通过动能、势能等标量表示运动规律更为有用，它可用分析方法处理问题(能量是标量，它是体系的整体性质)，并将着眼点由质点转为体系整体.

我们只讨论保守力学体系. 分析自然界的许多力就会发现，对于某些类型的力具有一种特殊的性质，它们可由某个标量函数得到. 若体系存在一个单值可微而只与坐标 x_i, y_i, z_i 有关(即不显含 t，也与速度无关)的标量函数 $V(x_i, y_i, z_i)$ $(i=1,2,\cdots,N)$，使得作用于每一质点的力在 x, y, z 坐标轴上的分量就等于 $V(x_1, y_1, z_1, \cdots, x_N, y_N, z_N)$ 对该质点相应坐标的偏微商的负值，即

---

① 惯性坐标系：“若无任何外力作用的物体，在该参考系中或是永远保持静止，或是做匀速直线运动，则称该参考系为惯性坐标系.”自然界不存在真正的惯性系，只有近似的惯性系.

$$\begin{cases} F_{x_i}=-\dfrac{\partial V}{\partial x_i}, \\ F_{y_i}=-\dfrac{\partial V}{\partial y_i}, \quad (i=1,2,\cdots,N). \\ F_{z_i}=-\dfrac{\partial V}{\partial z_i} \end{cases} \tag{1.1.2}$$

则称该体系为保守力学体系,而函数$V(x_i\, y_i\, z_i)$称为体系的势能.

保守力学体系中的力场是保守力场,在空间某区任一点放质点将受一定的力.该力为保守力,它也只是坐标的函数.重力场、万有引力场、弹性力场、电场等都是保守力场,它们都有各自的势能函数.磁场是非保守力场.

势能函数的定义表明,若体系中各质点受力的分量F_i只是质点坐标的函数,即

$$F_i=F_i(x_1,x_2,\cdots,x_{3N}) \quad (i=1,2,\cdots,3N),$$

而且它们满足下列条件

$$\oint\sum_{i=1}^{3N}F_i\mathrm{d}x_i=0,$$

则$\sum\limits_{i=1}^{3N}F_i\mathrm{d}x_i$必为某个标量函数$U(x_1,x_2,\cdots,x_{3N})$的全微分,即

$$\mathrm{d}U=\sum_{i=1}^{3N}F_i\mathrm{d}x_i.$$

由此可得

$$U=\int\sum_{i=1}^{3N}F_i\mathrm{d}x_i+U_0,$$

$$F_i=\frac{\partial U}{\partial x_i},$$

U称为体系的力函数.显然,体系的势能函数V就是力函数U的负值.因此得

$$\mathrm{d}V=-\sum_{i=1}^{3N}F_i\mathrm{d}x_i,$$

$$V=-\int\sum_{i=1}^{3N}F_i\mathrm{d}x_i+V_0.$$

此结果提供了一个由保守力场的力得出势能函数的方法.

依据动能的定义,该质点组的动能在笛卡儿坐标系中为

$$T=\sum_{i=1}^{N}\frac{1}{2}m_i\dot{\boldsymbol{r}}_i^2=\sum_{i=1}^{N}\frac{1}{2}m_i(\dot{x}_i^2+\dot{y}_i^2+\dot{z}_i^2)=\sum_{i=1}^{N}\frac{1}{2m_i}(p_{x_i}^2+p_{y_i}^2+p_{z_i}^2), \tag{1.1.3}$$

其中$\dot{x}_i,\dot{y}_i,\dot{z}_i;p_{x_i},p_{y_i},p_{z_i}$是质点$i$的速度和动量在$x,y,z$坐标轴上的分量.

从(1.1.3)式不难得出

$$\begin{cases} \dfrac{\mathrm{d}}{\mathrm{d}t}\dfrac{\partial T}{\partial \dot{x}_i}=m_i\ddot{x}_i, \\ \dfrac{\mathrm{d}}{\mathrm{d}t}\dfrac{\partial T}{\partial \dot{y}_i}=m_i\ddot{y}_i, \quad (i=1,2,\cdots,N). \\ \dfrac{\mathrm{d}}{\mathrm{d}t}\dfrac{\partial T}{\partial \dot{z}_i}=m_i\ddot{z}_i \end{cases} \tag{1.1.4}$$

将(1.1.2)和(1.1.4)式代入(1.1.1)式,保守系质点组的Newton方程就变为

$$\begin{cases}\dfrac{\mathrm{d}}{\mathrm{d}t}\dfrac{\partial T}{\partial \dot{x}_i}=-\dfrac{\partial V}{\partial x_i}, & \quad (1.1.5a)\\ \dfrac{\mathrm{d}}{\mathrm{d}t}\dfrac{\partial T}{\partial \dot{y}_i}=-\dfrac{\partial V}{\partial y_i}, \quad (i=1,2,\cdots,N). & \quad (1.1.5b)\\ \dfrac{\mathrm{d}}{\mathrm{d}t}\dfrac{\partial T}{\partial \dot{z}_i}=-\dfrac{\partial V}{\partial z_i} & \quad (1.1.5c)\end{cases}$$

这个结果仍限制在笛卡儿坐标系上.

现在引入一个新的函数L,称为Lagrange函数,它的定义为

$$\begin{aligned}L&=L(x_1,y_1,z_1,\cdots,x_N,y_N,z_N;\dot{x}_1,\dot{y}_1,\dot{z}_1,\cdots,\dot{x}_N,\dot{y}_N,\dot{z}_N)\\&=T(\dot{x}_1,\dot{y}_1,\dot{z}_1,\cdots,\dot{x}_N,\dot{y}_N,\dot{z}_N)-V(x_1,y_1,z_1,\cdots,x_N,y_N,z_N).\end{aligned} \quad (1.1.6)$$

则(1.1.5)式就变为下列形式

$$\begin{cases}\dfrac{\mathrm{d}}{\mathrm{d}t}\dfrac{\partial L}{\partial \dot{x}_1}=\dfrac{\partial L}{\partial x_i},\\ \dfrac{\mathrm{d}}{\mathrm{d}t}\dfrac{\partial L}{\partial \dot{y}_1}=\dfrac{\partial L}{\partial y_i}, \quad (i=1,2,\cdots,N).\\ \dfrac{\mathrm{d}}{\mathrm{d}t}\dfrac{\partial L}{\partial \dot{z}_1}=\dfrac{\partial L}{\partial z_i}\end{cases} \quad (1.1.7)$$

这是在笛卡儿坐标系中用Lagrange函数L表示的质点组的运动方程.这种形式的优点是可以推广到任意坐标系.在做这件工作之前,我们需要先引入约束及广义坐标等概念.

1.2 约束与自由度

在惯性坐标系中运动的N个质点组成的体系,若体系中质点的坐标和速度受有几何学及运动学的限制,这些质点的运动将不会全部独立自由了,我们将这种限制称为约束.具有约束的体系为非自由系统,无约束的体系称为自由系统.

约束可用约束方程解析地表示出来,普遍的约束方程为

$$f(t;x_i,y_i,z_i;\dot{x}_i,\dot{y}_i,\dot{z}_i)=0. \quad (1.2.1)$$

1. 完整约束和非完整约束

定义 约束方程中不包含速度的约束称为完整约束,即约束方程为

$$f(t;x_i,y_i,z_i)=0. \quad (1.2.2)$$

约束方程中包括速度的约束称为非完整约束,如(1.2.1)式的约束方程(应当注意,约束方程不能积分).

2. 稳定约束和非稳定约束

定义 约束方程中不显含时间t的约束称为稳定约束,如式(1.2.3);显含t的约束称为非稳定约束,如式(1.2.4)

$$f(x_i,y_i,z_i)=0, \quad (1.2.3)$$

$$f(t;x_i,y_i,z_i)=0. \quad (1.2.4)$$

质点组体系的约束方程可以有多个.

约束就是质点运动受有某些事先的限制.一般而言,就是描述质点运动的空间构型(位置)

的坐标与速度以及时间 t 之间的特定联系.

3. 自由度

对于 N 个质点组成的体系,可用 $3N$ 个坐标确定质点的空间构型. 但是由于约束的存在,可用少于 $3N$ 个坐标就能完全将质点的空间构型确定出来.

定义　确定体系中各质点的空间位置所需的独立参量数目称为体系的自由度. 一般用符号 s 或 f 表示.

如果 N 个质点组成的体系有 r 个独立的完整约束方程,则体系的自由度为

$$f=3N-r, \tag{1.2.5}$$

因为每个完整约束方程使独立坐标数减少一个.

体系的自由度是一个坐标变换下的不变量. 它与体系是否受约束有关.

【例1.2.1】设有一个质量为 m 的质点被限制在球面上运动(图1.2.1),其稳定完整约束方程为

$$(x-a)^2+(y-b)^2+(z-c)^2=R^2,$$

因而质点的自由度为

$$s=3-1=2.$$

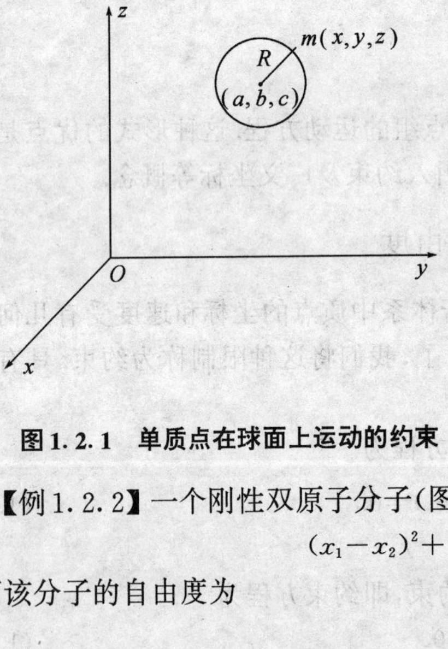

图1.2.1　单质点在球面上运动的约束

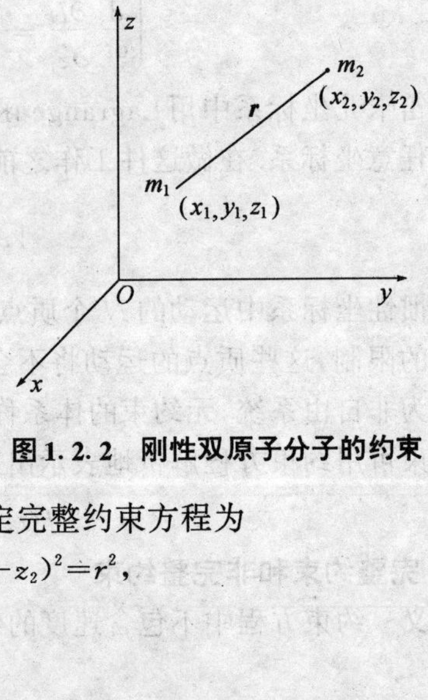

图1.2.2　刚性双原子分子的约束

【例1.2.2】一个刚性双原子分子(图1.2.2),其稳定完整约束方程为

$$(x_1-x_2)^2+(y_1-y_2)^2+(z_1-z_2)^2=r^2,$$

因而该分子的自由度为

$$s=6-1=5.$$

1.3　广义坐标和广义速度

描述质点组的运动可用笛卡儿坐标系,也可用其他坐标系. 为了能确定与坐标系选择无关的一般性的处理力学问题的方法,引入了广义坐标及广义速度等概念,它们是分析力学中的基本概念. 引入广义坐标后,对于约束条件多的体系可使问题的解决大为简化. 广义坐标未必是真实物理空间的坐标,因此用“广义”二字.

1. 广义坐标

定义　足以能确定体系内质点位置的任一组独立参量称为广义坐标,符号用 $q_i(i=1,2,\cdots)$表示. 有时也称为独立坐标.

【例1.3.1】N 个无约束的质点，在空间的位置需用 $3N$ 个独立参量确定. 因而其广义坐标共 $3N$ 个，用 $q_1,q_2,\cdots,q_{3N}$ 表示. 在笛卡儿坐标系中则为

$$x_i,y_i,z_i \quad (i=1,2,\cdots,N).$$

【例1.3.2】一个质点在空间一条曲线 AB 上运动(图1.3.1). 空间曲线可看成两个曲面的交线，也就是受到下面两个方程的约束

$$f_1(x,y,z)=0, \quad (\text{曲面}1),$$
$$f_2(x,y,z)=0, \quad (\text{曲面}2).$$

因此 x,y,z 中只有一个是独立的. 若选 z，则它就是广义坐标，当然也可用弧长 s 作为广义坐标.

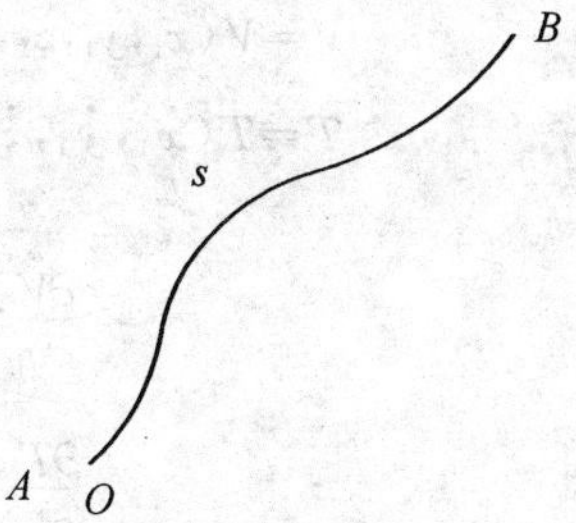

图1.3.1 单质点在空间曲线上的运动

在完整约束或无约束的情况下，广义坐标的数目就是体系的自由度.

各种广义坐标之间存在着确定的关系. 例如 N 个质点组成的自由系统，笛卡儿坐标与其他坐标 q_i 的关系的一般形式为

$$\begin{cases} x_i=x_i(q_1,q_2,\cdots,q_{3N}), \\ y_i=y_i(q_1,q_2,\cdots,q_{3N}), \quad (i=1,2,\cdots,N). \\ z_i=z_i(q_1,q_2,\cdots,q_{3N}) \end{cases} \tag{1.3.1}$$

或者写为

$$q_i=q_i(x_1,y_1,z_1,\cdots,x_N,y_N,z_N) \quad (i=1,2,\cdots,3N). \tag{1.3.2}$$

【例1.3.3】一个质点在空间运动，其笛卡儿坐标与球极坐标之间的关系为

$$\begin{cases} x=x(r,\theta,\varphi)=r\sin\theta\cos\varphi, \\ y=y(r,\theta,\varphi)=r\sin\theta\sin\varphi, \\ z=z(r,\theta,\varphi)=r\cos\theta. \end{cases} \tag{1.3.3}$$

或者

$$\begin{cases} r=r(x,y,z)=\sqrt{x^2+y^2+z^2}, \\ \theta=\theta(x,y,z)=\tan^{-1}\left(\dfrac{\sqrt{x^2+y^2}}{z}\right), \\ \varphi=\varphi(x,y,z)=\tan^{-1}\left(\dfrac{y}{x}\right). \end{cases} \tag{1.3.4}$$

一个体系的力学运动状态除坐标外，尚需速度才能得到完全的描述.

2. 广义速度

定义 广义坐标对时间的微商称为广义速度，符号用 $\dot{q}_i=\dfrac{\mathrm{d}q_i}{\mathrm{d}t}$ 表示.

应当指出，由于广义坐标未必是长度，因此广义速度的单位未必是 $\mathrm{m\cdot s^{-1}}$.

各种广义速度之间也存在着确定的关系. 例如 N 个质点组成的自由系统，笛卡儿坐标系中的速度与另外任一广义坐标系的速度之间的一般关系式可由(1.3.1)或(1.3.2)式得出

$$\begin{cases} \dot{x}_i=\dfrac{\mathrm{d}x_i}{\mathrm{d}t}=\sum\limits_{j=1}^{3N}\dfrac{\partial x_i}{\partial q_j}\dfrac{\mathrm{d}q_j}{\mathrm{d}t}=\sum\limits_{j=1}^{3N}\dfrac{\partial x_i}{\partial q_j}\dot{q}_j, \\ \dot{y}_i=\dfrac{\mathrm{d}y_i}{\mathrm{d}t}=\sum\limits_{j=1}^{3N}\dfrac{\partial y_i}{\partial q_j}\dot{q}_j, \quad (i=1,2,\cdots,N). \\ \dot{z}_i=\dfrac{\mathrm{d}z_i}{\mathrm{d}t}=\sum\limits_{j=1}^{3N}\dfrac{\partial z_i}{\partial q_j}\dot{q}_j \end{cases} \tag{1.3.5}$$

或者

$$\dot{q}_j=\frac{\mathrm{d}q_j}{\mathrm{d}t}=\sum_{i=1}^{N}\left(\frac{\partial q_j}{\partial x_i}\dot{x}_1+\frac{\partial q_j}{\partial y_i}\dot{y}_1+\frac{\partial q_j}{\partial z_i}\dot{z}_1\right)\quad(j=1,2,\cdots,3N).\tag{1.3.6}$$

在广义坐标中，N 个质点组成的保守体系，在无约束的情况下，体系的势能和动能在笛卡儿坐标系与另外任一广义坐标系中分别为

$$V=V(x_1,y_1,z_1,\cdots,x_N,y_N,z_N)=V(q_1,q_2,\cdots,q_{3N}),\tag{1.3.7}$$

$$T=T(\dot{x}_1,\dot{y}_1,\dot{z}_1,\cdots,\dot{x}_N,\dot{y}_N,\dot{z}_N)=T(\dot{q}_1,\cdots,\dot{q}_{3N};q_1,\cdots,q_{3N})^{①}.\tag{1.3.8}$$

因而

$$-\frac{\partial V}{\partial q_i}=-\sum_{j=1}^{N}\left\{\frac{\partial V}{\partial x_j}\frac{\partial x_j}{\partial q_i}+\frac{\partial V}{\partial y_j}\frac{\partial y_j}{\partial q_i}+\frac{\partial V}{\partial z_j}\frac{\partial z_j}{\partial q_i}\right\},\tag{1.3.9}$$

$$\frac{\partial T}{\partial \dot{q}_i}=\sum_{j=1}^{N}\left\{\frac{\partial T}{\partial \dot{x}_j}\frac{\partial \dot{x}_j}{\partial \dot{q}_i}+\frac{\partial T}{\partial \dot{y}_j}\frac{\partial \dot{y}_j}{\partial \dot{q}_i}+\frac{\partial T}{\partial \dot{z}_j}\frac{\partial \dot{z}_j}{\partial \dot{q}_i}\right\}.\tag{1.3.10}$$

定义 $Q_i=-\frac{\partial V}{\partial q_i}$ 称为对应于广义坐标 q_i 的广义力. 广义力 Q_i 未必总是力，它由广义坐标的选择所决定，若广义坐标中有角度，则相应的广义力是力矩.

【例 1.3.4】证明两类等式

(1) $$\frac{\partial \dot{x}_j}{\partial \dot{q}_i}=\frac{\partial x_j}{\partial q_i},\ \frac{\partial \dot{y}_j}{\partial \dot{q}_i}=\frac{\partial y_j}{\partial q_i},\ \frac{\partial \dot{z}_j}{\partial \dot{q}_i}=\frac{\partial z_j}{\partial q_i}.\tag{1.3.11}$$

证 据(1.3.5)式

$$\dot{x}_j=\sum_{i=1}^{3N}\frac{\partial x_j}{\partial q_i}\dot{q}_i,$$

因此

$$\frac{\partial \dot{x}_j}{\partial \dot{q}_i}=\frac{\partial x_j}{\partial q_i}.$$

同理，可得其他两个等式.

(2) $$\frac{\mathrm{d}}{\mathrm{d}t}\left(\frac{\partial x_j}{\partial q_i}\right)=\frac{\partial \dot{x}_j}{\partial q_i},\ \frac{\mathrm{d}}{\mathrm{d}t}\left(\frac{\partial y_j}{\partial q_i}\right)=\frac{\partial \dot{y}_j}{\partial q_i},\ \frac{\mathrm{d}}{\mathrm{d}t}\left(\frac{\partial z_j}{\partial q_i}\right)=\frac{\partial \dot{z}_j}{\partial q_i}.\tag{1.3.12}$$

证

$$\begin{aligned}\frac{\mathrm{d}}{\mathrm{d}t}\left(\frac{\partial x_j}{\partial q_i}\right)&=\sum_{k=1}^{3N}\frac{\partial}{\partial q_k}\left(\frac{\partial x_j}{\partial q_i}\right)\frac{\mathrm{d}q_k}{\mathrm{d}t}=\sum_{k=1}^{3N}\frac{\partial}{\partial q_i}\left(\frac{\partial x_j}{\partial q_k}\right)\frac{\mathrm{d}q_k}{\mathrm{d}t}\\&=\frac{\partial}{\partial q_i}\sum_{k=1}^{3N}\left(\frac{\partial x_j}{\partial q_k}\frac{\mathrm{d}q_k}{\mathrm{d}t}\right)=\frac{\partial \dot{x}_j}{\partial q_i}.\end{aligned}$$

同理，可证另外两个等式.

1.4 Lagrange 运动方程在坐标变换下的不变性

现在证明Lagrange 运动方程对任何广义坐标都成立. 设 N 个质点组成的完整保守力学体系，其自由度为 f，对任何广义坐标 $q_1,q_2,\cdots,q_f$，质点组的运动方程都为下列的 Lagrange 方程

$$\frac{\mathrm{d}}{\mathrm{d}t}\frac{\partial L}{\partial \dot{q}_j}=\frac{\partial L}{\partial q_j}\quad(j=1,2,\cdots,f).\tag{1.4.1}$$

证 Lagrange 形式的 Newton 方程（1.1.5）或（1.1.7）是论证的依据，同时要用到

---

① 若为完整约束，则 $V=V(q_1,q_2,\cdots,q_n)$，$T=T(\dot{q}_1,\dot{q}_2,\cdots,\dot{q}_n;q_1,q_2,\cdots,q_n)$，$n$ 为自由度.

(1.3.9),(1.3.10),(1.3.11),(1.3.12)及下列公式

$$\frac{\partial T}{\partial q_j}=\sum_{i=1}^{N}\left(\frac{\partial T}{\partial \dot{x}_i}\frac{\partial \dot{x}_i}{\partial q_j}+\frac{\partial T}{\partial \dot{y}_i}\frac{\partial \dot{y}_i}{\partial q_j}+\frac{\partial T}{\partial \dot{z}_i}\frac{\partial \dot{z}_i}{\partial q_j}\right), \tag{1.4.2}$$

$$\begin{aligned}
\frac{\mathrm{d}}{\mathrm{d}t}\frac{\partial L}{\partial \dot{q}_j}&=\frac{\mathrm{d}}{\mathrm{d}t}\frac{\partial (T-V)}{\partial \dot{q}_j}=\frac{\mathrm{d}}{\mathrm{d}t}\left(\frac{\partial T}{\partial \dot{q}_j}\right)\\
&=\frac{\mathrm{d}}{\mathrm{d}t}\left\{\sum_{i=1}^{N}\left(\frac{\partial T}{\partial \dot{x}_i}\frac{\partial \dot{x}_i}{\partial \dot{q}_j}+\frac{\partial T}{\partial \dot{y}_i}\frac{\partial \dot{y}_i}{\partial \dot{q}_j}+\frac{\partial T}{\partial \dot{z}_i}\frac{\partial \dot{z}_i}{\partial \dot{q}_j}\right)\right\}\\
&=\frac{\mathrm{d}}{\mathrm{d}t}\left\{\sum_{i=1}^{N}\left(\frac{\partial T}{\partial \dot{x}_i}\frac{\partial x_i}{\partial q_j}+\frac{\partial T}{\partial \dot{y}_i}\frac{\partial y_i}{\partial q_j}+\frac{\partial T}{\partial \dot{z}_i}\frac{\partial z_i}{\partial q_j}\right)\right\}\\
&=\sum_{i=1}^{N}\left(\frac{\partial x_i}{\partial q_j}\frac{\mathrm{d}}{\mathrm{d}t}\frac{\partial T}{\partial \dot{x}_i}+\frac{\partial y_i}{\partial q_j}\frac{\mathrm{d}}{\mathrm{d}t}\frac{\partial T}{\partial \dot{y}_i}+\frac{\partial z_i}{\partial q_j}\frac{\mathrm{d}}{\mathrm{d}t}\frac{\partial T}{\partial \dot{z}_i}\right)\\
&\quad+\sum_{i=1}^{N}\left(\frac{\partial T}{\partial \dot{x}_i}\frac{\mathrm{d}}{\mathrm{d}t}\frac{\partial x_i}{\partial q_j}+\frac{\partial T}{\partial \dot{y}_i}\frac{\mathrm{d}}{\mathrm{d}t}\frac{\partial y_i}{\partial q_j}+\frac{\partial T}{\partial \dot{z}_i}\frac{\mathrm{d}}{\mathrm{d}t}\frac{\partial z_i}{\partial q_j}\right)\\
&=\sum_{i=1}^{N}-\left(\frac{\partial x_i}{\partial q_j}\frac{\partial V}{\partial x_i}+\frac{\partial y_i}{\partial q_j}\frac{\partial V}{\partial y_i}+\frac{\partial z_i}{\partial q_j}\frac{\partial V}{\partial z_i}\right)+\sum_{i=1}^{N}\left(\frac{\partial T}{\partial \dot{x}_i}\frac{\partial \dot{x}_i}{\partial q_j}+\frac{\partial T}{\partial \dot{y}_i}\frac{\partial \dot{y}_i}{\partial q_j}+\frac{\partial T}{\partial \dot{z}_i}\frac{\partial \dot{z}_i}{\partial q_j}\right)\\
&=-\frac{\partial V}{\partial q_j}+\frac{\partial T}{\partial q_j}\\
&=\frac{\partial L}{\partial q_j}.
\end{aligned}$$

由于广义坐标$q_1,q_2,\cdots,q_f$是任意的,故Lagrange 方程对任何广义坐标都成立,也就是说它在坐标变换下具有不变性.

完整保守体系的Lagrange 方程是二阶常微分方程组,它的优点是方程的形式与坐标系选择无关,而且对每一个广义坐标其形式都相同,即具有对称性. Lagrange 方程可用来普遍性地讨论问题,只要适当的选择L(即适当选择广义坐标),几乎所有的力学问题都能用它处理,因此也可将它作为经典力学的基本假设. 但应注意,只有L写成$\{q_i\}$和$\{\dot{q}_i\}$的函数时,Lagrange 方程的形式才成立.

一个保守力学体系的运动状态可用$q_i,\dot{q}_i$和参量t得到完全描述. 我们将$t,q_i,\dot{q}_i(i=1,2,\cdots,f)$称为Lagrange 变量. 只要知道了Lagrange 函数与$q_i,\dot{q}_i$的关系,力学体系的运动情况就会知道,因此Lagrange 函数是力学体系关于Lagrange 变量的特性函数.

广义坐标下的Lagrange 方程组具有最小可能的阶.

Lagrange 方程中不包括约束力是它的主要优点,这样方程个数少,解决问题简化. 在约束力不知道的情况下也可求解. Lagrange 方程中不包括约束力,因而不能直接求出约束力,但可以在解出运动后求之.

1.5　动 能 定 理

为了建立Lagrange 方程,首先需要得出动能T作为Lagrange 变量$t,q_i,\dot{q}_i$的函数表达式.

1. N个质点组成的自由系统

对于N个质点组成的自由系统,各质点在惯性坐标系中的矢径为$\boldsymbol{r}_\nu(\nu=1,2,\cdots,N)$. 对于笛卡儿坐标系,则有

$$\boldsymbol{r}_\nu=x_\nu\boldsymbol{i}+y_\nu\boldsymbol{j}+z_\nu\boldsymbol{k}\quad(\nu=1,2,\cdots,N).$$

根据动能的定义,它在笛卡儿坐标系中的表示式为

$$T=\sum_{\nu=1}^{N}\frac{1}{2}m_\nu\dot{\boldsymbol{r}}_\nu^2=\sum_{\nu=1}^{N}\frac{1}{2}m_\nu(\dot{x}_\nu^2+\dot{y}_\nu^2+\dot{z}_\nu^2).\tag{1.5.1}$$

对于自由系统,广义坐标为$3N$个.笛卡儿坐标x_ν,y_ν,z_ν与广义坐标$q_i(i=1,2,\cdots,3N)$的关系可写为:

$$\begin{cases}x_\nu=x_\nu(q_1,q_2,\cdots,q_{3N}),\\ y_\nu=y_\nu(q_1,q_2,\cdots,q_{3N}),\quad(\nu=1,2,\cdots,N).\\ z_\nu=z_\nu(q_1,q_2,\cdots,q_{3N})\end{cases}\tag{1.5.2}$$

因而速度之间的关系为

$$\begin{cases}\dot{x}_\nu=\displaystyle\sum_{i=1}^{3N}\frac{\partial x_\nu}{\partial q_i}\dot{q}_i,\\ \dot{y}_\nu=\displaystyle\sum_{i=1}^{3N}\frac{\partial y_\nu}{\partial q_i}\dot{q}_i,\quad(\nu=1,2,\cdots,N).\\ \dot{z}_\nu=\displaystyle\sum_{i=1}^{3N}\frac{\partial z_\nu}{\partial q_i}\dot{q}_i\end{cases}\tag{1.5.3}$$

将(1.5.3)式代入(1.5.1)式,并应用附录(E-1)式,得

$$\begin{aligned}T&=\sum_{\nu=1}^{N}\frac{1}{2}m_\nu\left[\left(\sum_{i=1}^{3N}\frac{\partial x_\nu}{\partial q_i}\dot{q}_i\right)^2+\left(\sum_{i=1}^{3N}\frac{\partial y_\nu}{\partial q_i}\dot{q}_i\right)^2+\left(\sum_{i=1}^{3N}\frac{\partial z_\nu}{\partial q_i}\dot{q}_i\right)^2\right]\\&=\frac{1}{2}\sum_{\nu=1}^{N}m_\nu\left[\sum_{i,j=1}^{3N}\frac{\partial x_\nu}{\partial q_i}\frac{\partial x_\nu}{\partial q_j}\dot{q}_i\dot{q}_j+\sum_{i,j=1}^{3N}\frac{\partial y_\nu}{\partial q_i}\frac{\partial y_\nu}{\partial q_j}\dot{q}_i\dot{q}_j+\sum_{i,j=1}^{3N}\frac{\partial z_\nu}{\partial q_i}\frac{\partial z_\nu}{\partial q_j}\dot{q}_i\dot{q}_j\right]\\&=\frac{1}{2}\sum_{i,j=1}^{3N}\left[\sum_{\nu=1}^{N}m_\nu\left(\frac{\partial x_\nu}{\partial q_i}\frac{\partial x_\nu}{\partial q_j}+\frac{\partial y_\nu}{\partial q_i}\frac{\partial y_\nu}{\partial q_j}+\frac{\partial z_\nu}{\partial q_i}\frac{\partial z_\nu}{\partial q_j}\right)\right]\dot{q}_i\dot{q}_j\\&=\frac{1}{2}\sum_{i,j=1}^{3N}a_{ij}\dot{q}_i\dot{q}_j.\end{aligned}$$

其中a_{ij}只是$q_i(i=1,2,\cdots,3N)$的函数,由下式确定

$$a_{ij}=\sum_{\nu=1}^{N}m_\nu\left(\frac{\partial x_\nu}{\partial q_i}\frac{\partial x_\nu}{\partial q_j}+\frac{\partial y_\nu}{\partial q_i}\frac{\partial y_\nu}{\partial q_j}+\frac{\partial z_\nu}{\partial q_i}\frac{\partial z_\nu}{\partial q_j}\right).\tag{1.5.4}$$

这就得到了如下的结论:

定理1　自由系统的动能是广义速度的二次齐函数(二次型).

2. N个质点组成的完整约束系统

对于完整约束的体系,设有N个质点组成,各质点在惯性坐标系的矢径为$\boldsymbol{r}_\nu(\nu=1,2,\cdots,N)$.对于笛卡儿坐标系

$$\boldsymbol{r}_\nu=x_\nu\boldsymbol{i}+y_\nu\boldsymbol{j}+z_\nu\boldsymbol{k}\quad(\nu=1,2,\cdots,N).$$

设体系的几何约束为

$$f_\alpha(t,\boldsymbol{r}_\nu)=0\quad(\alpha=1,2,\cdots,r).\tag{1.5.5}$$

或者写成等价的形式

$$f_\alpha(t;x_\nu,y_\nu,z_\nu)=0\quad(\alpha=1,2,\cdots,r).\tag{1.5.6}$$

因此体系的自由度为

$$n=3N-r.$$

我们选用 n 个参数 $q_1,q_2,\cdots,q_n$ 为广义坐标，则 $3N$ 个笛卡儿坐标就可以用 $q_1,q_2,\cdots,q_n$ 和 t 的函数形式表出：

$$\begin{cases} x_\nu = x_\nu(t;q_1,\cdots,q_n), \\ y_\nu = y_\nu(t;q_1,\cdots,q_n), \quad (\nu=1,2,\cdots,N). \\ z_\nu = z_\nu(t;q_1,\cdots,q_n) \end{cases} \tag{1.5.7}$$

或者写成等价的矢量形式

$$\boldsymbol{r}_\nu = \boldsymbol{r}_\nu(t;q_1\cdots,q_n) \quad (\nu=1,2,\cdots,N). \tag{1.5.8}$$

我们假定数量函数[(1.5.7)式]和矢量函数[(1.5.8)式]是连续且可微的. 这样完整力学体系动能的一般形式为

$$\begin{aligned} T &= \frac{1}{2}\sum_{\nu=1}^{N} m_\nu \dot{\boldsymbol{r}}_\nu^2 \\ &= \frac{1}{2}\sum_{\nu=1}^{N} m_\nu \left\{ \sum_{i=1}^{n}\left(\frac{\partial \boldsymbol{r}_\nu}{\partial q_i}\dot{q}_i + \frac{\partial \boldsymbol{r}_\nu}{\partial t} \right)\right\}^2 \\ &= \frac{1}{2}\sum_{i,j=1}^{n} a_{ij}\dot{q}_i\dot{q}_j + \sum_{i=1}^{n} a_i\dot{q}_i + a_0. \end{aligned} \tag{1.5.9}$$

其中的系数 a_{ij},a_i,a_0 都是 $t,q_1,q_2,\cdots,q_n$ 的函数，它们分别由下列式子确定

$$a_{ij} = \sum_{\nu=1}^{N} m_\nu \frac{\partial \boldsymbol{r}_\nu}{\partial q_i}\frac{\partial \boldsymbol{r}_\nu}{\partial q_j} \quad (i,j=1,2,\cdots,n); \tag{1.5.10}$$

$$a_i = \sum_{\nu=1}^{N} m_\nu \frac{\partial \boldsymbol{r}_\nu}{\partial q_i}\frac{\partial \boldsymbol{r}_\nu}{\partial t} \quad (i=1,2,\cdots,n); \tag{1.5.11}$$

$$a_0 = \frac{1}{2}\sum_{\nu=1}^{N} m_\nu \left(\frac{\partial \boldsymbol{r}_\nu}{\partial t}\right)^2. \tag{1.5.12}$$

公式(1.5.9)表明了如下的重要结论：

定理 2　完整力学体系的动能是关于广义速度的二次函数，用数学式表示为

$$T = T_2 + T_1 + T_0. \tag{1.5.13}$$

其中

$$T_2 = \frac{1}{2}\sum_{i,j=1}^{n} a_{ij}\dot{q}_i\dot{q}_j, \quad T_1 = \sum_{i=1}^{n} a_i\dot{q}_i, \quad T_0 = a_0.$$

而 a_{ij},a_i,a_0 则分别由(1.5.10)，(1.5.11)，(1.5.12)式表示.

推论 1　稳定完整力学体系的动能是关于广义速度的二次齐函数(二次型)，即

$$T = \frac{1}{2}\sum_{i,j=1}^{n} a_{ij}\dot{q}_i\dot{q}_j. \tag{1.5.14}$$

证　因为稳定约束下，时间不显含在约束方程中，因而也就不显含在 $\boldsymbol{r}_\nu$ 和 q_i 之间的关系式(1.5.7)中，于是

$$\frac{\partial \boldsymbol{r}_\nu}{\partial t} = 0 \quad (\nu=1,2,\cdots,N).$$

据此，由等式(1.5.11)，(1.5.12)得知

$$a_0 = 0, \quad a_i = 0 \quad (i=1,2,\cdots,n).$$

所以由(1.5.13)式即得

$$T=T_2=\frac{1}{2}\sum_{i,j=1}^{n}a_{ij}\dot{q}_i\dot{q}_j.$$

这就是所要证明的结果.

推论 2　无约束力学体系的动能是关于广义速度的二次齐函数(二次型).

这个推论就是定理1.因为无约束力学体系就是自由系统,此时$n=3N$,故有

$$T=T_2=\frac{1}{2}\sum_{i,j=1}^{3N}a_{ij}\dot{q}_i\dot{q}_j.$$

最后,应当指出(这里不加证明了):二次型$T_2=\frac{1}{2}\sum\limits_{i,j=1}^{n}a_{ij}\dot{q}_i\dot{q}_j$是正定的,即$T_2\geqslant 0$,而且只有当全体$\dot{q}_i(i=1,2,\cdots,n)=0$时,才有$T_2=0$.

由于$a_{ij}=a_{ji}(i,j=1,2,\cdots,n)$,而且是实数,因此动能$T=T_2$是实二次型,其矩阵表示为

$$T=\frac{1}{2}\sum_{i,j=1}^{n}a_{ij}\dot{q}_i\dot{q}_j=\frac{1}{2}(\dot{q}_1\cdots\dot{q}_n)\begin{pmatrix}a_{11} & a_{12} & \cdots & a_{1n}\\ a_{21} & a_{22} & \cdots & a_{2n}\\ & \cdots\cdots & & \\ a_{n1} & a_{n2} & \cdots & a_{nn}\end{pmatrix}\begin{pmatrix}\dot{q}_1\\ \vdots\\ \vdots\\ \dot{q}_n\end{pmatrix}.$$

其中系数矩阵(a_{ij})是n阶实对称方阵.

实二次型T为正定的充要条件是系数矩阵(a_{ij})的顺序主子式都大于零,即系数a_{ij}满足如下的不等式

$$D_i=\begin{vmatrix}a_{11} & a_{12} & \cdots & a_{1i}\\ a_{21} & a_{22} & \cdots & a_{2i}\\ & \cdots\cdots & & \\ a_{i1} & a_{i2} & \cdots & a_{ii}\end{vmatrix}>0, \tag{1.5.15}$$

及$D_n\geqslant 0$;D_i中$i=1,2,\cdots,n-1$.

1.6　机械能守恒定理

体系的机械能就是其动能和势能之和,用E表示,则有

$$E=T+V. \tag{1.6.1}$$

机械能守恒定理　稳定完整保守力学体系(或自由系统)的机械能在运动中不变(守恒).用数学式表示为

$$\frac{\mathrm{d}E}{\mathrm{d}t}=\frac{\mathrm{d}(T+V)}{\mathrm{d}t}=0. \tag{1.6.2}$$

证　对于自由度为n的稳定完整保守力学体系,其动能和势能分别为

$$T=\frac{1}{2}\sum_{i,j=1}^{n}a_{ij}\dot{q}_i\dot{q}_j,$$

$$V=V(q_1,q_2,\cdots,q_n).$$

a_{ij}只是q_i的函数(不显含t),因此

$$T=T(q_1,q_2,\cdots,q_n;\dot{q}_1,\dot{q}_2,\cdots,\dot{q}_n).$$

我们先求$\mathrm{d}T/\mathrm{d}t$

$$\begin{aligned}\frac{\mathrm{d}T}{\mathrm{d}t}&=\sum_{i=1}^{n}\left(\frac{\partial T}{\partial q_i}\frac{\mathrm{d}q_i}{\mathrm{d}t}+\frac{\partial T}{\partial \dot{q}_i}\frac{\mathrm{d}\dot{q}_i}{\mathrm{d}t}\right)\\&=\sum_{i=1}^{n}\left(\frac{\partial T}{\partial q_i}\dot{q}_i+\frac{\partial T}{\partial \dot{q}_i}\ddot{q}_i\right)\\&=\frac{\mathrm{d}}{\mathrm{d}t}\sum_{i=1}^{n}\left(\frac{\partial T}{\partial \dot{q}_i}\dot{q}_i\right)+\sum_{i=1}^{n}\left(\frac{\partial T}{\partial q_i}-\frac{\mathrm{d}}{\mathrm{d}t}\frac{\partial T}{\partial \dot{q}_i}\right)\dot{q}_i.\end{aligned}\tag{1.6.3}$$

根据齐次函数的 Euler(欧拉)定理,知

$$\sum_{i=1}^{n}\left(\frac{\partial T}{\partial \dot{q}_i}\dot{q}_i\right)=2T.\tag{1.6.4}$$

根据 Lagrange 方程

$$\frac{\mathrm{d}}{\mathrm{d}t}\frac{\partial L}{\partial \dot{q}_i}=\frac{\partial L}{\partial q_i}\quad(i=1,2,\cdots,n).$$

得

$$\frac{\mathrm{d}}{\mathrm{d}t}\frac{\partial L}{\partial \dot{q}_i}=\frac{\partial T}{\partial q_i}-\frac{\partial V}{\partial q_i},$$

从而

$$\frac{\partial T}{\partial q_i}-\frac{\mathrm{d}}{\mathrm{d}t}\frac{\partial T}{\partial \dot{q}_i}=\frac{\partial V}{\partial q_i}.\tag{1.6.5}$$

将(1.6.4)和(1.6.5)两式代入(1.6.3)式,即得

$$\frac{\mathrm{d}T}{\mathrm{d}t}=\frac{\mathrm{d}(2T)}{\mathrm{d}t}+\sum_{i=1}^{n}\frac{\partial V}{\partial q_i}\dot{q}_i=2\frac{\mathrm{d}T}{\mathrm{d}t}+\frac{\mathrm{d}V}{\mathrm{d}t}.$$

由此,最后得到

$$\frac{\mathrm{d}E}{\mathrm{d}t}=\frac{\mathrm{d}T}{\mathrm{d}t}+\frac{\mathrm{d}V}{\mathrm{d}t}=0.$$

这就是说,稳定完整保守力学体系的机械能不随时间而变,因此它是守恒的.

【练习】请证明完整保守力学体系的机械能随时间的变化为

$$\frac{\mathrm{d}E}{\mathrm{d}t}=\frac{\mathrm{d}(T+V)}{\mathrm{d}t}=\frac{\mathrm{d}(T_1+2T_0)}{\mathrm{d}t}-\frac{\partial T}{\partial t},\tag{1.6.6}$$

其中 $T=T_2+T_1+T_0$;而 $T_2=\frac{1}{2}\sum_{i,j=1}^{n}a_{ij}\dot{q}_i\dot{q}_j$, $T_1=\sum_{i=1}^{n}a_i\dot{q}_i$, $T_0=a_0$;且 a_{ij}, a_i, a_0 分别为(1.5.10),(1.5.11),(1.5.12)式所表示.

证　对于完整保守力学体系,其动能和势能分别为

$$\begin{aligned}&T=\frac{1}{2}\sum_{i,j=1}^{n}a_{ij}\dot{q}_i\dot{q}_j+\sum_{i=1}^{n}a_i\dot{q}_i+a_0=T_2+T_1+T_0,\\&V=V(q_1,q_2,\cdots,q_n).\end{aligned}$$

我们仍从求 $\mathrm{d}T/\mathrm{d}t$ 着手

$$\frac{\mathrm{d}T}{\mathrm{d}t}=\sum_{i=1}^{n}\left(\frac{\partial T}{\partial q_i}\dot{q}_i+\frac{\partial T}{\partial \dot{q}_i}\ddot{q}_i\right)+\frac{\partial T}{\partial t},\tag{1.6.7}$$

由 Lagrange 运动方程知

$$\frac{\partial T}{\partial q_i}=\frac{\mathrm{d}}{\mathrm{d}t}\frac{\partial T}{\partial \dot{q}_i}+\frac{\partial V}{\partial q_i},\tag{1.6.8}$$

又知下列的微分关系

$$\frac{\partial T}{\partial \dot{q}_i}\ddot{q}_i=\frac{\mathrm{d}}{\mathrm{d}t}\left(\frac{\partial T}{\partial \dot{q}_i}\dot{q}_i\right)-\frac{\mathrm{d}}{\mathrm{d}t}\left(\frac{\partial T}{\partial \dot{q}_i}\right)\dot{q}_i . \tag{1.6.9}$$

将(1.6.8)和(1.6.9)两式代入(1.6.7)式并整理，即得

$$\begin{aligned}\frac{\mathrm{d}T}{\mathrm{d}t}&=\frac{\mathrm{d}}{\mathrm{d}t}\sum_{i=1}^{n}\left(\frac{\partial T}{\partial \dot{q}}\dot{q}_i\right)+\sum_{i=1}^{n}\left(\frac{\partial V}{\partial q_i}\dot{q}_i\right)+\frac{\partial T}{\partial t}\\&=\frac{\mathrm{d}}{\mathrm{d}t}\sum_{i=1}^{n}\left(\frac{\partial T_2}{\partial \dot{q}_i}\dot{q}_i+\frac{\partial T_1}{\partial \dot{q}_i}\dot{q}_i+\frac{\partial T_0}{\partial \dot{q}_i}\dot{q}_i\right)+\frac{\mathrm{d}V}{\mathrm{d}t}+\frac{\partial T}{\partial t} .\end{aligned} \tag{1.6.10}$$

根据Euler齐次函数定理，得

$$\sum_{i=1}^{n}\frac{\partial T_2}{\partial \dot{q}_i}\dot{q}_i=2T_2,\quad \sum_{i=1}^{n}\frac{\partial T_1}{\partial \dot{q}_i}\dot{q}_i=T_1,\quad \sum_{i=1}^{n}\frac{\partial T_0}{\partial \dot{q}_i}\dot{q}_i=0 .$$

因而，(1.6.10)式即为

$$\frac{\mathrm{d}T}{\mathrm{d}t}=2\frac{\mathrm{d}T_2}{\mathrm{d}t}+\frac{\mathrm{d}T_1}{\mathrm{d}t}+\frac{\mathrm{d}V}{\mathrm{d}t}+\frac{\partial T}{\partial t}=2\frac{\mathrm{d}T}{\mathrm{d}t}-\frac{\mathrm{d}T_1}{\mathrm{d}t}-2\frac{\mathrm{d}T_0}{\mathrm{d}t}+\frac{\mathrm{d}V}{\mathrm{d}t}+\frac{\partial T}{\partial t},$$

故

$$\frac{\mathrm{d}E}{\mathrm{d}t}=\frac{\mathrm{d}(T+V)}{\mathrm{d}t}=\frac{\mathrm{d}(T_1+2T_0)}{\mathrm{d}t}-\frac{\partial T}{\partial t} .$$

此即所要证明的结果①.

1.7　Lagrange 方程实例

【例 1.7.1】(1) 请导出三维平动子的动能在球极坐标中的表达式为

$$\varepsilon=\frac{1}{2}m(\dot{r}^2+r^2\dot{\theta}^2+r^2\sin^2\theta\,\dot{\varphi}^2). \tag{1.7.1a}$$

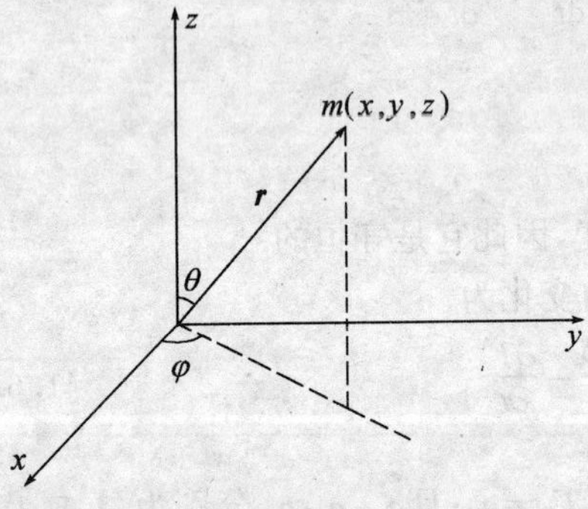

图 1.7.1　单质点的笛卡儿坐标与球极坐标的关系

解　质量为 m 的三维平动子，在笛卡儿坐标系中动能为

$$\varepsilon=\frac{1}{2}m(\dot{x}^2+\dot{y}^2+\dot{z}^2).$$

笛卡儿坐标与球极坐标的关系为

$$\begin{cases}x=r\sin\theta\cos\varphi,\\y=r\sin\theta\sin\varphi,\\z=r\cos\theta.\end{cases}$$

令 $r=q_1,\theta=q_2,\varphi=q_3$，利用下列公式

$$\varepsilon=\frac{1}{2}\sum_{i,j=1}^{3}a_{ij}\dot{q}_i\dot{q}_j,$$

$$a_{ij}=m\frac{\partial \boldsymbol{r}}{\partial q_i}\frac{\partial \boldsymbol{r}}{\partial q_j}=m\left(\frac{\partial x}{\partial q_i}\frac{\partial x}{\partial q_j}+\frac{\partial y}{\partial q_i}\frac{\partial y}{\partial q_j}+\frac{\partial z}{\partial q_i}\frac{\partial z}{\partial q_j}\right),$$

先求出 a_{ij}

$$a_{11}=m\left(\frac{\partial x}{\partial r}\frac{\partial x}{\partial r}+\frac{\partial y}{\partial r}\frac{\partial y}{\partial r}+\frac{\partial z}{\partial r}\frac{\partial z}{\partial r}\right)=m,$$

$$a_{12}=a_{21}=m\left(\frac{\partial x}{\partial r}\frac{\partial x}{\partial \theta}+\frac{\partial y}{\partial r}\frac{\partial y}{\partial \theta}+\frac{\partial z}{\partial r}\frac{\partial z}{\partial \theta}\right)=0,$$

---

① 若完整保守力学体系又是稳定的. 由于 $T_1=T_0=0$，$\frac{\partial T}{\partial t}=0$，故得 $\frac{\mathrm{d}E}{\mathrm{d}t}=0$. 这就是前面得出的机械能守恒定理.

$$a_{13}=a_{31}=m\left(\frac{\partial x}{\partial r}\frac{\partial x}{\partial \varphi}+\frac{\partial y}{\partial r}\frac{\partial y}{\partial \varphi}+\frac{\partial z}{\partial r}\frac{\partial z}{\partial \varphi}\right)=0,$$

$$a_{23}=a_{32}=m\left(\frac{\partial x}{\partial \theta}\frac{\partial x}{\partial \varphi}+\frac{\partial y}{\partial \theta}\frac{\partial y}{\partial \varphi}+\frac{\partial z}{\partial \theta}\frac{\partial z}{\partial \varphi}\right)=0,$$

$$a_{22}=m\left(\frac{\partial x}{\partial \theta}\frac{\partial x}{\partial \theta}+\frac{\partial y}{\partial \theta}\frac{\partial y}{\partial \theta}+\frac{\partial z}{\partial \theta}\frac{\partial z}{\partial \theta}\right)=mr^2,$$

$$a_{33}=m\left(\frac{\partial x}{\partial \varphi}\frac{\partial x}{\partial \varphi}+\frac{\partial y}{\partial \varphi}\frac{\partial y}{\partial \varphi}+\frac{\partial z}{\partial \varphi}\frac{\partial z}{\partial \varphi}\right)=mr^2\sin^2\theta\ ,$$

故

$$\varepsilon=\frac{1}{2}m(\dot{r}^2+r^2\dot{\theta}^2+r^2\sin^2\theta\,\dot{\varphi}^2).$$

特例　若质点在距原点为 r 的球面上运动，$\dot{r}=0$，则

$$\varepsilon=\frac{1}{2}m(r^2\dot{\theta}^2+r^2\sin^2\theta\,\dot{\varphi}^2). \tag{1.7.1b}$$

(2) 若平动子在重力场中运动，请写出机械能在笛卡儿坐标中的表达式.

解　实质上，这是二体问题：一个是平动子，一个是地球. 我们现在所讨论的是平动子对地球表面的相对运动. 选地表面上任一点为笛卡儿坐标系的原点，z 轴垂直地表面向上，地表为 xy 平面. 令地表面上($z=0$)的势能为零，则平动子的动能与势能将分别为

$$T=\frac{1}{2}m(\dot{x}^2+\dot{y}^2+\dot{z}^2)\ ,\ V=mgz\ ,$$

故平动子的机械能为

$$\varepsilon=T+V=\frac{m}{2}(\dot{x}^2+\dot{y}^2+\dot{z}^2)+mgz=\frac{1}{2m}(p_x^2+p_z^2+p_z^2)+mgz. \tag{1.7.2}$$

此能量是守恒的.

【练习】请用下面两种方法证明平动子在重力场中运动的机械能守恒.

(1) 直接证明　$\dfrac{\mathrm{d}\varepsilon}{\mathrm{d}t}=\dfrac{\mathrm{d}(T+V)}{\mathrm{d}t}=0$ ；

(2) 设平动子在始态($t=0$)的速度分量为 $\dot{x}_0,\dot{y}_0,\dot{z}_0$，其位置在 z_0，试证明平动子在任何时刻的总能量皆为

$$\varepsilon=\frac{1}{2}m(\dot{x}_0^2+\dot{y}_0^2+\dot{z}_0^2)+mgz_0.$$

提示　据初值求解 Lagrange 方程.

【例 1.7.2】刚性双原子分子绕质心的转动能.

设两原子的质量分别为 m_1 和 m_2，选质心为笛卡儿坐标系的原点，质量为 m_1 和 m_2 原子的坐标分别为 $x_1,y_1,z_1;x_2,y_2,z_2$，它们与原点的距离分别为 ρ_1 和 ρ_2(图 1.7.2). 由质心的定义知

$$\begin{cases}\dfrac{m_1x_1+m_2x_2}{m_1+m_2}=0,\\[2ex] \dfrac{m_1y_1+m_2y_2}{m_1+m_2}=0,\\[2ex] \dfrac{m_1z_1+m_2z_2}{m_1+m_2}=0.\end{cases}$$

由上式，可得

$$m_1\rho_1=m_2\rho_2,$$

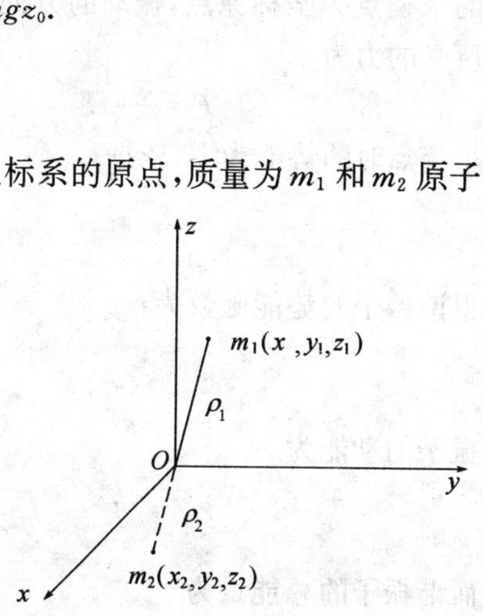

图 1.7.2　刚性双原子分子绕质心的转动

从而

$$\rho_1=\frac{m_2}{m_1+m_2}(\rho_1+\rho_2)=\frac{m_2}{m_1+m_2}R,$$

$$\rho_2=\frac{m_1}{m_1+m_2}(\rho_1+\rho_2)=\frac{m_1}{m_1+m_2}R,$$

其中$R=r_1+r_2$，为两原子的核间距离.

表征物体转动惯性的量是转动惯量.刚性双原子分子绕质心转动的转动惯量为

$$I=m_1\rho_1^2+m_2\rho_2^2=\frac{m_1m}{m_1+m_2}R^2=\mu R^2,$$

其中$\mu=\dfrac{m_1m_2}{m_1+m_2}$，为双原子分子的约化质量.

刚性双原子分子绕质心的转动能在笛卡儿坐标系中的表达式为

$$T=\frac{1}{2}m_1(\dot{x}_1^2+\dot{y}_1^2+\dot{z}_1^2)+\frac{1}{2}m_2(\dot{x}_2^2+\dot{y}_2^2+\dot{z}_2^2)=\frac{1}{2}\left(m_1+\frac{m_1^2}{m_2}\right)(\dot{x}_1^2+\dot{y}_1^2+\dot{z}_1^2).$$

利用单个质点在距原点为r的球面上运动的动能公式(1.7.1b)，可得双原子分子绕质心的转动能在球极坐标中的表达式为

$$\begin{aligned}T&=\frac{1}{2}m_1\rho_1^2(\dot{\theta}^2+\sin^2\theta\,\dot{\varphi}^2)+\frac{1}{2}m_2\rho_2^2(\dot{\theta}^2+\sin^2\theta\,\dot{\varphi}^2)\\&=\frac{1}{2}(m_1\rho_2^2+m_2\rho_2^2)(\dot{\theta}^2+\sin\theta\,\dot{\varphi}^2)\\&=\frac{1}{2}\mu R^2(\dot{\theta}^2+\sin^2\theta\,\dot{\varphi}^2)\\&=\frac{1}{2}I(\dot{\theta}^2+\sin^2\theta\,\dot{\varphi}^2).\end{aligned}$$

【例1.7.3】一维谐振子.

设质量为m的质点在平衡位置附近沿一定方向振动(图1.7.3)，而且质点所受的力为Hooke(胡克)力，这样的振子称为一维谐振子.取振子的平衡点为坐标原点，振动的方向作为x轴，则质点所受的力为

$$F=-kx.$$

图1.7.3　一维谐振子受的力F

令平衡点时的势能为零，依据

$$F=-\frac{\mathrm{d}V}{\mathrm{d}x}=-kx,\tag{1.7.3}$$

则得谐振子的势能函数为

$$V=\frac{1}{2}kx^2.\tag{1.7.4}$$

谐振子的动能为

$$T=\frac{1}{2}m\dot{x}^2,\tag{1.7.5}$$

因而谐振子的总能量为

$$E=T+V=\frac{1}{2}m\dot{x}^2+\frac{1}{2}kx^2.\tag{1.7.6}$$

谐振子的Lagrange函数为

$$L=T-V=\frac{1}{2}m\dot{x}^2-\frac{1}{2}kx^2. \tag{1.7.7}$$

Lagrange 方程为

$$\frac{\mathrm{d}}{\mathrm{d}t}\frac{\partial L}{\partial \dot{x}}-\frac{\partial L}{\partial x}=0,$$

即

$$m\ddot{x}+kx=0. \tag{1.7.8}$$

令 $\omega^2=k/m$,则方程(1.7.8)就变为简谐振动的标准形式

$$\ddot{x}+\omega^2x=0. \tag{1.7.9}$$

该方程的通解为

$$x(t)=C_1\sin\omega t+C_2\cos\omega t, \tag{1.7.10}$$

其中 C_1,C_2 为常量;其值由初始条件确定. 设 $t=0$ 时 $x=x_0$,$\dot{x}=V_0$,因而得

$$C_1=V_0/\omega,\quad C_2=x_0, \tag{1.7.11}$$

故解为

$$x(t)=x_0\cos\omega t+\frac{V_0}{\omega}\sin\omega t. \tag{1.7.12}$$

或者写成

$$x(t)=A\sin(\omega t+\alpha)=\sqrt{\frac{2\varepsilon}{k}}\sin(\omega t+\alpha). \tag{1.7.13}$$

其中

$$A=\sqrt{x_0^2+\frac{V_0^2}{\omega^2}}, \tag{1.7.14}$$

$$\alpha=\arctan^{-1}\left(\frac{x_0\omega}{V_0}\right), \tag{1.7.15}$$

$$\varepsilon=T+V=\frac{1}{2}m\dot{x}^2+\frac{1}{2}kx^2.$$

由此可见,谐振子为周期运动. 其周期为

$$T=\frac{2\pi}{\omega}=2\pi\sqrt{\frac{m}{k}}. \tag{1.7.16}$$

谐振子的周期 T 只由方程决定,它与初始条件无关,即 T 只与系统的本身性质有关,故称为固有周期. 其固有频率为

$$\nu=\frac{1}{T}=\frac{1}{2\pi}\sqrt{\frac{k}{m}}, \tag{1.7.17}$$

而固有角频率为

$$\omega=\frac{2\pi}{T}=2\pi\nu. \tag{1.7.18}$$

由于 $\omega^2=k/m$,因而

$$k=m\omega^2=4\pi^2m\nu^2, \tag{1.7.19}$$

从而谐振子的势能函数为

$$V=\frac{1}{2}kx^2=2\pi^2m\nu^2x^2. \tag{1.7.20}$$

谐振子的总能量

$$
\begin{aligned}
H = T + V &= \frac{1}{2}m\dot{x}^2 + \frac{1}{2}kx^2 \\
&= \frac{1}{2}m[A\omega\cos(\omega t + \alpha)]^2 + 2\pi^2 m\nu^2[A\sin(\omega t + \alpha)]^2 \\
&= \frac{1}{2}mA^2\omega^2\cos^2(\omega t + \alpha) + 2\pi^2 m\nu^2 A^2\sin^2(\omega t + \alpha) \\
&= 2\pi^2 m\nu^2 A^2\cos^2(\omega t + \alpha) + 2\pi^2 m\nu^2 A^2\sin^2(\omega t + \alpha) \\
&= 2\pi^2 m\nu^2 A^2 \\
&= \frac{1}{2}kA^2.
\end{aligned} \tag{1.7.21}
$$

结果表明：一个不受任何外界作用的谐振子，其能量是守恒的. 因为当其动能为零时（此时 $\dot{x}=0$），体系的总能量就等于势能.

振幅 A 为振子距平衡点最大的偏离. 它与初始条件有关（因与 x_0，V_0 有关），$(\omega t+\alpha)$ 称为相位，而 α 称为初相位. 它们也与初始条件有关.

谐振子的固有频率 ν 与 k 和 m 有关：若 k 增大，即刚性增强，则 ν 增大；若 m 增大，即惯性增大，则 ν 减小.

【例 1.7.4】三维各向同性的谐振子.

一个质量为 m 的质点在平衡位置作简谐振动，它受的力为 Hooke 力

$$\boldsymbol{F} = -k\boldsymbol{r}.$$

取平衡点为坐标原点，且平衡点的势能规定为零（图 1.7.4）. 在笛卡儿坐标系中，谐振子的动能与势能分别为

$$T = \frac{1}{2}m(\dot{x}^2 + \dot{y}^2 + \dot{z}^2)\ ,\ V = \frac{1}{2}k(x^2 + y^2 + z^2).$$

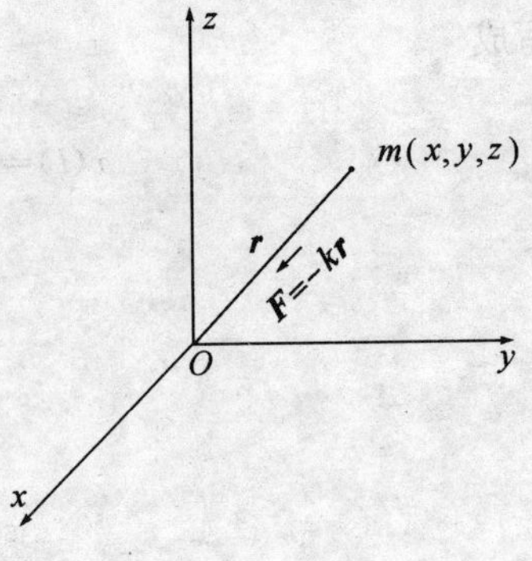

图 1.7.4 三维谐振子受的力 $\boldsymbol{F}$

各向同性表现在弹性常量 k 在各方向上相同.

谐振子的总能量为

$$\varepsilon = \frac{1}{2}m(\dot{x}^2 + \dot{y}^2 + \dot{z}^2) + \frac{1}{2}k(x^2 + y^2 + z^2). \tag{1.7.22}$$

而 Lagrange 函数为

$$L = T - V = \frac{1}{2}m(\dot{x}^2 + \dot{y}^2 + \dot{z}^2) - \frac{1}{2}k(x^2 + y^2 + z^2). \tag{1.7.23}$$

Lagrange 方程为

$$
\begin{cases}
\dfrac{\mathrm{d}}{\mathrm{d}t}\dfrac{\partial L}{\partial \dot{x}} - \dfrac{\partial L}{\partial x} = m\ddot{x} + kx = 0, \\[2ex]
\dfrac{\mathrm{d}}{\mathrm{d}t}\dfrac{\partial L}{\partial \dot{y}} - \dfrac{\partial L}{\partial y} = m\ddot{y} + ky = 0, \\[2ex]
\dfrac{\mathrm{d}}{\mathrm{d}t}\dfrac{\partial L}{\partial \dot{z}} - \dfrac{\partial L}{\partial z} = m\ddot{z} + kz = 0\ .
\end{cases}
$$

令 $\omega^2 = k/m$，即得

$$\begin{cases}\ddot{x}+\omega^2 x=0,\\ \ddot{y}+\omega^2 y=0,\\ \ddot{z}+\omega^2 z=0.\end{cases}$$

类似于一维谐振子的讨论,即得①

$$\begin{cases}x=A_x\sin(\omega t+\delta_x),\\ y=A_y\sin(\omega t+\delta_y),\\ z=A_z\sin(\omega t+\delta_z).\end{cases} \tag{1.7.24}$$

振幅 A_x,A_y,A_z 及初相位 $\delta_x,\delta_y,\delta_z$ 由初值确定. 这样,三维谐振子的势能为

$$V=\frac{1}{2}kr^2=2\pi^2 m\nu^2 r^2=2\pi^2 m\nu^2(x^2+y^2+z^2). \tag{1.7.25}$$

而总能量即为

$$\begin{aligned}\varepsilon&=T+V=\frac{1}{2}m(\dot{x}^2+\dot{y}^2+\dot{z}^2)+\frac{1}{2}k(x^2+y^2+z^2)\\&=\frac{m}{2}[A_x^2\omega^2\cos^2(\omega t+\delta_x)+A_y^2\omega^2\cos^2(\omega t+\delta_y)+A_z^2\omega^2\cos^2(\omega t+\delta_z)]\\&\quad+\frac{k}{2}[A_x^2\sin^2(\omega t+\delta_x)+A_y^2\sin^2(\omega t+\delta_y)+A_y^2\sin^2(\omega t+\delta_z)]\\&=\frac{1}{2}k(A_x^2+A_y^2+A_z^2)=2\pi^2 m\nu^2(A_x^2+A_y^2+A_z^2).\end{aligned} \tag{1.7.26}$$

结果表明:一个不受任何外界作用的谐振子(三维),其能量是守恒的. 因为动能为零时,三维振子的总能量就等于势能.

一个各向同性的三维简谐振子可以分解成频率相同的 3 个一维谐振子之和.

【例 1.7.5】双原子分子的动能、势能及总能量.

设一个双原子分子由 A、B 两个原子组成,原子的质量分别为 m_A 和 m_B,在笛卡儿坐标系中该分子的动能为

$$T=\frac{1}{2}m_A(\dot{x}_A^2+\dot{y}_A^2+\dot{z}_A^2)+\frac{1}{2}m_B(\dot{x}_B^2+\dot{y}_B^2+\dot{z}_B^2). \tag{1.7.27}$$

有时选用其他广义坐标使问题的处理更为方便(选择广义坐标是一种技巧). 对双原子分子,常常选分子质心的笛卡儿坐标 x,y,z 和以某一原子(这里是 A 原子)为极点的球极坐标 r, θ,φ 作为广义坐标来描述双原子分子的空间位置(见图 1.7.5).

现在我们寻找广义坐标 (x,y,z,r,θ,φ) 与笛卡儿坐标 $(x_A,y_A,z_A;x_B,y_B,z_B)$ 的关系式.

根据质心的定义②及笛卡儿坐标与球极坐标的关系,不难得出

---

① 固有周期 $T=\frac{2\pi}{\omega}=2\pi\sqrt{\frac{m}{k}}$, 固有频率 $\nu=\frac{1}{T}=\frac{1}{2\pi}\sqrt{\frac{k}{m}}$, 角频率 $\omega=2\pi\nu$, 弹性常量 $k=4\pi^2 m\nu^2$.

② 质心的定义,设质点系内第 i 质点的质量为 m_i,相对于所指定的参考系的矢径为 $\boldsymbol{r}_i$,由下式定义的"加权平均矢径"(质量相当于权重)

$$\boldsymbol{r}_C=\frac{\sum_i m_i\boldsymbol{r}_i}{\sum_i m_i}=\frac{\sum_i m_i\boldsymbol{r}_i}{M}$$

所表示的几何点 C 称为该质点系的质心,其中 $M=\sum_i m_i$ 是质点系的总质量. 质心反映了系统质量分布的平均位置,是比重心更为精确的概念.

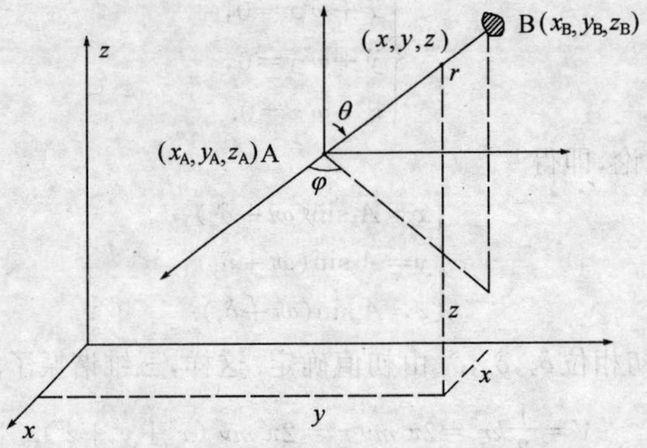

图 1.7.5　双原子分子的坐标

$$\begin{cases} m_A x_A + m_B x_B = (m_A+m_B)x, \\ m_A y_A + m_B y_B = (m_A+m_B)y, \\ m_A z_A + m_B z_B = (m_A+m_B)z, \\ x_B - x_A = r\sin\theta\cos\varphi, \\ y_B - y_A = r\sin\theta\sin\varphi, \\ z_B - z_A = r\cos\theta. \end{cases} \tag{1.7.28}$$

整理后,即得两组坐标之间的关系如下

$$\begin{cases} x_A = x - \dfrac{m_B}{m_A+m_B} r\sin\theta\cos\varphi, \\ y_A = y - \dfrac{m_B}{m_A+m_B} r\sin\theta\sin\varphi, \\ z_A = z - \dfrac{m_B}{m_A+m_B} r\cos\theta, \\ x_B = x + \dfrac{m_A}{m_A+m_B} r\sin\theta\cos\varphi, \\ y_B = y + \dfrac{m_A}{m_A+m_B} r\sin\theta\sin\varphi, \\ z_B = z + \dfrac{m_A}{m_A+m_B} r\cos\theta. \end{cases} \tag{1.7.29}$$

定义　双原子分子的约化质量 $\mu = \dfrac{m_A m_B}{m_A+m_B}$.

因而(1.7.29)式就变为

$$\begin{cases} x_A = x - \dfrac{\mu}{m_A} r\sin\theta\cos\varphi, \\ y_A = y - \dfrac{\mu}{m_A} r\sin\theta\sin\varphi, \\ z_A = z - \dfrac{\mu}{m_A} r\cos\theta, \\ x_B = x + \dfrac{\mu}{m_B} r\sin\theta\cos\varphi, \\ y_B = y + \dfrac{\mu}{m_B} r\sin\theta\sin\varphi, \\ z_B = z + \dfrac{\mu}{m_B} r\cos\theta. \end{cases} \tag{1.7.30}$$

令 $x=q_1, y=q_2, z=q_3, r=q_4, \theta=q_5, \varphi=q_6$，利用

$$T=\frac{1}{2}\sum_{i,j=1}^{6} a_{ij}\dot{q}_i\dot{q}_j,$$

$$a_{ij}=m_A\frac{\partial \boldsymbol{r}_A}{\partial q_i}\frac{\partial \boldsymbol{r}_A}{\partial q_j}+m_B\frac{\partial \boldsymbol{r}_B}{\partial q_i}\frac{\partial \boldsymbol{r}_B}{\partial q_j},$$

即可求得

$$T=\frac{1}{2}(m_A+m_B)(\dot{x}^2+\dot{y}^2+\dot{z}^2)+\frac{1}{2}\mu(\dot{r}^2+r^2\dot{\theta}^2+r^2\sin^2\theta\dot{\varphi}^2). \tag{1.7.31}$$

因为双原子分子绕质心的转动惯量为

$$I=\mu r^2=\frac{m_A m_B}{m_A+m_B}r^2,$$

所以

$$T=\frac{1}{2}(m_A+m_B)(\dot{x}^2+\dot{y}^2+\dot{z}^2)+\frac{1}{2}I\left(\frac{\dot{r}^2}{r^2}+\dot{\theta}^2+\sin^2\theta\dot{\varphi}^2\right). \tag{1.7.32}$$

对于刚性双原子分子，$r=$常量，因而 $\dot{r}=0$，故其动能为

$$T=\frac{1}{2}(m_A+m_B)(\dot{x}^2+\dot{y}^2+\dot{z}^2)+\frac{1}{2}I(\dot{\theta}^2+\sin^2\theta\dot{\varphi}^2). \tag{1.7.33}$$

(1.7.31)式表明，双原子分子的动能可以等价地看做由两部分组成，一部分是质量为总质量 m_A+m_B 的三维平动子，另一部分是质量为约化质量 $\mu=\frac{m_A m_B}{m_A+m_B}$ 的转动子（注意，坐标不同！）.

(1.7.33)式表明，刚性双原子分子的动能可以等价地看做由两部分组成，一部分是质量为总质量 m_A+m_B 的三维平动子，另一部分是转动惯量为 $I=\mu r^2$ 的刚性直线转子（绕质心转动）.

在得到动能表达式后，现在讨论双原子分子的势能.

设双原子之间的作用力遵守Hooke 定律，即

$$F=-k(r-r_e), \tag{1.7.34}$$

其中 r_e 为两原子间的平衡距离. 令平衡点时的势能为零，根据

$$F=-\frac{\mathrm{d}V}{\mathrm{d}r}=-k(r-r_e),$$

即得双原子分子的势能函数为

$$V=\frac{1}{2}k(r-r_e)^2, \tag{1.7.35}$$

式中 k 为弹性常量.

如果两原子之间的作用力不是 r 的线性函数，而是复杂的非线性函数，我们在此不加讨论.

双原子分子的总能量为其动能与势能之和，即

$$\varepsilon=T+V=\frac{1}{2}(m_A+m_B)(\dot{x}^2+\dot{y}^2+\dot{z}^2)+\frac{1}{2}\mu(\dot{r}^2+r^2\dot{\theta}^2+r^2\sin^2\theta\dot{\varphi}^2)+\frac{1}{2}k(r-r_e)^2. \tag{1.7.36}$$

现在定义一个新的坐标

$$\zeta=r-r_e \tag{1.7.37}$$

来取代两原子间的距离（也就是坐标）r，于是得出

$$r=\zeta+r_e, \tag{1.7.38}$$

$$\dot{r}=\dot{\zeta}. \tag{1.7.39}$$

将(1.7.38)和(1.7.39)代入总能量的公式(1.7.36)中，消去r和$\dot{r}$，即得

$$\varepsilon=\frac{1}{2}(m_A+m_B)(\dot{x}^2+\dot{y}^2+\dot{z}^2)+\frac{1}{2}\mu(\zeta+r_e)^2(\dot{\theta}^2+\sin^2\theta\,\dot{\varphi}^2)+\frac{1}{2}\mu\,\dot{\zeta}^2+\frac{1}{2}k\zeta^2. \tag{1.7.40}$$

考虑到分子的弹性常量k一般很大，$\zeta\ll r_e$，于是即得能量ε的近似式如下

$$\varepsilon=\frac{1}{2}(m_A+m_B)(\dot{x}^2+\dot{y}^2+\dot{z}^2)+\frac{1}{2}\mu r_e^2(\dot{\theta}^2+\sin^2\theta\,\dot{\varphi}^2)+\left(\frac{1}{2}\mu\,\dot{\zeta}^2+\frac{1}{2}k\zeta^2\right). \tag{1.7.41}$$

(1.7.41)式表明，双原子分子的总能量可等价地看成由三部分组成：(i)质量为总质量m_A+m_B的三维平动子的能量；(ii)转动惯量为$I=\mu r_e^2$的刚性直线转子的能量；(iii)一个质量为μ而弹性常量为k的一维谐子的能量.

综合1.1～1.7节内容，Lagrange方程解决问题的一般步骤如下：

(1) 明确体系，确定自由度，选广义坐标(完整体系的自由度与广义坐标数相等)，

(2) 写出以Lagrange变量表示的动能公式 $T=T(t,q_i,\dot{q}_i)$，

(3) 写出势能表达式 $V=V(q_i)$，

(4) 写出Lagrange函数 $L=T-V$，

(5) 写出Lagrange方程，

(6) 求解方程，并讨论.

1.8 广义动量和Hamilton变量

完整保守体系的力学运动状态可用Lagrange变量$t,q_i,\dot{q}_i$完全描述. 如果已知初值及Lagrange函数，则体系在任何时刻的运动状态可求解Lagrange方程唯一确定.

描述体系力学状态的变量不是唯一的. Hamilton提出可用t、广义坐标q_i及其共轭广义动量p_i描述体系的力学状态.

定义 广义坐标q_i的共轭广义动量由下式定义

$$p_i\equiv\frac{\partial L}{\partial \dot{q}_i},\quad (i=1,2,\cdots,n). \tag{1.8.1}$$

定义 $t,q_i,p_i(i=1,2,\cdots,n)$称为Hamilton变量或者称为正则变量. n为广义坐标数或自由度.

用正则变量描述体系的力学运动状态时，相应的体系的特性函数是什么?运动方程又是什么? 也就是q_i,p_i的运动规律是什么? 下节就解决这些问题.

【练习】对于保守力学体系，请证明 $p_i\equiv\dfrac{\partial L}{\partial\dot{q}_i}=\dfrac{\partial T}{\partial\dot{q}_i}$.

1.9 Hamilton函数和Hamilton运动方程

我们讨论完整保守力学体系，设其由N个质点组成，自由度为n，即广义坐标数为n，用$q_i(i=1,2,\cdots,n)$表示广义坐标. 现在要找出以t,q_i,p_i为独立变量时的动力学方程及体系的特性函数.

我们从完整保守体系的Lagrange方程出发讨论.

将广义动量的定义式代入Lagrange方程

$$\frac{\mathrm{d}}{\mathrm{d}t}\frac{\partial L}{\partial \dot{q}_i}=\frac{\partial L}{\partial q_i}\quad (i=1,2,\cdots,n),$$

得

$$\frac{\mathrm{d}p_i}{\mathrm{d}t}=\frac{\partial L}{\partial q_i}\quad (i=1,2,\cdots,n);$$

或

$$\dot{p}_i=\frac{\partial L}{\partial q_i}\quad (i=1,2,\cdots,n). \tag{1.9.1}$$

今知

$$L=L(t,q_i,\dot{q}_i)\quad (i=1,2,\cdots,n).$$

故

$$\mathrm{d}L=\sum_{i=1}^{n}\left(\frac{\partial L}{\partial q_i}\mathrm{d}q_i+\frac{\partial L}{\partial \dot{q}_i}\mathrm{d}\dot{q}_i\right)+\frac{\partial L}{\partial t}\mathrm{d}t=\sum_{i=1}^{n}(\dot{p}_i\mathrm{d}q_i+p_i\mathrm{d}\dot{q}_i)+\frac{\partial L}{\partial t}\mathrm{d}t. \tag{1.9.2}$$

应用Legendre(勒让德)变换,将独立变量$t,q_i,\dot{q}_i$变为独立变量t,q_i,p_i.这就需要利用下式

$$p_i\mathrm{d}\dot{q}_i=\mathrm{d}(p_i\dot{q}_i)-\dot{q}_i\mathrm{d}p_i. \tag{1.9.3}$$

将(1.9.3)代入(1.9.2)式,即得

$$\mathrm{d}L=\sum_{i=1}^{n}(\dot{p}_i\mathrm{d}q_i-\dot{q}_i\mathrm{d}p_i)+\sum_{i=1}^{n}\mathrm{d}(p_i\dot{q}_i)+\frac{\partial L}{\partial t}\mathrm{d}t,$$

从而

$$\mathrm{d}\left[\sum_{i=1}^{n}(p_i\dot{q}_i)-L\right]=\sum_{i=1}^{n}(-\dot{p}_i\mathrm{d}q_i+\dot{q}_i\mathrm{d}p_i)-\frac{\partial L}{\partial t}\mathrm{d}t. \tag{1.9.4}$$

定义　$H(t,q_i,p_i)\equiv\sum_{i=1}^{n}p_i\dot{q}_i-L(t,q_i\dot{q}_i)$称为体系的Hamilton函数.

于是,(1.9.4)式就变为

$$\mathrm{d}H=\sum_{i=1}^{n}(-\dot{p}_i\mathrm{d}q_i+\dot{q}_i\mathrm{d}p_i)-\frac{\partial L}{\partial t}\mathrm{d}t. \tag{1.9.5}$$

由于H是t,q_i,p_i的函数,即$H=H(t,q_i,p_i)$,故有

$$\mathrm{d}H=\sum_{i=1}^{n}\left(\frac{\partial H}{\partial q_i}\mathrm{d}q_i+\frac{\partial H}{\partial p_i}\mathrm{d}p_i\right)+\frac{\partial H}{\partial t}\mathrm{d}t. \tag{1.9.6}$$

根据t,q_i,p_i的独立性,因而$\mathrm{d}q_i,\mathrm{d}p_i,\mathrm{d}t$都是任意的.比较(1.9.5)和(1.9.6)两式,即得

$$\begin{cases}\dfrac{\partial H}{\partial p_i}=\dot{q}_i,\\[2mm] \dfrac{\partial H}{\partial q_i}=-\dot{p}_i,\quad (i=1,2,\cdots,n).\\[2mm] \dfrac{\partial H}{\partial t}=-\dfrac{\partial L}{\partial t}\end{cases} \tag{1.9.7}$$

我们将下列微分方程组

$$\frac{\partial H}{\partial p_i}=\dot{q}_i,\quad \frac{\partial H}{\partial q_i}=-\dot{p}_i\quad (i=1,2,\cdots,n) \tag{1.9.8}$$

称为Hamilton运动方程或正则方程.

正则方程是$2n$个一阶微分方程,它与Lagrange方程等价.$H(t,q_i,p_i)$是正则变量t,q_i,p_i的特性函数,质点组的动力学性质完全由Hamilton函数决定,各力学体系的差别就在于$H(t,q_i,p_i)$不同.应当注意,$H(t,q_i,p_i)$及p_i都与广义坐标的选择有关,即不同的广义坐标它们的形式也不同,但正则方程则与坐标的选择无关.

正则方程是Hamilton在1834年得到的,其形式简单而对称.正则(canonical)的意思是变量的微商已解出在方程的一边,它不仅提供了解决力学问题的一个途径,而且为物理学新理论

的建立提供了基础.

顺便指出，Hamilton 函数与 Hamilton 运动方程可根据 Donkin(唐肯)定理得到[①].

【练习】请讨论将Lagrange 变量$t,q_i,\dot{q}_i$表示的Hamilton 函数变为以Hamilton 变量t,q_i,p_i表示的Hamilton 函数的方法.

1.10 Hamilton 函数的物理意义

稳定完整保守力学体系的Hamilton 函数$H(q_i,p_i)$就是体系的机械能. 现在对此加以论证.

$$H(q_i,p_i)\equiv\sum_{i=1}^{n}(p_i\dot{q}_i)-L=\sum_{i=1}^{n}\left(\frac{\partial L}{\partial\dot{q}_i}\dot{q}_i\right)-L=\sum_{i=1}^{n}\left(\frac{\partial T}{\partial\dot{q}_i}\dot{q}_i\right)-L. \tag{1.10.1}$$

由于稳定完整保守力学体系的动能T是广义速度的二次齐函数，根据齐次函数的Euler 定理，知

$$\sum_{i=1}^{n}\left(\frac{\partial T}{\partial\dot{q}_i}\dot{q}_i\right)=2T. \tag{1.10.2}$$

将(1.10.2)代入(1.10.1)式中，即得

$$H(q_i,p_i)=2T-L=T+V. \tag{1.10.3}$$

因此，稳定完整保守力学体系的Hamilton 函数就是体系的动能与势能之和，也就是体系的机械能. 所以这种体系的H有明确的物理意义，而且体系的力学性质完全由它的机械能(但必须写成正则变量的函数)决定.

【练习】请证明完整保守力学体系的Hamilton 函数为

$$H(t,q_i,p_i)=T_2-T_0+V, \tag{1.10.4}$$

其中T_2,T_0与(1.5.13)式中涵义相同.

证
$$\begin{aligned}H(t,q_i,p_i)&\equiv\sum_{i=1}^{n}(p_i\dot{q}_i)-L\\&=\sum_{i=1}^{n}\left(\frac{\partial L}{\partial\dot{q}_i}\dot{q}_i\right)-L=\sum_{i=1}\left(\frac{\partial T}{\partial\dot{q}_i}\dot{q}_i\right)-L.\end{aligned}$$

由于所考虑体系的动能是广义速度的二次函数，即

$$T=T_2+T_1+T_0,$$

而T_2,T_1,T_0分别是广义速度的二次、一次、零次齐函数. 据齐次函数的Euler 定理，即得

$$\sum_{i=1}^{n}\left(\frac{\partial T}{\partial\dot{q}_i}\dot{q}_i\right)=\sum_{i=1}^{n}\left(\frac{\partial T_2}{\partial\dot{q}_i}\dot{q}_i\right)+\sum_{i=1}^{n}\left(\frac{\partial T_1}{\partial\dot{q}_i}\dot{q}_i\right)+\sum_{i=1}^{n}\left(\frac{\partial T_0}{\partial\dot{q}_i}\dot{q}_i\right)=2T_2+T_1.$$

故

$$H(t,q_ip_i)=T_2+T_1-L=2T_2+T_1-T+V=T_2-T_0+V.$$

当体系是稳定体系时，$T_0=0,T_2=T$，于是即得前述的结论；如果体系是非稳定的，则Hamilton 函数将不是体系的机械能.

---

① 高执棣. Donkin 定理及其在热力学中的应用. 大学化学，1989，4(5)，26

1.11　Hamilton 函数随时间变化的定理和能量积分

定理1　对于完整保守力学体系，存在下列恒等式

$$\frac{\mathrm{d}H}{\mathrm{d}t}=\frac{\partial H}{\partial t}. \tag{1.11.1}$$

证　完整保守力学体系的 $H=H(t,q_i,p_i)$，故有

$$\begin{aligned}\frac{\mathrm{d}H}{\mathrm{d}t}&=\sum_{i=1}^{n}\left(\frac{\partial H}{\partial q_i}\frac{\mathrm{d}q_i}{\mathrm{d}t}+\frac{\partial H}{\partial p_i}\frac{\mathrm{d}p_i}{\mathrm{d}t}\right)+\frac{\partial H}{\partial t}\\&=\sum_{i=1}^{n}\left(\frac{\partial H}{\partial q_i}\frac{\partial H}{\partial p_i}-\frac{\partial H}{\partial p_i}\frac{\partial H}{\partial q_i}\right)+\frac{\partial H}{\partial t}\\&=\frac{\partial H}{\partial t}.\end{aligned}$$

推论1　若 H 不显含 t，则 H 是守恒量，即体系的 H 在运动过程中保持不变.

推论2　对于完整保守力学体系，存在下列关系

$$\frac{\mathrm{d}H}{\mathrm{d}t}=-\frac{\partial L}{\partial t}. \tag{1.11.2}$$

而且若 H 不显含 t，则 L 也不显含 t(应注意，但 L 并不守恒).

定理2　稳定完整保守体系的机械能守恒.

证　对于稳定完整保守体系，$H=H(q_i,p_i)$ 不显含 t，因此 H 是守恒量. 又据1.10节知，此种体系的 H 是体系的机械能，所以该体系的机械能是守恒的，即系统在运动中

$$H(q_i,p_i)=\text{常量}, \tag{1.11.3}$$

此式又称为体系的能量积分(第一积分)①.

1.12　循环坐标

定义　若 H 的表式中不显含坐标 q_α，即 $\dfrac{\partial H}{\partial q_\alpha}=0$，则称该坐标为循环坐标.

由于 $\dfrac{\partial H}{\partial q_\alpha}=-\dfrac{\partial L}{\partial q_\alpha}$，因此，循环坐标也可以定义为不显于 L 表式中的坐标. 这两个定义彼此是等价的.

定理　循环坐标 q_α 的共轭广义动量 p_α 在运动中保持不变，即 p_α 为守恒量.

证　由于 q_α 为循环坐标，因而 $\dfrac{\partial H}{\partial q_\alpha}=-\dfrac{\partial L}{\partial q_\alpha}=0$，据正则方程或 Lagrange 方程，可得

$$\dot{p}_\alpha=-\frac{\partial H}{\partial q_\alpha}=\frac{\partial L}{\partial q_\alpha}=0.$$

因此 $p_\alpha=$ 常量，此为体系的动量积分. 它也是一个具有明确物理意义的第一积分.

设体系有 r 个循环坐标，就可以使运动方程组降低 $2r$ 阶. 这就是循环坐标的作用(使求解运动简化).

---

① 凡是只包含 t,q_ip_i 的连续可微方程 $\phi(t,q_ip_i)=0$，对于运动方程的任意解都满足的话，则称此方程为运动方程的第一积分(或首次积分).

若第一积分愈多，表明对体系运动的了解就愈多.

能量积分是一个具有明确物理意义的第一积分.

事实上，对于一个循环坐标，H 中不显含它而且其共轭动量为常量，这样 H 就减少 2 个变量，因而正则方程也就减少 2 个，故一个循环坐标可使正则方程组降低 2 阶，因此 r 个循环坐标就可使正则方程降低 $2r$ 阶.

循环坐标有时又称之为可遗坐标或隐坐标.

循环坐标存在与否取决于力场及坐标的选择.

循环坐标名称的历史来源是在许多力学问题中(有心运动)，描述沿封闭轨道(循环)运动的角 θ 以 2π 为周期的循环，故有循环坐标的名称. 尔后的研究才赋予循环坐标的明确定义.

这里我们谈一个富于启发性的观点. 假如将时间 t 当作广义坐标：若 H 不显含 t，则 t 就是循环坐标，这样 H 就是 t 的共轭广义动量，它是一个守恒量. 这个观点值得深思. 从量子力学中的不确定度关系

$$\Delta q_i \Delta p_i \sim \hbar,$$

$$\Delta E \Delta t \sim \hbar,$$

也可看出这个观点的合理性.

【练习】对于稳定完整保守力学体系，请写出 Hamilton 方程解决问题的步骤.

1.13　Hamilton 方程实例

【例 1.13.1】请分别在笛卡儿坐标系和球极坐标系中写出一个自由三维平动子的 Hamilton 函数和正则方程，求解，并讨论运动情况.

解　设平动子的质量为 m，平动子的自由度为 3，其 Hamilton 函数和正则方程在笛卡儿坐标系和球极坐标系中分别为

笛卡儿坐标系	球极坐标系
$T=\frac{1}{2}m(\dot{x}^2+\dot{y}^2+\dot{z}^2)$	$T=\frac{1}{2}m(\dot{r}^2+r^2\dot{\theta}^2+r^2\sin^2\theta\,\dot{\varphi}^2)$
$V=0$	$V=0$
$L=T-V=\frac{1}{2}m(x^2+y^2+z^2)$	$L=\frac{1}{2}m(\dot{r}^2+r^2\dot{\theta}^2+r^2\sin^2\theta\,\dot{\varphi}^2)$
$p_x=\frac{\partial L}{\partial \dot{x}}=m\dot{x}$	$p_r=\frac{\partial L}{\partial \dot{r}}=m\dot{r}$
$p_y=\frac{\partial L}{\partial \dot{y}}=m\dot{y}$	$p_\theta=\frac{\partial L}{\partial \dot{\theta}}=mr^2\dot{\theta}$
$p_z=\frac{\partial L}{\partial \dot{z}}=m\dot{z}$	$p_\varphi=\frac{\partial L}{\partial \dot{\varphi}}=mr^2\sin^2\theta\,\dot{\varphi}$
$H=T+V=\frac{1}{2m}(p_x^2+p_y^2+p_z^2)$	$H=\frac{1}{2m}\left(p_r^2+\frac{p_\theta^2}{r^2}+\frac{p_\varphi^2}{r^2\sin^2\theta}\right)$
$\dot{x}=\frac{\partial H}{\partial p_x}=\frac{p_x}{m}$	$\dot{r}=\frac{\partial H}{\partial p_r}=\frac{p_r}{m}$
$\dot{y}=\frac{\partial H}{\partial p_y}=\frac{p_y}{m}$	$\dot{\theta}=\frac{\partial H}{\partial p_\theta}=\frac{p_\theta}{mr^2}$
$\dot{z}=\frac{\partial H}{\partial p_z}=\frac{p_z}{m}$	$\dot{\varphi}=\frac{\partial H}{\partial p_\varphi}=\frac{p_\varphi}{mr^2\sin^2\theta}$
$\dot{p}_x=-\frac{\partial H}{\partial x}=0$	$\dot{p}_r=-\frac{\partial H}{\partial r}=\frac{1}{m}\left(\frac{p_\theta^2}{r^3}+\frac{p_\varphi^2}{r^3\sin^2\theta}\right)$
$\dot{p}_y=-\frac{\partial H}{\partial y}=0$	$\dot{p}_\theta=-\frac{\partial H}{\partial \theta}=\frac{1}{m}\frac{p_\varphi^2\cos\theta}{r^2\sin^3\theta}$
$\dot{p}_z=-\frac{\partial H}{\partial z}=0$	$\dot{p}_\varphi=-\frac{\partial H}{\partial \varphi}=0$

在笛卡儿坐标系的6个正则方程中，前3个实际上是动量的定义式，后3个正则方程才给出了平动子运动的规律.

在笛卡儿坐标系中，自由平动子的运动规律和特征最简单明了. 若自由平动子在初时刻 $t=t_0$ 的坐标和动量分别为

$$x_0, y_0, z_0; (p_x)_0, (p_y)_0, (p_z)_0.$$

则由正则方程得知，它在任何时刻 t 的坐标和动量为

$$x(t)=\frac{(p_x)_0}{m}(t-t_0)+x_0,\ y(t)=\frac{(p_y)_0}{m}(t-t_0)+y_0,\ z(t)=\frac{(p_z)_0}{m}(t-t_0)+z_0,$$

$$p_x(t)=(p_x)_0,\ p_y(t)=(p_y)_0,\ p_z(t)=(p_z)_0.$$

结果表明，自由平动子的动量 p_x, p_y, p_z 都是守恒量，即 x, y, z 都为循环坐标. 它在空间运动的轨道为一直线，其直线方程为

$$\frac{x-x_0}{(p_x)_0}=\frac{y-y_0}{(p_y)_0}=\frac{z-z_0}{(p_z)_0};$$

而自由平动子的动能(这里也就是机械能)为

$$H=T=\frac{1}{2m}\left[(p_x)_0^2+(p_y)_0^2+(p_z)_0^2\right].$$

显然，它是守恒的.

【例1.13.2】讨论一个三维平动子在重力场中的运动情况.

解 选地表笛卡儿坐标系，令 $z=0$ 时势能为零.

$$T=\frac{1}{2}m(\dot{x}^2+\dot{y}^2+\dot{z}^2),$$

$$V=mgz,$$

$$L=T-V=\frac{1}{2}m(\dot{x}^2+\dot{y}^2+\dot{z}^2)-mgz,$$

$$p_x=\frac{\partial L}{\partial \dot{x}}=m\dot{x},\ p_y=\frac{\partial L}{\partial \dot{y}}=m\dot{y},\ p_z=\frac{\partial L}{\partial \dot{z}}=m\dot{z},$$

$$H=T+V=\frac{1}{2m}(p_x^2+p_y^2+p_z^2)+mgz,$$

$$\dot{x}=\frac{\partial H}{\partial p_x}=\frac{p_x}{m},\ \dot{y}=\frac{\partial H}{\partial p_y}=\frac{p_y}{m},\ \dot{z}=\frac{\partial H}{\partial p_z}=\frac{p_z}{m},$$

$$\dot{p}_x=-\frac{\partial H}{\partial x}=0,\ \dot{p}_y=-\frac{\partial H}{\partial y}=0,\ \dot{p}_z=-\frac{\partial H}{\partial z}=-mg.$$

若平动子在初时刻 $t=t_0$ 的坐标和动量分别为

$$x_0, y_0, z_0; (p_x)_0, (p_y)_0, (p_z)_0.$$

求解正则方程，得平动子在任何时刻 t 的坐标和动量为

$$x(t)=\frac{(p_x)_0}{m}(t-t_0)+x_0,$$

$$y(t)=-\frac{(p_y)_0}{m}(t-t_0)+y_0,$$

$$z(t)=-\frac{1}{2}g(t-t_0)^2+\frac{(p_z)_0}{m}(t-t_0)+z_0,$$

$$p_x(t)=(p_x)_0,\ p_y(t)=(p_y)_0,\ p_z(t)=-mg(t-t_0)+(p_z)_0.$$

因此一个三维平动子在重力场中运动时，p_x, p_y 是守恒的. 由于有重力的作用，p_z 将不守恒. 而体系的总能量仍是守恒的，因为

$$H=T+V=\frac{1}{2m}[p_x^2+p_y^2+p_z^2]+mgz$$

$$=\frac{1}{2m}\{(p_x)_0^2+(p_y)_0^2+[-mg(t-t_0)+(p_z)_0]^2\}$$

$$+mg\left[-\frac{1}{2}g(t-t_0)^2+\frac{(p_z)_0}{m}(t-t_0)+z_0\right]$$

$$=\frac{1}{2m}[(p_x)_0^2+(p_y)_0^2+(p_z)_0^2]+mgz_0.$$

即体系任意时刻的总能量都与初始时刻的总能量相等.

【例 1.13.3】写出一维谐振子的 Hamilton 函数与正则方程.

解 $L=T-V=\frac{1}{2}m\dot{x}^2-\frac{1}{2}kx^2$,

$$p_x=\frac{\partial L}{\partial \dot{x}}=m\dot{x},$$

$$H=\frac{1}{2m}p_x^2+\frac{1}{2}kx^2,$$

$$\dot{x}=\frac{\partial H}{\partial p_x}=\frac{p_x}{m}\quad（动量定义）,$$

$$\dot{p}_x=-\frac{\partial H}{\partial x}=-kx,\quad 即\ m\ddot{x}=-kx\quad（运动规律）.$$

我们已在 Lagrange 方程的实例中分析了它的运动情况,此不重复.

【例 1.13.4】设一个双原子分子中两原子间是 Hooke 力,请在质心球极坐标系中写出 Hamilton 函数及正则方程.

解　双原子分子中两原子的作用力为 Hooke 力时,则该分子的势能函数为

$$V(r)=\frac{1}{2}k(r-r_0)^2\quad（在平衡点为零位）.$$

以 Lagrange 变量表示的动能函数为

$$T=\frac{1}{2}(m_A+m_B)(\dot{x}^2+\dot{y}^2+\dot{z}^2)+\frac{1}{2}\mu(\dot{r}^2+r^2\dot{\theta}^2+r^2\sin^2\theta\,\dot{\varphi}^2),$$

因而体系的 Lagrange 函数为

$$L=T-V=\frac{1}{2}(m_A+m_B)(\dot{x}^2+\dot{y}^2+\dot{z}^2)+\frac{1}{2}\mu(\dot{r}^2+r^2\dot{\theta}^2+r^2\sin^2\theta\,\dot{\varphi}^2)-\frac{1}{2}k(r-r_e)^2.$$

根据广义动量的定义,与各广义坐标的共轭广义动量为

$$\begin{cases} p_x=\dfrac{\partial L}{\partial \dot{x}}=(m_A+m_B)\dot{x}, \\ p_y=\dfrac{\partial L}{\partial \dot{y}}=(m_A+m_B)\dot{y}, \\ p_z=\dfrac{\partial L}{\partial \dot{z}}=(m_A+m_B)\dot{z}, \end{cases}$$

$$\begin{cases} p_r=\dfrac{\partial L}{\partial \dot{r}}=\mu\dot{r}, \\ p_\theta=\dfrac{\partial L}{\partial \dot{\theta}}=\mu r^2\dot{\theta}, \\ p_\varphi=\dfrac{\partial L}{\partial \dot{\varphi}}=\mu r^2\sin^2\theta\,\dot{\varphi}. \end{cases}$$

Hamilton 函数为

$$H=\frac{1}{2(m_A+m_B)}(p_x^2+p_y^2+p_z^2)+\frac{1}{2\mu}\left(p_r^2+\frac{p_\theta^2}{r^2}+\frac{p_\varphi^2}{r^2\sin^2\theta}\right)+\frac{1}{2}k(r-r_e)^2.$$

正则方程为

$$\dot{p}_x=-\frac{\partial H}{\partial x}=0,$$

$$\dot{p}_y=-\frac{\partial H}{\partial y}=0,$$

$$\dot{p}_z=-\frac{\partial H}{\partial z}=0;$$

$$\dot{p}_r=-\frac{\partial H}{\partial r}=\frac{1}{\mu}\left(\frac{p_\theta^2}{r^3}+\frac{p_\varphi^2}{r^3\sin^2\theta}\right)-k(r-r_e),$$

$$\dot{p}_\theta=-\frac{\partial H}{\partial \theta}=\frac{1}{\mu}\left(\frac{p_\varphi^2\cos\theta}{r^2\sin^3\theta}\right),$$

$$\dot{p}_\varphi=-\frac{\partial H}{\partial \varphi}=0;$$

$$\dot{x}=\frac{\partial H}{\partial p_x}=\frac{p_x}{m_A+m_B},$$

$$\dot{y}=\frac{\partial H}{\partial p_y}=\frac{p_y}{m_A+m_B},$$

$$\dot{z}=\frac{\partial H}{\partial p_z}=\frac{p_z}{m_A+m_B};$$

$$\dot{r}=\frac{\partial H}{\partial p_r}=\frac{p_r}{\mu},$$

$$\dot{\theta}=\frac{\partial H}{\partial p_\theta}=\frac{p_\theta}{\mu r^2},$$

$$\dot{\varphi}=\frac{\partial H}{\partial p_\varphi}=\frac{p_\varphi}{\mu r^2\sin^2\theta}.$$

前 6 个方程是运动规律，后 6 个方程则为广义动量的定义.

【例1.13.5】请用正则方程讨论一个电子(质量为m，电荷为$-e$)和一个核子(质量为M，电荷为ze)所组成的类氢离子.

电子与核子之间的作用力F是一种向心力，称为Coulomb(库仑)力

$$F=-\frac{ze^2}{r^2},$$

因而体系的势能为

$$V(r)=-\frac{ze^2}{r}\quad(r\to\infty\text{为零位}).$$

在质心球极坐标系中，体系的Hamilton 函数为

$$H=T+V=\frac{1}{2(M+m)}(p_x^2+p_y^2+p_z^2)+\frac{1}{2\mu}\left(p_r^2+\frac{p_\theta^2}{r^2}+\frac{p_\varphi^2}{r^2\sin^2\theta}\right)-\frac{ze^2}{r}.$$

因$M\gg m$，故$\mu\equiv\dfrac{Mm}{M+m}\approx m$，而且我们只考虑电子相对于核子的运动.这样，体系的Hamilton 函数为

$$H(q,p)=\frac{1}{2m}\left(p_r^2+\frac{p_\theta^2}{r^2}+\frac{p_\varphi^2}{r^2\sin^2\theta}\right)-\frac{ze^2}{r}.$$

正则方程为

$$\dot{p}_r=-\frac{\partial H}{\partial r}=\frac{p_\varphi^2}{mr^3}+\frac{p_\varphi^2}{mr^3\sin^2\theta}-\frac{ze^2}{r^2},$$

$$\dot{p}_\theta=-\frac{\partial H}{\partial \theta}=\frac{p_\varphi^2\cos\theta}{mr^2\sin^3\theta},$$

$$\dot{p}_\varphi=-\frac{\partial H}{\partial \varphi}=0,$$

$$\dot{r}=\frac{\partial H}{\partial p_r}=\frac{p_r}{m},$$

$$\dot{\theta}=\frac{\partial H}{\partial p_\theta}=\frac{p_\theta}{mr^2},$$

$$\dot{\varphi}=\frac{\partial H}{\partial p_\varphi}=\frac{p_\varphi}{mr^2\sin^2\theta}.$$

因为 H 中不含 φ，故 φ 为循环坐标，因而 $p_\varphi=C=$常量，它是一个积分常量. 这样，正则方程降低两阶，由解 6 个方程而变为解下面 4 个方程：

$$\dot{p}_r=\frac{p_\theta^2}{mr^3}+\frac{p_\varphi^2}{mr^3\sin^2\theta}-\frac{ze^2}{r^2},$$

$$\dot{r}=\frac{p_r}{m};$$

$$\dot{p}_\theta=\frac{p_\varphi^2\cos\theta}{mr^2\sin^3\theta},$$

$$\dot{\theta}=\frac{p_\theta}{mr^2}.$$

它们可以化为下面 2 个二阶微分方程

$$m\ddot{r}-mr\dot{\theta}^2-\frac{C^2}{mr^3\sin^2\theta}+\frac{ze^2}{r^2}=0,$$

$$\frac{\mathrm{d}}{\mathrm{d}t}(mr^2\theta)=\frac{C^2\cos\theta}{mr^2\sin^3\theta}.$$

这两个方程中都不包含 φ，故知电子相对于核的运动是在一平面上. 一个在向心场中运动的质点一定运行于某个通过力场中心的平面内，这是向心力场中质点运动的一个特征.

如果令此平面为 $\varphi=0$ 的平面，则 $\dot{\varphi}=0$，因而 $C=0$. 这样，电子在此平面内的运动方程就变为

$$m\ddot{r}-mr\dot{\theta}^2+\frac{ze^2}{r^2}=0,$$

$$\frac{\mathrm{d}}{\mathrm{d}t}(mr^2\dot{\theta})=0.$$

由第二式，即得

$$mr^2\dot{\theta}=p_\theta=\text{常量}=p.$$

再将它代入前式，即得

$$m\ddot{r}-\frac{p^2}{mr^3}+\frac{ze^2}{r^2}=0.$$

习　题

1.1　请求下列质点(原子)组的自由度:

(1) 刚性的直线三原子分子,

(2) 刚性非直线三原子分子,

(3) N 个原子组成的刚体,

(4) N 个原子组成的非刚性体.

1.2　请根据笛卡儿坐标与球极坐标之间的关系,具体写出或验证(1.3.5)到(1.3.12)式.

1.3　请论证 n 个原子的直线分子绕质心的转动能在球极坐标中的表达式为:

$$T=\frac{1}{2}I(\dot{\theta}^2+\sin^2\theta\,\dot{\varphi}^2),$$

其中

$$I=\sum_{i=1}^{n}m_i\rho_i^2.$$

而 ρ_i 是第 i 原子到质心的距离.

1.4　一个刚性双原子分子绕质心转动,设两原子的质量分别为 m_{A} 和 m_{B},两原子核间距离为 r_{e}.

(1) 写出分子的约束方程,并求分子的自由度.

(2) 选质心为球极坐标的原点,请论证刚性双原子分子的动能与一个质量为 $\mu=\dfrac{m_{\mathrm{A}}m_{\mathrm{B}}}{m_{\mathrm{A}}+m_{\mathrm{B}}}$ 的质点在半径为 r_{e} 的球面上运动的动能表达式相同.

(3) 若刚性双原子分子绕通过质心且垂直于两原子连线的轴转动,请解答问题(1)与(2).

1.5　请写出刚性双原子分子动能二次型对应的系数矩阵,并验证动能二次型是正定的.

1.6　设双原子分子中的两原子间的作用力服从Hooke 定律,请写出双原子分子在质心球极坐标$(x,y,z;r,\theta,\varphi)$中的 Lagrange 函数及 Lagrange 方程.

1.7　质量为 m 的一个质点,在保守力场中运动的势能为 V.

(1) 请用解析法与线元法分别得出动能在柱坐标(ρ,φ,z)中的表达式.

(2) 写出在柱坐标系中的Lagrange 方程.

1.8　设一个三维各向同性谐振子平衡位置的向径为 $\boldsymbol{r}_{\mathrm{e}}$,在向径 $\boldsymbol{r}$ 处受的力为

$$\boldsymbol{F}=-k(\boldsymbol{r}-\boldsymbol{r}_{\mathrm{e}}).$$

(1) 请得出该振子势能函数的一般形式.若选平衡位置为坐标原点,并规定在平衡位置的势能为零,请写出在此条件下的势能函数.

(2) 请写出三维各向同性谐振子的 Hamilton 函数与正则方程.

1.9　若一个双原子分子的势能是Morse(莫尔斯)势能函数

$$V(r)=D_{\mathrm{e}}[1-\mathrm{e}^{-a(r-r_{\mathrm{e}})}]^2,$$

其中 D_{e} 与 a 是两个与分子性质有关的常量.

(1) 请在质心球极坐标中写出该分子的Hamilton 函数和正则方程.

(2) 写出 $\dfrac{r_{\mathrm{e}}}{r}\to 1$ 时的势能近似式.

(3) 请说明 D_{e} 与 a 的物理意义.

第 2 章　微观运动状态的经典描述

2.1　体系和子体系

统计力学所研究的对象是由大量的按照一定的力学规律运动的子系统(粒子)所构成的体系.

我们所处理的体系可能千差万别,但多数情况下是由同类或几类的大量子系统所构成的.所涉及的子系统有分子、原子、离子、电子、光子、核子、声子及胶体质点等.

依据子系统之间是否存在相互作用,体系可分为独立子体系与相依子体系两类.

独立子体系是子系统之间的相互作用微弱到可以忽略不计的程度,即相互作用的平均能量远小于单个粒子的平均能量.这种体系的总能量E就等于各个子系统能量ε_i之和,设N为体系的子系统数,而ε_i为第i个子系统的能量,则

$$E=\sum_{i=1}^{N}\varepsilon_i \tag{2.1.1}$$

当然,如果考虑重力场或有其他外场(如电磁场)存在时,还应加上体系与这些场的相互作用能.理想气体、光子气、金属中的电子气等都可以近似地归为独立子体系.

相依子体系是子系统之间的相互作用不能忽略的体系,其总能量为

$$E=\sum_{i=1}^{N}\varepsilon_i+V(x_1,y_1,z_1,\cdots,x_N,y_N,z_N) \tag{2.1.2}$$

式中V是子系统总的相互作用能即体系的势能,它是N个子系统位置坐标的函数.ε_i是粒子i的动能.

另外,依据子系统的运动特点又可将体系分为定域子体系和离域子体系.

子系统的运动被局限在体系中某一小的空间范围内的体系称为定域子体系.这种体系中的同类子系统是可以分辨的.例如晶体中的N个同类原子总是在固定的平衡位置附近作振动,它们可以用位置编号的方式加以区别.故晶体是定域子体系.子系统可在体系的整个空间范围内运动的体系称为离域子体系(或非定域子体系).这种体系中的全同粒子从量子力学观点看是不可分辨的,即两个全同粒子交换后不产生新的量子态(微观粒子的全同性原理),但从经典力学原理看全同粒子是可以分辨的.有关这个问题将在3.3节中专门讨论.

统计力学从宏观物体是由大量的按照一定力学规律运动的微观粒子(子系统)构成的这一事实出发,认为处在一定宏观条件(如N,V,E固定)下的宏观体系,其可能到达的微观状态是非常之多的,因为给定的宏观条件不能对它们的出现概率给予任何限制,于是可以认为各种可能到达的微观状态都有机会出现.这样便形成了一个关于宏观量的统计基本原理.

体系的任一宏观量都是在一定宏观条件下所有可能到达的微观运动状态的微观量的统计平均值.

由此可见,体系的宏观量是统计性质,并不是体系在某一时刻某一微观运动状态的性质.因此,统计力学是关于统计性质的理论.

以微观粒子服从经典力学定律而建立的统计理论称为经典统计力学；以微观粒子服从量子力学定律而建立的统计理论称为量子统计力学. 经典与量子统计在统计原理上相同，两者的主要区别在微观状态的描述上，因此我们分别讨论之. 经典力学是量子力学的极限情况，在经典极限下，两种力学的微观状态具有确定的对应关系，这将在第 3 章最后加以讨论.

2.2　微观运动状态的经典描述——相空间

先介绍单个粒子而后再讲述体系的微观运动状态.

2.2.1　单个粒子运动状态的经典描述——μ 空间

假设微观粒子遵从经典力学规律，若单个粒子的自由度为 s，则粒子在任一时刻 t 的力学运动状态可由粒子的 s 个广义坐标 q_i 和 s 个广义动量 $p_i(i=1,2,\cdots,s)$ 得到完全的描述. 通常用下面的符号表示力学运动状态

$$\{q_i(t),p_i(t)\}\equiv(q_1,q_2,\cdots,q_s;p_1,p_2,\cdots,p_s).$$

其中广义坐标和广义动量都是时间参量 t 的函数.

粒子的能量 ε 是广义坐标和广义动量的函数

$$\varepsilon=\varepsilon(q_1,q_2,\cdots,q_s;p_1,p_2,\cdots,p_s).\tag{2.2.1}$$

当存在外场时，ε 还是描述外场参量的函数.

我们可以形象地用几何方法表示一个粒子的力学运动状态. 为此，用 $(q_1,q_2,\cdots,q_s;p_1,p_2,\cdots,p_s)$ 共 $2s$ 个变量作成直角(正交)坐标轴，构成一个 $2s$ 维的概念空间. 这个空间命名为子的相空间或称 μ 空间或 μ 相宇(μ-molecule，相-运动，宇-空间). 这样，单个粒子在某时刻 t 的力学运动状态 $\{q_i(t),p_i(t)\}$ 就可用 μ 空间中的一个点表示. 因此，μ 空间中的点就是粒子运动状态的代表点或称为相点，粒子按照 Hamilton 方程运动时，相应的代表点在 μ 空间中移动，相点在 μ 空间中所走的连续轨迹称为相轨道.

现实的空间是三维的位形空间，在经典力学中假定是 Euclidean(欧几里得)空间，这种空间是绝对的，即它与物质及运动无关. 粒子在位形空间中所走的轨迹称为位形轨道，它与相轨道不同，位形轨道只反映出粒子在位形空间中的位置移动，并不能表征出粒子的整个运动状态(动量表示不出来).

在经典力学中，采用微观粒子的坐标和动量(或速度)所描述的运动状态称为经典的微观运动状态，每一个微观状态在相空间中用一个点来代表.

粒子处在 $q_i\to q_i+\mathrm{d}q_i,p_i\to p_i+\mathrm{d}p_i(i=1,2,\cdots,s)$ 范围内的微观运动状态，在 μ 空间中用体积元

$$\mathrm{d}\omega=\prod_{i=1}^{s}\mathrm{d}q_i\mathrm{d}p_i\tag{2.2.2}$$

代表，它是一个连续区域. 这是根据相空间坐标的正交性写出的.

粒子处在等能面 $\varepsilon\to\varepsilon+\mathrm{d}\varepsilon$ 之间的微观状态，在 μ 空间中用下列的相体积

$$\int\cdots\int_{\varepsilon\to\varepsilon+\mathrm{d}\varepsilon}\mathrm{d}q_1\mathrm{d}q_2\cdots\mathrm{d}q_s\mathrm{d}p_1\mathrm{d}p_2\cdots\mathrm{d}p_s\tag{2.2.3}$$

代表，它仍是连续区域. 该积分的具体求算留到 3.4 节中讨论.

现在举两个重要的实例加以说明.

【例 2.2.1】自由质点(通常称为自由粒子).

自由粒子就是不受任何力的作用而自由运动的粒子.理想气体分子,金属中的自由电子都可看做自由粒子.

当自由粒子在三维的位形空间中运动时,它的自由度 $s=3$,在笛卡儿坐标系中,粒子在任一时刻的坐标与动量为

$$x,y,z;\quad p_x=m\dot{x},\ p_y=m\dot{y},\ p_z=m\dot{z},$$

其中 m 为粒子的质量,自由粒子的总能量就是它的动能(取势能常量为零)

$$\varepsilon=\frac{1}{2m}\left(p_x^2+p_y^2+p_z^2\right).\tag{2.2.4}$$

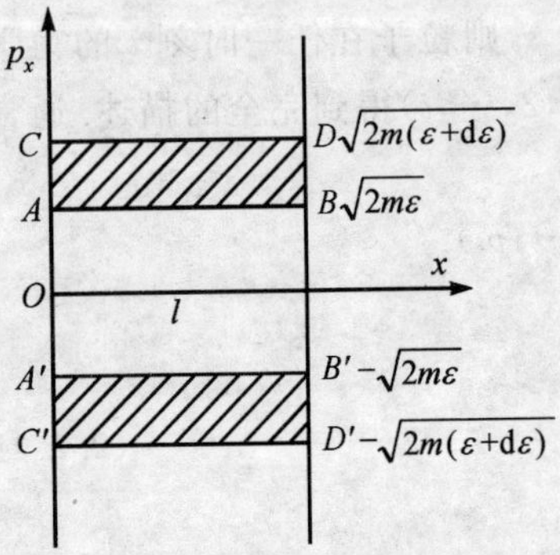

图 2.2.1　一维自由平动子的等能面或相轨道

为了便于直观理解 μ 空间的概念,我们讨论一维自由粒子在 μ 空间中的运动状态.以 x 和 p_x 为正交坐标构成二维的 μ 空间(如图 2.2.1 所示).设一维容器的长为 l,则 x 可取由 $0\sim l$ 之间的任何数值.设粒子遵循经典力学规律,p_x 原则上可以取 $-\infty\sim+\infty$ 之间的任何数值.粒子的任何一个运动状态 (x,p_x) 可由 μ 空间中上述范围内的一个点代表.

当具有一定能量(因而也就具有相应动量)的粒子在 μ 空间中运动时,它的相轨道是平行于 x 轴的两条直线,而直线与 x 轴的距离都等于 p_x 的数值,由此可以看出,对于确定能量的自由粒子,其微观运动状态用两条连续的直线表示.它们既是能量曲面,又是相轨道.

现在考虑能量在 $\varepsilon\to\varepsilon+d\varepsilon$ 之间的所有可能到达的运动状态.

对于自由粒子,能量与动量的关系在一维情况下为

$$\varepsilon=\frac{1}{2m}p_x^2.\tag{2.2.5}$$

因此,能量 ε 对应的动量为 $p_x=\pm\sqrt{2m\varepsilon}$,能量 $\varepsilon+d\varepsilon$ 对应的动量为 $p_x=\pm\sqrt{2m(\varepsilon+d\varepsilon)}$.所以,粒子的能量在 $\varepsilon\to\varepsilon+d\varepsilon$ 之间的所有可能到达的运动状态在 μ 空间中即为两个长方形 $ABCD$ 和 $A'B'C'D'$ 的区域代表,每个长方形的面积(相体积)在数值上为

$$l\sqrt{2m}\left(\sqrt{\varepsilon+d\varepsilon}-\sqrt{\varepsilon}\right).$$

三维自由粒子,用以描述其运动状态的 μ 空间是六维的,它不易直观地在纸上画出其图形.但可以将这六维的 μ 空间分解为 3 个二维子空间,在每一子空间中描述粒子沿一个坐标轴的运动,其情况与一维自由粒子完全相似,此处不再详述.

μ 空间并不是自由粒子实际运动的现实坐标空间(位形空间).对于一维粒子,其位形空间是一维的,粒子实际运动的位形轨道为 x 轴上的 $0\to l$ 段,而 μ 空间是二维的,对于能量为 ε 的粒子,在 μ 空间中的相轨道为 AB 线与 $A'B'$ 线.

一维自由粒子的相轨道由 Hamilton 方程所规定:

$$\dot{x}=\frac{\partial H}{\partial p_x},\quad \dot{p}_x=-\frac{\partial H}{\partial x}=0.\tag{2.2.6}$$

它的解为

$$x=\frac{(p_x)_0}{m}t+x_0,\quad p_x=(p_x)_0=\text{常量}.\tag{2.2.7}$$

在物理学中,Hamilton 函数和它的微商必须是单值连续函数.根据Hamilton 方程,经过相空间中任何一点的相轨道只能有一个(因为轨道方向完全由 $\dot{q}_i$ 与 $\dot{p}_i$ 决定).当自由粒子从不同的初态出发运动时,在相空间中的代表点就沿着不同的相轨道运动,这些不同的相轨道要么是互不相交,要么是完全重合,这由所给的初值而定.

对于一定能量的自由粒子,它的能量将不随时间而变,故

$$H(x,p_x)=\frac{p_x^2}{2m}=E\quad(\text{常量}).\tag{2.2.8}$$

此式是正则方程的能量积分(第一积分),在 μ 空间中方程(2.2.8)代表一个 $(2s-1)=1$ 维的曲面,名为能量曲面.能量守恒的体系在 μ 空间中的代表点所走的轨道一定位于能量曲面上,图 2.2.1 中 AB 和 $A'B'$ 就是能量为 ε 的能量曲面,它是一维的.

【例 2.2.2】一维简谐振子.

质量为 m 的质点,在平衡位置沿一定方向振动的谐振子,它的固有周期、频率及角频率分别为

$$T=2\pi\sqrt{\frac{m}{k}},\quad \nu=\frac{1}{T}=\frac{1}{2\pi}\sqrt{\frac{k}{m}},\quad \omega=2\pi\nu=\sqrt{\frac{k}{m}}\ .\tag{2.2.9}$$

这些量都是由弹性常量 k 与质量 m 决定.

一维谐振子的自由度为1,在任一时刻振子的位置由它离开平衡位置(取作坐标原点)的位移 x 确定,其共轭动量为 $p=m\dot{x}$,谐振子的能量是动能与势能之和,即

$$\varepsilon=\frac{p^2}{2m}+\frac{k}{2}x^2=\frac{p^2}{2m}+\frac{1}{2}m\omega^2x^2.\tag{2.2.10}$$

以 x、p 为直角坐标可以构成二维的 μ 空间(如图 2.2.2 所示),振子在任一时刻 t 的运动状态由 μ 空间中的一个点表示,振子按 Hamilton 方程运动时,它的运动状态将随时间 t 而变化,其代表点在 μ 空间中将描绘出一条轨道(相轨道).

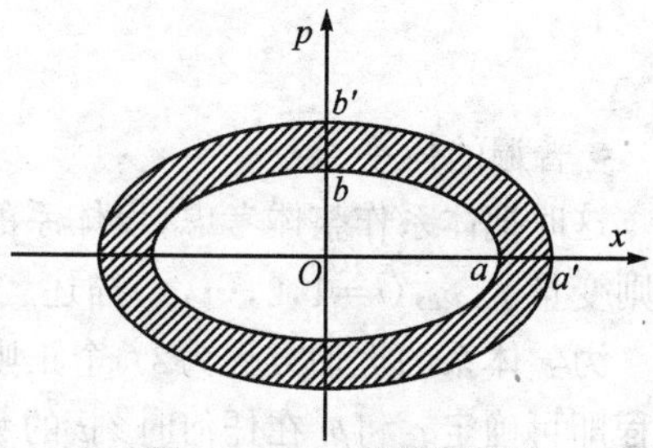

图 2.2.2 一维简谐振子等能面或相轨道

能量确定的一维谐振子,代表点在 μ 空间中的相轨道就是方程(2.2.10)所代表的椭圆,将(2.2.10)式写成椭圆方程的标准形式

$$\frac{p^2}{2m\varepsilon}+\frac{x^2}{2\varepsilon/m\omega^2}=1,\tag{2.2.11}$$

或

$$\frac{p^2}{\left(\sqrt{2m\varepsilon}\right)^2}+\frac{x^2}{\left(\sqrt{2\varepsilon/m\omega^2}\right)^2}=1.\tag{2.2.12}$$

由此可见,椭圆的两个半轴分别等于 $\sqrt{2m\varepsilon}$ 和 $\sqrt{2\varepsilon/m\omega^2}$,而椭圆的面积为(即能量从 $0\to\varepsilon$ 的相体积):

$$S=\pi(oa)(ob)=\pi\sqrt{\frac{2\varepsilon}{m\omega^2}}\sqrt{2m\varepsilon}=\frac{2\pi\varepsilon}{\omega}=\frac{\varepsilon}{\nu}\ .\tag{2.2.13}$$

经典谐振子的能量 ε 在规定平衡位置的势能为零的条件下可取任何正值.能量不同,μ 空间中的椭圆也就不同,这些不同能量的椭圆就是能量曲面或等能面.

现在考虑能量在 $\varepsilon\to\varepsilon+\Delta\varepsilon$ 之间的谐振子的可能运动状态,它们就是 μ 空间中两个椭圆所

夹的面积，即椭圆壳层（相体积），其面积为

$$\Delta S = \frac{\varepsilon + \Delta\varepsilon}{\nu} - \frac{\varepsilon}{\nu} = \frac{\Delta\varepsilon}{\nu}. \tag{2.2.14}$$

而两个椭圆的长短半轴分别为

$$oa = \sqrt{\frac{2\varepsilon}{m\omega^2}}, \qquad ob = \sqrt{2m\varepsilon};$$

$$oa' = \sqrt{\frac{2(\varepsilon + \Delta\varepsilon)}{m\omega^2}}, \qquad ob' = \sqrt{2m(\varepsilon + \Delta\varepsilon)}.$$

顺便指出，三维谐振子的 μ 空间是六维的，不易直观地用图形表示.

2.2.2 体系微观运动状态的经典描述——Γ 空间

在前述单个粒子运动状态的经典描述基础上，现在讨论由大量粒子组成的体系的微观运动状态的经典描述问题.

● 近独立子体系

设体系由 N 个全同粒子组成，每个粒子的自由度为 s，在任一时刻 t，第 i 个粒子的力学运动状态由 s 个广义坐标和 s 个广义动量描述

$$(q_{i1}, q_{i2}, \cdots, q_{is}; p_{i1}, p_{i2}, \cdots, p_{is})$$

体系的自由度 $f=Ns$，因而体系在任一时刻 t 的力学运动状态将由 $2Ns$ 个正则变量描述

$$(q_{i1}, q_{i2}, \cdots, q_{is}; p_{i1}, p_{i2}, \cdots, p_{is}) \quad (i = 1, 2, \cdots, N).$$

若体系含有 k 种粒子，第 j 种粒子共有 N_j 个，第 j 种粒子的自由度为 s_j，则体系的自由度为

$$f = \sum_{j=1}^{k} N_j s_j.$$

● 普遍的体系

这时把体系作整体考虑，设体系的自由度为 f，因而体系在任一时刻 t 的力学状态由 $2f$ 个正则变量 $q_i, p_i, (i=1,2,\cdots,f)$ 描述.

力学体系的运动方程为 $2f$ 个正则方程. 给定起始时刻 t_0 的初值 $q_i(0)$ 和 $p_i(0)$ 之后，由正则方程即可确定 q_i 和 p_i 在任何时刻 t 的数值，因而这个体系的力学运动状态就完全确定了. 因此，一组 q_i, p_i 的数值确定体系的运动状态.

我们可以用几何方法表示体系的力学运动状态. 用 $2f$ 个正则变量 $q_1, q_2, \cdots, q_f; p_1, p_2, \cdots, p_f$ 为正交坐标构成一个 $2f$ 维的概念空间，Gibbs 首先称其为体系的相空间或相宇. 后来，Ehrenfest（厄伦菲斯特）称为 Γ 空间（Γ 取之 Gas 的字头）. 体系在任一时刻的运动状态在 Γ 空间中用一个点表示. 因此，Γ 空间中的点就是体系运动状态的代表点，也称为相点. 体系的力学运动状态按正则方程

$$\begin{cases} \dot{q}_i = \dfrac{\partial H}{\partial p_i}, \\ \dot{p} = -\dfrac{\partial H}{\partial q_i} \end{cases} \quad (i = 1, 2, \cdots, f) \tag{2.2.15}$$

运动时，相应的代表点就在 Γ 空间中移动出一条连续的相轨道.

对于保守力学体系，Hamilton 函数和它的微商必须是单值函数，根据正则方程(2.2.15)，经过 Γ 空间中任何一点的轨道只能有一个，这是因为相轨道的运动方向完全由 $\dot{q}_i$ 和 $\dot{p}_i$ 决定. 当

体系从不同的初态出发而运动时，代表点在Γ空间中就沿着不同的相轨道运动，这些不同的相轨道要么是互不相交，要么是完全重合，这由所给的初值而定.

应当指出，若H为多值函数或者它显含t时，经过Γ空间中某一点的相轨道在不同时刻的方向可以不同，此时轨道有可能相交.

稳定完整保守力学体系的能量是守恒的，而且该体系的H就是体系的总能量，故有

$$H(q_i, p_i) = E \quad (i = 1, 2, \cdots, f), \tag{2.2.16}$$

其中总能量E是常量，它是正则方程的一个积分常量(或能量积分). 在Γ空间中方程(2.2.16)代表一个$2f-1$维的超曲面，名为能量曲面(或能量表面)，稳定完整保守力学体系在Γ空间中的代表点所走的相轨道一定位于能量曲面上.

Γ空间中的体积元为

$$\mathrm{d}\Omega = \mathrm{d}q_1\mathrm{d}q_2\cdots\mathrm{d}q_f\mathrm{d}p_1\mathrm{d}p_2\cdots\mathrm{d}p_f = \prod_{i=1} \mathrm{d}q_i\mathrm{d}p_i. \tag{2.2.17}$$

体系处在等能面$E \to E+\mathrm{d}E$间隔内的相体积为

$$\int\cdots\int_{E\to E+\mathrm{d}E} \mathrm{d}q_1\mathrm{d}q_2\cdots\mathrm{d}q_f\mathrm{d}p_1\mathrm{d}p_2\cdots\mathrm{d}p_f.$$

对于独立子体系，Γ空间的体积元与μ空间的体积元的关系为

$$\mathrm{d}\Omega = \mathrm{d}\omega_1\mathrm{d}\omega_2\cdots\mathrm{d}\omega_N = \prod_{i=1}^{N} \mathrm{d}\omega_i. \tag{2.2.18}$$

经典力学中质点的运动是连续的轨道运动. 这个特征决定了质点的运动原则上是可以被跟踪的，只要确定每个粒子在初始时刻的位置. 所以，尽管全同粒子的内禀属性完全相同，但原则上仍然能加以辨别，这就得到了一个重要的结论：在经典力学中，全同粒子是可以分辨的. 由此可得，在全同多粒子体系中，任意两个经典粒子的交换将会在Γ空间中变到新的区域，即得到不同的运动状态. 这一点与量子粒子有原则性区别，在 3.3 节我们将会知道，全同的量子粒子的交换不产生新的量子态(量子粒子的全同性原理或全同量子粒子的不可分辨性).

设全同多粒子体系中，第i, j粒子的运动状态分别为

$$i\text{ 粒子}：(q'_1, q'_2, \cdots, q'_r; p'_1, p'_2, \cdots, p'_r)$$

$$j\text{ 粒子}：(q''_1, q''_2, \cdots, q''_r; p''_1, p''_2, \cdots, p''_r)$$

若将两个粒子交换，则交换后第i, j粒子的运动状态将分别变为

$$i\text{ 粒子}：(q''_1, q''_2, \cdots, q''_r; p''_1, p''_2, \cdots, p''_r)$$

$$j\text{ 粒子}：(q'_1, q'_2, \cdots, q'_r; p'_1, p'_2, \cdots, p'_r)$$

交换前后的力学运动状态显然是不同的，用相空间语言说，两粒子i, j交换前后Γ空间中的代表点在不同的区域.

对于由N个全同的独立子组成的体系，可用μ空间表示. 这样，N个全同的独立子在同一时刻的运动状态在μ空间中则用N个点表示. 应当注意，体系的运动状态在Γ空间中只用一个点代表，而在μ空间中则需用N个点代表. Γ空间的表示法是普遍的，对一切力学体系都适用，它是经典统计力学中的基本方法. 用μ空间表示的运动状态是特殊的方法，它只适用于独立子体系.

全同多粒子体系中任意两个粒子交换产生新的运动状态的结论，在用μ空间表示法中最为明显. 我们用每个粒子只有一个自由度为例加以说明.

交换前第i粒子的运动状态为(q', p')，第j个粒子的运动状态为(q'', p'').

交换后第i粒子的运动状态为(q'', p'')，第j个粒子的运动状态为(q', p').

图 2.2.3～2.2.4 表示交换前后运动状态不同的情况.

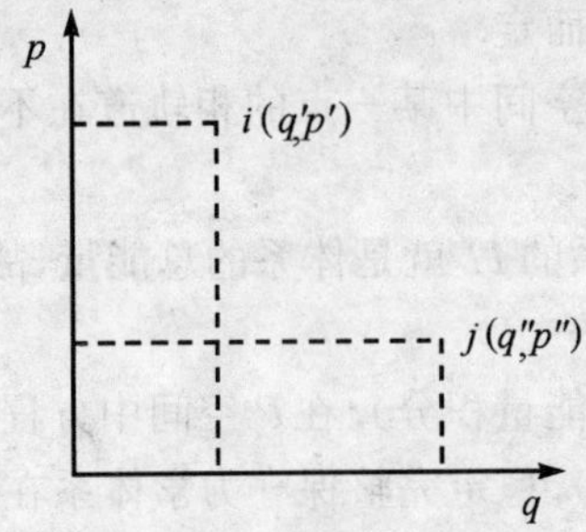

图 2.2.3　i,j 粒子交换前的运动状态

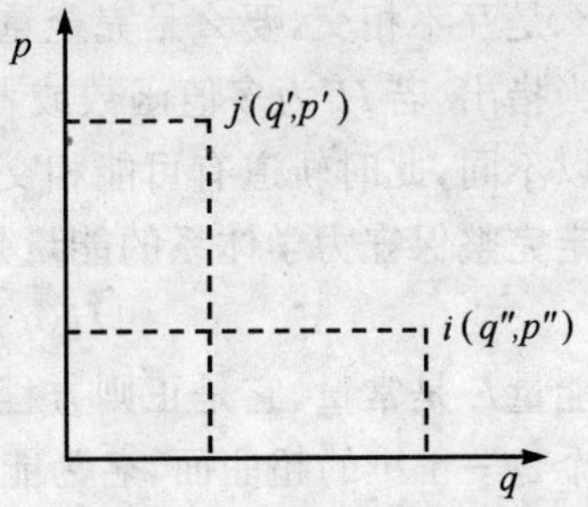

图 2.2.4　i,j 粒子交换后的运动状态

经典力学中,体系在一定宏观条件下所有可能的微观运动状态在 Γ 空间中构成一个连续区域. 体系的能量在 $E \to E+\mathrm{d}E$ 之间内的微观运动状态用体积(等能面 $E \to E+\mathrm{d}E$ 之间的能壳内的相体积)

$$\Omega = \int\cdots\int_{E\to E+\mathrm{d}E} \mathrm{d}q_1\mathrm{d}q_2\cdots\mathrm{d}q_f\mathrm{d}p_1\mathrm{d}p_2\cdots\mathrm{d}p_f \tag{2.2.19}$$

代表,它是连续区. 因此,经典统计力学中根本不能引入任何关于"微观状态数"的概念. 所以不得不直截了当地把 $\mathrm{d}q\mathrm{d}p$ 这个量规定为统计权重.

2.3　相空间的重要特性——相体积不变定理

经典分析力学中,以正则变量构成的相空间具有特殊的性质——相体积在运动中的不变性. 这个性质在平衡态的经典统计力学中占着重要地位. 我们知道,经典的微观运动状态可以用相空间中的点代表,而且在一定宏观条件下体系的所有可能的微观运动状态对应于相空间中的相体积,在一定能壳内的微观运动状态也对应于相空间中的相体积. 相体积在运动中不变意味着什么呢? 这是一个值得深思的问题. 我们将在下面陆续地讨论它.

先介绍一个有关体积元变换的公式,而后再进入相体积不变定理的讨论.

一个 n 维空间,在 x 正交坐标系中坐标为 $x_1,x_2,\cdots,x_n$,在 u 正交坐标系中坐标为 $u_1,u_2,\cdots,u_n$,且

$$x_i = x_i(u_1,u_2,\cdots,u_n), \tag{2.3.1}$$

或

$$u_i = u_i(x_1,x_2,\cdots,x_n) \quad (i=1,2,\cdots,n); \tag{2.3.2}$$

则两个坐标系中的体积元之间存在下列关系:

$$\mathrm{d}x_1\mathrm{d}x_2\cdots\mathrm{d}x_n = |J|\mathrm{d}u_1\mathrm{d}u_2\cdots\mathrm{d}u_n. \tag{2.3.3}$$

其中变换因子

$$J \equiv \frac{\partial(x_1,x_2,\cdots,x_n)}{\partial(u_1,u_2,\cdots,u_n)} = \begin{vmatrix} \dfrac{\partial x_1}{\partial u_1} & \dfrac{\partial x_1}{\partial u_2} & \cdots & \dfrac{\partial x_1}{\partial u_n} \\ \dfrac{\partial x_2}{\partial u_1} & \dfrac{\partial x_2}{\partial u_2} & \cdots & \dfrac{\partial x_2}{\partial u_n} \\ \cdots & \cdots & \cdots & \cdots \\ \dfrac{\partial x_n}{\partial u_1} & \dfrac{\partial x_n}{\partial u_2} & \cdots & \dfrac{\partial x_n}{\partial u_n} \end{vmatrix} \tag{2.3.4}$$

称为 Jacobian(雅可比)式(或函数行列式),此行列式的绝对值为 $|J|$.

相体积不变性有两层含义,今归结为两个定理.

定理1　相空间中的任一体积在运动中不变.

证　设 $2n$ 维相空间中任一体积为

$$\Omega=\int\cdots\int \mathrm{d}q_1\mathrm{d}q_2\cdots\mathrm{d}q_f\mathrm{d}p_1\mathrm{d}p_2\cdots\mathrm{d}p_n.$$

现在所要证明的是

$$\frac{\mathrm{d}\Omega}{\mathrm{d}t}=\frac{\mathrm{d}}{\mathrm{d}t}\int\cdots\int \mathrm{d}q_1\mathrm{d}q_2\cdots\mathrm{d}q_f\mathrm{d}p_1\mathrm{d}p_2\cdots\mathrm{d}p_n=0.$$

为此,将积分正则方程所得到的有限运动方程写成

$$\begin{cases} q_i=q_i(t,q_k^0,p_k^0), \\ p_i=p_i(t,q_k^0,p_k^0) \end{cases}\quad (i,k=1,2,\cdots,n) \tag{2.3.5}$$

的形式,其中 q_k^0,p_k^0 是当 $t=t_0$ 时 q_k 与 p_k 的初值.

根据(2.3.5)式,设 t_0 时的初始状态所组成的任意相体积为 Ω_0. 在 $t>t_0$ 时刻,Ω_0 将转变为由相应状态所组成的相体积 Ω. 根据体积元转换公式,则有

$$\Omega=\int_{\Omega_0}\cdots\int\left|\frac{\partial(q_1,\cdots,q_n;p_1,\cdots,p_n)}{\partial(q_1^0,\cdots,q_n^0;p_1^0,\cdots,p_n^0)}\right|\delta q_1^0\cdots\delta q_n^0\delta p_1^0\cdots\delta p_n^0. \tag{2.3.6}$$

积分号下的 Jacobian 式可以认为是正的,因而绝对值符号即可省去,这并不影响证明的一般性.

现在讨论 Ω 随时间的变化,即考虑

$$\left(\frac{\mathrm{d}\Omega}{\mathrm{d}t}\right)_{t=t_0}=\int_{\Omega_0}\cdots\int\left[\frac{\mathrm{d}}{\mathrm{d}t}\frac{\partial(q_1,\cdots,q_n;p_1,\cdots,p_n)}{\partial(q_1^0,\cdots,q_n^0;p_1^0,\cdots,p_n^0)}\right]_{t=t_0}\delta q_1^0\cdots\delta q_n^0\delta p_1^0\cdots\delta p_n^0.$$

由于

$$\begin{aligned}\left[\frac{\mathrm{d}}{\mathrm{d}t}\frac{\partial(q_1,\cdots,q_n;p_1,\cdots,p_n)}{\partial(q_1^0,\cdots,q_n^0;p_1^0,\cdots,p_n^0)}\right]_{t=t_0}&=\sum_{i=1}^n\left[\frac{\partial(q_1,\cdots,\dot{q}_i,\cdots,q_n;p_1,\cdots,p_n)}{\partial(q_1^0,\cdots,q_n^0;p_1^0,\cdots,p_n^0)}\right]_{t=t_0}\\&\quad+\sum_{i=1}^n\left[\frac{\partial(q_1,\cdots,q_n;p_1,\cdots\dot{p}_i,\cdots,p_n)}{\partial(q_1^0,\cdots,q_n^0;p_1^0,\cdots,p_n^0)}\right]_{t=t_0}\\&=\sum_{i=1}^n\left[\frac{\partial\dot{q}_i}{\partial q_i^0}+\frac{\partial\dot{p}_i}{\partial p_i^0}\right]_{t=t_0}\\&=\sum_{i=1}^n\left[\frac{\partial}{\partial q_i^0}\frac{\partial H(t,q_k^0,p_k^0)}{\partial p_i^0}-\frac{\partial}{\partial p_i^0}\frac{\partial H(t,q_k^0,p_k^0)}{\partial q_i^0}\right]=0.\end{aligned}$$

因此即得

$$\left(\frac{\mathrm{d}\Omega}{\mathrm{d}t}\right)_{t=t_0}=0.$$

因为初时刻 t_0 可以完全任意地选择,所以对于任何时刻 t,恒有

$$\left(\frac{\mathrm{d}\Omega}{\mathrm{d}t}\right)=0. \tag{2.3.7}$$

这就表明,当相体积 Ω 中的一切代表点,由时刻 t_0 所具有的状态进入任意的另一时刻 t 所具有的状态时,这个体积是不变的(但应注意,体积的形状可以改变).

相体积不变定理与经典统计力学中的 Liouville(刘维尔)定理完全是等价的,这将在以后讨论.

【例 2.3.1】受恒定作用力的一维质点的相体积不变性.

设质点的质量为 m,受的作用力 $F=$常量. 由 $-\dfrac{\partial V}{\partial x}=F$ 知,体系的势能

$$V=-Fx\quad (x=0\text{ 为零位}).$$

而动能 $T=\frac{1}{2}m\dot{x}^2$,Lagrange 函数

$$L=T-V=\frac{1}{2}m\dot{x}^2+Fx.$$

广义动量 $p=\frac{\partial L}{\partial \dot{x}}=m\dot{x}$,Hamilton 函数

$$H=\frac{1}{2m}p^2-Fx.$$

正则运动方程

$$\begin{aligned}\dot{x}&=\frac{\partial H}{\partial p}=\frac{p}{m},\\ \dot{p}&=-\frac{\partial H}{\partial x}=F.\end{aligned} \tag{2.3.8}$$

求解正则方程,得

$$p(t)=Ft+p(0),\quad x(t)=\frac{F}{2m}t^2+\frac{p(0)}{m}t+x(0). \tag{2.3.9}$$

质点在任意时刻的能量都等于始态的能量,即能量守恒

$$\varepsilon=\frac{1}{2m}p^2(t)-Fx(t)=\frac{1}{2m}p^2(0)-Fx(0). \tag{2.3.10}$$

其中 $x(0)$ 与 $p(0)$ 分别为坐标与动量在 $t=0$ 时的初值.

在相空间中,具有确定能量的质点,其相轨道也就是能量曲面. 它是一条抛物线

$$p^2(t)=2mF\left(x+\frac{\varepsilon}{F}\right). \tag{2.3.11}$$

现在我们在 (x,p) 相空间中,画出该质点在 4 个能量曲线上的相轨道 1,2,3,4(图2.3.1). 它们分别对应的能量为 $\varepsilon_1,\varepsilon_2,\varepsilon_3,\varepsilon_4$,而且 $\varepsilon_1<\varepsilon_2<\varepsilon_3<\varepsilon_4$.

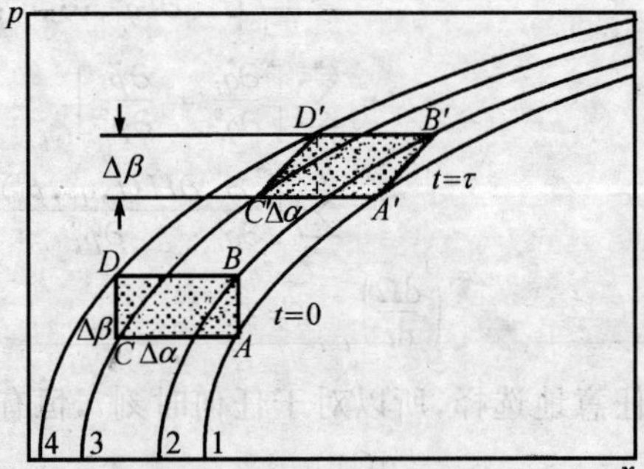

图 2.3.1 相体积不变定理示例图

假设 $t=0$ 时 4 个相轨道上的始态 $[x(0),p(0)]$ 分别取为

相轨道 1 A 点 $(\alpha+\Delta\alpha,\beta)$,

相轨道 2 B 点 $(\alpha+\Delta\alpha,\beta+\Delta\beta)$,

相轨道 3 C 点 (α,β),

相轨道 4 D 点 $(\alpha,\beta+\Delta\beta)$.

现在考查相空间中由上述 4 个点为顶点的矩形所组成的相体积 $\Omega_0=\Delta\alpha\Delta\beta$ 在运动中的变

化情况.

当 $t=\tau$ 时，根据方程(2.3.9)知，原来的 4 个相轨道上的初态现在分别变为下列状态

相轨道 1　A' 点 $\left(\frac{F}{2m}\tau^2+\frac{\beta}{m}\tau+\alpha+\Delta\alpha, F\tau+\beta\right)$，

相轨道 2　B' 点 $\left(\frac{F}{2m}\tau^2+\frac{\beta+\Delta\beta}{m}\tau+\alpha+\Delta\alpha, F\tau+\beta+\Delta\beta\right)$，

相轨道 3　C' 点 $\left(\frac{F}{2m}\tau^2+\frac{\beta}{m}\tau+\alpha, F\tau+\beta\right)$，

相轨道 4　D' 点 $\left(\frac{F}{2m}\tau^2+\frac{\beta+\Delta\beta}{m}\tau+\alpha, F\tau+\beta+\Delta\beta\right)$.

以这 4 点为顶点形成的不是矩形，而是平行四边形 $A'B'C'D'$，它的底边与 x 轴平行，而侧边与底边的夹角 δ 由下式确定

$$\tan\delta=\frac{p_4-p_3}{x_4-x_3}=\frac{\Delta\beta}{\frac{\Delta\beta}{m}\tau}=\frac{m}{\tau}. \tag{2.3.12}$$

平行四边形的底为

$$x_1-x_3=x_2-x_4=\Delta\alpha,$$

平行四边形的高为

$$p_4-p_3=p_2-p_1=\Delta\beta,$$

因而平行四边形的相体积为

$$\Omega=\Delta\alpha\Delta\beta.$$

由于这个平行四边形是原来的矩形演变而成的，这就表明相体积在运动中可以不断地改变形状，其体积却永不会改变.

从公式(2.3.12)可以看出，随时间增长，其 δ 就变得愈小. 原因是对于 4 个轨道来说

$$\frac{\mathrm{d}p}{\mathrm{d}t}=F=\text{常量}\quad(\text{对 4 个轨道都相同}).$$

但 x 随时间的变化却对 4 个轨道不同：

$$\left(\frac{\mathrm{d}x}{\mathrm{d}t}\right)_2=\left(\frac{\mathrm{d}x}{\mathrm{d}t}\right)_4=\frac{\beta+\Delta\beta}{m}+\frac{F}{m}t,$$

$$\left(\frac{\mathrm{d}x}{\mathrm{d}t}\right)_1=\left(\frac{\mathrm{d}x}{\mathrm{d}t}\right)_3=\frac{\beta}{m}+\frac{F}{m}t.$$

轨道 2 和轨道 4 的 x 随时间的变化比轨道 1 和 3 的快，因此 δ 随着时间的增长将逐渐减小.

定理 2　相空间中的体积元在正则变换下不变.

在证明这个定理之前，先介绍有关正则变换的概念及某些重要的结论.

在 $2n$ 维相空间中，如果一组正则变量与另一组正则变量之间的变换(在一般情况下，变换中还包含时间 t 作为参量)

$$\begin{cases} q'_i=q'_i(t,q_k,p_k), \\ p'_i=p'_i(t,q_k,p_k) \end{cases}\quad(i,k=1,2,\cdots,n). \tag{2.3.13}$$

$$\frac{\partial(q'_1,\cdots,q'_n;p'_1,\cdots,p'_n)}{\partial(q_1,\cdots,q_n;p_1,\cdots,p_n)}\neq 0. \tag{2.3.14}$$

将关于 q_i，p_i 的正则运动方程组

$$\dot{q}_i = \frac{\partial H}{\partial p_i}, \quad \dot{p}_i = -\frac{\partial H}{\partial q_i} \quad (i=1,2,\cdots,n)$$

变成关于 q'_i, p'_i 的正则运动方程组(一般来说,具有另一个 Hamilton 函数 H')

$$\dot{q}'_i = \frac{\partial H'}{\partial p'_i}, \quad \dot{p}'_i = -\frac{\partial H'}{\partial p'_i} \quad (i=1,2,\cdots,n)$$

则称(2.3.13)式表示的正则变量组之间的变换为正则变换.

研究正则变换的重要性在于这种变换有可能将给定的Hamilton运动方程组转换为另一形式的Hamilton方程组,而变换后的Hamilton函数 H' 具有较为简单的结构,从而使运动的求解简化(获得循环坐标愈多,求解就更容易).

在相空间中,如果依次完成两个正则变换,则其合成变换仍是正则变换.此外,正则变换的逆函数以及恒等变换 $q'_i = q_i, p'_i = p_i (i=1,2,\cdots,n)$ 都是正则变换.因此,全体正则变换构成一个群.

定理 2a　不包含时间 t 的正则变换的充要条件是

$$\sum_{i=1}^{n} p_i \delta q_i - \sum_{i=1}^{n} p'_i \delta q'_i = \delta w \tag{2.3.15}$$

其中 w 为 q_i, q'_i, t 的任意函数,通常称其为正则变换的母函数.

证　(从略)

定理 2b　正则变换前后的Hamilton函数之间的关系为

$$H' = H + \frac{\partial w}{\partial t}. \tag{2.3.16}$$

推论　若 w 不含 t 时,则 $H' = H$.

证　(从略)

定理 2c　当 w 不含 t 时,w 仅是 q_i, q'_i 的函数,则

$$p_i = \frac{\partial w}{\partial q_i}, \quad p'_i = \frac{\partial w}{\partial q'_i}. \tag{2.3.17}$$

证　由于 $w = w(q_i, q'_i)$,故有

$$\delta w = \sum_{i=1}^{n} \left(\frac{\partial w}{\partial q_i} \delta q_i + \frac{\partial w}{\partial q'_i} \delta q'_i \right). \tag{2.3.18}$$

将(2.3.17)式与(2.3.15)式比较,即得

$$p_i = \frac{\partial w}{\partial q_i}, \quad p'_i = \frac{\partial w}{\partial q'_i}.$$

定理2c表明,当 w 的函数形式给定后,由(2.3.17)式就可确定正则变换 (q_i, p_i) 与 (q'_i, p'_i) 的关系,故 w 有母函数之称.

现在证明定理2:"相空间中的体积元在正则变换下不变".

证　设正则变换为

$$\begin{cases} q'_i = q'_i(q_i, p_i), \\ p'_i = p'_i(q_i, p_i) \end{cases} \quad (i=1,2,\cdots,n).$$

因而正则变换前后的体积元分别为

$$\mathrm{d}\Omega = \delta q_1 \cdots \delta q_n \delta p_1 \cdots \delta p_n,$$
$$\mathrm{d}\Omega' = \delta q'_1 \cdots \delta q'_n \delta p'_1 \cdots \delta p'_n.$$

所要证明的是

$$d\Omega = d\Omega'.$$

根据体积元变换公式

$$d\Omega' = |J|d\Omega = \left|\frac{\partial(q'_1,\cdots,q'_n;p'_1,\cdots,p'_n)}{\partial(q_1,\cdots,q_n;p_1,\cdots,p_n)}\right|d\Omega,$$

利用函数行列式的变换性质,可得

$$\begin{aligned}J&=\frac{\partial(q'_1,\cdots,q'_n;p'_1,\cdots,p'_n)}{\partial(q_1,\cdots,q_n;q'_1\cdots,q'_n)}\times\frac{\partial(q_1,\cdots,q_n;q'_1,\cdots,q'_n)}{\partial(q_1,\cdots,q_n;p_1,\cdots,p_n)}\\&=(-1)^n\frac{\partial\left(q'_1,\cdots,q'_n;\dfrac{\partial w}{\partial q'_1},\cdots,\dfrac{\partial w}{\partial q'_n}\right)}{\partial(q_1,\cdots,q_n;q'_1,\cdots,q'_n)}\times\frac{\partial(q_1,\cdots,q_n;q'_1,\cdots,q'_n)}{\partial\left(q_1,\cdots,q_n;\dfrac{\partial w}{\partial q_1},\cdots,\dfrac{\partial w}{\partial q_n}\right)}\\&=\frac{\det\left(\dfrac{\partial^2 w}{\partial q'_i\partial q_j}\right)}{\det\left(\dfrac{\partial^2 w}{\partial q_i\partial q'_j}\right)}=1,\end{aligned}$$

于是即得　$d\Omega=d\Omega'$.

【例 2.3.2】自由三维平动子的相空间体积元在正则变换下的不变性.

设三维平动子的质量为m,对于自由粒子,令势能$V=0$,在笛卡儿坐标系中,平动子的动能为

$$T=\frac{1}{2}m(\dot{x}^2+\dot{y}^2+\dot{z}^2).$$

Lagrange 函数为

$$L=T-V=\frac{1}{2}m(\dot{x}^2+\dot{y}^2+\dot{z}^2).$$

广义动量为

$$p_x=\frac{\partial L}{\partial\dot{x}}=m\dot{x},\quad p_y=\frac{\partial L}{\partial\dot{y}}=m\dot{y},\quad p_z=\frac{\partial L}{\partial\dot{z}}=m\dot{z}.$$

因此平动子的运动状态可由正则变量(x,y,z,p_x,p_y,p_z)描述.以这 6 个正则变量为正交坐标构成一个六维空间,该空间的体积元为

$$dxdydzdp_xdp_ydp_z.$$

在球极坐标系中,平动子的动能为

$$T=\frac{1}{2}m(\dot{r}^2+r^2\dot{\theta}^2+r^2\sin^2\theta\,\dot{\varphi}^2).$$

Lagrange 函数为

$$L=T-V=\frac{1}{2}m(\dot{r}^2+r^2\dot{\theta}^2+r^2\sin^2\theta\,\dot{\varphi}^2).$$

广义动量为

$$\begin{cases}p_r=\dfrac{\partial L}{\partial\dot{r}}=m\dot{r},\\p_\theta=\dfrac{\partial L}{\partial\dot{\theta}}=mr^2\dot{\theta},\\p_\varphi=\dfrac{\partial L}{\partial\dot{\varphi}}=mr^2\sin^2\theta\,\dot{\varphi}.\end{cases}$$

因此,平动子的运动状态也可用正则变量$(r,\theta,\varphi;p_r,p_\theta,p_\varphi)$描述.以这6个正则变量为正交坐标构成一个六维相空间,该相空间的体积元为

$$\mathrm{d}r\mathrm{d}\theta\mathrm{d}\varphi\mathrm{d}p_r\mathrm{d}p_\theta\mathrm{d}p_\varphi .$$

现在我们要论证,在正则变换

$$\begin{cases} x=r\sin\theta\cos\varphi , \\ y=r\sin\theta\sin\varphi , \\ z=r\cos\theta , \end{cases}$$

$$\begin{cases} p_x=(\sin\theta\cos\varphi)p_r+\left(\dfrac{\cos\theta\cos\varphi}{r}\right)p_\theta-\left(\dfrac{\sin\varphi}{r\sin\theta}\right)p_\varphi, \\ p_y=(\sin\theta\sin\varphi)p_r+\left(\dfrac{\cos\theta\sin\varphi}{r}\right)p_\theta+\left(\dfrac{\cos\varphi}{r\sin\theta}\right)p_\varphi, \\ p_z=\cos\theta p_r-\left(\dfrac{\sin\theta}{r}\right)p_\theta \end{cases} \tag{2.3.19}$$

下,相空间的体积元相等.

根据体积元的变换公式

$$\mathrm{d}x\mathrm{d}y\mathrm{d}z\mathrm{d}p_x\mathrm{d}p_y\mathrm{d}p_z = |J|\mathrm{d}r\mathrm{d}\theta\mathrm{d}\varphi\mathrm{d}p_r\mathrm{d}p_\theta\mathrm{d}p_\varphi, \tag{2.3.20}$$

$$J=\frac{\partial(x,y,z;p_x,p_y,p_z)}{\partial(r,\theta,\varphi;p_r,p_\theta,p_\varphi)}=\begin{vmatrix} \frac{\partial x}{\partial r} & \frac{\partial x}{\partial \theta} & \frac{\partial x}{\partial \varphi} & \frac{\partial x}{\partial p_r} & \frac{\partial x}{\partial p_\theta} & \frac{\partial x}{\partial p_\varphi} \\ \frac{\partial y}{\partial r} & \frac{\partial y}{\partial \theta} & \frac{\partial y}{\partial \varphi} & \frac{\partial y}{\partial p_r} & \frac{\partial y}{\partial p_\theta} & \frac{\partial y}{\partial p_\varphi} \\ \frac{\partial z}{\partial r} & \frac{\partial z}{\partial \theta} & \frac{\partial z}{\partial \varphi} & \frac{\partial z}{\partial p_r} & \frac{\partial z}{\partial p_\theta} & \frac{\partial z}{\partial p_\varphi} \\ \frac{\partial p_x}{\partial r} & \frac{\partial p_x}{\partial \theta} & \frac{\partial p_x}{\partial \varphi} & \frac{\partial p_x}{\partial p_r} & \frac{\partial p_x}{\partial p_\theta} & \frac{\partial p_x}{\partial p_\varphi} \\ \frac{\partial p_y}{\partial r} & \frac{\partial p_y}{\partial \theta} & \frac{\partial p_y}{\partial \varphi} & \frac{\partial p_y}{\partial p_r} & \frac{\partial p_y}{\partial p_\theta} & \frac{\partial p_y}{\partial p_\varphi} \\ \frac{\partial p_z}{\partial r} & \frac{\partial p_z}{\partial \theta} & \frac{\partial p_z}{\partial \varphi} & \frac{\partial p_z}{\partial p_r} & \frac{\partial p_z}{\partial p_\theta} & \frac{\partial p_z}{\partial p_\varphi} \end{vmatrix}.$$

由于x,y,z与p_r,p_θ,p_φ无关,因而x,y,z分别对p_r,p_θ,p_φ的偏微商为0.这样,依据行列式中的Laplace(拉普拉斯)展开定理,便得

$$J=\frac{\partial(x,y,z)}{\partial(r,\theta,\varphi)}\cdot\frac{\partial(p_x,p_y,p_z)}{\partial(p_r,p_\theta.\,p_\varphi)} .$$

依据正则变换(2.3.19),可以得出

$$\frac{\partial(x,y,z)}{\partial(r,\theta,\varphi)}=r^2\sin\theta ,$$

$$\frac{\partial(p_x,p_y,p_z)}{\partial(p_r,p_\theta,p_\varphi)}=\frac{1}{r^2\sin\theta}.$$

从而Jacobian式

$$J=\frac{\partial(x,y,z)}{\partial(r,\theta,\varphi)}\cdot\frac{\partial(p_x,p_y,p_z)}{\partial(p_r,p_\theta,p_\varphi)}=1 .$$

因此(2.3.20)式即为

$$\mathrm{d}x\mathrm{d}y\mathrm{d}z\mathrm{d}p_x\mathrm{d}p_y\mathrm{d}p_z = \mathrm{d}r\mathrm{d}\theta\mathrm{d}\varphi\mathrm{d}p_r\mathrm{d}p_\theta\mathrm{d}p_\varphi,$$

于是自由三维平动子的相空间体积元在正则变换下的不变性得到论证.

习　题

2.1　双原子分子(或直线型分子)绕通过质心且垂直于两原子连线的轴做一维转动. 请写出分子在 $\varepsilon \to \varepsilon + d\varepsilon$ 间隔内的相体积表达式.

2.2　N 个质点的体系,其位形空间中的轨道有多少条？而在 Γ 空间中的相轨道又有多少条？请就稳定完整保守体系讨论.

2.3　请讨论下列单粒子的相体积不变性：

(1) 一维谐振子,

(2) 一维转子.

2.4　请讨论自由三维平动子的相空间体积元在正则变换 $(x, y, z; p_x, p_y, p_z) \to (\rho, \varphi, z; p_\rho, p_\varphi, p_z)$ 下的不变性,其中 ρ, φ, z 为柱坐标.

第 3 章　微观运动状态的量子描述

3.1　量子力学原理概要

19 世纪末叶，人们对于以经典力学为基础而发展起来的理论物理等学科所取得的辉煌成就抱有乐观的看法，认为似乎没有多少原则性的问题留待解决了，已经建立的定律除少数例外，几乎都经受了实践的检验. 然而，尽管例外很少，但它们的性质却是根本性的，它们动摇了整个经典机械世界观的基础，并使全体构造开始破坏.

这些少数例外中的一个是水星近日点的进动超出了经典计算数值约 10%. 另一个是辐射与物质之间的相互作用定律[Wien（维恩）公式与Rayleigh-Jeans（瑞利-金斯）公式]导致了与实验不符的结果. 特别是R-J 公式，它在高频率范围明显不符的情况被称为“紫外线的灾难”.

英国物理学家 Thomson（汤姆孙）认为这两个例外是遮在天空中的两朵乌云. 当时很可能几乎没有一个物理学家会想到为了驱散这两朵乌云，必须要在物理概念上进行彻底的革命.

Einstein 创立的相对论驱散了一朵，Planck 创立的量子论又驱散了一朵，他们为科学增添了新的光彩.

Planck 为了解释他的黑体辐射的新公式，提出了振子能量的量子化（分立）观点，它与经典物理中任何已知的东西都不相同，根本不属于经典物理学的传统框架. Planck 起初虽然不喜 欢这个结果，但还是在 1900 年 12 月发表了它，此后他花费了 15 年的功夫企图把这个新的假说同经典的辐射定律调和起来，结果都失败了，最后在 1915 年才宣告放弃这种尝试.

万事开头难！ Planck 的量子化假说就是量子力学创立的开端.

现在简要地介绍一下有关的量子力学基本原理.

3.1.1　能量量子化假说（Planck，1900）

一维谐振子的能量是量子化的（即分立的），它与振子的频率 ν 有如下的关系

$$\varepsilon = nh\nu = n\hbar\omega = nh\left(\frac{1}{2\pi}\sqrt{\frac{k}{m}}\right) \quad (n = 0,1,2,3,\cdots). \tag{3.1.1}$$

其中 $\omega = 2\pi\nu$ 为振子的角频率，h 为 Planck 常量，它与物质及频率 ν 都无关，是个普适常量.

$$h = 6.626\,068 \times 10^{-34}\,\mathrm{J\cdot s},$$

$$\hbar = \frac{h}{2\pi} = 1.054\,571 \times 10^{-34}\,\mathrm{J\cdot s}.$$

h 的量纲为下列量的量纲

[能量×时间]=[长度×动量]=[角动量]

Planck 常量是量子力学的标志，一切力学量都与它有关.

式(3.1.1)表明振子吸收或发射能量只能以 $h\nu$ 为单位进行，Planck 根据这个假设成功地解释了黑体辐射定律（见 12.7 节）.

3.1.2 光量子学说：光具有波粒二象性(Einstein，1905)

任何辐射场都由光量子组成，光量子的能量及动量与辐射场的频率ν、波长λ的关系为

$$\varepsilon = h\nu = \hbar\omega, \tag{3.1.2}$$

$$\boldsymbol{P} = \frac{h}{\lambda}\boldsymbol{n} = \hbar\boldsymbol{k} \quad \left(\boldsymbol{k} = \frac{2\pi}{\lambda}\boldsymbol{n}\right). \tag{3.1.3}$$

其中$\boldsymbol{n}$为光子运动方向的单位矢量，$\boldsymbol{k}$为波矢.

Einstein 将实物能量的量子化推广到辐射场的量子化，引入了光量子的概念，从而使具有波性的辐射场带上粒子的色彩，得出了光具有波粒二象性的结论，他成功地解释了光电效应.

3.1.3 物质波学说：粒子具有波粒二象性(de Broglie，1923)

任何粒子都具有波粒二象性，与一定能量ε及动量p的自由粒子相联系的波 de Broglie 波(德布罗意)的频率ν，波长λ分别为

$$\nu = \frac{\varepsilon}{h} \quad 或 \quad \varepsilon = h\nu = \hbar\omega, \tag{3.1.4}$$

$$\lambda = \frac{h}{p} \quad 或 \quad \boldsymbol{P} = \frac{h}{\lambda}\boldsymbol{n} = \hbar\boldsymbol{k}. \tag{3.1.5}$$

de Broglie 又从辐射场回到实物粒子，提出了物质波的概念，使具有粒性的实物带上了波的色彩，引出了实物粒子具有波粒二象性的结论，揭开了波动力学的序幕.

3.1.4 Schrödinger 波动方程(1926)

Schrödinger(薛定谔)借助光的传播方程，用类比的方法(不是推导)得出了微观粒子所遵循的运动方程，它是量子力学中最基本的方程.

1. 含时的Schrödinger 方程

单粒子情况，其空间自由度为3，此处不考虑自旋自由度.

$$\left(-\frac{\hbar^2}{2m}\nabla^2 + V\right)\psi(t,x) = \mathrm{i}\hbar\frac{\partial}{\partial t}\psi(t,x), \tag{3.1.6}$$

其中$x \equiv (x,y,z)$.

或者写为

$$\hat{H}\psi(t,x) = \mathrm{i}\hbar\frac{\partial}{\partial t}\psi(t,x). \tag{3.1.7}$$

N个粒子情况，每个粒子的空间自由度为3，不考虑自旋自由度.

$$\left(-\sum_{i=1}^{N}\frac{\hbar^2}{2m_i}\nabla_i^2 + V\right)\psi(t;x_1,x_2,\cdots,x_N) = \mathrm{i}\hbar\frac{\partial}{\partial t}\psi(t;x_1,x_2,\cdots,x_N), \tag{3.1.8}$$

或者写为

$$\hat{H}\psi(t;x_1,x_2,\cdots,x_N) = \mathrm{i}\hbar\frac{\partial}{\partial t}\psi(t;x_1,x_2,\cdots,x_N). \tag{3.1.9}$$

2. 定态Schrödinger 方程

单粒子的定态Schrödinger 方程为

$$\left(-\frac{\hbar^2}{2m}\nabla^2 + V\right)\psi(x) = E\psi(x), \tag{3.1.10}$$

或者写为

$$\hat{H}\psi(x) = E\psi(x). \tag{3.1.11}$$

N 个粒子的定态Schrödinger 方程为

$$\left(-\sum_{i=1}^{N}\frac{\hbar^2}{2m_i}\nabla_i^2 + V\right)\psi(x_1,x_2,\cdots,x_N) = E\psi(x_1,x_2,\cdots,x_N). \tag{3.1.12}$$

或者写为

$$\hat{H}\psi(x_1,x_2,\cdots,x_N) = E\psi(x_1,x_2,\cdots,x_N). \tag{3.1.13}$$

式中符号的意义分别为

$x=(x,y,z)$，$x_i=(x_i,y_i,z_i)$，$(i=1,2,3,\cdots,N)$；

m_i 为 i 粒子的质量；

$\nabla_i^2=\frac{\partial^2}{\partial x_i^2}+\frac{\partial^2}{\partial y_i^2}+\frac{\partial^2}{\partial z_i^2}$称为Laplace 算符；

$\hat{H}=-\sum_{i=1}^{N}\frac{\hbar^2}{2m_i}\nabla_i^2+V$ 称为Hamilton 算符；

$\psi(t,x_1,x_2,\cdots,x_N)$称为体系的波函数.

Hamilton 算符(或任一力学量的算符)可由下列规则得出：
写出以正则变量表示的经典Hamilton 函数.

$$H = T + V = \sum_{i=1}^{N}\frac{1}{2m_i}(p_{x_i}^2 + p_{y_i}^2 + p_{z_i}^2) + V(x_i,y_i,z_i). \tag{3.1.14}$$

将其中的正则变量以下列相应的算符代替

$$x_i \to \hat{x}_i \equiv x_i, \quad p_{x_i} \to \hat{p}_{x_i} \equiv -\mathrm{i}\hbar\frac{\partial}{\partial x_i},$$

$$y_i \to \hat{y}_i \equiv y_i, \quad p_{y_i} \to \hat{p}_{y_i} \equiv -\mathrm{i}\hbar\frac{\partial}{\partial y_i},$$

$$z_i \to \hat{z}_i \equiv z_i, \quad p_{z_i} \to \hat{p}_{z_i} \equiv -\mathrm{i}\hbar\frac{\partial}{\partial z_i}.$$

即得到Hamilton 算符.

另外，能量与时间对应的算符为

$$E \to \mathrm{i}\hbar\frac{\partial}{\partial t},$$

$$t \to \hat{t} \equiv t.$$

定态Schrödinger 方程

$$\hat{H}\psi = E\psi$$

称为能量本征方程；E 称为Hamilton 算符的能量本征值；ψ 称为算符 $\hat{H}$ 属于本征值 E 的本征函数，它是Schrödinger 方程的解，也就是体系的量子态.

本征方程的解(求出本征值与本征函数)不仅决定于算符的性质，而且还取决于 ψ 所要满足的边界条件.

一般而言，对应于不同的能量本征值，算符 $\hat{H}$ 有不同的本征函数，而且并不是任意的 E 值，本征方程都有满足边界条件的解 ψ.

本征值的数目可能是有限的，也可能是无限的. 在无限的情况下，本征值可能是分立的，也可能是连续的.本征值的集合称为本征能谱.如果本征值是分立的,则称这些本征值组成分立谱;如果本征值是连续的,则称这些本征值组成连续谱.

分子或体系的每一个分立的能量本征值称为能级.

若对应于一个能级仅有一个本征函数ψ(一个量子态),则称该能级是非简并的,或说简并度为1;若对应于一个能级E_i有n个相互独立的本征函数$\psi_1,\psi_2,\cdots,\psi_n$(即$n$个量子态),则称能级$E_i$是$n$度简并的,就是说这$n$个量子态具有相同的能量$E_i$.

对应于同一能级,Schrödinger 方程的所有独立解的数目(即量子态的数目)称为该能级的简并度.i能级的简并度常用g_i或ω_i表示.换言之,一个能级所具有的量子态数称为该能级的简并度.

3.1.5　波函数$\psi(t;x_1,x_2,\cdots,x_N)$的统计诠释(Born,1926)

N个粒子组成的量子力学体系的状态(量子态)可用波函数$\psi(t;x_1,x_2,\cdots,x_N)$描述.它只是$t;x_1,x_2,\cdots,x_N$的函数,它应该是单值、有界和连续可微的.这三者称为波函数ψ的品优(well-behaved)条件.Born(玻恩)明确指出,$\psi\psi^*\mathrm{d}x_1\mathrm{d}x_2\cdots\mathrm{d}x_N$代表在时刻$t$

粒子1出现在$x_1\to x_1+\mathrm{d}x_1$,

同时粒子2出现在$x_2\to x_2+\mathrm{d}x_2$,

…………

同时粒子i出现在$x_i\to x_i+\mathrm{d}x_i$,

…………

同时粒子N出现在$x_N\to x_N+\mathrm{d}x_N$中的概率.

而$\psi\psi^*$称为位形空间中的概率密度.ψ^*是ψ的复共轭函数.

设量子体系由N个粒子组成,每个粒子的空间自由度为3,设体系的自由度为$3N$,以$3N$个坐标为正交坐标可构成一个$3N$维的位形空间(欧氏概念空间),此空间中的体积元为

$$\mathrm{d}\tau=\mathrm{d}x_1\mathrm{d}x_2\cdots\mathrm{d}x_N.$$

波函数所描写的是粒子在多维位形空间中概率分布的概率波(不是相空间!不是实在物理量的波动).波函数包含了量子体系所有可以确定的信息,即波函数给定后,粒子所有力学量的观察值的分布概率也就都确定了.

波函数可有一个常量因子的不定性,即ψ与$C\psi$(C为常数)代表同一量子态.重要的是相对概率分布,通常用归一化的波函数,波函数的归一化条件为

$$\int_{\text{全空间}}\cdots\int\psi\psi^*\mathrm{d}x_1\mathrm{d}x_2\cdots\mathrm{d}x_N=1.$$

例如

一维
$$\int_{-\infty}^{\infty}\psi\psi^*\mathrm{d}x=1,$$

二维
$$\iint_{-\infty}^{\infty}\psi\psi^*\mathrm{d}x\mathrm{d}y=1,$$

三维
$$\iiint_{-\infty}^{\infty}\psi\psi^*\mathrm{d}x\mathrm{d}y\mathrm{d}z=1,$$

$3N$维
$$\int_{-\infty}^{\infty}\cdots\int\psi\psi^*\mathrm{d}^3x_1\mathrm{d}^3x_2\cdots\mathrm{d}^3x_N=1.$$

归一化的波函数仍然还有一个模为1的因子的不定性，或者说相角的不定性. 假设$\psi(x)$是归一化的波函数，则$e^{i\alpha}\psi(x)$也是归一化的波函数，而且$e^{i\alpha}\psi(x)$与$\psi(x)$所描述的是同一个概率波(量子态). 其中α为实常量，称之为相角.

3.1.6 不确定度关系式(Heisenberg,1927)

$$\Delta x \Delta p_x \geqslant \hbar/2,$$
$$\Delta y \Delta p_y \geqslant \hbar/2,$$
$$\Delta z \Delta p_z \geqslant \hbar/2,$$
$$\Delta t \Delta E \geqslant \hbar/2.$$

广义坐标与其共轭的广义动量的不确定度之积$\geqslant \hbar/2$, 对于时间与能量的不确定度之积也$\geqslant \hbar/2$. 这就是说，若$\Delta x \to 0$，则$\Delta p_x \to \infty$(反之亦然)，它们是波粒二象性的反映.

Heisenberg(海森伯)给出的不确定度关系式标志着经典粒子及其力学量等概念的适用程度. 由于$\hbar = 1.054\,571 \times 10^{-34}$ J·s是个非常小的量，在宏观现象中不确定度关系给不出有价值的结果. 迄今为止，宏观的任何精确测量所得的Δx与Δp_x的乘积等都远比$\hbar$的数量级大得多，所以引用经典力学的概念仍然有效，但是在处理微观世界中的现象时，无论是定性讨论或是作粗略估计，不确定度关系式都是非常有用的.

【例3.1.1】设有一质量为1 g的谐振子，振幅x为1 cm，最大速度为1 cm·s^{-1}，由此可得振子的最大动量为$p = 1\ \text{g}\cdot\text{cm}\cdot\text{s}^{-1}$，于是

$$x \cdot p = 1\ \text{g}\cdot\text{cm}^2\cdot\text{s}^{-1} = 10^{-7}\ \text{J}\cdot\text{s} \approx 10^{26}\ h.$$

此值远大于Planck常量h，故该谐振子为经典振子.

不确定度关系表明，量子力学中的某些物理量将失去准确性，这非单纯的“损失”，因为将被出现的一系列新现象所弥补，这些现象在经典力学中是没有的，例如自旋、隧道效应、零点能等. 有关不确定度的定义、不确定度关系的推导等问题可参阅专著，在此不拟展开讨论.

3.1.7 力学量的算符表示及力学量的平均值

粒子处在波函数$\psi(t,x)$所描述的状态下，虽然不是所有力学量都同时具有确定的观察值，但它们都有确定的概率分布，因而有确定的平均值.

量子力学体系的每一个可观察的力学量L都对应一个线性Hermite(厄米)算符$\hat{L}$①，若$\psi(t,x)$是体系在时刻t的归一化波函数，则在t时任一可测力学量L的平均值(期望值)为

$$\langle L \rangle = \int \psi^* \hat{L} \psi \mathrm{d}\tau.$$

例如对于一维粒子，各有关力学量的平均值为

① 设ψ与φ是两个任意函数，如果算符$\hat{F}$满足下列等式

$$\int \psi^* \hat{F} \varphi \mathrm{d}\tau = \int \varphi \hat{F}^* \psi^* \mathrm{d}\tau$$

则称$\hat{F}$为Hermite算符(或称自厄算符).

$$\langle x\rangle=\int\psi^{*}x\psi\mathrm{d}x,$$

$$\langle p_x\rangle=\int\psi^{*}\left(-\mathrm{i}\hbar\frac{\partial}{\partial x}\right)\psi\mathrm{d}x,$$

$$\langle p_x^2\rangle=\int\psi^{*}\left(-\hbar^2\frac{\partial^2}{\partial x^2}\right)\psi\mathrm{d}x,$$

$$\langle T\rangle=\int\psi^{*}\left(-\frac{\hbar^2}{2m}\frac{\partial^2}{\partial x^2}\right)\psi\mathrm{d}x,$$

…………

量子力学基本原理的内容很多,暂讨论上述几点,其他留在以后介绍.下面将经典力学与量子力学作一简要的对比.

在经典力学中,体系的运动状态可由正则变量(q,p)描述,而粒子的运动所遵守的是正则运动方程,但是实际的力学体系是量子系统.由于微观粒子具有波粒二象性,它们并不遵从经典力学的规律,而是遵从量子力学规律.在量子力学中,体系的运动状态(量子态)用波函数描述,或者用一组量子数标定.对单粒子而言,这组量子数的数目称为粒子的自由度,粒子的运动遵从 Schrödinger 方程.

经典力学的基石是:物质由质点组成.质点只有粒性而无波性.时间、空间、质量具有绝对性,即它们与物质的运动无关,时间作为运动的参量,空间是Euclidean 空间.

非相对论的量子力学与经典力学的本质区别在于物质观上,经典力学是粒性世界,非相对论量子力学是波粒世界,由此决定了运动的其他特征.

经典力学强加于自然的条件多,因而剩余信息少到为0,即物理量具有同时确定性,是决定论,或者概率是100%.量子力学强加于自然的条件少,因而剩余信息相对多,是概率论,具体对比列于下表.

	经典力学	量子力学
物质观	粒性世界(质点)	波粒世界(波点)
状态描述	t,q_i,p_i	波函数$\psi(t;x_1,x_2,\cdots,x_N)$或一组完备的量子数集合
运动方程	Hamilton 方程等(结合初值求解)	Schrödinger 方程(结合初值或边界条件求解)
运动特征	轨道运动,决定论 一切物理量连续变化 任何物理量都可同时测准,或物理量的不确定度为0 相对静止的粒子有意义,此时能值可为0 全同粒子可分辨	概率分布 物理量是量子化的或连续的,且都与h有关 并非任何两个物理量都能同时测准,存在不确定度关系式 静止的波无意义(存在零点能) 全同粒子不可分辨

体系的量子态、能级及其简并度由求解运动方程而得.

3.2　单个粒子运动状态的量子描述

在量子力学中,体系的运动状态称为量子态,它用波函数描述,或用一组完备的量子数表征.对单粒子而言,这组量子数的数目称为粒子的自由度.下面讨论几个典型粒子的量子态.

3.2.1 有限空间范围内的自由粒子的量子态及能级

先讨论一维自由粒子，设粒子处在长度为a的一维容器中运动，粒子的势能函数为

$$V(x)=\begin{cases}0 & 0<x<a,\\ \infty & x\leqslant 0 \text{ 或 } x\geqslant a.\end{cases}$$

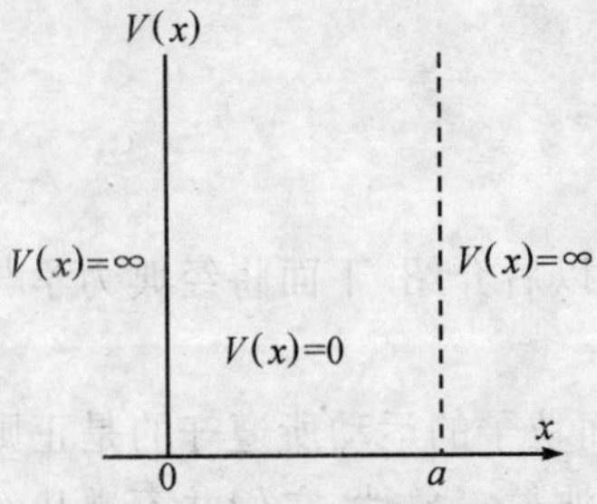

图 3.2.1 自由粒子的势能函数

在$x\leqslant 0$和$x\geqslant a$的区域，由于$V(x)=\infty$，故Schrödinger方程为

$$\frac{d^2}{dx^2}\psi(x)+\frac{2m}{\hbar^2}(E-\infty)\psi(x)=0,$$

即

$$\frac{d^2}{dx^2}\psi(x)=\infty\psi(x),$$

故

$$\psi(x)=\frac{1}{\infty}\frac{d^2}{dx^2}\psi(x)=0.$$

在容器内($0<x<a$)，Schrödinger 方程为

$$\frac{d^2}{dx^2}\psi(x)+\frac{2m}{\hbar^2}E\psi(x)=0.$$

其中m为粒子的质量，令

$$k^2=\frac{2mE}{\hbar^2},$$

则Schrödinger 方程就变为

$$\frac{d^2}{dx^2}\psi(x)+k^2\psi(x)=0.$$

此为常系数二阶微分方程，它的解可以表为

$$\psi(x)=A\sin(kx+\delta).$$

其中A和δ是待定常量. 根据波函数的统计诠释，它必须满足下列的边界条件

$$\psi(0)=A\sin(k\cdot 0+\delta)=0,$$
$$\psi(a)=A\sin(k\cdot a+\delta)=0.$$

于是得

$$\delta=m\pi\quad(m=0,\pm 1,\pm 2,\cdots).$$

由于$\delta=0$与$\delta=\pm\pi,\pm 2\pi,\cdots$的波函数代表相同的量子态，故取$\delta=0$，这样便得

$$ka=n\pi\quad(n=0,\pm 1,\pm 2,\pm 3,\cdots).$$

由于$n=0$给出的波函数$\psi(x)\equiv 0$，不满足波函数的物理意义，故n应取不为0的值. 此外，当n取负整数与正整数给出代表相同量子态的波函数，于是实际上只取

$$ka=n\pi\quad(n=1,2,3,\cdots).$$

才给出独立的波函数，因而得出粒子的能量只能取下列值

$$E=E_n=\frac{\hbar^2\pi^2n^2}{2ma^2}\quad(n=1,2,3,\cdots).$$

这就是说，并非任何E值对应的波函数都能满足问题所要求的边界条件，而只有当能量取上式所给的那些值时，其相应的波函数才满足$\psi(x)$的物理意义及边界条件，因而粒子的能量是量子化的或说能谱是分立的. 这与经典力学的结论大不相同，在经典力学中$E\geqslant 0$，而且是连续变化的.

对应于能级 E_n 的波函数为

$$\psi_n(x) = A_n \sin\left(\frac{n\pi x}{a}\right).$$

利用波函数的归一化条件

$$\int_0^a [\psi_n(x)]^2 \mathrm{d}x = 1$$

可以求出 $A_n^2 = 2/a$，从而 $A_n = \sqrt{2/a}$，故归一化的波函数为

$$\psi_n(x) = \sqrt{\frac{2}{a}} \sin\left(\frac{n\pi x}{a}\right) \quad (n = 1, 2, 3, \cdots).$$

这就是在有限范围内运动的自由平动子所可能处的量子态，它的量子态是量子化的.

由于每一个能级只对应一个 n 值，从而只有一个波函数(即一个量子态)，故能级是非简并的，或说能级的简并度 $g=1$.

n 不同，能级及波函数也就不同，因而不同的 n 表征着不同的量子态，n 称为平动量子数.

波函数给定后(即给定量子态)，就可确定所有力学量的概率分布，因而也就能确定出它们的平均值.

1. 求算几个力学量的平均值

(1) 基态 x 的平均值

基态 $n=1$，$\psi(x) = \sqrt{\frac{2}{a}} \sin\left(\frac{\pi x}{a}\right)$，故得

$$\begin{aligned}
\langle x \rangle &= \int_{-\infty}^{\infty} \psi(x) x \psi^*(x) \mathrm{d}x \\
&= \int_0^a \psi(x) x \psi^*(x) \mathrm{d}x \\
&= \frac{2}{a} \int_0^a x \sin^2\left(\frac{\pi x}{a}\right) \mathrm{d}x \\
&= \frac{2}{a} \int_0^a x \left[\frac{1 - \cos\left(\frac{2\pi x}{a}\right)}{2}\right] \mathrm{d}x \\
&= \frac{1}{2a} \int_0^a 2x \mathrm{d}x - \frac{1}{a} \int_0^a x \cos\left(\frac{2\pi x}{a}\right) \mathrm{d}x \\
&= \frac{a}{2}.
\end{aligned}$$

结果表明，粒子的平均位置在 $a/2$ 处. 这显然是合理的(请参见图 3.2.2 中的基态波函数图).

(2) 动量平均值

$$\begin{aligned}
\langle p \rangle &= \int_0^a \psi(x)\, \hat{p}\, \psi^*(x) \mathrm{d}x \\
&= \int_0^a \sqrt{\frac{2}{a}} \sin\left(\frac{n\pi x}{a}\right) \left(-\mathrm{i}\hbar \frac{\mathrm{d}}{\mathrm{d}x}\right) \sqrt{\frac{2}{a}} \sin\left(\frac{n\pi x}{a}\right) \mathrm{d}x \\
&= -\mathrm{i}\hbar \frac{2}{a} \int_0^a \sin\left(\frac{n\pi x}{a}\right) \frac{\mathrm{d}}{\mathrm{d}x} \sin\left(\frac{n\pi x}{a}\right) \mathrm{d}x \\
&= -\mathrm{i}\hbar \frac{2}{a} \int_0^a \frac{1}{2} \frac{\mathrm{d}}{\mathrm{d}x} \sin^2\left(\frac{n\pi x}{a} \mathrm{d}x\right) \\
&= -\mathrm{i}\hbar \frac{1}{a} \sin^2\left(\frac{n\pi x}{a}\right) \Big|_0^a \\
&= 0.
\end{aligned}$$

对于每一量子态，粒子的动量平均值都为0. 由于粒子沿 x 方向与 $-x$ 方向有同样的可能，所以此结果也是合理的.

(3) 动量平方的平均值

$$\langle p^2 \rangle = \int_0^a \psi(x)\left(-\hbar^2\frac{d^2}{dx^2}\right)\psi^*(x)dx$$

$$= -\hbar^2\frac{2}{a}\int_0^a \sin\left(\frac{n\pi x}{a}\right)\frac{d^2}{dx^2}\sin\left(\frac{n\pi x}{a}\right)dx$$

$$= \hbar^2\frac{2}{a}\left(\frac{n\pi}{a}\right)^2\int_0^a \sin^2\left(\frac{n\pi x}{a}\right)dx$$

$$= \frac{\hbar^2\pi^2n^2}{a^2}.$$

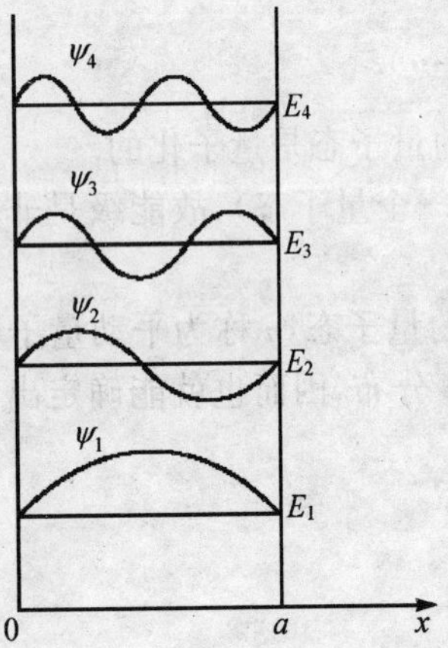

图 3.2.2　一维自由平动子的波函数

这个结果可从能量与动量的关系直接得出，由于

$$E = \frac{p^2}{2m}, 又\ E = \frac{\hbar^2\pi^2n^2}{2ma^2}.$$

故

$$p^2 = \frac{\hbar^2\pi^2n^2}{a^2}.$$

这样得出的 p^2 是动量平方的平均值.

(4) 能量的平均值

$$\langle E \rangle = \langle \frac{1}{2m}p^2 \rangle = \frac{1}{2m}\frac{\hbar^2\pi^2n^2}{a^2} = \frac{\hbar^2\pi^2n^2}{2ma^2}.$$

这就是前面得出的能级公式.

图3.2.2示意出一维自由粒子的能级与波函数.

结果的分析与讨论

(1) 量子态和能级都是量子化的，能级是非简并的，粒子最低能级的态称为基态，基态的能量(零点能)为

$$E_1 = \frac{\hbar^2\pi^2}{2ma^2} \neq 0.$$

这与经典粒子的最低能量可为零不同，零点能的存在是微观粒子具有波性的表现，"静止的波"是没有意义的.

(2) 能级的值与容器的大小 a 有关，即能级取决于外参量 a，这是平动的特点，当 $a\to\infty$ 时，$E_1\to 0$.

上述结论可据不确定度关系给予粗略的说明，因为粒子局限于一维容器中，位置的不确定度 $\Delta x\approx a$. 按不确定度关系，动量的不确定度即为 $\Delta p\approx\hbar/a$，因而能量不可能为零，其数量级为

$$E = \frac{p^2}{2m} \approx \frac{(\Delta p)^2}{2m} = \frac{\hbar^2}{2ma^2}.$$

这与前面严格的计算结果在数量级上是相同的.

(3) 由于 $E_n \propto n^2$，因此能级是不均匀分布的. 能级愈高，能级差愈大，态密度愈小，但是相邻能级的间距

$$\Delta E_n = E_{n+1} - E_n = \frac{\hbar^2\pi^2}{ma^2}n \quad (n \gg 1),$$

从而

$$\frac{\Delta E_n}{E_n} = \frac{2}{n} \xrightarrow{n\to\infty} 0.$$

这就是说，当量子数 n 很大时，能级可视为连续变化的.

(4) 从波函数的 3.2.2 图中可以看出，除端点之外($x=0,a$)，基态波函数无节点(波函数为 0 的点称为节点)，第一激发态($n=2$)有一个节点，第 k 激发态($n=k+1$)有 k 个节点.

(5) 当量子数 n 很大时，粒子位置的概率分布如图 3.2.3 所示. 此时将趋近于经典粒子的概率分布(在各处找到粒子的概率相同，均为 $1/a$)，n 愈大它们之间就愈相近.

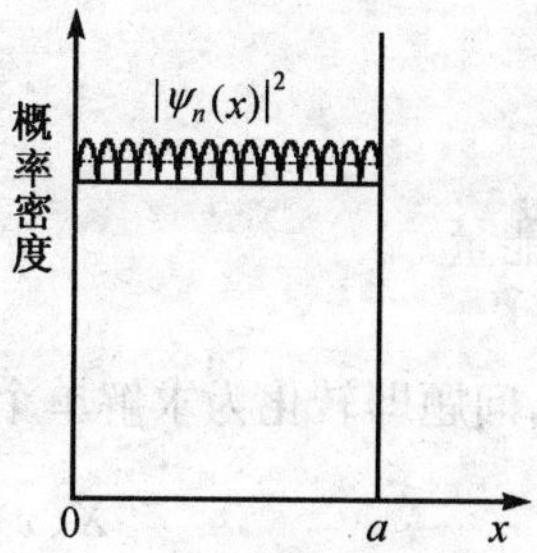

图 3.2.3　$n \gg 1$ 时，一维自由量子(实线)和经典(虚线)平动子的概率密度

N. Bohr(玻尔)在量子力学建立之前，曾经提出过"对应原理"(Correspondence Principle)，即在大量子数极限下，量子论必须渐进地趋于经典理论.

$$\lim_{n\to\infty}(\text{量子体系}) = \text{经典体系}$$

这里的情况就是对应原理的一个例证.

(6) 一维运动的量子态可用一个量子数 n 表征，故自由度为 1.

2. 讨论三维自由平动子的量子态与能级

设粒子限制在长方形"匣子"中运动，此时粒子的势能函数为如下形式

$$V(x,y,z) = \begin{cases} 0, & 0 < x < a, 0 < y < b, 0 < z < c; \\ \infty, & \text{其他区域}. \end{cases}$$

类似于一维粒子的讨论，在匣子外的区域 $\psi(x,y,z)=0$.

在匣内的 Schrödinger 方程为

$$\nabla^2\psi(x,y,z) + \frac{2m}{\hbar^2}E\psi(x,y,z) = 0.$$

即

$$\frac{\partial^2\psi}{\partial x^2} + \frac{\partial^2\psi}{\partial y^2} + \frac{\partial^2\psi}{\partial z^2} + \frac{2mE}{\hbar^2}\psi = 0.$$

用分离变量法求解此方程

$$\text{令}\ \psi(x,y,z) = X(x)Y(y)Z(z),$$

将其代入 Schrödinger 方程，即得

$$YZ\frac{\mathrm{d}^2X}{\mathrm{d}x^2} + XZ\frac{\mathrm{d}^2Y}{\mathrm{d}y^2} + XY\frac{\mathrm{d}^2Z}{\mathrm{d}z^2} + \frac{2mE}{\hbar^2}XYZ = 0.$$

用 XYZ 除以全式，得

$$\frac{1}{X}\frac{\mathrm{d}^2X}{\mathrm{d}x^2} = -\frac{1}{Y}\frac{\mathrm{d}^2Y}{\mathrm{d}y^2} - \frac{1}{Z}\frac{\mathrm{d}^2Z}{\mathrm{d}z^2} - \frac{2mE}{\hbar^2}.$$

等式左边只是 x 的函数，而右边却只是 y,z 的函数. 由于 x,y,z 是独立的，故等式两边应等于同一常量. 令此常量为 $-\frac{2m}{\hbar^2}E_x$，于是得

$$\frac{1}{X}\frac{\mathrm{d}^2X}{\mathrm{d}x^2} = -\frac{2m}{\hbar^2}E_x,$$

$$\frac{1}{Y}\frac{\mathrm{d}^2Y}{\mathrm{d}x^2} + \frac{1}{Z}\frac{\mathrm{d}^2Z}{\mathrm{d}z^2} + \frac{2mE}{\hbar^2} = \frac{2m}{\hbar^2}E_x.$$

再用同样方法可将第二个方程分离为

$$\frac{1}{Y}\frac{d^2Y}{dx^2}=-\frac{2m}{\hbar^2}E_y,$$

$$\frac{1}{Z}\frac{d^2Z}{dx^2}=-\frac{2m}{\hbar^2}E_z.$$

而体系的能量

$$E=E_x+E_y+E_z.$$

到此,问题即转化为求解单个形式上完全相同的一维自由粒子的方程,于是即得

$$X(x)=A_x\sin\frac{n_x\pi}{a}x,\qquad E_x=\frac{\pi^2\hbar^2n_x^2}{2ma^2};$$

$$Y(y)=A_y\sin\frac{n_y\pi}{b}y,\qquad E_y=\frac{\pi^2\hbar^2n_y^2}{2mb^2};$$

$$Z(z)=A_z\sin\frac{n_z\pi}{c}z,\qquad E_z=\frac{\pi^2\hbar^2n_z^2}{2mc^2}.$$

因此,在匣内的三维自由平动子的能级公式(即粒子的能量允许值)为

$$E_{n_x,n_y,n_z}=\frac{\pi^2\hbar^2}{2m}\left(\frac{n_x^2}{a^2}+\frac{n_y^2}{b^2}+\frac{n_z^2}{c^2}\right)\quad(n_x,n_y,n_z=1,2,3,\cdots).$$

相应的波函数为

$$\psi_{n_x,n_y,n_z}(x,y,z)=A_xA_yA_z\sin\left(\frac{n_x\pi}{a}x\right)\sin\left(\frac{n_y\pi}{b}y\right)\sin\left(\frac{n_z\pi}{c}z\right).$$

利用波函数的归一化条件,可得

$$A_xA_yA_z=\sqrt{\frac{8}{abc}},$$

故归一化的波函数为

$$\psi_{n_x,n_y,n_z}(x,y,z)=\sqrt{\frac{8}{abc}}\sin\left(\frac{n_x\pi}{a}x\right)\sin\left(\frac{n_y\pi}{b}y\right)\sin\left(\frac{n_z\pi}{c}z\right).$$

若$a=b=c=l$,则体积$V=l^3$,因而$l^2=V^{2/3}$.这时

$$E_{n_x,n_y,n_z}=\frac{\pi^2\hbar^2}{2mV^{2/3}}(n_x^2+n_y^2+n_z^2)\quad(n_x,n_y,n_z=1,2,3,\cdots),$$

实际上该式对任意形状的体积都是成立的.

三维自由平动子的能级、简并度及量子数关系示意于图3.2.4中.

结果的分析和讨论

(1) 粒子的基态是非简并的(即简并度$g=1$),其能量为

$$E_1=3\frac{\pi^2\hbar^2}{2mV^{2/3}}\neq 0.$$

这是微观粒子波性的表现,因为静止的波是没有意义的.与经典粒子不同,存在有零点能,V愈大,零点能就愈小.

(2) 能级与外参量体积有关,这是平动的特点.

(3) 能级分布不均匀,当n_x,n_y,n_z很大时,能级可视为连续的,此时趋于经典情况.

(4) 三维自由平动子的量子态可用三个量子数表征,故自由度为3.

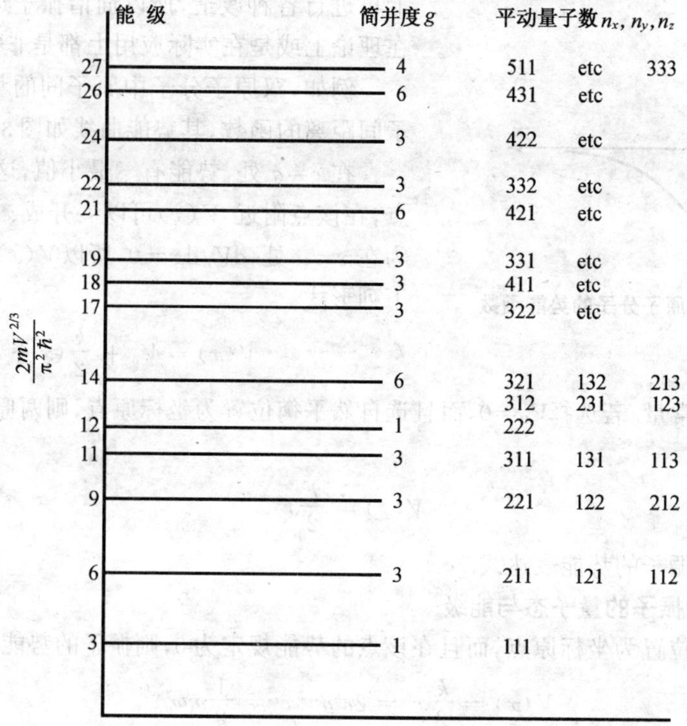

图 3.2.4　三维自由平动子的能级及其简并度

关于能级公式的附注

de Broglie 把定态与驻波相联系，也就是将粒子能量的量子化与有限空间中驻波的频率或波长 λ 的不连续联系了起来，在一些问题中可以很方便的确定能级. 这种观点虽有不确切之处，所能处理的问题也很有限，但其物理图像却很有启发性.

例如在无限深势阱中的自由粒子，物质波被限制在 $[0,a]$ 范围内传播，在 $x=0$ 及 $x=a$ 处，波幅为 0，按驻波条件应有

$$a = n\frac{\lambda_n}{2}\quad (n = 1,2,3,\cdots).$$

驻波的波长不能连续变化，据 de Broglie 关系式

$$p_n = \frac{h}{\lambda_n} = \frac{nh}{2a},$$

因而

$$E_n = \frac{p_n^2}{2m} = \frac{n^2h^2}{8ma} = \frac{\pi^2\hbar^2}{2ma^2}n^2.$$

这与前面所得出的一维自由平动子的能级公式完全相同.

3.2.2　简谐振子的量子态与能级

在自然界广泛存在着简谐运动，任何体系的小振动，例如分子的振动、分子中原子的振动、晶格的振动、原子核表面的振动以及辐射场的振动等. 在选择恰当的坐标后，常常可以分解为若干彼此独立的一维简谐振动. 其次，简谐振动还往往可作为复杂运动的初步近似，在其基础

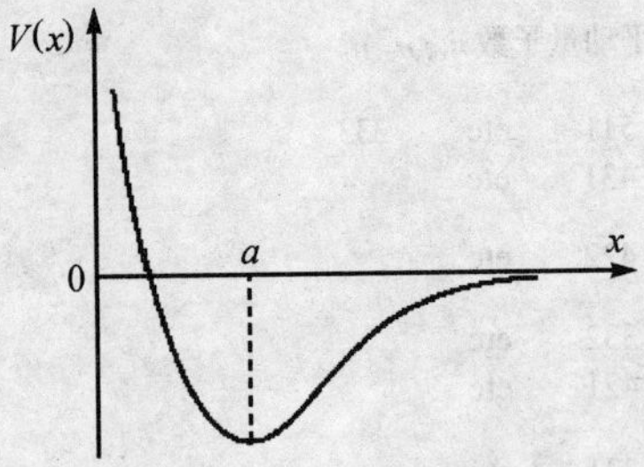

图 3.2.5　双原子分子的势能函数

上再进行各种改造，所以简谐振子运动的研究，无论在理论上或是在实际应用上都是非常重要的.

例如，双原子分子中原子间的势能 $V(x)$ 是两原子间距离的函数，其势能曲线如图 3.2.5 所示.

在 $x=a$ 处，势能有一最小值，这是一个稳定平衡点，在该点附近，$V(x)$ 可以展开成 $x-a$ 的幂级数，因为在 $x=a$ 处，$\mathrm{d}V/\mathrm{d}x=0$，所以 $V(x)$ 可近似地写成为下列形式

$$V(x) = V_0 + \frac{k}{2}(x-a)^2,$$

其中 V_0 与 k 都是常量. 若选择 $V_0=0$，而且选自然平衡位置为坐标原点，则两原子间的势能函数即为

$$V(x) = \frac{k}{2}x^2,$$

这正是一维简谐振子的势能表达式.

1. 一维简谐振子的量子态与能级

取自然平衡位置为坐标原点，而且在该点的势能规定为 0，则振子的势能函数为

$$V(x) = \frac{k}{2}x^2 = 2\pi^2 m\nu_0^2 x^2 = \frac{1}{2}m\omega_0^2 x^2.$$

振子的 Hamilton 算符为

$$\hat{H} = \hat{T} + \hat{V} = \frac{\hat{p}_x^2}{2m} + \hat{V} = -\frac{\hbar^2}{2m}\frac{\mathrm{d}^2}{\mathrm{d}x^2} + 2\pi^2 m\nu_0^2 x^2.$$

因而振子的定态 Schrödinger 方程为

$$\hat{H}\psi(x) = E\psi(x),$$

或者写为

$$\frac{\mathrm{d}^2\psi(x)}{\mathrm{d}x^2} + \frac{2m}{\hbar^2}(E - 2\pi^2 m\nu_0^2 x^2)\psi(x) = 0.$$

严格的简谐振子是一个无限深势阱，粒子只存在束缚状态，即

$$\psi(x) \xrightarrow{x\to\infty} 0.$$

在此条件下求解 Schrödinger 方程，即可得出谐振子的能级为

$$E = E_v = \left(v + \frac{1}{2}\right)\hbar\omega_0 = \left(v + \frac{1}{2}\right)h\nu_0.$$

其中 v 称为振动量子数，它的取值为 0，1，2，3，….

而谐振子的波函数（量子态）为

$$\psi_v(x) = N_v \exp\left(-\frac{1}{2}a^2x^2\right)H_v(ax),$$

其中 N_v 为归一化常量，具体为

$$N_v = \left\{\frac{a}{\sqrt{\pi}\,2^v v!}\right\}^{1/2},$$

$$a = \sqrt{\frac{m\omega_0}{\hbar}}.$$

而 $H_v(z)$ 为 Hermite 多项式，它可由 Rodringues（罗巨格）公式表示

$$H_v(z) = (-1)^v \exp(z^2) \frac{d^v}{dz^v} \exp(-z^2).$$

下面列出 $v=0,1,2,3$ 的波函数

$$\psi_0(x) = \frac{\sqrt{a}}{\pi^{1/4}} \exp\left(-\frac{1}{2}a^2x^2\right),$$

$$\psi_1(x) = \frac{\sqrt{2a}}{\pi^{1/4}} (ax) \exp\left(-\frac{1}{2}a^2x^2\right),$$

$$\psi_2(x) = \frac{1}{\pi^{1/4}} \sqrt{\frac{a}{2}} (2a^2x^2 - 1) \exp\left(-\frac{1}{2}a^2x^2\right),$$

$$\psi_3(x) = \frac{\sqrt{3a}}{\pi^{1/4}} ax\left(\frac{2}{3}a^2x^2 - 1\right) \exp\left(-\frac{1}{2}a^2x^2\right).$$

【练习】请写出 $\psi_4(x)$，并验证它是谐振子 Schrödinger 方程的解.

不难看出，谐振子的波函数具有下列特性：

$$\psi_v(-x) = (-1)^v \psi_v(x).$$

这就是说，振子量子数 v 的奇偶性决定了谐振子波函数的奇偶性，即宇称的奇偶性.

宇称算符 I 就是将函数中的笛卡儿坐标改变符号而时间 t 的符号不变的操作，即空间反演. 如果波函数经宇称算符 I 作用后保持不变，我们称此波函数具有偶宇称；如果波函数经宇称算符 I 作用后改变符号，则称此波函数具有奇宇称.

谐振子的能级及前几个波函数示意于图 3.2.6 和图 3.2.7 中.

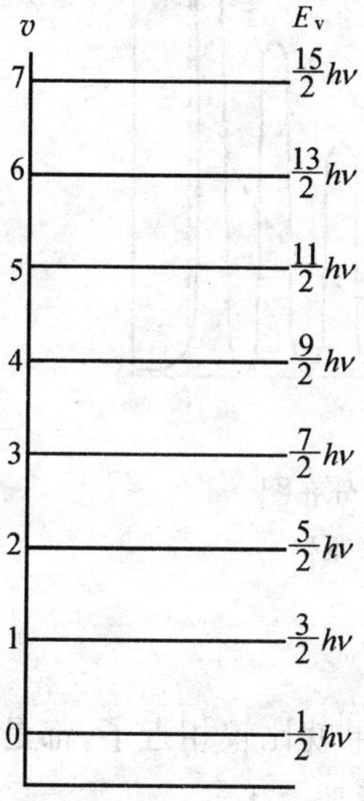

图 3.2.6 一维简谐振子的能级

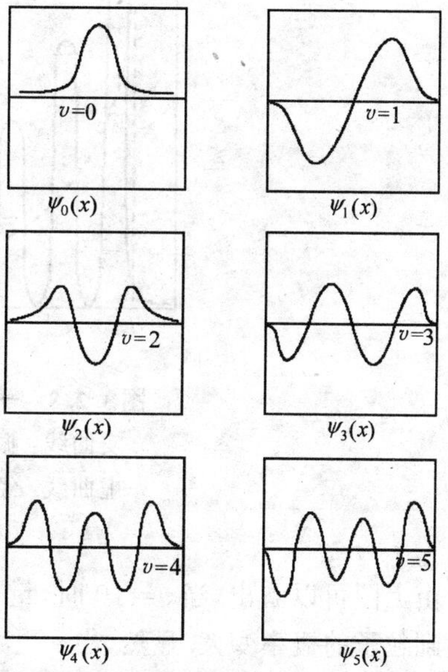

图 3.2.7 一维简谐振子的波函数

结果的分析与讨论

(1) 一维简谐振子的能级是非简并的，即简并度 $g=1$，其量子态可用振子量子数 v 表征，故自由度为1.

(2) 能级是均匀分布的，即能级是等间隔的，任意相邻两个能级的能量差都是 $\hbar\omega_0=h\nu_0$，其大小取决于振子的角频率或基本频率，基态的能量(零点能)为

$$E_0=\frac{1}{2}h\nu_0\neq 0.$$

它是振子具有波粒二象性的表现.

(3) 波函数的节点数等于其振动量子数的数值，而且振动量子数 v 的奇偶性决定了波函数的宇称奇偶性.

(4) 基态($v=0$)粒子的概率密度为

$$|\psi_0(x)|^2=\frac{a}{\sqrt{\pi}}\exp(-a^2x^2).$$

在 $x=0$ 处(平衡点)找到粒子的概率最大，这与经典力学的结论截然相反. 据经典力学，粒子在 $x=0$ 处势能最小，而动能最大，因此粒子的速度最大，所以粒子在 $x=0$ 处逗留的时间最短，这就是说在 $x=0$ 处找到粒子的概率最小. 此与量子力学的结论正好相反，说明在基态时量子效应特别显著.

根据Bohr 的对应原理，在大量子数的极限下，量子力学必须渐近于经典力学. 当我们考查 $v=10$ 的情况时就会发现确实如此，下面是 $v=10$ 时的 $|\psi_{10}(x)|^2$-x 图.

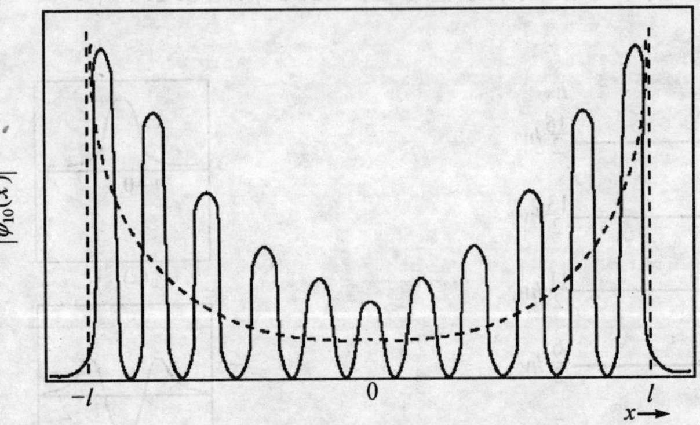

图 3.2.8　一维简谐振子 $v=10$ 的概率分布图

实曲线：振子在 $v=10$ 态的位置分布概率

虚曲线：经典振子的位置分布概率

由上图可以看出，当 $v=10$ 时，量子的结果和经典的结果就比较相近了，都是在离平衡点后找到粒子的概率变大. 显然，当 v 更大时这种相似性就愈增加.

(5) 根据经典力学，振子只能在 $-l\sim l$ 的范围内运动，但按量子力学计算则有一定的概率处在经典力学所允许的区域之外，这是一种量子效应，称为“势垒穿透”. 该效应在基态表现最为突出，这是波性的反映.

2. 三维各向同性的简谐振子的量子态及能级

取自然平衡位置为坐标原点，并规定在该点的势能为0，则势能函数为

$$V(x,y,z) = \frac{1}{2}k_x x^2 + \frac{1}{2}k_y y^2 + \frac{1}{2}k_z z^2$$
$$= 2\pi^2 m(\nu_x^2 x^2 + \nu_y^2 y^2 + \nu_z^2 z^2).$$

Schrödinger 方程为

$$\nabla^2\psi(x,y,z) + \frac{2m}{\hbar^2}[E - 2\pi^2 m(\nu_x^2 x^2 + \nu_y^2 y^2 + \nu_z^2 z^2)]\psi(x,y,z) = 0.$$

各向同性意味着 $k_x = k_y = k_z$，即 $\nu_x = \nu_y = \nu_z = \nu_0$，因而 Schrödinger 方程为

$$\nabla^2\psi(x,y,z) + \frac{2m}{\hbar^2}[E - 2\pi^2 m\nu_0^2(x^2 + y^2 + z^2)]\psi(x,y,z) = 0.$$

用分离变量法可分解成 3 个一维谐振子的方程，从而可得出三维各向同性谐振子的能级公式为

$$E = \left(v_x + v_y + v_z + \frac{3}{2}\right)h\nu_0 = \left(v + \frac{3}{2}\right)h\nu_0.$$

其中 v_x, v_y, v_z 是 3 个振动量子数，它们的取值都是 0，1，2，3，…；而 $v = v_x + v_y + v_z$ 为总的振动量子数.

现将能级、简并度及相应的 3 个振动量子数的值示意于图 3.2.9 中.

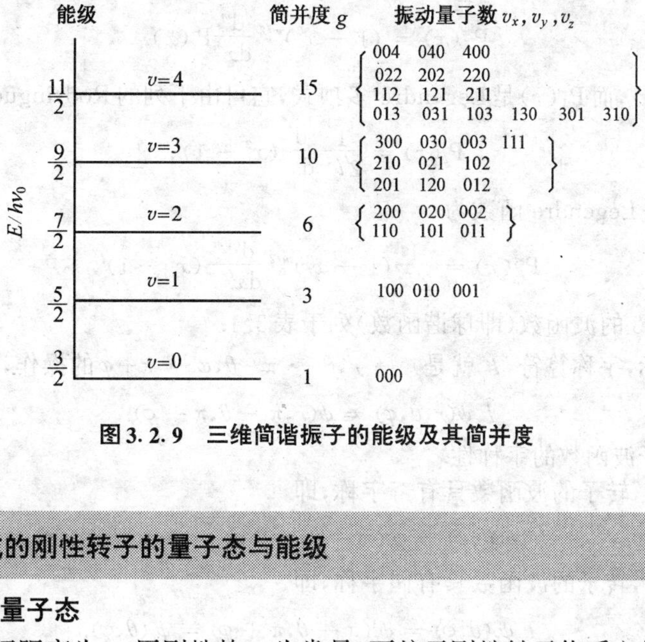

图 3.2.9　三维简谐振子的能级及其简并度

3.2.3　两粒子组成的刚性转子的量子态与能级

1. 刚性转子的量子态

设两粒子的核间距离为 r_e，因刚性故 r_e 为常量，两粒子刚性转子绕质心的转动能等价于一个质量为 $\mu = \frac{m_1 m_2}{m_1 + m_2}$ 的粒子在一个半径为 r_e 的球面上运动的动能. 又转子的势能为 0，因而转子的 Hamilton 算符为

$$\hat{H} = -\frac{\hbar^2}{2\mu}\nabla^2 + V = -\frac{\hbar^2}{2\mu}\nabla^2.$$

Laplace 算符在球极坐标中的表示式为

$$\nabla^2 = \frac{1}{r^2}\frac{\partial}{\partial r}\left(r^2\frac{\partial}{\partial r}\right) + \frac{1}{r^2\sin\theta}\frac{\partial}{\partial\theta}\left(\sin\theta\frac{\partial}{\partial\theta}\right) + \frac{1}{r^2\sin^2\theta}\frac{\partial^2}{\partial\varphi^2}.$$

对刚性转子，由于$r=r_e$为常量，故$\hat{H}$中只包括有θ,φ项，即

$$\hat{H}=-\frac{\hbar^2}{2\mu r_e^2}\left\{\frac{1}{\sin\theta}\frac{\partial}{\partial\theta}\left(\sin\theta\frac{\partial}{\partial\theta}\right)+\frac{1}{\sin^2\theta}\frac{\partial^2}{\partial\varphi^2}\right\}.$$

Schrödinger 方程为

$$-\frac{\hbar^2}{2\mu r_e^2}\left\{\frac{1}{\sin\theta}\frac{\partial}{\partial\theta}\left(\sin\theta\frac{\partial}{\partial\theta}\right)+\frac{1}{\sin^2\theta}\frac{\partial^2}{\partial\varphi^2}\right\}\psi(\theta,\varphi)=E\psi(\theta,\varphi).$$

该方程的本征函数也就是转子的波函数为球谐函数

$$\begin{aligned}\Psi_r(\theta,\varphi)&=Y_J^m(\theta,\varphi)\\&=(-1)^m\left[\frac{2J+1}{4\pi}\frac{(J-|m|)!}{(J+|m|)!}\right]^{1/2}P_J^{|m|}(\cos\theta)\exp(\mathrm{i}m\varphi).\end{aligned}$$

其中J为转动量子数，m为磁量子数，它们的取值分别为

$$J=0,1,2,3,\cdots;$$
$$m=-J,-J+1,\cdots0,\cdots J-1,J.$$

$|m|\leqslant J$，对每一个J的值，m则有$2J+1$个值.

$P_J^{|m|}(\cos\theta)$是m阶J次关联 Legendre 函数，它可由下述的方法得出.

m阶l次关联 Legendre 函数为

$$P_J^m(x)=(1-x^2)^{m/2}\frac{\mathrm{d}^m}{\mathrm{d}x^m}P_l(x).$$

这里$0\leqslant m\leqslant l, x\leqslant 1$，而$P_1(x)$是 Legendre 多项式，它可由下列的 Rodringues 公式得出

$$P_l(x)=\frac{1}{2^l l!}\frac{\mathrm{d}^l}{\mathrm{d}x^l}(x^2-1)^l.$$

因此m阶l次关联 Legendre 函数为

$$P_l^m(x)=\frac{1}{2^l l!}(1-x^2)^{m/2}\frac{\mathrm{d}^{l+m}}{\mathrm{d}x^{l+m}}(x^2-1)^l.$$

将$J=0,1,2,3$的波函数(即球谐函数)列于表 3.1.

对于球极坐标，宇称算符$\hat{I}$就是$r\rightarrow r,\theta\rightarrow\pi-\theta,\varphi\rightarrow\pi+\varphi$的操作，即

$$\hat{I}\ \psi(r,\theta,\varphi)=\psi(r,\pi-\theta,\pi+\varphi).$$

据此不难得出转子波函数的宇称性.

- J为奇数时，转子的波函数具有奇宇称，即

$$\hat{I}\ \psi_r(\theta,\varphi)=\psi_r(\pi-\theta,\pi+\varphi)=-\psi_r(\theta,\varphi).$$

- J为偶数时，转子的波函数具有偶宇称，即

$$\hat{I}\ \psi_r(\theta,\varphi)=\psi_r(\pi-\theta,\pi+\varphi)=\psi_r(\theta,\varphi).$$

在 3.3 节中将会知道，全同粒子波函数的对称性与宇称性相对应. 例如，同核双原子分子的转动波函数，当J为奇数时是反对称的，J为偶数时则是对称的.

2. 刚性转子的能级

转子的能级公式为

$$E=\frac{J(J+1)\hbar^2}{2I}=\frac{J(J+1)h^2}{8\pi^2 I},$$

其中$I=\mu r_e^2$为转子的转动惯量.

表 3.1　刚性转子的波函数(即球谐函数)表

J	m	$2J+1$	波　函　数
0	0	1	$Y_0^0(\theta,\varphi)=\frac{1}{\sqrt{4\pi}}$
1	$-1,0,1$	3	$Y_1^1(\theta,\varphi)=-\sqrt{\frac{3}{8\pi}}\sin\theta\exp(i\varphi)$ $Y_1^0(\theta,\varphi)=\sqrt{\frac{3}{4\pi}}\cos\theta$ $Y_1^{-1}(\theta,\varphi)=\sqrt{\frac{3}{8\pi}}\sin\theta\exp(-i\varphi)$
2	$-2,-1,0,1,2$	5	$Y_2^2(\theta,\varphi)=\sqrt{\frac{15}{32\pi}}\sin^2\theta\exp(2i\varphi)$ $Y_2^1(\theta,\varphi)=-\sqrt{\frac{15}{8\pi}}\sin\theta\cos\theta\exp(i\varphi)$ $Y_2^0(\theta,\varphi)=\sqrt{\frac{5}{16\pi}}(3\cos^2\theta-1)$ $Y_2^{-1}(\theta,\varphi)=\sqrt{\frac{15}{8\pi}}\sin\theta\cos\theta\exp(-i\varphi)$ $Y_2^{-2}(\theta,\varphi)=\sqrt{\frac{15}{32\pi}}\sin^2\theta\exp(-2i\varphi)$
3	$-3,-2,-1,$ $0,1,2,3$	7	$Y_3^3(\theta,\varphi)=-\sqrt{\frac{35}{64\pi}}\sin^3\theta\exp(3i\varphi)$ $Y_3^2(\theta,\varphi)=\sqrt{\frac{105}{32\pi}}\sin^2\theta\cos\theta\exp(2i\varphi)$ $Y_3^1(\theta,\varphi)=-\sqrt{\frac{21}{64\pi}}(5\cos^2\theta-1)\sin\theta\exp(i\varphi)$ $Y_3^0(\theta,\varphi)=\sqrt{\frac{63}{16\pi}}\left(\frac{5}{3}\cos^3\theta-\cos\theta\right)$ $Y_3^{-1}(\theta,\varphi)=\sqrt{\frac{21}{64\pi}}(5\cos^2\theta-1)\sin\theta\exp(-i\varphi)$ $Y_3^{-2}(\theta,\varphi)=\sqrt{\frac{105}{32\pi}}\sin^3\theta\cos\theta\exp(-2i\varphi)$ $Y_3^{-3}(\theta,\varphi)=\sqrt{\frac{35}{64\pi}}\sin^3\theta\exp(-3i\varphi)$

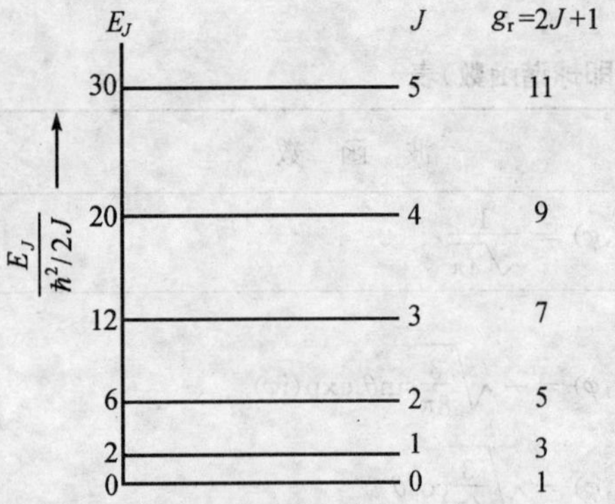

图 3.2.10　刚性转子的能级及其简并度

刚性转子的能级只与转动量子数 J 有关，但转子的波函数(量子态)却与 J 和 m 都有关. 对于每一个 J 值(因而每一能级)有 $2J+1$ 个 m 值(从 $-J$ 到 J 之间的整数)，也就是有 $2J+1$ 个波函数(量子态). 因此刚性转子的能级是 $2J+1$ 重简并的，即简并度 $g_r=2J+1$，在物理上它们对应着转子的角动量向量关于空间固定轴可有 $2J+1$ 种取向.

刚性转子的能级、转动量子数及能级简并度示意于图 3.2.10 中(以 $\hbar^2/2J$ 为能量单位).

结果的分析和讨论

(1) 刚性直线转子的量子态可用两个量子数 J 和 m 表征，因而它的自由度为 2. 量子态与能级是量子化的，能级是 $2J+1$ 重简并的.

(2) 转子的能级只与表征转动特征的转动惯量 I 有关，而且成反比关系.

(3) 转子的基态能量(即 $J=0$ 的能量) $E=0$，故转动无零点能，从而转子有零角动量. 这并不违反不确定度原理(参见 I. N. Levin, Quantum Chemistry, p. 78).

(4) 转子的能级是非均匀分布的，因为转子的能级间距为

$$\begin{aligned}\Delta E_J &= E_{J+1} - E_J \\ &= \frac{(J+1)(J+2)\hbar^2}{2I} - \frac{J(J+1)\hbar^2}{2I} \\ &= \frac{(J+1)\hbar^2}{I}.\end{aligned}$$

显然，当 J 增大时能级间距随之增大，但是下列比值

$$\frac{\Delta E_J}{E_J} = \frac{2}{J}$$

却随着 $J\to\infty$ 而趋于零. 因此 J 很大时能级可视为连续的，此时可作为经典转子处理，而且态密度为常量.

(5) 两粒子组成的刚性转子的转动能等价于一个质量为 $\mu=\dfrac{m_1m_2}{m_2+m_2}$ 的质点在一个半径为 r_e 的球面上运动的动能. 据经典力学知，动能与角动量的关系为(见习题 3.1)

$$T = L^2/2I.$$

因而 Hamilton 函数为

$$H = L^2/2I\ ,$$

其中 $\hat{L} = \hat{r} \times \hat{p}$ 为角动量，而 $\hat{p}$ 是质量为 μ 的粒子的动量.

已知 $\hat{H}$ 的本征值为 $\dfrac{J(J+1)\hbar^2}{2I}$，故 $\hat{L}^2$ 的本征值即为

$$J(J+1)\hbar^2.$$

从而，角动量的值为

$$\sqrt{J(J+1)}\hbar \quad (J=0,1,2,3,\cdots).$$

(6) 任何刚性直线分子的能级公式都与两粒子刚性转子的能级公式相同，所差者在于转动惯量的不同.

(7) 任何双原子分子或直线分子(可以不是刚性的)的转动能级可以近似地用刚性转子的能级公式表示. 转动光谱落在微波(红外)区域，可以证明(参见 W. Kauzmann, Quantum Chemistry, p. 658)，允许跃迁的能级是 J 的变化为 ± 1(跃迁选律). 因此，双原子分子或直线分子的微波谱线的频率近似的为

$$\nu = \frac{E_{J+1} - E_J}{h} = \frac{[(J+1)(J+2) - J(J+1)h]}{8\pi^2 I}$$

$$= 2(J+1)\frac{h}{8\pi^2 I} = 2(J+1)B.$$

其中 $B = \dfrac{h}{8\pi^2 I}$，称为转动常量.

3.2.4　电子的量子态与能级

这是量子化学的主要内容之一，此处从略. 在统计热力学的实际计算中，只需电子能级及简并度的数据，没有用于计算的统一公式，而是由光谱测得.

3.2.5　自旋

基本粒子都有力学量——自旋，它是基本粒子的一个固有属性，而且是与粒子运动状态无关的内禀属性. 自旋具有角动量性质，但与轨道角动量有所不同，自旋无经典力学量对应，它是相对论量子力学的效应，它是电子场在空间转动下特性的反映. 在经典极限下，自旋效应消失或忽略.

在非相对论力学中，Hamilton 量不包括自旋，但可以唯象地依据实验反映出的自旋特点，选用适当的数学工具进行描述. 每一可观察的力学量都对应一个线性 Hermite 算符，考虑到自旋具有角动量特征，假设自旋算符 $\hat{S}$ 的 3 个分量满足轨道角动量的对易关系

$$\hat{S}_x \hat{S}_y - \hat{S}_y \hat{S}_x = \mathrm{i}\hbar \hat{S}_z,$$

$$\hat{S}_y \hat{S}_z - \hat{S}_z \hat{S}_y = \mathrm{i}\hbar \hat{S}_x,$$

$$\hat{S}_z \hat{S}_x - \hat{S}_x \hat{S}_z = \mathrm{i}\hbar \hat{S}_y,$$

而且 $\hat{S}^2$ 的本征值为 $S(S+1)\hbar^2$. 设自旋的波函数为 $\chi(S_z)$，则有

$$\hat{S}^2 \chi(S_z) = S(S+1)\hbar^2 \chi(S_z),$$

而自旋角动量的值为

$$\sqrt{S(S+1)}\,\hbar.$$

实验表明，对于特定粒子的自旋，其 S 是给定值(这与轨道角动量不同，轨道角动量的 S 取非负整数)，而且只能取正整数(包括 0)或者正的半奇数.

说一个粒子的自旋为 S，意思就是指测量该粒子的自旋角动量沿一确定方向(如外磁场方向) z 的分量 S_z 只能取下列的值

$$S_z = m_S \hbar \quad (m_S = -S, -S+1, \cdots, S-1, S).$$

因此，自旋共有 $2S+1$ 个可能的量子态，m_S 称为自旋量子数，自旋用一个量子数 m_S 表征，故自由度为 1.

粒子具有自旋自由度，表明粒子不是一个简单的只有通常 3 个自由度的粒子，要对它的状态做出完全描述，还必须考虑其自旋状态. 确切地说，要考虑粒子的自旋在某一给定方向(例如 z 轴方向)的 $2S+1$ 个可能取值 $m_S\hbar$ (投影)的振幅. 也就是说，粒子的波函数中还应包括自旋投影这个变量，习惯上取此变量为 S_z，这样粒子的波函数即为 $\psi(x,y,z;S_z)$，x,y,z，是空间坐标，它们可连续取值，S_z 是自旋坐标，它只能取 $m_S\hbar$ 的分立值. 在忽略自旋与轨道耦合的条件下，粒子波函数可以分解为

$$\psi(x,y,z;S_z)=\psi(x,y,z)\chi(S_z),$$

其中 $\chi(S_z)$ 是描述自旋态的波函数.

自旋角动量及其投影可用图形表示，例如，电子、质子和中子的 $S=1/2$，自旋角动量的值为 $\sqrt{3}\hbar/2$，它在 z 轴上的投影 $S_z=m_S\hbar=\hbar/2$ 或 $-\hbar/2$，如图 3.2.11 中所示.

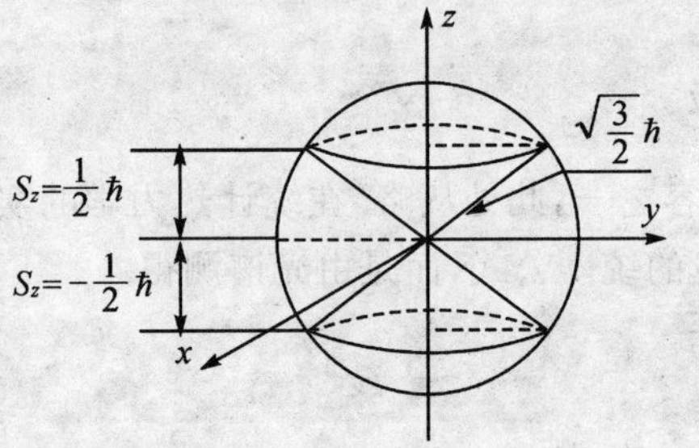

图 3.2.11　自旋角动量及自旋变量

$S_z=\hbar/2$ 的自旋态通常称为自旋向上，用箭头 ↑ 表示

$S_z=-\hbar/2$ 的自旋态通常称为自旋向下，用箭头 ↓ 表示

3.2.6　分子的量子态

前面讨论了各个典型子的量子态问题. 近代的物质结构理论表明，原子是由一个或多个电子与一个原子核按一定规律组成的，而分子是由一定数目的原子按一定构型通过化学键结合而成的，晶体则是原子或分子、离子按一定的空间排列构成的.

从量子力学考虑，一个分子的量子态(波函数)是 Schrödinger 方程的解. 定态的 Schrödinger方程为

$$H\psi(q)=E\psi(q),$$

其中 q 代表分子的全部坐标(包括空间坐标与自旋坐标).

例如双原子分子，在一定的近似条件下，它的运动可分解成平动(t)、转动(r)、振动(v)、电子运动(e)及核运动(n)等独立部分，因而分子的能量即为各种运动形态的能量之和.

$$E_i=E_t+E_r+E_v+E_e+E_{n_1}+E_{n_2};$$

而波函数则为

$$\psi=\psi_t\psi_r\psi_v\psi_e\psi_{n_1}\psi_{n_2}.$$

其中脚标 t，r，v，e，n_1，n_2 分别表示平动、转动、振动、电子运动及核 1 与核 2 的运动.

每一种运动状态用相应的量子数来表征(见下表)，即都有各自的自由度，分子的自由度就是各运动形态自由度之和.

运动状态	量子数名称	符　号
平动	平动量子数	n_x, n_y, n_z
转动	转动量子数	J
	磁量子数	m
振动	振动量子数	v_x, v_y, v_z
原子中的电子	原子光谱项	S,P,D,F,G,…
分子中的电子	分子光谱项	$\Sigma, \Pi, \Delta, \Phi, \Gamma, \cdots$
电子自旋	自旋量子数	m_S
核自旋	核自旋量子数	I

因此,一个分子的量子态可以由一组完备的量子数$\{n\}$表征,这组量子数的数目就等于分子的自由度.

$$\{n\} = n_x, n_y, n_z; J, m; v_x, v_y, v_z; \mathrm{S}, \mathrm{P}, \cdots; \Sigma, \Pi, \cdots; m_S; I \text{ 等}$$

若有一个量子数改变,则量子态就发生了变化,此时分子将由一个量子态变为另一量子态.

在通常情况下,原子核总是处在基态,在化学变化及相变过程中,核的态一般都不改变.其次,当温度不太高时,分子中的电子一般也处在基态,有个别分子中的电子也可处在激发态.如果我们不考虑电子及核的运动,则分子中的原子看做圆球,原子间的化学键相当于弹簧.

由上讨论可以看出,要彻底明了分子的量子态就必须要有量子化学及原子、分子光谱的基础,我们在此就不能作深入的讨论了,到第 6 章配分函数中再作某些具体的补充.

3.3　体系微观运动状态的量子描述

考虑N个全同粒子组成的体系,设体系的Hamilton算符为$\hat{H}$,波函数为

$$\psi_n(q_1, q_2, \cdots, q_N),$$

其中$q_1, q_2, \cdots, q_N$分别为$1, 2, \cdots, N$个粒子的全部坐标,即空间坐标与自旋坐标,则体系的定态Schrödinger方程为

$$\hat{H}\psi_n(q_1, q_2, \cdots, q_N) = E_n\psi_n(q_1, q_2, \cdots, q_N).$$

在体系满足一定条件下,求解上述方程,即可得出体系的能级E_n和波函数$\psi_n(q_1, q_2, \cdots, q_N)$,因而也就是得出了体系的量子态.

目前,多粒子体系的Schrödinger方程尚不能求出精确解,得不到精确的波函数,只能在某些近似假设下得出体系的近似能级和近似波函数.

现状虽然如此,但并非无其他路可走.现在我们可以依据对称性推断出全同多粒子体系波函数的一种重要特征,这个特征决定了量子体系的两种统计法.现在我们就论述这些问题.

3.3.1　全同多粒子体系的交换对称性与微观粒子的全同性原理

自然界存在着各种不同类型的粒子,例如电子、质子、中子、光子、π介子以及原子、分子等等.同一类的粒子具有完全相同的内禀的客观属性,例如静质量、电荷、自旋、磁矩、寿命等.人们正是根据这些具有相对稳定的客观属性来划分各种不同类型的粒子的.内禀属性是指与运动状态无关的性质.

全同多粒子体系是一类重要的体系,例如原子与分子中的电子系、原子核中的质子系与中

子系，金属中的电子气、中子星、光子气等等.

全同多粒子体系的一个基本特征是：Hamilton 量对于任何两个粒子的交换是不变的.这就是所谓的交换对称性.例如氦原子中的 2 个电子是全同多粒子体系，它的Hamilton 量为

$$H=\frac{p_1^2}{2m}+\frac{p_2^2}{2m}-\frac{2e^2}{r_1}-\frac{2e^2}{r_2}+\frac{e^2}{|\boldsymbol{r}_1-\boldsymbol{r}_2|}.$$

显然，当 2 个电子交换时，H 是不变的.

全同多粒子体系的Hamilton 量的交换对称性，在经典力学中与量子力学中都一样存在，但在经典力学中，这种交换对称性并不能使我们对于体系的运动有什么更加深入的认识.两粒子交换引到相空间中不同区域，从而得到不同的运动状态.在量子力学中，Hamilton 量的交换对称性反映到描述体系状态的波函数上就有了新的内容.

我们知道，量子粒子具有波粒二象性，它的运动不是确定的轨道运动，我们从原则上无法对它们跟踪而加以分辨.例如在氦原子中，当我们在某处测得一个电子时，我们无法判断它究竟是两个电子中的哪一个.因此，人们就提出了如下的假设.

微观粒子的全同性原理或全同粒子的不可分辨性：“任何 2 个全同粒子的交换不产生新的量子态.”换言之，在全同多粒子体系中，只能实现这种全同粒子交换时不改变的状态.

这个原理是全同多粒子体系量子态(波函数)的基本特征，也就是说它对全同多粒子体系的波函数的形式加以了很强的限制，它不仅要满足 Schrödinger 方程，而且还应该满足这个全同性原理.

在量子力学中，若两粒子的 ψ 不重叠时粒子可分辨(即无共同运动的区域)；当有重叠区域时粒子则不可分辨.定域子势垒无限大，波函数不重叠，故可分辨.

量子力学中的全同性原理，其基点有二：

(1) 同类粒子之间的内禀属性的差别是观察不到的，如果今后一旦可以观察到，该原理便破产.

(2) 粒子的波函数可重叠，也就是在同一空间区域各个粒子都有出现的概率.当粒子的波函数不重叠时，在某一空间区域只有找到特定粒子的概率，其他粒子在该区域不出现，这时不存在全同性原理，粒子就可分辨了.定域子体系中粒子的势垒无限大，各粒子的波函数不重叠，可用位置对粒子加以编号，此时全同粒子也可分辨，因而任何两个全同粒子交换将产生新的量子态，定域子体系不存在Pauli 原理.

3.3.2　对称态与反对称态

根据微观粒子的全同性原理可得如下的重要结论：“全同多粒子体系的波函数或是对称的，或是反对称的.”这就是说全同多粒子体系的波函数绝不能对于其中的一部分粒子是对称的，而对于另一部分粒子则是反对称的.肯定一个侧面同时就意味着否定另一侧面.下面我们将进行讨论.

设 N 个全同多粒子体系的状态用波函数 $\psi(q_1,q_2,\cdots,q_N)$ 描述，其中 $q_1,q_2,\cdots,q_N$ 分别为粒子1，2，…，N 的全部坐标，即空间坐标与自旋坐标.用 $\hat{p}_{ij}$ 表示第i 粒子与第j 粒子交换的算符，其定义如下：

$$\hat{p}_{ij}\psi(q_1,\cdots,q_i,\cdots,q_j,\cdots,q_N)=\psi(q_1,\cdots,q_j,\cdots,q_i,\cdots,q_N),$$

其中 i,j 是任意的.

依据微观粒子的全同性原理，$\hat{p}_{ij}\psi$ 与 ψ 描写的量子态完全一样，因此它们之间最多差一个常量因子λ，即

$$\hat{p}_{ij}\psi(q_1,q_2,\cdots,q_N)=\lambda\psi(q_1,q_2,\cdots,q_N).$$

再用 $\hat{p}_{ij}$ 运算一次，即得

$$\hat{p}_{ij}^2\psi(q_1,q_2,\cdots,q_N)=\lambda^2\psi(q_1,q_2,\cdots,q_N).$$

由于 $\hat{p}_{ij}^2=1$(单位算符)，故得

$$\lambda^2=1,$$

从而

$$\lambda=\pm 1.$$

这就表明算符 $\hat{p}_{ij}$有而且只有两个本征值$\lambda=\pm1$，因此，全同多粒子体系的波函数必须满足下列关系式之一.

$$\hat{p}_{ij}\psi(q_1,q_2,\cdots,q_N)=+\psi(q_1,q_2,\cdots,q_N),$$
$$\hat{p}_{ij}\psi(q_1,q_2,\cdots,q_N)=-\psi(q_1,q_2,\cdots,q_N).$$

定义　交换任意两个粒子的坐标，波函数的符号不变者称为对称波函数；而波函数反号者称为反对称波函数.

所以全同多粒子体系的波函数或者是对称的或者是反对称的. 其次，由 $\hat{p}_{ij}$与 $\hat{H}$ 是对易的，即

$$[\hat{p}_{ij},\hat{H}]=0.$$

故知 $\hat{p}_{ij}$是个守恒量，即波函数的交换对称性将不随时间而变.

因此，在自然界中能实现的全同粒子系的波函数总是 $\hat{p}_{ij}(i\neq j=1,2,\cdots,N)$的本征态，即总是具有确定的交换对称性，不是对称态，就是反对称态.

实验表明，自然界中每一类全同粒子，它们的多体波函数的交换对称性是完全确定的，即每一类全同多粒子体系无论在什么场合永远属于一种对称性. 要是对称的就永远是对称的，要是反对称的就永远是反对称的. 绝不会在一种场合是对称的，而在另一种场合则是反对称的. 例如电子系、质子系、中子系的波函数，对于交换两电子总是反对称的，而光子系的波函数总是对称的.

3.3.3　费米子和玻色子

实验表明，全同粒子系的波函数的交换对称性与粒子的自旋有确定的联系，或说交换对称性由粒子的本性(自旋)所决定.

凡自旋为$\hbar$整数倍的粒子(即$S=0,1,2,3,\cdots$)，波函数对于交换两粒子是对称的，此类粒子称为玻色子(boson).

凡自旋为$\hbar$半奇数倍的粒子(即$S=1/2,3/2,\cdots$)，波函数对于交换两粒子是反对称的，此类粒子称为费米子(fermion).

光子($S=1$)、π 介子($S=0$)、K 介子($S=1$)是玻色子的例子，而电子($S=1/2$)、质子($S=1/2$)、中子($S=1/2$)、μ 介子($S=1/2$)、各种超子($S=1/2$)是费米子的例子.

由“基本”粒子组成的复杂粒子，如原子核、原子、分子等，若我们把它们当做不再分解的单

元，也就是说在所讨论的问题或过程中其内部状态保持不变，这时可以将它们作为一个整体当成一类全同粒子看待.

凡是由奇数个费米子组成的粒子仍为费米子，其自旋为$\hbar$的半奇数倍，而波函数是反对称的.

凡是由玻色子组成的粒子仍为玻色子，其自旋为$\hbar$的整数倍，而波函数是对称的.

凡是由偶数个费米子组成的粒子则为玻色子，其自旋为$\hbar$的整数倍，而波函数是对称的. 超导态的Cooper（库珀）电子对是玻色子.

如氢原子H_1^1、He_2^4是玻色子，而He_2^3则是费米子.

3.3.4　费米子体系的波函数及Pauli原理

费米子体系的波函数是反对称的. 现在我们给出在忽略粒子之间相互作用情况下的费米子体系的波函数.

1. 2个Fermi子体系的波函数

设有两个近独立的费米子，Hamilton量可表为

$$H = h(q_1) + h(q_2).$$

其中$h(q)$表示单粒子的Hamilton量，$h(q_1)$与$h(q_2)$形式上完全一样，只不过1、2两粒子交换一下. 例如，氦原子中的2个电子，当忽略它们之间的相互作用能$\dfrac{e^2}{|\boldsymbol{r}_1-\boldsymbol{r}_2|}$时，其Hamilton量为

$$H = \frac{p_1^2}{2m} + \frac{p_2^2}{2m} - \frac{2e^2}{r_1} - \frac{2e^2}{r_2}.$$

单粒子Hamilton算符的本征方程为

$$\hat{h}(q)\varphi_k(q) = \varepsilon_k\varphi_k(q).$$

设$\varphi_k(q)$已归一化；$k=1,2,\cdots$代表一组完备的量子数.

设2个粒子中有一个处在φ_{k_1}态，一个处在φ_{k_2}态，则$\varphi_{k_1}(q_1)\varphi_{k_2}(q_2)$，$\varphi_{k_1}(q_2)\varphi_{k_2}(q_1)$或者它们的任意线性组合所对应的能量都是$\varepsilon_{k_1}+\varepsilon_{k_2}$，这就是说，能级$\varepsilon_{k_1}+\varepsilon_{k_2}$可能有许多个满足Schrödinger方程的函数与之对应，但它们不一定都具有交换对称性. 我们将与全同粒子系的交换对称性相联系的简并态称为交换简并，这是具有新含义的简并，因为与$\varepsilon_{k_1}+\varepsilon_{k_2}$所对应的函数未必是态函数. 我们有时把费米子体系和玻色子体系称为简并气体也是在这个意义上而讲的.

显然，与能级$\varepsilon_{k_1}+\varepsilon_{k_2}$相应的满足Schrödinger方程的函数不一定都具有交换对称性，但我们可由它们构成对称的或反对称的波函数.

对于费米子体系，要求体系的波函数是反对称的. 它可由下述方法构成

$$\begin{aligned}\psi_{k_1,k_2}^A(q_1,q_2) &= \frac{1}{\sqrt{2!}}(1-\hat{p}_{12})\varphi_{k_1}(q_1)\varphi_{k_2}(q_2)\\ &= \frac{1}{\sqrt{2!}}[\varphi_{k_1}(q_1)\varphi_{k_2}(q_2)-\varphi_{k_1}(q_2)\varphi_{k_2}(q_1)]\\ &= \frac{1}{\sqrt{2!}}\begin{vmatrix}\varphi_{k_1}(q_1) & \varphi_{k_1}(q_2)\\ \varphi_{k_2}(q_1) & \varphi_{k_2}(q_2)\end{vmatrix}.\end{aligned}$$

式中$\dfrac{1}{\sqrt{2!}}$是归一化因子，而行列式称为Slater（斯莱特）行列式.

2. N 个费米子体系的波函数

设 N 个费米子处在 $k_1<k_2<\cdots<k_N$ 态上，则 N 个费米子体系的反对称波函数可如下构成

$$\psi^A_{k_1,k_2,\cdots,k_N}(q_1,q_2,\cdots,q_N)=\frac{1}{\sqrt{N!}}\begin{vmatrix}\varphi_{k_1}(q_1) & \cdots & \varphi_{k_1}(q_N)\\ \varphi_{k_2}(q_1) & \cdots & \varphi_{k_2}(q_N)\\ \cdots & \cdots & \cdots\\ \varphi_{k_N}(q_1) & \cdots & \varphi_{k_N}(q_N)\end{vmatrix}$$

$$=\frac{1}{\sqrt{N!}}\sum_P \delta_P P[\varphi_{k_1}(q_1)\varphi_{k_2}(q_2)\cdots\varphi_{k_N}(q_N)], \qquad (*)$$

其中 P 代表 N 个粒子的某个置换，$P[\varphi_{k_1}(q_1)\cdots\varphi_{k_N}(q_N)]$ 代表从一个标准排列式

$$\varphi_{k_1}(q_1)\varphi_{k_2}(q_2)\cdots\varphi_{k_N}(q_N)$$

出发，经过置换 P 作用后得到的一个排列. N 个粒子在 N 个态上的不同排列数有 $N!$ 个，或者说有 $N!$ 个置换，所以在 $(*)$ 式中共有 $N!$ 项，各项都是彼此正交的，$\frac{1}{\sqrt{N!}}$ 是归一化因子. 置换 P 总可以表示成若干个对换（两粒子交换）之积. 从标准排列式出发，若经过奇数次对换才达到排列 $P[\varphi_{k_1}(q_1)\cdots\varphi_{k_N}(q_N)]$，这种 P 称为奇置换. 对于这种奇置换，$\delta_P=-1$；若经过偶数次对换才达到排列 $P[\varphi_{k_1}(q_1)\cdots\varphi_{k_N}(q_N)]$，这样的 P 称为偶置换，对偶置换 $\delta_P=+1$. 在 $N!$ 个置换中，偶置换与奇置换各占一半. 因此 $(*)$ 式求和中，有一半为正项，一半为负项.

现以 $N=3$ 为例加以说明.

$$\psi^A_{k_1,k_2,k_3}(q_1,q_2,q_3)=\frac{1}{\sqrt{3!}}\begin{vmatrix}\varphi_{k_1}(q_1) & \varphi_{k_1}(q_2) & \varphi_{k_1}(q_3)\\ \varphi_{k_2}(q_1) & \varphi_{k_2}(q_2) & \varphi_{k_2}(q_3)\\ \varphi_{k_3}(q_1) & \varphi_{k_3}(q_2) & \varphi_{k_3}(q_3)\end{vmatrix}$$

$$=\frac{1}{\sqrt{3!}}[\varphi_{k_1}(q_1)\varphi_{k_2}(q_2)\varphi_{k_3}(q_3)+\varphi_{k_1}(q_2)\varphi_{k_2}(q_3)\varphi_{k_3}(q_1)+\varphi_{k_1}(q_3)\varphi_{k_2}(q_1)\varphi_{k_3}(q_2)$$
$$-\varphi_{k_1}(q_3)\varphi_{k_2}(q_2)\varphi_{k_3}(q_1)-\varphi_{k_1}(q_2)\varphi_{k_2}(q_1)\varphi_{k_3}(q_3)-\varphi_{k_1}(q_1)\varphi_{k_2}(q_3)\varphi_{k_3}(q_2)]$$

$$=\frac{1}{\sqrt{3!}}[1+P_{13}P_{12}+P_{32}P_{13}-P_{13}-P_{12}-P_{23}]\varphi_{k_1}(q_1)\varphi_{k_2}(q_2)\varphi_{k_3}(q_3).$$

3. Pauli 原理

依据费米子体系的波函数的反对称性，很容易得出著名的 Pauli 原理. 1925 年 Pauli 根据原子光谱的实验事实，分析电子在原子中的状态时，提出了这个原理的原始表达形式："在一个多电子体系中，不可能有 2 个或 2 个以上的电子具有相同的 4 个量子数". 换言之，"同一个量子态不能有多于一个电子."

现在，依据微观粒子的全同性原理，原始形式的 Pauli 原理即可表述为："一个多电子体系的波函数，对于交换其中的任何 2 个电子，波函数必须是反对称的".

将电子推广到费米子，即得到一般形式的 Pauli 原理："不能有 2 个或 2 个以上的全同费米子处在同一单粒子态."或者换言之，"占据同一单粒子量子态的费米子不可能超过一个".

(1) 依据费米子体系具有反对称波函数，论证 Pauli 原理

假设 2 个费米子能占据相同的态，即 $k_i=k_j=k$ 时，则由 $(*)$ 式知

$$\psi^{A}_{k_1,k_2,\cdots,k_N}(q_1,q_2,\cdots,q_N)=\frac{1}{\sqrt{N!}}\begin{vmatrix}\varphi_{k_1}(q_1) & \cdots & \varphi_{k_1}(q_N)\\ \cdots & \cdots & \cdots\\ \varphi_k(q_1) & \cdots & \varphi_k(q_N)\\ \cdots & \cdots & \cdots\\ \varphi_k(q_1) & \cdots & \varphi_k(q_N)\\ \cdots & \cdots & \cdots\\ \varphi_{k_N}(q_1) & \cdots & \varphi_{k_N}(q_N)\end{vmatrix}\equiv 0.$$

对全同费米子体系这是一个不可能实现的状态，于是Pauli 原理得证. 因此Pauli 原理是量子力学中微观粒子全同性原理的必然结果.

因为电子是原子的组成部分，而质子与中子又是原子核的组成部分，所以 Pauli 原理在原子的电子壳层理论中和原子核理论中都具有头等重要性.

(2) 用反证法论证Pauli 原理

假设有 2 个费米子可处在同一单粒子态上，这时将这两个粒子交换便不会使体系的波函数改变符号，这与费米子体系的波函数必须是反对称的要求相矛盾，这只能表明假设不真，因而Pauli 原理得到论证. 但需要指出，体系的$\psi\equiv 0$ 时，交换任何两个全同粒子ψ 可改变符号，但$\psi\equiv 0$ 本身就意味着是一个不可能实现的态，因此$\psi\equiv 0$ 被排除.

对于玻色子体系，体系的波函数必须是对称的，它不受Pauli 原理的限制，因为 2 个或 2 个以上的全同玻色子处于同一单粒子态时，交换它们不会使体系的波函数改变符号，这正符合Bose 波函数的对称性要求. 因此，同一单粒子态上的玻色子数目不受任何限制，故这种体系不存在Pauli 原理.

3.3.5　玻色子体系的波函数

1. 2 个玻色子体系

在忽略相互作用的情况下，体系的Hamilton 量可表为

$$H=h(q_1)+h(q_2),$$

它的本征方程为

$$\hat{H}\,\psi(q_1,q_2)=E\psi(q_1,q_2).$$

而单粒子Hamilton 算符的本征方程为

$$\hat{h}\,(q)\varphi_k(q)=\varepsilon_k\varphi_k(q)\,,\quad(k=1,2,\cdots).$$

设 2 个玻色子有一个处在$\varphi_{k_1}(q_1)$态，另一个处在$\varphi_{k_2}(q_2)$，则

$$\psi(q_1,q_2)=\varphi_{k_1}(q_1)\varphi_{k_2}(q_2).$$

而 $E=\varepsilon_{k_1}+\varepsilon_{k_2}$；显然$\varphi_{k_1}(q_1)\varphi_{k_2}(q_2)$，$\varphi_{k_1}(q_2)\varphi_{k_2}(q_1)$以及它们的任意线性组合都对应的能量为$\varepsilon_{k_1}+\varepsilon_{k_2}$，这种简并性是交换简并.

玻色子体系的波函数是对称波函数，而满足 Schrödinger 方程的 $\varphi_{k_1}(q_1)\varphi_{k_2}(q_2)$，$\varphi_{k_1}(q_2)\varphi_{k_2}(q_1)$以及它们的线性组合未必是对称波函数，它的归一化波函数可由下式构成

- $k_1\neq k_2$

$$\psi^{S}_{k_1,k_2}(q_1,q_2)=\frac{1}{\sqrt{2}}(1+P_{12})\varphi_{k_1}(q_1)\varphi_{k_2}(q_2)$$

$$=\frac{1}{\sqrt{2}}[\varphi_{k_1}(q_1)\varphi_{k_2}(q_2)+\varphi_{k_1}(q_2)\varphi_{k_2}(q_1)],$$

● $k_1 = k_2 \qquad \psi^S_{kk}(q_1, q_2) = \varphi_k(q_1)\varphi_k(q_2).$

这个结果表明,玻色子并不遵守Pauli 原理.

2. *N* 个玻色子体系的波函数

因为玻色子不遵守Pauli 原理,即可以有任意多个玻色子处在相同的单粒子态.设N 个玻色子中有n_1 个处在k_1 态;n_2 个处在k_2 态;…,n_N 个处在k_N 态;即

$$\sum_i n_i = N \quad (\text{总玻色子数}).$$

n_i 中有一些可以为0,有一些可以大于0.此时,对称的多体波函数可以表成

$$\sum_P P[\underbrace{\varphi_{k_1}(q_1)\cdots\varphi_{k_1}(q_{n_1})}_{n_1\text{个}}\underbrace{\varphi_{k_2}(q_{n_1+1})\cdots\varphi_{k_2}(q_{n_1+n_2})}_{n_2\text{个}}\cdots\underbrace{\varphi_{k_N}(q_N)}_{n_N\text{个}}],$$

这里的P 是指那些只对处于不同状态粒子进行对换而构成的置换.这样,上式求和中的各项才正交,该置换共有

$$\frac{N!}{n_1!n_2!\cdots n_N!} = \frac{N!}{\prod_i n_i!}$$

个.因此,归一化的对称波函数可表为

$$\psi^S_{n_1,n_2,\cdots,n_N}(q_1,q_2,\cdots,q_N) = \sqrt{\frac{\prod_i n_i!}{N!}}\sum_P P[\varphi_{k_1}(q_1)\cdots\varphi_{k_N}(q_N)].$$

现以$N=3$ 为例加以说明.3 个状态分别简记为$\varphi_1,\varphi_2,\varphi_3$.

(1) $n_1=n_2=n_3=1$

$$\begin{aligned}\psi^S_{111}(q_1,q_2,q_3) = \frac{1}{\sqrt{3!}}[&\varphi_{k_1}(q_1)\varphi_{k_2}(q_2)\varphi_{k_3}(q_3) + \varphi_{k_1}(q_2)\varphi_{k_2}(q_3)\varphi_{k_3}(q_1)\\ &+ \varphi_{k_1}(q_3)\varphi_{k_2}(q_1)\varphi_{k_3}(q_2) + \varphi_{k_1}(q_3)\varphi_{k_2}(q_2)\varphi_{k_3}(q_1)\\ &+ \varphi_{k_1}(q_2)\varphi_{k_2}(q_1)\varphi_{k_3}(q_3) + \varphi_{k_1}(q_1)\varphi_{k_2}(q_3)\varphi_{k_3}(q_2)].\end{aligned}$$

共有$\frac{3!}{1!\ 1!\ 1!}=6$ 项,各项彼此都正交.

(2) $n_1=2, n_2=1, n_3=0$

$$\psi^S_{210}(q_1,q_2,q_3) = \frac{1}{\sqrt{3}}[\varphi_{k_1}(q_1)\varphi_{k_2}(q_2)\varphi_{k_3}(q_3) + \varphi_{k_1}(q_1)\varphi_{k_2}(q_3)\varphi_{k_3}(q_2) + \varphi_{k_1}(q_3)\varphi_{k_2}(q_2)\varphi_{k_3}(q_1)].$$

共有$\frac{3!}{2!\ 1!\ 0!}=3$ 项,各项彼此都正交.

(3) $n_1=3, n_2=0, n_3=0$

$$\psi^S_{300}(q_1,q_2,q_3) = \varphi_{k_1}(q_1)\varphi_{k_2}(q_2)\varphi_{k_3}(q_3).$$

共有$\frac{3!}{3!}=1$ 项.

3.3.6 交换对称性在统计中的意义

量子力学中全同粒子的交换不产生新的量子态.经典力学中全同粒子交换引到相空间中的不同区域因而得到不同的运动状态.这两者的区别使得量子统计与经典统计相互过渡时就必须要考虑这种所谓的全同性修正,这一点将在3.4 节阐述.

量子力学中的交换对称性将自然界的粒子严格的区分为玻色子和费米子两大类,从而导

致两种不同的量子统计法.

玻色子体系的波函数是对称的,它不受Pauli 原理的限制.依据这个特征,对于离域的玻色子体系所建立的量子统计法称为Bose-Einstein 统计.

费米子体系的波函数是反对称的,它遵守Pauli 原理,依据这个特征,对于离域的费米子体系所建立的量子统计法称为Fermi-Dirac 统计.

两种量子统计法的量子力学基础是交换对称性,它是由Dirac 所奠定的.

定域子体系与非定域子体系在统计上也有区别,定域子体系的粒子能够编号加以分辨,确定体系的微观状态要求确定每一个粒子的个体量子态(单粒子态).而离域子体系的粒子是不能编号加以分辨的,因此,确定离域子体系的微观状态就不可能要求确定每一个粒子所处的个体量子态,而只能确定每个个体量子态上各有多少个粒子.顺便指出,谈及个体量子态总是指近独立子体系而言的.

现在我们举一个简单的例子来说明定域子、玻色子、费米子组成的体系在微观状态上的区别.

设体系由两个粒子组成,粒子的个体量子态有3个,假设这两个粒子分别为定域子、玻色子、费米子,讨论体系各有多少个可能的微观状态.

1. 定域子体系

粒子可以分辨,每个个体量子态能够容纳的粒子数不受限制.以a,b表示可区分的两个粒子,它们占据3个个体量子态可以有以下的不同方式.

量子态1	量子态2	量子态3
a,b	0	0
0	a,b	0
0	0	a,b
a	b	0
b	a	0
0	a	b
0	b	a
a	0	b
b	0	a

该定域子体系总共有9种可能的微观运动状态(量子态).

【思考题】定域子体系能否讨论每个个体量子态最多只能容纳一个粒子的情况.

2. 离域玻色子体系

粒子不可分辨,每个个体量子态所能容纳的粒子数不受限制.由于粒子不可分辨,令$a=b$,两个粒子占据3个个体量子态有以下的不同方式.

量子态1	量子态2	量子态3
a,a	0	0
0	a,a	0
0	0	a,a
a	a	0
0	a	a
a	0	a

离域玻色子体系总共有 6 种可能的量子态.

3. 离域费米子体系

粒子不可分辨,每个个体量子态最多只能容纳一个粒子.两个粒子占据 3 个个体量子态有以下的不同方式.

量子态 1	量子态 2	量子态 3
a	a	0
0	a	a
a	0	a

离域费米子体系总共有 3 种可能的量子态.

3.4　量子态与相空间体积之间的对应关系

前面我们介绍了经典力学和量子力学如何描述单个粒子及多粒子体系的微观状态.在经典力学基础上建立的统计理论称为经典统计力学,在量子力学基础上建立的统计理论称为量子统计力学.这两者在统计原理上是相同的,根本区别在于微观运动状态的描述,因而在统计方法上体现出各自的个性.

微观粒子实际上遵守量子力学规律,并不完全遵从经典力学的定律,但是在一定的极限条件下量子力学将过渡到经典力学,因而相应的统计也随着过渡,所以经典统计仍具有实际意义,而且这种过渡并不是消极的,在某些问题中用经典统计反而比量子统计更为容易.

用经典力学代替量子力学所许可的条件是 Bohr 的对应原理:"处在很大量子数的状态上的粒子,其性质的量子力学计算与采用经典力学的相应计算得到相同的结果",即

$$\lim_{n\to\infty}(\text{量子化体系}) = \text{经典体系}.$$

或者是:若 Planck 常量 h 与有关的物理量相比较是一个小量时,粒子的波性将表现的相当微弱.此时即可采用经典近似.

量子统计与经典统计的相互过渡最基本的是量子态与相空间体积的过渡.

在经典力学中,微观运动状态用广义坐标 q 和广义动量 p 为正交坐标所构成的相空间中的点描述.在量子力学中微观运动状态用分立的量子态描述(在束缚下).为明确起见,我们仍分别讨论单粒子与多粒子体系的情况.

3.4.1　量子态数与 μ 空间体积的对应关系

单个粒子能量在 $\varepsilon\to\varepsilon+\mathrm{d}\varepsilon$ 间隔内的运动状态,在 μ 空间中用相应的等能面 ε 和 $\varepsilon+\mathrm{d}\varepsilon$ 之间所具有的相体积

$$\int\cdots\int_{\varepsilon\to\varepsilon+\mathrm{d}\varepsilon}\mathrm{d}q_1\mathrm{d}q_2\cdots\mathrm{d}q_s\mathrm{d}p_1\mathrm{d}p_2\cdots\mathrm{d}p_s$$

来衡量.其中 s 是粒子的自由度,而且未考虑自旋.这是一个连续的区域,在此情况下经典统计力学根本不能引入任何关于微观状态数目的概念,因此,在经典统计中不得不直接地把相体积 $\prod_i \mathrm{d}q_i\mathrm{d}p_i$ 这个量规定为统计权重.

在量子力学中,由于量子态通常是分立的,即量子化的,所以可以引入微观状态数目的概念.

据经典力学，粒子是沿着确定的相轨道运动，但是在经典近似中只能认为粒子可能实现的轨道并不是为经典力学所允许的一切轨道，而只是其中满足量子化条件的那些轨道，这些量子化轨道与量子态相对应，或者说量子态数目与相空间的相体积应该存在确定的对应关系，此关系已被找到并得到了证明[①,②]．这就是：

对于一个自由度为s的粒子，它的μ空间中大小为h^s的相体积（称为相胞或相格）对应一个量子态，或者说每一个量子态"占据"着μ空间中体积为h^s的一个相胞，每个相胞对应一个量子态．

应当指出，这里的量子态不包含自旋．如果考虑自旋的话，还必须计及自旋对量子态的贡献．这一点将在以后要阐明．

这里不准备普遍的证明这个结论，只以两个实例说明其正确性．

【例 3.4.1】一维自由粒子．

μ空间是x与p为直角坐标而构成的二维平面，粒子能量为$\varepsilon_1=p_1^2/2m$，代表点在μ空间中的相轨道为平行于x轴的两条直线，其动量分别为$\sqrt{2m\varepsilon_1}$和$-\sqrt{2m\varepsilon_1}$，在图 3.4.1 中用AB和$A'B'$表示．同理，粒子能量为$\varepsilon_2=p_2^2/2m$的相轨道为另外两条平行于x轴的直线CD和$C'D'$，它们的动量分别为$\sqrt{2m\varepsilon_2}$和$-\sqrt{2m\varepsilon_2}$．对于能量为$\varepsilon_3,\varepsilon_4,\cdots$，的粒子，也能分别得出各自平行于$x$轴的两条直线．

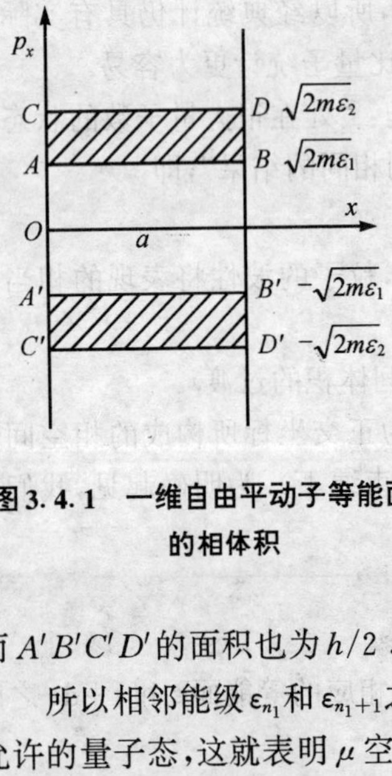

图 3.4.1　一维自由平动子等能面间的相体积

依据量子力学，自由粒子在长度为a的一维容器中运动，粒子的能级为

$$\varepsilon_n=\frac{\pi^2\hbar^2}{2ma^2}n^2=\frac{h^2}{8ma^2}n^2,\quad (n=1,2,\cdots).$$

该能级是非简并的，即一个能级只有一个量子态．设相邻两能级的量子数为n_1,n_2，而且$n_2>n_1$，则有$n_2-n_1=1$．

与$\varepsilon_1=\dfrac{h^2n_1^2}{8ma^2}$相应的动量$p_1=\pm\sqrt{2m\varepsilon_1}$，即$\dfrac{hn_1}{2a}$和$-\dfrac{hn_1}{2a}$；

与$\varepsilon_2=\dfrac{h^2n_2^2}{8ma^2}$相应的动量$p_2=\pm\sqrt{2m\varepsilon_2}$，即$\dfrac{hn_2}{2a}$和$-\dfrac{hn_2}{2a}$．

因此，$ABCD$的面积为

$$\left(\sqrt{2m\varepsilon_2}-\sqrt{2m\varepsilon_1}\right)a=\left(\frac{hn_2}{2a}-\frac{hn_1}{2a}\right)a=h/2.$$

而$A'B'C'D'$的面积也为$h/2$．

所以相邻能级ε_{n_1}和ε_{n_1+1}之间的相体积为h．在量子力学中，相邻两能级之间不存在粒子所允许的量子态，这就表明μ空间中相体积为h的一个相胞对应一个量子态．

【例 3.4.2】一维谐振子．

一维谐振子的μ空间也是用x和p为直角坐标所构成的一维平面．能量在$\varepsilon\to\varepsilon+\mathrm{d}\varepsilon$间隔内的运动状态，在$\mu$空间中的代表点将处在两个椭圆所夹的面积内（椭圆壳层），其面积（相体积，图3.4.2）为$\Delta\varepsilon/\nu$（参见 2.2 节中例 2.2.2）．

① R. H. Fowler. Statistical Mechanics. Cambridge Univ. Press, London and New York, 1936, p. 18

② T. L. Hill. Statistical Thermodynamics. Addison-Wesley, 1962, p. 462

依据量子力学，一维谐振子的允许能级为

$$\varepsilon_v = \left(v + \frac{1}{2}\right)h\nu \quad (v = 0,1,2,3,\cdots).$$

各能级都是非简并的. 振子相邻能级之差为

$$\begin{aligned}\Delta\varepsilon &= \left(v_2 + \frac{1}{2}\right)h\nu - \left(v_1 + \frac{1}{2}\right)h\nu \\ &= (v_2 - v_1)h\nu \\ &= h\nu.\end{aligned}$$

故相邻两能级因而也就是相邻两个量子态对应于 μ 空间中的相体积(这里是椭圆壳层的面积)为

$$\frac{\Delta\varepsilon}{\nu} = \frac{h\nu}{\nu} = h.$$

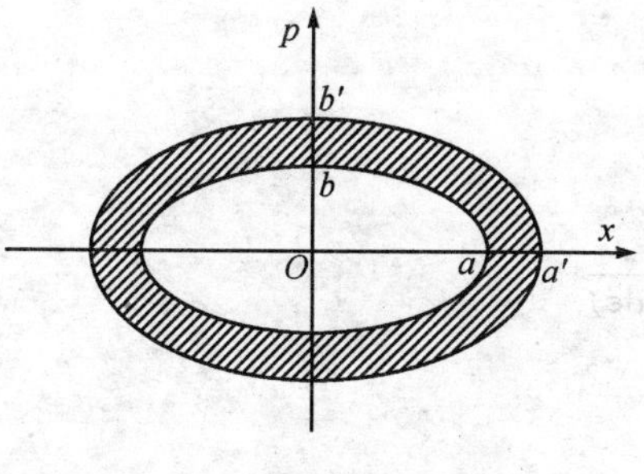

图 3.4.2　一维简谐振子等能面间的相体积

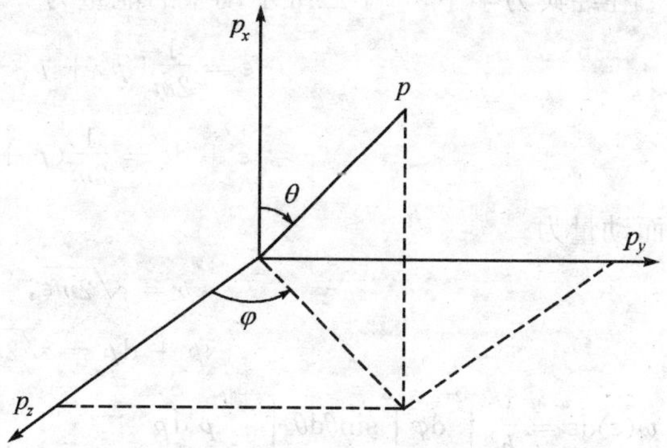

图 3.4.3　动量极坐标

由于相邻两能级之间不存在振子的量子态，所以 μ 空间中相体积为 h 的一个相胞对应一个量子态.

以上两例充分验证了量子态与相胞的对应关系. 依据这种对应关系即得能量在 $\varepsilon \to \varepsilon + d\varepsilon$ 间隔内的量子态数与 μ 空间相体积关系的公式如下：

$$\omega(\varepsilon)d\varepsilon = \frac{1}{h^s}\int_{\varepsilon\to\varepsilon+d\varepsilon}\cdots\int dq_1 dq_2\cdots dq_s dp_1 dp_2\cdots dp_s.$$

显然，这个量子数的公式不包括自旋、偏振等量子态的贡献.

现在讨论一个三维平动子(自由度 $s=3$)能量在 $\varepsilon \to \varepsilon + d\varepsilon$ 间隔内的量子态(或相胞数)的求算公式.

在三维平动子的 μ 空间中，能量在 $\varepsilon \to \varepsilon + d\varepsilon$ 间隔内的量子状态数为

$$\omega(\varepsilon)d\varepsilon = \frac{1}{h^3}\int_{\varepsilon\to\varepsilon+d\varepsilon}\cdots\int dx dy dz dp_x dp_y dp_z = \frac{V}{h^3}\int_{\varepsilon\to\varepsilon+d\varepsilon}\cdots\int dp_x dp_y dp_z.$$

作 (p_x, p_y, p_z) 到球极坐标 (p, θ, φ) 的坐标变换，其中

$$p^2 = p_x^2 + p_y^2 + p_z^2.$$

而 p_x, p_y, p_z 与 p, θ, φ 的关系为

$$p_x = p\sin\theta\cos\varphi,\ p_y = p\sin\theta\sin\varphi,\ p_z = p\cos\theta.$$

从而即得

$$\mathrm{d}p_x\mathrm{d}p_y\mathrm{d}p_z = |J|\mathrm{d}p\mathrm{d}\theta\mathrm{d}\varphi$$

$$= \begin{vmatrix} \frac{\partial p_x}{\partial p} & \frac{\partial p_x}{\partial \theta} & \frac{\partial p_x}{\partial \varphi} \\ \frac{\partial p_y}{\partial p} & \frac{\partial p_y}{\partial \theta} & \frac{\partial p_y}{\partial \varphi} \\ \frac{\partial p_z}{\partial p} & \frac{\partial p_z}{\partial \theta} & \frac{\partial p_z}{\partial \varphi} \end{vmatrix} \mathrm{d}p\mathrm{d}\theta\mathrm{d}\varphi$$

$$= p^2\sin\theta\mathrm{d}p\mathrm{d}\theta\mathrm{d}\varphi.$$

所以

$$\omega(\varepsilon)\mathrm{d}\varepsilon = \frac{V}{h^3}\int\cdots\int_{\varepsilon\to\varepsilon+\mathrm{d}\varepsilon} p^2\sin\theta\mathrm{d}p\mathrm{d}\theta\mathrm{d}\varphi.$$

在经典力学中，一个三维平动子的能量为

$$\varepsilon = \frac{1}{2m}(p_x^2 + p_y^2 + p_z^2) = \frac{1}{2m}p^2,$$

$$\varepsilon + \mathrm{d}\varepsilon = \frac{1}{2m}(p + \mathrm{d}p)^2.$$

从而动量为

$$p = \sqrt{2m\varepsilon},$$

$$p + \mathrm{d}p = \sqrt{2m(\varepsilon + \mathrm{d}\varepsilon)}.$$

故 $\omega(\varepsilon)\mathrm{d}\varepsilon = \frac{V}{h^3}\int_0^{2\pi}\mathrm{d}\varphi\int_0^{\pi}\sin\theta\mathrm{d}\theta\int_p^{p+\mathrm{d}p}p^2\mathrm{d}p$

$$= \frac{4\pi V}{h^3}\frac{1}{3}p^3\Big|_p^{p+\mathrm{d}p}$$

$$= \frac{4\pi V}{3h^3}[(p+\mathrm{d}p)^3 - p^3]$$

$$= \frac{4\pi V}{3h^3}\{[2m(\varepsilon+\mathrm{d}\varepsilon)^{3/2} - (2m\varepsilon)^{3/2}]\}.$$

应用Newton 二项式定理

$$(\varepsilon + \mathrm{d}\varepsilon)^{3/2} = \varepsilon^{3/2} + \frac{3}{2}\varepsilon^{1/2}\mathrm{d}\varepsilon + \frac{\frac{3}{2}\left(\frac{3}{2}-1\right)}{2!}\varepsilon^{1/2}(\mathrm{d}\varepsilon)^2 + \cdots.$$

略去高次项，即得

$$(\varepsilon + \mathrm{d}\varepsilon)^{3/2} \approx \varepsilon^{3/2} + \frac{3}{2}\varepsilon^{1/2}\mathrm{d}\varepsilon.$$

故

$$\omega(\varepsilon)\mathrm{d}\varepsilon = \frac{4\pi V}{3h^3}\left\{(2m)^{3/2}\left(\varepsilon^{3/2} + \frac{3}{2}\varepsilon^{1/2}\mathrm{d}\varepsilon\right) - (2m\varepsilon)^{3/2}\right\}$$

$$= \frac{4\pi V}{3h^3}(2m)^{3/2}\frac{3}{2}\varepsilon^{1/2}\mathrm{d}\varepsilon$$

$$= \frac{2}{\sqrt{\pi}h^3}(2\pi m)^{3/2}V\varepsilon^{1/2}\mathrm{d}\varepsilon.$$

这是一个重要而常用的公式，可以用来计算满足Boltzmann 分布的在一定能级上的粒子数；在固体物理中也常用它；在计算晶体的热容，Fermi 能级及液氦的临界转变温度T_c 都将应用这个公式.

应当指出，这个公式没有考虑粒子的自旋、光的偏振等情况. 如果考虑粒子的自旋，还应计及粒子自旋对量子状态数的贡献，例如电子，其自旋量子数为 1/2，它有两个量子态 $\hbar/2$ 和 $-\hbar/2$，这时在求算公式中应乘以因子 2.

【练习】请导出一个光子频率在 $\nu\to\nu+\mathrm{d}\nu$ 间隔内的量子状态数的求算公式，光子的能量 $\varepsilon=h\nu$，动量 $p=h\nu/c$.

解 对于一个光子，动量在 $p\to p+\mathrm{d}p$ 因而也就是频率在 $\nu\to\nu+\mathrm{d}\nu$ 间隔内的量子状态数可用相空间的体积求算.

$$\begin{aligned}\omega(\nu)\mathrm{d}\nu &= \frac{1}{h^3}\int\cdots\int_{p\to p+\mathrm{d}p}\mathrm{d}x\mathrm{d}y\mathrm{d}z\mathrm{d}p_x\mathrm{d}p_y\mathrm{d}p_z\\ &= \frac{V}{h^3}\int\cdots\int_{p\to p+\mathrm{d}p}\mathrm{d}p_x\mathrm{d}p_y\mathrm{d}p_z\\ &= \frac{V}{h^3}4\pi\int_p^{p+\mathrm{d}p}p^2\mathrm{d}p\\ &= \frac{4\pi V}{h^3}\frac{1}{3}[(p+\mathrm{d}p)^3-p^3]\\ &= \frac{4\pi V}{h^3}\frac{1}{3}(3p^2\mathrm{d}p)\\ &= \frac{4\pi V}{h^3}\frac{h^2\nu^2}{c^2}\frac{h}{c}\mathrm{d}\nu\\ &= \frac{4\pi V\nu^2}{c^3}\mathrm{d}\nu.\end{aligned}$$

光是一种横波. 横波可以偏振化，光子的相空间中每一个相胞应该相当于两个偏振方向相互垂直的偏振态. 这样，上面所得结果应该再乘以 2，即一个光子频率在 $\nu\to\nu+\mathrm{d}\nu$ 间隔内的量子状态数为

$$\omega(\nu)\mathrm{d}\nu = \frac{8\pi V\nu^2}{c^3}\mathrm{d}\nu.$$

这公式完全是在光的微粒观点下得到的. 在光的波动观点下可得同样结果，说明了光的微粒与波动的统一.

现在介绍由相体积求算量子态数的一般方法.

自由度为 s 的粒子，在等能面 ε 内所包围的相体积为

$$\Gamma(\varepsilon) = \int\cdots\int_{0\leqslant H\leqslant\varepsilon}\mathrm{d}q_1\mathrm{d}q_2\cdots\mathrm{d}q_s\mathrm{d}p_1\mathrm{d}p_2\cdots\mathrm{d}p_s.$$

故粒子能量低于 ε 的量子态数由 μ 空间相体积的求算公式为

$$\Sigma(\varepsilon) = \frac{1}{h^s}\int\cdots\int_{0\leqslant H\leqslant\varepsilon}\mathrm{d}q_1\mathrm{d}q_2\cdots\mathrm{d}q_s\mathrm{d}p_1\mathrm{d}p_2\cdots\mathrm{d}p_s.$$

从而粒子在 $\varepsilon\to\varepsilon+\mathrm{d}\varepsilon$ 能量间隔内的量子状态数为

$$\omega(\varepsilon)\mathrm{d}\varepsilon = \frac{1}{h^s}\int\cdots\int_{\varepsilon\to\varepsilon+\mathrm{d}\varepsilon}\mathrm{d}q_1\mathrm{d}q_2\cdots\mathrm{d}q_s\mathrm{d}p_1\mathrm{d}p_2\cdots\mathrm{d}p_s = \frac{\mathrm{d}\Sigma(\varepsilon)}{\mathrm{d}\varepsilon}\mathrm{d}\varepsilon.$$

式中的 $\omega(\varepsilon)$ 称为态密度，它是能量在 ε 处时的单位能量间隔内的量子状态数. 显然，对于相同能量间隔(在不同 ε 下)内所含的量子态数多者，其态密度就大，即量子态密集.

以下列举几个由 μ 空间体积求算单粒子态数的重要实例，从中掌握其一般方法.

【例 3.4.3】一维自由平动子(在长为a的一维容器中运动).

$$s=1,\quad H=\frac{p_x^2}{2m},$$

$$\Gamma(\varepsilon)=\iint\limits_{H\leqslant\varepsilon}\mathrm{d}x\mathrm{d}p_x=\int_0^a\mathrm{d}x\int\limits_{0\leqslant p_x^2\leqslant 2m\varepsilon}\mathrm{d}p_x=a\int\limits_{0\leqslant p_x^2\leqslant 2m\varepsilon}\mathrm{d}p_x.$$

作下列变换

$$p_x=\sqrt{2m\varepsilon}y,\quad \mathrm{d}p_x=\sqrt{2m\varepsilon}\mathrm{d}y,$$

则得(利用附录E中的n维球体积公式)

$$\Gamma(\varepsilon)=a\int\limits_{0\leqslant y^2\leqslant 1}\sqrt{2m\varepsilon}\mathrm{d}y=a\sqrt{2m\varepsilon}\,\frac{\pi^{1/2}}{(1/2)\,!}$$

$$=a\sqrt{2m\varepsilon}\,\frac{\sqrt{\pi}}{\sqrt{\pi}/2}=2a\sqrt{2m\varepsilon}.$$

从而

$$\Sigma(\varepsilon)=\frac{\Gamma(\varepsilon)}{h}=\frac{2a}{h}\sqrt{2m\varepsilon},$$

故
$$\omega(\varepsilon)\mathrm{d}\varepsilon=\frac{\mathrm{d}\Sigma(\varepsilon)}{\mathrm{d}\varepsilon}\mathrm{d}\varepsilon=\frac{a}{h}\sqrt{\frac{2m}{\varepsilon}}\mathrm{d}\varepsilon.$$

现在我们在经典极限下对上式作验证,若取

$$\varepsilon=\varepsilon_n=\frac{h^2n^2}{8ma^2},$$

$$\mathrm{d}\varepsilon=\varepsilon_{n+1}-\varepsilon_n=\frac{h^2(n+1)^2}{8ma^2}-\frac{h^2n^2}{8ma^2}=\frac{h^2(2n+1)}{8ma^2}.$$

则得

$$\omega(\varepsilon)\mathrm{d}\varepsilon=\frac{a}{h}\,\frac{\sqrt{2m}}{\sqrt{h^2n^2/(8ma^2)}}\,\frac{h^2(2n+1)}{8ma^2}=\frac{2n+1}{2n}.$$

显然,当$n\to\infty$时(大量子数),$\omega(\varepsilon)\mathrm{d}\varepsilon=1$,即只有一个量子态.事实也确实如此.

【例 3.4.4】三维自由平动子(在体积V内运动).

$$s=3,\ H=\frac{1}{2m}(p_x^2+p_y^2+p_z^2).$$

$$\Gamma(\varepsilon)=\int\limits_{0\leqslant H\leqslant\varepsilon}\cdots\int\mathrm{d}x\mathrm{d}y\mathrm{d}z\mathrm{d}p_x\mathrm{d}p_y\mathrm{d}p_z=V\iiint\limits_{0\leqslant\frac{1}{2m}(p_x^2+p_y^2+p_z^2)\leqslant\varepsilon}\mathrm{d}p_x\mathrm{d}p_y\mathrm{d}p_z.$$

作变换$p_i=\sqrt{2m\varepsilon}\,t_i,\mathrm{d}p_i=\sqrt{2m\varepsilon}\,\mathrm{d}t_i\quad(i=x,y,z)$,再应用附录A和E中的有关公式,则上式变为

$$\Gamma(\varepsilon)=V\iiint\limits_{0\leqslant\sum_i t_i^2\leqslant 1}(2m\varepsilon)^{3/2}\mathrm{d}t_x\mathrm{d}t_y\mathrm{d}t_z$$

$$=(2m\varepsilon)^{3/2}V\iiint\limits_{0\leqslant\sum_i t_i^2\leqslant 1}\mathrm{d}t_x\mathrm{d}t_y\mathrm{d}t_z$$

$$=(2m\varepsilon)^{3/2}V\,\frac{\pi^{3/2}}{(3/2)\,!}$$

$$= (2m\varepsilon)^{3/2}V\frac{\pi^{3/2}}{(3/2)(\sqrt{\pi}/2)}$$

$$= \frac{4\pi}{3}V(2m\varepsilon)^{3/2},$$

$$\Sigma(\varepsilon) = \frac{\Gamma(\varepsilon)}{h^3} = \frac{1}{h^3}\frac{4\pi}{3}V(2m\varepsilon)^{3/2},$$

$$\omega(\varepsilon)\mathrm{d}\varepsilon = \frac{\mathrm{d}\Sigma(\varepsilon)}{\mathrm{d}\varepsilon}\mathrm{d}\varepsilon$$

$$= \frac{1}{h^3}\frac{4\pi}{3}V(2m)^{3/2}\frac{3}{2}\varepsilon^{1/2}\mathrm{d}\varepsilon$$

$$= \frac{2\pi}{h^3}V(2m)^{3/2}\varepsilon^{1/2}\mathrm{d}\varepsilon.$$

态密度为

$$\omega(\varepsilon) = \frac{2\pi}{h^3}V(2m)^{3/2}\varepsilon^{1/2}.$$

这与本节中前面用其他方法得到的结果完全相同.

【例 3.4.5】一维谐振子.

$$s = 1,\ H = \frac{p^2}{2m} + 2\pi^2 m\nu^2 x^2 = \frac{p^2}{2m} + \frac{1}{2}m\omega^2 x^2,$$

$$\Gamma(\varepsilon) = \iint\limits_{0\leqslant H\leqslant\varepsilon}\mathrm{d}x\mathrm{d}p_x = \iint\limits_{0\leqslant\frac{p^2}{2m}+\frac{1}{2}m\omega^2x^2\leqslant\varepsilon}\mathrm{d}x\mathrm{d}p_x.$$

作下列变换

$$p = \sqrt{2m\varepsilon}u,\qquad \mathrm{d}p = \sqrt{2m\varepsilon}\mathrm{d}u;$$

$$x = \sqrt{\frac{2\varepsilon}{m\omega^2}}v,\qquad \mathrm{d}x = \sqrt{\frac{2\varepsilon}{m\omega^2}}\mathrm{d}v;$$

便得

$$\Gamma(\varepsilon) = \iint\limits_{0\leqslant u^2+v^2\leqslant 1}\sqrt{2m\varepsilon}\sqrt{\frac{2\varepsilon}{m\omega^2}}\mathrm{d}u\mathrm{d}v = \frac{2\varepsilon}{\omega}\iint\limits_{0\leqslant u^2+v^2\leqslant 1}\mathrm{d}u\mathrm{d}v = \frac{2\pi\varepsilon}{\omega} = \frac{\varepsilon}{\nu},$$

$$\Sigma(\varepsilon) = \frac{\varepsilon}{h\nu},$$

$$\omega(\varepsilon)\mathrm{d}\varepsilon = \frac{\mathrm{d}\Sigma(\varepsilon)}{\mathrm{d}\varepsilon}\mathrm{d}\varepsilon = \frac{\mathrm{d}\varepsilon}{h\nu}.$$

态密度为 $\omega(\varepsilon) = 1/h\nu$ 是常量,这是因为能级是均匀分布的.若取 $\mathrm{d}\varepsilon = \varepsilon_{v+1} - \varepsilon_v = h\nu$,则得

$$\omega(\varepsilon)\mathrm{d}\varepsilon = \frac{\mathrm{d}\varepsilon}{h\nu} = \frac{h\nu}{h\nu} = 1.$$

相邻能级之间只有一个量子态,这与量子力学的结论是一致的.

【例 3.4.6】两粒子的刚性转子.

绕质心转动的两粒子刚性转子,其位置可用它在空间中的两个方位角 (θ,φ) 来确定,故转子的自由度 $s=2$.

转动的运动状态可用广义坐标 (θ,φ) 及其共轭的广义动量 p_θ, p_φ 来描述,因此转子的 μ 空间是四维的.

转子的Hamilton 函数为

$$H=\frac{1}{2I}\left(p_\theta^2+\frac{1}{\sin^2\theta}p_\varphi^2\right),$$

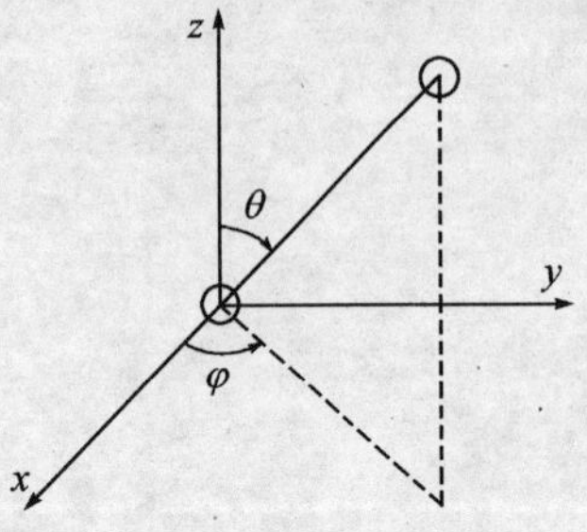

图 3.4.4　两粒子刚性转子的坐标

式中 I 为转子的转动惯量：$I=\mu r_0^2$.

转子在某一等能面 ε 内所包围的相体积为

$$\Gamma(\varepsilon)=\iiiint_{0\leqslant H\leqslant\varepsilon}\mathrm{d}p_\theta\mathrm{d}p_\varphi\,\mathrm{d}\theta\,\mathrm{d}\varphi.$$

作下列变换

$$p_\theta=\sqrt{2I\varepsilon}\;x_1,$$

$$\mathrm{d}p_\theta=\sqrt{2I\varepsilon}\;\mathrm{d}x_1;$$

$$p_\varphi=\sqrt{2I\sin^2\theta\varepsilon}\;x_2,$$

$$\mathrm{d}p_\varphi=\sqrt{2I\sin^2\theta\varepsilon}\;\mathrm{d}x_2.$$

则

$$\begin{aligned}\Gamma(\varepsilon)&=\iiiint_{0\leqslant x_1^2+x_2^2\leqslant1}\mathrm{d}\theta\,\mathrm{d}\varphi(2I\varepsilon\sin\theta)\mathrm{d}x_1\mathrm{d}x_2\\&=2I\varepsilon\int_0^{2\pi}\mathrm{d}\varphi\int_0^{\pi}\sin\theta\,\mathrm{d}\theta\iint_{0\leqslant x_1^2+x_2^2\leqslant1}\mathrm{d}x_1\mathrm{d}x_2\\&=2I\varepsilon\times2\pi\int_0^{\pi}\sin\theta\,\mathrm{d}\theta\times\pi\\&=4\pi^2I\varepsilon\left(-\cos\theta\Big|_0^{\pi}\right)\\&=8\pi^2I\varepsilon,\end{aligned}$$

$$\Sigma(\varepsilon)=\frac{\Gamma(\varepsilon)}{h^2}=\frac{8\pi^2I\varepsilon}{h^2},$$

$$\omega(\varepsilon)\mathrm{d}\varepsilon=\frac{\mathrm{d}\Sigma(\varepsilon)}{\mathrm{d}\varepsilon}\mathrm{d}\varepsilon=\frac{8\pi^2I}{h^2}\mathrm{d}\varepsilon.$$

态密度 $\omega(\varepsilon)=\dfrac{8\pi^2I}{h^2}$是与 ε 无关的常量(请分析原因).

若取 $\mathrm{d}\varepsilon=\varepsilon_{J+1}-\varepsilon_J=\dfrac{2(J+1)\hbar^2}{2I}$,则得

$$\omega(\varepsilon)\mathrm{d}\varepsilon=\frac{8\pi^2I}{h^2}\frac{2(J+1)\hbar^2}{2I}=2(J+1).$$

这里由 μ 空间体积求算的结果为 $2(J+1)$,而量子力学的结果为 $2J+1$,显然,在 J 很大时两结果是相符的.

3.4.2　量子态数与 Γ 空间相体积的对应关系

先讨论 N 个全同粒子组成的体系.设体系的自由度为 f,每一个量子态与 Γ 空间体积大小为 $N!h^f$ 的相胞对应,即一个体积为 $N!h^f$ 的相胞对应一个量子态.同前一样,这里的量子态不包含自旋等情况.

对于离域的全同独立子体系,设每个粒子的自由度为 s,则 $f=Ns$,因而 Γ 空间中一个相胞的体积即为 $N!h^{Ns}$.

体系能量在 $E\to E+\mathrm{d}E$ 间隔内的相胞数因而也就是其量子状态数为

$$\Omega(E)\mathrm{d}E=\frac{1}{N!h^{Ns}}\int_{E\to E+\mathrm{d}E}\cdots\int\mathrm{d}q\mathrm{d}p\ ,$$

其中$N!$来源于任意交换两个量子粒子不产生新的量子态所必须校正的一个因子.因为经典力学中交换任意两个粒子都在相空间中引到新的区域,总共有$N!$ 次可能的交换.由于相体积

$$\int_{E\to E+\mathrm{d}E}\cdots\int\mathrm{d}q\mathrm{d}p$$

将这些交换所引到的新区域的体积都包括无疑,所以每一个量子态所对应的相体积应为$N!\ h^{Ns}$.

对于单原子气体,$s=3$,因此

$$\Omega(E)\mathrm{d}E=\frac{1}{N!h^{3N}}\int_{E\to E+\mathrm{d}E}\cdots\int\mathrm{d}x_1\mathrm{d}y_1\mathrm{d}z_1\cdots\mathrm{d}p_{xN}\mathrm{d}p_{yN}\mathrm{d}p_{zN}.$$

如果离域子体系中含有多种不同的近独立子,第i 种的粒子数为N_i 个,自由度为s_i,则体系能量在$E\to E+\mathrm{d}E$ 间隔内的量子状态数为

$$\Omega(E)\mathrm{d}E=\frac{1}{\prod_i N_i!h^{N_is_i}}\int_{E\to E+\mathrm{d}E}\cdots\int\mathrm{d}q\mathrm{d}p.$$

到此我们解决了量子态数与相空间体积的对应关系.在此基础上,量子统计中对量子态r的求和将表现为经典统计中对相空间体积元的积分,其对应关系为

$$\sum_r\approx\frac{1}{\prod_i N_i!h^{N_is_i}}\int\cdots\int\mathrm{d}q\mathrm{d}p.$$

对于自由度为s的单个粒子,对应关系为

$$\sum_r\approx\frac{1}{h^s}\int\cdots\int\mathrm{d}q\mathrm{d}p.$$

【例 3.4.7】求算N 个单原子分子的理想气体能量在$E\to E+\mathrm{d}E$ 间隔内的量子状态数.

解　一个单原子分子的自由度$s=3$,故体系的自由度$f=3N$,体系能量在$E\to E+\mathrm{d}E$ 间隔内的量子状态数为

$$\Omega(E)\mathrm{d}E=\frac{1}{N!h^{3N}}\int_{E\to E+\mathrm{d}E}\cdots\int\mathrm{d}q_1\cdots\mathrm{d}q_{3N}\mathrm{d}p_1\cdots\mathrm{d}p_{3N}.$$

为了求算$\Omega(E)\mathrm{d}E$,我们先计算能量小于某一数值E 的体系的量子状态数$\Sigma(E)$.由于理想气体无相互作用能,Hamilton 量只是动能,即

$$H(p)=\sum_{i=1}^{3N}\frac{p_i^2}{2m}\ ,$$

因此

$$\Sigma(E)=\frac{1}{N!h^{3N}}\int_{H(p)\leqslant E}\cdots\int\mathrm{d}q_1\cdots\mathrm{d}q_{3N}\mathrm{d}p_1\cdots\mathrm{d}p_{3N}=\frac{V^N}{N!h^{3N}}\int_{H(p)\leqslant E}\cdots\int\mathrm{d}p_1\cdots\mathrm{d}p_{3N}.$$

为简化起见,作下列的变量变换

$$p_i=\sqrt{2mE}\ x_i\quad(i=1,2,\cdots,3N).$$

上式即变为

$$\Sigma(E)=\frac{V^N}{N!h^{3N}}(2mE)^{3N/2}\int_{\sum_i x_i^2\leqslant 1}\cdots\int\mathrm{d}x_1\mathrm{d}x_2\cdots\mathrm{d}x_{3N}.$$

令 $K = \underset{\sum_i x_i^2 \leqslant 1}{\int \cdots \int} \mathrm{d}x_1 \mathrm{d}x_2 \cdots \mathrm{d}p_{3N}$，它是$3N$ 维空间中半径为 1 的球的体积，经证明它为(见附录E)

$$K = \frac{\pi^{3N/2}}{\left(\frac{3N}{2}\right)!},$$

故

$$\Sigma(E) = \left(\frac{V}{h^3}\right)^N \frac{(2\pi mE)^{3N/2}}{\left(\frac{3N}{2}\right)!N!}.$$

体系能量在$E \to E + \mathrm{d}E$ 间隔内的量子状态数为

$$\Omega(E)\mathrm{d}E = \frac{\partial \Sigma(E)}{\partial E}\mathrm{d}E = \left(\frac{V}{h^3}\right)^N \frac{(2\pi mE)^{3N/2}}{\left(\frac{3N}{2}-1\right)!N!E}\mathrm{d}E.$$

当 $N=1$ 时(特例)，此时就是一个三维平动子的结果，令上式中的 $N=1$，即得

$$\omega(\varepsilon)\mathrm{d}\varepsilon = \frac{V}{h^3}\frac{(2\pi m\varepsilon)^{3/2}}{\left(\frac{3}{2}-1\right)!\varepsilon}\mathrm{d}\varepsilon = \frac{V}{h^3}\frac{(2\pi m\varepsilon)^{3/2}\varepsilon^{1/2}}{\left(\frac{1}{2}\right)!}\mathrm{d}\varepsilon.$$

由于$\left(\frac{1}{2}\right)! = \Gamma\left(\frac{3}{2}\right) = \frac{1}{2}\Gamma\left(\frac{1}{2}\right) = \frac{\sqrt{\pi}}{2}$，所以

$$\omega(\varepsilon)\mathrm{d}\varepsilon = \frac{2\pi V}{h^3}(2m)^{3/2}\varepsilon^{1/2}\mathrm{d}\varepsilon = \frac{2}{\sqrt{\pi}\,h^3}(2\pi m)^{3/2}V\varepsilon^{1/2}\mathrm{d}\varepsilon.$$

此即一个三维自由平动子能量在$\varepsilon \to \varepsilon + \mathrm{d}\varepsilon$ 间隔内的量子状态数的求算公式.

习　题

3.1　质点绕固定点运动的角动量为

$$\boldsymbol{L} = \boldsymbol{r} \times \boldsymbol{p} = \begin{vmatrix} \boldsymbol{i} & \boldsymbol{j} & \boldsymbol{k} \\ x & y & z \\ p_x & p_y & p_z \end{vmatrix}$$

$$= (yp_z - zp_y)\boldsymbol{i} + (zp_x - xp_z)\boldsymbol{j} + (xp_y - yp_x)\boldsymbol{k}.$$

其中$\boldsymbol{r}$ 是由固定点到质点的向径，$\boldsymbol{p}$ 为质点的动量.

请证明刚性双原子分子绕质心转动的$L^2 = \boldsymbol{L} \cdot \boldsymbol{L}$，在球极坐标中的表达式为

$$L^2 = I^2(\dot{\theta}^2 + \sin\theta\dot{\varphi}^2);$$

并得出转动能T 与L^2 的关系为

$$T = \frac{L^2}{2I},$$

其中$I = \mu r_e^2$ 为刚性双原子分子的转动惯量.

3.2　在体积V 内，三维自由平动子的能级公式为

$$E_{n_x,n_y,n_z} = \frac{\pi^2\hbar^2}{2mV^{2/3}}(n_x^2 + n_y^2 + n_z^2).$$

请写出能级值为$29\,\frac{\pi^2\hbar^2}{2mV^{2/3}}$相应的所有$n_x, n_y, n_z$ 的可能值及该能级的简并度.

3.3　设一个HCl 分子在长为1 cm 的一维箱中运动，温度为T 的平动能$\varepsilon = \frac{1}{2}kT$，请求算300 K

时HCl 分子的平动量子数n 为多大？在此n 值下，相邻两能级的能级差相当于300 K 时的多少kT？并求$\Delta E/E$ 的数量级，试问HCl 能否当经典粒子处理？

3.4　对于边长a，b，c 的长方形匣内的三维自由平动子：

(1) 利用波函数的归一化条件得出

$$A_x A_y A_z = \sqrt{\frac{8}{abc}}.$$

(2) 求出$\langle p_x^2 \rangle$，$\langle p_y^2 \rangle$，$\langle p_z^2 \rangle$及能量的平均值.

3.5　请分别写出三维各向同性谐振子$v=0$ 与$v=1$ 能级的波函数.

3.6　请论证三维各向同性谐振子的能级简并度ω 与总振动量子数v 的关系为

$$\omega = \frac{(v+1)(v+2)}{2}.$$

3.7　HCl 分子的键长$r_e = 1.275 \times 10^{-10}$m，从$v=0$ 到$v=1$ 的振动波数 $\tilde{\nu} = 2885.9\,\mathrm{cm}^{-1}$(波数是波长的倒数). 请求算

(1) HCl 分子的约化质量μ 及转动惯量I；

(2) HCl 分子的振动基本频率ν_0 及弹性常量k；

(3) HCl 分子$J=1$ 与$J=0$ 的转动能量差值及其相应的波数，并估算上述转动能量差相当于300 K 时的多少kT？

(4) HCl 分子的相邻振动能级的能量差相当于300 K 时的多少kT？将其与(3)的结果比较，说明什么问题？

3.8　请验证，同核双原子分子的转动波函数当J 为奇数时是反对称的，J 为偶数时是对称的.

3.9　${}^{14}_{7}\mathrm{N}$ 与${}^{35}_{17}\mathrm{Cl}$ 的核是玻色子，还是费米子？

3.10　一个质量为m 的质点，受恒定力F 并限制在 $0 \to l$ 之间做一维运动，请导出能量在$\varepsilon \to \varepsilon + d\varepsilon$ 间隔内的量子态数公式.

3.11　请导出三维各向同性谐振子由μ 空间体积求算$\varepsilon \to \varepsilon + d\varepsilon$ 能量间隔内的量子态数公式.

3.12　请根据量子能级及其简并度得出下列粒子在经典极限下的态密度$\omega(\varepsilon)$的表达式：

(1) 一维自由平动子；

(2) 刚性双原子分子的转动；

(3) 三维自由平动子.

第二篇

近独立子体系的统计理论

第 4 章　Bose-Einstein, Fermi-Dirac 及 Maxwell-Boltzmann 的统计分布律

4.1　宏观态和配容(微观态)

统计力学的主要任务就是用统计的方法由微观粒子的动力学行为阐明宏观物体的性质及规律性. 经验表明，只有大量的粒子才能呈现出具有相对稳定数值的宏观性质，如温度、压力、熵等. 大量这个前提很重要，究竟多大?

现在我们考虑 N 个全同粒子组成的体系，粒子限制在体积 V 内，在通常情况下，N 的数量级为 10^{23}，如果 N 与 V 都充分大，致使在体系内任何处的数密度都等于 N/V 的值，这时我们就说体系达到了热力学极限. 只有在热力学极限下，体系的广度量才与体系的大小(N 或 V)成正比，而体系的强度量则与体系的大小无关. 平衡态的统计力学和热力学所研究的对象都是达热力学极限的宏观体系.

其次，我们讨论体系的能量，如果体系由独立子组成，在无外场存在时，体系的总能量就是各粒子能量之和，即

$$E = \sum_i n_i \varepsilon_i, \tag{4.1.1}$$

其中 n_i 为具有能量 ε_i 的粒子数，而且 n_i 满足下式

$$N = \sum_i n_i. \tag{4.1.2}$$

根据量子力学，限制在有限的体积 V 内的粒子，其能级是量子化的，而且一般说来能级的值与体积 V 有关. 因此，体系的总能量也是量子化的. 但是，若 V 很大，体系能级间距 ΔE 与总能量 E 相比就非常之小，这时能量就可当做连续变量. 这个事实对于存在相互作用的体系仍是正确的.

目前，对于只有体积为外参量的单组分体系，作为整体的了解仅有 N, V, E 这 3 个宏观量可言，于是我们就把任意指定 N, V, E 一组实际数值的态定义为体系的一个宏观态. 对于多组分体系，任意指定 $N_i(i=1,2,\cdots), V, E$ 一组实际数值的态称为体系的一个宏观态. 一般而论，体系的宏观态就是用一组充足的独立宏观参量描述的态(参见韩德刚，高执棣，《化学热力学》，北京：高等教育出版社，1997).

从微观上考虑，能体现一个宏观态的微观状态可非常之多. 也就是说，在满足(4.1.1)式和(4.1.2)式条件下，N 个粒子可以有各种不同的方式分配在各个量子态或能级上. 我们把每一种分配方式称为一个特定的配容或微观状态.

现在举一实例加以说明. 设体系由 3 个独立的定域单维谐振子组成. 体系总能量 $E=(9/2)h\nu$(平衡位置的势能规定为0)，体积为 V(显然，3 个粒子不能作为宏观体系，此处这样做，纯粹是为了具体形象地说明问题).

宏观态为

$$(N, V, E) = \left(3, V, \frac{9}{2}h\nu\right).$$

单维谐振子的能级为

$$\varepsilon_v = \left(v + \frac{1}{2}\right)h\nu \quad (v = 0, 1, 2, \cdots). \tag{4.1.3}$$

而且各个能级都是非简并的.

在考虑体现所指宏观态的配容时，必须要满足下列两个守恒条件

$$\sum_i n_i = N = 3, \tag{4.1.4}$$

$$\sum_i n_i \varepsilon_i = E = \frac{9}{2}h\nu, \tag{4.1.5}$$

其中 n_i 为能级 ε_i 上的谐振子数.

定域子可以编号分辨，今用 a,b,c 分别表示体系的 3 个谐振子做振动的平衡位置，因而 a,b,c 也就成了 3 个谐振子的编码. 这样能够体现宏观状态 $(3, V, 9h\nu/2)$ 的所有可能的配容(微观状态)将如下表所示(注意，定域子体系，每个个体量子态上容纳的粒子数不受限制).

$\varepsilon_3 = \frac{7}{2}h\nu$		c	a	b						
$\varepsilon_2 = \frac{5}{2}h\nu$					c	b	c	a	b	a
$\varepsilon_1 = \frac{3}{2}h\nu$	abc				b	c	a	c	a	b
$\varepsilon_0 = \frac{1}{2}h\nu$		ab	bc	ca	a	a	b	b	c	c
微观状态编号	1	2	3	4	5	6	7	8	9	10
能量或量子状态的分布类型	A		B				C			
各分布类型的微观状态数	1		3				6			

三种能级分布及各种分布的微观状态数列于下表中：

能级分布					各种分布的微观状态(参见 4.3.2 式)
	n_0	n_1	n_2	n_3	
A	0	3	0	0	$t_A = \frac{3!}{0!\ 3!\ 0!\ 0!} = 1$
B	2	0	0	1	$t_B = \frac{3!}{2!\ 0!\ 0!\ 1!} = 3$
C	1	1	1	0	$t_C = \frac{3!}{1!\ 1!\ 1!\ 0!} = 6$

体系所指宏观状态的总微观状态数为

$$\Omega(N,V,E) = t_A + t_B + t_C = \underset{(A)}{\frac{N!}{\prod_i n_i!}} + \underset{(B)}{\frac{N!}{\prod_i n_i!}} + \underset{(C)}{\frac{N!}{\prod_i n_i!}} = 1 + 3 + 6 = 10.$$

上述情况可示意于图 4.1.1 中：

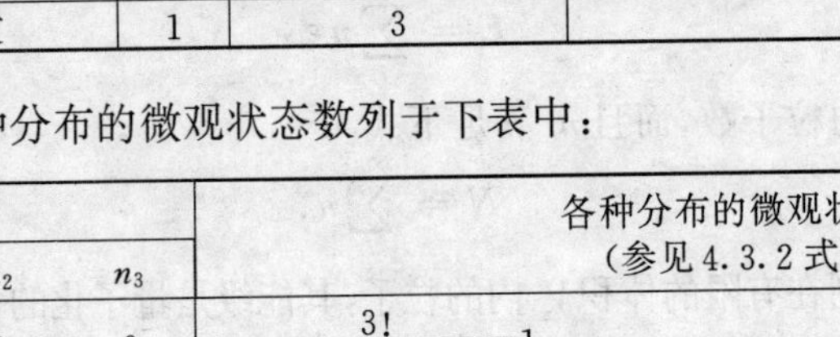

图 4.1.1　3 个定域一维谐振子的量子态

【练习1】假设上述实例中是离域的费米子或玻色子,请分别讨论其微观状态数.

【练习2】请讨论定域的单维谐振子体系,在下列宏观态的微观状态数(谐振子平衡位置的势能规定为0)

(1) $N=4,\ E=\frac{8}{2}h\nu,\ V$

(2) $N=4,\ E=\frac{9}{2}h\nu,\ V$

解 (1) $N=4,\ E=\frac{8}{2}h\nu$,定域子为 a,b,c,d.

$\varepsilon_2=\frac{5}{2}h\nu$							d	c	b	a
$\varepsilon_1=\frac{3}{2}h\nu$	cd	bd	bc	ad	ac	ab				
$\varepsilon_0=\frac{1}{2}h\nu$	ab	ac	ad	bc	bd	cd	abc	abd	acd	bcd
微观状态编号	1	2	3	4	5	6	7	8	9	10
能级分布类型	A						B			
各分布的配容数	6						4			

两种能级分布为

$$A:\ n_0=2,n_1=2,n_2=0,$$
$$B:\ n_0=3,n_1=0,n_2=1.$$

各分布的微观状态数

$$t_A=\frac{4!}{2!2!0!}=6,\quad t_B=\frac{4!}{3!0!1!}=4.$$

故体系所指宏观态的微观状态数为

$$\Omega(N,E,V)=t_A+t_B=6+4=10.$$

(2) 无微观状态呈现此宏观态,因此它是一个不能存在的宏观态.

由上讨论可知,体系的每一个微观态都对应着一个特定的宏观态.反之不然,一个宏观态却可对应着多个微观态.而且对于每一个宏观态,体现它的所有可能的微观状态数是确定的.因此,体系的总微观状态数是宏观态 N,V,E 的函数,我们用符号 $\Omega(N,V,E)$ 表示之,它是一个新的状态函数,以后就会知道,对于独立子体系,每一个宏观态对应的微观状态数目可以用普遍的方法求算出来(即用公式表达出来).当然,对于定域子体系及离域的玻色子与费米子体系的求算法有所不同.而且体系所有的热力学量都可由 $\Omega(N,V,E)$ 推引出来,因此,体系的热力学性质则由这些量子态的多样性决定.

现在的问题是:体系的每一个配容在物理上是否都能实际地实现?如果都能实现,则这些配容就是客观的微观状态.于是接着就有另一个问题,各个微观状态出现的概率又为多大?关于这个根本性质的问题,既不能从微观上给出回答,也不能从宏观上加以解决.如何办?只能依赖于其他知识或条件.依赖什么?借用具有广泛实践基础的概率论的成果.目前,概率论已成为关于宏观体系的全部讨论的基础(包括非平衡态在内).

4.2 平衡态统计力学的基本假设——等概率原理

在平衡态统计力学中,我们所研究的体系是处于平衡态,而且研究的是体系在给定宏观条件(用宏观量表征)下的宏观性质及其规律性. 如果我们研究的是一个全同粒子组成的孤立体系，给定的宏观条件是体系具有确定的粒子数N，体积V 和能量E. 由于自然界实际上不存在与外界完全没有任何相互作用的严格的孤立体系，因此，精确的说，应当认为体系的能量是在E到$E+\Delta E$ 之间，而$(\Delta E/E)\ll 1$. 因为对于一个量子体系，能量的不确定值$\Delta_0 E$ 与观测时间Δt 之间存在着下列关系

$$\Delta_0 E \Delta t \sim h. \tag{4.2.1}$$

由于Δt 是有限的，因此，体系的能量必然存在不确定值$\Delta_0 E$. 故应当选择

$$\Delta E > \Delta_0 E.$$

给定了体系的宏观条件，即给定体系的一个宏观平衡态，如用N,V,E 描写，体系可达到的微观状态是大量的，而且其微观状态数Ω 是确定的. 因此，作为体系的一个新的性质Ω 是宏观态的函数，即$\Omega=\Omega(N,V,E)$.

给定宏观条件下的体系，其微观状态非常之多，我们无法确定体系究竟处于其中的哪一个微观状态，而且在理论上也不能严格证明这一点. 统计热力学必须首先回答的问题是：(i) 哪些微观态参与平均？(ii) 每一微观态出现的概率如何？

体系各微观状态出现的概率如何，是统计力学的根本问题. 因为给定宏观条件，对各个微观状态出现的概率没有也不能给以任何限制，因此，各种微观状态都有机会出现. 因而对孤立体系的平衡态做出了如下的基本假设：

等概率原理　“对于处在平衡态的孤立体系，其各个可能到达的微观量子状态出现的概率是相等的”. 用经典语言表述，即为“对于处在平衡态的孤立体系，在它可及的相空间中，相等体积的区域具有相同出现的概率”.

例如，对于N,V,E 确定的孤立体系，其所有可能到达的微观状态数为$\Omega(N,V,E)$，则体系处在任一可能到达的微观状态的数学概率为

$$W(N,V,E)=\frac{1}{\Omega(N,V,E)}. \tag{4.2.2}$$

等概率原理是平衡态统计力学中唯一的假设，它是各种平衡统计理论的基础. 它是以对称性为基础提出来的，它的正确性只能靠实践来检验，也就是只能由它的各种推论与客观实际相符合而得到肯定. 等概率原理确定了孤立体系平衡态的分布函数.

既然大量的微观状态都能同样满足给定的宏观条件，而且也没有任何根据认为其中哪一个微观状态出现的概率应当更大或更小一些，这样，各个微观状态应当是平权的. 因此，认为各个可能到达的微观状态出现概率相等应当是一个自然而合理的假设.

在统计力学中，由微观量统计求算宏观量上存在着两种观点：

(1) 任一宏观量都是在一定宏观条件所有可能到达的微观运动状态的微观量的统计平均值. 根据这个观点，确定分布函数需要一个基本假设，这就是平衡态孤立系的等概率原理.

(2) 历史上曾经提出而且现在仍在发展的另一观点是：宏观量是相应微观量的长时间平均值. 宏观量一般均指物理量的宏观测量值. 它总是在一定时间间隔内测量的. “处在一定宏观约束条件下的体系，其宏观量都是在测量时间间隔内体系所有可及微观状态相应微观量的统计平均值. ”——时间平均

$$L=\lim_{l\to\infty}\frac{1}{\tau}\int_0^{\tau} l\,\mathrm{d}t\,. \tag{4.2.3}$$

根据这个观点,在求统计平均值时也需要一个基本假设. Boltzmann 命名为各态经历假说,而Maxwell 命名为路程的连续性假说,其内容为“平衡态孤立体系从任一初始的微观运动状态出发,经过足够长的时间后,体系将经历能量曲面上的一切微观运动状态”.

现在一般都采用等概率原理作为统计理论的基本假设,各态经历假设仍在发展.

4.3 能级分布及其微观状态数

先讨论由大量全同而近独立的粒子所组成的平衡态体系,它们具有确定的粒子数N、内能E和体积V,而且这个体系是只有体积为外参量的量子系统.

今用$\varepsilon_i(i=1,2,\cdots)$表示单粒子的能级,$\omega_i$表示能级$\varepsilon_i$的简并度,$N$个全同粒子在各能级的分布可以描述如下:

能级: $\varepsilon_1,\ \varepsilon_2,\ \cdots,\ \varepsilon_i,\ \cdots$

简并度:$\omega_1,\omega_2,\cdots,\ \omega_i,\cdots$

粒子数:$n_1,\ n_2,\ \cdots,\ n_i,\ \cdots$

这就是说,能级ε_1上有n_1个粒子,ε_2上有n_2个粒子…,ε_i上有n_i个粒子,…,等等. 为了书写简便起见,用符号$\{n_i\}$表示数列$n_1,n_2,\cdots,n_i,\cdots$. $\{n_i\}$表征了体系的N个粒子在各能级上的分布状况. $\{n_i\}$称为能级间粒子的一种分布(简称能量分布),而$n_1,n_2,\cdots,n_i$本身则称为相应能级上的分布数.

显然,对于具有确定的N,E,V的体系,只有满足条件

$$\sum_i n_i = N\ ,$$

$$\sum_i n_i\varepsilon_i = E$$

的分布,$\{n_i\}$才有可能实现.

给定了能量分布$\{n_i\}$,只确定了处在每一个能级ε_i上的粒子数n_i,对于每个能量分布$\{n_i\}$所拥有的微观状态数往往可以有很多. 究竟对于一个能量分布应拥有多少微观状态数呢?这要视体系中的粒子是定域子还是非定域子,是玻色子还是费米子而定. 因为分布$\{n_i\}$确定后,对于非定域子体系,确定体系的可能的微观状态还需要进一步确定处在每一个个体量子态上的粒子数,这就是要确定在每一个能级ε_i上n_i个粒子占据其ω_i个量子态的方式,为此,又需要知道粒子是玻色子还是费米子. 对于定域子体系,分布n_i确定后,确定体系的可能的微观态要求确定每一个粒子的个体量子态,即还必须确定处在每一能级ε_i上的那n_i个粒子以及在每一能级ε_i上n_i个粒子占据其ω_i个量子态的方式.

由上可看出,分布与微观状态是两个不同的概念. 一个确定的分布可拥有很多个微观状态. 对于给定的体系(粒子性质已知),掌握了能量分布就能确定出该分布所拥有的微观状态数. 现在我们就对不同体系分别加以讨论.

4.3.1 定域子体系的分布及其微观状态数

定域子体系,其粒子可以用粒子的位置加以分辨,例如晶体中的原子、分子或离子在点阵上作微小振动. 这种体系可以对粒子加以编号,n_i个编号的粒子占据其能级ε_i上的ω_i个量子态时,第一个粒子可以占据ω_i个量子态中的任何一态,故有ω_i种可能的占据方式. 对于定域子体系,由于一个量子态能够容纳的粒子数不受限制,当第一个粒子占据了ω_i中某一个量子态以

后第二个粒子仍然有 ω_i 种可能的占据方式，…. 这样，n_i 个用位置编了号的粒子占据 ω_i 个量子态将共有 $\omega_i^{n_i}$ 种可能的占据方式.

因此，$n_1, n_2, \cdots, n_i, \cdots$ 个编了号的粒子分别占据能级 $\varepsilon_1, \varepsilon_2, \cdots, \varepsilon_i, \cdots$ 上各量子态就共有 $\prod_i \omega_i^{n_i}$ 种方式.

由于定域子体系的粒子是可以分辨的，交换粒子便给出体系的不同微观状态. 对于 $\prod_i \omega_i^{n_i}$ 中的每一种方式，将 N 个粒子加以交换，不管是否在同一能级上其交换数是 $N!$. 在这些交换数中应除去在同一能级上其交换数 $n_i!$，因为同一能级上交换粒子不再产生新的量子态，因此得因子 $\dfrac{N!}{\prod_i n_i!}$. 所以对于定域子体系，与能级分布 $X=\{n_i\}$ 相对应的微观状态数是

$$t_X = \Omega_{\text{M-B}} = \frac{N!}{\prod_i n_i!} \prod_i \omega_i^{n_i} = N! \prod_i \frac{\omega_i^{n_i}}{n_i!}. \tag{4.3.1}$$

而满足 N 和 E 守恒条件

$$\sum_i n_i = N,$$

$$\sum_i n_i \varepsilon_i = E$$

的一切分布所拥有的总微观状态数为

$$\Omega = \sum_X t_X = \sum_{(N,E)} \frac{N!}{\prod_i n_i!} \prod_i \omega_i^{n_i} = N! \sum_{(N,E)} \prod_i \frac{\omega_i^{n_i}}{n_i!}. \tag{4.3.2}$$

4.3.2 非定域玻色子体系的分布及其微观状态数

N 个全同的玻色子是不可分辨的，每一个个体量子态能够容纳的粒子数不受限制.

先计算 n_i 个相同的球放在 ω_i 个盒子里面去，而且每个盒子里的球没有限制，盒子之间有区别而球之间没有区别，问有多少种不同的放法？为了计算不同的放法数，我们把球和盒子混合排列成一行，而且使左方第一个必须是盒子.

[1] ○ ○ [2] ○ [3] [4] ○ ○ ○ [5] ○ ○ ○ ○

上图表示的是5 个盒子，10 个球，盒子用数字标号，因为这些盒子是有区别的(不同的量子态). 这种排法中的任何一个就代表一种把球放进盒子的方法，凡是排在两个盒子之间的球都认为相当于放进左边那个盒子里. 上图表示，第一个盒子里放 2 个球，第二个盒子里放 1 个球，第三个盒子里没有球，第四个盒子里放3 个球，第五个盒子里放4 个球. 最左方既然是固定为一个盒子(不参与排列)，那么其余的盒子和球的总排列数就等于 $(n_i+\omega_i-1)!$ 其中 n_i 个球的相互交换数为 $n_i!$ 应当除去. 因为球是完全相同而不可分辨的，ω_i-1 个盒子的相互交换数为 $(\omega_i-1)!$ 也应当除去，因为盒子本来就不需要进行排列. 这样便可得到 n_i 个粒子占据能级 ε_i 上的 ω_i 个量子态的可能方式数为

$$\frac{(n_i+\omega_i-1)!}{n_i!(\omega_i-1)!}.$$

因此与能级分布 $X=\{n_i\}$ 相对应的微观状态数将是各能级的结果相乘

$$t_X = \Omega_{\text{B-E}} = \prod_i \frac{(n_i + \omega_i - 1)!}{n_i!(\omega_i - 1)!}. \tag{4.3.3}$$

而满足 N 和 E 守恒条件

$$\sum_i n_i = N,$$

$$\sum_i n_i \varepsilon_i = E$$

的一切能级分布所拥有的总微观状态数将为

$$\Omega = \sum_X t_X = \sum_{(N,E)} \prod_i \frac{(n_i + \omega_i - 1)!}{n_i!(\omega_i - 1)!}. \tag{4.3.4}$$

4.3.3 非定域费米子体系的分布及其微观状态数

对于 N 个费米子体系,其粒子也是不可分辨的,但每一个个体量子态上最多只能容纳一个粒子,所以费米子数 n_i 不能大于量子态数 ω_i,即 $n_i \leqslant \omega_i$.

n_i 个不可分辨的费米子占据能级 ε_i 上的 ω_i 个量子态,而且每个量子态最多只能容纳一个粒子.现在求其放置的方式数.先假设 ε_i 能级上的 n_i 个粒子可以分辨,求其放置的方式数.

第 1 个粒子可有 ω_i 种放法,

第 2 个粒子可有 $\omega_i - 1$ 种放法,

…………

第 n_i 个粒子可有 $\omega_i - (n_i - 1)$ 种放法.

根据概率相乘定理,即得放置方式数为

$$\omega_i(\omega_i - 1)(\omega_i - 2)\cdots[\omega_i - (n_i - 1)] = \frac{\omega_i!}{(\omega_i - n_i)!}.$$

事实上,由于粒子不可分辨,在 ε_i 能级上的 n_i 个粒子,任何两个粒子交换不会产生新的放法,因此每 $n_i!$ 种才有一种放法,故上式应除以 $n_i!$ 这样便得到 n_i 个费米子占据能级 ε_i 上的 ω_i 个量子态的可能方式数为

$$\frac{\omega_i!}{(\omega_i - n_i)!n_i!}.$$

因此与能级分布 $X = \{n_i\}$ 相对应的微观状态数将是各能级的结果相乘,即

$$t_X = \Omega_{\text{F-D}} = \prod_i \frac{\omega_i!}{(\omega_i - n_i)!n_i!}. \tag{4.3.5}$$

而满足 N 和 E 守恒条件

$$\sum_i n_i = N,$$

$$\sum_i n_i \varepsilon_i = E$$

的一切能级分布所拥有的总微观状态数则为

$$\Omega = \sum_X t_X = \sum_{(N,E)} \prod_i \frac{\omega_i!}{(\omega_i - n_i)!n_i!}. \tag{4.3.6}$$

到此为止,我们得到了三种情况下与一种能级分布相对应的微观状态数的公式,以及满足 N 和 E 守恒条件的一切能级分布所拥有的总微观状态数的公式.在统计方法中,得到这些公式是本质性的一个步骤,必须对它们的实质要有深入的认识.

4.3.4 经典极限

如果在玻色子或费米体系中,任一能级 ε_i 上的粒子数 n_i 均远小于能级 ε_i 的简并度(量子态数) ω_i,即

$$n_i \ll \omega_i \quad 或 \quad \frac{n_i}{\omega_i} \ll 1 \quad (i = 1,2,\cdots),$$

则玻色子体系与能级分布 $\{n_i\}$ 相对应的微观状态数可以近似为

$$\begin{aligned}\Omega_{\text{B-E}} &= \prod_i \frac{(n_i + \omega_i - 1)!}{n_i!(\omega_i - 1)!} \\ &= \prod_i \frac{(\omega_i + n_i - 1)(\omega_i + n_i - 2)\cdots\omega_i}{n_i!} \\ &\approx \prod_i \frac{\omega_i^{n_i}}{n_i!} \\ &= \frac{\Omega_{\text{M-B}}}{N!},\end{aligned} \tag{4.3.7}$$

其中 $\Omega_{\text{M-B}}$ 为经典定域子体系能级分布 $\{n_i\}$ 相对应的微观状态数.

而费米子体系与能级分布 $\{n_i\}$ 相对应的微观状态数可以近似为

$$\begin{aligned}\Omega_{\text{F-D}} &= \prod_i \frac{\omega_i!}{(\omega_i - n_i)!n!} \\ &= \prod_i \frac{\omega_i(\omega_i - 1)\cdots(\omega_i - n_i + 1)}{n_i!} \\ &\approx \prod_i \frac{\omega_i^{n_i}}{n_i!} \\ &= \frac{\Omega_{\text{M-B}}}{N!}.\end{aligned} \tag{4.3.8}$$

通常将 $n_i \ll \omega_i$ 称为非简并性条件. 这个条件意味着能级 ε_i 上的量子态绝大部分并未被占据. 这时,限制每一个个体量子态上最多只能容纳一个粒子就无必要了. 于是,玻色子与费米子体系在非简并性条件下趋于相等乃是自然的事.

因此,在非简并性条件下,无论是玻色子体系还是费米子体系,与一个能级分布 $\{n_i\}$ 相对应的微观状态数都近似等于定域子体系的微观状态数除以 $N!$. 这是一个值得深思而又重要的结果.

非简并性条件在温度不太低时通常都可满足,这对应于大量子数的情况,应当过渡到经典极限. 因此,我们将非简并性条件下的粒子称为经典粒子或 Boltzmann 粒子.

综上所述,对于特定粒子组成的体系,在给定宏观条件下(如热力学量 N,E,V 一定),每个粒子的能级 $\{\varepsilon_i\}$ 和简并度 $\{\omega_i\}$ 可由求解 Schrödinger 方程而确定,然后能够满足 N 和 E 守恒

$$\sum_i n_i = N, \quad \sum_i n_i \varepsilon_i = E$$

的各种能级分布 $\{n_i\}$ 确定出来,从而即可求得各套能级分布 $\{n_i\}$ 所相应的微观状态数以及体系的总的微观状态数 Ω. 因此, Ω 将是 N,E,V 的函数,即

$$\Omega = \Omega(N,E,V).$$

总微观状态数 Ω 是体系的一个新的性质,它完全由 N,E,V 确定,因此 Ω 是一个状态函数. 而且以后就会知道, Ω 是以 N,E,V 为独立变量的特性函数. 这就是说,只要知道了 Ω 与 N,E,V 的关系,则体系的一切热力学性质可由 Ω 得出.

体　系	一套能级分布 $X=\{n_i\}$ 对应的微观状态数	体系在满足 N,E 守恒条件下的总微观状态数
定域子	$t_X=\Omega_{\text{M-B}}=N!\prod_i\frac{\omega_i^{n_i}}{n_i!}$	$\Omega=\sum_{(N,E)}t_X=\sum_{(N,E)}N!\prod_i\frac{\omega_i^{n_i}}{n_i!}$
离域的玻色子	$t_X=\Omega_{\text{B-E}}=\prod_i\frac{(n_i+\omega_i-1)!}{n_i!(\omega_i-1)!}$	$\Omega=\sum_{(N,E)}\prod_i\frac{(n_i+\omega_i-1)!}{n_i!(\omega_i-1)!}$
离域的费米子	$t_X=\Omega_{\text{F-D}}=\prod_i\frac{\omega_i!}{(\omega_i-n_i)!n_i!}$	$\Omega=\sum_{(N,E)}\prod_i\frac{\omega_i!}{(\omega_i-n_i)!n_i!}$
非定域经典粒子	$t_X=\Omega_{\text{F-D}}=\prod_i\frac{\omega_i^{n_i}}{n_i!}=\frac{\Omega_{\text{M-B}}}{N!}$	$\Omega=\sum_{(N,E)}\prod_i\frac{\omega_i^{n_i}}{n_i!}$

例如,N 个独立的平动子体系,单个粒子的能级$\{\varepsilon_i\}$可由求解Schrödinger 方程确定

$$\varepsilon(n_x,n_y,n_z)=\frac{h^2}{8mV^{2/3}}\left(n_x^2+n_y^2+n_z^2\right)\quad(n_x,n_y,n_z=1,2,3,\cdots).$$

只要体系的V 确定,那么平动子的各个能级ε_i 以及相应的简并度ω_i 就没有变化的余地了.如果体系的N,E 也一定时,则满足N,E 守恒条件

$$\sum_i n_i=N,\quad \sum_i n_i\varepsilon_i=E$$

的各套能级分布也就确定,从而体系总的微观状态数Ω 也就定了.

现在以定域子体系为例,总结一下求算微观状态数的方法.

在求算体系的微观状态数时,需要分清定域子体系还是离域子体系.对于离域子体系,还应区别玻色子还是费米子.

定域子体系的特点

(1) 粒子能用位置标号,故粒子是可分辨的,因而交换粒子可引到新的量子态.

(2) 每个个体量子态上容纳的粒子数不受限制.

【例 4.3.1】N 个全同粒子组成的独立定域子体系,在N,V,E 一定时,即满足下列两个守恒方程

$$\sum_i n_i=N,\ \sum_i n_i\varepsilon_i=E$$

的条件下,求算所有可能的微观状态数.

解题步骤

先对满足守恒条件的每个能级分布$\{n_i\}$求算该分布的微观状态数,然后再对一切分布求和.其步骤如下:

(a) 求算n_i 个粒子占据同一能级ε_i 上ω_i 个量子态的方式数$\omega_i^{n_i}$.

(b) $n_0,n_1,n_2,\cdots,n_i,\cdots$同时占据相应能级$\varepsilon_0,\varepsilon_1,\varepsilon_2,\cdots,\varepsilon_i,\cdots$上各量子态的方式数

$$\prod_i\omega_i^{n_i}.$$

(c) 由于粒子可分辨,交换粒子时可引到新的量子态,考虑这一点后的微观状态数即为(但同一能级上交换不再产生新态)

$$\frac{N!}{\prod\limits_i n_i!}\prod_i \omega_i^{n_i}.$$

(d) 对满足守恒条件的一切分布的微观状态数求和

$$\sum_X \frac{N!}{\prod\limits_i n_i!}\prod_i \omega_i^{n_i}.$$

现在通过实例具体化:考虑独立定域的三维谐振子,以平衡位置为能量零点,宏观态为 $N=4, V, E=14\ h\nu/2$. 具体求算过程及结果列入下表.

	普遍情况	实　例
体　系	独立定域子体系 (N,V,E)	独立定域的三维谐振子 $(N=4, V, E=14\ h\nu/2)$
能　级	$\varepsilon_0,\varepsilon_1,\varepsilon_2,\cdots,\varepsilon_i,\cdots$	$\varepsilon_0=3\ h\nu/2,\ \varepsilon_1=5\ h\nu/2$
简并度	$\omega_0,\omega_1,\omega_2,\cdots,\omega_i,\cdots$	$\omega_0=1,\ \omega_1=3$
量子态	$\psi_j^0,\psi_k^1,\psi_l^2,\cdots,\psi_m^i,\cdots$	$\psi^0,\psi_1^1,\psi_2^1,\psi_3^1$
粒子数	$n_0,n_1,n_2,\cdots,n_i,\cdots$	$n_0=3,\ n_1=1$
守恒条件	$\sum\limits_i n_i=N$ $\sum\limits_i n_i\varepsilon_i=E$	$n_0+n_1=4$ $n_0\varepsilon_0+n_1\varepsilon_1=14\ h\nu/2$
(a) (图示见下)	$\omega_0^{n_0},\omega_1^{n_1},\cdots,\omega_i^{n_i},\cdots$	$\omega_0^{n_0}=1,\omega_1^{n_1}=3$
(b) (图示见下)	$\prod\limits_i \omega_i^{n_i}$	$\omega_0^{n_0}\omega_1^{n_1}=3$
(c) (图示见下)	$t_X=\frac{N!}{\prod\limits_i n_i!}\prod\limits_i \omega_i^{n_i}$	$t_X=\frac{4!}{3!1!}\times 1^3\times 3^1=12$
(d) (图示同(c))	$\Omega=\sum\limits_X t_X=\sum\limits_X \frac{N!}{\prod\limits_i n_i!}\prod\limits_i \omega_i^{n_i}$	$\Omega=\sum\limits_X t_X=12$

我们用 ψ^0 表示基态的波函数,用 $\psi_1^1,\psi_2^1,\psi_3^1$,表示第一激发态的 3 个波函数,表中的 3 个求算步骤(a),(b),(c)示于图 4.3.1.

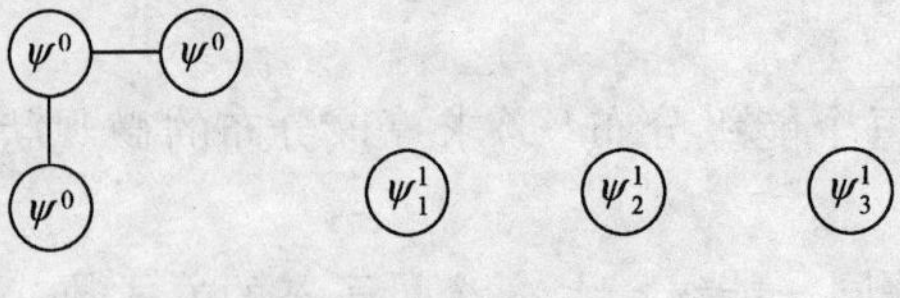

(a) $\omega_0^{n_0}=1,\ \omega_1^{n_1}=3$

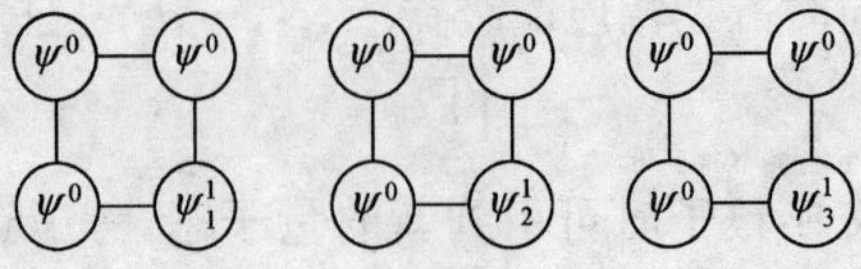

(b) $\omega_0^{n_0}\omega_1^{n_1}=3$

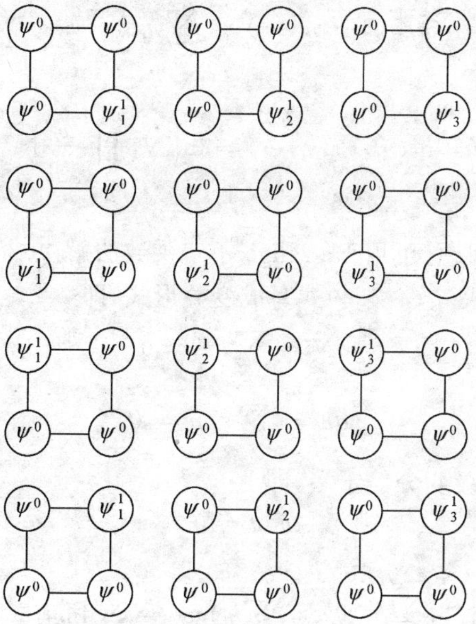

(c) $t_X = N!\prod_i \frac{\omega_i^{n_i}}{n_i!} = \frac{4!\ 1^3 3^1}{3!\ 1!} = 12$

图 4.3.1　求算微观状态数的步骤示意图

4.4　Maxwell-Boltzmann 分布律

4.4.1　Maxwell-Boltzmann 分布律

对于不同类粒子所组成的平衡体系，我们在 4.3 节中已求得满足 N,E,V 守恒条件下与一个能级分布 $X=\{n_i\}$ 相应的微观状态数 t_X 及体系的总微观状态数 Ω.

根据等概率原理，对于 N,E,V 确定的平衡态体系，每一个可及的微观状态出现的概率相等. 因此，某一能级分布 $X=\{n_i\}$ 出现的概率可用下式定义

$$p_X = \frac{t_X}{\Omega}. \tag{4.4.1}$$

由于 N,V,E 确定的体系，其 $\Omega(N,V,E)$ 是定值，因而微观状态数最大的能级分布出现的概率也就最大. 这种分布称为最概然分布.

定域子体系和经典粒子体系(离域)的最概然分布为 Maxwell-Boltzmann 分布律，现在我们以定域子体系为例推引这个分布律.

对于定域子体系，能级分布 $\{n_i\}$ 所拥有的微观状态数为

$$t = N!\prod_i \frac{\omega_i^{n_i}}{n_i!} = t(n_1, n_2, \cdots, n_i, \cdots). \tag{4.4.2}$$

它是分布 $n_1, n_2, \cdots, n_i, \cdots$ 的函数. 由于 $\ln t$ 随 t 的变化是单调的. 因此，求满足 N、E 守恒条件下的最概然分布，等价于讨论使 $\ln t$ 为最大的分布，这就相当于解决以下的问题.

在满足 N,E 守恒条件

$$g(n_1, n_2, \cdots, n_i, \cdots) = \sum_i n_i - N = 0, \tag{4.4.3}$$

$$h(n_1,n_2,\cdots,n_i,\cdots)=\sum_i n_i\varepsilon_i-E=0 \tag{4.4.4}$$

的情况下,求算使函数

$$\ln t(n_1,\cdots,n_i,\cdots)=\ln\left(N!\prod_i\frac{\omega_i^{n_i}}{n_i!}\right) \tag{4.4.5}$$

为最大的变量值 $n_1^*, n_2^*,\cdots,n_i^*,\cdots$.

这是一个条件极值的问题,可用Lagrange不定乘数法解决.

N,E 守恒的条件(4.4.3)、(4.4.4)式写成变分形式,即

$$\delta N=\sum_i\delta n_i=0, \tag{4.4.6}$$

$$\delta E=\sum_i\varepsilon_i\delta n_i=0. \tag{4.4.7}$$

$\ln t$ 最大的必要条件是其一级变分等于零,即

$$\delta\ln t=0\ . \tag{4.4.8}$$

由(4.4.5)式,得

$$\ln t=\ln N!+\sum_i n_i\ln\omega_i-\sum_i\ln n_i!\ .$$

假设所有的 n_i 都很大,即 $n_i\gg1(i=1,2,\cdots)$,应用Stirling(斯特林)近似公式(见附录E),即得

$$\begin{aligned}\ln t&=\ln N!+\sum_i n_i\ln\omega_i-\sum_i(n_i\ln n_i-n_i)\\&=\ln N!+\sum_i n_i\ln\omega_i-\sum_i n_i\ln n_i+N\ .\end{aligned} \tag{4.4.9}$$

由于 n_i 很大,可将它们当做连续变量,因而

$$\begin{aligned}\delta\ln t&=\sum_i\frac{\partial\ln t}{\partial n_i}\delta n_i\\&=\sum_i\ln\omega_i\delta n_i-\sum_i\ln n_i\delta n_i\\&=-\sum_i\ln\frac{n_i}{\omega_i}\delta n_i=0\ .\end{aligned} \tag{4.4.10}$$

由于 δn_i 要受到守恒条件(4.4.6)和(4.4.7)式的限制,所以 $\delta n_i(i=1,2,\cdots)$ 中有两个就不为独立的了.应用Lagrange不定乘数法,分别用 α 和 β 乘限制条件(4.4.6)和(4.4.7)式,并由(4.4.10)式减去,即得

$$\sum_i\left(\ln\frac{n_i}{\omega_i}+\alpha+\beta\varepsilon_i\right)\delta n_i=0\ . \tag{4.4.11}$$

尽管 $\delta n_i(i=1,2,\cdots)$ 中有两个不是独立的,但我们总可以适当选择不定乘数 α 和 β,使得 δn_i 中有两个的系数为零,因此即得下面的对称形式

$$\ln\frac{n_i}{\omega_i}+\alpha+\beta\,\varepsilon_i=0\quad(i=1,2,\cdots)\ , \tag{4.4.12}$$

或者改写成为

$$n_i=\omega_i\mathrm{e}^{-\alpha-\beta\varepsilon_i}\quad(i=1,2,\cdots)\ . \tag{4.4.13}$$

这样所得的 n_i 值使得 $\ln t$(因而 t)有极值.现在再讨论这个极值是极大还是极小的问题,为此需求 $\ln t$ 的二级变分

$$\delta\ln t=-\sum_i\ln\left(\frac{n_i}{\omega_i}\right)\delta n_i,$$

$$\delta^2 \ln t = -\delta \sum_i \ln\left(\frac{n_i}{\omega_i}\right)\delta n_i = -\sum_i \frac{(\delta n_i)^2}{n_i} < 0 .$$

这是因为$n_i>0$ $(i=1,2,\cdots)$，$(\delta n_i)^2>0$ 之故，这就证明了(4.4.13)式的$n_i(i=1,2,\cdots)$值确实使$\ln t$(因而t)为极大. 因此，(4.4.13)式是定域子体系微观状态数最大的能级分布公式，也就是最概然分布，人们称之为Maxwell-Boltzmann 分布律(简称M-B 分布律).

Lagrange 不定乘数α和β由N,E守恒条件确定

$$N = \sum_i n_i = \sum_i \omega_i e^{-\alpha-\beta\varepsilon_i}, \tag{4.4.14}$$

$$E = \sum_i n_i \varepsilon_i = \sum_i \varepsilon_i \omega_i e^{-\alpha-\beta\varepsilon_i}. \tag{4.4.15}$$

由(4.4.14)式可确定α，即

$$e^{-\alpha} = \frac{N}{\sum_i \omega_i e^{-\beta\varepsilon_i}}. \tag{4.4.16}$$

遗憾的是我们还不能直接求解出乘数β. 在以后将会论证，β与体系的热力学温度T的关系为

$$\beta = \frac{1}{kT}, \tag{4.4.17}$$

其中k为Boltzmann 常量.

应当指出，在许多问题中，往往是将β用$\frac{1}{kT}$代替后，由(4.4.15)式求算体系的平均能量.

将(4.4.16)和(4.4.17)代入(4.4.13)式，M-B 分布律即为

$$n_i = N\frac{\omega_i e^{-\varepsilon_i/kT}}{\sum_i \omega_i e^{-\varepsilon_i/kT}} \quad (i=1,2,\cdots). \tag{4.4.18}$$

4.4.2 单粒子的配分函数

现在引入统计力学中一个非常重要的概念——配分函数. 为此先定义两个名词，而后再定义配分函数.

定义 1 $e^{-\varepsilon_i/kT}$称为Boltzmann 因子，它与能量零点选择有关. 如果选分子的最低能级作为分子的能量零点，这时$\varepsilon_i\geqslant 0$ $(i=0,1,2,3,\cdots)$，Boltzmann 因子是一个$\leqslant 1$的数. 而把$\omega_i e^{-\varepsilon_i/kT}$称为能级$\varepsilon_i$相对于所选能量零点的有效量子态数.

定义 2 $q\equiv \sum_i \omega_i e^{-\varepsilon_i/kT}$称为单粒子的配分函数.

应当指出，由于粒子是独立的，每个粒子的配分函数q与其他$N-1$个粒子的存在无关. 而且只有独立子体系才有单粒子的配分函数.

根据引入的概念，单粒子的配分函数q就等于单粒子所有可及能级上的有效量子态数之和. 顺便指出，Planck 称q为状态集中(德文 zustandssumme)，而 Tolman(托耳曼)称之为状态和. 这样，M-B 分布律可写成下列形式

$$n_i = \frac{N}{q}\omega_i e^{-\varepsilon_i/kT} \quad (i=1,2,\cdots), \tag{4.4.19}$$

或者写成

$$p_i \equiv \frac{n_i}{N} = \frac{\omega_i e^{-\varepsilon_i/kT}}{q} = \frac{\omega_i e^{-\varepsilon_i/kT}}{\sum_i \omega_i e^{-\varepsilon_i/kT}}. \tag{4.4.20}$$

这就是说，能级 ε_i 上的最概然粒子数所占总粒子数的分数，或者说粒子出现在能级 ε_i 上的概率 p_i，就等于能级 ε_i 上的有效量子态数占总有效量子态数的分数.

另外，M-B 分布律还可写成下列形式

$$\frac{n_i}{n_j}=\frac{\omega_i e^{-\varepsilon_i/kT}}{\omega_j e^{-\varepsilon_j/kT}}, \tag{4.4.21}$$

即两个能级上最概然粒子数之比就等于两能级的有效量子态数之比.

M-B 分布律表明，粒子倾向于占据低能级的量子态. 能级愈高，最概然的粒子数就愈少. 但是，升高温度占据高能级的粒子数将会变多.

配分函数 q 在统计力学中是个非常重要的物理量，以后将会知道，定域或离域的经典粒子所组成的体系，所有的热力学性质都可用粒子的配分函数 q 表达，因而也就可通过它求算出来. 因此，统计力学中求算上述体系的热力学性质最终归结为求算配分函数 q 的问题.

现在我们要对配分函数 q 做一解释. 配分函数 q 有两层含义：(i) 它是宏观量 V、T 的函数，因为 ε_i 与 V 有关，而且参与加和的能级 ε_i 将受 E 的限制；(ii) 它为具有相同意义的量——有效量子态数的加和，每一项占它的分数就是该项能级上的最概然粒子数占总粒子数的分数.

有效量子状态数 $\omega_i e^{-\varepsilon_i/kT}$ 与能量零点选择有关，但能级 ε_i 上的有效量子状态数占总有效量子态数的分数则与能量零点的选择无关.

关于单粒子配分函数的性质，可概括为

- 只有独立子体系才能定义单粒子配分函数 q；
- q 是单粒子所有可及能级上的有效量子态数的总和；
- q 与单粒子能量零点的选择有关；
- q 是 V，T 的函数；
- 定域子体系及离域经典子体系的热力学量都可用配分函数 q 表达.

Maxwell-Boltzmann 分布律用配分函数 q 表示为：

$$n_i = N\frac{\omega_i e^{-\varepsilon_i/kT}}{\sum_i \omega_i e^{-\varepsilon_i/kT}}=\frac{N}{q}\omega_i e^{-\varepsilon_i/kT}\quad (i=1,2,3,\cdots). \tag{4.4.22}$$

下表是 M-B 分布律在各个可及能级上的具体化.

能　级	简并度	有效量子态数	最概然分布的粒子数
$\vdots$	$\vdots$	$\vdots$	$\vdots$
ε_i	ω_i	$\omega_i e^{-\varepsilon_i/kT}$	$n_i=\frac{N}{q}\omega_i e^{-\varepsilon_i/kT}$
$\vdots$	$\vdots$	$\vdots$	$\vdots$
ε_2	ω_2	$\omega_2 e^{-\varepsilon_2/kT}$	$n_2=\frac{N}{q}\omega_2 e^{-\varepsilon_2/kT}$
ε_1	ω_1	$\omega_1 e^{-\varepsilon_1/kT}$	$n_1=\frac{N}{q}\omega_1 e^{-\varepsilon_1/kT}$

M-B 分布律的另一种表述——粒子在能级间的平衡条件

$$\frac{\omega_1 e^{-\varepsilon_1/kT}}{n_1}=\frac{\omega_2 e^{-\varepsilon_2/kT}}{n_2}=\cdots=\frac{q}{N}. \tag{4.4.23}$$

"处在热平衡状态的独立子经典体系，在各能级上每个粒子平均所具有的有效量子状态数彼此相等，而且就等于体系中每个粒子平均具有的有效量子状态数 q/N".

4.4.3 M-B 分布律的经典表述

根据量子态与相空间体积以及量子力学量与经典力学量之间的对应关系，不难将M-B分布律的量子表述转换成经典表述.具体转换关系如下：

$$\varepsilon_i \to \varepsilon(q_1,\cdots,q_s;p_1,\cdots,p_s)\ ,$$

$$\omega_i \to \frac{\mathrm{d}q_1\cdots\mathrm{d}q_s\mathrm{d}p_1\cdots\mathrm{d}p_s}{h^s}\ ,$$

$$\sum_i \to \frac{1}{h^s}\int\cdots\int \mathrm{d}q_1\cdots\mathrm{d}q_s\mathrm{d}p_1\cdots\mathrm{d}p_s,$$

$$n_i \to n(q_1,\cdots,q_s;p_1,\cdots,p_s)\mathrm{d}q_1\cdots\mathrm{d}q_s\mathrm{d}p_1\cdots\mathrm{d}p_s.$$

这样，M-B分布律的量子表述(4.4.18)式便转换成下列的经典表述

$$n(q_1,\cdots,q_s;p_1,\cdots,p_s)\mathrm{d}q_1\cdots\mathrm{d}q_s\mathrm{d}p_1\cdots\mathrm{d}p_s = N\frac{\mathrm{e}^{-\varepsilon(q_1,\cdots,p_s)/kT}\mathrm{d}q_1\cdots\mathrm{d}p_s}{\int\cdots\int\mathrm{e}^{-\varepsilon(q_1,\cdots,p_s)/kT}\mathrm{d}q_1\cdots\mathrm{d}p_s}\ . \tag{4.4.24}$$

其中$\mathrm{e}^{-\varepsilon(q_1\cdots q_s p_1\cdots p_s)/kT}\mathrm{d}q_1\cdots\mathrm{d}p_s$称为有效相空间体积元，$n(q_1,\cdots,q_s;p_1,\cdots,p_s)$是在$q_1,\cdots,q_s;p_1,\cdots,p_s$态时单位相空间体积中的最概然分子数，通常称为坐标和动量的分布函数；而

$$Z\equiv\int\cdots\int\mathrm{e}^{-\varepsilon(q_1,\cdots,p_s;p_1,\cdots,p_s)/kT}\mathrm{d}q_1\cdots\mathrm{d}q_s\mathrm{d}p_1\cdots\mathrm{d}p_s \tag{4.4.25}$$

称为单粒子的经典配分函数，它是有效相空间体积元的总和.

经典M-B分布律的文字表述为：N个全同独立子组成的平衡态体系，分布在$q_i\to q_i+\mathrm{d}q_i$，$p_i\to p_i+\mathrm{d}p_i(i=1,2,\cdots,s)$相空间体积元$\mathrm{d}q_1\cdots\mathrm{d}q_s\mathrm{d}p_1\cdots\mathrm{d}p_s$内的最概然分子数等于总分子数乘以有效相空间体积元占总有效相空间体积的分数.

显然单粒子的两种配分函数q与Z的关系为

$$q = Z/h^s, \tag{4.4.26}$$

其中s为独立子的自由度.

4.4.4 M-B 分布律的各种表达形式

M-B分布律可有各种表达形式，在实用上选用哪一种更为方便，需视具体体系的特点及所处理的问题性质而定.

(1) 用Lagrange不定乘数表示的能级分布律

$$n_i = \omega_i\mathrm{e}^{-\alpha-\beta\varepsilon_i}\quad (i=1,2,\cdots)\ . \tag{4.4.27}$$

(2) 用配分函数与热力学温度表示的能级分布律

$$n_i = \frac{N}{q}\omega_i\mathrm{e}^{-\varepsilon_i/kT}\quad (i=1,2,\cdots)\ . \tag{4.4.28}$$

(3) 按量子态r的分布律

$$m_r = \frac{n_i}{\omega_i} = \mathrm{e}^{-\alpha-\beta\varepsilon_i} = \frac{N}{q}\mathrm{e}^{-\varepsilon_r/kT}, \tag{4.4.29}$$

其中配分函数q为

$$q = \sum_{\text{量子态}\,r}\mathrm{e}^{-\varepsilon_r/kT} = \sum_{\text{能级}\,i}\omega_i\mathrm{e}^{-\varepsilon_i/kT}. \tag{4.4.30}$$

(4) 两能级粒子数比的公式

$$\frac{n_j}{n_i}=\frac{\omega_j}{\omega_i}\mathrm{e}^{-(\varepsilon_j-\varepsilon_i)/kT}. \tag{4.4.31}$$

特别是能级 j 与最低能级粒子数之比的公式为

$$\frac{n_j}{n_0}=\frac{\omega_j}{\omega_0}\mathrm{e}^{-(\varepsilon_j-\varepsilon_0)/kT}. \tag{4.4.32}$$

若同时又选粒子基态为能量零点，则有

$$\frac{n_j}{n_0}=\frac{\omega_j}{\omega_0}\mathrm{e}^{-\varepsilon_j/kT}, \tag{4.4.33}$$

或者

$$n_j=\frac{n_0}{\omega_0}\omega_j\mathrm{e}^{-\varepsilon_j/kT}. \tag{4.4.34}$$

(5) 经典表述

$$\begin{aligned}n(q_1,\cdots,q_s;p_1,\cdots,p_s)\prod_i(\mathrm{d}q_i\mathrm{d}p_i)&=N\frac{\mathrm{e}^{-\varepsilon(q_1,\cdots,q_s;p_1,\cdots,p_s)/kT}\prod_i(\mathrm{d}q_i\mathrm{d}p_i)}{\int\cdots\int\mathrm{e}^{-\varepsilon(q_1,\cdots,q_s;p_1,\cdots,p_s)/kT}\prod_i(\mathrm{d}q_i\mathrm{d}p_i)}\\&=\frac{N}{Z}\mathrm{e}^{-\varepsilon(q_1,\cdots,q_s;p_1,\cdots,p_s)/kT}\prod_i(\mathrm{d}q_i\mathrm{d}p_i).\end{aligned} \tag{4.4.35}$$

M-B 分布律除了上述所列举的形式外，在固体物理中常用化学势、Fermi 能级等表达，这些将放在有关章节中加以论述.

另外，普遍规律在各种具体体系上都将有它各自的表现形式，充分认识其特殊性，才能更有效地应用它解决实际问题.

4.4.5　最概然分布与真实分布

一个 N,V,E 确定的平衡体系，根据等概率原理，凡是满足 N,E 守恒条件的分布都应当是可以实现的，而最概然分布只是一个特殊的出现概率最大的分布. 现在的问题是最概然分布能否代表真实的一切分布呢？显然这是涉及到 M-B 分布律的有效性问题，应该明确解决.

以下的定理解决了这个问题.

定理　当 $N\to\infty$ 时，最概然分布→真实分布，因而最概然分布所拥有的微观状态数 $t_X{}^*\to$ 总的微观状态数 $\Omega(N,V,E)$ 或者 $\ln t_X{}^*\approx\ln\Omega$（后者似乎更为确切）.

证　设 $X^*=\{n_i{}^*\}$ 为最概然分布，$X=\{n_i\}$ 为与最概然分布邻近的另一个分布，它们满足 N,E 的守恒条件

$$\sum_i n_i=N,\quad\sum_i n_i\varepsilon_i=E.$$

具体列在下表中：

能　级	$\varepsilon_0,\ \ \varepsilon_1,\ \ \varepsilon_2,\ \ \cdots,\ \ \varepsilon_i,\ \ \cdots$
最概然分布 X^*	$n_0{}^*,\ n_1{}^*,\ n_2{}^*,\ \cdots,\ \ n_i{}^*,\ \cdots$
邻近 X^* 的分布	$n_0,\ \ n_1,\ \ n_2,\ \ \cdots,\ \ n_i,\ \ \cdots$

最概然分布 $X^*=\{n_i{}^*\}$ 所拥有的微观状态数为

$$t_X{}^*=N!\prod_i\frac{\omega_i^{n_i^*}}{n_i{}^*!}. \tag{4.4.36}$$

邻近X^*的分布$\{n_i\}$所拥有的微观状态数为

$$t_X = N! \prod_i \frac{\omega_i^{n_i}}{n_i!}. \tag{4.4.37}$$

令$f(n_0, n_1, n_2, \cdots, n_i, \cdots) = \ln t_X(n_0, n_1, n_2, \cdots, n_i, \cdots)$，将$f$在$n_0^*, n_1^*, n_2^*, \cdots, n_i^*, \cdots$处按Taylor（泰勒）级数展开，即得

$$f(n_i) = f(n_i^*) + \sum_i \left(\frac{\partial f}{\partial n_i}\right)_{n_i^*}(n_i - n_i^*) + \sum_i \frac{1}{2}\left(\frac{\partial^2 f}{\partial n_i^2}\right)_{n_i^*}(n_i - n_i^*)^2 + \cdots. \tag{4.4.38}$$

舍去二次以上的高次项，由于$f(n_i)$在n_i^*处极大，故有

$$\left(\frac{\partial f}{\partial n_i}\right)_{n_i^*} = 0 \quad (i = 1, 2, \cdots).$$

从而

$$\sum_i \left(\frac{\partial f}{\partial n_i}\right)_{n_i^*}(n_i - n_i^*) = 0. \tag{4.4.39}$$

又知

$$\left(\frac{\partial^2 f}{\partial n_i^2}\right)_{n_i^*} = \left(\frac{\partial^2 \ln t_X}{\partial n_i^2}\right)_{n_i^*} = -\frac{1}{n_i^*}. \tag{4.4.40}$$

将(4.4.39)和(4.4.40)代入(4.4.38)式，考虑到$f = \ln t_X$，即可得

$$\ln t_X = \ln t_X^* - \sum_i \frac{1}{2n_i^*}(n_i - n_i^*)^2.$$

或者写成

$$t_X = t_X^* \exp\left[-\sum_i \frac{1}{2n_i^*}(n_i - n_i^*)^2\right]. \tag{4.4.41}$$

这是一个多维的Gauss分布或正态分布.

求算任意一个n_i相对n_i^*的平方偏差$(n_i - n_i^*)^2$的平均值

$$\begin{aligned}\overline{(n_i - n_i^*)^2} &= \frac{\int_{-\infty}^{\infty}(n_i - n_i^*)^2 t_X^* \exp\left[-\sum_i \frac{1}{2n_i^*}(n_i - n_i^*)^2\right]\mathrm{d}(n_i - n_i^*)}{\int_{-\infty}^{\infty} t_X^* \exp\left[-\sum_i \frac{1}{2n_i^*}(n_i - n_i^*)^2\right]\mathrm{d}(n_i - n_i^*)} \\ &= \frac{\int_{-\infty}^{\infty}(n_i - n_i^*)^2 \exp\left[-\frac{1}{2n_i^*}(n_i - n_i^*)^2\right]\mathrm{d}(n_i - n_i^*)}{\int_{-\infty}^{\infty} \exp\left[-\frac{1}{2n_i^*}(n_i - n_i^*)^2\right]\mathrm{d}(n_i - n_i^*)} \\ &= n_i^*. \end{aligned} \tag{4.4.42}$$

因此，n_i的相对平均平方偏差（均方偏差或相对涨落）为

$$r_{n_i}^2 = \frac{\overline{(n_i - n_i^*)^2}}{n_i^{*2}} = \frac{1}{n_i^*} = \frac{1}{\frac{N}{q}\omega_i \exp(-\varepsilon_i/kT)} = \frac{1}{Np_i}. \tag{4.4.43}$$

其中$p_i = \frac{n_i^*}{N} = \frac{1}{q}\omega_i \exp(-\varepsilon_i/kT)$是粒子占据能级$\varepsilon_i$的最概然分数，它只依赖于粒子本身的性质、温度$T$及体积$V$，而与体系的粒子数目$N$无关. 所以，当$N \to \infty$时，$r_{n_i}^2 \to 0$，这就表明，对于$N$趋于无穷大的体系，最概然分布将趋于真实分布，从而$t_X^* \to \Omega$. 也就是说，除了最概然分布之外的其他一切分布都可以忽略的.

现在具体考虑一个分布$X = \{n_i\}$与最概然分布$X^* = \{n_i^*\}$相应各项分布数的偏离皆为

0.1%，即设

$$\frac{|n_i - n_i^*|}{n_i^*} = \frac{1}{10^3}.$$

从而

$$\frac{(n_i - n_i^*)^2}{n_i^{*2}} = \frac{1}{10^6}, \quad \frac{(n_i - n_i^*)^2}{n_i^*} = \frac{n_i^*}{10^6}.$$

所以，利用上式得

$$-\frac{1}{2}\sum_i \frac{(n_i - n_i^*)^2}{n_i^*} = -\frac{1}{2 \times 10^6}\sum_i n_i^* = -\frac{N}{2 \times 10^6}.$$

对于1 mol 的体系，$N = 6.022 \times 10^{23}$，由(4.4.41)式，即得

$$\frac{t_X}{t_X^*} = \exp\left(-\frac{6.022 \times 10^{23}}{2 \times 10^6}\right) \approx \exp(-3 \times 10^{17}),$$

这是一个极其微小的数值.

如果 n_i 偏离 n_i^* 的百分数更大时，t_X/t_X^* 就更小了. 这就具体说明了当 $N \to \infty$ 时，最概然分布可以代表真实的分布，从而体系总的微观状态数完全可以用最概然分布所拥有的微观状态数取而代之，即

$$\Omega(N,V,E) = \sum_X t_X \approx t_X^* = N! \prod_i \frac{\omega_i^{n_i^*}}{n_i^*!}.$$

这就是所谓的撷取最大项法.

我们只讨论了全同定域子体系的最概然分布，即 M-B 分布律. 最概然方法具有一般性意义，用它可得出离域子体系、多组分体系等情况下的统计分布律.

4.5 Bose-Einstein 分布律

本节讨论离域玻色子的能级最概然分布，采用概率法导出 Bose-Einstein 统计分布律.

令 $X = \{n_j\}$ 为任一能级分布，即

能级	$\varepsilon_1, \varepsilon_2, \cdots, \varepsilon_i, \cdots$
简并度	$\omega_1, \omega_2, \cdots, \omega_i, \cdots$
玻色子数	$n_1, n_2, \cdots, n_i, \cdots$

我们已在4.3节中得出能级分布 $X = \{n_j\}$ 所拥有的微观状态数为

$$t_X = \Omega_{\text{B-E}} = \prod_i \frac{(n_i + \omega_i - 1)!}{n_i!(\omega_i - 1)!} = t_X(n_1, n_2, \cdots, n_i, \cdots). \tag{4.5.1}$$

其中 $\{n_j\}$ 满足 N, E 守恒条件

$$\begin{cases} \sum_i n_i = N, \\ \sum_i n_i \varepsilon_i = E, \end{cases} \quad \text{或} \quad \begin{cases} \sum_i \delta n_i = 0, \\ \sum_i \varepsilon_i \delta n_i = 0, \end{cases} \tag{4.5.2}$$

$$\ln\Omega_{\text{B-E}} = \sum_i \frac{(n_i + \omega_i - 1)!}{n_i!(\omega_i - 1)!}. \tag{4.5.3}$$

$\Omega_{\text{B-E}}$ 最大，也就是 $\ln\Omega_{\text{B-E}}$ 最大，其必要条件为

$$\delta\ln\Omega_{\text{B-E}} = 0. \tag{4.5.4}$$

假设 $n_i \gg 1$，$\omega_i \gg 1$，因而 $\omega_i + n_i - 1 \approx \omega_i + n_i$，$\omega_i - 1 \approx \omega_i$，此时可用 Stirling 近似公式，则得

$$\ln\Omega_{\text{B-E}} = \sum_i [(n_i+\omega_i)\ln(n_i+\omega_i) - (n_i+\omega_i) - n_i\ln n_i + n_i - \omega_i\ln\omega_i + \omega_i]$$
$$= \sum_i [(n_i+\omega_i)\ln(n_i+\omega_i) - n_i\ln n_i - \omega_i\ln\omega_i].$$

因为 n_i 很大,可将它当做连续变量处理,故 $\ln\Omega_{\text{B-E}}$ 最大的条件为

$$\delta\ln\Omega_{\text{B-E}} = \sum_i \frac{\partial\ln\Omega_{\text{B-E}}}{\partial n_i}\delta n_i$$
$$= \sum_i [\ln(n_i+\omega_i)\delta n_i + \delta n_i - \ln n_i\delta n_i - \delta n_i]$$
$$= \sum_i \ln\frac{n_i+\omega_i}{n_i}\delta n_i. \tag{4.5.5}$$

由于 $\delta n_i(i=1,2,\cdots)$ 要受 N,E 守恒条件的限制,它们中有两个不能独立改变. 应用 Lagrange 不定乘数法分别用 α 和 β 乘(4.5.2)的两式,并由(4.5.5)式减去,即得

$$\sum_i \left[\ln\frac{n_i+\omega_i}{n_i} - \alpha - \beta\varepsilon_i\right]\delta n_i = 0\,. \tag{4.5.6}$$

根据 Lagrange 不定乘数法原理,(4.5.6)式中 δn_i 的系数都必为零,这样即得

$$\ln\frac{n_i+\omega_i}{n_i} - \alpha - \beta\varepsilon_i = 0 \quad (i=1,2,\cdots)\,.$$

从而得

$$n_i = \frac{\omega_i}{e^{\alpha+\beta\varepsilon_i}-1} \quad (i=1,2,\cdots)\,. \tag{4.5.7}$$

这里所得的 n_i 值使 $\ln\Omega_{\text{B-E}}$(因而 $\Omega_{\text{B-E}}$)为极值,但还不能说明是极大还是极小,因此需要讨论 $\ln\Omega_{\text{B-E}}$ 的二级变分.

$$\delta\ln\Omega_{\text{B-E}} = \sum_i \ln\frac{n_i+\omega_i}{n_i}\,\delta n_i,$$
$$\delta^2\ln\Omega_{\text{B-E}} = \delta\sum_i \frac{n_i+\omega_i}{n_i}\,\delta n_i$$
$$= \sum_i \frac{n_i}{n_i+\omega_i}\left[\frac{n_i-(n_i+\omega_i)}{n_i^2}\right](\delta n_i)^2$$
$$= -\sum_i \frac{\omega_i}{(n_i+\omega_i)n_i}(\delta n_i)^2 < 0\,.$$

这就证明了(4.5.7)式中的 $n_i(i=1,2,\cdots)$ 确实使 $\ln\Omega_{\text{B-E}}$ 为极大,因而也就是使 $\Omega_{\text{B-E}}$ 为极大. 根据等概率原理,(4.5.7)式的分布即为最概然分布,通常称为 Bose-Einstein 分布律.

Bose-Einstein 分布律中的不定乘数 α 和 β 由下式确定

$$N = \sum_i n_i = \sum_i \frac{\omega_i}{e^{\alpha+\beta\varepsilon_i}-1}, \tag{4.5.8}$$

$$E = \sum_i n_i\varepsilon_i = \sum_i \frac{\omega_i}{e^{\alpha+\beta\varepsilon_i}-1}\varepsilon_i. \tag{4.5.9}$$

这里的 α 和 β 都不能直接解出,因而不能像定域子体系的情况一样给出像 M-B 分布律那样具有明确物理意义的配分函数.

在推导 Bose-Einstein 统计律过程中,为了应用 Stirling 近似公式,曾假设了 $n_i \gg 1, \omega_i \gg 1$,并把 $\omega_i - 1$ 用 ω_i 代替,这是概率法在数学方法上的严重缺点. B-E 分布律可用 Darwin (达尔文)

和 Fowler(福勒)平均法以及巨正则系综求平均分布的方法都能严格的导出，这就使B-E 分布律的正确性得到了某些保证(见10.18节).

当非简并性条件 $n_i \ll \omega_i$ 满足时，由 B-E 分布律(4.5.7)式可看出必然要求 $e^{\alpha} \gg 1$，这时，(4.5.7)式分母中的 1 可以忽略，从而B-E 分布过渡到经典的M-B 分布，即当 $n_i \ll \omega_i$ 时，则有

$$n_i = \omega_i e^{-\alpha-\beta\varepsilon_i} \quad (i = 1,2,\cdots). \tag{4.5.10}$$

这就从经典统计的正确性间接证明了B-E 统计的正确性.

4.6　Fermi-Dirac 分布律

现在推导离域费米子体系的最概然分布，仍采用概率法.

令 $X=\{n_j\}$ 为任一能级分布，即

能级	$\varepsilon_1,\ \varepsilon_2,\ \cdots,\ \varepsilon_i,\ \cdots$
简并度	$\omega_1,\ \omega_2,\ \cdots,\ \omega_i,\ \cdots$
费米子数	$n_1,\ n_2,\ \cdots,\ n_i,\ \cdots$

在4.3节中已得出能级分布 $X=\{n_j\}$ 所拥有的微观状态数为

$$t_X = \Omega_{\text{F-D}} = \prod_i \frac{\omega_i!}{n_i!(\omega_i - n_i)!} = t_X(n_1,n_2,\cdots,n_i,\cdots), \tag{4.6.1}$$

其中 $\{n_j\}$ 满足 N,E 守恒条件

$$\begin{cases} \sum_i n_i = N, \\ \sum_i n_i\varepsilon_i = E, \end{cases} \quad \text{或} \quad \begin{cases} \sum_i \delta n_i = 0, \\ \sum_i \varepsilon_i\delta n_i = 0, \end{cases} \tag{4.6.2}$$

$$\ln\Omega_{\text{F-D}} = \sum_i \ln \frac{\omega_i!}{n_i!(\omega_i - n_i)!}. \tag{4.6.3}$$

$\ln\Omega_{\text{F-D}}$单调变化，根据等概率原理，对于处在平衡态的孤立体系，$\ln\Omega_{\text{F-D}}$(因而 $\Omega_{\text{F-D}}$)为极大的分布是最概然分布，$\ln\Omega_{\text{F-D}}$极大的必要条件为

$$\delta\ln\Omega_{\text{F-D}} = 0. \tag{4.6.4}$$

假设 $n_i \gg 1, \omega_i \gg 1, (\omega_i - n_i) \gg 1$，此时可用Stirling 近似公式，则有

$$\ln\Omega_{\text{F-D}} = \sum_i \left[\omega_i\ln\omega_i - n_i\ln n_i - (\omega_i - n_i)\ln(\omega_i - n_i)\right].$$

因为 n_i 很大，可将 n_i 当做连续变量，故 $\ln\Omega_{\text{F-D}}$最大的必要条件为

$$\delta\ln\Omega_{\text{F-D}} = \sum_i \frac{\partial\ln\Omega_{\text{F-D}}}{\partial n_i}\delta n_i = \sum_i \ln\frac{\omega_i - n_i}{n_i}\delta n_i = 0. \tag{4.6.5}$$

由于 $\delta n_i(i=1,2,\cdots)$要受 N,E 守恒条件的限制，它们中有两个不能独立改变. 应用Lagrange 不定乘数法，分别用 α 和 β 乘(4.6.2)的两式并由(4.6.5)减去，即得

$$\sum_i \left[\ln\frac{\omega_i - n_i}{n_i} - \alpha - \beta\varepsilon_i\right]\delta n_i = 0. \tag{4.6.6}$$

根据Lagrange 不定乘数法原理，(4.6.6)式中 δn_i 的系数都必为零，因此

$$\ln\frac{\omega_i - n_i}{n_i} - \alpha - \beta\varepsilon_i = 0 \quad (i = 1,2,\cdots), \tag{4.6.7}$$

从而即得

$$n_i = \frac{\omega_i}{e^{\alpha+\beta\varepsilon_i} + 1} \quad (i = 1,2,\cdots). \tag{4.6.8}$$

这样得的 n_i 值使 $\ln\Omega_{\text{F-D}}$（因而 $\Omega_{\text{F-D}}$）为极值，但还不能断定是极大还是极小，因此需要讨论 $\ln\Omega_{\text{F-D}}$ 的二级变分.

$$\delta\ln\Omega_{\text{F-D}} = \sum_i \ln\frac{\omega_i - n_i}{n_i}\delta n_i,$$

$$\begin{aligned}\delta^2\ln\Omega_{\text{F-D}} &= \delta\sum_i \ln\frac{\omega_i - n_i}{n_i}\delta n_i \\ &= \sum_i \frac{n_i}{\omega_i - n_i}\left[\frac{-n_i - (\omega_i - n_i)}{n_i^2}\right](\delta n_i)^2 \\ &= -\sum_i \frac{\omega_i}{(\omega_i - n_i)n_i}(\delta n_i)^2 < 0 \quad (\text{因 } \omega_i > n_i).\end{aligned}$$

这就证明了（4.6.8）式代表的确实是能级最概然分布，通常称为Fermi-Dirac 统计分布律.

Fermi-Dirac 分布律中的不定乘数 α 和 β 由下式确定

$$N = \sum_i n_i = \sum_i \frac{\omega_i}{e^{\alpha+\beta\varepsilon_i} + 1}, \tag{4.6.9}$$

$$E = \sum_i n_i\varepsilon_i = \sum_i \frac{\omega_i}{e^{\alpha+\beta\varepsilon_i} + 1}\varepsilon_i. \tag{4.6.10}$$

同 B-E 分布律一样，α 和 β 都不能直接解出，推导中所作假设 $n_i \gg 1, \omega_i \gg 1, (\omega_i - n_i) \gg 1$ 是概率法在数学方法上的严重缺点，但最后的分布公式是正确的，因为用Darwin 和 Fowler 平均法以及巨正则系综求平均分布的方法都能严格的导出此结果.

在非简并性条件 $n_i \ll \omega_i$ 满足时，$e^{\alpha} \gg 1$，F-D 分布律过渡到经典的 M-B 分布律，这也就间接地证明了 F-D 统计的正确性.

4.7　三种统计分布律的比较及应用范围

在下表的统计分布律通式中：$a=0$ 为M-B 统计分布律，适用于定域子及离域经典子体系；$a=-1$ 为B-E 统计分布律，适用于离域玻色子体系；$a=+1$ 为F-D 统计分布律，适用于离域费米子体系.

M-B、B-E、F-D 三种统计分布律可用下列通式表示.

能级分布公式	量子态分布公式
$n_i = \dfrac{\omega_i}{e^{\alpha+\beta\varepsilon_i} + a}$	$m_s = \dfrac{n_i}{\omega_i} = \dfrac{1}{e^{\alpha+\beta\varepsilon_i} + a}$
$N = \sum_i \dfrac{\omega_i}{e^{\alpha+\beta\varepsilon_i} + a}$	$N = \sum_s \dfrac{1}{e^{\alpha+\beta\varepsilon_i} + a}$
$E = \sum_i \dfrac{\varepsilon_i\omega_i}{e^{\alpha+\beta\varepsilon_i} + a}$	$E = \sum_s \dfrac{\varepsilon_i}{e^{\alpha+\beta\varepsilon_i} + a}$
$\sum_i$ 按能级求和	$\sum_s$ 按量子态求和

在非简并性条件 $n_i \ll \omega_i$ 满足时，B-E 和 F-D 统计都过渡到 M-B 统计，一般说来，在温度不太低时非简并性条件能得到满足. 因此 M-B 统计分布律联系的实践面相当广泛，但在低温下及量子效应显著场合则需要应用 B-E 与 F-D 统计. 这将在第12 章讨论.

在许多实际问题中，N, E 两个守恒条件并不用来确定不定乘数 α 和 β，往往是反过来将 α 和 β当做由实验确定的已知参数，通过（4.6.9）和（4.6.10）两式确定体系的平均粒子数和内能.

习　题

4.1　设体系为 4 个定域的全同一维谐振子，其总能量为$\frac{12}{2}h\nu$(以振子的平衡位置为能量零点).

(1) 请写出体系所有可能的能级分布；

(2) 求各能级分布所拥有的微观状态数及体系的总微观状态数；

(3) 请图示出各个微观态，并写出其中几个微观态的波函数.

4.2　对于定域的三维各向同性谐振子，请得出与$N=4$，$E=9h\nu$(振子平衡位置为能量零点)相容的所有能级分布及其相应的微观状态数；并求出体系的总微观状态数Ω，指出振子能占据的最高能级.

4.3　一个孤立体系由透热壁隔开的物质A和B两均匀部分组成，A与B分子的能级及其简并度分别用ε_i和ε'及ω_i和ω'表示. 设A与B皆为经典极限的独立子，请证明不论A和B是定域子还是离域子，它们在平衡态的最概然能级分布都为

$$n_i = \omega_i \mathrm{e}^{-\alpha-\beta\varepsilon_i} \quad (i = 1,2,\cdots)\ ,$$

$$n'_j = \omega'_j\, \mathrm{e}^{-\alpha'-\beta\varepsilon'_j} \quad (j = 1,2,\cdots)\ .$$

两种分子分布律中的β相同，反映什么物理事实？若将原来的透热壁改为绝热壁，分布律又是什么形式？

4.4　两种不同的A与B分子组成离域的均相孤立体系，设分子间的相互作用可忽略，请导出经典极限下两种分子在平衡态的最概然能级分布公式.

4.5　光子是玻色子，但光子数并不守恒. 请导出光子数的最概然分布，并得出Planck辐射公式(参见唐有祺，《统计力学及其在物理化学中的应用》，北京：科学出版社，pp. 358～359)

4.6　请论证：

在非简并条件$n_i \ll \omega_i$下，B-E及F-D统计分布律都趋于M-B统计分布律.

4.7　对于M-B分布律，请证明[要用(5.1.6)式]

$$\left(\frac{\partial \ln n_i}{\partial T}\right)_V = \frac{\varepsilon_i}{kT^2} - \left(\frac{\partial \ln q}{\partial T}\right)_V$$

$$= \frac{1}{kT^2}\left(\varepsilon_i - \frac{\sum_i n_i \varepsilon_i}{N}\right)$$

$$= \frac{\varepsilon_i - \langle \varepsilon_i \rangle}{kT^2}$$

$$\left(\frac{\partial \ln n_i}{\partial V}\right)_T = -\frac{1}{kT}\left(\frac{\mathrm{d}\varepsilon_i}{\mathrm{d}V}\right) - \left(\frac{\partial \ln q}{\partial V}\right)_T$$

$$= \frac{1}{kT}\left[\frac{\sum_i n_i \left(\frac{\mathrm{d}\varepsilon_i}{\mathrm{d}V}\right)}{N} - \left(\frac{\mathrm{d}\varepsilon_i}{\mathrm{d}V}\right)\right]$$

$$= \frac{\langle \frac{\mathrm{d}\varepsilon_i}{\mathrm{d}V} \rangle - \frac{\mathrm{d}\varepsilon_i}{\mathrm{d}V}}{kT}$$

第 5 章 统计热力学的基本公式

本章讨论独立定域子体系和离域经典子体系的热力学量及其规律的统计表达式.具体说来就是根据M-B分布律求算某些微观量的统计平均值,从而得出热力学函数以及功、热等微观量的统计表示式.而且还要从统计力学的原理导出热力学基本方程

$$TdS = dE - \sum_{\lambda} Y_{\lambda} dy_{\lambda}.$$

其中E、S分别为体系的内能和熵,而T为热力学温度,dy_{λ}是外参量y_{λ}的广义位移,Y_{λ}是相应于外参量y_{λ}的外界对体系的广义作用力.做到这一点后,就使平衡态热力学从建筑在唯象基础上转移到建筑在统计原理的基础上,从而也就间接证明了统计原理的正确性.

结果将会表明,所有热力学量都可用配分函数表达出来,一切宏观量实质上都是统计性质.因此,统计力学是关于统计性质的理论.

5.1 统计原理和期望值公式

统计力学的主要任务是:根据组成体系的大量粒子的内禀属性及力学运动规律,采用求统计平均值的方法阐明体系的宏观性质及其规律性.统计力学认为宏观量并不是体系在某一时刻的某一微观运动状态的性质,而是相应微观量的统计平均值.因此宏观量具有统计性.

5.1.1 两种统计原理

宏观量是什么情况下的微观量的统计平均值呢?关于这个问题,在统计力学中存在着两种观点,或者说提出了两种统计原理,今概要介绍如下:

(1) 任一宏观量都是在一定宏观条件下所有可能达到的微观运动状态的相应微观量的统计平均值.这是统计力学的一个基本原理,在这一原理的前提之下,确定体系微观状态的分布函数时需要一个基本假设,这就是平衡态孤立系的等概率原理.

(2) 任一宏观量都是在一定宏观条件下相应微观量的长时间的平均值.在这一原理的前提之下,求算统计平均值时也需要一个基本假设,这就是各态历经假说或路程连续性假设.沿着这一路线进行研究的仍有人在,但还不能解决统计力学中的具体求统计平均值的问题.其次,持这种观点者企图从力学规律导出统计规律性,这种还原论是有问题的.

我们采用的是第一种观点.就是在这一观点的前提下,还有不同的求统计平均值的方法:

● Boltzmann 的概率法.求统计平均时用最概然分布代替真实分布.其优点是简单.在推导最概然分布时数学方法上不严格.

● Darwin-Fowler 的平均法.此法采用复变量积分的方法求算所有分布的平均值,其结果在$N \to \infty$时与概率法相同,它比概率法在数学方法上严格,但数学处理上较繁琐.

● Gibbs 的统计系综理论.此法数学严谨,物理概念清晰,对独立子体系与相依子体系都适用,是平衡态统计理论最完美的方法.

5.1.2　独立子体系中单粒子及体系物理量的统计平均值

单粒子的任一物理量u(如能量、动量、速度、所受外界的作用力、电偶极矩等等)，一般来说对于不同个体量子态$1,2,\cdots,s,\cdots$具有各自不同的值$u_1,u_2,\cdots,u_s,\cdots$. 根据统计基本原理，单粒子物理量$u$的期望值将是在满足$N$、$E$守恒条件下，一切可能达到的个体量子态上$u$值的统计平均值. 此值就应该是实验值. 可测宏观量与相应微观量按概率分布的统计平均值相等. 这被称为统计平均的等效性原理.

在满足N、E守恒条件的所有各种可能的分布中，处在能级ε_i上的粒子数n_i一般来说各不相同，因而粒子在个体量子态间的分布数m_s也将不同. 显然，分布不同，粒子物理量的平均值也就不同. 所以在求统计平均值时首先应该求算在能级ε_i或量子态s上粒子数n_i或m_s对各种分布的平均值$\langle n_i\rangle$或$\langle m_s\rangle$，然后再根据这些平均值的能级分布数或量子态上的分布数进一步求出平均值才为所求物理量u的期望值.

我们将对经典极限下的独立子体系，分别用量子统计和经典统计得出求算单粒子及体系物理量的期望值公式.

1. 按能级分布求算期望值的公式

单粒子能级	ε_1, ε_2, $\cdots$, ε_i, $\cdots$
能级简并度	ω_1, ω_2, $\cdots$, ω_i, $\cdots$
能级分布A	n_1^A, n_2^A, $\cdots$, n_i^A, $\cdots$
能级分布B	n_1^B, n_2^B, $\cdots$, n_i^B, $\cdots$
$\vdots$	$\vdots$　$\vdots$　　$\vdots$
能级分布X	n_1^X, n_2^X, $\cdots$, n_i^X, $\cdots$
$\vdots$	$\vdots$　$\vdots$　　$\vdots$

能级$\varepsilon_i(i=1,2,\cdots)$上的粒子数$n_i$对所有分布$A,B,\cdots$的算术平均值为

$$\langle n_i\rangle=\frac{\sum\limits_X n_i^X}{\sum\limits_X 1(X)}\quad(i=1,2,\cdots).\tag{5.1.1}$$

其中$1(X)$表示每种能级分布皆为一种.

另外，在4.4.1节中，依据等概率原理，曾用能级分布所拥有的微观状态数引入了能级分布X出现的概率为

$$p_X=\frac{t_X}{\sum\limits_X t_X}=\frac{t_X}{\Omega}\quad(X=A,B,\cdots).\tag{5.1.2}$$

应用此概念，可定义能级$\varepsilon_i(i=1,2,\cdots)$上粒子数$n_i$对所有分布$A,B,\cdots$的概率平均值为

$$\langle n_i\rangle=\frac{\sum\limits_X n_i^X t_X}{\Omega}=\sum_X p_X n_i^X\quad(i=1,2,\cdots).\tag{5.1.3}$$

依据统计基本原理，单粒子微观物理量u的统计平均值为

$$\langle u\rangle=\frac{\sum\limits_i\langle n_i\rangle u_i}{\sum\limits_i\langle n_i\rangle}=\frac{\sum\limits_i\langle n_i\rangle u_i}{N}\tag{5.1.4}$$

该式给出了由能级分布求算单粒子微观物理量 u 的期望值理论公式.

非常遗憾,(5.1.4)式并不能直接用于计算,因为对于粒子数 N 为 10^{23} 数量级的体系,实在难以确定出各种具体的能级分布.怎么办?一些学者为解决此问题进行了研究.

我们在 4.4.5 节中讨论的 $N \to \infty$ 时,最概然分布能代表真实分布,采用撷取最大项原理解决问题.此外,1922 年Darwin 和 Fowler 利用复变函数积分的方法近似求出了能级 ε_i 上粒子数 n_i 时所有能级分布的平均值 $\langle n_i \rangle$,证明了 $N \to \infty$ 时,$\langle n_i \rangle$ 就等于最概然分布数 n_i^*,即

$$\langle n_i \rangle = n_i^* \quad (i = 1, 2, \cdots) \tag{5.1.5}$$

这样,单粒子物理量 u 的统计平均值就可用最概然分布数 n_i^* 求算.即

$$\langle u \rangle = \frac{\sum_i n_i^* u_i}{\sum_j n_i^*} = \frac{\sum_i n_i^* u_i}{N} = \frac{1}{q} \sum_i u_i \omega_i \exp(-\beta\varepsilon_i) \tag{5.1.6}$$

而体系物理量 U 的期望值即为

$$\langle U \rangle = \sum_i n_i^* u_i = N \langle u \rangle = \frac{N}{q} \sum_i u_i \omega_i \exp(-\beta\varepsilon_i) \tag{5.1.7}$$

(5.1.6)和(5.1.7)两式就是实际用于计算期望值的公式.

2. 按量子态分布求算期望值的公式

完全类似于按能级分布求算期望值的方法,不难得出按量子态分布求算期望值的公式.

● 单粒子

$$\langle u \rangle = \frac{\sum_s m_s^* u_s}{\sum_s m_s^*} = \frac{\sum_s m_s^* u_s}{N} = \frac{1}{q} \sum_s u_s \exp(-\beta\varepsilon_s)\,, \tag{5.1.8}$$

● 体系

$$\langle U \rangle = \sum_s m_s^* u_s = N \langle u \rangle = \frac{N}{q} \sum_s u_s \exp(-\beta\varepsilon_s)\,, \tag{5.1.9}$$

其中单粒子配分函数

$$q = \sum_s \exp(-\beta\varepsilon_s) = \sum_i \omega_i \exp(-\beta\varepsilon_i)\,.$$

3. 按经典统计分布求算期望值的公式

在 μ 空间中,粒子处在体积元 $\mathrm{d}\omega$ 内的最概然数为

$$n(q,p)\mathrm{d}\omega = \frac{N}{Z} \exp[-\beta\varepsilon(p,q)]\mathrm{d}\omega \quad (\text{M-B 分布})\,. \tag{5.1.10}$$

其中 $Z = \int \cdots \int \exp(-\beta\varepsilon)\mathrm{d}\omega = \int \cdots \int \exp[-\beta\varepsilon(p,q)]\mathrm{d}q\mathrm{d}p$ 为单粒子的经典配分函数.

单粒子物理量 $u(q,p)$ 的期望值为

$$\begin{aligned}
\langle u \rangle &= \frac{\int \cdots \int u(q,p) \frac{N}{Z} \exp[-\beta\varepsilon(p,q)]\mathrm{d}q\mathrm{d}p}{\int \cdots \int \frac{N}{Z} \exp[-\beta\varepsilon(p,q)]\mathrm{d}q\mathrm{d}p} \\
&= \frac{\int \cdots \int u(q,p) \exp[-\beta\varepsilon(p,q)]\mathrm{d}q\mathrm{d}p}{\int \cdots \int \exp[-\beta\varepsilon(p,q)]\mathrm{d}q\mathrm{d}p} \\
&= \frac{1}{Z} \int \cdots \int u(q,p) \exp[-\beta\varepsilon(p,q)]\mathrm{d}q\mathrm{d}p\,.
\end{aligned} \tag{5.1.11}$$

体系物理量$U=\sum_{j=1}^{N}u(q_j,p_j)$的期望值为

$$\langle U\rangle = N\langle u\rangle$$
$$= \frac{N}{Z}\int\cdots\int u(q,p)\exp[-\beta\varepsilon(p,q)]\mathrm{d}q\mathrm{d}p\,. \tag{5.1.12}$$

定义　在μ空间中,粒子处在$q\to q+\mathrm{d}q$, $p\to p+\mathrm{d}p$的体积元$\mathrm{d}\omega=\mathrm{d}q\mathrm{d}p$内的概率为

$$\rho(q,p)\mathrm{d}q\mathrm{d}p = \frac{\exp[-\beta\varepsilon(p,q)]\mathrm{d}q\mathrm{d}p}{\int\cdots\int\exp[-\beta\varepsilon(p,q)]\mathrm{d}q\mathrm{d}p}\,. \tag{5.1.13}$$

$\rho(q,p)$称为粒子的概率分布函数,它是归一化的.有时也称$\rho(q,p)$为概率密度.应用概率密度表示的期望值公式为

- 单粒子　$$\langle u\rangle = \int\cdots\int u(q,p)\rho(q,p)\mathrm{d}q\mathrm{d}p\,, \tag{5.1.14}$$
- 体系　$$\langle U\rangle = N\langle u\rangle = N\int\cdots\int u(q,p)\rho(q,p)\mathrm{d}q\mathrm{d}p\,. \tag{5.1.15}$$

5.2　定域子体系的热力学公式

现在讨论独立定域子体系的热力学量的统计表达式,对于N个全同的独立定域子体系,它的能级分布及微观状态数等分别为

$$\Omega \approx t_x = N!\prod_i \frac{\omega_i^{n_i}}{n_i!}\quad (i=1,2,\cdots)\,, \tag{5.2.1}$$

$$n_i = \frac{N}{q}\omega_i\exp(-\beta\varepsilon_i)\,, \tag{5.2.2}$$

$$E = \frac{N}{q}\sum_i \varepsilon_i\omega_i\exp(-\beta\varepsilon_i)\,, \tag{5.2.3}$$

$$q = \sum_i \omega_i\exp(-\beta\varepsilon_i)\,. \tag{5.2.4}$$

由于能级ε_i与广义参量(外参量)$y_\lambda(\lambda=1,2,\cdots)$有关,因此配分函数$q$是$\beta,y_\lambda(\lambda=1,2,\cdots)$的函数.所谓广义参量$y_\lambda$,是指广义力作用于体系时,它们的改变$\mathrm{d}y_\lambda$与广义力$Y_\lambda$的乘积就是外界对体系所做的功.广义参量的实例有体积V、面积A、电场强度E、磁场强度H等.

根据(5.2.1)～(5.2.4)各式,即可得出各热力学量的统计表达式.

5.2.1　内能

体系的内能就是体系中所有粒子运动的能量与粒子间的相互作用能的总和.对于独立子体系,在无外场存在时内能就是所有粒子能量平均值的总和,即

$$U = \sum_i n_i\varepsilon_i = \frac{N}{q}\sum_i \varepsilon_i\omega_i\exp(-\beta\varepsilon_i)$$
$$= -\frac{N}{q}\left[\frac{\partial}{\partial\beta}\sum_i\omega_i\exp(-\beta\varepsilon_i)\right]_{y_\lambda}$$
$$= -\frac{N}{q}\left(\frac{\partial q}{\partial\beta}\right)_{y_\lambda}$$
$$= -N\left(\frac{\partial\ln q}{\partial\beta}\right)_{y_\lambda}. \tag{5.2.5}$$

这就是体系内能用配分函数表示的统计表达式. 内能还可以有另一形式的统计表达式. 由于

$$
\begin{aligned}
\ln\Omega \approx \ln t_x &= \ln\left[N!\prod_i \frac{\omega_i^{n_i}}{n_i!}\right] \\
&= N\ln N - N + \sum_i\left[n_i\ln\omega_i - n_i\ln n_i + n_i\right] \\
&= N\ln N - N - \left[\sum_i n_i\ln\frac{n_i}{\omega_i} - n_i\right] \\
&= N\ln N - \left[\sum_i n_i\ln\left\{\frac{N}{q}\exp(-\beta\varepsilon_i)\right\}\right] \\
&= N\ln N - \sum_i(n_i\ln N - n_i\ln q - n_i\beta\varepsilon_i) \\
&= N\ln q + \beta E\ .
\end{aligned}
$$

故得体系的内能为

$$U = E = \frac{\ln\Omega - N\ln q}{\beta}. \tag{5.2.6}$$

【练习】请证明体系总的微观状态数 Ω 与配分函数 q 的关系为

$$\ln\Omega = N\ln q - N\beta\left(\frac{\partial\ln q}{\partial\beta}\right)_{y_\lambda}. \tag{5.2.7}$$

5.2.2　外界对体系的广义作用力

先解决外界对粒子的广义作用力的微观表达式. 一般说来, 能级 ε_i 与某些广义参量 $y_\lambda(\lambda=1,2,\cdots)$ 等有关. 当外界对体系做功时这些参量 y_λ 将发生改变.

定义　与广义参量 y_λ 共轭的外界对体系中能级 ε_i 上的单粒子作用力为 $\left(\dfrac{\partial\varepsilon_i}{\partial y_\lambda}\right)_{y_{j\neq\lambda}}$.

这样, 外界对体系的广义作用力 Y_λ 的期望值即为

$$
\begin{aligned}
Y_\lambda = N\left\langle\frac{\partial\varepsilon_i}{\partial y_\lambda}\right\rangle &= N\sum_i\left(\frac{\partial\varepsilon_i}{\partial y_\lambda}\right)\frac{1}{q}\omega_i\exp(-\beta\varepsilon_i) \\
&= \frac{N}{q}\left[-\frac{1}{\beta}\frac{\partial}{\partial y_\lambda}\left\{\sum_i\omega_i\exp(-\beta\varepsilon_i)\right\}_{\beta,y_{j\neq\lambda}}\right] \\
&= -\frac{N}{q\beta}\left(\frac{\partial q}{\partial y_\lambda}\right)_{\beta,y_{j\neq\lambda}} \\
&= -\frac{N}{\beta}\left(\frac{\partial\ln q}{\partial y_\lambda}\right)_{\beta,y_{j\neq\lambda}},
\end{aligned}
\tag{5.2.8}
$$

此即广义作用力的统计表达式.

特例　一个重要的情况就是体系只有广义参量体积 V, 与广义参量 V 共轭的广义力就是外界对体系的压力, 此时体系的压力 $p=-Y_\lambda$, 因此有

$$p = \frac{N}{\beta}\left(\frac{\partial\ln q}{\partial V}\right)_\beta, \tag{5.2.9}$$

此即体系压力的统计表达式, 由它可确定物态方程.

5.2.3　可逆过程中外界对体系做的功

在可逆过程中, 当广义力 $Y_\lambda(\lambda=1,2,\cdots)$ 作用于体系时, 广义参量 y_λ 将发生改变, 外界对体系做的微功为

$$\delta W = \sum_\lambda Y_\lambda \mathrm{d}y_\lambda = \sum_\lambda \left(\sum_i n_i \frac{\partial \varepsilon_i}{\partial y_\lambda} \right) \mathrm{d}y_\lambda$$
$$= \sum_i n_i \sum_\lambda \left(\frac{\partial \varepsilon_i}{\partial y_\lambda} \right) \mathrm{d}y_\lambda$$
$$= \sum_i n_i \mathrm{d}\varepsilon_i. \tag{5.2.10}$$

此式表明,可逆过程中外界对体系做的微功是粒子的分布数不变时,由于能级 ε_i 的改变所引起的内能的改变,而能级的变化则是由于外参量 y_λ 改变而引起的. 这就是可逆过程中独立子体系微功的统计诠释①.

若将广义作用力用(5.2.8)式代替,即得

$$\delta W = \sum_\lambda Y_\lambda \mathrm{d}y_\lambda$$
$$= \sum_\lambda \left[-\frac{N}{\beta} \left(\frac{\partial \ln q}{\partial y_\lambda} \right)_{\beta, y_{j\neq\lambda}} \mathrm{d}y_\lambda \right]$$
$$= -\frac{N}{\beta} \sum_\lambda \left(\frac{\partial \ln q}{\partial y_\lambda} \right)_{\beta, y_{j\neq\lambda}} \mathrm{d}y_\lambda. \tag{5.2.11}$$

这是可逆过程中外界对体系所做微功的统计表达式.

作为特例,对于只有外参量 V 时,不难得出

$$\delta W = -p\mathrm{d}V \quad (\text{外界对体系做的微功}).$$

5.2.4　可逆过程中体系吸的热

将内能的统计式 $U = E = \sum_i n_i \varepsilon_i$ 求全微分,即得

$$\mathrm{d}U = \sum_i n_i \mathrm{d}\varepsilon_i + \sum_i \varepsilon_i \mathrm{d}n_i = \delta W + \sum_i \varepsilon_i \mathrm{d}n_i. \tag{5.2.12}$$

此式表明,可逆过程中体系内能的增加由两项组成: 第一项是粒子的分布数 n_i 不变时由于能级的改变而引起体系的内能变化,这就是外界对体系所做的功;第二项是粒子的能级 ε_i 不变时由于粒子分布数 n_i 的改变而引起的内能变化. 将(5.2.12)与热力学第一定律

$$\mathrm{d}U = \delta W + \delta Q\,. \tag{5.2.13}$$

比较,即得可逆过程中体系吸的热量的表式为

$$\delta Q = \sum_i \varepsilon_i \mathrm{d}n_i. \tag{5.2.14}$$

所以从统计力学的观点来看,可逆过程中独立子体系所吸的热量就是粒子能级 ε_i 不变时,粒子数在能级(或量子态)上重新分布所引起的内能变化值. 这就是可逆过程中独立子体系所吸热的统计诠释.

我们已经知道,内能 U、广义作用力 Y_λ 以及可逆过程中的功都有明显的微观量. 可以用统计平均的方法求算它们的期望值. 但是,有许多宏观量并没有明显的微观量与之对应,它们只能在内能、广义力统计平均的基础上,通过与热力学的结果相比较而得出其统计表达式. 热量以及其他一些热力学量都属这种情况.

应当指出,对于纯组分只用两个宏观量描述状态的均相体系,需要有两个宏观量是通过求

---

① 高执棣. 独立子体系热力学定律的统计实质. 物理化学教学文集,1986,60

统计平均的方法而得出，只有这样才能算得上是根据统计原理，由微观粒子的运动解释宏观性质及其规律性，才算达到了统计的目的. 当然对于多个宏观量描述的体系，需要求统计平均的量则相应增多.

现在我们可以反推出可逆过程中独立子体系吸的热所对应的微观量是什么. 我们将(5.2.14)式改写为

$$\delta Q = \sum_i \varepsilon_i \mathrm{d}n_i = \sum_i \left(\frac{\varepsilon_i \mathrm{d}n_i}{n_i} \right) n_i = \sum_i (\varepsilon_i \mathrm{d} \ln n_i) n_i. \tag{5.2.15}$$

此式表明 δQ 是微观量($\varepsilon_i \mathrm{d}\ln n_i$)的统计平均值. 因而可逆过程中独立子体系吸的热 δQ 所相应的微观量为($\varepsilon_i \mathrm{d}\ln n_i$)，它表明 δQ 与统计分布数 n_i 的改变相关联.

由(5.2.15)式可以得出如下的结论：独立子体系绝热可逆过程是统计分布不变的过程.

若将 U 与 δW 用配分函数表示，则

$$\begin{aligned} \delta Q &= \mathrm{d}U - \delta W \\ &= -N\left[\mathrm{d}\left(\frac{\partial \ln q}{\partial \beta} \right)_{y_\lambda} - \frac{1}{\beta} \sum_\lambda \left(\frac{\partial \ln q}{\partial y_\lambda} \right)_{\beta, y_j \neq \lambda} \mathrm{d}y_\lambda \right]. \end{aligned} \tag{5.2.16}$$

此即可逆过程中体系吸收热量的统计表达式.

最后指出，在非准静态过程中，如果外界对体系所做的功可以表达成 $Y_\lambda \mathrm{d}y_\lambda$ 的形式（例如等压过程），或者体系与外界没有以功的形式交换能量，则体系从外界吸的热量仍能表示为

$$\delta Q = \sum_i \varepsilon_i \mathrm{d}n_i.$$

5.2.5　熵、温度及热力学基本方程

1. 熵的热力学定义式

唯象热力学表明，一个封闭体系由态 A 到 B 可通过无数个过程来实现，过程不同体系吸的热也不同. 但是各种可逆过程中的热温商的代数和却是彼此相等的. 换言之，热力学第二定律表明了，封闭体系在可逆过程中所吸热量的表达式

$$\delta Q = \mathrm{d}U - \delta W = \mathrm{d}U - \sum_\lambda Y_\lambda \mathrm{d}y_\lambda. \tag{5.2.17}$$

存在一个积分因子，使得

$$\frac{\delta Q}{T} = \frac{1}{T}\left(\mathrm{d}U - \sum_\lambda Y_\lambda \mathrm{d}y_\lambda \right). \tag{5.2.18}$$

能够成为一个状态函数的全微分. 这个状态函数称之为熵，用符号 S 表示，因而即得

$$\mathrm{d}S = \frac{\delta Q}{T} = \frac{1}{T}\left(\mathrm{d}U - \sum_\lambda Y_\lambda \mathrm{d}y_\lambda \right). \tag{5.2.19}$$

这就是熵的热力学定义式.

2. 温度的统计表达式

在统计热力学中，可逆过程中体系吸的热 δQ 的表达式仍是一个线性微分式，它也存在一个积分因子 β，使得 $\beta\delta Q$ 成为一个函数的全微分. 现在就证明这一事实.

将(5.2.16)式两边乘 β，即得

$$\beta\delta Q = -N\beta \mathrm{d}\left(\frac{\partial \ln q}{\partial \beta} \right)_{y_\lambda} + N \sum_\lambda \left(\frac{\partial \ln q}{\partial y_\lambda} \right)_{\beta, y_{j \neq \lambda}} \mathrm{d}y_\lambda. \tag{5.2.20}$$

由于配分函数 q 是 $\beta, y_\lambda (\lambda=1,2,\cdots)$ 的函数，即

$$q = q(\beta, y_\lambda)\ .$$

因而$\ln q$的全微分为

$$\mathrm{d}\ln q = \left(\frac{\partial \ln q}{\partial \beta}\right)_{y_\lambda}\mathrm{d}\beta + \sum_\lambda \left(\frac{\partial \ln q}{\partial y_\lambda}\right)_{\beta, y_{j\neq\lambda}}\mathrm{d}y_\lambda. \tag{5.2.21}$$

故

$$\sum_\lambda \left(\frac{\partial \ln q}{\partial y_\lambda}\right)_{\beta, y_{j\neq\lambda}}\mathrm{d}y_\lambda = \mathrm{d}\ln q - \left(\frac{\partial \ln q}{\partial \beta}\right)_{y_\lambda}\mathrm{d}\beta\ . \tag{5.2.22}$$

将(5.2.22)代入(5.2.20)式，即得

$$\begin{aligned}\beta\delta Q &= -N\beta\mathrm{d}\left(\frac{\partial \ln q}{\partial \beta}\right)_{y_\lambda} + N\mathrm{d}\ln q - N\left(\frac{\partial \ln q}{\partial \beta}\right)_{y_\lambda}\mathrm{d}\beta \\ &= N\left\{\mathrm{d}\ln q - \mathrm{d}\left[\beta\left(\frac{\partial \ln q}{\partial \beta}\right)_{y_\lambda}\right]\right\} \\ &= \mathrm{d}\left[N\ln q - N\beta\left(\frac{\partial \ln q}{\partial \beta}\right)_{y_\lambda}\right].\end{aligned} \tag{5.2.23}$$

这充分表明β是线性微分式$\delta Q = \mathrm{d}U - \sum_\lambda Y_\lambda \mathrm{d}y_\lambda$的一个积分因子.

这个结果应当与唯象热力学的结论相一致，于是β与$1/T$都是线性微分式的积分因子.根据微分方程中关于积分因子的理论，若线性微分式有一个积分因子时，则必有无穷多个积分因子，而且任意两个积分因子之比是所得全微分$\mathrm{d}S$的S的函数，这样就得出β与$1/T$的关系为

$$\beta = \frac{1}{k(S)T}\ . \tag{5.2.24}$$

现在我们论证比例$k(S)$实际上并不是S的函数，而是一个普适常量，为此需要研究β的性质.

假设有两个互为热平衡的系统，将这两个系统合起来构成一个孤立体系，因而总能量守恒，粒子数也守恒，尽管这两个系统的各种性质可以任意不同，但在热平衡时两者却有一个共同的不定乘数β(见第4章习题4.3)，这就是说一切互呈热平衡的物体其β都彼此相等，因此，β作为体系的一个性质应当与热力学温度相一致，所以β只可能是热力学温度的函数(β具有温度的特性)，而与体系的其他性质(包括熵S)无关.因此(5.2.24)式中的$k(S)$只能是一个常量.由于上述讨论普遍地适用于任何物质系统，所以k是一个普适常量，称为Boltzmann常量①.

k的具体数值只有把统计理论应用于具体实际问题上去才能确定.显然这可有多种渠道，最简单而常用的是应用于理想气体确定k值.各种方法确定的结果为

$$k = \frac{R}{N_\mathrm{A}} = 1.38065 \times 10^{-23}\,\mathrm{J}\cdot\mathrm{K}^{-1}.$$

这样我们便得出了β与T的关系式为

$$\beta = \frac{1}{kT} \quad 或 \quad T = \frac{1}{k\beta}\ . \tag{5.2.25}$$

此为温度的统计表达式.

3. 熵的统计表达式

当确定了β与T的关系之后，(5.2.23)式就可写为

① Boltzmann常量k通常写做k_B.但易与本书后文中多处表示物质B的下标“B”相混淆，故此处仍写做k.

$$\frac{1}{T}\left(\mathrm{d}U-\sum_{\lambda}Y_{\lambda}\mathrm{d}y_{\lambda}\right)=\mathrm{d}\left[Nk\ln q-Nk\beta\left(\frac{\partial\ln q}{\partial\beta}\right)_{y_{\lambda}}\right].\qquad(5.2.26)$$

将此式与热力学的基本方程

$$\frac{1}{T}\left(\mathrm{d}U-\sum_{\lambda}Y_{\lambda}\mathrm{d}y_{\lambda}\right)=\mathrm{d}S$$

比较,即得

$$\mathrm{d}S=\mathrm{d}\left[Nk\ln q-Nk\beta\left(\frac{\partial\ln q}{\partial\beta}\right)_{y_{\lambda}}\right].\qquad(5.2.27)$$

积分此式,得

$$S=Nk\left[\ln q-\beta\left(\frac{\partial\ln q}{\partial\beta}\right)_{y_{\lambda}}\right]+S_0.\qquad(5.2.28)$$

其中S_0为积分常量,当我们选择$S_0=0$时(理由以后论证),则得

$$S=Nk\left[\ln q-\beta\left(\frac{\partial\ln q}{\partial\beta}\right)_{y_{\lambda}}\right].\qquad(5.2.29)$$

这就是熵的一种统计表达式.

应用内能的统计表达式(5.2.5),可得熵的另一表达式

$$S=Nk\ln q+k\beta U.\qquad(5.2.30)$$

4. 反推与熵相应的微观量

粒子出现在量子态s上的概率为

$$p_s=\frac{\exp(-\beta\varepsilon_s)}{q}=\frac{1}{q\exp(\beta\varepsilon_s)}.$$

则

$$\ln p_s=-(\ln q+\beta\varepsilon_s).$$

它的期望值为

$$\langle\ln p_s\rangle=\sum_s p_s\ln p_s=-\ln q-\beta\langle\varepsilon\rangle.$$

因此即得

$$\begin{aligned}Nk\langle\ln p_s\rangle&=Nk\sum_s p_s\ln p_s=-\left[Nk\ln q+Nk\beta\langle\varepsilon\rangle\right]\\&=-(Nk\ln q+k\beta U).\end{aligned}\qquad(5.2.31)$$

比较(5.2.30)与(5.2.31)两式,即得体系的熵

$$S=-Nk\langle\ln p_s\rangle=-Nk\sum_s p_s\ln p_s.\qquad(5.2.32)$$

这个公式表明,体系的熵与粒子出现在量子态上的概率的对数的统计平均值成正比,因而与熵相应的微观量是$-Nk\ln p_s$.

公式(5.2.32)是统计力学中非常重要的公式.它表明熵只与概率有关.由它可得许多重要的推论(有兴趣者可参见R. K. Pathria, Statistical Mechanics, p. 64).

最后,我们需要明确指出,(5.2.26)式就是热力学基本方程的统计表达式.

概率论中,熵按下式定义

$$H(\{p_i\})=-\sum_i p_i\ln p_i,$$

$$S=-H(\{p_i\}).$$

5.2.6 Boltzmann 关系式

对于独立子组成的体系，熵还有另一个重要的统计表达式. 这可由(5.2.6)与(5.2.30)两式立即得出

$$S = k\ln\Omega . \tag{5.2.33}$$

这就是著名的Boltzmann 关系式. 它表明了熵只与体系总的微观状态数有关.

Boltzmann 关系式给出了熵的一个明确的统计意义. 熵与体系的无序度相联系. 高熵态对应于无序、低熵态对应于有序. 因此平衡态是无序的，非平衡态却是有序的起源，这是一个非常重要的观点，据此，在远离平衡态更应该有序，的确在远离平衡态时出现了与平衡结构性质上完全不同的新型结构. Prigogine 学派称为耗散结构.

Boltzmann 关系式是在假设物体达到平衡时得到的，但是由于 Ω 对非平衡态仍有意义，因此从统计力学可定义非平衡的熵. 熵是无序度的量度.

5.2.7 其他热力学函数

当我们确立了 T,U,S 的统计表达式后，根据热力学中的公式很易得出其他热力学函数的统计表达式，设体系只有外参量 V.

$$\begin{aligned}H &= U + pV = -N\left(\frac{\partial \ln q}{\partial \beta}\right)_V + \frac{N}{\beta}\left(\frac{\partial \ln q}{\partial V}\right)_\beta V \\ &= -\frac{N}{\beta}\left(\frac{\partial \ln q}{\partial \ln \beta}\right)_V + \frac{N}{\beta}\left(\frac{\partial \ln q}{\partial \ln V}\right)_\beta,\end{aligned} \tag{5.2.34}$$

$$\begin{aligned}F &= U - TS \\ &= -N\left(\frac{\partial \ln q}{\partial \beta}\right)_V - T\left\{Nk\ln q - Nk\beta\left(\frac{\partial \ln q}{\partial \beta}\right)_V\right\} \\ &= -NkT\ln q ,\end{aligned} \tag{5.2.35}$$

$$\begin{aligned}G &= H - TS \\ &= -\frac{N}{\beta}\left(\frac{\partial \ln q}{\partial \ln \beta}\right)_V + \frac{N}{\beta}\left(\frac{\partial \ln q}{\partial \ln V}\right)_\beta - T\left\{Nk\ln q - Nk\beta\left(\frac{\partial \ln q}{\partial \beta}\right)_V\right\} \\ &= -NkT\ln q + \frac{N}{\beta}\left(\frac{\partial \ln q}{\partial \ln V}\right)_\beta \\ &= -NkT\ln q + NkT\left(\frac{\partial \ln q}{\partial \ln V}\right)_T,\end{aligned} \tag{5.2.36}$$

$$\begin{aligned}C_V &= \left(\frac{\partial U}{\partial T}\right)_V = \left[\frac{\partial}{\partial T}\left\{-N\left(\frac{\partial \ln q}{\partial \beta}\right)_V\right\}\right] \\ &= \left[\frac{\partial}{\partial T}\left\{NkT^2\left(\frac{\partial \ln q}{\partial T}\right)_V\right\}\right]_V \\ &= 2NkT\left(\frac{\partial \ln q}{\partial T}\right)_V + NkT^2\left(\frac{\partial^2 \ln q}{\partial T^2}\right)_V,\end{aligned} \tag{5.2.37}$$

$$\mu = \left(\frac{\partial F}{\partial N}\right)_{T,V}. \tag{5.2.38}$$

附注　微分方程的积分因子理论.

对于线性微分式 $\sum_{i=1}^{n} M_i \mathrm{d}x_i$，若存在一个函数$\lambda(x_1, x_2, \cdots, x_n)$，用它乘线性微分式后变成为

某一函数$U(x_1,x_2,\cdots,x_n)$的全微分,即

$$\mathrm{d}U = \lambda \sum_{i=1}^{n} M_i \mathrm{d}x_i,$$

则称$\lambda(x_1,x_2,\cdots,x_n)$为该线性微分式的积分因子.

若线性微分式 $\sum_{i=1}^{n} M_i \mathrm{d}x_i$ 有一个积分因子$\lambda(x_1,x_2,\cdots,x_n)$存在,则必有无穷多个积分因子,而且任意两个积分因子之比是U的函数($\mathrm{d}U$是用积分因子乘线性微分式后所得的全微分).也就是说,若$\lambda(x_1,x_2,\cdots,x_n)$是线性微分式 $\sum_{i=1}^{n} M_i \mathrm{d}x_i$ 的一个积分因子,则

$$\lambda_2(x_1,x_2,\cdots,x_n) = \varphi(U)\lambda(x_1,x_2,\cdots,x_n)$$

也是该线性微分式的积分因子,其中φ为任意函数.

【例5.2.1】线性微分式$\mathrm{d}x+\frac{y}{x}\mathrm{d}y$并不是某一函数的全微分,因为它不满足下列的全微分条件:$\left(\frac{\partial M_1}{\partial y}\right)_x \neq \left(\frac{\partial M_2}{\partial x}\right)_y$.

但是,若用x乘该线性微分式后即成为函数$\frac{1}{2}x^2+\frac{1}{2}y^2$的全微分了,因为

$$x\left(\mathrm{d}x + \frac{y}{x}\mathrm{d}y\right) = x\mathrm{d}x + y\mathrm{d}y = \mathrm{d}\left(\frac{1}{2}x^2 + \frac{1}{2}y^2\right) = \mathrm{d}U\ ,$$

所以x是上述线性微分式的一个积分因子.

不难看出,$\lambda_2=\varphi(U)x$也是积分因子,因为

$$\varphi(U)x\left(\mathrm{d}x + \frac{y}{x}\mathrm{d}y\right) = \varphi(U)\mathrm{d}U = \mathrm{d}\left\{\int \varphi(U)\mathrm{d}U\right\}.$$

若$\varphi(U)=U$,则

$$\left(\frac{1}{2}x^2 + \frac{1}{2}y^2\right)x\left(\mathrm{d}x + \frac{y}{x}\mathrm{d}y\right) = U\mathrm{d}U = \mathrm{d}\left(\frac{1}{2}U^2\right).$$

5.3　体系的配分函数及其与体系微观状态数的关系

我们已经讨论了单粒子的配分函数q.本节介绍体系的配分函数,并推引出体系总微观状态数Ω、体系配分函数Φ及单粒子配分函数q三者之间的关系,对定域子与离域子体系分别论述.

5.3.1　定域子体系

N个全同独立定域子组成的体系,其总微观状态数为

$$\Omega \approx N!\prod_i \frac{\omega_i^{n_i}}{n_i!}\quad (\text{当} N\to\infty \text{时}). \tag{5.3.1}$$

根据Stirling近似公式

$$n! \approx \left(\frac{n}{\mathrm{e}}\right)^n, \tag{5.3.2}$$

(5.3.1)式即可化为

$$\Omega \approx N!\prod_i \frac{\omega_i^{n_i}}{n_i!} = \left(\frac{N}{\mathrm{e}}\right)^N \prod_i \left(\frac{\omega_i \mathrm{e}}{n_i}\right)^{n_i}$$

$$= \left(\frac{N}{\mathrm{e}}\right)^N \prod_i \left[\frac{\omega_i \mathrm{e}}{\frac{N}{q}\omega_i \exp(-\varepsilon_i/kT)}\right]^{n_i}$$

$$= \left(\frac{N}{\mathrm{e}}\right)^N \left(\frac{q\mathrm{e}}{N}\right)^{\sum_i n_i} \exp\left(\sum_i n_i\varepsilon_i/kT\right)$$

$$= \left(\frac{N}{\mathrm{e}}\right)^N \left(\frac{q\mathrm{e}}{N}\right)^N \exp(E/kT)$$

$$= q^N \exp(E/kT) , \tag{5.3.3}$$

其中q为单粒子的配分函数.

定义　$\mathrm{e}^{-E/kT}$称为体系的Boltzmann因子,而把

$$\Phi = \Omega \exp(-E/kT) = q^N \tag{5.3.4}$$

称为体系的配分函数,也可称为体系的有效量子状态数.此式同时给出了Φ,Ω,q三者之间的关系.

若q是β,V(因而是T,V)的函数时,则Φ即为N,T,V的函数.

5.3.2　离域经典子体系

N个全同独立离域经典子组成的体系,其总的微观状态数为

$$\Omega \approx \prod_i \frac{\omega_i^{n_i}}{n_i!} = \prod_i \left(\frac{\omega_i \mathrm{e}}{n_i}\right)^{n_i}$$

$$= \prod_i \left\{\frac{q\mathrm{e}}{N}\exp(\varepsilon_i/kT)\right\}^{n_i}$$

$$= \left(\frac{q\mathrm{e}}{N}\right)^{\sum_i n_i} \exp\left(\sum_i n_i\varepsilon_i/kT\right)$$

$$= \left(\frac{q\mathrm{e}}{N}\right)^N \exp(E/kT)$$

$$= \frac{q^N}{N!}\exp(E/kT) .$$

定义

$$\Phi = \Omega \exp(-E/kT) = \left(\frac{q\mathrm{e}}{N}\right)^N = \frac{q^N}{N!} \tag{5.3.6}$$

称为离域子体系的配分函数.(5.3.6)式同时也给出了Φ,Ω,q三者之间的关系.

5.4　离域经典子体系的热力学公式

本节在承认$\beta=\frac{1}{kT}$和$S=k\ln\Omega$的基础上推引N个全同独立离域经典子体系的所有热力学函数的统计表达式.直接依据的是下列关系式

$$\Omega = \left(\frac{q\mathrm{e}}{N}\right)^N \exp(E/kT) = \Phi \exp(E/kT) ,$$

$$q = \sum_i \omega_i \exp(-\varepsilon_i/kT) ,$$

$$E = \frac{N}{q}\sum_i \varepsilon_i \omega_i \exp(-\varepsilon_i/kT) ,$$

$$S = k\ln\Omega .$$

5.4.1 各热力学函数的统计表达式

体系只有体积 V 为外参量的情况下，各热力学函数的统计表达式如下：

$$U=E=NkT^2\left(\frac{\partial\ln q}{\partial T}\right)_{N,V}=kT^2\left(\frac{\partial\ln\Phi}{\partial T}\right)_{N,V}, \tag{5.3.7}$$

$$S=k\ln\Omega=Nk\ln\left(\frac{qe}{N}\right)+\frac{U}{T}=k\ln\Phi+\frac{U}{T}, \tag{5.3.8}$$

$$F=U-TS=-NkT\ln\left(\frac{qe}{N}\right)=-kT\ln\Phi, \tag{5.3.9}$$

$$p=-\left(\frac{\partial F}{\partial V}\right)_{N,T}=NkT\left(\frac{\partial\ln q}{\partial V}\right)_{N,T}=kT\left(\frac{\partial\ln\Phi}{\partial V}\right)_{N,T}, \tag{5.3.10}$$

$$\begin{aligned}H&=U+pV\\&=NkT^2\left(\frac{\partial\ln q}{\partial T}\right)_{N,V}+NkT\left(\frac{\partial\ln q}{\partial\ln V}\right)_{N,T}\\&=kT^2\left(\frac{\partial\ln\Phi}{\partial T}\right)_{N,V}+kT\left(\frac{\partial\ln\Phi}{\partial\ln V}\right)_{N,T},\end{aligned} \tag{5.3.11}$$

$$\begin{aligned}G&=H-TS\\&=-NkT\left\{\ln\left(\frac{qe}{N}\right)-\left(\frac{\partial\ln q}{\partial\ln V}\right)_{N,T}\right\}\\&=-kT\left\{\ln\Phi-\left(\frac{\partial\ln\Phi}{\partial\ln V}\right)_{N,T}\right\},\end{aligned} \tag{5.3.12}$$

$$\begin{aligned}C_V&=\left(\frac{\partial U}{\partial T}\right)_{N,V}=2NkT\left(\frac{\partial\ln q}{\partial T}\right)_{N,V}+NkT^2\left(\frac{\partial^2\ln q}{\partial T^2}\right)_{N,T}\\&=2kT\left(\frac{\partial\ln\Phi}{\partial T}\right)_{N,V}+kT^2\left(\frac{\partial^2\ln\Phi}{\partial T^2}\right)_{N,T},\end{aligned} \tag{5.3.13}$$

$$\begin{aligned}C_p-C_V&=T\left(\frac{\partial V}{\partial T}\right)_p\left(\frac{\partial p}{\partial T}\right)_V=-T\left(\frac{\partial p}{\partial T}\right)_V^2\left(\frac{\partial V}{\partial p}\right)_T\\&=-T\frac{\left(\frac{\partial p}{\partial T}\right)_V^2}{\left(\frac{\partial p}{\partial V}\right)_T}=-T\frac{\left\{\left[\frac{\partial}{\partial T}\left(\frac{\partial F}{\partial V}\right)_T\right]\right\}_V^2}{\left[\frac{\partial}{\partial V}\left(\frac{\partial F}{\partial V}\right)_T\right]_T}\\&=-Nk\frac{\left\{\frac{\partial}{\partial T}\left[T\left(\frac{\partial\ln q}{\partial V}\right)_T\right]\right\}_V^2}{\left(\frac{\partial^2\ln p}{\partial V^2}\right)_T}\end{aligned} \tag{5.3.14}$$

$$=-k\frac{\left\{\frac{\partial}{\partial T}\left[T\left(\frac{\partial\ln\Phi}{\partial V}\right)_T\right]\right\}_V^2}{\left(\frac{\partial^2\ln\Phi}{\partial V^2}\right)_T}. \tag{5.3.15}$$

5.4.2 定域子体系和离域子体系的热力学函数的统计表达式

下表给出了体系只有外参量体积 V、热力学函数用子配分函数表示的定域子体系和离域子体系的统计表达式.

热力学函数	定域子体系	离域经典子体系
U	$NkT^2\left(\dfrac{\partial \ln q}{\partial T}\right)_V$	$NkT^2\left(\dfrac{\partial \ln q}{\partial T}\right)_V$
p	$NkT\left(\dfrac{\partial \ln q}{\partial V}\right)_T$	$NkT\left(\dfrac{\partial \ln q}{\partial V}\right)_T$
S	$Nk\ln q+\dfrac{U}{T}$	$Nk\ln\left(\dfrac{q\mathrm{e}}{N}\right)+\dfrac{U}{T}$
H	$NkT\left[\left(\dfrac{\partial \ln q}{\partial \ln T}\right)_V+\left(\dfrac{\partial \ln q}{\partial \ln V}\right)_T\right]$	$NkT\left[\left(\dfrac{\partial \ln q}{\partial \ln T}\right)_V+\left(\dfrac{\partial \ln q}{\partial \ln V}\right)_T\right]$
F	$-NkT\ln q$	$-NkT\ln\left(\dfrac{q\mathrm{e}}{N}\right)$
G	$-NkT\left\{\ln q-\left(\dfrac{\partial \ln q}{\partial \ln V}\right)_T\right\}$	$-NkT\left\{\ln\left(\dfrac{q\mathrm{e}}{N}\right)-\left(\dfrac{\partial \ln q}{\partial \ln V}\right)_T\right\}$
C_V	$2NkT\left(\dfrac{\partial \ln q}{\partial T}\right)_V+NkT^2\left(\dfrac{\partial^2 \ln q}{\partial T^2}\right)_V$	$2NkT\left(\dfrac{\partial \ln q}{\partial T}\right)_V+NkT^2\left(\dfrac{\partial^2 \ln q}{\partial T^2}\right)_V$
C_p-C_V	$-Nk\dfrac{\left[\dfrac{\partial}{\partial T}\left\{T\left(\dfrac{\partial \ln q}{\partial V}\right)_T\right\}\right]_V^2}{\left(\dfrac{\partial^2 \ln q}{\partial V^2}\right)_T}$	$-Nk\dfrac{\left[\dfrac{\partial}{\partial T}\left\{T\left(\dfrac{\partial \ln q}{\partial V}\right)_T\right\}\right]_V^2}{\left(\dfrac{\partial^2 \ln q}{\partial V^2}\right)_T}$

结论

(1) 凡定域子体系的表达式中包含 $\ln q$ 项的,从定域子体系变到离域经典子体系时都改成 $\ln(q\mathrm{e}/N)$.

(2) 凡定域子体系表达式中包含 $\ln q$ 的一阶或二阶导数项,两者的表达式完全相同,这是因为 $\ln(\mathrm{e}/N)$ 是常量,在求微商时为零.

(3) 热力学函数用体系的配分函数表达时,定域子与离域子的公式完全相同.

(4) 热力学函数用子的配分函数表达时,定域子与离域子的差别来源于离域子的不可分辨性.

(5) 所有热力学函数都可用配分函数表达出来,配分函数是有效量子状态数,因此可得这样的结论:体系的热力学是由体系量子态的多样性决定的.

根据M-B分布律,我们得出了定域子体系和离域经典子体系的热力学函数的统计求算公式.结果表明,所有热力学函数都可用子配分函数 q 或体系配分函数 Φ 表示出来,由于 q,Φ,Ω 三者之间存在着确定的关系,因此也可以用 Ω 表示出来.

我们知道,对于由 N,V,E 确定宏观态的体系,$\Omega(N,V,E)$ 是 N,V,E 的函数,而通过 Boltzmann关系与熵 S 相联系.

在热力学理论中,对于 N 不变而且只有广义参量 V 的体系,熵 S 是以 V,U 作为自然变量的特性函数.也就是说,所有热力学量都可用 S 以及 S 对 V,U 的偏微商表示出来.与此相应,在统计力学中 Ω 代替了 S,因而所有热力学量都可用 Ω 及 Ω 对 V,U 的微商表示之.同理,在热力学中,F 是以 T,V 作为自然变量的特性函数.由于 $F=-kT\ln\Phi$,因而相应地在统计力学中 Φ 是 T,V 为自然变量的特性函数.所有的热力学量都可用 Φ 及 Φ 对 T,V 的微商表示之,或者用 q 及 q 对 T,V 的微商表示之.

问题很清楚,为了得到物质的热力学函数的数值,就需要进一步具体求算各物质的配分函数,这将在下一章专题论述.在那里关于热力学函数还有新的内容.

统计力学在化学中的应用很广，用统计方法求算热力学函数从而解决化学平衡等问题是统计力学的最重要应用之一. 目前，根据物质结构的有关数据(如光谱数据)已求得大量物质的热力学函数并造成表格以备查用，可查下列手册：

[1] JANAF Tables of Thermochemical Data. Dow Chemical Company, Midland, Michigan, Fourth edition, 1996

[2] D. R. Stull, E. F. Westrum Jr, and G. C. Sinke. The Chemical Thermodynamics of Organic Compounds, John Wiley, 1969

[3] Binnewies, M. and Milke, E.. Thermochemical Data of Elements and Compounds, Wiley-VCH, 2002

习　题

5.1　纯物质的离域独立子体系，Helmholtz(亥姆霍兹)自由能 F 是体系以 N,T,V 为状态变量的特性函数. 请根据 F 的下列表达式

$$F = -NkT\ln\frac{q\mathrm{e}}{N}$$

得出 p,U,H,S,G,C_V,μ 的统计表达式.

5.2　纯物质体系的熵 S 是以 N,U,V 为状态变量的特性函数，请结合 $S=k\ln\Omega$ 得出 T,p,H,F,G,C_V 用 $\Omega(N,U,V)$ 及它的导数的表达式.

5.3　对于纯物质理想体系，请证明

$$H = NkT^2\left(\frac{\partial\ln q}{\partial T}\right)_p.$$

(提示：通过微商变换找出 $\left(\frac{\partial\ln q}{\partial T}\right)_V$ 与 $\left(\frac{\partial\ln q}{\partial T}\right)_p$ 的关系)

5.4　对于纯物质理想气体，请根据 Ω 与 q 的关系

$$\ln\Omega = N\ln\frac{q\mathrm{e}}{N} + \frac{U}{kT},$$

证明

$$\left(\frac{\partial\ln\Omega}{\partial U}\right)_{N,V} = \frac{1}{kT},$$

$$\left(\frac{\partial\ln\Omega}{\partial V}\right)_{N,U} = \frac{p}{kT},$$

$$\left(\frac{\partial\ln\Omega}{\partial N}\right)_{V,U} = -\frac{\mu}{kT}.$$

并论证 $\ln\Omega$ 是关于 N,V,U 的一次齐函数.

5.5　对于独立子体系，请验证

$$G=kTV^2\left\{\frac{\partial(V^{-1}\ln\Phi)}{\partial V}\right\}_{N,T},$$

$$C_{V,\mathrm{m}}=\frac{R}{T^2}\left\{\frac{1}{q}\left[\frac{\partial^2 q}{\partial(1/T)^2}\right]_{N,V}-\frac{1}{q^2}\left[\frac{\partial q}{\partial(1/T)}\right]_{N,V}^2\right\}.$$

5.6　请证明理想气体的 Joule-Thomson(焦耳-汤姆孙)系数为

$$\mu_{\text{J-T}}=\left(\frac{\partial T}{\partial p}\right)_H=-\frac{\left\{\frac{\partial}{\partial p}\left(\frac{\partial\ln q}{\partial T}\right)_p\right\}_T}{\frac{2}{T}\left(\frac{\partial\ln q}{\partial T}\right)_p+\left(\frac{\partial^2\ln q}{\partial T^2}\right)_p}.$$

第 6 章 配分函数

平衡态唯象热力学的理论表明,热力学特性函数包括了平衡性质的全部信息.在统计力学中,配分函数起着特性函数的作用,一切热力学函数都可由配分函数求算.但美中不足的是,并非任何体系及粒子的配分函数都能求解出来,严格可解的只占少数.本章先介绍配分函数的一个重要性质——分解定理,然后较详细地讨论可解模型子的配分函数.在此基础上,可得出(或近似得出)分子的全配分函数,为求算独立子体系的热力学函数做好准备.关于一些特殊体系的配分函数,将在以后有关内容中讨论.

6.1 配分函数的分解定理

6.1.1 配分函数分解定理

我们以量子形式的分子配分函数为例展开讨论,所用论证方法对其他配分函数不失普遍性.

若分子的能级ε_i 可表成分子各独立运动形式$a,b,c,\cdots$的能量$\varepsilon_{i(a)},\varepsilon_{i(b)},\varepsilon_{i(c)},\cdots$的和.而$\varepsilon_{i(a)}$,$\varepsilon_{i(b)},\varepsilon_{i(c)},\cdots$的简并度分别为$\omega_{i(a)},\omega_{i(b)},\omega_{i(c)},\cdots$,则分子配分函数$q$ 可分解为各独立运动形式a,$b,c,\cdots$的配分函数之积.用数学式表示为,若 $\varepsilon_i=\sum_{i(b)}\varepsilon_{i(b)}$,而且 $\omega_i=\prod_{i(b)}\omega_{i(b)}$,

则
$$q=\prod_b q_b. \tag{6.1.1}$$

这就是分子配分函数的分解定理.它很容易利用附录E 中的乘积求和等于求和项乘积的公式(E-1)得到论证.事实上,分子配分函数可表为

$$\begin{aligned}
q&=\sum_i\omega_i\exp(-\varepsilon_i/kT)\\
&=\sum_{i(a)}\sum_{i(b)}(\omega_{i(a)}\omega_{i(b)}\cdots)\exp\{-(\varepsilon_{i(a)}+\varepsilon_{i(b)}+\cdots)/kT\}\\
&=\Big\{\sum_{i(a)}\omega_{i(a)}\exp(-\varepsilon_{i(a)}/kT)\Big\}\Big\{\sum_{i(b)}\omega_{i(b)}\exp(-\varepsilon_{i(b)}/kT)\Big\}\cdots\\
&=q_aq_b\cdots\\
&=\prod_b q_b.
\end{aligned}$$

其中$q_b=\sum_{i(b)}\omega_{i(b)}\exp(-\varepsilon_{i(b)}/kT)$称为运动形式$b$ 的配分函数.

该定理表明:若分子的平动(t),转动(r),振动(v),电子运动(e),各个核运动($n_1,n_2,\cdots$)彼此独立,则分子配分函数便可分解为这些运动形式的配分函数之乘积,即

$$q=q_tq_rq_vq_e\prod_{n_i}q_{n_i}. \tag{6.1.2}$$

【练习】请对经典的分子配分函数,论证它的分解定理.

6.1.2　配分函数分解定理的重要意义与作用

(1) 将求算分子配分函数转化为分别求算各个单一运动形式的配分函数问题，而每个单一运动形式(平动、转动、振动等)的配分函数可借用相应模型子配分函数的结果(具体见后).

(2) 体系的热力学函数都可用 $\ln q$ 表达，依据(6.1.2)式则有

$$\ln q = \ln q_{\mathrm{t}} + \ln q_{\mathrm{r}} + \ln q_{\mathrm{v}} + \ln q_{\mathrm{e}} + \sum_{n_i} \ln q_{\mathrm{n}_i}.$$

由此可见，体系的热力学函数都可表达成为各种运动形式的热力学函数之和，或者说体系的任一热力学函数都是由各独立运动形式对它的贡献之和. 例如，离域独立子体系的内能为

$$U = NkT^2\left(\frac{\partial \ln q_{\mathrm{t}}}{\partial T}\right)_V + NkT^2\frac{\mathrm{d}\ln q_{\mathrm{r}}}{\mathrm{d}T} + NkT^2\frac{\mathrm{d}\ln q_{\mathrm{v}}}{\mathrm{d}T} + NkT^2\frac{\mathrm{d}\ln q_{\mathrm{e}}}{\mathrm{d}T} + \sum_{n_i}\left(NkT^2\frac{\mathrm{d}\ln q_{\mathrm{n}_i}}{\mathrm{d}T}\right), \tag{6.1.3}$$

而熵为

$$\begin{aligned} S = &\left(Nk\ln\frac{q_{\mathrm{t}}e}{N} + NkT\left[\frac{\partial \ln q_{\mathrm{t}}}{\partial T}\right]_V\right) + \left(Nk\ln q_{\mathrm{r}} + NkT\frac{\mathrm{d}\ln q_{\mathrm{r}}}{\mathrm{d}T}\right) \\ &+ \left(Nk\ln q_{\mathrm{v}} + NkT\frac{\mathrm{d}\ln q_{\mathrm{v}}}{\mathrm{d}T}\right) + \left(Nk\ln q_{\mathrm{e}} + NkT\frac{\mathrm{d}\ln q_{\mathrm{e}}}{\mathrm{d}T}\right) \\ &+ \sum_{n_i}\left(Nk\ln q_{\mathrm{n}_i} + NkT\frac{\mathrm{d}\ln q_{\mathrm{n}_i}}{\mathrm{d}T}\right). \end{aligned} \tag{6.1.4}$$

同样可写出其他热力学函数的类似表达式.

这里有两点需特别加以说明：首先，只有平动配分函数 q_{t} 与 V 有关(见 6.3 节)，所以在(6.1.3)和(6.1.4)式中，对平动项用偏微商，而在其他运动形式项中则用不加脚标 V 的微商. 其次，在熵的表式(6.1.4)中，由于全同离域子的不可分辨性所出现的附加项 $Nk\ln\frac{e}{N}$，从物理上考虑将它归并到平动项中是合适的，因为全同离域子的不可分辨性来源于平动的结果.

6.1.3　配分函数分解定理的实际有效性

配分函数分解定理并不是分子配分函数的一般属性，它只在近似意义下应用. 我们通过双原子分子探讨一下近似的物理背景. 双原子分子的能量可较为精确地分解成下列四项之和

$$\varepsilon_i = \varepsilon_{i(\mathrm{t})} + \varepsilon_{i(\mathrm{r,v,e})} + \varepsilon_{i(\mathrm{n}_1)} + \varepsilon_{i(\mathrm{n}_2)},$$

从而分子配分函数可分解为相应四项配分函数的乘积

$$q = q_{\mathrm{t}} q_{\mathrm{r,v,e}} q_{\mathrm{n}_1} q_{\mathrm{n}_2}.$$

这就是说，分子的平动与核运动是彼此独立的. 从物理上考虑，$\varepsilon_{i(\mathrm{r,v,e})}$ 再进一步分解为转动、振动、电子三个独立的能量之和并非总是完全正确的. 因为分子的转动能级与分子的转动惯量 I 有关，而 I 又依赖于两原子的核间距离，由于振动不断地改变着核间距离，因此振动影响转动能级，所以转动与振动并不是彼此独立的. 其次，电子能级与转动、振动之间也存在着相互依赖关系，因为电子的激发会改变振动的频率和分子的键长(从而改变分子的转动惯量). 实际上，每个电子态都有自己的转动、振动能级. 因此，双原子分子的完全配分函数应表示成下列形式

$$q = q_{\mathrm{t}}(\omega_{\mathrm{e}0}\mathrm{e}^{-\varepsilon_{\mathrm{e}0}/kT}q^0_{\mathrm{r,v}} + \omega_{\mathrm{e}1}\mathrm{e}^{-\varepsilon_{\mathrm{e}1}/kT}q^1_{\mathrm{r,v}} + \cdots)q_{\mathrm{n}_1}q_{\mathrm{n}_2},$$

其中 $q^0_{\mathrm{r,v}}, q^1_{\mathrm{r,v}}, \cdots$ 是相应于电子基态，第一电子激发态，…的转动与振动的组合函数.

从物理上考虑，转动、振动和电子运动彼此不独立. 但在实际上，大多数简单分子的振动能级间距是如此之大，以至于使分子占据振动激发态的概率非常之小，将振动与转动当作彼此独立处理所引起的误差并不会大；另外，大多数分子的电子能级间距很大，在实验所能达到的温度范围内，分子占据电子激发态的数目少到可忽略程度，这就意味着对电子只取基态将不会引起大的误差.

转动、振动和电子配分函数分离的正确性，最终要靠实验与其他事实证实. 对于气体，精确地用分子光谱推得的实际能级所计算的气体性质与根据配分函数分解定理的计算值并无大的差别，而且在适当温度下，依据配分函数分解定理求算的气体性质与实验值也基本相符. 这就充分证实了配分函数分解定理在处理问题中是一个很好的近似.

现将分子各种运动形式的能级间距列于表6.1，它将使我们在配分函数上获得一个大致的概貌.

表6.1　分子运动形式及配分函数的处理方法

运动形式	能级间距数量级/eV	配分函数的处理
平动	10^{-21}	可按连续处理，用积分代替求和
转动	5×10^{-3}	可按连续处理，或者求和
振动	0.1	按加和处理
电子运动	10	一般只取基态
核运动	10^6	只取基态

6.2　配分函数分解定理的一个重要应用

配分函数的分解有较广泛的实际应用. 据它可得出下列的重要结论："分子在其独立运动形式能级(或量子态)上的最概然分布数仍遵从Maxwell-Boltzmann统计分布律".

我们以N个全同双原子分子的离域体系为例加以论证. 依据Maxwell-Boltzmann分布律，分布在分子能级ε_i上的最概然分子数为

$$n_i=\frac{N}{q}\omega_i e^{-\varepsilon_i/kT}. \tag{6.2.1}$$

假设分子的平动、转动、振动、电子和核运动都彼此独立，此时则有

$$\varepsilon_i=\varepsilon_{i(\mathrm{t})}+\varepsilon_{i(\mathrm{r})}+\varepsilon_{i(\mathrm{v})}+\varepsilon_{i(\mathrm{e})}+\varepsilon_{i(\mathrm{n}_1)}+\varepsilon_{i(\mathrm{n}_2)},$$

$$\omega_i=\omega_{i(\mathrm{t})}\omega_{i(\mathrm{r})}\omega_{i(\mathrm{v})}\omega_{i(\mathrm{e})}\omega_{i(\mathrm{n}_1)}\omega_{i(\mathrm{n}_2)},$$

$$q=q_\mathrm{t}q_\mathrm{r}q_\mathrm{v}q_\mathrm{e}q_{\mathrm{n}_1}q_{\mathrm{n}_2}.$$

应用这些结果，(6.2.1)式便可写成下列形式

$$n_i=N\left(\frac{\omega_{i(\mathrm{t})}e^{-\varepsilon_{i(\mathrm{t})}/kT}}{q_\mathrm{t}}\right)\left(\frac{\omega_{i(\mathrm{r})}e^{-\varepsilon_{i(\mathrm{r})}/kT}}{q_\mathrm{r}}\right)\left(\frac{\omega_{i(\mathrm{v})}e^{-\varepsilon_{i(\mathrm{v})}/kT}}{q_\mathrm{v}}\right)\left(\frac{\omega_{i(\mathrm{e})}e^{-\varepsilon_{i(\mathrm{e})}/kT}}{q_\mathrm{e}}\right)\left(\frac{\omega_{i(\mathrm{n}_1)}e^{-\varepsilon_{i(\mathrm{n}_1)}/kT}}{q_{\mathrm{n}_1}}\right)\left(\frac{\omega_{i(\mathrm{n}_2)}e^{-\varepsilon_{i(\mathrm{n}_2)}/kT}}{q_{\mathrm{n}_2}}\right).$$

假如我们只希望知道分布在某一特定运动形式能级上的最概然分子数，而不计较分子在其他运动形式能级上的分布情况. 例如考虑平动能级$\varepsilon_{i(\mathrm{t})}$上的分布数，则有

$$n_\mathrm{t}=\sum_{i(\mathrm{r})}\sum_{i(\mathrm{v})}\sum_{i(\mathrm{e})}\sum_{i(\mathrm{n}_1)}\sum_{i(\mathrm{n}_2)}n_i$$

$$=N\left(\frac{\omega_{i(\mathrm{t})}e^{-\varepsilon_{i(\mathrm{t})}/kT}}{q_\mathrm{t}}\right)\left(\frac{\sum\limits_{i(\mathrm{r})}\omega_{i(\mathrm{r})}e^{-\varepsilon_{i(\mathrm{r})}/kT}}{q_\mathrm{r}}\right)\left(\frac{\sum\limits_{i(\mathrm{v})}\omega_{i(\mathrm{v})}e^{-\varepsilon_{i(\mathrm{v})}/kT}}{q_\mathrm{v}}\right)\left(\frac{\sum\limits_{i(\mathrm{e})}\omega_{i(\mathrm{e})}e^{-\varepsilon_{i(\mathrm{e})}/kT}}{q_\mathrm{e}}\right)\left(\frac{\sum\limits_{i(\mathrm{n}_1)}\omega_{i(\mathrm{n}_1)}e^{-\varepsilon_{i(\mathrm{n}_1)}/kT}}{q_{\mathrm{n}_1}}\right)\left(\frac{\sum\limits_{i(\mathrm{n}_2)}\omega_{i(\mathrm{n}_2)}e^{-\varepsilon_{i(\mathrm{n}_2)}/kT}}{q_{\mathrm{n}_2}}\right)$$

$$= N\frac{\omega_{i(t)}e^{-\varepsilon_{i(t)}/kT}}{q_t} = \frac{N}{q_t}\omega_{i(t)}e^{-\varepsilon_{i(t)}/kT}.$$

同理,可得出分子在其他独立运动形式能级上的分布数分别为

$$n_r = \frac{N}{q_r}\omega_{i(r)}e^{-\varepsilon_{i(r)}/kT},$$

$$n_v = \frac{N}{q_v}\omega_{i(v)}e^{-\varepsilon_{i(v)}/kT},$$

$$\cdots\cdots\cdots.$$

上述结果表明,分子在每一种独立运动形式能级上的分布数仍遵从 Maxwell-Boltzmann 统计分布律,而且还可得出下列的关系式

$$\frac{n_i}{N} = \frac{n_t}{N}\cdot\frac{n_r}{N}\cdot\frac{n_v}{N}\cdot\frac{n_e}{N}\cdot\frac{n_{n_1}}{N}\cdot\frac{n_{n_2}}{N}. \tag{6.2.2}$$

这就是说,分子分布在其 ε_i 能级上的最概然分数等于分布在各独立运动形式能级上最概然分数的乘积.

配分函数分解定理使我们看到了将平动子、转动子,谐振子等作为独立对象进行研究的意义.在配分函数分解定理适用的条件下,这些子的配分函数与分布律具有普遍性,即不论单原子、双原子还是多原子分子气体,平动配分函数与分布律的形式对它们是通用的.谐振子的配分函数与分布律既适用于气体分子的谐振动,也适用于晶体的每一个简正振动方式.因此,有必要将平动子、转动子、谐振子等作为模型子专题讨论.

6.3　平动子的配分函数及热力学函数

平动是离域子体系特有的运动形式.我们将从量子力学和经典力学两方面得平动子的配分函数.

6.3.1　按量子态求和得平动子的配分函数

设一个质量为 m 的三维自由平动子在边长为 a,b,c,的长方形箱中运动,选相对静止的平动子的态作为能量零点(从量子力学观点看此是一个假想的状态),量子化的能级公式为

$$\varepsilon(n_x,n_y,n_z) = \frac{h^2}{8m}\left(\frac{n_x^2}{a^2}+\frac{n_y^2}{b^2}+\frac{n_z^2}{c^2}\right).$$

其中 n_x,n_y,n_z 为平动量子数,它们的取值都是 $1,2,3,\cdots$.平动能级的简并度无普遍公式,因此,配分函数按量子态求和得出

$$q_t = \sum_{n_x}\sum_{n_y}\sum_{n_z}\exp\left\{-\frac{h^2}{8mkT}\left(\frac{n_x^2}{a^2}+\frac{n_y^2}{b^2}+\frac{n_z^2}{c^2}\right)\right\}$$

$$= \left\{\sum_{n_x}\exp\left(-\frac{h^2}{8mkT}\frac{n_x^2}{a^2}\right)\right\}\left\{\sum_{n_y}\exp\left(-\frac{h^2}{8mkT}\frac{n_y^2}{b^2}\right)\right\}\left\{\sum_{n_z}\exp\left(-\frac{h^2}{8mkT}\frac{n_z^2}{c^2}\right)\right\}.$$

令

$$\left.\begin{aligned}\alpha_a^2 &= \frac{h^2}{8mkTa^2}\\ \alpha_b^2 &= \frac{h^2}{8mkTb^2}\\ \alpha_c^2 &= \frac{h^2}{8mkTc^2}\end{aligned}\right\}. \tag{6.3.1}$$

则

$$\left.\begin{aligned} q_a &= \sum_{n_x}\exp(-\alpha_a^2 n_x^2) \\ q_b &= \sum_{n_y}\exp(-\alpha_b^2 n_y^2) \\ q_c &= \sum_{n_z}\exp(-\alpha_c^2 n_z^2) \end{aligned}\right\}. \tag{6.3.2}$$

这样,三维平动子的配分函数便可写成为

$$q_t = q_a q_b q_c. \tag{6.3.3}$$

欲进一步得出q_t的具体形式,需要求解指数项的加和.一般而言,这是数学上不易处理的问题.

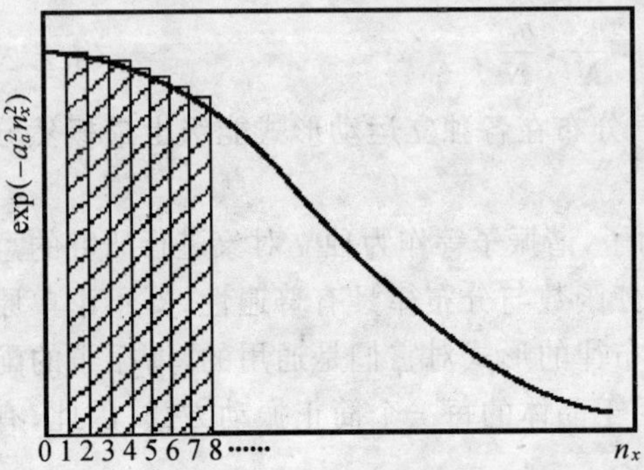

图 6.3.1　级数求和用积分近似示意图

但是,对于平动子,只要温度不特别低,而且在宏观尺度范围内运动,α_a^2、α_b^2、α_c^2 的数量级约为 10^{-16}.这时可将 $\exp(-\alpha_a^2 n_x^2)$,…,等当做连续函数处理.再者,假设粒子可到达所有许可的量子态(在温度不很低时可满足),则 n_x, n_y, n_z 的取值便可从 1～∞.在上述条件下,级数求和可用积分近似.例如

$$q_a = \sum_{n_x} e^{-\alpha_a^2 n_x^2} = e^{-\alpha_a^2} + e^{-4\alpha_a^2} + e^{-9\alpha_a^2} + \cdots .$$

此求和值等于图 6.3.1 中所有小矩形面积的和,这是因为每个小矩形的底皆为1.求和中的每一项等于图 6.3.1 中相应的一个矩形面积.

另外,积分

$$\int_0^\infty \exp(-\alpha_a^2 n_x^2)\mathrm{d}n_x$$

在图 6.3.1 中是曲线 $\exp(-\alpha_a^2 n_x^2)$ 下面 n_x 从 0→∞的面积.当 $\alpha_a^2 \to 0$ 时,则得

$$\begin{aligned} q_a &= \left\{\sum_{n_x=0}^{\infty}\exp(-\alpha_a^2 n_x^2)\right\} - 1 = \int_0^\infty \exp(-\alpha_a^2 n_x^2)\mathrm{d}n_x - 1 \\ &= \frac{\sqrt{\pi}}{2\alpha_a} - 1 = \frac{(2\pi mkT)^{1/2}a}{h} - 1 \\ &\approx \frac{(2\pi mkT)^{1/2}a}{h}. \end{aligned}$$

上式中的 1 被忽略是因为 $\alpha_a \ll 1$ 的缘故,于是得出

$$\left.\begin{aligned} q_a &= \frac{(2\pi mkT)^{1/2}a}{h} \\ q_b &= \frac{(2\pi mkT)^{1/2}b}{h} \\ q_c &= \frac{(2\pi mkT)^{1/2}c}{h} \end{aligned}\right\}. \tag{6.3.4}$$

故三维平动子的配分函数为

$$q_t = q_a q_b q_c = \frac{(2\pi mkT)^{3/2}abc}{h^3} = \left(\frac{2\pi mkT}{h^2}\right)^{3/2} V . \tag{6.3.5}$$

三维平动子的配分函数 q_t 是 T, V 的函数,它是量纲为一的物理量,在常温常压下的数量级约为 10^{30},这是选分子相对静止的态为能量零点的结果.应特别注意,配分函数的值与能量零点

的选择有关.请通过以下练习,理解和扩展以上内容.

【练习1】请得出 H_2 分子在 $T=298\,\mathrm{K}$,$a=1\,\mathrm{cm}$ 时的 α_a^2 值.

【练习2】求算298 K,101.325 kPa 的1 mol HCl 理想气体中分子的平动配分函数.

【练习3】若三维平动子只能占据最低的3个能级,并选平动子的基态为能量零点,请写出平动子的配分函数.

【练习4】在体积为 V 内运动的三维自由平动子,选相对静止的分子态作为能量零点,其能级公式为

$$\varepsilon(n_x,\ n_y,\ n_z)=\frac{h^2}{8mV^{2/3}}(n_x^2+n_y^2+n_z^2)\ .$$

请据此得出平动子可到达所有量子态的平动配分函数.

【练习5】请应用Euler-MacLaurin(欧拉-麦克劳林)公式(附录E)得出(6.3.4)式.

【练习6】请论证,运动在一维(1d)线段 l 与二维(2d)面积 A 上的平动配分函数分别为

$$q_{\mathrm{t}}(1\mathrm{d})=\left(\frac{2\pi mkT}{h^2}\right)^{1/2}l\ , \tag{6.3.6}$$

$$q_{\mathrm{t}}(2\mathrm{d})=\frac{2\pi mkT}{h^2}A\ . \tag{6.3.7}$$

6.3.2 按 μ 空间积分得平动子的配分函数

经典力学中,在无外场存在时,质量为 m 的一个三维自由平动子的能量为

$$\varepsilon=\frac{1}{2m}(p_x^2+p_y^2+p_z^2)\ .$$

按 μ 空间积分,三维平动子的配分函数为

$$\begin{aligned}
q_{\mathrm{t}}&=\frac{1}{h^3}\iiint\!\!\iiint \mathrm{e}^{-\varepsilon/kT}\mathrm{d}\omega\\
&=\frac{1}{h^3}\iiint_{-\infty}^{\infty}\iiint_V \mathrm{e}^{-\frac{p_x^2+p_y^2+p_z^2}{2mkT}}\mathrm{d}x\mathrm{d}y\mathrm{d}z\mathrm{d}p_x\mathrm{d}p_y\mathrm{d}p_z\\
&=\frac{V}{h^3}\int_{-\infty}^{\infty}\mathrm{e}^{-\frac{p_x^2}{2mkT}}\mathrm{d}p_x\int_{-\infty}^{\infty}\mathrm{e}^{-\frac{p_y^2}{2mkT}}\mathrm{d}p_y\int_{-\infty}^{\infty}\mathrm{e}^{-\frac{p_z^2}{2mkT}}\mathrm{d}p_z\\
&=\left(\frac{2\pi mkT}{h^2}\right)^{3/2}V\ .
\end{aligned}$$

这与按量子态求和所得的结果完全相同.

三维平动子的经典配分函数为

$$Z=\iiint\!\!\iiint \mathrm{e}^{-\varepsilon/kT}\mathrm{d}\omega=h^3q_{\mathrm{t}}=(2\pi mkT)^{3/2}V\ . \tag{6.3.8}$$

【练习】 请按 μ 空间积分的方法得出一维与二维平动子的配分函数.

6.3.3 平动子的摩尔热力学函数

由平动子的配分函数(6.3.5)式,不难得出三维平动子的摩尔热力学函数.

$$U_{\mathrm{m}}(T,V_{\mathrm{m}})=RT^2\left(\frac{\partial\ln q_{\mathrm{t}}}{\partial T}\right)_{V_{\mathrm{m}}}=\frac{3}{2}RT\ ,$$

$$p(T,V_{\mathrm{m}})=RT\left(\frac{\partial\ln q_{\mathrm{t}}}{\partial V_{\mathrm{m}}}\right)_T=RT/V_{\mathrm{m}},$$

$$H_{\mathrm{m}}(T,V_{\mathrm{m}})=U_{\mathrm{m}}+pV_{\mathrm{m}}=\frac{5}{2}RT\ ,$$

$$S_m(T,V_m) = R\ln\frac{q_t e}{N_A} + \frac{U_m}{T} = R\ln\left[\left(\frac{2\pi mkT}{h^2}\right)^{3/2}\frac{V_m e^{5/2}}{N_A}\right],$$

$$F_m(T,V_m) = U_m - TS_m = -RT\ln\left[\left(\frac{2\pi mkT}{h^2}\right)^{3/2}\frac{V_m e}{N_A}\right],$$

$$G_m(T,V_m) = H_m - TS_m = -RT\ln\left[\left(\frac{2\pi mkT}{h^2}\right)^{3/2}\frac{V_m}{N_A}\right],$$

$$C_{V,m} = \left(\frac{\partial U_m}{\partial T}\right)_{V_m} = \frac{3}{2}R,$$

$$C_{p,m}(T,V_m) = \frac{5}{2}R.$$

我们知道,单原子分子无转动与振动,在不考虑核运动的情况下,只有平动与电子运动. 对于那些电子运动对热力学函数无贡献的单原子理想气体,它们的热力学函数就是三维平动子的热力学函数. 若电子还占据激发态,则电子运动的热力学函数就必须要考虑.

【练习】 请分别计算Hg与O原子理想气体在298.15 K的标准摩尔平动熵与平动等压热容,并与下表中两种原子理想气体的标准摩尔量热熵与等压热容作比较,可得出什么结论?

理想气体	$S_m^{\ominus}(298.15\,K)/(J\cdot K^{-1}\cdot mol^{-1})$	$C_{p,m}(298.15\,K)/(J\cdot K^{-1}\cdot mol^{-1})$
Hg	174.89	20.79
O	160.954	21.92

6.4 刚性直线转子的转动配分函数及热力学函数

先讨论异核双原子分子与非对称直线分子绕质心转动的配分函数,然后再对同核双原子分子与对称直线分子情况作讨论.

6.4.1 异核双原子分子与非对称直线分子的转动配分函数

刚性直线转子绕质心转动的自由度为2,依据经典力学,转子在球极坐标中的转动能表达式为

$$\varepsilon_r = \frac{1}{2I}\left(p_\theta^2 + \frac{p_\varphi^2}{\sin^2\theta}\right).$$

现在我们在μ空间中求算该转子的转动配分函数

$$\begin{aligned}
q_r &= \frac{1}{h^2}\iiiint e^{-\varepsilon_r/kT}d\omega \\
&= \frac{1}{h^2}\int_0^{2\pi}\int_0^{\pi}\int_{-\infty}^{\infty}\int_{-\infty}^{\infty} e^{-\left(p_\theta^2+\frac{p_\varphi^2}{\sin^2\theta}\right)/2IkT}dp_\theta dp_\varphi d\theta d\varphi \\
&= \frac{1}{h^2}\int_0^{2\pi}d\varphi\int_{-\infty}^{\infty}e^{-p_\theta^2/2IkT}dp_\theta\int_0^{\pi}\int_{-\infty}^{\infty}e^{-p_\varphi^2/2I\sin^2\theta kT}dp_\varphi d\theta \\
&= \frac{2\pi}{h^2}\sqrt{2\pi IkT}\int_0^{\pi}\sqrt{2\pi IkT}\sin\theta d\theta \\
&= \frac{8\pi^2 IkT}{h^2}.
\end{aligned} \tag{6.4.1}$$

这就是在经典极限下刚性非对称直线分子的转动配分函数. 它只是温度T的函数.

现在转入量子场合下求算上述转子的转动配分函数. 据量子力学,直线转子的转动能级公

式为

$$\varepsilon_r = \frac{h^2}{8\pi^2 I} J(J+1),$$

其简并度为

$$\omega_r = 2J + 1.$$

转动量子数 J 的取值为 0,1,2,3,…,直到无穷大的正整数.

这类转子的转动配分函数为

$$q_r = \sum_{J=0}^{\infty} (2J+1) e^{-\frac{h^2}{8\pi^2 I} J(J+1)/kT}.$$

在具体讨论此配分函数的求算之前,先引入分子转动特征温度的概念,它的定义为

$$\theta_r \equiv \frac{h^2}{8\pi^2 Ik}. \tag{6.4.2}$$

此量完全由代表分子转动特征的转动惯量所决定,同时又具有温度的量纲,所以命名为转动特征温度. θ_r 的大小表征转动能级间距的大小,由分子的 I 便可求得 θ_r 值,今将一些双原子分子的 θ_r 列于表6.2.大量分子的 θ_r 值表明,除 H_2、D_2 等个别小分子外,大多数双原子的 θ_r 与常温相比是很小的.

表 6.2　双原子分子的转动特征温度

异核分子	θ_r/K	同核分子	θ_r/K
HD	64.0	H_2	87.5
HF	30.3	D_2	42.7
HCl	15.2	N_2	2.86
HBr	12.1	O_2	2.07
HI	9.0	Cl_2	0.346
CO	2.77	Br_2	0.116
NO	2.42	I_2	0.054

转动配分函数的具体求算是相当复杂的问题,我们讨论以下的三种情况.

(1) 当 $T \gg \theta_r$ 时,配分函数的求和计算可用积分代替

此时得

$$\begin{aligned} q_r &= \sum_{J=0}^{\infty} (2J+1) e^{-\frac{h^2}{8\pi^2 I} J(J+1)/kT} \\ &= \sum_{J=0}^{\infty} (2J+1) e^{-\frac{\theta_r}{T} J(J+1)} \\ &= \int_0^{\infty} (2J+1) e^{-\frac{\theta_r}{T} J(J+1)} dJ. \end{aligned}$$

作变量变换

$$t = J(J+1),\ dt = (2J+1)dJ.$$

则得

$$q_r = \int_0^{\infty} e^{-\frac{\theta_r}{T} t} dt = \frac{T}{\theta_r} = \frac{8\pi^2 IkT}{h^2}. \tag{6.4.3}$$

这与用μ空间积分求算的结果完全相同,充分表明高温下转动的量子效应不显著.

(2) 当$T>\theta_r$时,应用下列的Euler-MacLaurin公式(见附录E)求算转动配分函数是非常好的近似

$$\sum_{n=0}^{\infty}f(n)=\int_0^{\infty}f(x)\mathrm{d}x+\frac{1}{2}f(0)-\frac{1}{12}f'(0)+\frac{1}{720}f'''(0)-\frac{1}{30240}f^{(v)}(0)+\cdots.$$

在直线分子转动情况下,求和的函数为

$$f(J)=(2J+1)\mathrm{e}^{-\frac{\theta_r}{T}J(J+1)}.$$

而且不难得出

$$\int_0^{\infty}f(J)\mathrm{d}J=\frac{T}{\theta_r},$$

$$f(0)=1,$$

$$f'(0)=2-\frac{\theta_r}{T},$$

$$f'''(0)=-12\frac{\theta_r}{T}+12\left(\frac{\theta_r}{T}\right)^2-\left(\frac{\theta_r}{T}\right)^3,$$

$$f^{(v)}(0)=120\left(\frac{\theta_r}{T}\right)^2-180\left(\frac{\theta_r}{T}\right)^3+30\left(\frac{\theta_r}{T}\right)^4-\left(\frac{\theta_r}{T}\right)^5,$$

…………

应用这些结果,可得转动配分函数为

$$\begin{aligned}q_r&=\sum_{J=0}^{\infty}f(J)=\sum_{J=0}^{\infty}(2J+1)\mathrm{e}^{-J(J+1)\frac{\theta_r}{T}}\\&=\frac{T}{\theta_r}\left\{1+\frac{1}{3}\left(\frac{\theta_r}{T}\right)+\frac{1}{15}\left(\frac{\theta_r}{T}\right)^2+\frac{4}{315}\left(\frac{\theta_r}{T}\right)^3+\cdots\right\}.\end{aligned}\tag{6.4.4}$$

此式称为Mulholland(马尔霍兰德)公式,其中的主要项就是经典极限下的配分函数.

(3) 当$T\leqslant\theta_r$时,转动配分函数表式中的加和项收敛相当快,在实用上,根据误差的要求,只取前几项直接求和即可.例如,取$T=\theta_r$(相对于$T<\theta_r$,它收敛更慢),并只取前4项的加和,结果为

$$\begin{aligned}q_r&=\sum_{J=0}^{\infty}(2J+1)\mathrm{e}^{-J(J+1)\frac{\theta_r}{T}}\\&\approx1+3\mathrm{e}^{-2}+5\mathrm{e}^{-6}+7\mathrm{e}^{-12}\\&=1+0.4059+0.0124+0.00004\\&=1.41834.\end{aligned}$$

它与全部加和的结果相差甚微.

若按经典配分函数求算,得$q_r=1$,误差显然大.按Mulholland公式计算,得$q_r=1.4129$,结果要好得多.

现在的问题是,究竟温度为多高时,经典配分函数与Mulholland公式才是很好的近似呢?请看表6.3的结果.当$\theta_r/T<0.9$时,Mulholland公式的精确度可达1%;而经典公式则需要$T>20\theta_r$,才能达到此精确度.

表 6.3　三种转动配分函数公式的对比

T \ q_r	$\sum_{J=0}^{\infty}(2J+1)e^{-J(J+1)\frac{\theta_r}{T}}$	Mulholland 公式	经典公式
$2\theta_r$	2.370	2.367	2
$10\theta_r$	10.343	10.340	10
$20\theta_r$	20.3367	20.36	20
$50\theta_r$	50.3347	50.33	50
$100\theta_r$	100.3340	100.33	100

6.4.2　非对称直线分子的摩尔转动热力学函数

我们只讨论用 Mulholland 公式求算摩尔转动热力学函数的表达式. 为书写简便，引入下列符号

$$\rho = \frac{h^2}{8\pi^2 IkT} = \frac{\theta_r}{T}.$$

这样，Mulholland 公式为

$$q_r = \frac{1}{\rho}\left(1 + \frac{\rho}{3} + \frac{\rho^2}{15} + \frac{4\rho^3}{315} + \cdots\right).$$

从而

$$\ln q_r = -\ln\rho + \ln\left(1 + \frac{\rho}{3} + \frac{\rho^2}{15} + \frac{4\rho^3}{315} + \cdots\right).$$

令 $y = \frac{\rho}{3} + \frac{\rho^2}{15} + \frac{4\rho^3}{315} + \cdots$，再应用下列公式（注意，$-1 < y \leqslant 1$）

$$\ln(1+y) = y - \frac{y^2}{2} + \frac{y^3}{3} - \frac{y^4}{4} + \cdots + (-1)^{n-1}\frac{y^n}{n} + \cdots,$$

便可得

$$\begin{aligned}
\ln q_r &= -\ln\rho + \ln\left(1 + \frac{\rho}{3} + \frac{\rho^2}{15} + \frac{4\rho^3}{315} + \cdots\right) \\
&= -\ln\rho + \left(\frac{\rho}{3} + \frac{\rho^2}{15} + \frac{4\rho^3}{315} + \cdots\right) - \frac{1}{2}\left(\frac{\rho}{3} + \frac{\rho^2}{15} + \frac{4\rho^3}{315} + \cdots\right)^2 \\
&\quad + \frac{1}{3}\left(\frac{\rho}{3} + \frac{\rho^2}{15} + \frac{4\rho^3}{315} + \cdots\right)^3 - \cdots \\
&= -\ln\rho + \frac{\rho}{3} + \frac{\rho^2}{90} + \frac{8\rho^3}{2835} + \cdots.
\end{aligned}$$

据上述 $\ln q_r$ 的表达式，得出的摩尔转动热力学函数分别为：

$$p = 0,$$

$$(G_m)_r = (F_m)_r = -RT\ln q_r = RT\left(\ln\rho - \frac{\rho}{3} - \frac{\rho^2}{90} - \frac{8\rho^3}{2835} - \cdots\right),$$

$$(S_m)_r = R\left(1 - \ln\rho - \frac{\rho^2}{90} - \frac{16\rho^3}{2835} - \cdots\right),$$

$$(H_m)_r = (U_m)_r = RT\left(1 - \frac{\rho}{3} - \frac{\rho^2}{45} - \frac{8\rho^3}{945} - \cdots\right),$$

$$(C_{p,m})_r = (C_{V,m})_r = R\left(1 + \frac{\rho^2}{45} + \frac{16\rho^3}{945} + \cdots\right).$$

关于$T\gg\theta_r$及$T\leqslant\theta_r$时的摩尔转动热力学函数表达式,读者可自行写出,此处不再列举.

现在讨论直线分子的$(C_{V,m})_r$随T变化的特性.依据所得$(C_{V,m})_r$的公式及以下练习2,不难得出$(C_{V,m})_r$的如下结果:

- 当$T\gg\theta_r$时,$(C_{V,m})_r=R$;
- 当$T>\theta_r$时,$(C_{V,m})_r>R$,而且随T升高而减小;
- 当$T\leqslant\theta_r$时,$(C_{V,m})_r$随$T\to 0\,K$而趋于0.

详细的数值计算得出的$(C_{V,m})_r$,与T的关系如图6.4.1所示.$(C_{V,m})_r$随T变化出现极大是一种有趣的现象,它已被HD的实验结果所证实.请对此做出解释并考虑可能的应用.

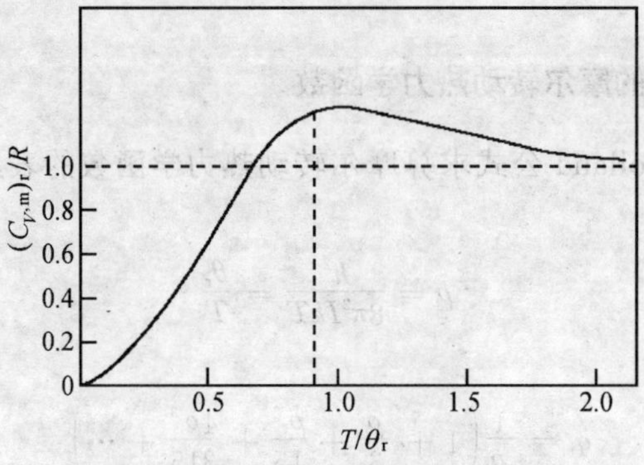

图6.4.1　摩尔转动热容与温度的关系

【练习1】请得出$T\to 0\,K$时的q_r值,并对结果做出解释.

【练习2】请得出$T\ll\theta_r$时的$(C_{V,m})_r$表达式为

$$(C_{V,m})_r = 12R\left(\frac{\theta_r}{T}\right)^2\exp\left(-\frac{2\theta_r}{T}\right), \tag{6.4.5}$$

并论证$T\to 0\,K$时,$(C_{V,m})_r\to 0$.

【练习3】转动对压力无贡献是由于转动能级与体系的体积无关,这种说法是否正确?

6.4.3　同核双原子分子及对称的直线多原子分子的转动配分函数

同核双原子分子与异核双原子分子的本质差别在于同核分子中的核是全同粒子.确定转动配分函数时必须考虑同核的对称性或全同性原理.

首先在μ空间中求算经典转动配分函数.经典力学给出,直线分子的转动能量函数为

$$\varepsilon(\theta,\varphi,p_\theta,p_\varphi) = \frac{1}{2I}\left(p_\theta^2 + \frac{p_\varphi^2}{\sin^2\theta}\right),$$

转动配分函数为

$$q_r = \frac{1}{h^2}\int\cdots\int\exp(-\varepsilon/kT)\,\mathrm{d}p_\theta\mathrm{d}p_\varphi\mathrm{d}\theta\mathrm{d}\varphi.$$

由于同核双原子分子及对称的直线分子具有二重旋转轴,该轴通过分子质心且垂直于原子的联线.将分子绕转轴旋转π得到的态与旋转前的态在物理上是不能区分的.因此,在μ空间中的相点$\theta,\varphi,p_\theta,p_\varphi$与相点$(\pi-\theta,\pi+\varphi,p_\theta,p_\varphi)$代表同一个转动状态.于是在$\mu$空间中求算转动配分函数时,广义坐标$\theta$的积分限只需$0\to\pi/2$(或者$\varphi$的积分限为$0\to\pi$).因此

$$q_r = \frac{1}{h^2}\int_0^{\pi}\int_0^{\pi/2}\int_{-\infty}^{\infty}\int_{-\infty}^{\infty}\exp\left[-\left(p_\theta^2+\frac{p_\varphi^2}{\sin^2\theta}\right)\Big/2IkT\right]\mathrm{d}p_\theta\mathrm{d}p_\varphi\mathrm{d}\theta\mathrm{d}\varphi$$
$$= \frac{8\pi^2 IkT}{2h^2} = \frac{T}{2\theta_r}. \qquad (6.4.6)$$

它恰好是异核双原子分子转动配分函数的 1/2.

在经典转动配分函数中,通常引入对称数 σ 因子反映分子的对称性. 从而直线分子的转动配分函数可写成如下的统一形式

$$q_r = \frac{8\pi^2 IkT}{\sigma h^2}. \qquad (6.4.7)$$

非对称直线分子的 $\sigma=1$,对称直线分子的 $\sigma=2$.

现在转入在量子场合下求算同核双原子分子的转动配分函数问题. 解决这个问题需要费一番周折.

同核双原子分子中的 2 个核是全同粒子,必须依据量子力学中的粒子全同性原理确定其转动量子态.

刚性的同核双原子分子无振动. 设各运动形态彼此独立,则分子的全波函数可写为

$$\psi = \psi_t\psi_r\psi_e\sigma(a)\sigma(b).$$

其中 $\sigma(a)$,$\sigma(b)$ 为 2 个核 a、b 的核自旋波函数. 根据粒子的全同性原理,全波函数对于 2 个核的交换必须是对称的(在玻色子情况)或者是反对称的(在费米子情况). 由于 ψ_t,ψ_e 对于两核的交换总是对称的,因此只需考虑转动态与核自旋态的匹配问题.

(1) 讨论刚性双原子分子的转动波函数的对称性

这种分子的转动波函数为

$$\psi_r(\theta,\varphi) = \mathrm{Y}_J^{|m|}(\theta,\varphi) = (-1)^m\left[\frac{2J+1}{4\pi}\frac{(J-|m|)!}{(J+|m|)!}\right]^{1/2}\mathrm{P}_J^{|m|}(\cos\theta)\exp(\mathrm{i}m\varphi).$$

其中 $\mathrm{P}_J^{|m|}(\cos\theta)$ 为关联 Legendre 函数,J 为转动量子数,m 为磁量子数. J,m 的取值分别为

$$J=0,1,2,3,\cdots,$$
$$m=-J,-J+1,\cdots,0,\cdots,J-1,J \quad (|m|\leqslant J).$$

- 当 J 为奇数时($J=1,3,5,\cdots$),转动波函数是反对称的,即

$$\psi_r(\theta,\varphi) = -\psi_r(\pi-\theta,\pi+\varphi),$$

- 当 J 为偶数时($J=0,2,4,\cdots$),转动波函数是对称的,即

$$\psi_r(\theta,\varphi) = \psi_r(\pi-\theta,\pi+\varphi).$$

(2) 讨论核自旋波函数的对称性

双原子分子核自旋的波函数是 2 个核自旋波函数的乘积或它们的线性组合. 核自旋的态可用自旋量子数 I 表征. 对于自旋量子数为 I 的核,其自旋态有 $2I+1$ 个(即核的能级简并度 $\omega_n=2I+1$). 因此,异核双原子分子的核自旋态共有$(2I_A+1)(2I_B+1)$个,同核双原子分子的核自旋态共有$(2I+1)^2$ 个.

对于同核双原子分子,2 个核自旋波函数将共有$(2I+1)^2$ 个不同的组合. 这$(2I+1)^2$ 个组合中,又分为两种情况.

- 对称的核自旋波函数有$(I+1)(2I+1)$个. 此为 2 个核自旋平行的态. 因为每个量子态上放核的数目不受限制. 因而将 $n=2$ 个核分配到 $\omega=2I+1$ 个态上的方式数为

$$\frac{(n+\omega-1)!}{n!(\omega-1)!} = \frac{(\omega+1)!}{2!(\omega-1)!} = \frac{(\omega+1)\omega}{2} = (I+1)(2I+1).$$

● 反对称核自旋波函数有$I(2I+1)$个. 此为两个核自旋反平行的态. 这是因为每个量子态上最多只能放一个核,因而将$n=2$个核分配到$\omega=2I+1$个态上的方式数为

$$\frac{\omega!}{n!(\omega-n)!}=\frac{\omega!}{2!(\omega-2)!}=\frac{\omega(\omega+1)}{2}=I(2I+1).$$

现在举两个实例具体说明.

【例 6.4.1】H_2 分子的核自旋波函数.

H 原子核的核自旋$I=1/2$,它是费米子,共有$2I+1=2$个核自旋态. 因此H_2分子的核自旋态共有$(2I+1)^2=4$个. 也就是说H_2分子有 4 个独立的核自旋波函数. 它们分别为

$\psi_{n_1}=\sigma_{+\frac{1}{2}}(a)\sigma_{+\frac{1}{2}}(b)$	对称态
$\psi_{n_2}=\sigma_{-\frac{1}{2}}(a)\sigma_{-\frac{1}{2}}(b)$	对称态
$\psi_{n_3}=\frac{1}{\sqrt{2}}\left[\sigma_{+\frac{1}{2}}(a)\sigma_{-\frac{1}{2}}(b)+\sigma_{+\frac{1}{2}}(b)\sigma_{-\frac{1}{2}}(a)\right]$	对称态
$\psi_{n_4}=\frac{1}{\sqrt{2}}\left[\sigma_{+\frac{1}{2}}(a)\sigma_{-\frac{1}{2}}(b)-\sigma_{+\frac{1}{2}}(b)\sigma_{-\frac{1}{2}}(a)\right]$	反对称态

即有$(I+1)(2I+1)=3$个对称态与$I(2I+1)=1$个反对称态. 其中$\sigma(a)$,$\sigma(b)$是两个核单独的核自旋波函数;而$1/\sqrt{2}$为归一化因子.

核自旋平行状态的氢分子称为正氢,符号为o-H_2(o 是 ortho 的字头). 核自旋反平行状态的氢分子称为仲氢,符号为p-H_2(p 是 para 的字头).

【例 6.4.2】D_2 分子的核自旋波函数.

D 核的核自旋$I=1$,它是玻色子,共有$2I+1=3$个核自旋态. 因此D_2分子的核自旋态共有$(2I+1)^2=9$个,即D_2分子共有 9 个独立的核自旋波函数. 它们分别为

$\psi_{n_1}=\sigma_{+1}(a)\sigma_{+1}(b)$	对称态
$\psi_{n_2}=\sigma_0(a)\sigma_0(b)$	对称态
$\psi_{n_3}=\sigma_{-1}(a)\sigma_{-1}(b)$	对称态
$\psi_{n_4}=\frac{1}{\sqrt{2}}\left[\sigma_{+1}(a)\sigma_0(b)+\sigma_{+1}(b)\sigma_0(a)\right]$	对称态
$\psi_{n_5}=\frac{1}{\sqrt{2}}\left[\sigma_0(a)\sigma_{-1}(b)+\sigma_0(b)\sigma_{-1}(a)\right]$	对称态
$\psi_{n_6}=\frac{1}{\sqrt{2}}\left[\sigma_{-1}(a)\sigma_{+1}(b)+\sigma_{-1}(b)\sigma_{+1}(a)\right]$	对称态
$\psi_{n_7}=\frac{1}{\sqrt{2}}\left[\sigma_{+1}(a)\sigma_0(b)-\sigma_{+1}(b)\sigma_0(a)\right]$	反对称态
$\psi_{n_8}=\frac{1}{\sqrt{2}}\left[\sigma_0(a)\sigma_{-1}(b)-\sigma_0(b)\sigma_{-1}(a)\right]$	反对称态
$\psi_{n_9}=\frac{1}{\sqrt{2}}\left[\sigma_{-1}(a)\sigma_{+1}(b)-\sigma_{-1}(b)\sigma_{+1}(a)\right]$	反对称态

其中$(I+1)(2I+1)=6$个对称态，$I(2I+1)=3$个反对称态.

核自旋波函数对称的态，两个核自旋平行.处在此种态的氘分子称为正-氘，记为$o\text{-}D_2$；处在核自旋波函数反对称态的氘分子称为仲-氘，记为$p\text{-}D_2$.

现在可以讨论核、转波函数(即核、转态)的匹配问题了.刚性同核双原子分子的核转波函数是核自旋波函数与转动波函数的乘积.即

$$\psi_{n,r}(a,b)=\psi_r(a,b)\psi_n(a,b).$$

依据粒子的全同原理，$\psi_{n,r}(a,b)$必须是对称的(核为玻色子情形)或者是反对称的(核为费米子情形).下面分别进行讨论.

(1) 核为费米子($I=1/2,3/2,\cdots$)

例如H_2分子中的H核($I=1/2$).这种分子的核-转波函数必须是反对称的.为了满足这个要求，分子的核自旋波函数与转动波函数必须按下列方式进行匹配.

$I(2I+1)$个反对称的核自旋波函数与J为偶数的对称转动波函数匹配；$(I+1)(2I+1)$个对称的核自旋波函数与J为奇数的反对称转动波函数匹配.因此，刚性同核双原子分子的配分函数中的核-转配分函数因子将为

$$q_{n,r}=I(2I+1)\sum_{J=0,2,\cdots}(2J+1)e^{-J(J+1)\frac{\theta_r}{T}}+(I+1)(2I+1)\sum_{J=1,3,\cdots}(2J+1)e^{-J(J+1)\frac{\theta_r}{T}}.$$

这里核只取基态，而且选其基态作为能量零点.

(2) 核为玻色子($I=0,1,2,3,\cdots$)

例如D_2分子中的D核($I=1$).这时D_2分子的核-转波函数必须是对称的，因而只能是$(I+1)(2I+1)$个对称的核自旋波函数与J为偶数的对称转动波函数匹配，或者是$I(2I+1)$个反对称的核自旋波函数与J为奇数的反对称转动波函数相匹配.在这种情况下，刚性同核双原子分子的配分函数中的核-转配分函数因子将为

$$q_{n,r}=(I+1)(2I+1)\sum_{J=0,2,\cdots}(2J+1)e^{-J(J+1)\frac{\theta_r}{T}}+I(2I+1)\sum_{J=1,3,\cdots}(2J+1)e^{-J(J+1)\frac{\theta_r}{T}}.$$

同前一样，核只取基态，并选基态作为能量零点.

现在我们讨论核-转配分函数的两种极限情况.

- 高温时($T\gg\theta_r$)，大的J对求和贡献大

此时存在下面的关系式

$$\sum_{J=0,2,4,\cdots}(2J+1)e^{-J(J+1)\frac{\theta_r}{T}}=\sum_{J=1,3,5,\cdots}(2J+1)e^{-J(J+1)\frac{\theta_r}{T}}=\frac{1}{2}\frac{8\pi^2IkT}{h^2}.$$

很容易证明上述结果的正确性.

令$J=2k$($J=0,2,4,6,\cdots;k=0,1,2,3,\cdots$)，因此有

$$\sum_{J=0,2,4,\cdots}(2J+1)e^{-J(J+1)\frac{\theta_r}{T}}=\sum_{k=0,1,2,\cdots}(4k+1)e^{-2k(2k+1)\frac{\theta_r}{T}}.$$

作下列变换

$$x=2k(2k+1)=4k^2+2k,$$
$$dx=(8k+2)dk=2(4k+1)dk.$$

则有

$$\sum_{J=0,2,4,\cdots}(2J+1)e^{-J(J+1)\frac{\theta_r}{T}}=\sum_{k=0,1,2,\cdots}(4k+1)e^{-2k(2k+1)\frac{\theta_r}{T}}$$

$$=\int_0^{\infty}(4k+1)\mathrm{e}^{-2k(2k+1)\frac{\theta_r}{T}}\mathrm{d}k=\frac{1}{2}\int_0^{\infty}\mathrm{e}^{-x\frac{\theta_r}{T}}\mathrm{d}x$$

$$=\frac{T}{2\theta_r}=\frac{1}{2}\frac{8\pi^2IkT}{h^2}.$$

而
$$\sum_{J=1,3,5,\cdots}(2J+1)\mathrm{e}^{-J(J+1)\frac{\theta_r}{T}}=\sum_{J=0,1,2,\cdots}(2J+1)\mathrm{e}^{-J(J+1)\frac{\theta_r}{T}}-\sum_{J=0,2,4,\cdots}(2J+1)\mathrm{e}^{-J(J+1)\frac{\theta_r}{T}}$$

$$=\frac{8\pi^2IkT}{h^2}-\frac{1}{2}\frac{8\pi^2IkT}{h^2}=\frac{1}{2}\frac{8\pi^2IkT}{h^2}.$$

所以当$T\gg\theta_r$时，即有

$$\sum_{J=0,2,4,\cdots}(2J+1)\mathrm{e}^{-J(J+1)\frac{\theta_r}{T}}=\sum_{J=1,3,5,\cdots}(2J+1)\mathrm{e}^{-J(J+1)\frac{\theta_r}{T}}=\frac{1}{2}\frac{8\pi^2IkT}{h^2}.$$

此结果还可用下法证明：当$T\gg\theta_r$时，求和可用积分代替

$$\sum_{J=0,2,4,\cdots}(2J+1)\mathrm{e}^{-J(J+1)\frac{\theta_r}{T}}=\int_0^{\infty}\frac{1}{2}(2J+1)\mathrm{e}^{-J(J+1)\frac{\theta_r}{T}}\mathrm{d}J=\frac{1}{2}\frac{8\pi^2IkT}{h^2},$$

$$\sum_{J=1,3,5,\cdots}(2J+1)\mathrm{e}^{-J(J+1)\frac{\theta_r}{T}}=\int_0^{\infty}\frac{1}{2}(2J+1)\mathrm{e}^{-J(J+1)\frac{\theta_r}{T}}\mathrm{d}J=\frac{1}{2}\frac{8\pi^2IkT}{h^2}.$$

此结果表明，不论核为玻色子还是费米子，$T\gg\theta_r$时的核-转配分函数皆为

$$q_{n,r}^{(B)}=q_{n,r}^{(F)}=(2I+1)^2\frac{1}{2}\frac{8\pi^2IkT}{h^2}.$$

显然，这与经典场合下所得的结果完全相同. 当$T\gg\theta_r$时，量子效应不显著. 用经典配分函数求算热力学性质可得到满意的结果. 下面转入低温的讨论.

● 低温时($T\ll\theta_r$)，小的J值对求和的贡献大.

这时，根据要求只取前几项即可，例如

$$\sum_{J=1,3,5,\cdots}(2J+1)\mathrm{e}^{-J(J+1)\frac{\theta_r}{T}}=3\mathrm{e}^{-2\frac{\theta_r}{T}}+7\mathrm{e}^{-12\frac{\theta_r}{T}}+\cdots,$$

$$\sum_{J=0,2,4,\cdots}(2J+1)\mathrm{e}^{-J(J+1)\frac{\theta_r}{T}}=1+5\mathrm{e}^{-6\frac{\theta_r}{T}}+\cdots.$$

从而对核为玻色子或费米子的核-转配分函数分别为

$$q_{n,r}^{(B)}=(I+1)(2I+1)\left(1+5\mathrm{e}^{-6\frac{\theta_r}{T}}+\cdots\right)+I(2I+1)\left(3\mathrm{e}^{-2\frac{\theta_r}{T}}+7\mathrm{e}^{-12\frac{\theta_r}{T}}+\cdots\right),$$

$$q_{n,r}^{(F)}=I(2I+1)\left(1+5\mathrm{e}^{-6\frac{\theta_r}{T}}+\cdots\right)+(I+1)(2I+1)\left(3\mathrm{e}^{-2\frac{\theta_r}{T}}+7\mathrm{e}^{-12\frac{\theta_r}{T}}+\cdots\right).$$

可见，低温与高温时完全不同，此时量子效应显著，因而对玻色子及费米子必须分别求算.

● 当温度既不高也不低时，转动的配分函数应按直接求和进行计算.

6.4.4 同核双原子分子的核-转热力学函数

当我们得出核-转配分函数后，求算相应的热力学函数便是容易的事了. 例如在$T\gg\theta_r$时，不论核是费米子还是玻色子，同核双原子分子的转动配分函数为

$$q_r=\frac{1}{2}\frac{8\pi^2IkT}{h^2},$$

而核-转配分函数为

$$q_{n,r}=(2I+1)^2\frac{1}{2}\frac{8\pi^2 IkT}{h^2}.$$

将它们分别代入热力学函数的统计表达式中,即得相应的热力学函数.作为练习留给读者自行写出.

在温度不太高的情况下,将出现某些特殊性使问题变得复杂化.下面就阐述这些问题.

同核双原子分子的气体可视为正、仲两种组分的混合气体.这两种组分处于平衡时的浓度之比(平衡常量)由两者的核-转配分函数之比确定.因为两者的平动配分函数相同.对刚性双原子分子,无振动配分函数或者不予考虑,而电子配分函数也假设是相同的(参见第9章的平衡常量统计表式).

现在分别讨论核为费米子与核为玻色子时的情况.

(1) 当核为费米子时(如H_2分子中的H核),平衡时正、仲分子的浓度之比为

$$n^{(F)}=\frac{(I+1)(2I+1)\sum\limits_{J=1,3,\cdots}(2J+1)\exp\left[-J(J+1)\frac{\theta_r}{T}\right]}{I(2I+1)\sum\limits_{J=0,2,\cdots}(2J+1)\exp\left[-J(J+1)\frac{\theta_r}{T}\right]}=\frac{(I+1)\sum\limits_{J=1,3,\cdots}(2J+1)\exp\left[-J(J+1)\frac{\theta_r}{T}\right]}{I\sum\limits_{J=0,2,\cdots}(2J+1)\exp\left[-J(J+1)\frac{\theta_r}{T}\right]}.$$

(2) 当核为玻色子时(如D_2分子中的D核),平衡时正、仲分子的浓度之比为

$$n^{(B)}=\frac{(I+1)(2I+1)\sum\limits_{J=0,2,\cdots}(2J+1)\exp\left[-J(J+1)\frac{\theta_r}{T}\right]}{I(2I+1)\sum\limits_{J=1,3,\cdots}(2J+1)\exp\left[-J(J+1)\frac{\theta_r}{T}\right]}=\frac{(I+1)\sum\limits_{J=0,2,\cdots}(2J+1)\exp\left[-J(J+1)\frac{\theta_r}{T}\right]}{I\sum\limits_{J=1,3,\cdots}(2J+1)\exp\left[-J(J+1)\frac{\theta_r}{T}\right]}.$$

上述结果表明,不论核是费米子还是玻色子,平衡时的正、仲分子的浓度之比都随温度而变.

● 当$T\gg\theta_r$时

$$\frac{\sum\limits_{J=1,3,\cdots}(2J+1)\exp\left[-J(J+1)\frac{\theta_r}{T}\right]}{\sum\limits_{J=0,2,\cdots}(2J+1)\exp\left[-J(J+1)\frac{\theta_r}{T}\right]}\approx 1.$$

所以不论核是费米子还是玻色子,正、仲分子的平衡浓度之比皆趋于$\frac{I+1}{I}$,即

$$n\rightarrow\frac{(I+1)(2I+1)}{I(2I+1)}=\frac{I+1}{I}.$$

对于H_2分子气体,$T\gg\theta_r$时,$n\rightarrow\frac{(1/2)+1}{1/2}=3$.而$D_2$分子气体,则$n\rightarrow\frac{1+1}{1}=2$,即高温下$H_2(g)$中的正、仲氢之比是3∶1;而$D_2(g)$中的正、仲氘之比是2∶1.下面举$H_2(g)$的结果,数据是以仲氢与正氢之比给出的.

$$K_N = \frac{1}{n} = \frac{I \sum\limits_{J=0,2,\cdots} (2J+1)\exp\left[-J(J+1)\dfrac{\theta_r}{T}\right]}{(I+1)\sum\limits_{J=1,3,\cdots}(2J+1)\exp\left[-J(J+1)\dfrac{\theta_r}{T}\right]}.$$

T/K	20	40	100	273
K_N	555	7.78	0.627	0.336

当$T=273$ K 时,$K_N=0.336$,接近1/3.而温度愈低,K_N愈大(即n愈小),此时仲氢比例增大.

【练习】请求算$H_2(g)$及$D_2(g)$在$T=\theta_r$时的K_N值(参见第 9 章).

(1) $T\ll\theta_r$ 的情况

这时存在下列的近似式

$$\frac{\sum\limits_{J=1,3,\cdots}(2J+1)\exp\left[-J(J+1)\dfrac{\theta_r}{T}\right]}{\sum\limits_{J=0,2,\cdots}(2J+1)\exp\left[-J(J+1)\dfrac{\theta_r}{T}\right]} \approx 3\exp(-2\theta_r/T).$$

当$T\to0$ K 时上述比值也趋于0.因而即得如下的结论:

当$T\to0$ K 时,核为费米子的分子将全部变为仲分子;而核为玻色子的分子将全部变为正分子,而且它们都将处在$J=0$的转动基态,其转动配分函数为1.因此,$T\to0$ K 时,$H_2(g)$全部为仲氢分子,而$D_2(g)$全部为正氘分子.

(2) 温度不高也不低(相对θ_r而言)

这时,正-仲分子数目的比值无极限值,配分函数也无近似式.只能根据所得的混合型配分函数及平衡时正-仲分子数的比值求算同核双原子分子气体的热力学性质.

以上都是平衡态统计力学的理论结果.实际上究竟如何呢?当将统计力学求得的热力学函数与实验值比较时,发现在某些情况下两者并不相符.今以H_2分子的转动热容为例加以讨论.

6.4.5 $H_2(g)$的转动热容

先列出统计力学对于$H_2(g)$转动热容的各种理论结果.按不同的核-转配分函数求算得 出的$H_2(g)$核-转热容随温度变化的情形示于图6.4.2.为了作比较,并将异核双原子分子的结果也一并示出.

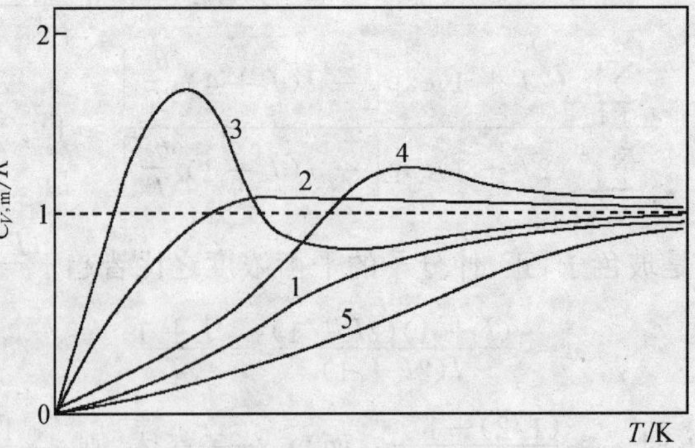

图6.4.2 $H_2(g)$的转动热容曲线(理论与实验比较)

曲线 1 实验结果.

曲线 2 用异核转动配分函数求得

$$(q_r)_2 = \sum_{J=0,1,2,\cdots} (2J+1)e^{-J(J+1)h^2/8\pi^2 IkT}.$$

曲线 3 用H_2分子在真正平衡时(即不冻结在常温下的核自旋状态)的核-转混合型配分函数求得

$$(q_{n,r})_3 = \sum_{J=0,2,4,\cdots} (2J+1)e^{-J(J+1)h^2/8\pi^2 IkT} + 3\sum_{J=1,3,5,\cdots} (2J+1)e^{-J(J+1)h^2/8\pi^2 IkT}.$$

曲线 4 用仲氢的核-转配分函数求得

$$(q_{n,r})_4 = I(2I+1)\sum_{J=0,2,4,\cdots} (2J+1)e^{-J(J+1)h^2/8\pi^2 IkT} = \sum_{J=0,2,4,\cdots} (2J+1)e^{-J(J+1)h^2/8\pi^2 IkT}.$$

曲线 5 用正氢的核-转配分函数求得

$$(q_{n,r})_5 = (I+1)(2I+1)\sum_{J=1,3,5,\cdots} (2J+1)e^{-J(J+1)h^2/8\pi^2 IkT} = 3\sum_{J=1,3,5,\cdots} (2J+1)e^{-J(J+1)h^2/8\pi^2 IkT}.$$

不难看出,在高温下各配分函数存在如下的关系

$$(q_r)_2 = \frac{8\pi IkT}{h^2},$$

$$(q_{n,r})_3 = 2(q_r)_2 = 2\,\frac{8\pi IkT}{h^2},$$

$$(q_{n,r})_4 = \frac{1}{2}(q_r)_2 = \frac{1}{2}\,\frac{8\pi IkT}{h^2},$$

$$(q_{n,r})_5 = \frac{3}{2}(q_r)_2 = \frac{3}{2}\,\frac{8\pi IkT}{h^2}.$$

由于求热容时配分函数中的常量因子不起作用(因热容与$\partial \ln q/\partial T$有关),故高温时不论用哪种配分函数,求得的热容都趋于一致,而且与实验结果相符.除高温外四条统计理论的曲线都与实验曲线不相符合,这些不符不能归于忽略振动与电子运动的结果.那么,不符的原因何在?是统计理论的错误呢?还是实验结果不可靠呢?或者是两者都没问题,而是存在别的什么特殊的原因呢?

1927年,Dennison(丹尼森)解释了理论与实验不符的原因,他认为$H_2(D_2)$在所做实验的温度范围内并不是处在真正的正氢和仲氢的平衡态.因为$H_2(g)$或$D_2(g)$的样品通常都是在比θ_r高得多的温度(室温)下制备与保存的,当温度降低时,$H_2(g)$中的正、仲氢分子的数量比值仍冻结在室温时的平衡值(即$n=N_{正}/N_{仲}=3$),这是因为正-仲分子的相互转变需要核自旋急剧的转向.这种转变的概率非常之小,实际上转变所需的时间是年的数量级.这样,在短暂的实验时间内改变温度时不可能得到真正的正-仲氢的平衡比值.因此,在低温下实际是两种分子(正、仲)的非平衡混合物,其浓度的比值仍固定在室温时的数值.所以按真正平衡处理,用混合型的核-转配分函数求算其转动热容当然不会与实验相符.

鉴于上述考虑,应该按理想混合气体处理.这样,气体的转动热容对核为费米子或玻色子分别用下面公式求算

$$C_{m,r}^{(F)} = \frac{I}{2I+1}(C_{m,r})_{仲} + \frac{I+1}{2I+1}(C_{m,r})_{正},$$

$$C_{m,r}^{(B)} = \frac{I+1}{2I+1}(C_{m,r})_{仲} + \frac{I}{2I+1}(C_{m,r})_{正}.$$

其中$(C_{m,r})_{仲}$，$(C_{m,r})_{正}$分别为正、仲分子的摩尔转动热容，它们分别由配分函数$(q_{n,r})_5$和$(q_{n,r})_4$求算.

对于$H_2(g)$，其摩尔转动热容为

$$C_{m,r}=\frac{1/2}{2\times(1/2)+1}(C_{m,r})_{仲}+\frac{(1/2)+1}{2\times(1/2)+1}(C_{m,r})_{正}=\frac{1}{4}(C_{m,r})_{仲}+\frac{3}{4}(C_{m,r})_{正}.$$

据此式得出的$H_2(g)$转动热容随温度变化的曲线与实验测得的曲线完全一致.

Dennison 的观点还由其他实验进一步得到了证实.

$H_2(g)$通过催化剂活性炭(charcoal)时，正-仲氢分子能迅速转化.根据这个事实，可在不同温度下分别使$H_2(g)$通过催化剂活性炭，然后再将活性炭移走，这样就能得到所期望的正-仲氢的比值，从而就可得出不同温度下具有适当权重的$(C_{m,r})_{正}$和$(C_{m,r})_{仲}$的混合气体的转动热容的所遵循的曲线，它与前面讨论过的$n=3/1$的情况完全相似.

1929 年，Bonhoeffer(邦霍菲)和 Harteck(哈提克)用这个方法测定了不同温度下正-仲氢的真正平衡比值n及$H_2(g)$的转动热容，实验所得的转动热容随温度变化的曲线与用混合型配分函数$(q_{n,r})_3$，求算出的理论曲线也完全一致.

所有这些实验，都充分证实了 Dennison 观点的正确性.

6.5　非直线型分子的转动配分函数及热力学函数

量子力学对直线分子和某些具有一定对称性的非直线型多原子分子(如对称陀螺分子NH_3，$CHCl_3$等)可得出转动的精确量子态与能级，但它并非对任意非直线型分子的转动都能做到这一点.而经典力学则可以完善地得到任意非直线型分子的转动能量函数与配分函数.当温度不太低时，多原子分子的量子效应不显著，因而经典力学可很好地描述转动.非直线型多原子分子的经典转动配分函数的详细论述，需要经典刚体动力学的知识，推导过程也较繁.从应用角度说，只列出结果就可以了.

非直线型多原子分子的经典转动配分函数为

$$q_r=\frac{\pi^{1/2}}{\sigma}\left(\frac{8\pi^2kT}{h^2}\right)^{3/2}(ABC)^{1/2}$$

$$=\frac{\pi^{1/2}}{\sigma}\left(\frac{8\pi^2AkT}{h^2}\right)^{1/2}\left(\frac{8\pi^2BkT}{h^2}\right)^{1/2}\left(\frac{8\pi^2CkT}{h^2}\right)^{1/2}. \tag{6.5.1}$$

其中A,B,C为分子对于 3 个相互垂直且通过分子质心的惯量主轴的转动惯量，σ为分子的对称数.类似双原子分子那样，将下列 3 个量称为分子的 3 个转动特征温度：

$$\theta_{r,1}=\frac{h^2}{8\pi^2Ak},\quad \theta_{r,2}=\frac{h^2}{8\pi^2Bk},\quad \theta_{r,3}=\frac{h^2}{8\pi^2Ck}.$$

它们分别由分子的A,B,C所决定.一般说来，多原子分子的A,B,C都较大，因而3 个转动特征温度都很低.这就保证了经典转动配分函数在不太低的温度下具有足够的准确性.由此可见，经典力学还是非常有用的.q_r用转动特征温度的表示式为

$$q_r=\frac{\pi^{1/2}}{\sigma}\left(\frac{T^3}{\theta_{r,1}\theta_{r,2}\theta_{r,3}}\right)^{1/2}, \tag{6.5.2}$$

它只是温度的函数.

应用转动配分函数作具体计算时，需要得出ABC与对称数σ.

1. *ABC* 的求算

ABC 的求算式为

$$ABC=\begin{vmatrix} I_{xx} & -I_{xy} & -I_{xz} \\ -I_{yx} & I_{yy} & -I_{yz} \\ -I_{zx} & -I_{zy} & I_{zz} \end{vmatrix}. \tag{6.5.3}$$

行列式中的元依选择的固定点与坐标而不同.下面列出三种求算法.

(1) 以分子质心为坐标原点的任一直角坐标系,分子中原子 i 的坐标为 x_i, y_i, z_i,这时

$$I_{xx}=\sum_i m_i(y_i^2+z_i^2),$$

$$I_{yy}=\sum_i m_i(z_i^2+x_i^2),$$

$$I_{zz}=\sum_i m_i(x_i^2+y_i^2).$$

它们分别是分子对 x, y, z 轴的转动惯量.

$$I_{xy}=I_{yx}=\sum_i m_i x_i y_i,$$

$$I_{yz}=I_{zy}=\sum_i m_i y_i z_i,$$

$$I_{zx}=I_{xz}=\sum_i m_i z_i x_i.$$

它们称为惯量积.

(2) 如果以分子质心为坐标原点的直角坐标系能使所有惯量积都等于零,则称该坐标系的轴为分子对质心的惯量主轴,也称为中心惯量主轴.此时的 I_{xx}, I_{yy}, I_{zz} 分别用 A, B, C 表示.这时则有

$$ABC=I_{xx}I_{yy}I_{zz}.$$

(3) 以任意点为坐标原点的任意直角坐标系,此时有

$$I_{xx}=\sum_i m_i(y_i^2+z_i^2)-\frac{\left(\sum_i m_i y_i\right)^2}{M}-\frac{\left(\sum_i m_i z_i\right)^2}{M},$$

$$I_{yy}=\sum_i m_i(x_i^2+z_i^2)-\frac{\left(\sum_i m_i x_i\right)^2}{M}-\frac{\left(\sum_i m_i z_i\right)^2}{M},$$

$$I_{zz}=\sum_i m_i(x_i^2+y_i^2)-\frac{\left(\sum_i m_i x_i\right)^2}{M}-\frac{\left(\sum_i m_i y_i\right)^2}{M},$$

$$I_{xy}=I_{yx}=\sum_i m_i x_i y_i-\frac{\left(\sum_i m_i x_i\right)\left(\sum_i m_i y_i\right)}{M},$$

$$I_{yz}=I_{zy}=\sum_i m_i y_i z_i-\frac{\left(\sum_i m_i y_i\right)\left(\sum_i m_i z_i\right)}{M},$$

$$I_{zx}=I_{xz}=\sum_i m_i x_i z_i-\frac{\left(\sum_i m_i x_i\right)\left(\sum_i m_i z_i\right)}{M},$$

其中 $M = \sum_i m_i$ 为分子的总质量. 显然,(1)和(2)是(3)的两种特例.

2. 分子的对称数

分子的对称数是分子在空间中等价的取向数;或在空间中物理上不可区分的构型数,也就是通过刚性转动使分子复原的独立方式数,它是分子内在结构的外在反映. σ 可通过分子所具有的独立对称轴或分子所属点群求得. 表 6.4 列出了一些分子的对称数.

表 6.4　一些分子的对称数

分　子	σ	分　子	σ
H_2O	2	C_6H_6	12
SO_2	2	BF_3	6
NH_3	3	CH_2D_2	2
$CDCl_3$	3	C_6H_8	2
C_2H_4	4	C_6H_{10}	2
CH_4	12	C_6H_{12}	6

在经典极限下,非直线型多原子分子的摩尔转动热力学函数如下:

$$p = 0\ ,$$

$$U_\mathrm{m} = H_\mathrm{m} = \frac{3}{2}RT\ ,$$

$$S_\mathrm{m} = R\ln\left\{\frac{\pi^{1/2}}{\sigma}\left(\frac{8\pi^2 kT}{h^2}\right)^{3/2}(ABC)^{1/2}\right\} + \frac{3}{2}R\ ,$$

$$F_\mathrm{m} = G_\mathrm{m} = -RT\ln\left\{\frac{\pi^{1/2}}{\sigma}\left(\frac{8\pi^2 kT}{h^2}\right)^{3/2}(ABC)^{1/2}\right\}\ ,$$

$$C_{V,\mathrm{m}} = C_{p,\mathrm{m}} = \frac{3}{2}R\ .$$

6.6　振动配分函数

非刚性分子的振动一般说来相当复杂,若温度不太高做微小振动时,可通过适当的数学处理,将分子的振动化成独立的简正振动,用简谐振子模型近似. 因此,我们先要讨论简谐振子的配分函数,最后略述分子的振动配分函数及热力学函数.

6.6.1　一维简谐振子的配分函数

一个质量为 m、弹力常量为 f 的一维简谐振子,选平衡位置为坐标原点并规定势能为零,按经典力学,振子的振动能量函数为

$$\varepsilon(x, p_x) = \frac{p_x^2}{2m} + \frac{1}{2}fx^2.$$

经典极限下的一维谐振子配分函数为

$$q_\mathrm{v} = \frac{1}{h}\iint_{-\infty}^{\infty} \mathrm{e}^{-\varepsilon(x,p_x)/kT}\mathrm{d}x\mathrm{d}p_x$$

$$= \frac{1}{h} \iint_{-\infty}^{\infty} e^{-\left(\frac{p_x^2}{2m}+\frac{1}{2}fx^2\right)/kT} dx dp$$

$$= \frac{1}{h} \left\{ \int_{-\infty}^{\infty} e^{-\frac{p_x^2}{2mkT}} dp_x \right\} \left\{ \int_{-\infty}^{\infty} e^{-\frac{fx^2}{2kT}} dx \right\}$$

$$= \frac{1}{h} \sqrt{2\pi mkT} \sqrt{2\pi kT/f}$$

$$= \frac{kT}{h\nu}. \tag{6.6.1}$$

其中$\nu=\frac{1}{2\pi}\sqrt{\frac{f}{m}}$为一维谐振子的频率,它由振子的固有属性 m 和 f 决定的.

按量子力学,一维简谐振子以经典平衡位置的势能为零的振动能级公式为

$$\varepsilon_v = \left(v+\frac{1}{2}\right)h\nu \quad (v=0,1,2,\cdots),$$

而且各能级都是非简并的,即

$$\omega_v = 1 \quad (v=0,1,2,\cdots).$$

因此,一维简谐振子的振动配分函数为

$$q_v = \sum_{v=0}^{\infty} e^{-\varepsilon_v/kT} = \sum_{v=0}^{\infty} e^{-\left(v+\frac{1}{2}\right)h\nu/kT}$$

$$= e^{-\frac{1}{2}h\nu/kT}\left(1+e^{-h\nu/kT}+e^{-2h\nu/kT}+\cdots\right) = \frac{e^{-\frac{1}{2}h\nu/kT}}{1-e^{-h\nu/kT}}. \tag{6.6.2}$$

下列量称为振动特征温度,用符号 θ_v 表示.

$$\theta_v = \frac{h\nu}{k}. \tag{6.6.3}$$

这样,一维简谐振子的振动配分函数可表为

$$q_v = \frac{e^{-\theta_v/2T}}{1-e^{-\theta_v/T}}, \tag{6.6.4}$$

配分函数的值依赖于能量零点的选择.若以一维简谐振子的基态为能量零点,振子的能级公式即为

$$\varepsilon_v = vh\nu \quad (v=0,1,2,\cdots).$$

相应的振动配分函数即为

$$q_v = \sum_{v=0}^{\infty} e^{-vh\nu/kT} = \frac{1}{1-e^{-h\nu/kT}} = \frac{1}{1-e^{-\theta_v/T}}. \tag{6.6.5}$$

双原子分子的振动用一维简谐振子近似时,若选组成分子的原子在分离成相距无限远(即成孤立原子)时的各原子基态作为振动能量零点,这时振动能级公式为

$$\varepsilon_v = vh\nu - D_0 \quad (v=0,1,2,\cdots).$$

相应的振动配分函数为

$$q_v = \sum_{v=0}^{\infty} e^{-(vh\nu-D_0)/kT} = \frac{e^{D_0/kT}}{1-e^{-h\nu/kT}} = \frac{e^{D_0/kT}}{1-e^{-\theta_v/T}}, \tag{6.6.6}$$

其中 D_0 为分子的离解能,它是由分子基态到孤立原子基态所需的能量.

公式(6.6.2),(6.6.5),(6.6.6)表示的三种振动配分函数,今后都会用到.现在讨论它们

的经典极限形式. 当 $T \gg \theta_v$ 时, 将 $\exp(-\theta_v/T)$ 作 Taylor 展开, 略去高次项, 三种振动配分函数都趋于下列结果

$$q_v = \frac{T}{\theta_v} = \frac{kT}{h\nu}.$$

这正是按 μ 空间积分所得的经典振动配分函数, 它充分表明 $T \gg \theta_v$ 时, 简谐振子的量子效应不显著.

双原子分子的 θ_v 一般都比较大(见表 6.5). 在常温下, 按简谐振子处理双原子分子的振动时一般不能用经典振动配分函数, 而需用按量子态加和的配分函数.

表 6.5　一些双原子分子的振动特征温度

分　子	θ_v/K	分　子	θ_v/K
H_2	6210	HI	3200
N_2	3340	Cl_2	810
O_2	2230	Br_2	470
CO	3070	I_2	310
NO	2690	BrCl	747
HCl	4140	ICl	553
HBr	3700		

6.6.2　三维各向同性谐振子的振动配分函数

取三维各向同性谐振子在平衡位置的势能为零, 根据量子力学, 这种振子的能级及其简并度公式分别为

$$\varepsilon_v = \left(v + \frac{3}{2}\right)h\nu \quad (v = 0,1,2,\cdots),$$

$$\omega_v = \frac{(v+2)(v+1)}{2}.$$

从而振动配分函数为(注意应用附录E 的公式E-3)

$$\begin{aligned} q_v &= \sum_{v=0}^{\infty} \omega_v e^{-\varepsilon_v/kT} \\ &= \sum_{v=0}^{\infty} \frac{(v+2)(v+1)}{2} e^{-\left(v+\frac{3}{2}\right)h\nu/kT} \\ &= \sum_{v=0}^{\infty} \frac{(v+2)(v+1)}{2} e^{-\left(v+\frac{3}{2}\right)\theta_v/T} \\ &= e^{-3\theta_v/2T}(1 + 3e^{-\theta_v/T} + 6e^{-2\theta_v/T} + 10e^{-3\theta_v/T} + \cdots) \\ &= \left(\frac{e^{-\theta_v/2T}}{1 - e^{-\theta_v/T}}\right)^3. \end{aligned} \tag{6.6.7}$$

结果表明, 三维各向同性谐振动配分函数等于一维谐振子振动配分函数的立方.

当 $T \gg \theta_v$ 时, 三维各向同性谐振子的振动配分函数(6.6.7)式便趋近于下列的经典振动配

分函数

$$q_{\mathrm{v}}=\left(\frac{T}{\theta_{\mathrm{v}}}\right)^{3}=\left(\frac{kT}{h\nu}\right)^{3}. \tag{6.6.8}$$

【练习1】当$T\gg\theta_{\mathrm{v}}$时，请用积分代替求和的方法得出一维谐振子与三维各向同性谐振子的振动配分函数.

【练习2】请在μ空间中求出三维各向同性谐振于的经典振动配分函数.

6.6.3 多原子分子的振动配分函数

多原子分子的振动相当复杂，在多原子分子中不存在单个原子的独立振动，而是分子内的所有原子都不约而同地发生偏离它们平衡位置的位移.通常采用简正振动模型处理(见附录F).n原子直线分子的振动自由度为$3n-5$.设第i简正振动的基本频率为ν_i，以振动基态为能量零点的振动配分函数为

$$q_{\mathrm{v}}=\prod_{i=1}^{3n-5}\frac{1}{1-\mathrm{e}^{-h\nu_i/kT}}=\prod_{i=1}^{3n-5}\frac{1}{1-\mathrm{e}^{-\theta_{\mathrm{v},i}/kT}}. \tag{6.6.9}$$

n原子非直线型分子的振动自由度为$3n-6$，以振动基态为能量零点的振动配分函数为

$$q_{\mathrm{v}}=\prod_{i=1}^{3n-6}\frac{1}{1-\mathrm{e}^{-h\nu_i/kT}}=\prod_{i=1}^{3n-6}\frac{1}{1-\mathrm{e}^{-\theta_{\mathrm{v},i}/kT}}. \tag{6.6.10}$$

(6.6.9)和(6.6.10)式中的$\theta_{\mathrm{v},i}=h\nu_i/k$是第$i$简正振动的特征温度.图6.6.1示意出$H_2O$与$CO_2$分子的简正振动方式及相应的振动波数.

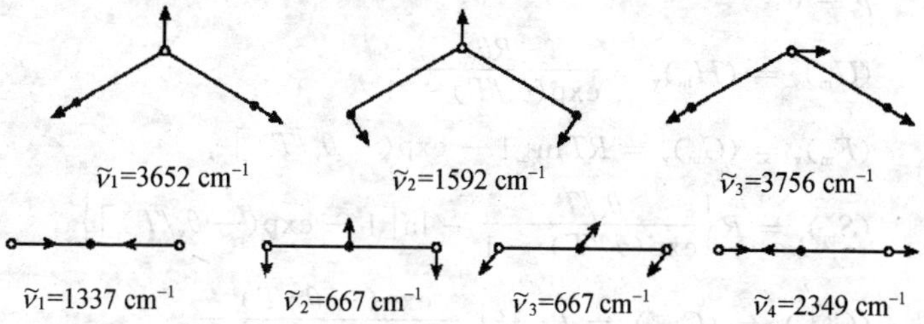

图6.6.1 H_2O与CO_2分子的简正振动方式及其基本波数

分子的每一个简正振动模式，分子内的所有原子都以相同的频率和相位往返偏离各自的平衡位置做振动，但各个原子的振幅却可能因几何位置关系而彼此不同.简正振动大致分为两大类：一类是伸缩振动，振动时键长发生变化，但键角不变；另一类是弯曲振动，振动时键角变化而键长不变.再进一步细分，有对称伸缩、不对称伸缩、面内弯曲、面外弯曲、剪动、扭动和摇动等.一般而论，在同一分子使键长伸缩需要的能量比键角改变的要大.因此，伸缩振动的频率往往大于弯曲振动的频率.

【练习】请图示出乙炔分子和氨分子的所有简正振动模式.

6.7 双原子分子的摩尔振动热力学函数

双原子分子的振动也很复杂，它并不是简谐振动.图6.7.1示意出双原于分子的势能曲线

与简谐振子的势能曲线的比较，两者只是在低振动能时才相近.常温下，分子几乎处于低振动能级上，此时用简谐振子模型处理双原子分子的振动才比较满意.双原子分子的实际振动能级并不是均匀的，通常将从 $v=0$ 到 $v=1$ 对应的跃迁频率称为双原子分子的振动基本频率，双原子分子的振动特征温度就是由它定义的.

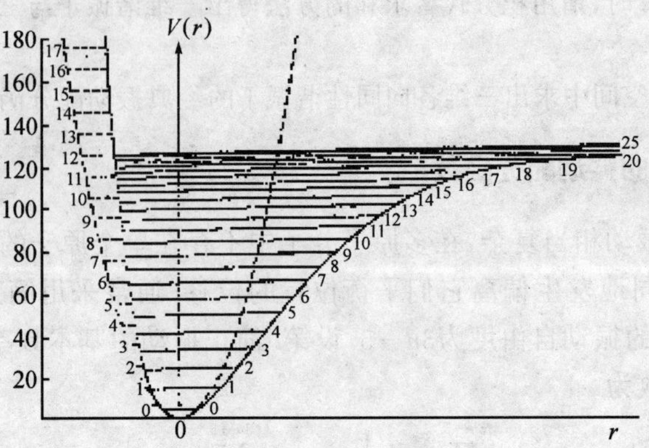

图 6.7.1　双原子分子的势能函数

假设将双原子分子的振动当做简谐振动处理，以基态为能量零点的振动配分函数为

$$q_v = \frac{1}{1-\exp(-\theta_v/T)}.$$

双原子分子的摩尔振动热力学函数为

$$p = 0\ ,$$

$$(U_m)_v = (H_m)_v = \frac{R\theta_v}{\exp(\theta_v/T)-1}\ ,$$

$$(F_m)_v = (G_m)_v = RT\ln[1-\exp(-\theta_v/T)]\ ,$$

$$(S_m)_v = R\left\{\frac{\theta_v/T}{\exp(\theta_v/T)-1} - \ln[1-\exp(-\theta_v/T)]\right\}\ ,$$

$$(C_{V,m})_v = (C_{p,m})_v = R\left(\frac{\theta_v}{T}\right)\frac{\exp(-\theta_v/T)}{[\exp(\theta_v/T)-1]^2}\ .$$

从以上公式不难看出，摩尔振动熵与热容量是 T/θ_v 的普适函数，只要不同双原子分子的 T/θ_v 相同，它们的 $(S_m)_v$，$(C_{V,m})_v$ 就相同，这是一条对比态定律.若作 $(C_{V,m})_v$-T/θ_v 图(见图6.7.2)，不同双原子分子都应在此同一曲线上.按经典统计理论，$(C_{V,m})_v=R$(常量)，它不能解释振动热容与温度关系.由于大多数双原子分子的 θ_v 比常温大得多，因而常温下振动对热容的贡献非常小.在量子力学建立之前，经典统计对此是无法解释的.

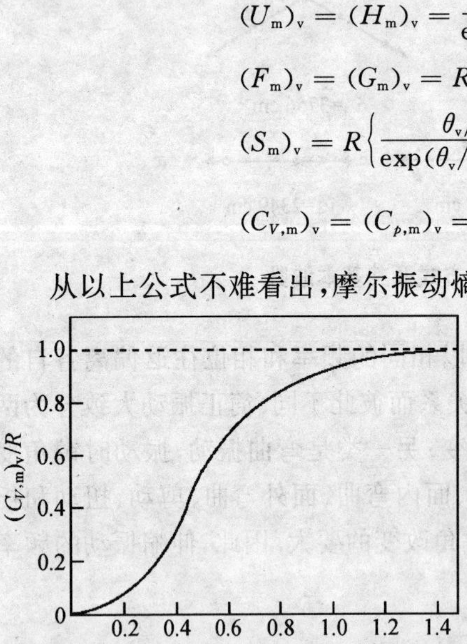

图6.7.2　$(C_{V,m})_v/R$ 对 T/θ_v 曲线

应用简谐振子模型能较好地描述双原子分子在低能量的振动行为.若用下列的 Morse 势能函数，则能更好接近双原子分子振动的实际情况

$$V(r) = D_e[1-\exp\{-a(r-r_e)\}]^2, \tag{6.7.1}$$

其中D_e，a，r_e是与分子有关的参量，D_e是分子从势能曲线最低点到孤立原子($r\to\infty$)的能量，r_e是两原子的平衡核间距离.

将$V(r)$在平衡点r_e作Taylor展开，得

$$V(r)=V(r_e)+\left(\frac{dV}{dr}\right)_{r=r_e}(r-r_e)+\frac{1}{2!}\left(\frac{d^2V}{dr^2}\right)_{r=r_e}(r-r_e)^2+\frac{1}{3!}\left(\frac{d^3V}{dr^3}\right)_{r=r_e}(r-r_e)^3+\cdots. \tag{6.7.2}$$

因为$V(r)$在r_e处最小，故$\left(\frac{dV}{dr}\right)_{r=r_e}=0$. 另外，当$r-r_e$很小时，可略去$(r-r_e)^4$等高次项，并取$V(r_e)=0$. 这样，势能函数(6.7.2)式即为

$$V(r)=\frac{1}{2}k(r-r_e)^2+k'(r-r_e)^3, \tag{6.7.3}$$

其中

$$k=\left(\frac{d^2V}{dr^2}\right)_{r=r_e}=2a^2D_e, \tag{6.7.4}$$

$$k'=\frac{1}{6}\left(\frac{d^3V}{dr^3}\right)_{r=r_e}=-6a^3D_e. \tag{6.7.5}$$

用势能函数(6.7.3)式，求解振动的Schrödinger方程，可得振动能级为(以势能曲线最低点为能量零点)

$$\varepsilon_v=\left(v+\frac{1}{2}\right)h\nu_e-\left(v+\frac{1}{2}\right)^2x_eh\nu_e, \tag{6.7.6}$$

其中的参量ν_e，x_e分别为

$$\nu_e=\frac{a}{\pi}\left(\frac{D_e}{2\mu}\right)^{1/2}, \tag{6.7.7}$$

$$x_e=\frac{h\nu_e}{4D_e}. \tag{6.7.8}$$

通常称x_e为非简谐常量，它可由光谱数据求得.

相应于能级公式(6.7.6)的振动配分函数为

$$q_v=\sum_v\exp\left\{-\left[\left(v+\frac{1}{2}\right)-\left(v+\frac{1}{2}\right)^2x_e\right]\frac{h\nu_e}{kT}\right\} \tag{6.7.9}$$

若以分子振动基态为能量零点，则振动能级公式即为

$$\varepsilon'_v=\{v-v(v+1)x_e\}h\nu_e. \tag{6.7.10}$$

相应的振动配分函数为

$$q'_v=\sum_v\exp\left\{-[v-v(v+1)x_e]\frac{h\nu_e}{kT}\right\}. \tag{6.7.11}$$

配分函数(6.7.9)和(6.7.11)式求和的v从0到多大？由于Morse势能函数中的D_e是双原子分子从平衡位置解离成两个相距无限远的原子所需的能量，因此ε_v最大为D_e. 与此相应的v就是求和时v的上限，用v_{max}表示，它由下式确定

$$D_e=\left\{\left(v_{max}+\frac{1}{2}\right)-\left(v_{max}+\frac{1}{2}\right)^2x_e\right\}h\nu_e. \tag{6.7.12}$$

将(6.7.8)式代入(6.7.12)式，可解得

$$v_{max}=\frac{1}{2x_e}-\frac{1}{2}.$$

因为 v 必须是整数，用 $\left[\frac{1}{2x_e}-\frac{1}{2}\right]$ 代表 $\frac{1}{2x_e}-\frac{1}{2}$ 的整数部分，这样，振动配分函数(6.7.9)式和(6.7.11)式即为

$$q_v = \sum_{v=0}^{\left[\frac{1}{2x_e}-\frac{1}{2}\right]} \exp\left\{-\left[\left(v+\frac{1}{2}\right)-\left(v+\frac{1}{2}\right)^2 x_e\right]\frac{h\nu_e}{kT}\right\}, \tag{6.7.13}$$

$$q_v' = \sum_{v=0}^{\left[\frac{1}{2x_e}-\frac{1}{2}\right]} \exp\left\{-\left[v-v(v+1)x_e\right]\frac{h\nu_e}{kT}\right\}. \tag{6.7.14}$$

这些求和化不成解析公式表示，只能逐项相加求总和.

此处也可以将下列量定义为双原子分子的振动特征温度

$$\theta_v = \frac{h\nu_e}{k}. \tag{6.7.15}$$

但应注意，它与前面的 θ_v 定义有所不同.

【练习1】在 $T>\theta_v$ 下，应用Euler-MacLaurin公式，将双原子分子振动作为简谐振动，并以振动基态为能量零点，请导出下列振动配分函数的表达式($u=\theta_v/T$)

$$q_v = u^{-1}\left(1+\frac{u}{2}+\frac{u^2}{12}-\frac{u^4}{720}+\cdots\right),$$

再采用6.4.2节中的方法，得出下列振动配分函数及摩尔振动热力学函数的表达式.

$$\ln q_v = -\ln u + \frac{u}{2} - \frac{u^2}{24} + \frac{23u^4}{1440} + \cdots,$$

$$p = 0,$$

$$(U_m)_v = (H_m)_v = RT\left(1-\frac{u}{2}+\frac{u^2}{12}-\frac{23u^4}{360}+\cdots\right),$$

$$(S_m)_v = R\left(1-\ln u-\frac{u^2}{24}+\frac{23u^4}{480}-\cdots\right),$$

$$(F_m)_v = (G_m)_v = RT\left(\ln u-\frac{u}{2}+\frac{u^2}{24}-\frac{23u^4}{1440}+\cdots\right),$$

$$(C_{p,m})_v = (C_{V,m})_v = R\left(1-\frac{u^2}{12}+\frac{23u^4}{120}-\cdots\right).$$

并写出 $T\geqslant\theta_v$ 的经典表达式.

【练习2】在练习1的前提下，请从双原子分子的摩尔振动热力学函数一般表达式得出 $T\ll\theta_v$ 的表达式，并写出 $T\to 0\,\mathrm{K}$ 的结果，它们可看成0 K时假想理想气体的摩尔振动热力学函数.

【练习3】设双原子分子的势能符合Morse势能函数，请解答下列问题：

(1) 将Morse势能曲线的最低点(即分子的平衡位置)作为能量的零点，请写出振动基态的能量；

(2) 双原子分子的解离能 D_0 是从分子基态到两孤立原子基态所需的能量，请写出 D_0 与 D_e 的关系式；

(3) 光谱学中，v 从0→1跃迁的光带为基本光带，从0→2，3，…，跃迁的光带依次称为第一、二、…泛音带. 设基本光带的频率为 ν_1，写出 ν_1 与 ν_e 的关系式；

(4) 请由(6.7.4)与(6.7.7)两式，得出

$$\nu_e = \frac{1}{2\pi}\sqrt{\frac{k}{\mu}},$$

其中的 μ 为双原子分子的约化质量.

(5) HCl 分子的红外吸收光谱数据如下:

$\tilde{\nu}/\mathrm{cm}^{-1}$	2885.9	5668.0	8346.9	10923.1	13396.5

它们依次是 v 从 0→1,2,3,…光带的波数. 请由这些数据得出 HCl 分子的 ν_e, x_e, D_e, a 及弹力常量 k.

6.8 电子配分函数

分子及原子中电子的运动状态影响分子的形状. 因此,分子中的电子运动与分子内部的其他运动形式并不是严格独立的,从而不能单独讨论电子配分函数. 但是,在实际上电子能级间距较大,绝大多数分子及原子中的电子一般只处在基态或少数低能级态上,可近似认为电子态对分子形状的影响可忽略,在此前提下才能将电子运动分离出来单独进行讨论.

目前,除最简单的原子外,量子力学得不出分子的精确能级及其简并度,更没有普遍的电子能级. 电子的能级及其简并度可由光谱实验测得,电子态用光谱项表示. 设电子以任意能量零点的能级及其简并度为:

$$\varepsilon_{e,0},\quad \varepsilon_{e,1},\quad \varepsilon_{e,2},\quad \cdots,\quad \varepsilon_{e,i},\quad \cdots,$$

$$\omega_{e,0},\quad \omega_{e,1},\quad \omega_{e,2},\quad \cdots,\quad \omega_{e,i},\quad \cdots;$$

则电子配分函数为

$$q_e = \sum_i \omega_{e,i} e^{-\varepsilon_{e,i}/kT} = e^{-\varepsilon_{e,0}/kT}\sum_i \omega_{e,i} e^{-(\varepsilon_{e,i}-\varepsilon_{e,0})/kT}. \tag{6.8.1}$$

其中 $\varepsilon_{e,0}$ 是以任意能量零点的基态能量,以电子基态为能量零点的电子配分函数为

$$q_e^0 = \sum_i \omega_{e,i} e^{-\varepsilon_{e,i}^0/kT} = \sum_i \omega_{e,i} e^{-(\varepsilon_{e,i}-\varepsilon_{e,0})/kT}. \tag{6.8.2}$$

显然,上述两种能量零点的电子配分函数 q_e 与 q_e^0 的关系为

$$q_e = e^{-\varepsilon_{e,0}/kT} q_e^0. \tag{6.8.3}$$

在光谱学中,电子的能级惯用波数 $\tilde{\nu}_i$ 表示,电子 i 能级的能量实指电子从基态到第 i 能级所需的能量,它与所吸收光的频率 ν_i 以及波数 $\tilde{\nu}_i$ 的关系为

$$\varepsilon_{e,i} - \varepsilon_{e,0} = h\nu_i = hc\tilde{\nu}_i. \tag{6.8.4}$$

因此,电子配分函数可写成为

$$q_e^0 = \sum_i \omega_{e,i} e^{-hc\tilde{\nu}_i/kT} = \sum_i \omega_{e,i} e^{-c_2\tilde{\nu}_i/T} \tag{6.8.5}$$

$$q_e = e^{-\varepsilon_{e,0}/kT}\sum_i \omega_{e,i} e^{-c_2\tilde{\nu}_i/T}. \tag{6.8.6}$$

(6.8.5)和(6.8.6)两式中的 $\tilde{\nu}_i$ 单位为 cm^{-1},而

$$c_2 \equiv \frac{hc}{k} = 1.438790\ \mathrm{cm\cdot K}$$

称为第二辐射常量.

在光谱学中,电子态用光谱项表征. 例如,原子光谱项的符号为 ${}^{2S+1}L_J$,其中 S 为总电子自旋量子数,J 为总电子角动量量子数,L 为总电子轨道角动量量子数,而且 $L=0,1,2,3,\cdots$,分别用S,P,D,F,G,…,表示. 电子能级的简并度为 $2J+1$. 分子光谱项与原子光谱项类似,但要复杂. 例如 Cl 原子的基态光谱项为 ${}^2P_{3/2}$,它表明 $S=1/2, L=1, J=3/2$,基态能级简并度

$\omega_{e,0}=2J+1=4$. 电子第一激发态的光谱项为$^2P_{1/2}$，它表明$S=1/2, L=1, J=1/2$，其能级简并度为$\omega_{e,1}=2J+1=2$. 自由原子的电子基态是简并的，这是因为存在非配对的电子，总电子角动量不为零. 大多数分子及稳定离子的电子基态是非简并的，只有少数分子，如O_2，NO 等属例外.

应用电子配分函数的(6.8.6)式，电子的各摩尔热力学函数的求算式为

$$p=0,$$

$$U_m(T)-U_m(0\,K)=H_m(T)-U_m(0\,K)$$

$$=(11.9621\,J\cdot mol^{-1}\cdot cm)\frac{\sum_i \omega_{e,i}\tilde{\nu}_i e^{-c_2\tilde{\nu}_i/T}}{\sum_i \omega_{e,i}e^{-c_2\tilde{\nu}_i/T}},$$

$$S_m(T)=R\ln\sum_i \omega_{e,i}e^{-c_2\tilde{\nu}_i/T}+\frac{11.9621\,J\cdot mol^{-1}\cdot cm}{T}\frac{\sum_i \omega_{e,i}\tilde{\nu}_i e^{-c_2\tilde{\nu}_i/T}}{\sum_i \omega_{e,i}e^{-c_2\tilde{\nu}_i/T}},$$

$$F_m(T)-U_m(0\,K)=G_m(T)-U_m(0\,K)=-RT\ln\sum_i \omega_{e,i}e^{-c_2\tilde{\nu}_i/T},$$

$$(C_{p,m})_v=(C_{V,m})_v=\left(\frac{17.2109\,J\cdot mol^{-1}\cdot cm^2\cdot K}{T^2}\right)\left\{\frac{\sum_i \omega_{e,i}\tilde{\nu}_i^2 e^{-c_2\tilde{\nu}_i/T}}{\sum_i \omega_{e,i}e^{-c_2\tilde{\nu}_i/T}}-\left(\frac{\sum_i \omega_{e,i}\tilde{\nu}_i e^{-c_2\tilde{\nu}_i/T}}{\sum_i \omega_{e,i}e^{-c_2\tilde{\nu}_i/T}}\right)^2\right\},$$

式中$U_m(0\,K)=N_A\varepsilon_{e,0}$，$\tilde{\nu}_i$ 的单位为cm^{-1}.

6.9　核配分函数

在原子或多原子分子中的核各有自己的运动状态. 依据量子力学，各个原子核有它的能级及其简并度

$$\varepsilon_{n,0},\quad \varepsilon_{n,1},\quad \varepsilon_{n,2},\quad \cdots,\quad \varepsilon_{n,i},\quad \cdots,$$

$$\omega_{n,0},\quad \omega_{n,1},\quad \omega_{n,2},\quad \cdots,\quad \omega_{n,i},\quad \cdots;$$

则各个核的配分函数为

$$q_n=\sum_i \omega_{n,i}e^{-\varepsilon_{n,i}/kT}. \tag{6.9.1}$$

实际上，核能级间距非常之大，其数量级至少是$T=10^{10}$K 时的kT 值. 因此，在通常温度下核激发的概率可忽略，这就是说核都是处在它的基态. 若以核基态为能量零点，则单个核的配分函数为

$$q_n^0=\omega_{n,0}.$$

核能级基态的简并度由核自旋量子数I 按下式求算

$$\omega_{n,0}=2I+1.$$

表6.6 列出了一些原子的核自旋量子数.

现在讨论分子的核配分函数. 设分子由s 个原子组成，依据配分函数的分解定理，分子的核配分函数就是s 个原子核配分函数的乘积，若选各原子核的最低能级为能量零点，则

$$q_n^0=\prod_{i=0}^{s}(2I_i+1). \tag{6.9.2}$$

例如，异核(A 和 B)双原子分子的核配分函数为

$$q_n^0=(2I_A+1)(2I_B+1),$$

表6.6 若干原子的核自旋量子数

原 子	I	原 子	I
H	1/2	^{201}Hg	3/2
D	1	^{207}Pb	1/2
He	0	^{22}Na	3
^{6}Li	1	^{23}Na	3/2
^{7}Li	3/2	^{39}K	3/2
^{13}C	1/2	^{40}K	4
^{15}N	1/2	^{41}K	3/2
^{35,37}Cl	3/2	^{63,65}Cu	3/2
^{79,81}Br	3/2	^{83}Kr	9/2
^{27}Al	5/2	^{120}Xe	1/2
^{199}Hg	1/2	^{121}Xe	3/2

而同核双原子分子的核配分函数为

$$q_n^0 = (2I+1)^2.$$

分子的核热力学函数是分子中所有核对热力学函数贡献之和. 以核的基态为能量零点的核摩尔热力学函数为

$$p = 0\,,$$

$$U_m = H_m = 0\,,$$

$$S_m = R\ln q_n^0 = R\sum_{i=1}^{s}\ln(2I_i+1)\,,$$

$$F_m = G_m = -RT\sum_{i=1}^{s}\ln(2I_i+1)\,,$$

$$C_{V,m} = C_{p,m} = 0\,.$$

在通常温度和压力下的物理及化学过程中,分子中各个核的态都保持在基态不变. 因此,它们对体系始态和终态的热力学函数差值无贡献(相互消去了). 所以习惯上在求算物质的热力学函数时便不计算核贡献部分. 热力学函数表中的值不包括核贡献在内,只是在某些特殊情况下,例如考虑同核双原子分子在低温的行为时,才考虑核配分函数. 这已在正、仲分子的转动配分函数中作了讨论(见 6.4.3 节).

【练习】若以核的任意态作为核的能量零点,并且只考虑核的基态,令核 i 基态能量为 $(\epsilon_{n,0})_i$,请得出 s 个原子分子的核摩尔热力学函数的表达式.

6.10 分子内旋转的配分函数

在多原子分子中,原子集团不能绕双键或三键做自由旋转,但可以绕单键做相对旋转,这是多原子分子内部的一种特殊运动形式,通常称为分子的内旋转. 例如乙烷分子的 2 个甲基可以绕连接两者的C—C 单键做相对旋转. 内旋转的自由度为1,它只能从振动自由度蜕化而来.

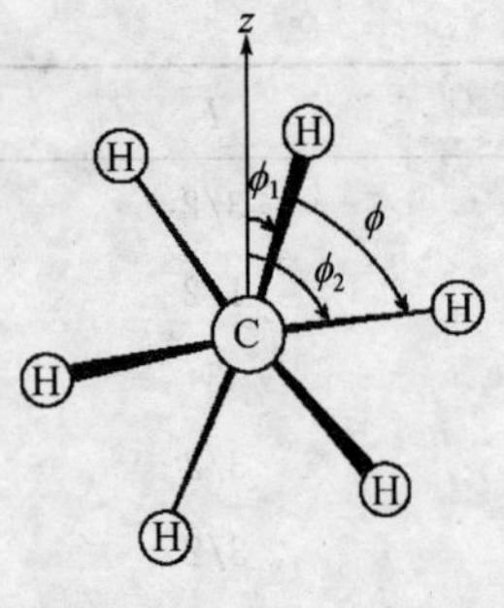

图 6.10.1　乙烷分子中，2 个甲基的方位角坐标和内旋转角坐标

这就是说，分子内出现一个内旋转，振动自由度就减少一个．如乙烷分子由 2 个 C 原子与 6 个 H 原子组成，总的自由度为 24．除去平动和转动 6 个自由度外，尚有 18 个自由度．光谱实验仅发现 17 个简正振动频率，其余 1 个便是内旋转自由度．

为得出分子内旋转的配分函数，需先解决内旋转的能量函数或能级．我们以乙烷分子的内旋转为例进行讨论．顺着乙烷分子中C—C 键方向观察，在某一时刻t，靠近观察者甲基中的C—H 键之一偏离空间固定参考线C_z的角度为φ_1(或说转动了φ_1角度)，而远离观察者甲基中的C—H 键在同一时间内转动了φ_2角度，内旋转的角度(见图 6.10.1)则为

$$\varphi = \varphi_2 - \varphi_1. \tag{6.10.1}$$

于是，乙烷分子中两甲基绕C—C 键轴转动的动能函数为

$$T = \frac{1}{2}I_1\dot{\varphi}_1^2 + \frac{1}{2}I_2\dot{\varphi}_2^2, \tag{6.10.2}$$

式中I_1和I_2分别是2 个甲基绕C—C 键轴的转动惯量．对乙烷，$I_1=I_2$，它很容易由键长、键角数据求算出来．公式(6.10.2)代表的既有整个乙烷分子按C—C 键轴进行的转动，也有 2 个甲基相互间的内旋转．为了将整体转动与内旋转区分开而得出内旋转的能量函数，需引入分子整体转动的角坐标θ，这样，分子整体转动的动能即为

$$\frac{1}{2}(I_1+I_2)\dot{\theta}^2.$$

从而分子内旋转的动能即为

$$T_{\mathrm{ir}} = \frac{1}{2}I_1\dot{\varphi}_1^2 + \frac{1}{2}I_2\dot{\varphi}_2^2 - \frac{1}{2}(I_1+I_2)\dot{\theta}^2. \tag{6.10.3}$$

内旋转的自由度为1，可选φ为广义坐标，这样T_{ir}应当只是φ的函数，也就是说，应找出φ_1，φ_2，θ与φ的关系．将(6.10.3)式中的$\dot{\varphi}_1$，$\dot{\varphi}_2$，$\dot{\theta}$消去，只出现$\dot{\varphi}$，这只有在下列关系

$$\left.\begin{aligned}\varphi_1 &= \theta - \frac{I_2\varphi}{I_1+I_2}\\ \varphi_2 &= \theta + \frac{I_1\varphi}{I_1+I_2}\end{aligned}\right\} \tag{6.10.4}$$

满足时才可能，或者等价关系式

$$I_1\varphi_1 + I_2\varphi_2 = (I_1+I_2)\theta \tag{6.10.5}$$

成立．将(6.10.4)式代入(6.10.3)式，便得

$$T_{\mathrm{ir}} = \frac{1}{2}\,\frac{I_1I_2}{I_1+I_2}\dot{\varphi}^2. \tag{6.10.6}$$

下列量定义为分子内旋转的约化转动惯量

$$I_{\mathrm{ir}} = \frac{I_1I_2}{I_1+I_2}. \tag{6.10.7}$$

这样，分子内旋转的动能函数即为

$$T_{\mathrm{ir}} = \frac{1}{2}I_{\mathrm{ir}}\dot{\varphi}^2. \tag{6.10.8}$$

以下讨论乙烷分子内旋转的势能函数，乙烷分子中 2 个甲基的C—H 键间存在相互作用，

使内旋转不能自由进行. 由于相互作用力的规律不完全清楚, 因此不能依据作用力得出内旋转的势能函数. 我们从唯象上找出势能函数的形式. 顺着乙烷中的C—C 键方向观察: 两个甲基中的C—H 键重合(对齐)时势能最大, 而C—H 键相差π/3(交错对称)时势能最小. 因而势能函数可表成

$$V(\varphi)=\frac{1}{2}V_0\left\{1-\cos 3\left(\varphi-\frac{\pi}{3}\right)\right\}, \tag{6.10.9}$$

式中V_0称为内旋转的阻碍位垒. 乙烷分子内旋转的势能函数如图6.10.2所示.

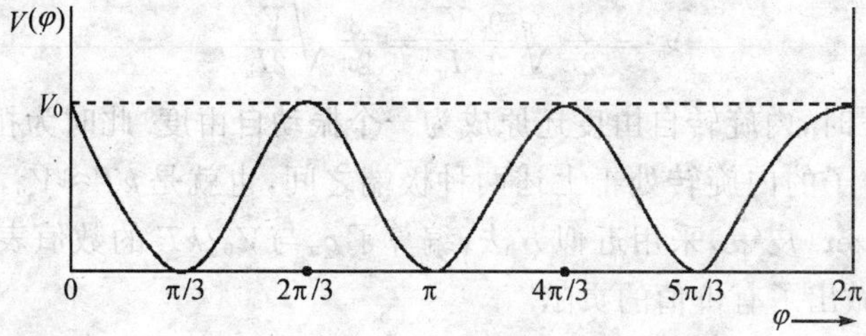

图6.10.2 乙烷分子内旋转的势能函数

乙烷分子内旋转的Lagrange函数为

$$L=\frac{1}{2}I_{ir}\dot{\varphi}^2-\frac{1}{2}V_0\left\{1-\cos 3\left(\varphi-\frac{\pi}{3}\right)\right\}.$$

广义动量为

$$p_\varphi=\frac{\partial L}{\partial\dot{\varphi}}=I_{ir}\dot{\varphi},$$

从而

$$\dot{\varphi}=\frac{p_\varphi}{I_{ir}}.$$

Hamilton 函数也就是乙烷分子内旋转的机械能

$$H=\varepsilon=\frac{p_\varphi^2}{2I_{ir}}+\frac{1}{2}V_0\left\{1-\cos 3\left(\varphi-\frac{\pi}{3}\right)\right\}. \tag{6.10.10}$$

于是乙烷分子内旋转的配分函数按μ空间计算式为

$$q_{ir}=\frac{1}{3h}\int_{-\infty}^{\infty}\int_0^{2\pi}\exp\left\{-\frac{p_\varphi^2}{2I_{ir}kT}-\frac{V_0}{2kT}\left[1-\cos 3\left(\varphi-\frac{\pi}{3}\right)\right]\right\}\mathrm{d}\varphi\,\mathrm{d}p_\varphi . \tag{6.10.11}$$

求解此积分困难, 目前尚得不出解析式, 当然可用数值法求此积分.

现在讨论(6.10.10)式的两种极限情况:

(1) 当$kT\gg V_0$或$V_0\to 0$时, 分子的内旋转可视为自由内旋转. 这种情况下, 乙烷的内旋转配分函数即为

$$q_{ir}=\frac{1}{3h}\int_{-\infty}^{\infty}\int_0^{2\pi}\exp\left(-\frac{p_\varphi^2}{2I_{ir}kT}\right)\mathrm{d}\varphi\,\mathrm{d}p_\varphi=\frac{(3\pi^3 I_{ir}kT)^{1/2}}{3h}. \tag{6.10.12}$$

式中的"3"为旋转集团甲基的对称数. 实际上乙烷分子并不是自由旋转. 近似属于这一类的有二甲基镉CH_3—Cd—CH_3和二甲基乙炔CH_3—C≡C—CH_3. 这是由于2个甲基集团相距较远, 相互作用可忽略.

(2) 当$kT\ll V_0$时, 内旋转受到大的阻碍, 分子陷在势能曲线的谷底. 因φ极小, 势能函数近

似为

$$V(\varphi)=\frac{1}{2}V_0\left\{1-\cos 3\left(\varphi-\frac{\pi}{3}\right)\right\}=V_0\sin^2\frac{3}{2}\left(\varphi-\frac{\pi}{3}\right)=V_0\left\{\frac{3}{2}\left(\varphi-\frac{\pi}{3}\right)\right\}^2.$$

分子的内旋转能量即为

$$\varepsilon=\frac{p_\varphi^2}{2I_{ir}}+\frac{1}{2}\left(\frac{9}{2}V_0\right)\left(\varphi-\frac{\pi}{3}\right)^2.$$

这个能量函数代表的显然是一种简谐振动，它的频率为

$$\nu_{ir}=\frac{1}{2\pi}\sqrt{\frac{9}{2}\frac{V_0}{I_{ir}}}=\frac{3}{2\pi}\sqrt{\frac{V_0}{2I_{ir}}}.$$

由此可见，在$kT\ll V_0$时，内旋转自由度还原成为一个振动自由度. 此时为扭摆式的简正振动.

大多数多原子分子的内旋转处于上述两种极端之间，也就是$kT\approx V_0$，这种情况尚无有效的解析方法处理. Pitzer（皮策）采用近似方法，编算了q_{ir}与V_0/kT的数值表以及内旋转的热力学函数表，对内旋转做出了有价值的贡献.

现在转入量子力学求算分子内旋转的配分函数. 按照(6.10.10)式给出的Hamilton函数，乙烷分子内旋转的定态Schrödinger方程为

$$-\frac{h^2}{8\pi^2 I_{ir}}\frac{d^2\psi}{d\varphi^2}+\frac{1}{2}V_0\left\{1-\cos 3\left(\varphi-\frac{\pi}{3}\right)\right\}\psi=\varepsilon\psi. \tag{6.10.13}$$

得出此方程的解析解是困难的，但可用数值方法得出本征值作为V_0的函数的数值表，从而求内旋转的配分函数及热力函数，前人已在此方面作了不少工作.

若是自由内旋转($V_0=0$)，定态Schrödinger方程为

$$-\frac{h^2}{8\pi^2 I_{ir}}\frac{d^2\psi}{d\varphi^2}=\varepsilon\psi. \tag{6.10.14}$$

很容易得出该方程的解，再利用周期性条件便可得出能级公式为

$$\varepsilon_J=\frac{h^2}{8\pi^2 I_{ir}}J^2\quad(J=0,\pm1,\pm2,\cdots),$$

从而即得自由内旋转的配分函数为

$$q_{ir}=\sum_{J=-\infty}^{\infty}\exp\left(-\frac{h^2}{8\pi^2 I_{ir}kT}J^2\right). \tag{6.10.15}$$

定义内旋转的特征温度

$$\theta_{ir}=\frac{h^2}{8\pi^2 I_{ir}k}, \tag{6.10.16}$$

则(6.10.15)式即为

$$q_{ir}=\sum_{J=-\infty}^{\infty}\exp\left(-\frac{\theta_{ir}}{T}J^2\right). \tag{6.10.17}$$

当$T\gg\theta_{ir}$时，(6.10.17)式的求和可用积分代替，即可得

$$q_{ir}=\int_{-\infty}^{\infty}\exp\left(-\frac{\theta_{ir}}{T}J^2\right)dJ=\left(\frac{\pi T}{\theta_{ir}}\right)^{1/2}=\frac{(8\pi^3 I_{ir}kT)^{1/2}}{h}. \tag{6.10.18}$$

若考虑乙烷分子的内旋转对称数$\sigma_{ir}=3$，则有

$$q_{ir}=\frac{(8\pi^3 I_{ir}kT)^{1/2}}{3h}.$$

这正是用经典力学的相空间所得的结果.

应用统计力学方法计算热力学函数及平衡常量等时，对于那些有内旋转自由度的分子，必须计算内旋转的贡献. 例如，乙烷理想气体，实验上测得其标准摩尔量热熵 $S_m^\ominus = 207.28\ J\cdot K^{-1}\cdot mol^{-1}$，而根据乙烷分子的质量及从光谱数据得出的转动惯量和17个简正振动频率，应用统计力学方法求得 $S_m^\ominus(184.1\ K) = 203.72\ J\cdot K^{-1}\cdot mol^{-1}$. 摩尔统计熵比量热熵小 $3.56\ J\cdot K^{-1}\cdot mol^{-1}$. 其原因就是没有将内旋转熵统计在内. 由于分子的 V_0 值无法直接得出，现在则是采用倒推的方法，由量热法与统计法(不含内旋转)的热力学函数差值，反过来推算 V_0，然后再用此 V_0 值求算其他热力学函数. 表 6.7 列出了一些分子的 V_0 值.

表6.7 一些分子的内旋转位垒 V_0 值

分 子	$V_0/(J\cdot mol^{-1})$	分 子	$V_0/(J\cdot mol^{-1})$
$CH_3—C≡C—CH_3$	0	$(CH_3)_4C$	18828
甲苯	<4184	$(CH_3)_3C—C(CH_3)_3$	19665
间位和邻位二甲苯	<4184	CH_3OH	4184(C—O 轴)
$CH_3—CH═CH—CH_3$	8368	CH_3CH_2OH	3347(C—C 轴)
$CH_3CH═CH_2$	8870		18307(C—O 轴)
$CH_3CH_2CH_3$	14226	CH_3NH_2	7950
CH_3CH_3	11506	CH_3CH_2Cl	15481

分子存在内旋转这一特殊运动形式，它使我们有助于了解分子的旋转异构体. 例如 1,2-二氯乙烷，顺着C—C 健方向观察可能有图 6.10.3 所示的三种形式的异构体：顺式、反式和旁式(gaucheform). 两种旁式的能量相等，顺式的能量最高. Mizushima(水岛)用综合散射光谱和红外光谱研究表明，1,2-二氯乙烷在固态全以反式存在；在液态和气态，反式和旁式共存. 还没有证据证明顺式的存在. Mizushima 估计旁式和反式的能量差约为 $8.4\ kJ\cdot mol^{-1}$. 在溶液中有利于旁式的存在，因为它的偶极矩能使它与溶剂分子之间发生偶极的诱导作用，此作用可降低旁式的能量，从而使它更加稳定.

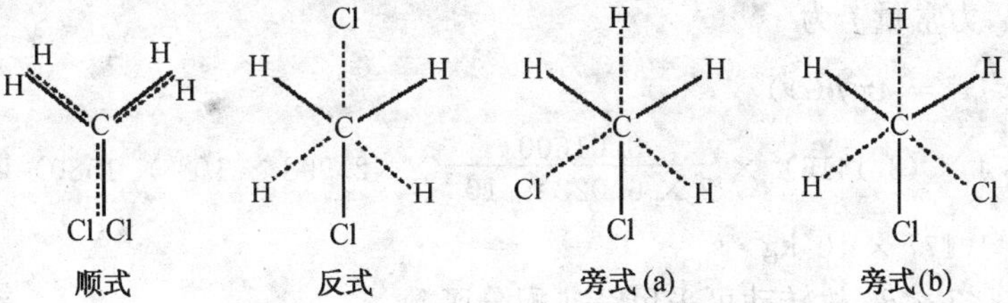

图6.10.3 1,2-二氯乙烷的旋转异构体

【练习】乙烷分子中 CH_3 基的 C—H 键长 $R=0.1095\ nm$，∠HCC(键角)为 109°28′，$V_0=11506\ J\cdot mol^{-1}$.

(1) 计算乙烷分子内旋转的约化转动惯量；

(2) 假设乙烷分子做自由的内旋转，请求乙烷理想气体在184.1 K 的标准摩尔内旋转能与熵；

(3) 假设乙烷分子的内旋转还原为简正振动，请求其振动频率，并作(2)的同样计算；

(4) 乙烷理想气体的标准摩尔量热熵与统计熵(不含内旋转熵)之差在184.1 K 时为 3.56× J·mol⁻¹，(2)和(3)的计算结果与此值相符吗？由此可得何结论？

6.11　配分函数求算实例及在分布律中的应用

【例 6.11.1】O_2 的摩尔质量为 0.03200 kg·mol^{-1}，O_2 分子的核间平均距离 $R=1.2074\times 10^{-10}$ m，振动基本波数 $\tilde{\nu}=1580\ \text{cm}^{-1}$，电子最低能级的简并度为 3，电子第一激发能级比最低能级的能量高 1.5733×10^{-19} J，其简并度为 2，更高电子能级可忽略不计. 请对 $T=298$ K，$p=101.325$ kPa，$V=24.45\times 10^{-3}\ \text{m}^3$ 的 O_2 理想气体求算：

(1) O_2 分子的转动和振动特征温度及力常量；

(2) O_2 分子以基态为能量零点的平动、转动、振动、电子配分函数及全配分函数的值；

(3) N/q 的值（N 为 O_2 的分子数）.

解　本题是同核双原子分子配分函数的求算，一般先求出 θ_r 与 θ_v，然后依据体系温度 T 与 θ_r 或 θ_v 的比值决定采用何种形式（经典还是量子）的转动与振动配分函数.

(1) O 原子的质量 $m_0=\dfrac{0.01600}{6.022\times 10^{23}}$ kg，O_2 分子的约化质量 $\mu=\dfrac{m_0}{2}$，转动惯量为

$$I=\mu R^2=\frac{m_0}{2}R^2$$

$$=\frac{1}{2}\times\frac{0.01600}{6.022\times 10^{23}}\times(1.2074\times 10^{-10})^2\ \text{kg}\cdot\text{m}^2$$

$$=19.37\times 10^{47}\ \text{kg}\cdot\text{m}^2,$$

$$\theta_r=\frac{h^2}{8\pi^2 Ik}$$

$$=\frac{(6.626\times 10^{-34}\ \text{J}\cdot\text{s})^2}{8\times(3.1416)^2\times 19.37\times 10^{-47}\ \text{kg}\cdot\text{m}^2\times 1.381\times 10^{-23}\ \text{J}\cdot\text{K}^{-1}}=2.079\ \text{K},$$

$$\theta_v=\frac{h\nu}{k}=\frac{hc}{k}\tilde{\nu}$$

$$=\frac{(6.626\times 10^{-34}\ \text{J}\cdot\text{s})\times(2.998\times 10^{10}\ \text{cm}\cdot\text{s}^{-1})}{1.381\times 10^{-23}\ \text{J}\cdot\text{K}^{-1}}\times 1580\ \text{cm}^{-1}=2273\ \text{K},$$

依据 $\nu=\dfrac{1}{2\pi}\sqrt{\dfrac{f}{\mu}}$，力常量 f 为

$$f=4\pi^2\mu\nu^2=4\pi^2\mu(c\tilde{\nu})^2$$

$$=4\times(3.1416)^2\times\frac{0.01600}{2\times 6.022\times 10^{23}}\times(2.998\times 10^{10}\times 1580)^2\ \text{kg}\cdot\text{s}^{-2}$$

$$=1.177\times 10^3\ \text{kg}\cdot\text{s}^{-2}.$$

(2) 由于 $\theta_r\ll T\ll\theta_v$，故转动可采用经典配分函数

$$q_t=\left[\frac{2\pi\, m(O_2)kT}{h^2}\right]^{3/2}V$$

$$=\left[\frac{2\times 3.1416\times 0.03200\times 1.381\times 10^{-23}\times 298}{6.022\times 10^{23}\times(6.626\times 10^{-34})^2}\right]^{3/2}\times 24.45\times 10^{-3}=4.28\times 10^{30},$$

$$q_r=\frac{T}{\sigma\theta_r}=\frac{298}{2\times 2.079}=71.7,$$

$$q_v=\frac{1}{1-\exp(-\theta_v/T)}=\frac{1}{1-\exp(-2273/298)}=1,$$

$$q_e=\omega_{e,0}+\omega_{e,1}\exp(-\varepsilon_{e,1}/kT)=3+2\exp\left(-\frac{1.5733\times 10^{-10}}{1.381\times 10^{-23}\times 298}\right)\approx 3.$$

依据配分函数的分解定理，O_2 分子的配分函数为

$$q = q_t q_r q_v q_e = 9.21 \times 10^{32}.$$

(3) O_2 的分子数为

$$N = N_A \frac{pV}{RT} = 6.022 \times 10^{23} \times \frac{101325 \times 24.45 \times 10^{-3}}{8.314 \times 298} = 6.022 \times 10^{23},$$

$$\frac{N}{q} = \frac{6.022 \times 10^{23}}{9.21 \times 10^{32}} = 6.54 \times 10^{-8}.$$

计算结果表明，在常温常压下的理想气体，分子的有效量子状态数 q 远比气体的分子数 N 大得多. 实际上 $q_t \gg N$，而 q_r, q_v, q_e 则远比 N 小得多，故占主导地位的是平动量子态. 在298 K，O_2 基本上都处在振动与电子的最低能级的态上.

【例6.11.2】直线分子NNO中N—N键长为 1.13×10^{-10} m，N—O键长为 1.19×10^{-10} m，N与O的摩尔质量为0.01401 kg·mol^{-1}与0.01600 kg·mol^{-1}. 求NNO分子绕质心转动的转动惯量 I 及298 K下的 q_r.

解 取 N_a 原子核为坐标原点，沿NNO直线为 x 轴（见图6.11.1）

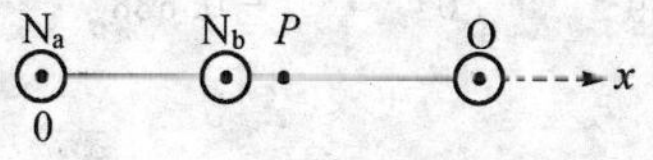

图6.11.1 NNO分子的坐标

各原子的质量 m_i 及坐标 x_i 等值列入下表：

原 子	N_a	N_b	O
$m_i/10^{-27}$ kg	23.26	23.26	26.57
$x_i/10^{-10}$ m	0	1.13	2.32
$m_ix_i/(10^{-37}$ kg·m)	0	26.28	61.64

$$\sum_i m_i = 73.09 \times 10^{-27}\ \text{kg},$$

$$\sum_i m_i x_i = 87.92 \times 10^{-37}\ \text{kg}\cdot\text{m}.$$

依据质心的定义，NNO分子质心 P 的坐标为

$$x=\frac{\sum_i m_i x_i}{\sum_i m_i}=\frac{87.92\times10^{-37}\ \text{kg}\cdot\text{m}}{73.09\times10^{-27}\ \text{kg}}=1.203\times10^{-10}\ \text{m}.$$

NNO分子绕质心运动的转动惯量为

$$I = m_N(|N_aP|^2+|N_bP|^2)+m_O|PO|^2$$

$$=\{23.26\times10^{-27}[(1.203\times10^{-10})^2+(0.073\times10^{-10})^2]+26.57\times10^{-27}\times(1.117\times10^{-10})^2\}\ \text{kg}\cdot\text{m}^2$$

$$=66.9\ \text{kg}\cdot\text{m}^2,$$

从而

$$\theta_r=\frac{h^2}{8\pi^2 I k_B}=0.602\ \text{K},$$

$$q_r=\frac{T}{\theta_r}=\frac{298}{0.602}=495.$$

【例6.11.3】水分子的O—H键长为0.960×10^{-10}m，H—O—H键角为104.5°. 试求H_2O分子的ABC及298 K的q_r.

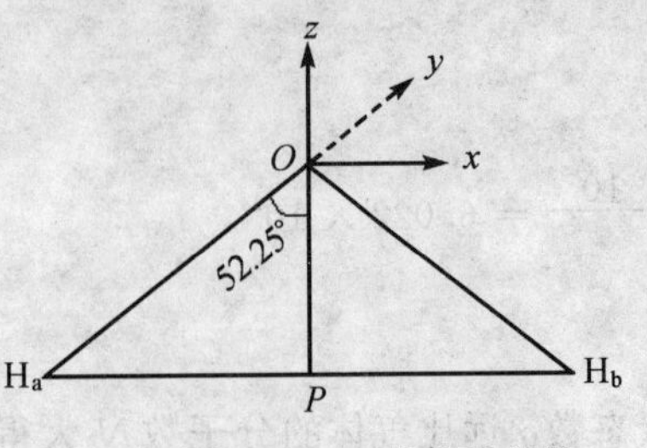

图6.11.2　水分子结构

解　取O原子核为右手直角坐标系xyz的原点，x轴平行于H_aH_b的连线且向右为正方向（见图6.11.2）.

现将各原子的质量m_i，坐标x_i，y_i，z_i；及有关量列入下表：

原　子	m_i / 10^{-27} kg	x_i	y_i (10^{-10} m)	z_i	m_ix_i	m_iy_i (10^{-37} kg·m)	m_iz_i
O	26.567	0	0	0	0	0	0
H_a	1.674	−0.759	0	−0.588	−1.271	0	−0.984
H_b	1.674	0.759	0	−0.588	1.271	0	−0.984
加和$\sum_i$	29.915				0	0	−1.968

原　子	$m_ix_i^2$	$m_iy_i^2$ (10^{-47} kg·m²)	$m_iz_i^2$	$m_ix_iy_i$	$m_iy_iz_i$ (10^{-47} kg·m²)	$m_iz_ix_i$
O	0	0	0	0	0	0
H_a	0.964	0	0.579	0	0	0.747
H_b	0.964	0	0.579	0	0	−0.747
加和$\sum_i$	1.928	0	1.158	0	0	0

根据6.5节的公式，则得

$$I_{xx}=1.028\times10^{-47}\ \mathrm{kg\cdot m^2},$$
$$I_{yy}=2.957\times10^{-47}\ \mathrm{kg\cdot m^2},$$
$$I_{zz}=1.928\times10^{-47}\ \mathrm{kg\cdot m^2},$$
$$I_{xy}=I_{yx}=I_{yz}=I_{zy}=I_{zx}=I_{xz}=0\,.$$

再根据公式(6.5.3)，即得

$$ABC=I_{xx}=I_{yy}=I_{zz}=5.86\times10^{-141}\ \mathrm{kg^3\cdot m^6}.$$

由上述解法可知，所选的坐标轴是惯量主轴，但不是中心惯量主轴. 当然可以确定出分子的质心，取中心惯量主轴也可求出ABC值. 这留给读者作为练习.

H_2O分子的对称数$\sigma=2$，故298 K的转动配分函数为

$$q_r=\frac{\pi^{1/2}}{\sigma}\left(\frac{8\pi^2kT}{h^2}\right)^{3/2}(ABC)^{1/2}=43.2\,.$$

【例6.11.4】氨分子是正三角锥体结构. N—H键长为1.014×10^{-10} m，H—N—H键角为106°47′.

(1) 请验证氨分子三角锥体的高为0.381×10^{-10} m,底面的一条边长为1.628×10^{-10} m,而垂线与 3 个棱的夹角θ皆为$67°56'$;

(2) 求NH_3 分子的 ABC 及 298 K 的转动配分函数.

解　NH_3 分子的结构及正视图见图6.11.3 和6.11.4,其中长度所标的是以10^{-10} m 为单位的数值.

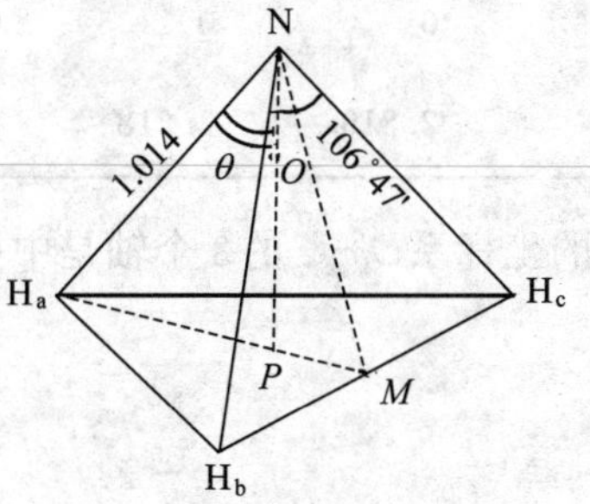

图 6.11.3　NH_3 分子结构

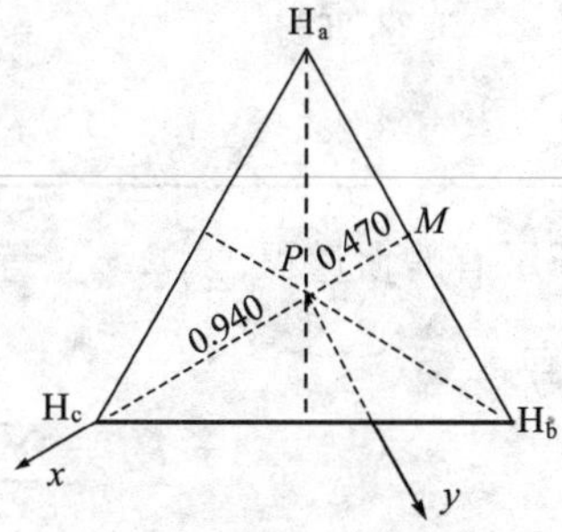

图 6.11.4　NH_3 分子结构正视图

(1) $M\mathrm{H_c}=M\mathrm{H_b}=\left\{1.014\times10^{-10}\sin\dfrac{106°47'}{2}\right\}\ \mathrm{m}=0.814\times10^{-10}\ \mathrm{m}$,

$$\mathrm{H_a}M=\sqrt{(1.628)^2-(0.814)^2}\times10^{-10}\ \mathrm{m}=1.410\times10^{-10}\ \mathrm{m}\ ,$$

$$PM=\frac{\mathrm{H_a}M}{3}=0.470\times10^{-10}\ \mathrm{m}\ ,$$

$$\begin{aligned}\mathrm{N}M&=\sqrt{(\mathrm{NH_c})^2-(M\mathrm{H_c})^2}\\&=\sqrt{(1.014\times10^{-10}\ \mathrm{m})^2-(0.814\times10^{-10}\ \mathrm{m})^2}\\&=0.605\times10^{-10}\ \mathrm{m}\ ,\end{aligned}$$

$$\begin{aligned}\mathrm{N}P&=\sqrt{(\mathrm{N}M)^2-(PM)^2}\\&=\sqrt{(0.605\times10^{-10}\ \mathrm{m})^2-(0.470\times10^{-10}\ \mathrm{m})^2}\\&=0.381\times10^{-10}\ \mathrm{m}\ ,\end{aligned}$$

$$\tan\theta=\frac{\mathrm{H_a}P}{\mathrm{N}P}=\frac{0.940}{0.381}\ ,$$

$$\theta=67.94°=67°56'\ .$$

(2) 依据NH_3 分子的对称性,NH_3 分子的质心一定在NP 线上,设其在O 点,并令ON 的长度为a. 现以质心O 为坐标原点,取Ox 轴平行于$M\mathrm{H_a}$,并与其共面构成右手坐标系$Oxyz$. 不难求出质心距N 原子的距离

$$|O\mathrm{N}|=a=0.0676\times10^{-10}\ \mathrm{m},$$

于是OP 的长度为

$$|OP|=(0.381-0.0676)\times10^{-10}\ \mathrm{m}=0.3134\times10^{-10}\ \mathrm{m}.$$

今将各原子的质量m_i,坐标x_i,y_i,z_i 及有关量列入下表:

原　子	$\frac{m_i}{10^{-27}\,\mathrm{kg}}$	x_i	y_i	z_i	mx_i^2	my_i^2	$m_iz_i^2$
		$10^{-10}\,\mathrm{m}$			$10^{-47}\,\mathrm{kg\cdot m^2}$		
H_a	1.674	0.940	0	−0.3134	1.479	0	0.1644
H_b	1.674	−0.470	0.814	−0.3134	0.370	1.109	0.1644
H_c	1.674	−0.470	−0.814	−0.3134	0.370	1.109	0.1644
N	23.263	0	0	0.0676	0	0	0.1063
加和 $\sum_i$	28.285				2.219	2.218	0.5995

由于所有的惯量积 $\sum_i m_ix_iy_i$ 等都为0，故上述所选的坐标系$Oxyz$ 的3个轴是中心惯量主轴，所以有

$$\begin{aligned}A=I_{xx}&=\sum_i m_i(y_i^2+z_i^2)\\&=(2.218+0.5995)\times10^{-47}\,\mathrm{kg\cdot m^2}\\&=2.818\times10^{-47}\,\mathrm{kg\cdot m^2},\\B=I_{yy}&=\sum_i m_i(z_i^2+x_i^2)=2.818\times10^{-47}\,\mathrm{kg\cdot m^2},\\C=I_{zz}&=\sum_i m_i(x_i^2+y_i^2)=4.437\times10^{-47}\,\mathrm{kg\cdot m^2},\\ABC&=35.2\times10^{-141}\,\mathrm{kg^3\cdot m^6}.\end{aligned}$$

NH_3 分子的对称数$\sigma=3$，故298 K 的转动配分函数为

$$q_r=\frac{\pi^{1/2}}{\sigma}\left(\frac{8\pi^2kT}{h^2}\right)^{3/2}(ABC)^{1/2}=70.6$$

NH_3 分子的3个转动特征温度为

$$\theta_{r,1}=\frac{h^2}{8\pi^2Ak}=14.29\,\mathrm{K}\ ,$$

$$\theta_{r,2}=\frac{h^2}{8\pi^2Bk}=14.29\,\mathrm{K}\ ,$$

$$\theta_{r,3}=\frac{h^2}{8\pi^2Ck}=9.07\,\mathrm{K}\ .$$

NH_3 分子的转动配分函数用转动特征温度表示为

$$q_r=\frac{\pi^{1/2}}{\sigma}\left(\frac{T^3}{\theta_{r,1}\theta_{r,2}\theta_{r,3}}\right)^{1/2}.$$

【例 6.11.5】CO_2 分子有 4 种简正振动方式，相应的 4 个振动波数为 1351 $\mathrm{cm^{-1}}$，2396 $\mathrm{cm^{-1}}$，672 $\mathrm{cm^{-1}}$，672 $\mathrm{cm^{-1}}$.

(1) 求各简正振动的特征温度；

(2) 求 300 K，1500 K，3000 K 下，CO_2 分子以基态为能量零点的振动配分函数.

解　(1) 依据$\theta_v=\frac{h\nu}{k}=\frac{hc}{k}\tilde{\nu}=1.438790\,\tilde{\nu}$，求得各简正振动的特征温度为1944 K，3447 K，967 K，967 K.

(2) CO_2 分子以基态为能量零点的振动配分函数为

$$q_v = \prod_{i=1}^{4} \frac{1}{1-e^{-\theta_{v,i}/T}} = \left(\frac{1}{1-e^{-1944\,K/T}}\right)\left(\frac{1}{1-e^{-3447\,K/T}}\right)\left(\frac{1}{1-e^{-967\,K/T}}\right)^2.$$

300 K 的 $q_v=1.09$，1500 K 的 $q_v=6.78$，3000 K 的 $q_v=40.4$.

【例 6.11.6】H_2 分子的 $\theta_r=87.57$ K，H 的核自旋 $I=1/2$. 试求算 H_2 分子在 83 K，298 K，670 K，1000 K 的核-转配分函数 $q_{n,r}$ 的值(准确到小数点后第三位). 若按经典转动配分函数进行求算，$q_{n,r}$ 在上述各温度下为多大？

解　H_2 分子的核-转配分函数为

$$q_{n,r} = I(2I+1)\sum_{J=0,2,\cdots}(2J+1)e^{-J(J+1)\frac{\theta_r}{T}} + (I+1)(2I+1)\sum_{J=1,3,\cdots}(2J+1)e^{-J(J+1)\frac{\theta_r}{T}}.$$

若转动用经典配分函数 $T/2\theta_r$，则核-转配分函数为

$$q'_{n,r} = \frac{T}{2\theta_r}(2J+1)^2.$$

根据上述两式，准确到小数点后第三位的数值计算结果列入下表：

T/K	$q_{n,r}$	$q'_{n,r}$	误　差
83	2.100	1.896	9.7%
195	5.005	4.454	9.3%
298	7.506	6.806	8.9%
670	15.774	15.303	3.0%
1000	22.851	22.839	0.5%

数值计算表明：对 H_2，只有 $T>10\,\theta_r$ 时，经典转动配分函数才能作好的近似.

【例 6.11.7】HCl 分子的质量 $m=60.54\times10^{-27}$ kg，$\theta_r=15.24$ K，$\theta_v=4302$ K. 对 $T=298$ K，$V=24\ dm^3$ 的 HCl 理想气体，请分别求算分子占据平动、转动、振动基态及第一激发能级上的概率.

解　依据 Maxwell-Boltzmann 分布律，分子占据能级 ε_i 的概率为

$$P(\varepsilon_i) = \frac{n_i}{N} = \frac{\omega_i \exp(-\varepsilon_i/kT)}{q}.$$

以经典静止为平动能量零点的能级，简并度及平动配分函数为

$$\varepsilon_0^t = \frac{3h^2}{8mV^{2/3}},\ \omega_0^t = 1;\ \varepsilon_1^t = \frac{6h^2}{8mV^{2/3}},\ \omega_1^t = 3;\quad q_t = \left(\frac{2\pi mkT}{h^2}\right)^{3/2}V.$$

因而

$$P(\varepsilon_0^t) = \frac{\omega_0^t \exp(-\varepsilon_0^t/kT)}{q_t} = 0.35\times10^{-31},$$

$$P(\varepsilon_1^t) = \frac{\omega_1^t \exp(-\varepsilon_1^t/kT)}{q_t} = 1.05\times10^{-31}.$$

以转动基态为能量零点的转动能级，简并度及转动配分函数为

$$\varepsilon_0^r = 0,\ \omega_0^r = 0;\quad \varepsilon_1^r = \frac{h^2}{8\pi^2 I}J(J+1),\ \omega_1^r = 3;\quad q_r = \frac{T}{\theta_r}.$$

因而

$$P(\varepsilon_0^r) = \frac{\omega_0^r \exp(-\varepsilon_0^r/kT)}{q_r} = \frac{1}{q_t} = \frac{\theta_r}{T} = 0.051,$$

$$P(\varepsilon_1^r)=\frac{\omega_1^r\exp(-\varepsilon_1^r/kT)}{q_r}=0.139\ .$$

以振动基态为能量零点的振动能级,简并度及振动配分函数为

$$\varepsilon_0^v=0,\ \omega_0^v=0\ ;\quad \varepsilon_1^v=h\nu,\ \omega_1^v=1\ ;\quad q_v=\frac{1}{1-\exp(-\theta_v/T)}\ .$$

因而

$$P(\varepsilon_0^v)=\frac{\omega_0^v\exp(-\varepsilon_0^v/kT)}{q_v}=\frac{1}{[1-\exp(-\theta_v/T)]^{-1}}=1-\exp(-\theta_v/T)\approx 1\ ,$$

$$P(\varepsilon_1^v)=\frac{\omega_1^v\exp(-\varepsilon_1^v/kT)}{q_v}=\exp(-\theta_v/T)[1-\exp(-\theta_v/T)]=5.4\times10^{-7}.$$

计算结果表明,HCl 分子占据 $\varepsilon_0^t,\varepsilon_1^t$ 的概率非常之小.这是因为平动能级间距非常小的缘故,因而HCl 分子很分散地占据着各个平动能级.HCl 分子占据 $\varepsilon_0^r,\varepsilon_1^r$ 的概率则可观了,而且第一激发转动能级的概率比基态的还大.这是因为转动能级间距较大而且能级简并度随能级单调增大,振动能级间距很大,因而 HCl 分子基本上都占据在基态能级上.

【例 6.11.8】对于双原子分子的理想气体,在 $T\gg\theta_r$ 的条件下,请论证处在 J 为靠近 $\frac{1}{2}\left(\sqrt{\frac{2T}{\theta_r}}-1\right)$ 的整数转动能级上的分子数最多.

解　在 $T\gg\theta_r$ 的条件下,双原子分子的转动配分函数可用经典形式 $q_r=T/\sigma\theta_r$.由 Maxwell-Boltzmann分布律知,占据在 J 能级上的分子数为

$$n(J)=\frac{N}{q_r}\omega_r\exp(-\varepsilon_r/kT)=\frac{N\sigma\theta_r}{T}(2J+1)\exp\left[-\frac{J(J+1)\theta_r}{T}\right]$$

由于$\ln n(J)$是$n(J)$的单调函数,求使$n(J)$为最大的J 也就与求使$\ln n(J)$为最大的J 相同.极值的必要条件为

$$\frac{\partial \ln n(J)}{\partial J}=\frac{2}{2J+1}-(2J+1)\frac{\theta_r}{T}=0\ .$$

由此得出

$$J=\frac{1}{2}\left(\sqrt{\frac{2T}{\theta_r}}-1\right).$$

今

$$\frac{\partial^2 \ln n(J)}{\partial J^2}=-\frac{4}{(2J+1)^2}-\frac{2\theta_r}{T}<0\ .$$

故 $J=\frac{1}{2}\left(\sqrt{\frac{2T}{\theta_r}}-1\right)$ 确实使 $n(J)$ 为极大.

此结果表明,双原子分子的 θ_r 愈小,温度 T 愈高,分布数 $n(J)$ 最大的 J 值就愈大.即双原子分子的转动能级分布数最大的并不是基态能级.

【例6.11.9】I_2 分子的 $\theta_v=308\,K$,求 I_2 理想气体中分子处在振动第一激发态的概率为20%的温度.

解　取振动基态为能量零点时

$$\varepsilon(v=1)=h\nu,\ \omega_1=1;\ q_v=[1-\exp(-\theta_v/T)]^{-1},$$

$$P\{\varepsilon(v=1)\}=\frac{\exp(-\theta_v/T)}{[1-\exp(-\theta_v/T)]^{-1}}=\exp(-\theta_v/T)[1-\exp(-\theta_v/T)]\ .$$

于是

$$0.20 = \exp(-308\ \mathrm{K}/T)[1-\exp(-308\ \mathrm{K}/T)].$$

由此式解得$T_1=240\ \mathrm{K}$，$T_2=952\ \mathrm{K}$都可使I_2分子处在振动第一激发态的概率为20%. 这是因为$P\{\varepsilon(v=1)\}$随T变化有一个极大值. 由求极值的方法可得出$T=444.35\ \mathrm{K}$时，$P\{\varepsilon(v=1)\}=0.25$为极大值. 因而在低于和高于444.35 K各有一个温度可使$P\{\varepsilon(v=1)\}=0.20$. 这一点从下表$P\{\varepsilon(v=1)\}$随$T$变化的数值计算结果可看得更加具体.

T/K	$P\{\varepsilon(v=1)\}$	T/K	$P\{\varepsilon(v=1)\}$
200	0.168	500	0.248
240	0.200	600	0.240
308	0.2325	700	0.229
350	0.243	800	0.217
400	0.249	952	0.200
444.35	0.250	1000	0.195

【例6.11.10】NO分子的电子第一激发能级比最低能级的能量高121.1 cm^{-1}，两个电子能级的简并度都是2，更高电子能级可忽略. 请求算下表中各温度的NO处在两能级上的概率以及第一激发能级的分子数n_1与最低能级分子数n_0的比值.

解 设体系含有N个NO分子. 取电子最低能级为能量零点，因而电子配分函数为

$$q_e = 2 + 2\exp\left(-\frac{hc\times 121.1\ \mathrm{cm}^{-2}}{kT}\right) = 2 + 2\exp(-174.2\ \mathrm{K}/T).$$

NO分子处在电子最低能级、第一激发能级上的概率以及n_1/n_0的值则由下式求算

$$\frac{n_0}{N} = \frac{\omega_0}{q_e} = \frac{2}{2+2\exp(-174.2\ \mathrm{K}/T)} = \frac{1}{1+\exp(-174.2\ \mathrm{K}/T)},$$

$$\frac{n_1}{N} = \frac{2\exp(-174.2\ \mathrm{K}/T)}{2+2\exp(-174.2\ \mathrm{K}/T)} = 1 - \frac{n_0}{N},$$

$$\frac{n_1}{n_0} = \exp(-174.2\ \mathrm{K}/T).$$

具体的数值计算结果列入下表

T/K	n_0/N	n_1/N	n_1/n_0
298	0.642	0.358	0.558
500	0.586	0.414	0.706
1000	0.543	0.457	0.842
1742	0.525	0.475	0.905
3000	0.515	0.485	0.942
∞	0.500	0.500	1.000

表中数值表明，n_0/N随T升高而下降到极限值0.500；n_1/N随T升高而增大到极限值0.500. 即当$T\to\infty$时，$n_1/n_0\to 1$，这是Maxwell-Boltzmann分布律的必然结果. 因为按该分布律，任意两个能级ε_i和ε_j上的分子数之比为

$$\frac{n_i}{n_j} = \frac{\omega_i\exp(-\varepsilon_i/kT)}{\omega_j\exp(-\varepsilon_j/kT)}.$$

显然，当$T\to\infty$时，则有

$$\frac{n_i}{n_j}=\frac{\omega_i}{\omega_j}.$$

对于NO分子中的电子能级分布，由于$\omega_0=\omega_1=2$，故$n_1/n_0=1$.

习　题

6.1　请论证三维自由平动子以基态为能量零点的配分函数q_t^0与以经典静止为能量零点的配分函数q_t之间的关系为

$$q_t=q_t^0\exp\left(-\frac{3h^2}{8mV^{2/3}kT}\right).$$

6.2　按三维平动子的配分函数式(6.3.5)，当$T\to0$时，$q_t\to0$；但实际上，$T\to0$时，$q_t=1$. 请阐述产生这一矛盾的原因.

6.3　一维转子的许可能级为

$$\varepsilon_J=\frac{h^2}{8\pi^2I}J^2\quad(J=0,\pm1,\pm2,\pm3,\cdots).$$

I为转子绕固定轴的转动惯量，转子的能级是非简并的. 请写出一维转子的转动配分函数q_r，并在$T\gg\theta_r=\dfrac{h^2}{8\pi^2Ik}$条件下得出$q_r$的表达式为

$$q_r(1D)=\pi^{1/2}\left(\frac{8\pi^2IkT}{h^2}\right)^{1/2}=\left(\frac{\pi T}{\theta_r}\right)^{1/2}.$$

请用μ空间得出同样的结果.

6.4　依据下列的Euler-MacLaurin公式

$$\sum_{n=0}^{\infty}f(n)=\int_0^{\infty}f(x)\mathrm{d}x+\frac{1}{2}f(0)-\frac{1}{12}f'(0)+\frac{1}{720}f'''(0)-\frac{1}{30240}f^{(\mathrm{v})}(0)+\cdots.$$

对异核双原子分子得出估算转动配分函数q_r的Mulholland公式

$$q_r=\frac{T}{\theta_r}\left\{1+\frac{1}{3}\left(\frac{\theta_r}{T}\right)+\frac{1}{15}\left(\frac{\theta_r}{T}\right)^2+\frac{4}{315}\left(\frac{\theta_r}{T}\right)^3+\cdots\right\}.$$

6.5　HD分子的$\theta_r=43.78\,\mathrm{K}$，请按下表中的三种公式求算所指温度的转动配分函数值，并得出用Mulholland公式及经典公式误差不超过1%所对应的T/θ_r值.

T/θ_r	$\sum\limits_{J=0}^{\infty}(2J+1)e^{-J(J+1)\frac{\theta_r}{T}}$	Mulholland公式	经典公式
1.1			
2			
10			
20			
50			
100			

6.6　计算自由基CN，OH，ClO在300 K的转动配分函数. C—N，O—H，Cl—O的键长依次为1.157×10^{-10} m，0.971×10^{-10} m，1.49×10^{-10} m.

[答案：107.1；11.06；303]

6.7　H_2，HD，D_2的分子参数如下

分　子	M_r	$R/10^{-10}$ m	$\tilde{\nu}/\text{cm}^{-1}$
H_2	2.016	0.7414	4405
HD	3.022	0.7413	3817
D_2	4.028	0.7417	3119

(1) 请验证 H_2,HD,D_2 的转动惯量 I 之比近似为 3∶4∶6;振动特征温度之比近似为 $2:\sqrt{3}:\sqrt{2}$;

(2) 求算三种分子的力常量 f,应得何结论?

(3) 三种分子的 I 及 θ_v 彼此之间的差别主要取决于分子的哪个参数?

[答案:(2) $576.2\ \text{N}\cdot\text{m}^{-1}$;$576.7\ \text{N}\cdot\text{m}^{-1}$,$577.2\ \text{N}\cdot\text{m}^{-1}$]

6.8 $^{14}N_2$ 和 $^{14}N\,^{15}N$ 分子的核间平均距离都为 1.0976×10^{-10} m,$^{14}N_2$ 分子的振动基本波数 $\tilde{\nu}=2360\ \text{cm}^{-1}$,$^{14}N$ 与 ^{15}N 的相对原子质量分别为 14 与 15.

(1) 估算 $^{14}N^{15}N$ 分子的振动基本波数;

(2) 求两种分子在 300 K 的转动配分函数与振动配分函数(以基态为能量零点).

[答案:(1) 假设两分子的力常量相等,便得 $\tilde{\nu}=2320\ \text{cm}^{-1}$;(2) $q_r(^{14}N_2)=52.2$,$q_r(^{14}N^{15}N)=108$;q_v 都近似为 1]

6.9 乙烯分子的C—H,C ═C 键长分别为 1.071×10^{-10} m,1.353×10^{-10} m,键角都是120°,计算乙烯分子的 ABC 及 298 K 的转动配分函数.

[答案:$5.48\times10^{-138}\ \text{kg}^3\cdot\text{m}^6$;660]

6.10 甲烷分子是正四面体构型,C—H 键长为 1.093×10^{-10} m,H—C—H 键角为 109°,计算 CH_4 分子的 ABC 及 298 K 的转动配分函数.

[答案:$1.51\times10^{-139}\ \text{kg}^3\cdot\text{m}^6$;36.5]

6.11 设双原子分子只占据 p 个简谐振动的低能级,θ_v 为振动特征温度.请证明以振动基态为能量零点的振动配分函数为

$$q_v=\frac{1-e^{-p\theta_v/T}}{1-e^{-\theta_v/T}},$$

并得出 $p\to\infty$ 及 $\theta_v\gg T$ 时 q_v 的极限形式.

6.12 Si 原子在 5000 K 的电子能级及简并度为

ε_i/kT	0	0.022	0.064	1.812	4.430
ω_i	1	3	5	5	1

求 Si 原子在 5000 K 的电子配分函数.

[答案:9.45]

6.13 N 个 AB 分子的理想气体,设分子可及的能级只有 3 个,它们依次相差的能量为 ε,各能级都是非简并的,AB 分子的离解能为 D_0.

(1) 请写出以分子基态为能量零点的分子配分子函数 q_0 和以 A、B 两原子相距无限远的基态为能量零点的分子配分函数 q,并写出 q 与 q_0 的关系式;

(2) 设 n_1,n_2,n_3 依次为分子由低到高能级上的最概然分子数,请证明

$$n_1n_3=(N-n_1-n_3)^2.$$

6.14 HCl 与 ICl 的转动特征温度 θ_r 分别为 15.24 K 与 0.165 K.

(1) 求 298 K 下两种分子的转动配分函数；

(2) 在 298 K 下，两种分子占据 $J=1$ 能级上的概率各为多大？并说明两结果差别的实质所在.

[答案：(1) 19.6；1806 (2) 0.138；1.66×10^{-3}]

6.15 将 N_2(g)在电弧中加热，从光谱中观察到处在振动第一激发态的分子数 n_1 与振动基态的分子数 n_0 之比为 0.26，N_2 分子的基本振动频率 $\nu=7.075\times10^{13}\,s^{-1}$，请计算 N_2(g)的温度.

[答案：2520 K]

6.16 对任何双原子分子，请论证下列结论的正确性：

(1) 分子占据振动第一激发态的概率在 $\theta_v/T=\ln2$ 时最大，其值都是 25%；

(2) 在 $T=\theta_v$，时，分子占据振动第一激发能级的概率都为 $e^{-1}-e^{-2}=0.2325$.

6.17 N 个一维谐振子组成的体系. 请论证振动能 $\varepsilon\geqslant\left(v+\frac{1}{2}\right)h\nu$ 的谐振子数为

$$n\left\{\varepsilon\geqslant\left(v+\frac{1}{2}\right)h\nu\right\}=N\exp\left(-v\frac{h\nu}{kT}\right).$$

6.18 CO 分子的核间距离 $R=1.1282\times10^{-10}$ m，C 与 O 的摩尔质量分别为 0.01201 kg·mol^{-1} 和 0.01600 kg·mol^{-1}.

(1) 求算 CO 分子的转动惯量 I 与转动特征温度 θ_r；

(2) 求 1 mol CO 理想气体在 298 K 下占据 $J\geqslant3$ 的能级上的分子数.

[答案：(1) 14.50×10^{-47} kg·m^2；2.777 K；(2) 5.535×10^{23}]

6.19 设 $n_0,n_1,n_2,\cdots$ 为双原子分子在 $v=0,v=1,v=2,\cdots$ 能级上的最概然分布数，若发现某一双原子分子气体的 $n_1/n_0=0.340$，求 n_3/n_0 的值，并说明按谐振子所得的结果只是一个近似值.

实际测量某一 I_2(g)样品的光谱吸收强度给出 $n_1/n_0=0.528$，$n_2/n_0=0.279$. 试问这些数据是否表示振动为平衡分布？已知 I_2 分子的振动基本波数为 215 cm^{-1}，求 I_2(g)样品的温度.

[答案：$n_3/n_0=0.0393$；484 K]

6.20 HCl 分子的 $\theta_r=15.24$ K，$\theta_v=4302$ K. 求 1000 K 时，HCl 分子在 $v=2,J=5$ 能级与 $v=1,J=2$ 能级上的分子数之比.

[答案：0.0207]

6.21 今有下列两个宏观态的 CO 理想气体：(1) p,T,V，(2) $2p,T,V$. 试问这两个宏观态的 CO 分子配分函数是否相同？体系的配分函数是否相同？

第 7 章　经典统计分布函数及其应用

经典统计力学可依据经典力学建立.本书未这样做,而是依据相体积与量子态数的对应关系,由量子统计过渡到经典统计.这当然与统计力学的历史发展不一致,但它是一条捷径.我们已在4.4.3节和5.1.2节中作了普遍性的论述,今将结果列入7.1节.由于第6章得出了一些配分函数的具体形式,因而可以讨论具体的统计分布函数及它们的应用.

7.1　经典统计分布函数及求统计平均的普遍公式

经典统计分布律就是Maxwell-Boltzmann分布律的经典形式. N 个全同独立子组成的平衡态体系,设单粒子的自由度为 s,在 μ 空间中,分布在

$$\begin{matrix} q_i \to q_i + \mathrm{d}q_i, \\ p_i \to p_i + \mathrm{d}p_i \end{matrix} \quad (i = 1,2,\cdots,s).$$

体积元 $\mathrm{d}\omega = \mathrm{d}q_1\mathrm{d}q_2\cdots\mathrm{d}q_s\mathrm{d}p_1\mathrm{d}p_2\cdots\mathrm{d}p_s$ 的粒子数为

$$n(q_1,q_2,\cdots,q_s;p_1,p_2,\cdots,p_s)\mathrm{d}\omega = \frac{N}{Z}\mathrm{e}^{-\varepsilon(q_1,q_2,\cdots,q_s;p_1,p_2,\cdots,p_s)/kT}\mathrm{d}\omega, \tag{7.1.1}$$

其中 Z 为单粒子经典配分函数

$$Z = \int\cdots\int \mathrm{e}^{-\varepsilon(q_1,q_2,\cdots,q_s;p_1,p_2,\cdots,p_s)/kT}\mathrm{d}\omega. \tag{7.1.2}$$

而 $n(q_1,q_2,\cdots,q_s;p_1,p_2,\cdots,p_s)$ 是在 $q_1,q_2,\cdots,q_s;p_1,p_2,\cdots,p_s$ 处单位相体积中的粒子数,称为坐标与动量的分布函数.它是最一般的形式.单粒子处在 μ 空间体积元 $\mathrm{d}\omega$ 内的概率为

$$\rho(q_1,q_2,\cdots,q_s;p_1,p_2,\cdots,p_s)\mathrm{d}\omega = \frac{1}{Z}\mathrm{e}^{-\varepsilon(q_1,q_2,\cdots,q_s;p_1,p_2,\cdots,p_s)/kT}\mathrm{d}\omega, \tag{7.1.3}$$

其中 $\rho(q_1,q_2,\cdots,q_s;p_1,p_2,\cdots,p_s)$ 是在力学态 $q_1,q_2,\cdots,q_s;p_1,p_2,\cdots,p_s$ 的概率密度,它是归一化函数,即

$$\int\cdots\int\rho(q_1,q_2,\cdots,q_s;p_1,p_2,\cdots,p_s)\mathrm{d}\omega = 1. \tag{7.1.4}$$

设 $u(q_1,q_2,\cdots,q_s;p_1,p_2,\cdots,p_s)$ 为单粒子在力学态 $q_1,q_2,\cdots,q_s;p_1,p_2,\cdots,p_s$ 的某一力学量,则它的经典统计平均值公式为

$$\langle u\rangle = \int\cdots\int u(q_1,\cdots,p_s)\rho(q_1,\cdots,p_s)\mathrm{d}\omega, \tag{7.1.5}$$

而与 u 相应的体系宏观量为

$$U = N\langle u\rangle = N\int\cdots\int u(q_1,\cdots,p_s)\rho(q_1,\cdots,p_s)\mathrm{d}\omega. \tag{7.1.6}$$

7.2　动量分布函数

N 个质量为 m 的气体分子,在平衡态的温度为 T,体积为 V.若分子的平动运动是独立的,由6.1节知,经典统计分布律对单独的平动仍适用.在无外场作用下,分子的平动能函数为

$$\varepsilon = \frac{1}{2m}(p_x^2 + p_y^2 + p_z^2),$$

其中 p_x, p_y, p_z 是分子质心坐标 x, y, z 的共轭动量. 分子的经典配分函数为

$$Z = (2\pi mkT)^{3/2} V.$$

按(7.1.1)式,分子的质心坐标与动量分别处在

$$x \to x + \mathrm{d}x,\ y \to y + \mathrm{d}y,\ z \to z + \mathrm{d}z;$$

$$p_x \to p_x + \mathrm{d}p_x,\ p_y \to p_y + \mathrm{d}p_y,\ p_z \to p_z + \mathrm{d}p_z$$

间隔内的分子数为

$$n(x,y,z;p_x,p_y,p_z)\mathrm{d}x\mathrm{d}y\mathrm{d}z\mathrm{d}p_x\mathrm{d}p_y\mathrm{d}p_z = \frac{N}{Z}\mathrm{e}^{-(p_x^2+p_y^2+p_z^2)/2mkT}\mathrm{d}x\mathrm{d}y\mathrm{d}z\mathrm{d}p_x\mathrm{d}p_y\mathrm{d}p_z, \tag{7.2.1}$$

式中 $n(x,y,z;p_x,p_y,p_z)$ 称为平动坐标与动量的分布函数.

若分子的质心坐标不加限制,只考虑分子的平动动量在间隔 $p_x \to p_x + \mathrm{d}p_x, p_y \to p_y + \mathrm{d}p_y, p_z \to p_z + \mathrm{d}p_z$ 内的分子数,这就是将坐标积分掉,则得

$$\begin{aligned} n(p_x,p_y,p_z)\mathrm{d}p_x\mathrm{d}p_y\mathrm{d}p_z &= \frac{N}{Z}\mathrm{e}^{-(p_x^2+p_y^2+p_z^2)/2mkT}\mathrm{d}p_x\mathrm{d}p_y\mathrm{d}p_z \iiint \mathrm{d}x\mathrm{d}y\mathrm{d}z \\ &= \frac{NV}{Z}\mathrm{e}^{-(p_x^2+p_y^2+p_z^2)/2mkT}\mathrm{d}p_x\mathrm{d}p_y\mathrm{d}p_z \\ &= \frac{N}{(2\pi mkT)^{3/2}}\mathrm{e}^{-(p_x^2+p_y^2+p_z^2)/2mkT}\mathrm{d}p_x\mathrm{d}p_y\mathrm{d}p_z, \end{aligned} \tag{7.2.2}$$

其中的 $n(p_x,p_y,p_z)$ 称为动量分量的分布函数.

如果只考虑在一个动量分量上的分布,例如动量分量在 $p_x \to p_x + \mathrm{d}p_x$ 间隔内的分子数,那就将(7.2.2)式的 p_x, p_y 积分掉,则得

$$\begin{aligned} n(p_x)\mathrm{d}p_x &= \frac{N}{(2\pi mkT)^{3/2}}\mathrm{e}^{-p_x^2/2mkT}\mathrm{d}p_x\int_{-\infty}^{\infty}\int_{-\infty}^{\infty}\mathrm{e}^{-(p_y^2+p_z^2)/2mkT}\mathrm{d}p_y\mathrm{d}p_z \\ &= \frac{N}{(2\pi mkT)^{1/2}}\mathrm{e}^{-p_x^2/2mkT}\mathrm{d}p_x, \end{aligned} \tag{7.2.3}$$

$n(p_x)$ 称为动量分量 p_x 的分布函数.

分子的总动量为

$$p = \sqrt{p_x^2 + p_y^2 + p_z^2}. \tag{7.2.4}$$

若只考虑分布在 $p \to p + \mathrm{d}p$ 内的分子数,可引入动量球极坐标 p, θ, φ,它们与 p_x, p_y, p_z 的关系为

$$\begin{cases} p_x = p\sin\theta\cos\varphi, \\ p_y = p\sin\theta\sin\varphi, \\ p_z = p\cos\theta. \end{cases}$$

因而有

$$\mathrm{d}p_x\mathrm{d}p_y\mathrm{d}p_z = \left|\frac{\partial(p_x,p_y,p_z)}{\partial(p,\theta,\varphi)}\right|\mathrm{d}p\mathrm{d}\theta\mathrm{d}\varphi = p^2\sin\theta\mathrm{d}p\mathrm{d}\theta\mathrm{d}\varphi. \tag{7.2.5}$$

将(7.2.4)和(7.2.5)两式代入(7.2.2)式,积分掉 θ, φ,则得分布在 $p \to p + \mathrm{d}p$ 内的分子数为

$$n(p)\mathrm{d}p = \frac{4\pi p^2 N}{(2\pi mkT)^{3/2}}\mathrm{e}^{-p^2/2mkT}\mathrm{d}p, \tag{7.2.6}$$

$n(p)$ 称为总动量 p 的分布函数.

7.3　速率分布函数——Maxwell 速率分布律

利用动量与速度的关系，从动量分布函数很容易直接转化成速率分布函数. 下面列出由(7.2.2)，(7.2.3)和(7.2.6)三式得出的三种速率分布函数.

粒子分布在 $v_x \to v_x + \mathrm{d}v_x, v_y \to v_y + \mathrm{d}v_y, v_z \to v_z + \mathrm{d}v_z$ 内的数目为

$$n(v_x, v_y, v_z)\mathrm{d}v_x\mathrm{d}v_y\mathrm{d}v_z = N\left(\frac{m}{2\pi kT}\right)^{3/2}\exp\left(-\frac{m(v_x^2+v_y^2+v_z^2)}{2kT}\right)\mathrm{d}v_x\mathrm{d}v_y\mathrm{d}v_z. \tag{7.3.1}$$

粒子分布在速度分量 $v_x \to v_x + \mathrm{d}v_x$ 间隔内的数目为

$$n(v_x)\mathrm{d}v_x = N\left(\frac{m}{2\pi kT}\right)^{1/2}\exp\left(-\frac{mv_x^2}{2kT}\right)\mathrm{d}v_x. \tag{7.3.2}$$

粒子分布在 $v \to v + \mathrm{d}v$ 间隔内的数目为

$$n(v)\mathrm{d}v = 4\pi N\left(\frac{m}{2\pi kT}\right)^{3/2}\exp\left(-\frac{mv^2}{2kT}\right)v^2\mathrm{d}v\,. \tag{7.3.3}$$

(7.3.1)～(7.3.3)式都是 Maxwell 速率分布律，其中的 $n(v_x, v_y, v_z)$，$n(v_x)$ 和 $n(v)$ 都称为速率分布函数.

我们着重讨论(7.3.3)式，它可改写成下列形式

$$\rho(v)\mathrm{d}v = 4\pi\left(\frac{m}{2\pi kT}\right)^{3/2}\exp\left(-\frac{mv^2}{2kT}\right)v^2\mathrm{d}v\,. \tag{7.3.4}$$

其中 $\rho(v) = n(v)/N$ 为速率概率密度. 它是归一化函数，即

$$\int_0^{\infty}\rho(v)\mathrm{d}v = 1\,. \tag{7.3.5}$$

速率概率密度 ρ 具有以下特性：

(1) 当 $v \to 0$ 或 $v \to \infty$ 时，$\rho(v) \to 0$；

(2) ρ 实际上是 v 与 T 的函数，与气体的压力无关；

(3) 当 T 恒定时，ρ 随 v 变化有极大值. 从 ρ 对 v 的一级微商与二级微商，不难得出使 ρ 为最大的速率为

$$v_{\mathrm{m}} = \sqrt{\frac{2kT}{m}} = \sqrt{\frac{2RT}{M}}\,. \tag{7.3.6}$$

v_{m} 称为最概然速率. 而且还可得出

- 当 $v < v_{\mathrm{m}}$ 时，　$(\partial\rho/\partial v)_T > 0$；
- 当 $v = v_{\mathrm{m}}$ 时，　$(\partial\rho/\partial v)_T = 0$；
- 当 $v > v_{\mathrm{m}}$ 时，　$(\partial\rho/\partial v)_T < 0$.

(4) 当 v 恒定时，ρ 随 T 的变化规律为

$$\left(\frac{\partial\rho}{\partial T}\right)_v = \frac{4}{\sqrt{\pi}}\left(\frac{m}{2k}\right)^{3/2}\left(\frac{1}{T}\right)^{5/2}v^2\left(\frac{mv^2}{2kT} - \frac{3}{2}\right)\exp\left(-\frac{mv^2}{2kT}\right)$$

由此可知

- 当 $v < \sqrt{\frac{3kT}{m}}$ 时，　$(\partial\rho/\partial T)_v < 0$，
- 当 $v = \sqrt{\frac{3kT}{m}}$ 时，　$(\partial\rho/\partial T)_v = 0$，

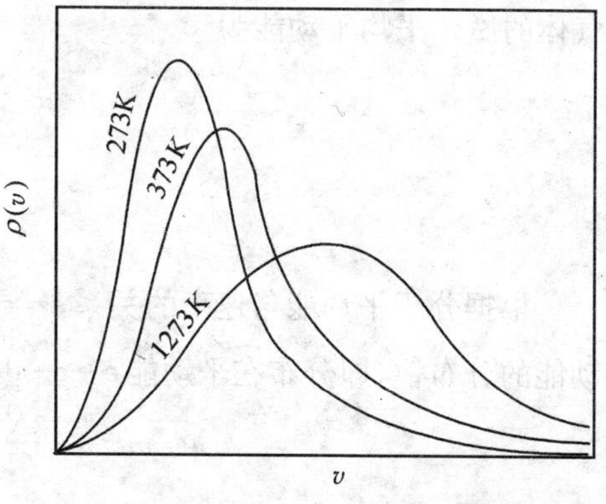

图 7.3.1　不同温度下的 Maxwell 速率分布律

● 当 $v>\sqrt{\frac{3kT}{m}}$ 时，　$(\partial\rho/\partial T)_v>0$.

据上面的分析结果，可以大致画出Maxwell速率分布律的图形.

综上所述，对于气体分子的速率可得如下结论：在平衡态的理想气体中，分子的速率 $v\to0$ 及 $v\to\infty$ 的数目也趋于零，分子大部分处在最概然速率 v_m 的附近，具有最概然速率的分子数最大. 升高温度时，速率分布函数向高速率移动，并趋于平坦，分子集中在窄小范围(v_m 附近)的情况有所改变，高速分子增多，低速分子减少.

速率分布律是1859年Maxwell运用特殊的思考方法得出的(参见王竹溪著，《统计物理学导论》，第2章)，百余年来已经受住实践的考验. 近代的热电子发射及分子射线等实验也都直接证实它是正确的. 速率分布律有多方面的应用.

统计力学的根本问题是确定统计分布函数，一旦确定后便可求微观力学量的统计平均值(即宏观量). 例如应用统计分布律(7.3.4)，分子速率的平均值为

$$\begin{aligned}\bar{v}=\langle v\rangle&=\int_0^\infty v\rho(v)\mathrm{d}v\\&=\int_0^\infty 4\pi\left(\frac{m}{2\pi kT}\right)^{3/2}\exp\left(-\frac{mv^2}{2kT}\right)v^3\mathrm{d}v\\&=\sqrt{\frac{8kT}{\pi m}}=\sqrt{\frac{8RT}{\pi M}}.\end{aligned}\tag{7.3.7}$$

分子速率平方的平均值为

$$\begin{aligned}\overline{v^2}=\langle v^2\rangle&=\int_0^\infty v^2\rho(v)\mathrm{d}v\\&=\int_0^\infty 4\pi\left(\frac{m}{2\pi kT}\right)^{3/2}\exp\left(-\frac{mv^2}{2kT}\right)v^4\mathrm{d}v\\&=\frac{3kT}{m}=\frac{3RT}{M}.\end{aligned}\tag{7.3.8}$$

分子的平均平动能为

$$\bar{\varepsilon}=\left\langle\frac{1}{2}mv^2\right\rangle=\frac{3}{2}kT.\tag{7.3.9}$$

气体的摩尔平均平动能为

$$E_t=N_A\bar{\varepsilon}_t=\frac{3}{2}RT.\tag{7.3.10}$$

7.4　平动能分布函数

根据分子平动能与速率的关系 $\varepsilon=\frac{1}{2}mv^2$，由速率 v 的分布律(7.3.3)式立刻可得出分子平动能的分布律(即分布在平动能 $\varepsilon\to\varepsilon+\mathrm{d}\varepsilon$ 间隔内的分子数)为

$$n(\varepsilon)\mathrm{d}\varepsilon=\frac{2N}{\sqrt{\pi}}\left(\frac{1}{kT}\right)^{3/2}\exp(-\varepsilon/kT)\varepsilon^{1/2}\mathrm{d}\varepsilon.\tag{7.4.1}$$

因此，分子平动能分布函数为

$$n(\varepsilon)=\frac{2N}{\sqrt{\pi}}\left(\frac{1}{kT}\right)^{3/2}\exp(-\varepsilon/kT)\varepsilon^{1/2}.\tag{7.4.2}$$

分子平动能的概率密度为

$$\rho(\varepsilon)=\frac{2}{\sqrt{\pi}}\left(\frac{1}{kT}\right)^{3/2}\exp(-\varepsilon/kT)\varepsilon^{1/2}. \tag{7.4.3}$$

它是归一化函数，即

$$\int_0^{\infty}\rho(\varepsilon)\mathrm{d}\varepsilon=1\,. \tag{7.4.4}$$

分子平动能的平均值为

$$\begin{aligned}\bar{\varepsilon}=\langle\varepsilon\rangle&=\int_0^{\infty}\varepsilon\rho(\varepsilon)\mathrm{d}\varepsilon\\&=\int_0^{\infty}\frac{2}{\sqrt{\pi}}\left(\frac{1}{kT}\right)^{3/2}\exp(-\varepsilon/kT)\varepsilon^{3/2}\mathrm{d}\varepsilon\\&=\frac{3}{2}kT\,.\end{aligned}$$

这与前节得到的(7.3.9)式完全相同.

气体中超过某一特定平动能 ε_0 的分子数为

$$n(\varepsilon\geqslant\varepsilon_0)=\int_{\varepsilon_0}^{\infty}n(\varepsilon)\mathrm{d}\varepsilon=\int_{\varepsilon_0}^{\infty}\frac{2N}{\sqrt{\pi}}\left(\frac{1}{kT}\right)^{3/2}\exp(-\varepsilon/kT)\varepsilon^{1/2}\mathrm{d}\varepsilon\,.$$

令 $x=\varepsilon/kT$，$x_0=\varepsilon_0/kT$，用分部积分法，上式即为

$$\begin{aligned}n(\varepsilon\geqslant\varepsilon_0)&=\frac{2N}{\sqrt{\pi}}\int_{x_0}^{\infty}x^{1/2}\exp(-x)\mathrm{d}x\\&=\frac{2N}{\sqrt{\pi}}x_0^{1/2}\exp(-x_0)\left\{1+\frac{1}{2x_0}-\left(\frac{1}{2x_0}\right)^2+\cdots\right\}\end{aligned}$$

再以 $x_0=\varepsilon_0/T$ 代入

$$n(\varepsilon\geqslant\varepsilon_0)=\frac{2N}{\sqrt{\pi}}\left(\frac{\varepsilon_0}{kT}\right)^{1/2}\exp\left(-\frac{\varepsilon_0}{kT}\right)\left\{1+\frac{kT}{2\varepsilon_0}-\left(\frac{kT}{2\varepsilon_0}\right)^2+\cdots\right\}. \tag{7.4.5}$$

当 $\varepsilon_0\gg kT$ 时，则有

$$n(\varepsilon\geqslant\varepsilon_0)=\frac{2N}{\sqrt{\pi}}\left(\frac{\varepsilon_0}{kT}\right)^{1/2}\exp\left(-\frac{\varepsilon_0}{kT}\right)\,. \tag{7.4.6}$$

此结果在化学动力学理论中是常用的公式.

【练习1】根据Maxwell-Boltzmann 统计分布律的量子形式(4.4.19)式和平动子配分函 q_t 与 Z_t 的关系(4.4.26)式以及三维自由平动子的态密度公式

$$\omega(\varepsilon)=\frac{2\pi}{h^3}V(2m)^{3/2}\varepsilon^{1/2},$$

得出平动能分布函数.

【练习2】由上题的平动能分布函数得出Maxwell 速率分布律(7.3.3)式.

7.5　气体分子碰壁数

单位时间内碰到单位面积器壁上的分子数称为气体分子碰壁数. 在图 7.5.1 中，设 $\mathrm{d}A$ 为器壁(或表面)上任一面积元，其法线向器壁外，选取该面积元的法线为 x 轴，用 $\mathrm{d}\Gamma\mathrm{d}A\mathrm{d}t$ 表示在 $\mathrm{d}t$ 时间内碰到 $\mathrm{d}A$ 面积元上而速度分量在 $v_x\to v_x+\mathrm{d}v_x$ 范围内的分子数. 这些分子必定是 v_x 落

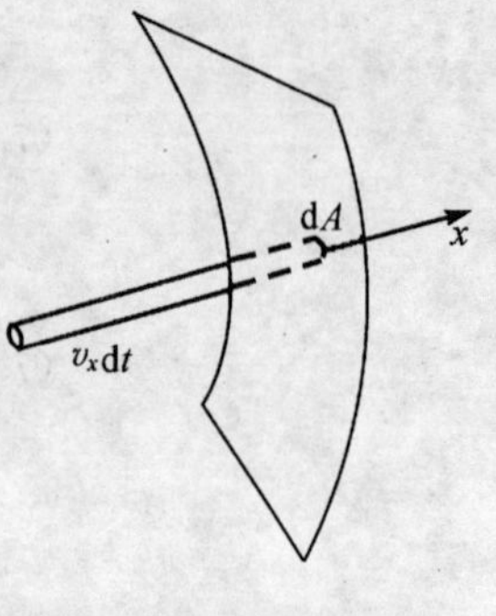

图7.5.1 气体分子碰壁图

在位于 dA 为底，$v_x dt$ 为高的柱体内. 这个柱体的体积为

$$d\tau = v_x dA dt .$$

根据(7.3.2)式知，在单位体积内，分布在 $v_x \to v_x + dv_x$ 间隔内的分子数为

$$\frac{N}{V}\left(\frac{m}{2\pi kT}\right)^{1/2}\exp\left(-\frac{mv_x^2}{2kT}\right)dv_x.$$

因此，在 $d\tau$ 体积内，$v_x \to v_x + dv_x$ 间隔内的分子数为

$$\frac{N}{V}\left(\frac{m}{2\pi kT}\right)^{1/2}\exp\left(-\frac{mv_x^2}{2kT}\right)v_x dv_x dA dt .$$

所以单位时间内碰到单位面积器壁上而速度分量 v_x 在 $v_x \to v_x + dv_x$ 间隔内的分子数为

$$d\Gamma = \frac{N}{V}\left(\frac{m}{2\pi kT}\right)^{1/2}\exp\left(-\frac{mv_x^2}{2kT}\right)v_x dv_x.$$

将 v_x 从 0～∞积分，即得单位时间内碰到单位面积器壁上的分子数为

$$\Gamma = \frac{N}{V}\left(\frac{m}{2\pi kT}\right)^{1/2}\int_0^\infty \exp\left(-\frac{mv_x^2}{2kT}\right)v_x dv_x$$

$$= \frac{N}{V}\sqrt{\frac{kT}{2\pi m}} = n\sqrt{\frac{kT}{2\pi m}}, \qquad (7.5.1)$$

其中 $n = N/V$ 为气体的数密度. 应用气体分子的平均速率(7.3.7)式，即得

$$\Gamma = \frac{1}{4}n\bar{v}. \qquad (7.5.2)$$

再根据理想气体的物态方程 $p = nkT$，又可得

$$\Gamma = \frac{p}{\sqrt{2\pi mkT}}. \qquad (7.5.3)$$

我们在第 9 章中将会知道，理想混合气体中的每一种分子都遵从 Maxwell-Boltzmann 统计分布律，因此，对于理想混合气体，第 i 种分子的气体碰壁数为

$$\Gamma_i = n_i\sqrt{\frac{kT}{2\pi m_i}} = \frac{1}{4}n_i\bar{v}_i = \frac{p_i}{\sqrt{2\pi m_i kT}}, \qquad (7.5.4)$$

其中 p_i 为第 i 种分子在理想混合气体中的分压.

分子通过器壁上的小孔逸出的现象称为泻流. 气体分子碰壁数公式适用于泻流. 由式(7.5.4)知，泻流出的分子数与分子质量平方根成反比. 因此，混合气体中较轻的分子流出的数量要多. 1932～1933 年间，Hertz(赫兹)利用这一结论分离了氖(Ne)的两种同位素 ^{20}Ne 和 ^{23}Ne. 本节的结果可讨论液体的蒸发与气体的凝结.

【练习】请分别求算 N_2 和 O_2 理想气体在101.325 kPa，273 K时的碰壁数.

7.6 重力场中的气体分子随高度的分布

在重力场中的气体分子具有势能，假设气体的温度是均匀的，但气体的密度不均匀，它随高度而变. 气体分子随高度的分布规律很容易由 Maxwell-Boltzmann 经典统计分布律得到. 让我们考虑底面积为 A、高为 c 的柱体容器内盛 N 个质量为 m 的理想气体分子. 选柱体的轴为

z 轴，柱底在 x 与 y 轴的平面内，重力的方向与 z 轴平行，但方向相反，分子的能量函数为

$$\varepsilon = \frac{1}{2m}(p_x^2 + p_y^2 + p_z^2) + mgz + \varepsilon_{\text{int}}, \tag{7.6.1}$$

其中 ε_{int} 为分子除平动能与势能外的其他运动形式的能量.

依据经典统计分布律(7.1.1)式，则有

$$\begin{aligned} &n(x,y,z;p_x,p_y,p_z;q_1,\cdots,p_f)\mathrm{d}x\mathrm{d}y\mathrm{d}z\mathrm{d}p_x\mathrm{d}p_y\mathrm{d}p_z\mathrm{d}q_1\cdots\mathrm{d}p_f \\ &= \frac{N}{Z}\exp\left\{-\left[\frac{(p_x^2+p_y^2+p_z^2)}{2m} + mgz + \varepsilon_{\text{int}}\right]\Big/kT\right\}\mathrm{d}x\mathrm{d}y\mathrm{d}z\mathrm{d}p_x\mathrm{d}p_y\mathrm{d}p_z\mathrm{d}q_1\cdots\mathrm{d}p_f, \end{aligned} \tag{7.6.2}$$

其中，$q_1,q_2,\cdots,q_f;p_1,p_2,\cdots,p_f$ 是分子其他运动形式的广义坐标与广义动量.

若只考虑分布在 $z \to z+\mathrm{d}z$ 间隔内的分子数，而对其他坐标与动量都不加限制时，则得

$$\begin{aligned} n(z)\mathrm{d}z &= \frac{N}{Z}\exp\left(-\frac{mgz}{kT}\right)\mathrm{d}z\left(\iint_A \mathrm{d}x\mathrm{d}y\right)\left[\iiint_{-\infty}^{\infty} \mathrm{e}^{-\frac{1}{2m}(p_x^2+p_y^2+p_z^2)/kT}\mathrm{d}p_x\mathrm{d}p_y\mathrm{d}p_z\right] \\ &\quad\times\left[\int\cdots\int\exp\left(-\frac{\varepsilon_{\text{int}}}{kT}\right)\mathrm{d}q_1\cdots\mathrm{d}p_f\right] \\ &= \frac{N}{Z}\left[\exp\left(-\frac{mgz}{kT}\right)\mathrm{d}z\right]A(2\pi mkT)^{3/2}\left[\int\cdots\int\exp\left(-\frac{\varepsilon_{\text{int}}}{kT}\right)\mathrm{d}q_1\cdots\mathrm{d}p_f\right]. \end{aligned} \tag{7.6.3}$$

分了的经典配分函数为

$$\begin{aligned} Z &= \int\cdots\int\exp\left\{-\left[\frac{(p_x^2+p_y^2+p_z^2)}{2m} + mgz + \varepsilon_{\text{int}}\right]\Big/kT\right\}\mathrm{d}x\mathrm{d}y\mathrm{d}z\mathrm{d}p_x\mathrm{d}p_y\mathrm{d}p_z\mathrm{d}q_1\cdots\mathrm{d}p_f \\ &= A(2\pi mkT)^{3/2}\left\{\frac{kT}{mg}\left[1-\exp\left(-\frac{mgc}{kT}\right)\right]\right\}\left\{\int\cdots\int\exp\left(-\frac{\varepsilon_{\text{int}}}{kT}\right)\mathrm{d}q_1\cdots\mathrm{d}p_f\right\}. \end{aligned} \tag{7.6.4}$$

将(7.6.4)式代入(7.6.3)式，即得

$$n(z)\mathrm{d}z = \frac{Nmg}{kT\left[1-\exp\left(-\frac{mgc}{kT}\right)\right]}\exp\left(-\frac{mgz}{kT}\right)\mathrm{d}z. \tag{7.6.5}$$

因此坐标 z 的分布函数为

$$n(z) = \frac{Nmg}{kT\left[1-\exp\left(-\frac{mgc}{kT}\right)\right]}\exp\left(-\frac{mgz}{kT}\right). \tag{7.6.6}$$

当 $z=0$ 时，有

$$n(0) = \frac{Nmg}{kT\left[1-\exp\left(-\frac{mgc}{kT}\right)\right]}. \tag{7.6.7}$$

这样我们便得出气体分子在重力场中随高度 z 的分布函数为

$$n(z) = n(0)\exp\left(-\frac{mgz}{kT}\right), \tag{7.6.8}$$

从而气体质量密度随高度 z 的分布

$$\rho(z) = \rho(0)\exp\left(-\frac{mgz}{kT}\right). \tag{7.6.9}$$

气体压力随高度 z 的分布函数为

$$p(z) = p(0)\exp\left(-\frac{mgz}{kT}\right). \tag{7.6.10}$$

20 世纪初，研究Brown 运动做出贡献的Perrin(皮兰)，在1908 年曾应用(7.6.8)式测定了Boltzmann 常量及Avogadro(阿佛加德罗)常量.

【练习1】请得出重力场中单原子理想气体的内能U及等容热容C_V的统计表达式.

【练习2】在海平面上的大气组成以体积百分数计，N_2：78%，O_2：21%，H_2：0.01%. 假设大气在所研究的高度内平均温度为220 K，求算这三种物质气体在海拔10，60和500 km处的分压.

7.7　能量均分定理及其应用

能量均分定理是经典统计力学的一个规律. 在经典力学中，粒子的能量函数通常含有若干广义坐标及广义动量的平方项，具体实例可见表7.1.

普遍说来，自由度为s的单粒子，它的能量函数的一般形式可表为

$$\varepsilon = \frac{1}{2}\sum_{i=1}^{s} a_i p_i^2 + \frac{1}{2}\sum_{i=1}^{r'} b_i q_i^2 + u(q_{r'+1},\cdots,q_s)\,, \tag{7.7.1}$$

式中的系数$a_i \geqslant 0$，$b_i \geqslant 0$，而且a_i可以是$q_1, q_2\cdots, q_s$的函数，b_i可以是$q_{r'+1}, q_{r'+2},\cdots, q_s$的函数，或者$a_i$，$b_i$是常量. 能量函数的普遍表式(7.7.1)式，既可用于独立子也可用于相依子.

7.7.1　能量均分定理

"温度为T的热平衡经典力学体系，单粒子能量函数中每一坐标或动量的独立平方项的平均值等于$\frac{1}{2}kT$".

证　利用(7.1.3)和(7.1.5)两式，动量平方项$\frac{1}{2}a_i p_i^2$的统计平均值为

$$\begin{aligned}\left\langle \frac{1}{2}a_i p_i^2 \right\rangle &= \frac{1}{Z}\int\cdots\int \frac{1}{2}a_i p_i^2 \exp(-\varepsilon/kT)\mathrm{d}q_1\cdots\mathrm{d}q_s\mathrm{d}p_1\cdots\mathrm{d}p_s \\ &= \frac{1}{Z}\underbrace{\int\cdots\int}_{2s维}\frac{1}{2}a_i p_i^2 \exp\left[-\left(\frac{1}{2}\sum_{i=1}^{s}a_i p_i^2 + \frac{1}{2}\sum_{i=1}^{r'}b_i q_i^2 + u\right)\Big/ kT\right]\mathrm{d}q_1\cdots\mathrm{d}p_s \\ &= \frac{1}{Z}\left[\underbrace{\int\cdots\int}_{(2s-1)维}\exp(-\varepsilon'/kT)\mathrm{d}q_1\cdots\mathrm{d}q_s\mathrm{d}p_1\cdots\mathrm{d}p_{i-1}\mathrm{d}p_{i+1}\cdots\mathrm{d}p_s\right]\left[\int_{-\infty}^{\infty}\frac{1}{2}a_i p_i^2\exp\left(-\frac{a_i p_i^2}{2kT}\right)\mathrm{d}p_i\right],\end{aligned} \tag{7.7.2}$$

其中ε'是除去$\frac{1}{2}a_i p_i^2$的能量所有项之和，即

$$\varepsilon' = \frac{1}{2}(a_1 p_1^2 + a_2 p_2^2 + \cdots + a_{i-1}p_{i-1}^2 + a_{i+1}p_{i+1}^2 + \cdots + a_s p_s^2) + \frac{1}{2}\sum_{i=1}^{r'} b_i q_i^2 + u\,.$$

应用分部积分法，不难得出

$$\int_{-\infty}^{\infty}\frac{1}{2}a_i p_i^2 \exp\left(-\frac{a_i p_i^2}{2kT}\right)\mathrm{d}p_i = \frac{kT}{2}\int_{-\infty}^{\infty}\exp\left(-\frac{a_i p_i^2}{2kT}\right)\mathrm{d}p_i. \tag{7.7.3}$$

将(7.7.3)式代入(7.7.2)式，并注意到经典配分函数Z的表达式，便可得

$$\left\langle \frac{1}{2}a_i p_i^2 \right\rangle = \frac{1}{2}kT\,. \tag{7.7.4}$$

这就证明了每一动量平方项的平均值为$kT/2$.

用完全相同的方法可以证明每一坐标平方项的平均值也为$kT/2$，即

$$\left\langle \frac{1}{2}b_i q_i^2 \right\rangle = \frac{1}{2}kT\,. \tag{7.7.5}$$

该证明过程中需要说明的是q_i的积分限仍可为$-\infty \sim \infty$(参见王竹溪著，《统计物理学》，1965).

7.2.2　能量均分定理的应用

能量均分定理有多方面的应用,这里只讨论有关热容的结果.表 7.1 列出单原子、双原子理想气体及理想原子晶体的有关结果.

表 7.1　能量均分定理对不同体系预言的热容

体　系	分子能量函数	分子及体系的能量平均值	$C_{V,\mathrm{m}}$	$\gamma=C_{p,\mathrm{m}}/C_{V,\mathrm{m}}$
单原子分子理想气体	$\varepsilon=\frac{1}{2m}(p_x^2+p_y^2+p_z^2)$	$\bar{\varepsilon}=\frac{3}{2}kT$ $U_\mathrm{m}=\frac{3}{2}RT$	$\frac{3}{2}R$	1.667
刚　性双原子分子理想气体	$\varepsilon=\frac{1}{2m}(p_x^2+p_y^2+p_z^2)+\frac{1}{2I}\left(p_\theta^2+\frac{p_\varphi^2}{\sin^2\theta}\right)$	$\bar{\varepsilon}=\frac{5}{2}kT$ $U_\mathrm{m}=\frac{5}{2}RT$	$\frac{5}{2}R$	1.400
准刚性双原子分子理想气体	$\varepsilon=\frac{1}{2m}(p_x^2+p_y^2+p_z^2)+\frac{1}{2I}\left(p_\theta^2+\frac{p_\varphi^2}{\sin^2\theta}\right)+\frac{1}{2\mu}p_\zeta^2+\frac{1}{2}k\zeta^2$	$\bar{\varepsilon}=\frac{7}{2}kT$ $U_\mathrm{m}=\frac{7}{2}RT$	$\frac{7}{2}R$	1.286
理　想原子晶体	$\varepsilon=\frac{1}{2m}(p_x^2+p_y^2+p_z^2)+\frac{1}{2}m\omega^2(x^2+y^2+z^2)$	$\bar{\varepsilon}=3kT$ $U_\mathrm{m}=3RT$	$3R$	—

能量均分定理得到的$C_{V,\mathrm{m}}$是与T,p 无关的常量,也与分子中的原子种类无关,而只与分子的结构及分子中的原子数有关,这就是说,它是不顾原子个性及体系状态的一种普适性理论.实践是检验真理的唯一标准.表 7.2～7.4 列出了有关实验结果.

表 7.2　单原子分子气体的γ

气　体	T/K	γ	气　体	T/K	γ
He	291	1.660	Kr	292	1.689
	93	1.673	Xe	292	1.666
Ne	292	1.642	Na	750～920	1.68
Ar	298	1.65	K	660～1000	1.64
	93	1.69	Hg	548～629	1.666

表 7.3　双原子分子气体的γ

气　体	T/K	γ	气　体	T/K	γ
H_2	289	1.407	CO	291	1.396
	197	1.453		93	1.417
	92	1.597	NO	288	1.38
N_2	293	1.398		288	1.39
	92	1.419		193	1.38
O_2	293	1.398	HCl	290～373	1.40
	197	1.411	HBr	284～373	1.43
	92	1.404	HI	293～373	1.40

表 7.4　原子晶体在 298 K 的标准摩尔热容

晶　体	$C_{p,m}^{\ominus}/(J\cdot K^{-1}\cdot mol^{-1})$	$C_{V,m}^{\ominus}/(J\cdot K^{-1}\cdot mol^{-1})$
铝(Al)	24.4	23.4
铋(Bi)	25.6	25.3
镉(Cd)	26.0	24.6
金刚石(C)	6.1	6.1
铜(Cu)	24.5	23.8
锗(Ge)	23.4	23.3
金(Au)	25.4	24.5
铅(Pb)	26.8	24.8
铂(Pt)	25.9	25.4
硅(Si)	19.8	19.8
银(Ag)	25.5	24.4
钠(Na)	28.2	25.6
锡(Sn)	26.4	25.4
镍(Ni)	24.4	24.4

在常温下，大多数物质的气体及原子晶体的有关热容实验结果，与经典统计中能量均分定理所预言的很符合，这表明经典统计力学具有一定的合理性. 但经典统计中的能量均分定理却不能解释下列有关热容的事实：

(1) 能量均分定理完全未考虑分子中的电子与核运动. 在常温下，电子及核运动对热容没有贡献是经典统计无法解释的.

(2) 双原子分子若是准刚性的(即在平衡位置原子作微振动)，则它们的气体的 $\gamma=1.286$，这与常温下的实验值 $\gamma\approx1.4$ 不符，只有认为双原子分子是刚性的才与实验结果相符. 从理论上讲，经典统计假设双原子分子是刚性分子缺乏依据. 在常温下振动被“冻结”，即振动对热容无贡献，从经典统计是不可理解的.

(3) 硅与金刚石原子晶体的热容实验值. 在常温下与能量均分定理预言的出现大的偏差. 其原因是，这些晶体即使在常温下，量子效应仍是重要的，其解释将在第 13 章有关原子晶体部分中阐述.

(4) 能量均分定理预言物质的热容与温度无关. 实际上，物质的热容随温度而变，特别在低温下更为明显.

经典统计力学所遇到的困难，在量子统计理论中可得到满意的解决.

【练习】温度为 T 的热平衡经典力学体系，单粒子能量函数中每一独立的坐标或动量的 $2n$ ($n=1,2,3,\cdots$)次幂的统计平均值为 $(1/2n)kT$.

7.8　简谐振子的分布函数

一个分子的运动，在一定近似下可当成是独立的平动子、刚性转子和谐振子等运动的组合. 我们已经较为详细地讨论了平动子的各种分布函数. 现在讨论经典谐振子的分布函数，它们也有许多重要的应用.

7.8.1　一维谐振子体系的坐标和动量分布函数

质量为 m 的一维谐振子的能量函数为

$$\varepsilon = \frac{1}{2m}p^2 + \frac{1}{2}m\omega^2 x^2,$$

其中 ω 为振子的角频率.

振子的经典配分函数为

$$Z = \iint \exp(-\varepsilon/kT)\mathrm{d}x\mathrm{d}p = \frac{kT}{\nu}.$$

根据经典 Maxwell-Boltzmann 分布律(7.1.1)式，N 个一维谐振子分布在间隔 $x \to x+\mathrm{d}x, p\to p+\mathrm{d}p$ 内的振子数为

$$n(x,p)\mathrm{d}x\mathrm{d}p = \frac{N}{Z}\exp(-\varepsilon/kT)\mathrm{d}x\mathrm{d}p = \frac{N\nu}{kT}\exp(-\varepsilon/kT)\mathrm{d}x\mathrm{d}p. \tag{7.8.1}$$

一维谐振子的坐标与动量分布函数为

$$n(x,p) = \frac{N\nu}{kT}\exp(-\varepsilon/kT). \tag{7.8.2}$$

7.8.2　一维谐振子体系的能量分布函数

根据Maxwell-Boltzmann 分布律，N 个一维谐振子体系，分布在$\varepsilon\to\varepsilon+\mathrm{d}\varepsilon$ 间隔内的振子数为

$$n(\varepsilon)\mathrm{d}\varepsilon = \frac{N}{q_{\mathrm{v}}}\omega(\varepsilon)\mathrm{d}\varepsilon\,\exp(-\varepsilon/kT). \tag{7.8.3}$$

由于在经典极限下 $q_{\mathrm{v}}=kT/h\nu, \omega(\varepsilon)=1/h\nu$. 因此(7.8.3)式为

$$n(\varepsilon)\mathrm{d}\varepsilon = \frac{N}{kT}\exp(-\varepsilon/kT)\mathrm{d}\varepsilon. \tag{7.8.4}$$

一维谐振子的能量分布函数为

$$n(\varepsilon) = \frac{N}{kT}\exp(-\varepsilon/kT). \tag{7.8.5}$$

7.8.3　一维谐振子能量超过特定值 ε_0 的数目

将(7.8.4)式从 $\varepsilon_0\sim\infty$ 积分，即得

$$n(\varepsilon\geqslant\varepsilon_0) = \int_{\varepsilon_0}^{\infty}\frac{N}{kT}\exp\left(-\frac{\varepsilon}{kT}\right)\mathrm{d}\varepsilon = N\exp\left(-\frac{\varepsilon_0}{kT}\right) \tag{7.8.6}$$

这就是一维谐振子能量超过 ε_0 的数目的公式.

公式(7.8.6)也可按能级直接求和得出. 选一维谐振子的基态为能级零点，谐振子的能级公式为

$$\varepsilon_v = vh\nu.$$

分布在能级 ε_v 上的谐振子数为

$$n(\varepsilon) = \frac{N}{q_{\mathrm{v}}}\exp\left(-\frac{vh\nu}{kT}\right).$$

体系中振子能量不低于 $\varepsilon_0=\varepsilon_v$ 的谐振子数为

$$
\begin{aligned}
n(\varepsilon \geqslant \varepsilon_v) &= n_v + n_{v+1} + n_{v+2} + \cdots \\
&= \frac{N}{q_{\mathrm{v}}} \exp\left(-\frac{vh\nu}{kT}\right)\left[1 + \exp\left(-\frac{h\nu}{kT}\right) + \exp\left(-\frac{2h\nu}{kT}\right) + \cdots\right] \\
&= \frac{N}{q_{\mathrm{v}}} \exp\left(-\frac{vh\nu}{kT}\right) q_{\mathrm{v}} = N\exp\left(-\frac{vh\nu}{kT}\right) \\
&= N\exp\left(-\frac{\varepsilon_v}{kT}\right) = N\exp\left(-\frac{\varepsilon_0}{kT}\right).
\end{aligned}
$$

【思考题】若一维谐振子的能级公式为 $\varepsilon_v = \left(v + \frac{1}{2}\right)h\nu$，用能级直接加和的方法能否得到(7.8.6)式.

7.8.4 s 维谐振子的能量分布函数

s 维谐振子的 Hamilton 函数的一般形式为

$$
H(q_1 \cdots, q_s; p_1 \cdots, p_s) = \frac{1}{2}\sum_{i=1}^{s} a_i p_i^2 + \frac{1}{2}\sum_{i=1}^{s} b_i q_i^2. \tag{7.8.7}
$$

分布在振动能 $\varepsilon \to \varepsilon + d\varepsilon$ 间隔内的振子数为

$$
n(\varepsilon)d\varepsilon = \frac{N}{q_{\mathrm{v}}}\omega(\varepsilon)d\varepsilon \exp(-\varepsilon/kT), \tag{7.8.8}
$$

其中 $\omega(\varepsilon)d\varepsilon$ 是振动能在 $\varepsilon \to \varepsilon + d\varepsilon$ 间隔内的量子态数. 依据量子态数与 μ 空间体积的对应关系，则有

$$
\omega(\varepsilon)d\varepsilon = \frac{1}{h^s}\int\cdots\int_{\varepsilon \leqslant H \leqslant \varepsilon + d\varepsilon} dq_1 \cdots dq_s dp_1 \cdots dp_s. \tag{7.8.9}
$$

先求振动能小于 ε 的量子态数，它为

$$
\sum(\varepsilon) = \frac{1}{h^s}\int\cdots\int_{0 \leqslant H \leqslant \varepsilon} dq_1 \cdots dq_s dp_1 \cdots dp_s. \tag{7.8.10}
$$

作下列变换

$$
p_i = \sqrt{\frac{2\varepsilon}{a_i}}u_i, \qquad dp_i = \sqrt{\frac{2\varepsilon}{a_i}}du_i;
$$

$$
q_i = \sqrt{\frac{2\varepsilon}{b_i}}v_i, \qquad dq_i = \sqrt{\frac{2\varepsilon}{b_i}}dv_i.
$$

(7.8.10)式即为

$$
\begin{aligned}
\sum(\varepsilon) &= \frac{1}{h^s}\int\cdots\int_{0 \leqslant \sum_{i=1}^{s}(u_i^2 + v_i^2) \leqslant 1} \prod_{i=1}^{s}\left(\frac{2\varepsilon}{a_i}\right)^{1/2}\left(\frac{2\varepsilon}{b_i}\right)^{1/2} du_i dv_i \\
&= \left(\frac{2\varepsilon}{h}\right)^s \prod_{i=1}^{s}\left(\frac{1}{a_i b_i}\right)^{1/2} \int\cdots\int_{0 \leqslant \sum_{i=1}^{s}(u_i^2 + v_i^2) \leqslant 1} du_1 \cdots du_s dv_1 \cdots dv_s \\
&= \left(\frac{2\varepsilon}{h}\right)^s \prod_{i=1}^{s}\left(\frac{1}{a_i b_i}\right)^{1/2} \left\{\frac{\pi^{2s/2}}{(2s/2)!}\right\} \\
&= \frac{(2\pi\varepsilon)^s}{h^s s!}\prod_{i=1}^{s}\left(\frac{1}{a_i b_i}\right)^{1/2}.
\end{aligned}
$$

因此

$$\omega(\varepsilon)\mathrm{d}\varepsilon=\frac{\mathrm{d}\sum(\varepsilon)}{\mathrm{d}\varepsilon}\mathrm{d}\varepsilon=\frac{(2\pi)^s\varepsilon^{s-1}}{h^s(s-1)!}\prod_{i=1}^{s}\left(\frac{1}{a_ib_i}\right)^{1/2}. \tag{7.8.11}$$

又,经典极限下的配分函数为

$$q_v=\frac{1}{h^s}\int\cdots\int\exp(-\varepsilon/kT)\mathrm{d}q_1\cdots\mathrm{d}q_s\mathrm{d}p_1\cdots\mathrm{d}p_s=\prod_{i=1}^{s}\left(\frac{1}{a_ib_i}\right)^{1/2}\left(\frac{2\pi kT}{h}\right)^s. \tag{7.8.12}$$

将(7.8.11)和(7.8.12)两式代入(7.8.8)式,即得

$$n(\varepsilon)\mathrm{d}\varepsilon=\frac{N}{(kT)^s}\frac{\varepsilon^{s-1}}{(s-1)!}\exp(-\varepsilon/kT)\mathrm{d}\varepsilon\ , \tag{7.8.13}$$

从而 s 维谐振子的能量分布函数为

$$n(\varepsilon)=\frac{N}{(kT)^s}\frac{\varepsilon^{s-1}}{(s-1)!}\exp(-\varepsilon/kT)\ . \tag{7.8.14}$$

作为特例,$s=1$ 和 $s=3$ 的能量分布函数分别为

$$n(\varepsilon)=\frac{N}{(kT)}\exp(-\varepsilon/kT)\ , \tag{7.8.15}$$

$$n(\varepsilon)=\frac{N}{(kT)^3}\frac{\varepsilon^2}{2}\exp(-\varepsilon/kT)\ . \tag{7.8.16}$$

s 维谐振子,其能量超过特定值 ε_0 的数目为

$$\begin{aligned}n(\varepsilon\geqslant\varepsilon_0)&=\int_{\varepsilon_0}^{\infty}\frac{N}{(kT)^s}\frac{\varepsilon^{s-1}}{(s-1)!}\exp(-\varepsilon/kT)\mathrm{d}\varepsilon\\&=\frac{N}{(s-1)!}\int_{\varepsilon_0}^{\infty}\left(\frac{\varepsilon}{kT}\right)^{s-1}\exp(-\varepsilon/kT)\mathrm{d}\left(\frac{\varepsilon}{kT}\right)\\&=N\exp(-\varepsilon_0/kT)\left[\frac{(\varepsilon_0/kT)^{s-1}}{(s-1)!}+\frac{(\varepsilon_0/kT)^{s-2}}{(s-2)!}+\cdots+1\right].\end{aligned}$$

不难看出,当$(\varepsilon_0/kT)\gg(s-1)$时,近似有

$$n(\varepsilon\geqslant\varepsilon_0)=N\frac{(\varepsilon_0/kT)^{s-1}}{(s-1)!}\exp(-\varepsilon_0/kT)\ .$$

- 对于一维谐振子($s=1$),则有

$$n(\varepsilon\geqslant\varepsilon_0)=N\exp(-\varepsilon_0/kT)\ .$$

- 对于三维谐振子($s=3$),则有

$$n(\varepsilon\geqslant\varepsilon_0)=N\frac{(\varepsilon_0/kT)^2}{2}\exp(-\varepsilon_0/kT)\ .$$

谐振子的能量分布函数也有多方面的应用.例如在化学动力学中,单分子反应理论就要用到它.

7.9　理想气体的压力

气体的压力是宏观量.从分子运动论的观点看,气体分子对器壁所施的压力是由于分子对器壁碰撞所引起的.考虑器壁的一个面积元$\mathrm{d}A$,选$\mathrm{d}A$ 的法线向器壁外的方向为x 轴方向.在$\mathrm{d}t$时间内气体分子碰撞$\mathrm{d}A$ 后受到器壁的反作用力,使分子在 x 方向的总动量改变为$\mathrm{d}M$.根据 Newton 运动定律,则有

$$\mathrm{d}M=-p\mathrm{d}A\mathrm{d}t\ .$$

其中p为分子施于器壁的压力，而$-p\mathrm{d}A$则为器壁对$\mathrm{d}t$时间内所有能碰到$\mathrm{d}A$上的分子的反作用力.

设分子的质量为m，分子与器壁的碰撞为弹性碰撞，则速度分量为v_x的一个分子碰到$\mathrm{d}A$上的动量改变为

$$-mv_x-mv_x=-2mv_x.$$

要计算$\mathrm{d}M$，就必须把$\mathrm{d}t$时间内所有一切可能与$\mathrm{d}A$碰撞的分子都考虑到. 根据7.5节的讨论，在$\mathrm{d}t$时间内能碰到$\mathrm{d}A$面积元上而$v_x\to v_x+\mathrm{d}v_x$间隔内的分子数为

$$\frac{N}{V}\left(\frac{m}{2\pi kT}\right)^{1/2}\exp\left(-\frac{mv_x^2}{2kT}\right)v_x\mathrm{d}v_x\mathrm{d}A\mathrm{d}t.$$

因此

$$\mathrm{d}M=-p\mathrm{d}A\mathrm{d}t=\int_0^\infty\frac{N}{V}\left(\frac{m}{2\pi kT}\right)^{1/2}\exp\left(-\frac{mv_x^2}{2kT}\right)(-2mv_x)v_x\mathrm{d}v_x\mathrm{d}A\mathrm{d}t,$$

从而

$$p=\int_0^\infty\frac{N}{V}\left(\frac{m}{2\pi kT}\right)^{1/2}\exp\left(-\frac{mv_x^2}{2kT}\right)(2mv_x)v_x\mathrm{d}v_x=\frac{NkT}{V}.$$

这就是熟知的理想气体物态方程.

习　　题

7.1　请根据三维气体的Maxwell速率分布律，得出下列公式

(1) 气体分子的最概然速率

$$v_{\mathrm{m}}=\sqrt{\frac{2kT}{m}}=\sqrt{\frac{2RT}{M}}.$$

(2) 气体分子的平均速率

$$\bar{v}=\sqrt{\frac{8kT}{\pi m}}=\sqrt{\frac{8RT}{\pi M}}.$$

(3) 气体分子的均方根速率

$$u=\sqrt{\overline{v^2}}=\sqrt{\frac{3kT}{m}}=\sqrt{\frac{3RT}{M}}.$$

(4) 气体分子的平均平动能

$$\bar{\varepsilon}_{\mathrm{t}}=\frac{3}{2}kT.$$

(5) $u:\bar{v}:v_{\mathrm{m}}=\sqrt{\frac{3}{2}}:\sqrt{\frac{2}{\pi}}:1=1.225:1.128:1.$

7.2　求算H_2、O_2、电子气在273 K时各个子的均方根速率.

7.3　请根据三维气体的Maxwell速率分布律，证明分子速率涨落和平动能涨落的下列公式

$$\overline{(v-\bar{v})^2}=\frac{kT}{m}\left(3-\frac{8}{\pi}\right),$$

$$\overline{(\varepsilon-\bar{\varepsilon}_{\mathrm{t}})^2}=\frac{3}{2}(kT)^2.$$

7.4　若三维气体以恒定速率 v 沿某一方向做整体运动，求分子的平均平动能.

[答案：$\varepsilon_t=\frac{3}{2}kT+\frac{1}{2}mv^2$]

7.5　表面活性物质的分子，在液面上做二维自由运动，可以看做是二维理想气体. 请导出

(1) 动量、速率及平动能分布函数 $n(p_x,p_y)$，$n(p)$，$n(v_x,v_y)$，$n(v)$，$n(\varepsilon)$的表达式；

(2) 最可几速率 v_m，平均速率 $\bar{v}$，均方根速率 u 的公式；

(3) 平动能超过特定值 ε_0的分子数公式.

7.6　请证明，单位时间内碰到单位面积器壁上而速率介于 $v\rightarrow v+dv$ 之间的分子数为

$$d\Gamma=\pi n\left(\frac{m}{2\pi kT}\right)^{3/2}\exp\left(-\frac{mv^2}{2kT}\right)v^3dv,$$

其中 $n=N/V$ 为气体的数密度.

7.7　分子从器壁的小孔射出，求在射出的分子束中，分子的平均速率和均方根速率为

$$\bar{v}=\sqrt{\frac{9\pi kT}{8m}},$$

$$u=\sqrt{\overline{v^2}}=\sqrt{\frac{4kT}{m}}.$$

7.8　请根据 7.6 题结果，得出气体分子碰壁数公式

$$\Gamma=n\sqrt{\frac{kT}{2\pi m}},$$

这是推导气体分子碰壁数的另一方法.

7.9　试得出单位时间内碰到单位面积器壁上的气体分子总动能为

$$E=\frac{N}{V}\sqrt{\frac{2k^3T^3}{\pi m}}=p\sqrt{\frac{2kT}{\pi m}},$$

其中 p 为气体的压力.

7.10　试求速率方向与器壁面法线的夹角介于 $\theta\rightarrow\theta+d\theta$ 之间的气体分子在单位时间内碰撞到单位面积器壁上的次数为

$$d\Gamma_\theta=\frac{N}{V}\left(\frac{2kT}{\pi m}\right)^{1/2}\sin\theta\cos\theta d\theta,$$

并由此得出气体分子碰壁数公式.

7.11　物质B理想气体，其平衡态温度为 T，体积为 V，分子数为 N，分子的质量为 m. 在气体中放置一个干净表面的固体，它可以吸收气体分子. 当分子在固体表面法线方向上的速率分量小于 v_T 时，分子被固体吸收的概率为 0(不吸收)；而大于 v_T 时，吸收的概率为 1. 请推得单位时间内在单位固体表面上吸收分子的速率表达式为

$$W=\frac{N}{V}\left(\frac{kT}{2\pi m}\right)^{1/2}\exp\left(-\frac{mv_T^2}{2kT}\right).$$

7.12　有关分子束平均速率的计算.

(1) 从高温炉飞出的原子，经过一系列平行的狭缝可得一束同方向运动的原子束. 请导出用炉温(即原子束温度)T 与原子质量 m 表示的原子平均速率公式为

$$\bar{v}_x=\left(\frac{2kT}{\pi m}\right)^{1/2}=\left(\frac{2RT}{\pi M}\right)^{1/2}.$$

(2) 计算 Cs 原子从 $T=1000$ K 炉中飞出成原子束的 Cs 原子平均速率. Cs 的摩尔质量

$M=0.1329\,\mathrm{kg\cdot mol^{-1}}$.

(3) 假设Cs 原子束通过一个速率选择器后只有$0.95\bar{v}\rightarrow 1.05\bar{v}$间隔内的Cs 原子才能通过，问通过速率选择器的Cs 原子占总数的分数为多大？

7.13 请对刚性双原子分子得出转动坐标与动量$(\theta,\varphi,p_\theta,p_\varphi)$分布函数及转动能分布函数. 并求出一个刚性双原子分子的平均转动能.

7.14 一个质量为m的粒子，绕固定轴做平面圆周运动，粒子到轴的距离为r，请解答下列问题：

(1) 确定粒子的自由度；

(2) 写出粒子在极坐标中的Lagrange 函数；

(3) 写出广义动量与Hamilton 函数；

(4) 写出Lagrange 方程与Hamilton 方程；

(5) 得出用转动惯量I与温度T表示的经典配分函数；

(6) 得出态密度$\omega(\varepsilon)$的公式；

(7) 得出能量分布函数；

(8) 求出一个粒子的转动能平均值.

第 8 章　理想气体的热力学函数

众所周知，标准摩尔热力学函数的值是热力学解决各类问题所需的重要数据，因此人们设法造出热力学函数表以供查用. 热力学函数表可根据量热与平衡数据用唯象热力学方法造得，也可根据分子的结构与性质用统计力学方法求算得出. 两者各有自身的特点与作用，而且它们是相辅相成的.

本章重点介绍标准摩尔热力学函数表的统计力学方法造法. 首先列出标准摩尔热力学函数的定义，接着介绍它们的统计力学求算法. 由于统计力学对凝聚态物质的热力学函数还得不出准确可靠的结果，因此本章只限于理想气体. 结合对统计力学求算热力学函数的评述，将引出物质的摩尔残余熵概念，最后讨论物质化学势的统计力学表达式.

8.1　标准摩尔热力学函数的定义

在热力学中，物质B的标准(状)态是个极为重要的概念，对于不同相态，其定义有所差别. 气体物质B的标准态是温度为 T，压力为标准压力 $p^{\ominus}$ 的纯物质B的理想气体；液体或固体物质B的标准态通常是温度为 T，压力为标准压力 $p^{\ominus}$ 的纯物质B的真实液体或固体. 应特别说明，本书中的 $p^{\ominus}=101.325\ \mathrm{kPa}$；标准态用符号"$\ominus$"表示，一般标在热力学函数的右上角. 物质B在标准状态下的单位物质的量的热力学函数称为标准摩尔热力学函数，对热力学函数 L，则用符号 $L_{\mathrm{m}}^{\ominus}$ 表示. 例如，$C_{p,\mathrm{m}}^{\ominus}$，$U_{\mathrm{m}}^{\ominus}$，$H_{\mathrm{m}}^{\ominus}$，$S_{\mathrm{m}}^{\ominus}$，$G_{\mathrm{m}}^{\ominus}$ 等分别为标准摩尔等压热容、内能、焓、熵、Gibbs 自由能等. 上述各量的绝对值除 $C_{p,\mathrm{m}}^{\ominus}$ 外都无法确定，因此造不出它们的数值表，必须考虑其他办法.

关于 $S_{\mathrm{m}}^{\ominus}$，通常是根据热力学第三定律，规定物质B的完美晶体在 0 K 的标准摩尔量热熵为 0，只计算随温度而变化的量热熵. 从统计力学观点看，这对应的只是统计平动、转动、振动、电子运动及内旋转的熵，核运动的熵不包括在内，因为通常化学反应或相变的条件下，核只处在基态. 因此，热力学函数表中的 $S_{\mathrm{m}}^{\ominus}$ 实际上是标准摩尔量热熵或光谱熵.

对于其他热力学函数，为了能得出数值，采用与参考态热力学函数的差值办法，定义新的热力学函数. 在化学热力学中通常用到的是下列两个函数.

物质B的标准摩尔焓函数定义为

$$H_{\mathrm{m}}^{\ominus}(T)-U_{\mathrm{m}}^{\ominus}(0\,\mathrm{K}) \quad 或 \quad H_{\mathrm{m}}^{\ominus}(T)-U_{\mathrm{m}}^{\ominus}(298.15\,\mathrm{K})\,.$$

物质B的标准摩尔 Gibbs 自由能函数也称 Giaugue(乔克) 函数，其定义为

$$-\frac{G_{\mathrm{m}}^{\ominus}(T)-U_{\mathrm{m}}^{\ominus}(0\,\mathrm{K})}{T} \quad 或 \quad -\frac{G_{\mathrm{m}}^{\ominus}(T)-U_{\mathrm{m}}^{\ominus}(298.15\,\mathrm{K})}{T}\,.$$

定义中的 $U_{\mathrm{m}}^{\ominus}(0\,\mathrm{K})$ 或 $U_{\mathrm{m}}^{\ominus}(298.15\,\mathrm{K})$ 是两种参考态的内能. Giaugue 函数定义中加负号是为了在数值上是正值. 标准摩尔焓函数与 Giauque 函数还有另外定义，那就是将参考态的 $U_{\mathrm{m}}^{\ominus}(0\,\mathrm{K})$，$U_{\mathrm{m}}^{\ominus}(298.15\,\mathrm{K})$ 分别用 $H_{\mathrm{m}}^{\ominus}(0\,\mathrm{K})$，$H_{\mathrm{m}}^{\ominus}(298.15\,\mathrm{K})$ 代替. 值得注意的是，对于理想气体物质，$H_{\mathrm{m}}^{\ominus}(0\,\mathrm{K})=U_{\mathrm{m}}^{\ominus}(0\,\mathrm{K})$，因而

$$H_{\mathrm{m}}^{\ominus}(T)-U_{\mathrm{m}}^{\ominus}(0\,\mathrm{K}) \text{ 与 } H_{\mathrm{m}}^{\ominus}(T)-H_{\mathrm{m}}^{\ominus}(0\,\mathrm{K}) \text{ 等价},$$

$$-\frac{G_{\mathrm{m}}^{\ominus}(T)-U_{\mathrm{m}}^{\ominus}(0\,\mathrm{K})}{T} \quad 与 \quad -\frac{G_{\mathrm{m}}^{\ominus}(T)-H_{\mathrm{m}}^{\ominus}(0\,\mathrm{K})}{T} \text{ 等价}.$$

两种参考态定义的标准摩尔焓函数及 Giauque 函数可以互相换算,其互换关系为

$$H_m^\ominus(T) - H_m^\ominus(298.15\,K) = [H_m^\ominus(T) - H_m^\ominus(0\,K)] - [H_m^\ominus(298.15\,K) - H_m^\ominus(0\,K)].$$

或者

$$H_m^\ominus(T) - H_m^\ominus(0\,K) = [H_m^\ominus(T) - H_m^\ominus(298.15\,K)] - [H_m^\ominus(0\,K) - H_m^\ominus(298.15\,K)]$$

$$-\frac{G_m^\ominus(T) - H_m^\ominus(298.15\,K)}{T} = -\frac{G_m^\ominus(T) - H_m^\ominus(0\,K)}{T} + \frac{H_m^\ominus(298.15\,K) - H_m^\ominus(0\,K)}{T}.$$

或者

$$-\frac{G_m^\ominus(T) - H_m^\ominus(0\,K)}{T} = -\frac{G_m^\ominus(T) - H_m^\ominus(298.15\,K)}{T} + \frac{H_m^\ominus(0\,K) - H_m^\ominus(298.15\,K)}{T}.$$

现在转入有关化学反应的标准热力学函数的定义. 下列方程式表示的化学反应称为物质 B 的生成反应

$$0 = \sum_E \nu_E E + B\,,$$

其中反应物 E 为在反应条件下的元素稳定单质;B 为生成物,其化学计量数规定为 1.

物质 B 生成反应的摩尔热力学函数变定义为物质 B 的摩尔生成热力学函数. 对于热力学函数 L,则用符号 $\Delta_f L_m$ 表示. 物质B生成反应中的各物质在标准状态下的摩尔热力学函数变定义为物质 B 的标准摩尔生成热力学函数,用符号 $\Delta_f L_m^\ominus$ 表示. 化学热力学中常用的是标准摩尔生成焓 $\Delta_f H_m^\ominus$ 与标准摩尔生成 Gibbs 自由能 $\Delta_f G_m^\ominus$. 例如,298 K 时,液态水的生成反应为

$$H_2(g, 298\,K, p^\ominus) + \frac{1}{2}O_2(g, 298\,K, p^\ominus) = H_2O(l, 298\,K, p^\ominus).$$

此反应的标准摩尔焓变为 $\Delta_r H_m^\ominus(298\,K) = -285.84\,kJ\cdot mol^{-1}$,标准摩尔 Gibbs 自由能变为 $\Delta_r G_m^\ominus(298\,K) = -237.19\,kJ\cdot mol^{-1}$. 故 $H_2O(l)$ 的标准摩尔生成焓 $\Delta_f H_m^\ominus(298\,K) = -285.84\,kJ\cdot mol^{-1}$,标准摩尔生成 Gibbs 自由能 $\Delta_f G_m^\ominus(298\,K) = -237.19\,kJ\cdot mol^{-1}$.

对于一般的化学反应

$$0 = \sum_B \nu_B B\,,$$

它的标准平衡常量定义为

$$K^\ominus(T) = \exp[-\sum_B \nu_B \mu_B^\ominus(T)/RT]\,. \qquad (8.1.1)$$

或以下列等价关系式定义

$$-\sum_B \nu_B \mu_B^\ominus(T) = -\Delta_r G_m^\ominus(T) = RT\ln[K^\ominus(T)]\,. \qquad (8.1.2)$$

作为特例,物质 B 生成反应的标准平衡常量由下式求算

$$\Delta_f G_m^\ominus(T) = -RT\ln[K^\ominus(T)]\,. \qquad (8.1.3)$$

8.2　标准摩尔热力学函数间的关系

热力学理论表明,物质 B 的摩尔 Gibbs 自由能是以 T,p 为状态变量的特性函数. 由此可知,物质 B 的标准摩尔 Gibbs 自由能 $G_m^\ominus$ 只是 T 的函数,而且所有其他的标准摩尔热力学函数也都只是温度的函数,这是因为它们都可由 $G_m^\ominus(T)$ 得到. 例如

$$S_m^\ominus(T) = -dG_m^\ominus(T)/dT\,, \qquad (8.2.1)$$

$$H_m^\ominus(T) = G_m^\ominus(T) - TdG_m^\ominus(T)/dT\,, \qquad (8.2.2)$$

$$C_{p,m}^\ominus(T) = -Td^2G_m^\ominus(T)/dT^2. \qquad (8.2.3)$$

此外,常用的还有下列的关系式

$$-\frac{G_{\mathrm{m}}^{\ominus}(T)-H_{\mathrm{m}}^{\ominus}(0\,\mathrm{K})}{T}=-\frac{H_{\mathrm{m}}^{\ominus}(T)-H_{\mathrm{m}}^{\ominus}(0\,\mathrm{K})}{T}+S_{\mathrm{m}}^{\ominus}(T)\,, \tag{8.2.4}$$

$$\Delta_{\mathrm{f}}H_{\mathrm{m}}^{\ominus}(T)=[H_{\mathrm{m}}^{\ominus}(T)-H_{\mathrm{m}}^{\ominus}(0\,\mathrm{K})]_{\mathrm{B}}-\sum_{\mathrm{E}}\nu_{\mathrm{E}}[H_{\mathrm{m}}^{\ominus}(T)-H_{\mathrm{m}}^{\ominus}(0\,\mathrm{K})]_{\mathrm{E}}+\Delta_{\mathrm{f}}H_{\mathrm{m}}^{\ominus}(0\,\mathrm{K})\,, \tag{8.2.5}$$

$$\Delta_{\mathrm{f}}G_{\mathrm{m}}^{\ominus}(T)=T\left\{\left[\frac{G_{\mathrm{m}}^{\ominus}(T)-H_{\mathrm{m}}^{\ominus}(0\,\mathrm{K})}{T}\right]_{\mathrm{B}}-\sum_{\mathrm{E}}\nu_{\mathrm{E}}\left[\frac{G_{\mathrm{m}}^{\ominus}(T)-H_{\mathrm{m}}^{\ominus}(0\,\mathrm{K})}{T}\right]_{\mathrm{E}}\right\}+\Delta_{\mathrm{f}}H_{\mathrm{m}}^{\ominus}(0\,\mathrm{K})\,. \tag{8.2.6}$$

若将(8.2.4) ~ (8.2.6) 三式中的 $H_{\mathrm{m}}^{\ominus}(0\,\mathrm{K})$ 换成 $H_{\mathrm{m}}^{\ominus}(298.15\,\mathrm{K})$,则还有相应的三个关系式.

从标准摩尔热力函数的统计力学求算角度上讲,(8.2.4) 式使我们只需求算式中三个函数的任意两个即可. (8.2.5) 和(8.2.6) 两式则表明,物质 B 的标准摩尔生成焓 $\Delta_{\mathrm{f}}H_{\mathrm{m}}^{\ominus}(0\,\mathrm{K})$ 和标准摩尔生成 Gibbs 自由能 $\Delta_{\mathrm{f}}G_{\mathrm{m}}^{\ominus}$ 可由物质 B 生成反应中各物质的标准摩尔焓函数和标准摩尔 Gibbs 自由能函数求算,前提条件是必须事先知道参考态(即一个温度如 0 K 或 298.15 K)下的标准摩尔生成焓. 此值不能用统计力学方法得到,需要借助其他方法,例如热力学方法或分子离解能等得出.

8.3 标准摩尔热力学函数表

化学热力学数据表有不同类型. 本节介绍的是(表 8.1) 包括广泛温度范围的下列量:

$C_{p,\mathrm{m}}^{\ominus}(T)$,

$S_{\mathrm{m}}^{\ominus}(T)=S_{\mathrm{m}}^{\ominus}(T)-S_{\mathrm{m}}^{\ominus}(\mathrm{s},\,T\to 0\,\mathrm{K})$,

$H_{\mathrm{m}}^{\ominus}(T)-H_{\mathrm{m}}^{\ominus}(298\,\mathrm{K})$,

$-[G_{\mathrm{m}}^{\ominus}(T)-H_{\mathrm{m}}^{\ominus}(298\,\mathrm{K})]/T$,

$\Delta_{\mathrm{f}}H_{\mathrm{m}}^{\ominus}(T)$,

$\Delta_{\mathrm{f}}G_{\mathrm{m}}^{\ominus}(T)$,

$\log[K^{\ominus}(T)]$.

这类热力学函数表可用唯象热力学方法根据量热及平衡实验数据造得,也可用统计力学方法根据分子的参数求算.

统计力学方法造物质 B 的标准摩尔热力学函数表的一般程序如下:

(1) 对于物质 B 及它的生成反应中有关稳定元素单质,写出各物质以基态为能量零点的配分函数;

(2) 由各物质的配分函数分别求算 $C_{p,\mathrm{m}}^{\ominus}(T)$, $S_{\mathrm{m}}(T)$, $H_{\mathrm{m}}^{\ominus}(T)-H_{\mathrm{m}}^{\ominus}(0\,\mathrm{K})$;

(3) 应用(8.2.4) 式求出各物质的 $-[G_{\mathrm{m}}^{\ominus}(T)-H_{\mathrm{m}}^{\ominus}(0\,\mathrm{K})]/T$;

(4) 设法得到参考状态温度下的物质 B 的标准摩尔生成焓 $\Delta_{\mathrm{f}}H_{\mathrm{m}}^{\ominus}(0\,\mathrm{K})$;

(5) 依据 (8.2.5), (8.2.6) 和 (8.1.3) 式, 求出物质 B 的 $\Delta_{\mathrm{f}}H_{\mathrm{m}}^{\ominus}(T)$, $\Delta_{\mathrm{f}}G_{\mathrm{m}}^{\ominus}(T)$ 及 $\log[K_{\mathrm{m}}^{\ominus}(T)]$.

【例 8.3.1】请造出 F 原子理想气体的标准摩尔热力学函数表.

F(g) 的生成反应为

$$\frac{1}{2}\mathrm{F_2(g)} = \mathrm{F(g)}.$$

因此，造F原子理想气体的标准摩尔热力学函数表需要F与F_2的分子参数. F原子的摩尔质量 $M = 18.9984\,\text{g}\cdot\text{mol}^{-1}$, $\Delta_f H_m^\ominus(0\,\text{K}) = 18.38\,\text{kcal}\cdot\text{mol}^{-1}$，电子以波数表示的能级 ε_i 及其简并度 ω_i 如下：

$\varepsilon_i/\text{cm}^{-1}$	ω_i	$\varepsilon_i/\text{cm}^{-1}$	ω_i
0	4	118627.73	10
404	2	123118.7	12
103327.14	18	128346.36	80
115918.7	6	132786.07	16
116597.23	14	133531.81	22
117465.88	22	134978.71	88

F_2分子的摩尔质量$M = 37.9968\,\text{g}\cdot\text{mol}^{-1}$, $\Delta_f H_m^\ominus(0\,\text{K}) = 0$，核间平衡距离 $r_e = 1.409\times10^{-8}\,\text{cm}$，基本振动波数 $\tilde{\nu} = 892\,\text{cm}^{-1}$. 电子只处在非简并的基态.

根据上述数据，可写出F原子及F_2分子以基态为能量零点的配分函数分别为

$$q(\text{F}) = q_t q_e = \left[\frac{2\pi m(\text{F})kT}{h^2}\right]^{3/2} V\left[\sum_i \omega_i \exp\left\{-\frac{(1.438790\,\text{cm}\cdot\text{K})\varepsilon_i}{T}\right\}\right],$$

$$q(\text{F}_2) = q_t q_r q_v q_e = \left[\frac{2\pi m(\text{F}_2)kT}{h^2}\right]^{3/2} V\left(\frac{T}{2\theta_r}\right)\left(\frac{1}{1-e^{-\theta_v/T}}\right).$$

表 8.1 F理想气体的标准摩尔热力学函数*

T/K	$C_{p,m}^\ominus(T)$	$S_m^\ominus(T)$	$-\{G_m^\ominus(T)-H_m^\ominus(298\,\text{K})\}/T$	$H_m^\ominus(T)-H_m^\ominus(298\,\text{K})$	$\Delta_f H_m^\ominus(T)$	$\Delta_f G_m^\ominus(T)$	$\log K_p^\ominus$
	cal·K⁻¹·mol⁻¹			kcal·mol⁻¹			
0	0.000	0.000	——	−1.558	18.357	18.357	——
100	5.068	32.116	42.710	−1.059	18.508	17.331	−37.875
200	5.408	35.746	38.415	−0.534	18.684	16.089	−17.580
298	5.437	37.917	37.917	0.000	18.860	14.777	−10.832
300	5.436	37.951	37.917	0.010	18.863	14.752	−10.746
400	5.361	39.505	38.129	0.550	19.018	13.358	−7.298
500	5.282	40.6933	38.528	1.082	19.147	11.927	−3.3213
600	5.218	38.971	38.971	1.607	19.256	10.472	−3.814
700	5.169	42.450	39.412	2.126	19.349	9.001	−2.810
800	5.1333	43.138	39.836	2.641	19.431	7.517	−2.053
900	5.105	43.741	40.237	3.153	19.505	6.023	−1.462
1000	5.083	44.277	40.615	3.633	19.572	4.522	0.988

表 8.2 F_2理想气体的标准摩尔热力学函数*

T/K	$C_{p,m}^\ominus(T)$	$S_m^\ominus(T)$	$-\{G_m^\ominus(T)-H_m^\ominus(298\,\text{K})\}/T$	$H_m^\ominus(T)-H_m^\ominus(298\,\text{K})$	$\Delta_f H_m^\ominus(T)$	$\Delta_f G_m^\ominus(T)$	$\log K_p^\ominus$
	cal·K⁻¹·mol⁻¹			kcal·mol⁻¹			
0	0.000	0.000	——	−2.110	0.000	0.000	0.000
100	6.959	40.695	54.846	−1.415	0.000	0.000	0.000
200	7.098	45.544	49.118	−1.715	0.000	0.000	0.000
298	7.490	48.447	0.000	0.000	0.000	0.000	
300	7.490	48.493	48.447	0.014	0.000	0.000	0.000
400	7.900	50.706	48.746	0.784	0.000	0.000	0.000
500	8.201	52.505	49.324	1.591	0.000	0.000	0.000
600	8.479	54.022	49.983	2.423	0.000	0.000	0.000
700	8.591	55.334	50.656	3.274	0.000	0.000	0.000
800	8.713	56.439	51.314	4.140	0.000	0.000	0.000
900	8.808	57.521	51.948	5.016	0.000	0.000	0.000
1000	8.885	58.453	52.553	5.901	0.000	0.000	0.000

*详见本书第5章(p.133)给出的手册[1](表中沿用原始文献单位，1 cal = 4.184 J).

于是 F 原子和 F_2 分子理想气体的下列标准摩尔热力学函数便可进行求算：

$$H_m^\ominus(T)-H_m^\ominus(0\,K)=RT^2\left(\frac{\partial \ln q}{\partial T}\right)_V+RT,$$

$$S_m^\ominus(T)=R\ln\frac{qe}{N_A}+RT\left(\frac{\partial \ln q}{\partial T}\right)_V,$$

$$C_{p,m}^\ominus(T)=RT^2\left(\frac{\partial^2 \ln q}{\partial^2 T}\right)_V+2RT\left(\frac{\partial \ln q}{\partial T}\right)_V+R,$$

$$-\frac{G_m^\ominus(T)-H_m^\ominus(0\,K)}{T}=-\frac{H_m^\ominus(T)-H_m^\ominus(0\,K)}{T}+S_m^\ominus(T).$$

然后再根据(8.2.5),(8.2.6)和(8.1.3)式求出 F 原子的 $\Delta_f H_m^\ominus(T)$,$\Delta_f G_m^\ominus(T)$ 以及 F 原子生成反应的 $\log\{K^\ominus(T)\}$.

以上计算的结果与表 8.1 和 8.2 的数据稍有差别,其原因是假设了 F_2 分子的振动是简谐振动,而且转动与振动彼此独立. 要得出表 8.1 和 8.2 的结果,需要用非简谐振动的合理模型并考虑转动与振动的耦合.

8.4　双原子分子的振 - 转配分函数

在低温时,将双原子分子的振动与转动独立处理,而且振动用简谐振子模型近似,误差不会太大. 但在高温下,占据高振动激发态的分子将明显增加,振动便不能用简谐振子模型处理,同时必须考虑振动与转动的耦合.

理论上很难得出双原子分子的势能函数 $V(r)$. 通常都是经验地确定 $V(r)$ 的形式,假设 $V(r)$ 包含有若干个可调参数,然后由实验观察到的能级与根据 $V(r)$ 得出的能级进行对比来确定出 $V(r)$ 中的参数值. 常用的势能经验式是 Morse 函数.

$$V(r)=D\{1-\exp[-a(r-r_e)]\}^2, \tag{8.4.1}$$

其中 D,a,r_e 是与分子性质有关的参数,可从光谱数据得到它们的数值.

双原子分子的振动 - 转动能级可按简谐振动与刚性转动的量子数 v,J 展开成下列近似式

$$\varepsilon_{v,J}=\left(v+\frac{1}{2}\right)h\nu_e-x_e\left(v+\frac{1}{2}\right)^2h\nu_e+J(J+1)\frac{h^2}{8\pi^2\mu r_e^2}$$
$$-D_e hcJ^2(J+1)^2-\alpha_e hc\left(v+\frac{1}{2}\right)J(J+1)\,. \tag{8.4.2}$$

能量以波数为单位的能级公式为

$$\frac{\varepsilon_{v,J}}{hc}=\left(v+\frac{1}{2}\right)\frac{\nu_e}{c}-x_e\left(v+\frac{1}{2}\right)^2\frac{\nu_e}{c}+J(J+1)\frac{h}{8\pi^2\mu r_e^2 c}$$
$$-D_eJ^2(J+1)^2-\alpha_e\left(v+\frac{1}{2}\right)J(J+1)\,. \tag{8.4.3}$$

由于基态 $(v=0,J=0)$ 的能量为

$$\frac{\varepsilon_{0,0}}{hc}=\frac{1}{2}\frac{\nu_e}{c}-x_e\frac{1}{4}\frac{\nu_e}{c}\,. \tag{8.4.4}$$

故以基态为能量零点的能级公式即为

$$\frac{\varepsilon_{v,J}}{hc}=v\frac{\nu_e}{c}-x_ev(v+1)\frac{\nu_e}{c}+J(J+1)\frac{h}{8\pi^2\mu r_e^2 c}$$
$$-D_eJ^2(J+1)^2-\alpha_e\left(v+\frac{1}{2}\right)J(J+1)\,. \tag{8.4.5}$$

令
$$\omega_e = \nu_e/c\ ,\quad B_e = \frac{h}{8\pi^2 \mu r_e^2 c}. \tag{8.4.6}$$
则(8.4.5)式即为
$$\frac{\varepsilon_{v,J}}{hc} = v\omega_e - v(v+1)x_e\omega_e + J(J+1)B_e - J^2(J+1)^2D_e - \left(v+\frac{1}{2}\right)J(J+1)\alpha_e$$
$$= v(1-2x_e)\omega_e - v(v-1)x_e\omega_e + J(J+1)\left(B_e - \frac{1}{2}\alpha_e\right) - J^2(J+1)^2D_e - vJ(J+1)\alpha_e. \tag{8.4.7}$$
令
$$\omega^* = (1-2x_e)\omega_e,\quad B_0 = B_e - \frac{1}{2}\alpha_e;$$
$$x_e\omega_e = x^*\omega^* \quad 或 \quad x^* = \frac{x_e}{1-2x_e}.$$
从而(8.4.7)式即为
$$\frac{\varepsilon_{v,J}}{hc} = v\omega^* - v(v-1)x^*\omega^* + J(J+1)B_0 - J^2(J+1)^2D_e - vJ(J+1)\alpha_e. \tag{8.4.8}$$
此即能量以基态为零点,单位用波数的振-转能级公式.

若用 Morse 势能函数(8.4.1)式,可以得出能级公式中的参数与 Morse 势能函数中的参数之间的关系
$$\omega_e = \frac{a}{2\pi c}\sqrt{\frac{2D}{\mu}}\ ,$$
$$x_e = \frac{h\omega_e c}{4D}\ ,$$
$$B_e = \frac{h}{8\pi^2\mu\, r_e^2 c}\ ,$$
$$D_e = \frac{h^3}{128\pi^6\mu^3 r_e^6 c^3\omega_e^3}\ ,$$
$$\alpha_e = \frac{3h^2\omega_e}{16\pi^2\mu\, r_e^2 D}\left(\frac{1}{ar_e} - \frac{1}{a^2r_e^2}\right).$$
式中μ为双原子分子的约化质量,c为光速. 由于Morse函数中的参数,D,a,r_e都可由光谱数据得到,因此上述量ω_e,x_e,B_e,D_e,α_e都可得出数值.

现在用能级公式(8.4.8)式得双原子分子以基态为能量零点的振-转配分函数,为此引入振动和转动特征温度
$$\theta_v = \frac{h\nu}{k} = \frac{h\omega^* c}{k}. \tag{8.4.9}$$
$$\theta_r = \frac{h}{8\pi^2\mu r_e^2 k} = \frac{hcB_e}{k} \approx \frac{hcB_0}{k}. \tag{8.4.10}$$
将其代入(8.4.8)式,可得
$$\frac{\varepsilon_{v,J}}{kT} = \frac{\theta_v}{T}[v - x^*v(v-1)] + \frac{\theta_r}{T}J(J+1)[1 - 4\gamma^2J(J+1) - \delta v], \tag{8.4.11}$$
式中的γ与δ为
$$4\gamma^2 = \frac{D_e}{B_0} \approx \frac{D_e}{B_e}\ ,$$
$$\delta = \frac{\alpha_e}{B_0} \approx \frac{\alpha_e}{B_e}.$$

由于实际上的 x^*, γ^2, δ 都远小于 1. 而且分子占据高能级态的数目较少，因而大数的 v, J 项并不重要. 于是可作下列近似（应用了近似式 $e^x \approx 1 + x$）

$$\begin{aligned}\exp\left(-\frac{\varepsilon_{v,J}}{kT}\right) &= \exp\left\{-\left[\frac{\theta_v}{T}v + \frac{\theta_r}{T}J(J+1)\right]\right\} \\ &\quad \times \exp\left\{\frac{\theta_v}{T}x^* v(v-1) + \frac{\theta_r}{T}[4\gamma^2 J^2(J+1)^2 + \delta vJ(J+1)]\right\} \\ &\approx \left\{1 + \frac{\theta_v}{T}x^* v(v-1) + \frac{\theta_r}{T}[4\gamma^2 J^2(J+1)^2 + \delta vJ(J+1)]\right\} \\ &\quad \times \exp\left\{-\left[\frac{\theta_v}{T}v + \frac{\theta_r}{T}J(J+1)\right]\right\}.\end{aligned}$$

应用上式结果，以基态为能量零点的振 - 转配分函数为

$$\begin{aligned}q_{v,J} &= \sum_{v=0}^{\infty}\sum_{J=0}^{\infty}(2J+1)\exp\left(-\frac{\varepsilon_{v,J}}{kT}\right) \\ &\approx \sum_{v=0}^{\infty}\left\{\exp\left(-\frac{\theta_v}{T}v\right)\right\}\sum_{J=0}^{\infty}(2J+1)\left\{1 + \frac{\theta_v}{T}x^* v(v-1) + \frac{\theta_r}{T}[4\gamma^2 J^2(J+1)^2 \right. \\ &\quad \left. + \delta vJ(J+1)]\right\} \times \exp\left\{-\frac{\theta_r}{T}J(J+1)\right\}.\end{aligned} \tag{8.4.12}$$

当 $T > \theta_r$ 时，应用附录 E 中的 Euler-MacLaurin 公式，并注意到 x^*, δ, γ 均远小于 1，则有

$$\begin{aligned}&\sum_{J=0}^{\infty}(2J+1)\left\{1 + \frac{\theta_v}{T}x^* v(v-1) + \frac{\theta_r}{T}[4\gamma^2 J^2(J+1)^2 + \delta vJ(J+1)]\right\}\exp\left\{-\frac{\theta_r}{T}J(J+1)\right\} \\ &= \int_0^{\infty}(2J+1)\left\{1 + \frac{\theta_v}{T}x^* v(v-1) + \frac{\theta_r}{T}[4\gamma^2 J^2(J+1)^2 + \delta vJ(J+1)]\right\} \\ &\quad \times \exp\left\{-\frac{\theta_r}{T}J(J+1)\right\}dJ + \frac{1}{2} - \frac{1}{6} \\ &= \int_0^{\infty}\left\{1 + \frac{\theta_v}{T}x^* v(v-1) + \frac{\theta_r}{T}(4\gamma^2 z^2 + \delta vz)\right\}\exp\left\{-\frac{\theta_r}{T}z\right\}dz + \frac{1}{3} \\ &= \frac{T}{\theta_r}\left\{1 + \frac{\theta_v}{T}x^* v(v-1) + 8\gamma^2\frac{T}{\theta_r} + \delta v\right\} + \frac{1}{3}.\end{aligned}$$

其中应用了变换 $z = J(J+1), dz = (2J+1)dJ$. 将上式结果代入(8.4.12)式，即得

$$q_{v,J} \approx \sum_{v=0}^{\infty}\frac{T}{\theta_r}\left\{8\gamma^2\frac{T}{\theta_r} + 1 + \frac{1}{3}\frac{\theta_r}{T} + \left(\delta - x^*\frac{\theta_v}{T}\right)v + x^*\frac{\theta_v}{T}v^2\right\}\exp\left(-v\frac{\theta_v}{T}\right). \tag{8.4.13}$$

式中对 v 求和涉及到下列三种形式

$$\sum_{v=0}^{\infty}\exp\left(-v\frac{\theta_v}{T}\right) = \frac{1}{1 - e^{-\theta_v/T}},$$

$$\sum_{v=0}^{\infty}v\exp\left(-v\frac{\theta_v}{T}\right) = -\frac{\partial}{\partial(\theta_v/T)}\sum_{v=0}^{\infty}\exp\left(-v\frac{\theta_v}{T}\right) = \frac{e^{-\theta_v/T}}{(1 - e^{-\theta_v/T})^2},$$

$$\sum_{v=0}^{\infty}v^2\exp\left(-v\frac{\theta_v}{T}\right) = -\frac{\partial^2}{\partial(\theta_v/T)^2}\sum_{v=0}^{\infty}\exp\left(-v\frac{\theta_v}{T}\right) = \frac{e^{-\theta_v/T}}{(1 - e^{-\theta_v/T})^2} + \frac{2e^{-2\theta_v/T}}{(1 - e^{-\theta_v/T})^3}.$$

将以上三式代入(8.4.13)式，则得

$$q_{v,J} = \left(\frac{T}{\theta_r}\frac{1}{1 - e^{-\theta_v/T}}\right)\left\{1 + \frac{8\gamma^2 T}{\theta_r} + \frac{1}{3}\frac{\theta_r}{T} + \frac{\delta}{e^{\theta_v/T} - 1} + \frac{2x^*\theta_v/T}{(e^{\theta_v/T} - 1)^2}\right\}. \tag{8.4.14}$$

这就是所要求的振-转配分函数.

由(8.4.11)式可看出,$\gamma = \delta = x^* = 0$ 相当于不考虑振动与转动的相互作用及振动的非简谐性,这时(8.4.14)式便还原为振动与转动独立处理而且振动为简谐振动的配分函数

$$q_{v,J}^0 = q_v q_J = \frac{1}{1-\mathrm{e}^{-\theta_v/T}} \frac{T}{\theta_r}\left(1+\frac{1}{3}\frac{\theta_r}{T}\right). \tag{8.4.15}$$

应用(8.4.15)式,则(8.4.14)式便可写成

$$\begin{aligned} q_{v,J} &= q_{v,J}^0\left[1+8\gamma^2\frac{T}{\theta_r}+\frac{1}{3}\frac{\theta_r}{T}+\frac{\delta}{\mathrm{e}^{\theta_v/T}-1}+\frac{2x^*\theta_v/T}{(\mathrm{e}^{\theta_v/T}-1)^2}\right]\times\left(1+\frac{1}{3}\frac{\theta_r}{T}\right)^{-1} \\ &\approx q_{v,J}^0\left[1+8\gamma^2\frac{T}{\theta_r}+\frac{\delta}{\mathrm{e}^{\theta_v/T}-1}+\frac{2x^*\theta_v/T}{(\mathrm{e}^{\theta_v/T}-1)^2}\right]. \end{aligned}$$

令方括号项为 q_c,即

$$q_c = 1+8\gamma^2\frac{T}{\theta_r}+\frac{\delta}{\mathrm{e}^{\theta_v/T}-1}+\frac{2x^*\theta_v/T}{(\mathrm{e}^{\theta_v/T}-1)^2}. \tag{8.4.16}$$

它是考虑非简谐性及振动与转动相互作用对不考虑它们时的配分函数的修正因子.利用 $\ln(1+x)$ 的 Taylor 展开式,则有下列近似式

$$\ln q_c = \frac{8\gamma^2 T}{\theta_r}+\frac{\delta}{\mathrm{e}^{\theta_v/T}-1}+\frac{2x^*\theta_v/T}{(\mathrm{e}^{\theta_v/T}-1)^2}. \tag{8.4.17}$$

应用(8.4.17)式,便可求算非简谐性及振动与转动相互作用对不考虑它们时的标准摩尔热力学函数的修正值.这样计算出的结果一般与实验值符合的相当好.例如8.3节中 F_2 分子理想气体的标准摩尔热力学函数的非简谐性及振动与转动相互作用的修正项便可用(8.4.17)式求算,从光谱数据得出的 F_2 分子有关参数值为

$$\begin{aligned} &\omega_e = 223.1\,\mathrm{cm}^{-1}, &&\omega_e x_e = 16.0\,\mathrm{cm}^{-1}, \\ &B_e = 0.8938\,\mathrm{cm}^{-1}, &&\alpha_e = 0.022\,\mathrm{cm}^{-1}, \\ &D_e = 3.346\times10^{-6}\,\mathrm{cm}^{-1}, &&\gamma_e = 1.409\times10^{-8}\,\mathrm{cm}. \end{aligned}$$

应用本节方法及上述 F_2 分子的参数值.便可造出表8.1和8.2的热力学函数表.

8.5 热力学函数的求算实例及应用

【例8.5.1】 HCl 与 H 的摩尔质量分别为 $0.036461\,\mathrm{kg\cdot mol^{-1}}$ 与 $0.001008\,\mathrm{kg\cdot mol^{-1}}$, HCl 分子中两原子的平衡核间距离 $r_e = 1.2746\times10^{-10}$ m,振动特征温度 $\theta_v = 4140\,\mathrm{K}$,电子能级间距大,可忽略电子激发态,电子基态是非简并的.求 HCl 理想气体的 $C_{p,\mathrm{m}}^{\ominus}(298.15\,\mathrm{K})$, $S_{\mathrm{m}}^{\ominus}(298.15\,\mathrm{K})$.

解 已知的数据为

$$m(\mathrm{H}) = \frac{0.001008\,\mathrm{kg\cdot mol^{-1}}}{6.022\times10^{23}\,\mathrm{mol^{-1}}},\; m(\mathrm{Cl}) = \frac{0.035453\,\mathrm{kg\cdot mol^{-1}}}{6.022\times10^{23}\,\mathrm{mol^{-1}}},\; m(\mathrm{HCl}) = \frac{0.036461\,\mathrm{kg\cdot mol^{-1}}}{6.022\times10^{23}\,\mathrm{mol^{-1}}},$$

$$r_e = 1.2746\times10^{-10}\,\mathrm{m},\quad \omega_{e,0} = 1.$$

给出的数据暗示着求算方法的信息.这就是说,求算中不考虑H与Cl的核运动,而且假设 HCl 分子的运动可分解为4种彼此独立的运动形态,即质量集中在质心的平动、绕质心的转动、一维简谐振动以及电子在基态的运动.因此,HCl 的分子配分函数可用配分函数分解定理求算.

先求 HCl 分子的转动惯量 I 与转动特征温度 θ_r

$$I = \mu r_e^2 = \frac{m(\mathrm{H})m(\mathrm{Cl})}{m(\mathrm{H}) + m(\mathrm{Cl})} r_e^2 = 2.644 \times 10^{-47}\,\mathrm{kg \cdot m^2},$$

$$\theta_r = \frac{h^2}{8\pi^2 Ik} = 15.2\,\mathrm{K}.$$

由于 $298.15\,\mathrm{K} \gg 15.2\,\mathrm{K}$,故可用经典转动配分函数 T/θ_r. 根据配分函数的分解定理,HCl 分子的配分函数为

$$q = q_t q_r q_v q_e = \left[\frac{2\pi m(\mathrm{HCl})kT}{h^2}\right]^{3/2} V\left(\frac{T}{\theta_r}\right)\frac{1}{1 - \mathrm{e}^{-\theta_v/T}}.$$

由此便可求得

$$S_m^\ominus(298.15\,\mathrm{K}) = R\ln\frac{qe}{N_A} + RT\left(\frac{\partial \ln q}{\partial T}\right)_V = 186.631\,\mathrm{J \cdot K^{-1} \cdot mol^{-1}}.$$

这与 JANAF 表的值 $186.795\,\mathrm{J \cdot K^{-1} \cdot mol^{-1}}$ 有微小的差别.

$$\begin{aligned} C_{p,m}^\ominus(298.15\,\mathrm{K}) &= C_{V,m}^\ominus(298.15\,\mathrm{K}) + R \\ &= RT^2\left(\frac{\partial^2 \ln q}{\partial^2 T}\right)_V + 2RT\left(\frac{\partial \ln q}{\partial T}\right)_V + R \\ &= 29.100\,\mathrm{J \cdot K^{-1} \cdot mol^{-1}}. \end{aligned}$$

它与 JANAF 表的值 $29.137\,\mathrm{J \cdot K^{-1} \cdot mol^{-1}}$ 也略有差别.

标准摩尔熵与等压热容的近似计算结果与表值虽略有差别,但基本上还是相符的. 一方面说明了应用配分函数分解定理作近似计算可得比较满意的结果,另一方面说明了要求得准确值还需要进一步改进. 这在 8.4 节中已作了讨论.

【例 8.5.2】 CO_2 的摩尔质量为 $0.04401\,\mathrm{kg \cdot mol^{-1}}$, $\theta_r = 0.5644\,\mathrm{K}$,且其 4 个简正振动的 $\theta_{v,1} = 1944\,\mathrm{K}$, $\theta_{v,2} = 3447\,\mathrm{K}$, $\theta_{v,3} = \theta_{v,4} = 967\,\mathrm{K}$. 电子只占据非简并的基态. 求 CO_2 理想气体在 $T = 298\,\mathrm{K}$ 的 $C_{p,m}^\ominus(T)$, $S_m^\ominus(T)$, $H_m^\ominus(T) - H_m^\ominus(0\,\mathrm{K})$, $-\dfrac{G_m^\ominus(T) - H_m^\ominus(0\,\mathrm{K})}{T}$.

解 这类计算可用两种方法解决: (i) 依据配分函数的分解定理,先写出平动、转动、振动、电子的配分函数,分别求出平动、转动、振动、电子对有关热力学函数的贡献,然后将它们相加即得所求之值. (ii) 先写出分子的全配分函数,得出用分子参数表示热力学函数的简化公式,然后代入有关数值求算. 本例采用了后一方法. 由于电子只处在非简并的基态,电子对热力学函数无贡献,故以下求算就不考虑电子了.

CO_2 分子以基态为能量零点的配分函数为

$$q = \left(\frac{2\pi mkT}{h^2}\right)^{3/2} V\left(\frac{T}{2\theta_r}\right)\sum_{i=1}^{4}\frac{1}{1 - \mathrm{e}^{-\theta_{v,i}/T}}.$$

应用习题 8.3 的公式,则得

$$C_{p,m}^\ominus(T) = \frac{7}{2}R + \sum_{i=1}^{4} R\left(\frac{\theta_{v,i}}{T}\right)^2 \frac{\mathrm{e}^{\theta_{v,i}/T}}{(\mathrm{e}^{\theta_{v,i}/T} - 1)^2},$$

$$C_{p,m}^\ominus(298\,\mathrm{K}) = (29.10 + 0.52 + 0.01 + 2 \times 3.69)\,\mathrm{J \cdot K^{-1} \cdot mol^{-1}} = 37.01\,\mathrm{J \cdot K^{-1} \cdot mol^{-1}},$$

$$\begin{aligned} S_m^\ominus(T) = {} & R\left\{\ln\left[\left(\frac{2\pi m}{h^2}\right)^{3/2}\frac{(kT)^{5/2}}{p^\ominus}\right] + \frac{5}{2}\right\} + R\left(\ln\frac{T}{2\theta_r} + 1\right) \\ & + R\sum_{i=1}^{4}\left\{\ln\frac{1}{1 - \mathrm{e}^{-\theta_{v,i}/T}} + \left(\frac{\theta_{v,i}}{T}\right)\frac{1}{\mathrm{e}^{\theta_{v,i}/T} - 1}\right\}, \end{aligned}$$

$$S_m^\ominus(298\,\mathrm{K}) = (155.93 + 54.67 + 2.94)\,\mathrm{J \cdot K^{-1} \cdot mol^{-1}} = 213.54\,\mathrm{J \cdot K^{-1} \cdot mol^{-1}},$$

$$H_m^\ominus(T)-H_m^\ominus(0\,K)=\frac{7}{2}RT+\sum_{i=1}^{4}R\frac{\theta_{v,i}}{e^{\theta_{v,i}/T}-1},$$

$$H_m^\ominus(298\,K)-H_m^\ominus(0\,K)=(8671.50+23.77+0.27+2\times326.01)\,J\cdot mol^{-1}$$
$$=9347.56\,J\cdot mol^{-1},$$

$$-\frac{G_m^\ominus(T)-H_m^\ominus(0\,K)}{T}=S_m^\ominus(T)-\frac{H_m^\ominus(T)-H_m^\ominus(0\,K)}{T},$$

$$-\frac{G_m^\ominus(298\,K)-H_m^\ominus(0\,K)}{298\,K}=S_m^\ominus(298\,K)-\frac{H_m^\ominus(298\,K)-H_m^\ominus(0\,K)}{298\,K}$$
$$=\left(213.54-\frac{9347.56}{298}\right)J\cdot K^{-1}\cdot mol^{-1}$$
$$=182.17\,J\cdot K^{-1}\cdot mol^{-1}.$$

【例 8.5.3】 NO 分子的电子第一激发能级比最低能级的能量以波数计高 $121.1\,cm^{-1}$，这两个电子能级都是二重简并，更高电子能级可忽略.

(1) 请得出 NO 理想气体的电子摩尔等容热容 $C_{V,m}$ 与 T 的关系式，并分别得出 $T\to0$ 及 $T\to\infty$ 时 $C_{V,m}$ 的极限值；

(2) 求出 $C_{V,m}$ 为最大时的温度及 $C_{V,m}$ 的最大值.

解　(1) 处理这种问题的一般方法是先写出配分函数，将它代入热力学函数用配分函数的表达式即可得出所求的关系式. 但是也可用电子配分函数先得出 U_m 与 T 的关系，据它再得 $C_{V,m}$ 与 T 的关系式. 本例中，用后法反而简便.

以基态为能量零点的电子配分函数为

$$q=2(1+e^{-174.2\,K/T}).$$

电子的摩尔内能为

$$U_m(T)=RT^2\frac{d\ln q}{dT}=R(174.2\,K)\frac{e^{-174.2\,K/T}}{(1+e^{-174.2\,K/T})}.$$

从而

$$C_{V,m}(T)=\frac{dU_m(T)}{dT}=R\left(\frac{174.2\,K}{T}\right)^2\frac{e^{-174.2\,K/T}}{(1+e^{-174.2\,K/T})^2}.$$

这就是 $C_{V,m}(T)$ 与 T 的关系式. 不难证明，当 $T\to0$ 及 $T\to\infty$ 时，$C_{V,m}$ 的值都趋于零.

(2) 由 $C_{V,m}(T)$ 为极大的必要条件 $\frac{dC_{V,m}(T)}{dT}=0$，可得

$$\frac{1}{2}\,\frac{174.2\,K}{T}(1-e^{-174.2\,K/T})-(1+e^{-174.2\,K/T})=0.$$

令 $174.2\,K/T=x$，则上式即为

$$\frac{x}{2}(1-e^{-x})-(1+e^{-x})=0.$$

用尝试法解得 $x=2.3994$，于是得

$$T=\frac{174.2\,K}{x}=\frac{174.2\,K}{2.3994}=72.6\,K.$$

由 $\frac{d^2C_{V,m}(T)}{dT^2}<0$ 知，$T=72.6\,K$ 时 $C_{V,m}$ 为极大，其值为

$$C_{V,m}(72.6\,K)=8.314\times\left(\frac{174.2\,K}{72.6\,K}\right)^2\times\frac{e^{-174.2\,K/72.6\,K}}{(1+e^{-174.2\,K/72.6\,K})^2}\,J\cdot K^{-1}\cdot mol^{-1}$$
$$=3.65\,J\cdot K^{-1}\cdot mol^{-1}$$

本题是两能级体系热容的一个特例. 可以证明,两能级体系,能级差具有 kT 的量级,$C_{V,\mathrm{m}}$ 在$T\to 0$ K 和$T\to\infty$时趋于零,$C_{V,\mathrm{m}}$随T 变化出现极大值. 这是因为$T\to 0$ K 时,粒子基本上都处在基态,由于能级是量子化的,故从$T\to 0$ K 开始升温不吸收热量,因而$C_{V,\mathrm{m}}\to 0$. 当升到适当温度时,部分粒子被激发到高能级,因而$C_{V,\mathrm{m}}$随T 升高而增大. 当温度升到充分高时($T\to\infty$),根据Maxwell-Boltzmann 分布律,两能级上分布的粒子数比将趋于常量,粒子没有进一步向高能级激发的可能,因而$T\to\infty$时,$C_{V,\mathrm{m}}\to 0$,两能级体系$C_{V,\mathrm{m}}$与T 的上述关系称为Schottky(肖特基)反常热容或Schottky 效应.

【例 8.5.4】封闭的单原子理想气体,若原子中的电子只处在最低能级,请根据熵的统计表达式论证该气体的绝热可逆过程方程为

$$TV^{2/3} = TV^{\gamma-1} = 常量 .$$

解 原子中的电子只处在最低能级,设该能级的简并度为ω_0,则单原子的配分函数为

$$q = \left(\frac{2\pi mkT}{h^2}\right)^{3/2} V\omega_0.$$

封闭系绝热可逆过程中的熵保持不变,即

$$\begin{aligned} S &= Nk\ln\frac{qe}{N} + NkT\left(\frac{\partial \ln q}{\partial T}\right)_V \\ &= Nk\ln\left\{\left(\frac{2\pi mkT}{h^2}\right)^{3/2}\frac{Ve}{N}\omega_0\right\} + \frac{3}{2}Nk \\ &= 常量 . \end{aligned}$$

由此可知

$$T^{3/2}V = 常量 ,$$

或

$$TV^{2/3} = 常量 .$$

另外,不难得出这种单原子理想气体的$C_{V,\mathrm{m}}=\frac{3}{2}R$,从而$C_{p,\mathrm{m}}=\frac{5}{2}R$,故

$$\gamma = \frac{C_{p,\mathrm{m}}}{C_{V,\mathrm{m}}} = \frac{5}{3}\ ,\ \gamma - 1 = \frac{2}{3},$$

因此

$$TV^{2/3} = TV^{\gamma-1} = 常量 .$$

在唯象热力学中,推引理想气体的绝热可逆过程方程时,假设了C_V 或γ与T 无关. 现在从统计力学的角度上看,该假设就是意味着电子(对多原子分子还有振动)不激发. 如果电子及振动还占据激发态,上述绝热可逆过程方程就不严格成立了.

8.6 热力学函数的统计值与实验值的比较和残余熵

实践是检验真理的唯一标准. 因此,有必要将热力学函数的统计值与实验值进行对照,这可从各个方面对比. 最便于作对比的热力学函数是热容与熵.

8.6.1 标准摩尔等容热容

物质的标准摩尔等容热容是分子每种运动形态的热容贡献之和,在各个运动形态彼此独立的情况下,$C^{\ominus}_{V,\mathrm{m}}$ 的一般式为

$$C_{V,m}^{\ominus}=\left(\frac{\partial U_{m}^{\ominus}}{\partial T}\right)_{V,m}=\left(\frac{\partial U_{m,t}^{\ominus}}{\partial T}\right)_{V,m}+\frac{dU_{m,r}^{\ominus}}{dT}+\frac{dU_{m,v}^{\ominus}}{dT}+\frac{dU_{m,e}^{\ominus}}{dT}.$$

对于单原子理想气体,在未达到原子中电子激发的温度时,只有平动对热容有贡献,这时则有

$$C_{V,m}^{\ominus}=\left(\frac{\partial U_{m,t}^{\ominus}}{\partial T}\right)_{V,m}=\frac{3}{2}R,$$

$$C_{p,m}^{\ominus}=\frac{5}{2}R=20.786\ \mathrm{J\cdot K^{-1}\cdot mol^{-1}}.$$

若电子的激发态不能忽略时,需要计算电子运动对热容的贡献. F 原子理想气体便是一例. H 与 F 气体的 $C_{p,m}^{\ominus}$(298.15 K) 的统计值与实验值列入表 8.3.

表 8.3　H(g) 与F(g) 的 $C_{p,m}^{\ominus}$(298.15 K)

物　质	$C_{p,m}^{\ominus}$(298.15 K)/($\mathrm{J\cdot K^{-1}\cdot mol^{-1}}$)	
	统计值	实验值
H(g)	20.786	20.79
F(g)	22.746	22.76

对于多原子分子的理想气体及晶体的热容,都可作类似的比较. 对比结果表明,大多数物质的热容统计值与实验值符合得很好,只是对处于低温时的同核双原子分子气体(如 H_2、D_2)出现不符的情况.

我们在第 6 章中已经知道,这些不符的原因既不在统计法方面,也不在实验方面,而是由于低温下体系处在介稳状态所造成的(即"冻结"在高温时的状态).

8.6.2　标准摩尔熵

以理想气体的 $S_{m}^{\ominus}$ (298.15 K)为例进行统计值与量热值的对比. 我们分下列两种情况讨论.

1. 标准摩尔统计熵与量热熵相符的情况

绝大多数物质理想气体的统计熵与量热熵相一致. 具体结果参见表 8.4.

量热熵是指按照热力学第三定律规定的熵,认为在 0 K 稳定平衡态的完美晶体的熵为零. 物质B 在 T 时的标准摩尔熵 $S_{m}^{\ominus}$ 实际上就是 T 时标准态的摩尔熵与 0 K 时标准态的摩尔熵之差,它根据可逆过程中的热温商求得,所依据的实验数据是物质的热容、相变热等宏观量,并不需要分子的内部结构知识. 显然,量热熵只包括在温度升降中能够吞吐的熵,而在温度升降中不能吞吐的熵是无法用量热方法测出的. 物质的绝对熵是无法测得的.

统计熵是指与体系微观状态数 Ω 相应的熵,体系的微观状态数 Ω 的绝对值也无法确定,我们采用将基态(对应 0 K)的微观状态数规定为 1 的方法计算体系的微观状态数. 这意味着只计算随温度变化的那些微观状态数,而不随温度变化的运动形态的微观状态数并不统计在内,例如一般条件下的核运动、元素同位素的混合熵等. 因此,统计熵只包含平动、转动、振动、电子及内旋转的熵. 统计熵根据配分函数求算,所依据的数据是分子的性质,如质量、转动惯量、对称数、振动频率、电子能级及其简并度等.

表8.4 标准摩尔统计熵与量热熵的对照表

气体物质	$S_m^{\ominus}$ (298.15 K)/($J \cdot K^{-1} \cdot mol^{-1}$)	
	统计值	量热值
Ne	146.23	146.5
N_2	191.59	192.0
O_2	205.14	205.4
HCl	186.77	186.2
HBr	198.66	199.2
HI	206.69	207.1
Cl_2	223.05	223.1
CO_2	213.68	213.8
SO_3	247.99	247.9
NH_3	192.09	192.2
CH_3Cl	234.22	234.1
C_2H_4	219.53	219.6
C_6H_6	269.28	269.7

统计力学与量热测量是求算热力学函数的两种截然不同的方法,两者所依据的数据也不相同,但所得结果却惊人的一致.这充分表明了统计力学的正确性,而且说明了作统计时没有"丢掉"与温度有关的可能运动形态,即我们对于与温度有关的运动形态有了完备的认识.对熵而言,我们已经做到了统计所有与温度有关的微观状态或无序来源.如果"丢掉"了某些与温度有关的运动形态,必然会得出熵的统计值小于量热值的结果.

2. 标准摩尔统计熵与量热熵表面不符的情况——残余熵

一些物质的标准摩尔统计熵与量热熵的差值超出了误差范围(参见表8.5),其原因何在?

表8.5 标准摩尔统计熵 $S_m^{\ominus}$(统)与标准摩尔量热熵 $S_m^{\ominus}$(量)不同的物质

(除CH_3D是在沸点99.7 K、$H_2C{=}CD_2$ 是169.40 K的值外,其他数据都是298.15 K的值)

气体物质	$\dfrac{S_m^{\ominus}(统)}{J \cdot K^{-1} \cdot mol^{-1}}$	$\dfrac{S_m^{\ominus}(量)}{J \cdot K^{-1} \cdot mol^{-1}}$	$\dfrac{S_m^{\ominus}(统)-S_m^{\ominus}(量)}{J \cdot K^{-1} \cdot mol^{-1}}$	标准摩尔残余熵 $S_m^{\ominus}$(残)的理论值/($J \cdot K^{-1} \cdot mol^{-1}$)
CO	197.95	193.3	4.65	$R\ln 2=5.77$
N_2O	219.99	215.1	4.89	$R\ln 2=5.77$
NO	211.00	207.9	3.10	$\frac{1}{2}R\ln 2=2.88$
H_2O	188.72	185.3	3.42	$R\ln\frac{3}{2}=3.37$
D_2O	195.23	192.0	3.23	$R\ln\frac{3}{2}=3.37$
H_2	130.66	124.0	6.66	$\frac{3}{4}R\ln 3=6.85$
D_2	144.85	141.8	3.05	$\frac{1}{3}R\ln 3=3.04$
CH_3D	165.23	153.64	11.59	$R\ln 4=11.53$
$H_2C{=}CD_2$	208.53	202.84	5.69	$R\ln 2=5.77$

为了解释统计熵与量热熵的偏差，需要区分热熵与构型熵. 热熵是物质在温度升降过程中能吞吐的熵，也就是与温度相联系的热运动形式贡献的熵，如平动、转动、振动及某些分子中的电子运动等的熵. 量热实验只能测得热熵. 构型熵是指不随温度升降而吞吐的熵，例如在一定温度范围内只处在基态的电子、核，以及混合熵等. 构型熵不能用量热法测得，但可用统计力学方法求算.

统计熵与量热熵不符，是由于物质在 $T \to 0$ K 时并不处在完全有序完美晶体状态. 这是因为 $T \to 0$ K 的晶体物质通常都是在较高的常温下制备后降温得到的，在降温过程中，由于某些特殊原因(例如动力学因素)，物质的某些无序性会"冻结"下来，因而使物质在 0 K 时的熵不为零. 物质在降温过程中被"冻结"下来的那部分熵称为物质的残余熵，它也就是统计熵与量热熵的差. 残余熵用量热法测不出来，但统计力学已把它计算在内了. 因此，对某些物质出现了统计熵大于量热熵的情况，也就是出现了非零的残余熵.

现在对一些物质的标准摩尔残余熵作具体的解释和求算.

CO 有残余熵，表明在 0 K 时它不是完美晶体. 事实上，接近 0 K 时的 CO 固体是由气体 CO 冷却凝固制得的，尽管 CO 是不对称分子，由于 C 与 O 原子的大小差不多，CO 分子的偶极矩又很小(0.11D)，而且从能量观点上考虑，CO 分子在固体中的两种可能取向(CO 和 OC)的稳定性相差很小. 所以 CO 从气态降温变为固体时，CO 分子的两种取向是随机的，即两种取向是平权的. 这种构型上的无序状态，由于动力学因素，CO 分子在降温过程中不能转化为构型上的完全有序，结果无序取向的构型被冻结在固体中，形成了不能随温度升降而吞吐的残余熵，它不能用量热方法测出来. 但统计力学方法求算熵则不存在这一问题，所以统计熵比量热熵大.

残余熵可用 Boltzmann 关系式 $S = k\ln\Omega$ 估算. CO 分子在固体中有两种可能的取向，若这两种取向是平权的话，则每个 CO 分子的取向态数 $\omega = 2$，因此 N 个 CO 分子的总取向构型态数为

$$\Omega = \omega^N = 2^N.$$

这样，CO 的残余熵即为

$$S = k\ln\Omega = Nk\ln 2 .$$

而 CO 的摩尔残余熵则为

$$S_m = N_A k\ln 2 = R\ln 2 = 5.77\ \mathrm{J \cdot K^{-1} \cdot mol^{-1}}.$$

将它加在实验测得的摩尔量热熵上，便与摩尔统计熵大大相近了. 这样，CO 理想气体的标准摩尔量热熵与标准摩尔统计熵的差别用残余熵概念能得到比较满意的解释.

N_2O 的残余熵与 CO 的完全类似. N_2O 是不对称的直线分子，偶极矩也小(0.17 D). N 与 O 的大小和性质比 C 与 O 的大小和性质更为相近，因此，N_2O 分子的两种取向的能量差别要比 CO 的小，形成残余熵更为容易. 若在 0 K 时 N_2O 完全无序，则它的摩尔残余熵应为 $R\ln 2 = 5.77\ \mathrm{J \cdot mol^{-1} \cdot K^{-1}}$. 这与实际值 $4.89\ \mathrm{J \cdot mol^{-1} \cdot K^{-1}}$ 基本相符. 不难发现，N_2O 残余熵，理论值与实际值的差别要比 CO 的小. 这从 N 与 O 比 C 与 O 更为相似上解释似乎是合理的.

NO 也是不对称直线分子，由于 N 和 O 性质及大小上的相似性，实际上 NO 形成二聚分子，每个二聚分子有两种可能的取向，即 $\omega = 2$，$\Omega = \omega^{N/2}$，因此 NO 的摩尔残余熵应为

$$S_m = \frac{1}{2} R\ln 2 = 2.88\ \mathrm{J \cdot K^{-1} \cdot mol^{-1}}.$$

实际值为 $3.10\ \mathrm{J \cdot mol^{-1} \cdot K^{-1}}$，它比理论计算值大，表明 NO 未完全形成二聚体.

CH_3D 也是不对称分子，由于H 与D 在电子结构上极为相似，CH_3D 的偶极矩接近零，每个 CH_3D 分子可有 4 种能量极为相近的取向，即 $\omega=4$，故 CH_3D 的摩尔残余熵应为

$$S_m = R\ln 4 = 11.526\ \mathrm{J \cdot K^{-1} \cdot mol^{-1}}.$$

此值与实际结果基本相符.

现在讨论 H_2 的残余熵. 凡是对称分子，它的残余熵应另找原因解释. 在6.4 节中讨论同核双原子分子的转动配分函数时，已经知道常温下 H_2(g)中的仲氢与正氢之比约为1∶3，在低温下核自旋的转向困难，因此降低 H_2 的温度直到接近0 K 时，两种 H_2 分子的比值保持不变，而不能达到全部为仲氢的真实平衡态. 所以在 $T\to 0$ K 时，N 个 H_2 分子中有 $(1/4)N$ 个仲氢分子，它们处在 $J=0$ 能级的 $\omega_0=1$ 的态上，而 $(3/4)N$ 个正氢分子则处在 $J=1$ 能级的 $\omega_1=3$ 的态上. 这样，H_2 分子被冻结的转动构型数为

$$\Omega = (\omega_0)^{\frac{1}{4}N}(\omega_1)^{\frac{3}{4}N} = 3^{\frac{3}{4}N}.$$

相应的摩尔转动构型熵也就是摩尔残余熵为

$$S_m = \frac{3}{4}R\ln 3 = 6.85\ \mathrm{J \cdot K^{-1} \cdot mol^{-1}}.$$

它与实际值 $6.66\ \mathrm{J \cdot K^{-1} \cdot mol^{-1}}$ 基本相符.

顺便指出，在 H_2(g)中，$\frac{1}{4}N_A$ 个仲氢分子与 $\frac{3}{4}N_A$ 个正氢分子的摩尔混合熵为

$$\Delta_{mix}S_m = -R\left(\frac{1}{4}\ln\frac{1}{4}+\frac{3}{4}\ln\frac{3}{4}\right).$$

由于它不随温度变化而吞吐，所以用量热法测不出来，在计算统计熵时也不包括这一混合熵.

关于 H_2O 和 D_2O 的残余熵解释，请参阅唐有祺著，《统计力学及其在物理化学中的应用》(pp.300～303，北京：科学出版社，1964).

8.7　理想气体纯物质的化学势

化学势在处理平衡问题中占有重要地位. 本节讨论理想气体纯物质的化学势统计表达式，在此基础上讨论化学势与压力的关系. 关于理想混合物气体中物质B 的化学势，将在第 9 章中讨论.

8.7.1　理想气体纯物质的化学势普遍表达式

在统计热力学中，任何纯物质B 体系，物质B 的化学势由下式定义

$$\mu_B(T,p) = \frac{G}{N} = \left(\frac{\partial G}{\partial N}\right)_{T,p} = \left(\frac{\partial F}{\partial N}\right)_{T,V}. \tag{8.7.1}$$

唯象热力学中物质B 的化学势是它的 N_A 倍.

理想气体是离域独立子体系，在 T，p 状态下，物质B 的化学势为

$$\begin{aligned}\mu_B(T,p) &= \frac{G}{N} = -kT\left\{\ln\frac{q\mathrm{e}}{N} - \left(\frac{\partial \ln q}{\partial \ln V}\right)_T\right\}\\ &= -kT\ln\frac{q\mathrm{e}}{N} + \frac{pV}{N}\\ &= -kT\ln\frac{q\mathrm{e}}{N} + kT\end{aligned}$$

$$= -kT\ln\frac{q}{N}. \tag{8.7.2}$$

这就是理想气体纯物质B的化学势统计表达式. 由于分子配分函数q随T升高而增大,故μ_B随T升高而降低. 对于理想气体,q与V成正比,因而μ_B随V增大也是降低的,这些都与唯象热力学的结果完全一致.

根据配分函数的分解定理,理想气体分子的配分函数可精确地写成为

$$q = q_t q_{int} = q_t' V q_{int}, \tag{8.7.3}$$

其中$q_t' = q_t/V$,称为单位体积的分子平动配分函数,它与q_{int}都只是温度T的函数. 应用(8.7.3)式,则有

$$\mu_B(T,p) = -kT\ln\frac{q}{N} = -kT\ln\frac{q_t' V q_{int}}{N} = -kT\ln\frac{q_t' q_{int} kT}{p}. \tag{8.7.4}$$

化学势的绝对数值不能确定,但可定相对值. 气态物质B的标准态是物质B理想气体在T,$p^{\ominus}$的状态,因此,物质B的标准化学势为

$$\mu_B^{\ominus}(T) = \mu_B(T,p^{\ominus}) = -kT\ln\frac{q_t' q_{int} kT}{p^{\ominus}}. \tag{8.7.5}$$

于是,物质B在T,p状态的化学势可写成为

$$\mu_B(T,p) = -kT\ln\frac{q_t' q_{int} kT}{p^{\ominus}} + kT\ln\frac{p}{p^{\ominus}} = \mu_B^{\ominus}(T) + kT\ln\frac{p}{p^{\ominus}}. \tag{8.7.6}$$

这就是说,物质B在T,p状态的化学势等于同温下标准态的化学势与$kT\ln\frac{p}{p^{\ominus}}$之和. 这一结果与唯象热力学中的完全相同.

对于不同物质的理想气体,分子配分函数可各不相同,因而不同物质的化学势也就可能有不同的具体形式. 但是,化学势与压力的关系对不同物质的理想气体则是相同的(共性). 因此,不同物质的理想气体,其物质化学势的具体形式集中反映在标准态化学势表式的不同上,也就是与温度的关系不同(个性). 下面讨论不同物质的标准化学势的统计形式. 应当注意,不同物质的化学势是无法比较大小的.

8.7.2　各种理想气体物质的标准化学势

1. 单原子气体物质的标准化学势

在忽略电子激发态的情况下,不考虑核运动(以下全如此),电子以基态为能量零点,则单原子气体物质B的标准化学势为

$$\mu_B^{\ominus}(T) = -kT\ln\frac{q_t' q_{int} kT}{p^{\ominus}} = -kT\ln\left\{\left(\frac{2\pi mkT}{h^2}\right)^{3/2}\omega_{e,0}\frac{kT}{p^{\ominus}}\right\}. \tag{8.7.7}$$

若电子激发态不能忽略,则(8.7.7)式中的$\omega_{e,0}$应被下式代替

$$\omega_{e,0} + \omega_{e,1}e^{-\varepsilon_{e,1}/kT} + \omega_{e,2}e^{-\varepsilon_{e,2}/kT} + \cdots.$$

2. 双原子分子气体物质的标准化学势

双原子及多原子分子气体物质的标准化学势要比单原子的复杂一些. 一是在配分函数中包括转动与振动项,二是需要明确所选的能量零点. 若选平动、转动、振动、电子基态作为分子的能量零点,而且电子激发态可忽略,并假设配分函数的分解定理对各种运动形态都可用,则双原子分子气体物质B的标准化学势为

$$\mu_{\mathrm{B}}^{\ominus}(T) = -kT\ln\left[\left(\frac{2\pi mkT}{h^2}\right)^{3/2}\left(\frac{T}{\sigma\theta_{\mathrm{r}}}\right)\left(\frac{1}{1-\mathrm{e}^{-\theta_{\mathrm{v}}/T}}\right)\omega_{\mathrm{e},0}\frac{kT}{p^{\ominus}}\right], \tag{8.7.8}$$

其中转动配分函数用了经典形式.

若选孤立原子基态为振动能量零点,而其他运动形态的能量零点不变,则有

$$\mu_{\mathrm{B}}^{\ominus}(T) = -kT\ln\left[\left(\frac{2\pi mkT}{h^2}\right)^{3/2}\left(\frac{T}{\sigma\theta_{\mathrm{r}}}\right)\left(\frac{1}{1-\mathrm{e}^{-\theta_{\mathrm{v}}/T}}\right)\omega_{\mathrm{e},0}\frac{kT}{p^{\ominus}}\right] - D_0, \tag{8.7.9}$$

其中 D_0 为双原子分子的离解能.

(8.7.8)与(8.7.9)两式表明,物质B的标准化学势与能量零点的选择有关.

【练习】请分别写出直线与非直线多原子分子气体物质的标准化学势的统计表达式.

8.7.3　化学势与Lagrange不定乘数 α 的关系

离域独立子的经典极限体系,由Maxwell-Boltzmann分布律知,α 与分子配分函数 q 的关系为

$$\mathrm{e}^{-\alpha} = \frac{N}{q}. \tag{8.7.10}$$

又知化学势 $\mu(T,p)$ 与分子配分函数 q 的关系为

$$\mu(T,p) = -kT\ln\frac{q}{N}. \tag{8.7.11}$$

由(8.7.10)和(8.7.11)两式,可得出

$$\alpha = -\frac{\mu}{kT}. \tag{8.7.12}$$

此即离域独立子的经典极限体系中化学势与Lagrange不定乘数 α 的关系. 根据(8.7.12)式,Maxwell-Boltzmann分布律可写成为

$$n_i = \omega_i\mathrm{e}^{-\alpha-\beta\varepsilon_i} = \omega_i\mathrm{e}^{(\mu-\varepsilon_i)/kT}\quad(i=1,2,\cdots). \tag{8.7.13}$$

这是用化学势表示的Maxwell-Boltzmann分布律,它也是常用的一种形式.

(8.7.13)式可写成下列连等式的形式

$$\mathrm{e}^{-\mu/kT} = \frac{\omega_1\mathrm{e}^{-\varepsilon_1/kT}}{n_1} = \frac{\omega_2\mathrm{e}^{-\varepsilon_2/kT}}{n_2} = \cdots = \frac{\omega_i\mathrm{e}^{-\varepsilon_i/kT}}{n_i} = \cdots = \frac{q}{N}. \tag{8.7.14}$$

(8.7.14)式表明,处在热平衡状态的理想气体,在各能级上每个分子所具有的有效量子状态数彼此相等,而且就等于体系中每个分子所具有的有效量子状态数 q/N. 此式即为Maxwell-Boltzmann分布律的另一表述,也可称之为分子在能级间的平衡条件. 化学势就是从宏观上表征这一事实的热力学量. 这就是说,处在不同能级上的分子所以能够彼此平衡,其原因是每个分子所具有的有效量子状态数在各个能级上是平权的,这种平权保证了分子在能级上分布的稳定性.

如果我们将每个能级上聚集的分子称为微观相的话,这里所说的平衡条件就可称为相平衡条件. 因为广义说来,相实则是物质存在的一种聚集形态. 在同一能级上的分子可以看成是一种聚集态,所以不妨用微观相这一概念来刻画它. 假如可以这样考虑的话,那就会引出许多有趣的问题. 例如,物质在不同层次的状态(如宏观与微观)可用不同尺度的量衡量平衡,而不同层次用来衡量平衡的量又相互联系着. 试问,自然界有无衡量平衡的统一量?

习　题

8.1　对理想纯物质气体,请证明

$$S = Nk\ln\frac{q}{N} + NkT\left(\frac{\partial \ln q}{\partial T}\right)_{p,N},$$

并论证S与分子的能量零点无关.

8.2　对独立子体系,请证明物质B的化学势为

$$\mu_B(T,p) = -kT\ln\frac{q}{N} = -kT\ln\frac{q_0}{N} + \varepsilon(0\ \mathrm{K})\quad (\text{离域子});$$

$$\mu_B(T,p) = -kT\ln q = -kT\ln q_0 + \varepsilon(0\ \mathrm{K})\quad (\text{定域子}).$$

其中q是分子基态能量为$\varepsilon(0\ \mathrm{K})$的配分函数,$q_0$是以分子基态为能量零点的配分函数.

8.3　对n原子直线分子的理想气体,若$T \gg \theta_r$,而且电子只占据非简并的基态,请证明

$$(1)\ C_{p,m}^{\ominus}(T) = \frac{7}{2}R + \sum_{i=1}^{3n-5} R\left(\frac{\theta_{v,i}}{T}\right)^2 \times \frac{e^{\theta_{v,i}/T}}{(e^{\theta_{v,i}/T}-1)^2},$$

$$(2)\ S_m^{\ominus}(T) = \left\{\ln\left[\left(\frac{2\pi m}{h^2}\right)^{3/2}\frac{(kT)^{5/2}}{p^{\ominus}}\right] + \frac{5}{2}\right\} + R\left\{\ln\left(\frac{T}{\sigma\theta_r}\right) + 1\right\}$$
$$+ R\sum_{i=1}^{3n-5}\left\{\ln\frac{1}{1-e^{-\theta_{v,i}/T}} + \frac{\theta_{v,i}}{T}\frac{1}{e^{\theta_{v,i}/T}-1}\right\},$$

$$(3)\ H_m^{\ominus}(T) - H_m^{\ominus}(0\ \mathrm{K}) = \frac{7}{2}RT + \sum_{i=1}^{3n-5}\frac{R\theta_{v,i}}{e^{\theta_{v,i}/T}-1},$$

$$(4)\ -\frac{G_m^{\ominus}(T) - H_m^{\ominus}(0\ \mathrm{K})}{T} = S_m^{\ominus}(T) - \frac{H_m^{\ominus}(T) - H_m^{\ominus}(0\ \mathrm{K})}{T}$$
$$= R\ln\left\{\left(\frac{2\pi mkT}{h^2}\right)^{3/2}\frac{kT}{p^{\ominus}}\frac{T}{\sigma\theta_r}\prod_{i=1}^{3n-5}\frac{1}{1-e^{-\theta_{v,i}/T}}\right\}.$$

8.4　请论证理想气体的压力p与气体的平均平动能E存在下列关系

$$p = \frac{2}{3V}E.$$

8.5　假设理想气体的分子配分函数可用配分函数的分解定理,请从统计力学上论证理想气体的内能只是温度的函数,而且H, C_p, C_V也只是温度的函数.

8.6　双原子分子的理想气体,$T \gg \theta_r$,振动激发,但电子只占据基态,请导出该种气体的绝热可逆过程方程.如果振动也只处在基态,结果如何?

[答案: $\frac{T^{5/2}V}{1-\exp(-\theta_v/T)}\exp\left\{\frac{\theta_v}{T(e^{\theta_v/T}-1)}\right\}$=常量, $TV^{\gamma-1}$=常量]

8.7　请从离域独立子体系的熵的统计表达式

$$S = Nk\ln\frac{qe}{N} + NkT\left(\frac{\partial \ln q}{\partial T}\right)_V$$

出发,证明下列的Maxwell关系式

$$\left(\frac{\partial S}{\partial p}\right)_V = -\left(\frac{\partial V}{\partial T}\right)_S,\quad \left(\frac{\partial S}{\partial V}\right)_T = \left(\frac{\partial p}{\partial T}\right)_V.$$

8.8　对独立子体系,请证明

$$\left(\frac{\partial \ln \Phi}{\partial T}\right)_{V,N} = \frac{U}{kT^2},$$

$$\left(\frac{\partial \ln \Phi}{\partial V}\right)_{T,N}=\frac{p}{kT},$$

$$\left(\frac{\partial \ln \Phi}{\partial N}\right)_{T,V}=-\frac{\mu}{kT},$$

并论证 $\ln\Phi$ 是关于 N,V 的一次齐函数.

8.9　对于 Maxwell-Boltzmann 分布律,请证明 n_i 随温度的变化规律为

$$\left(\frac{\partial \ln n_i}{\partial T}\right)_{V,N}=\frac{\varepsilon_i-\bar{\varepsilon}}{kT^2},$$

其中 $\bar{\varepsilon}$ 是分子的平均能量. 并讨论该结果的意义.

8.10　四种分子的有关参数如下:

分　子	M_r	θ_r/K	θ_v/K
H_2	2.016	87.53	6338
HCl	36.46	15.24	4302
O_2	32.00	2.08	2274
Cl_2	70.90	0.346	813

在同温同压下,不作具体计算,请排出摩尔平动熵、摩尔转动熵的大小次序及振动基本频率大小的次序.

8.11　Ne 的摩尔质量为 0.02108 $kg\cdot mol^{-1}$,求 Ne 原子理想气体在 298 K 时的标准摩尔平动熵 $S_m^{\ominus}$ (298 K).

[答案: 146.21 $J\cdot K^{-1}\cdot mol^{-1}$]

8.12　NO 分子的 $\theta_r=2.453$ K,NO 理想气体的摩尔转动能 $E_r=4157$ $J\cdot mol^{-1}$(以 NO 分子的转动基态为能量零点),摩尔转动熵为多大?

[答案: 52.52 $J\cdot K^{-1}\cdot mol^{-1}$]

8.13　300 K 时,某双原子分子气体的摩尔振动能(以振动基态为能量零点)恰是经典极限值的一半,问该分子的振动特征温度为多大? 摩尔振动熵为多大?

[答案: 377 K; 6.94 $J\cdot K^{-1}\cdot mol^{-1}$]

8.14　设分子中的电子只处在最低能级,其简并度为 ω_0. 请证明电子的摩尔熵为

$$S_m=-R\ln\omega_0,$$

并说明该式与电子能量零点的选择无关.

8.15　单原子钠蒸气(理想气体),在 298.15 K 的标准摩尔熵为 153.35 $J\cdot K^{-1}\cdot mol^{-1}$,而标准摩尔平动熵为 147.84 $J\cdot K^{-1}\cdot mol^{-1}$. 又知电子只处在基态,试问 Na 原子最低电子能级的简并度为几?

[答案: 2]

8.16　如果认为 CO 与 N_2 分子的转动惯量相等(实际是很接近的),又知 298 K$\gg\theta_r$. 试问两物质理想气体在同温下的摩尔转动能是否相同? 摩尔转动熵是否相同? 若不同,试求出 298 K 时的差值,并阐明其差别主要取决于分子的什么参数?

[答案: $S_{r,m}(CO)-S_{r,m}(N_2)=5.76$ $J\cdot K^{-1}\cdot mol^{-1}$]

8.17　Na 原子气体(设为理想气体)凝聚成一表面膜.

(1) 若 Na 原子在膜内可自由运动(二维平动),请写出此凝聚过程后 Na 的摩尔平动熵变的统

计公式；

（2）若Na原子在膜内不动，再试写出Na的摩尔平动熵变的统计表达式.

$$\left[答案：(1)\ S_{\rm m}^{\rm m}-S_{\rm m}^{\rm g}=\left\{R\ln\left(\frac{2\pi mk}{h^2}\frac{Ae}{N_{\rm A}}\right)+R\right\}-\left[R\ln\left\{\left(\frac{2\pi mk}{h^2}\right)^{3/2}\frac{Ve}{N_{\rm A}}\right\}+\frac{3}{2}R\right]\right.$$

$$\left.(2)\ S_{\rm m}^{\rm m}-S_{\rm m}^{\rm g}=-R\ln\left\{\left(\frac{2\pi mk}{h^2}\right)^{3/2}\frac{Ve}{N_{\rm A}}\right\}-\frac{3}{2}R\right]$$

8.18　下列各物质的统计熵与量热熵是否一致？对不一致者，请估算其摩尔残余熵.

（1）HI　　（2）CH_4

（3）CH_3D　　（4）CH_3Cl

（5）C_6H_6　　（6）C_6H_5D

（7）p-$C_6H_4D_2$　　（8）1,3,5-$C_6H_3D_3$

（9）1,2,3-$C_6H_3D_3$　　（10）C_6D_6

8.19　H_2理想气体在298 K时的标准摩尔统计熵为130.66 J·K^{-1}·mol^{-1}，标准摩尔量热熵为124.0 J·K^{-1}·mol^{-1}，请解释造成熵差值为6.7 J·K^{-1}·mol^{-1}的原因.

8.20　F_2分子的摩尔离解能为153.61 kJ·mol^{-1}，核间平均距离$R=1.418\times10^{-10}$m，振动基本波数$\tilde{\nu}=892$ cm^{-1}，电子只占据非简并的最低能级. F原子的摩尔质量为0.018998 kg·mol^{-1}，电子的能级及其简并度如下表所列.

ε_i/cm^{-1}	ω_i	ε_i/cm^{-1}	ω_i
0	4	118627.73	10
404	2	123118.7	12
103327.14	18	128346.36	80
115918.7	6	132786.07	16
116597.23	14	133531.81	22
117465.88	22	134978.71	88

请分别求算F及F_2理想气体在$T=298$ K时的标准摩尔热力学函数$C_{p,\rm m}^{\ominus}(T)$，$S_{\rm m}^{\ominus}(T)$，$H_{\rm m}^{\ominus}(T)-H_{\rm m}^{\ominus}(0\ {\rm K})$，$-\dfrac{G_{\rm m}^{\ominus}(T)-H_{\rm m}^{\ominus}(0\ {\rm K})}{T}$，$\Delta_{\rm f}H_{\rm m}^{\ominus}(T)$，$\Delta_{\rm f}G_{\rm m}^{\ominus}(T)$.

8.21　H_2O分子的摩尔质量为0.01802 kg·mol^{-1}，O—H键长为0.960×10^{-10}m，H—O—H键角为104.5°；3个简正振动的波数为3652 cm^{-1}，3765 cm^{-1}，1959 cm^{-1}；电子只处在非简并的基态. H_2O理想气体在0 K的标准摩尔生成焓$\Delta_{\rm f}H_{\rm m}^{\ominus}(0\ {\rm K})=-238.935$ kJ·mol^{-1}. 试求算H_2O理想气体在$T=298$ K时的$C_{p,\rm m}^{\ominus}(T)$，$S_{\rm m}^{\ominus}(T)$，$H_{\rm m}^{\ominus}(T)-H_{\rm m}^{\ominus}(0\ {\rm K})$，$-\dfrac{G_{\rm m}^{\ominus}(T)-H_{\rm m}^{\ominus}(0\ {\rm K})}{T}$，$\Delta_{\rm f}H_{\rm m}^{\ominus}(T)$，$\Delta_{\rm f}G_{\rm m}^{\ominus}(T)$. 所需$H_2$和$O_2$的数据见习题8.10及6.11节的例6.11.1.

8.22　NH_3分子的摩尔质量为0.01703 kg·mol^{-1}，转动惯量积$ABC=35.2\times10^{-141}$kg^3·m^6，对称数$\sigma=3$；6个简正振动波数为3336 cm^{-1}，950 cm^{-1}，3414 cm^{-1}(2)，1628 cm^{-1}(2)，括号中的数字是波数的简并度；电子只处在非简并的基态. 已知NH_3理想气体的$\Delta_{\rm f}H_{\rm m}^{\ominus}(298\ {\rm K})=-45.69$kJ·mol^{-1}，试求算$NH_3$理想气体在$T=298$ K时的$C_{p,\rm m}^{\ominus}(T)$，$S_{\rm m}^{\ominus}(T)$，$H_{\rm m}^{\ominus}(T)-H_{\rm m}^{\ominus}(0\ {\rm K})$，$-\dfrac{G_{\rm m}^{\ominus}(T)-H_{\rm m}^{\ominus}(0\ {\rm K})}{T}$，$\Delta_{\rm f}G_{\rm m}^{\ominus}(T)$. 所需$H_2$和$N_2$的数据请自查.

8.23　F 原子的电子最低能级四重简并，第一激发能级二重简并，其能量比最低能级的高 404 cm^{-1}. 若不考虑更高电子能级

(1) 请得出 F 原子理想气体的 $C_{p,m}^{\ominus}(T)$ 与 T 的关系式；

(2) 手册上查得 F 原子理想气体在不同 T 时的 $C_{p,m}^{\ominus}(T)$ 值如下：

T/K	$C_{p,m}^{\ominus}/(J\cdot K^{-1}\cdot mol^{-1})$	T/K	$C_{p,m}^{\ominus}/(J\cdot K^{-1}\cdot mol^{-1})$
100	21.205	400	22.430
200	22.606	500	22.100
298	22.748	600	21.832
300	22.744		

请根据(1) 中所得 $C_{p,m}^{\ominus}$ 与 T 的关系式，求出表中所指温度的 $C_{p,m}^{\ominus}$ 值，并与手册值比较，说明两者差异的程度及差异的原因.

(3) 求出 $C_{p,m}^{\ominus}$ 为最大时的温度及 $C_{p,m}^{\ominus}$ 的最大值.

$$\left[\text{答案：(1) } C_{p,m}^{\ominus}(T)=\frac{5}{2}R+2R\left(\frac{581\ K}{T}\right)^2\frac{e^{581\ K/T}}{(2e^{581\ K/T}+1)^2}\text{；(3) } T=261\ K\right]$$

第 9 章　理想混合气体及其反应的化学平衡

现在讨论多组分独立子体系的统计理论，这里采取的步骤与单组分独立子体系的完全相同. 我们只讨论非定域体系即理想混合气体，关于定域的多组分独立子体系，留给读者自行讨论.

9.1　非定域多组分独立子体系的Maxwell-Boltzmann 分布律

为具体明确起见. 今以二组分体系为例进行讨论，所得结论对多组分体系同样适用.

9.1.1　能级分布及其微观状态数

设体系含有A，B 两种非定域的粒子，A 和B 的粒子数分别为N 和M，粒子之间的相互作用很弱，可以当做近独立子体系. 它在孤立状况下达到平衡态.

表 9.1.1　粒子 A 和 B 的能级分布

	A 粒子	B 粒子
能　级	$\varepsilon_1,\varepsilon_2,\cdots,\varepsilon_i,\cdots$	$\varepsilon'_1,\varepsilon'_2,\cdots,\varepsilon'_j,\cdots$
简并度	$\omega_1,\omega_2,\cdots,\omega_i,\cdots$	$g_1,g_2,\cdots,g_j,\cdots$
粒子数	$n_1,n_2,\cdots,n_i,\cdots$	$m_1,m_2,\cdots,m_j,\cdots$

由于体系孤立，即N，M，能量E，体积V 守恒，因此任何一套能级分布$X=\{n_i\}$和$Y=\{m_j\}$都必须满足下列守恒条件

$$\sum_i n_i = N\,, \tag{9.1.1}$$

$$\sum_j m_j = M\,, \tag{9.1.2}$$

$$\sum_i n_i\varepsilon_i + \sum_j m_j\varepsilon'_j = E\,. \tag{9.1.3}$$

在非简并性条件$n_i\ll\omega_i$，$m_j\ll g_j$ 下，任何一套能级分布$X=\{n_i\}$和$Y=\{m_j\}$所拥有的微观状态数为

$$t_{XY} = \prod_i \frac{\omega_i^{n_i}}{n_i!}\prod_j \frac{g_j^{m_j}}{m_j!}\,, \tag{9.1.4}$$

因而在满足N，M，E 守恒条件下体系的总微观状态数为

$$\Omega = \sum_{(N,M,E)} t_{XY} = \sum_{(N,M,E)}\prod_i \frac{\omega_i^{n_i}}{n_i!}\prod_j \frac{g_j^{m_j}}{m_j!}\,, \tag{9.1.5}$$

Ω 是N，M，E，V 的函数.

9.1.2　非定域多组分独立子体系的M-B 分布律

根据等概率原理，N，M，E，V 固定的平衡态体系，每一个可及的微观状态出现的概率相

等.因此,能级分布$\{n_i\}$与$\{m_j\}$同时出现的概率为

$$P=\frac{t_{XY}}{\Omega}. \tag{9.1.6}$$

由于$\Omega(N,M,E,V)$是定值,所以对应于微观状态数最大的能级分布出现的概率就最大,通常称这种分布为最概然分布.

现在我们求最概然分布$\{n_i\}$,$\{m_j\}$.

$$t(n_1,n_2,\cdots,n_i,\cdots;m_1,m_2,\cdots,m_i,\cdots)=\prod_i\frac{\omega_i^{n_i}}{n_i!}\prod_j\frac{g_j^{m_j}}{m_j!}$$

$$\begin{aligned}\ln t&=\sum_i[n_i\ln\omega_i-\ln(n_i!)]+\sum_j[m_j\ln g_j-\ln(m_j!)]\\&=\sum_i[n_i\ln\omega_i-n_i\ln n_i+n_i]+\sum_j[m_j\ln g_j-m_j\ln m_j+m_j]\\&=\sum_i[n_i\ln\omega_i-n_i\ln n_i]+\sum_j[m_j\ln g_j-m_j\ln m_j]+N+M.\end{aligned}$$

求t为极大的分布也就是求$\ln t$为极大的分布,$\ln t$为极值的必要条件是它的一级变分为0(即$\delta\ln t=0$).

$$\begin{aligned}\delta\ln t&=\sum_i\frac{\delta\ln t}{\delta n_i}\delta n_i+\sum_j\frac{\delta\ln t}{\delta m_j}\delta m_j\\&=\sum_i\ln\omega_i\delta n_i-\sum_i\ln n_i\delta n_i+\sum_j\ln g_j\delta m_j-\sum_j\ln m_j\delta m_j\\&=-\sum_i\ln\frac{n_i}{\omega_i}\delta n_i-\sum_j\ln\frac{m_j}{g_j}\delta m_j\\&=0.\end{aligned} \tag{9.1.7}$$

N,M,E守恒的条件为

$$\sum_i\delta n_i=\delta N=0, \tag{9.1.8}$$

$$\sum_j\delta m_j=\delta M=0, \tag{9.1.9}$$

$$\sum_i\varepsilon_i\delta n_i+\sum_j\varepsilon'_j\delta m_j=\delta E=0. \tag{9.1.10}$$

应用Lagrange不定乘数法求这个条件极值.分别用不定乘数α,α',β乘(9.1.8),(9.1.9)和(9.1.10)式,并由(9.1.7)式减去,即得

$$\sum_i\left(\ln\frac{n_i}{\omega_i}+\alpha+\beta\varepsilon_i\right)\delta n_i+\sum_j\left(\ln\frac{m_j}{g_j}+\alpha'+\beta\varepsilon'_j\right)\delta m_j=0.$$

依据Lagrange不定乘数法原理,则得

$$\ln\frac{n_i}{\omega_i}+\alpha+\beta\varepsilon_i=0\quad(i=1,2,\cdots),$$

$$\ln\frac{m_j}{g_j}+\alpha'+\beta\varepsilon'_j=0\quad(j=1,2,\cdots).$$

或者改写为

$$\begin{cases}n_i=\omega_i\mathrm{e}^{-\alpha-\beta\varepsilon_i}\quad(i=1,2,\cdots),\\m_j=g_j\mathrm{e}^{-\alpha'-\beta\varepsilon'_j}\quad(j=1,2,\cdots).\end{cases} \tag{9.1.11}$$

由于 $\ln t$ 的二级变分小于0(读者自证),因此所得(9.1.11)式是最概然分布.

不定乘数 α,α',β 由 N,M,E 守恒条件确定,即

$$e^{-\alpha}=\frac{N}{\sum_i \omega_i e^{-\beta\varepsilon_i}},\tag{9.1.12}$$

$$e^{-\alpha'}=\frac{M}{\sum_j g_j e^{-\beta\varepsilon'_j}}.\tag{9.1.13}$$

不定乘数 β 不能直接求解得出,它与热力学温度的关系仍为

$$\beta=\frac{1}{kT}.\tag{9.1.14}$$

这样,最概然分布也就是M-B分布,即为

$$n_i=N\frac{\omega_i e^{-\varepsilon_i/kT}}{\sum_i \omega_i e^{-\varepsilon_i/kT}},\quad m_j=M\frac{g_j e^{-\varepsilon'_j/kT}}{\sum_i g_j e^{-\varepsilon'_j/kT}}\quad (i,j=1,2,3,\cdots).\tag{9.1.15}$$

定义A,B粒子的配分函数分别为

$$q_A=\sum_i \omega_i e^{-\varepsilon_i/kT},\quad q_B=\sum_j g_j e^{-\varepsilon'_j/kT}.$$

因此(9.1.12)和(9.1.13)式即可写成为

$$e^{-\alpha}=\frac{N}{q_A},\tag{9.1.16}$$

$$e^{-\alpha'}=\frac{M}{q_B}.\tag{9.1.17}$$

而M-B分布律则可写成为

$$n_i=N\frac{\omega_i e^{-\varepsilon_i/kT}}{q_A}\quad (i=1,2,3,\cdots),\tag{9.1.18}$$

$$m_j=M\frac{g_j e^{-\varepsilon'_j/kT}}{q_B}\quad (j=1,2,3,\cdots).\tag{9.1.19}$$

9.2 体系配分函数与粒子配分函数之间的关系

非定域二组分独立子的经典体系,它的总微观状态数 Ω 近似地等于最概然分布 $\{n_i^*\}$, $\{m_j^*\}$ 所拥有的微观状态数 t_{XY}^*,即

$$\begin{aligned}\Omega\approx t_{XY}^* &= \prod_i \frac{\omega_i^{n_i^*}}{n_i^*!}\prod_j \frac{g_j^{m_j^*}}{m_j^*!}\\ &=\prod_i\left(\frac{\omega_i e}{n_i^*}\right)^{n_i^*}\prod_j\left(\frac{g_j e}{m_j^*}\right)^{m_j^*}\\ &=\prod_i\left\{\frac{q_A e}{N}\exp(\varepsilon_i/kT)\right\}^{n_i^*}\prod_j\left\{\frac{q_B e}{M}\exp(\varepsilon'_j/kT)\right\}^{m_j^*}\\ &=\left(\frac{q_A e}{N}\right)^{\sum_i n_i^*}\left(\frac{q_B e}{M}\right)^{\sum_j m_j^*}\exp\left(\frac{\sum_i n_i^*\varepsilon_i+\sum_j m_j^*\varepsilon'_j}{kT}\right)\\ &=\left(\frac{q_A e}{N}\right)^N\left(\frac{q_B e}{M}\right)^M\exp(E/kT)\end{aligned}$$

$$= \frac{q_A^N}{N!}\frac{q_B^M}{M!}\exp(E/kT). \tag{9.2.1}$$

依据体系配分函数的定义，则得

$$\Phi \equiv \Omega\exp(-E/kT) = \frac{q_A^N}{N!}\frac{q_B^M}{M!}. \tag{9.2.2}$$

这就是体系配分函数与粒子配分函数 q_A，q_B 之间的关系.

9.3 理想混合气体的热力学函数

我们根据下列结果推引理想气体热力学函数的统计表达式：

$$\Omega \approx t^* = \prod_i \frac{\omega_i^{n_i}}{n_i!}\prod_j \frac{g_j^{m_j}}{m_j!},$$

$$n_i = \frac{N}{q_A}\omega_i e^{-\varepsilon_i/kT},$$

$$m_j = \frac{M}{q_B}g_j e^{-\varepsilon_j'/kT},$$

$$E = \sum_i n_i\varepsilon_i + \sum_j m_j\varepsilon_j' = \frac{N}{q_A}\sum_i \varepsilon_i\omega_i e^{-\varepsilon_i/kT} + \frac{M}{q_B}\sum_j \varepsilon_j' g_j e^{-\varepsilon_j'/kT},$$

$$q_A \equiv \sum_i \omega_i e^{-\varepsilon_i/kT},$$

$$q_B \equiv \sum_j g_j e^{-\varepsilon_j'/kT},$$

$$\Phi \equiv \Omega\, e^{-E/kT} = \frac{q_A^N}{N!}\frac{q_B^M}{M!}.$$

1. 内能

$$U = E = \frac{N}{q_A}\sum_i \varepsilon_i\omega_i e^{-\varepsilon_i/kT} + \frac{M}{q_B}\sum_j \varepsilon_j' g_j e^{-\varepsilon_j'/kT} = NkT^2\left(\frac{\partial \ln q_A}{\partial T}\right)_V + MkT^2\left(\frac{\partial \ln q_B}{\partial T}\right)_V.$$

2. 熵

$$S = k\ln\Omega = k\ln\left[\left(\frac{q_A^N}{N!}\right)\left(\frac{q_B^M}{M!}\right)e^{E/kT}\right] = Nk\ln\left(\frac{q_A e}{N}\right) + Mk\ln\left(\frac{q_B e}{M}\right) + \frac{E}{T}.$$

3. Helmholtz 自由能

$$F = U - TS = -NkT\ln\left(\frac{q_A e}{N}\right) - MkT\ln\left(\frac{q_B e}{M}\right).$$

4. 压力

$$p = -\left(\frac{\partial F}{\partial V}\right)_T = NkT\left(\frac{\partial \ln q_A}{\partial V}\right)_T + MkT\left(\frac{\partial \ln q_B}{\partial V}\right)_T.$$

5. 焓

$$\begin{aligned} H &= U + pV \\ &= NkT^2\left(\frac{\partial \ln q_A}{\partial T}\right)_V + MkT^2\left(\frac{\partial \ln q_B}{\partial T}\right)_V + \left[NkT\left(\frac{\partial \ln q_A}{\partial V}\right)_T + MkT\left(\frac{\partial \ln q_B}{\partial V}\right)_T\right]V \\ &= NkT\left[\left(\frac{\partial \ln q_A}{\partial \ln T}\right)_V + \left(\frac{\partial \ln q_A}{\partial \ln V}\right)_T\right] + MkT\left[\left(\frac{\partial \ln q_B}{\partial \ln T}\right)_V + \left(\frac{\partial \ln q_B}{\partial \ln V}\right)_T\right]. \end{aligned}$$

6. Gibbs 自由能

$$G = F + pV = -NkT\ln\left(\frac{q_A e}{N}\right) - MkT\ln\left(\frac{q_B e}{M}\right) + NkT\ln\left(\frac{\partial \ln q_A}{\partial \ln V}\right)_T + MkT\ln\left(\frac{\partial \ln q_B}{\partial \ln V}\right)_T .$$

7. 等容热容

$$C_V = \left(\frac{\partial U}{\partial T}\right)$$

$$= 2NkT\left(\frac{\partial \ln q_A}{\partial T}\right)_V + NkT^2\left(\frac{\partial^2 \ln q_A}{\partial T^2}\right)_V + 2MkT\Big[\left(\frac{\partial \ln q_B}{\partial T}\right)_V + MkT^2\Big[\left(\frac{\partial^2 \ln q_B}{\partial T^2}\right)_V .$$

8. 等压热容与等容热容之差

$$C_p - C_V = T\frac{\left\{\left[\frac{\partial}{\partial T}\left(\frac{\partial F}{\partial V}\right)_T\right]_V\right\}^2}{\left(\frac{\partial^2 F}{\partial V^2}\right)_T} .$$

今知

$$F = -NkT\ln\left(\frac{q_A e}{N}\right) - MkT\ln\left(\frac{q_B e}{M}\right) ,$$

$$\left(\frac{\partial F}{\partial V}\right)_T = -NkT\left(\frac{\partial \ln q_A}{\partial V}\right)_T - MkT\left(\frac{\partial \ln q_B}{\partial V}\right)_T ,$$

$$\left(\frac{\partial^2 F}{\partial V^2}\right)_T = -NkT\left(\frac{\partial^2 \ln q_A}{\partial V^2}\right)_T - MkT\left(\frac{\partial^2 \ln q_B}{\partial V^2}\right)_T ,$$

$$\left[\frac{\partial}{\partial T}\left(\frac{\partial F}{\partial V}\right)_T\right]_V = -Nk\left\{\frac{\partial}{\partial T}\left[T\left(\frac{\partial \ln q_A}{\partial V}\right)_T\right]_V\right\} - Mk\left\{\frac{\partial}{\partial T}\left[T\left(\frac{\partial \ln q_B}{\partial V}\right)_T\right]_V\right\} ,$$

故

$$C_p - C_V = T\frac{k^2\left\{N\left\{\frac{\partial}{\partial T}\left[T\left(\frac{\partial \ln q_A}{\partial V}\right)_T\right]_V\right\} + M\left\{\frac{\partial}{\partial T}\left[T\left(\frac{\partial \ln q_B}{\partial V}\right)_T\right]_V\right\}\right\}^2}{-kT\left[N\left(\frac{\partial^2 \ln q_A}{\partial V^2}\right)_T + M\left(\frac{\partial^2 \ln q_B}{\partial V^2}\right)_T\right]}$$

$$= -k\frac{\left\{N\left\{\frac{\partial}{\partial T}\left[T\left(\frac{\partial \ln q_A}{\partial V}\right)_T\right]_V\right\} + M\left\{\frac{\partial}{\partial T}\left[T\left(\frac{\partial \ln q_B}{\partial V}\right)_T\right]_V\right\}\right\}^2}{N\left(\frac{\partial^2 \ln q_A}{\partial V^2}\right)_T + M\left(\frac{\partial^2 \ln q_B}{\partial V^2}\right)_T} .$$

关于化学势，将在以后专题讨论.

9.4　理想混合气体的几个重要性质

现在我们根据统计规律推引在热力学中所熟知的有关理想混合气体的一些性质.

9.4.1　物态方程

理想气体的特征表现在只有平动配分函数与体积有关上，而且 q_t 与 V 成正比关系，因而 q_t 可写为

$$q_t = q'_t V ,$$

其中 q'_t 只是温度 T 的函数，称为单位体积的平动配分函数. 这个特点决定了理想气体的许多重要性质.

设理想混合气体中含 n 种组分，第 i 组分的分子配分函数为

$$q_i = (q'_t)_i V (q_{\text{int}})_i = K_i(T) V ,$$

其中$(q_{\text{int}})_i$表示第i组分分子配分函数中除平动外的配分函数部分，称之为内部配分函数，故

$$\left(\frac{\partial \ln q_i}{\partial V}\right)_T=\left(\frac{\partial \ln V}{\partial V}\right)_T=\frac{1}{V}.$$

这就是说，在定温下各种分子的配分函数随体积的变化率都相同. 根据理想混合气体的压力表式并结合上式，即得

$$p=\sum_i N_i kT\left(\frac{\partial \ln q_i}{\partial V}\right)_T=\sum_i N_i kT\,\frac{1}{V}=\frac{\left(\sum_i N_i\right)kT}{V}.$$

这就是理想混合气体的物态方程. 在热力学中它是由实验总结出的规律，现在则是根据理想气体的微观模型用统计方法推导出来的.

9.4.2　Joule 定律

定量理想混合气体的内能只是温度的函数，即

$$\begin{aligned}U&=\sum_i N_i kT^2\left(\frac{\partial \ln q_i}{\partial T}\right)_V\\&=\sum_i N_i kT^2\left\{\frac{\partial \ln[K_i(T)V]}{\partial T}\right\}_V\\&=\sum_i N_i kT^2\left[\frac{\partial \ln K_i(T)}{\partial T}\right]_V\\&=\sum_i N_i kT^2\,\frac{\mathrm{d}\ln K_i(T)}{\mathrm{d}T}.\end{aligned}$$

由于$K_i(T)$只是温度的函数，因而U也只是温度的函数. 这个从统计力学得出的结果与热力学的完全一致.

9.4.3　C_p与C_V之差

根据$q_i=(q_t')_iV(q_{\text{int}})_i=K_i(T)V$，得

$$\left(\frac{\partial \ln q_i}{\partial V}\right)_T=\frac{1}{V},\quad \left(\frac{\partial^2 \ln q_i}{\partial V^2}\right)_T=-\frac{1}{V^2},$$

因而

$$\begin{aligned}C_p-C_V&=-k\frac{\left\{\sum_i N_i\left\{\frac{\partial}{\partial T}\left[T\left(\frac{\partial \ln q_i}{\partial V}\right)_T\right]_V\right\}\right\}^2}{\sum_i N_i\left(\frac{\partial^2 \ln q_i}{\partial V^2}\right)_T}\\&=-k\frac{\left\{\sum_i N_i\left[\frac{\partial}{\partial T}\left(\frac{T}{V}\right)\right]_V\right\}^2}{\sum_i N_i\left(-\frac{1}{V^2}\right)}=\left(\sum_i N_i\right)k.\end{aligned}$$

此结果也与热力学的完全一致.

统计力学对于独立子体系能够准确地定量描述，因而理想气体就成了检验统计力学的重要体系之一. 统计力学对于理想气体的所有结论都与实验相符，这就有力地证实了统计理论的正确性.

9.5　理想气体等温等压混合的规律性

现在我们依据统计力学推引理想气体等温等压混合的规律性. 所谓等温等压混合，是指下图所示的过程

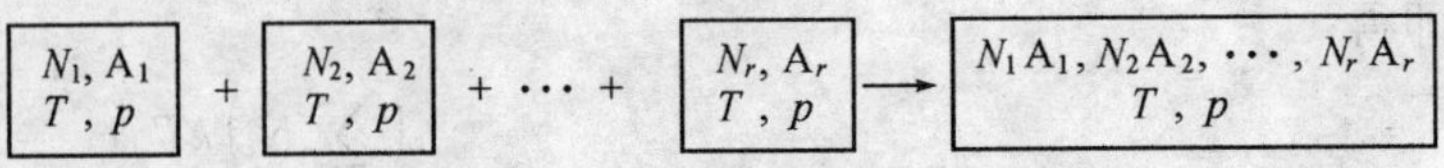

图 9.5.1　等温等压混合示意图

根据纯理想气体及理想混合气体的热力学函数统计表达式，并结合理想气体分子配分函数与体积 V 成正比的事实，即可得出等温等压混合的规律性.

1. 等温等压混合，体积不变

即
$$\Delta_{mix}V = V - \sum_i V_i = 0 .$$

因为对于每一种混合前的纯理想气体，有
$$p = N_i kT\left(\frac{\partial \ln q_i}{\partial V}\right)_T = \frac{N_i kT}{V_i} \quad (i = 1,2,\cdots) .$$

对于混合后的理想混合气体，又有(见 9.4 节物态方程)
$$p = \frac{\left(\sum_i N_i\right)kT}{V} ,$$

因此
$$\Delta_{mix}V = V - \sum_i V_i = \frac{\left(\sum_i N_i\right)kT}{p} - \sum_i \frac{N_i kT}{p} = 0 .$$

2. 等温等压混合，内能不变

即
$$\Delta_{mix}U = U - \sum_i U_i = 0 .$$

因为对于纯理想气体，有
$$U_i = N_i kT^2\left(\frac{\partial \ln q_i}{\partial T}\right)_{V_i} = N_i kT^2 \frac{\mathrm{d}\ln q_i'}{\mathrm{d}T} \quad (i = 1,2,\cdots,r) .$$

其中为$q_i'=\dfrac{q_i}{V_i}$为 i 分子单位体积的配分函数，它只是温度的函数. 若用 q_i^* 表示理想混合气体中 i 组分的分子配分函数，由于 $q_i^*/V = q_i/V_i = q_i'$，则有
$$U = \sum_i N_i kT^2\left(\frac{\partial \ln q_i^*}{\partial T}\right)_V = \sum_i N_i kT^2 \frac{\mathrm{d}\ln q_i'}{\mathrm{d}T} ,$$

故得
$$\Delta_{mix}U = U - \sum_i U_i = 0 .$$

3. 等温等压混合，焓不变

即
$$\Delta_{mix}H = H - \sum_i H_i = 0 \quad \text{(请读者证明)}.$$

4. 等温等压混合熵公式

$$\Delta_{mix}S = -\sum_i N_i k \ln x_i,$$

其中 $x_i = \dfrac{N_i}{\sum_i N_i}$ 为 i 组分的摩尔分数.

因为

$$S_i = N_i k \ln \frac{q_i' V_i e}{N_i} + \frac{U_i}{T} \quad (i = 1, 2, \cdots, r),$$

$$S = \sum_i N_i k \ln \frac{q_i' V e}{N_i} + \frac{U}{T},$$

所以

$$\begin{aligned}\Delta_{mix}S &= S - \sum_i S_i \\ &= \sum_i N_i k \ln \frac{q_i' V e}{N_i} + \frac{U}{T} - \sum_i \left[N_i k \ln \frac{q_i' V_i e}{N_i} + \frac{U_i}{T}\right] \\ &= \sum_i N_i k \ln \frac{V}{V_i} \\ &= -\sum_i N_i k \ln x_i.\end{aligned}$$

证明中应用了 $U = \sum_i U_i$ 及 $x_i = \dfrac{N_i}{\sum_i N_i} = \dfrac{V_i}{V}$.

5. 等温等压混合 Helmholtz 自由能公式

$$\begin{aligned}\Delta_{mix}F &= F - \sum_i F_i \\ &= U - TS - \sum_i (U_i - TS_i) \\ &= \Delta U - T\Delta S \\ &= -\sum_i N_i k T \ln x_i.\end{aligned}$$

6. 等温等压混合 Gibbs 自由能公式

$$\Delta_{mix}G = G - \sum_i G_i = -\sum_i N_i k T \ln x_i.$$

7. 等温等压混合,等容热容不变,即

$$\Delta_{mix}C_V = C_V - \sum_i (C_V)_i = \left(\frac{\partial U}{\partial T}\right)_V - \sum_i \left(\frac{\partial U_i}{\partial T}\right)_{V_i} = 0.$$

8. 等温等压混合,等压热容不变,即

$$\Delta_{mix}C_p = C_p - \sum_i (C_p)_i = 0.$$

理想气体的混合规律表明,除了熵以及与熵相关的热力学量 F,G 外,其他热力学量混合后都不变,也就是说理想气体等温等压混合只有熵效应而无能量效应. 这个结论的直接原因来源于分子配分函数与体积 V 成正比.

等温等压混合对单一物质是体积增大的过程,虽然混合后各种分子的分布规律都仍然服从 M-B 分布. 但是由于平动能级

$$\varepsilon_t = \frac{h^2}{8mV^{2/3}}(n_x^2 + n_y^2 + n_z^2)$$

与$V^{2/3}$成反比，因而混合后分子的能级降低，能级间距变小，这样各能级的分布数发生变化，结果q及Ω变大，从而使体系的熵增加.

9.6　理想混合气体中各物质的化学势

多组分体系中各个组分的化学势是解决有关平衡问题的重要热力学量.这里讨论理想混合气体中各组分的化学势.

设体系含有r种组分，在T,V时体系的Helmholtz自由能为

$$F=-\sum_{i=1}^{r}N_ikT\ln\frac{q_i\mathrm{e}}{N_i}.$$

依据化学势的定义，组分i的化学势为

$$\begin{aligned}\mu_i'(T,p_i)&=\left(\frac{\partial F}{\partial N_i}\right)_{T,V,N_{j\neq i}}\\&=-kT\ln\frac{q_i\mathrm{e}}{N_i}-N_ikT\left[\frac{\partial\ln\left(\frac{q_i\mathrm{e}}{N_i}\right)}{\partial N_i}\right]_{T,V,N_{j\neq i}}\\&=-kT\ln\frac{q_i\mathrm{e}}{N_i}-N_ikT\left[\frac{\mathrm{d}\ln N_i}{\mathrm{d}N_i}\right]\\&=-kT\ln\frac{q_i\mathrm{e}}{N_i}+kT\\&=-kT\ln\frac{q_i}{N_i}.\end{aligned}$$

它与理想纯物质气体的化学势的统计表达式完全相同.

若将分子配分函数写成

$$q_i=(q'_\mathrm{t})_iV(q_\mathrm{int})_i,$$

则化学势即可表示为

$$\mu'_i(T,p_i)=-kT\ln\frac{(q'_\mathrm{t})_i(q_\mathrm{int})_iV}{N_i}=-kT\ln\frac{(q'_\mathrm{t})_i(q_\mathrm{int})_ikT}{p_i},$$

其中p_i为i组分的分压.

化学势的绝对值不能确定，只能取相对值.选纯i组分理想气体在同温T及压力为$p^\ominus$的状态作为标准态，则标准态下的化学势为

$$\mu'^{\ominus}_i(T)=-kT\ln\frac{(q'_\mathrm{t})_i(q_\mathrm{int})_ikT}{p^\ominus}.$$

这样，理想混合气体中i组分的化学势就可表示为

$$\mu'_i(T,p_i)=-kT\ln\left\{\frac{(q'_\mathrm{t})_i(q_\mathrm{int})_ikT}{p^\ominus}\,\frac{p^\ominus}{p_i}\right\}=\mu'^{\ominus}_i(T)+kT\ln\frac{p_i}{p^\ominus}.$$

有时化学势用摩尔分数表示.根据$p_i=x_ip$(p为理想混合气体的总压)，则

$$\begin{aligned}\mu'_i(T,p,x_i)&=-kT\ln\frac{(q'_\mathrm{t})_i(q_\mathrm{int})_ikT}{p_i}\\&=-kT\ln\frac{(q'_\mathrm{t})_i(q_\mathrm{int})_ikT}{p}+kT\ln x_i\\&=\mu'^{*}_i(T,p)+kT\ln x_i.\end{aligned}$$

其中
$$\mu_i'^{*}(T,p)=-kT\ln\frac{(q_t')_i(q_{\text{int}})_i kT}{p}$$
为纯 i 组分理想气体在 T, p 状态下的化学势，也称为以摩尔分数表示化学势时的标准状态的化学势.

理想混合气体中 i 组分的化学势(偏摩尔Gibbs 自由能)为
$$\mu_i(T,p_i)=\mu_i^{\ominus}(T)+RT\ln p_i/p^{\ominus},$$
$$\mu_i(T,p,x_i)=\mu_i^{*}(T,p)+RT\ln x_i\ .$$
理想混合气体中各组分的化学势对于 p_i 或 x_i 的关系是共同的，所不同是标准态的化学势. 因为标准态都选的是纯理想气体，它们与8.7 节中所讨论过的完全相同，此处无需重述.

现在我们阐明不定乘数 α_i 与化学势 μ_i' 的关系. 由下面两个式子
$$\exp(-\alpha_i)=\frac{N_i}{q_i},$$
$$\mu_i'=-kT\ln\frac{q_i}{N_i}.$$
立刻可得 α_i 与 μ_i' 的关系
$$\alpha_i=-\frac{\mu_i'}{kT}.$$
这样，M-B 分布律可用分子化学势表示如下
$$(n_i)_l=(\omega_i)_l\exp\left(\frac{\mu_i'-(\varepsilon_i)_l}{kT}\right)\quad(l=1,2,\cdots).$$
其中 $(\varepsilon_i)_l$ 是组分 i 分子的第 l 能级，$(\omega_i)_l$ 为 l 能级的简并度，$(n_i)_l$ 为组分 i 分子在 l 能级上的最概然分布数. 这里 i 是组分的标号，l 是能级的标号. 这种形式的M-B 分布也是常用的一种.

9.7　理想气体反应的化学平衡条件

9.7.1　平衡的统计力学判据

根据熵与体系微观状态数的关系及热力学中的熵增加原理，我们可以引出热力学第二定律的统计力学表述："任何一个热力学体系的宏观平衡态都有确定的微观状态数 Ω，它是体系宏观态的函数. 对于绝热或孤立体系，可逆过程中体系的微观状态数不变；不可逆过程中体系的微观状态数增大，直至增到最大，过程停止，体系达到平衡态."

而且还可以引出平衡的统计力学判据："孤立体系平衡态的充分必要条件是体系微观状态数最大的状态. 这就是说，体系对于各种可能的变动(实际的或者是想像的)，平衡态的微观状态数 Ω 的一级变分等于零，二级变分小于零."

用数学式表示为
$$(\delta\Omega)_{\text{孤立}}=0,\qquad(\delta^2\Omega)_{\text{孤立}}<0.\tag{9.7.1}$$
特例　对于只能做体积功的体系，平衡判据为
$$(\delta\Omega)_{E,V}=0,\qquad(\delta^2\Omega)_{E,V}<0.\tag{9.7.2}$$
或者根据 Ω 与 $\ln\Omega$ 的单调性，表示成
$$(\delta\ln\Omega)_{E,V}=0,\qquad(\delta^2\ln\Omega)_{E,V}<0.\tag{9.7.3}$$

9.7.2　理想气体反应的化学平衡条件的统计表式

现在应用平衡的统计力学判据，推引理想气体反应的化学平衡条件的统计表式.

让我们考虑一个由A,B,G,H分子组成的理想混合气体. 设体系是能量E与体积V守恒的孤立系，其中能发生下列的化学反应

$$aA + bB \longrightarrow gG + hH .$$

体系平衡时，A,B,G,H等分子的数目用N_A,N_B,N_G,N_H表示. 当N_A,N_B,N_G,N_H很大时，体系的总微观状态数Ω近似地等于最概然分布的微观状态数t^*，即

$$\Omega \approx t^* = \prod_i \frac{\omega_{A_i}^{n_{A_i}}}{n_{A_i}!}\prod_j \frac{\omega_{B_j}^{n_{B_j}}}{n_{B_j}!}\prod_k \frac{\omega_{G_k}^{n_{G_k}}}{n_{G_k}!}\prod_l \frac{\omega_{H_l}^{n_{H_l}}}{n_{H_l}!}, \tag{9.7.4}$$

从而

$$\begin{aligned}\ln\Omega = &\sum_i (n_{A_i}\ln\omega_{A_i} - n_{A_i}\ln n_{A_i} + n_{A_i}) + \sum_j (n_{B_j}\ln\omega_{B_j} - n_{B_j}\ln n_{B_j} + n_{B_j}) \\ &+ \sum_k (n_{G_k}\ln\omega_{G_k} - n_{G_k}\ln n_{G_k} + n_{G_k}) + \sum_l (n_{H_l}\ln\omega_{H_l} - n_{H_l}\ln n_{H_l} + n_{H_l}) .\end{aligned} \tag{9.7.5}$$

应用多组分独立子体系的M-B分布律，可得

$$\begin{aligned}&\sum_i (n_{A_i}\ln\omega_{A_i} - n_{A_i}\ln n_{A_i} + n_{A_i}) \\ &= \sum_i \left(- n_{A_i}\ln\frac{n_{A_i}}{\omega_{A_i}} + n_{A_i}\right) \\ &= \sum_i \left[- n_{A_i}\ln\left(\frac{N_A}{f_A}e^{-\varepsilon_{A_i}/kT}\right) + n_{A_i}\right] \\ &= \sum_i \left(- n_{A_i}\ln\frac{N_A}{f_A} + \frac{n_{A_i}\varepsilon_{A_i}}{kT} + n_{A_i}\right) \\ &= - N_A\ln\frac{N_A}{f_A} + \frac{E_A}{kT} + N_A \\ &= N_A\ln\frac{f_A}{N_A} + \frac{E_A}{kT} + N_A.\end{aligned} \tag{9.7.6}$$

同理，对于B,G,H,分子可得完全类似的结果，将它们代入(9.7.5)式，即得

$$\begin{aligned}\ln\Omega = &\left(N_A\ln\frac{f_A}{N_A} + N_A\right) + \left(N_B\ln\frac{f_B}{N_B} + N_B\right) + \left(N_G\ln\frac{f_G}{N_G} + N_G\right) \\ &+ \left(N_H\ln\frac{f_H}{N_H} + N_H\right) + \frac{1}{kT}(E_A + E_B + E_G + E_H) \\ = &\left(N_A\ln\frac{f_A}{N_A} + N_A\right) + \left(N_B\ln\frac{f_B}{N_B} + N_B\right) + \left(N_G\ln\frac{f_G}{N_G} + N_G\right) \\ &+ \left(N_H\ln\frac{f_H}{N_H} + N_H\right) + \frac{E}{kT} .\end{aligned} \tag{9.7.7}$$

其中f_A,f_B,f_G,f_H是相应于体系公共能量零点的A,B,G,H分子的配分函数(见9.8节).

我们的目的是要在E,V恒定的条件下，求出$\ln\Omega$为极大所满足的条件，也就是要求出满足(9.7.3)式的条件. 为此，需要设想体系发生任意的微小化学反应(可以是实际的，也可以是想像的)，A,B,G,H的数目发生微变$\delta N_A,\delta N_B,\delta N_G,\delta N_H$. 根据化学反应的计量原理，它们之间将存在着下列的关系

$$-\frac{\delta N_{\mathrm{A}}}{a}=-\frac{\delta N_{\mathrm{B}}}{b}=\frac{\delta N_{\mathrm{G}}}{g}=\frac{\delta N_{\mathrm{H}}}{h}=\delta\xi\,. \tag{9.7.8}$$

其中ξ是de Donder(德唐)引入的反应进度.由于设想反应发生,因而$\delta\xi\neq 0$.

这样,在V,E恒定下,$\ln\Omega$极大的必要条件即为

$$\delta\ln\Omega=\left(\frac{\partial\ln\Omega}{\partial\xi}\right)_{V,E}\delta\xi=0\,.$$

由于$\delta\xi\neq 0$,因而$\ln\Omega$极大的必要条件就变为

$$\left(\frac{\partial\ln\Omega}{\partial\xi}\right)_{V,E}=0\,.$$

由于V,E不变,所以发生化学反应并不会使分子的能级ε及其相应的简并度ω有所改变,但体系的温度T却随ξ而变,因此可得

$$\begin{aligned}
\left(\frac{\partial\ln\Omega}{\partial\xi}\right)_{V,E}&=\left[\frac{\partial\left(N_{\mathrm{A}}\ln\frac{f_{\mathrm{A}}}{N_{\mathrm{A}}}+N_{\mathrm{A}}\right)}{\partial N_{\mathrm{A}}}\right]_{V,E}\frac{\partial N_{\mathrm{A}}}{\partial\xi}+\left[\frac{\partial\left(N_{\mathrm{B}}\ln\frac{f_{\mathrm{B}}}{N_{\mathrm{B}}}+N_{\mathrm{B}}\right)}{\partial N_{\mathrm{B}}}\right]_{V,E}\frac{\partial N_{\mathrm{B}}}{\partial\xi}\\
&\quad+\left[\frac{\partial\left(N_{\mathrm{G}}\ln\frac{f_{\mathrm{G}}}{N_{\mathrm{G}}}+N_{\mathrm{G}}\right)}{\partial N_{\mathrm{G}}}\right]_{V,E}\frac{\partial N_{\mathrm{G}}}{\partial\xi}+\left[\frac{\partial\left(N_{\mathrm{H}}\ln\frac{f_{\mathrm{H}}}{H_{\mathrm{H}}}+N_{\mathrm{H}}\right)}{\partial N_{\mathrm{H}}}\right]_{V,E}\frac{\partial N_{\mathrm{H}}}{\partial\xi}\\
&\quad+\frac{E}{k}\left[\frac{\partial(1/T)}{\partial\xi}\right]_{V,E}\\
&=-a\left[\ln\frac{f_{\mathrm{A}}}{N_{\mathrm{A}}}+N_{\mathrm{A}}\left(\frac{\partial\ln f_{\mathrm{A}}}{\partial N_{\mathrm{A}}}\right)_{V,E}\right]-b\left[\ln\frac{f_{\mathrm{B}}}{N_{\mathrm{B}}}+N_{\mathrm{B}}\left(\frac{\partial\ln f_{\mathrm{B}}}{\partial N_{\mathrm{B}}}\right)_{V,E}\right]\\
&\quad+g\left[\ln\frac{f_{\mathrm{G}}}{N_{\mathrm{G}}}+N_{\mathrm{G}}\left(\frac{\partial\ln f_{\mathrm{G}}}{\partial N_{\mathrm{G}}}\right)_{V,E}\right]+h\left[\ln\frac{f_{\mathrm{H}}}{N_{\mathrm{H}}}+N_{\mathrm{H}}\left(\frac{\partial\ln f_{\mathrm{H}}}{\partial N_{\mathrm{H}}}\right)_{V,E}\right]+\frac{E}{k}\left[\frac{\partial(1/T)}{\partial\xi}\right]_{V,E}\\
&=-a\ln\frac{f_{\mathrm{A}}}{N_{\mathrm{A}}}-b\ln\frac{f_{\mathrm{B}}}{N_{\mathrm{B}}}+g\ln\frac{f_{\mathrm{G}}}{N_{\mathrm{G}}}+h\ln\frac{f_{\mathrm{H}}}{N_{\mathrm{H}}}-aN_{\mathrm{A}}\left(\frac{\partial\ln f_{\mathrm{A}}}{\partial N_{\mathrm{A}}}\right)_{V,E}-bN_{\mathrm{B}}\left(\frac{\partial\ln f_{\mathrm{B}}}{\partial N_{\mathrm{B}}}\right)_{V,E}\\
&\quad+gN_{\mathrm{G}}\left(\frac{\partial\ln f_{\mathrm{G}}}{\partial N_{\mathrm{G}}}\right)_{V,E}+hN_{\mathrm{H}}\left(\frac{\partial\ln f_{\mathrm{H}}}{\partial N_{\mathrm{H}}}\right)_{V,E}+\frac{E}{k}\left[\frac{\partial(1/T)}{\partial\xi}\right]_{V,E}\\
&=0\,.
\end{aligned} \tag{9.7.9}$$

令

$$\begin{aligned}
aN_{\mathrm{A}}\left(\frac{\partial\ln f_{\mathrm{A}}}{\partial N_{\mathrm{A}}}\right)_{V,E}&=aN_{\mathrm{A}}\frac{1}{f_{\mathrm{A}}}\left(\frac{\partial f_{\mathrm{A}}}{\partial N_{\mathrm{A}}}\right)_{V,E}\\
&=a\frac{N_{\mathrm{A}}}{f_{\mathrm{A}}}\left(\frac{\partial\sum\omega_{\mathrm{A}_i}\exp(-\varepsilon_{\mathrm{A}_i}/kT)}{\partial N_{\mathrm{A}}}\right)_{V,E}\\
&=-\frac{N_{\mathrm{A}}}{f_{\mathrm{A}}}\left(\frac{\partial\sum\omega_{\mathrm{A}_i}\exp(-\varepsilon_{\mathrm{A}_i}/kT)}{\partial\xi}\right)_{V,E}\\
&=-\frac{N_{\mathrm{A}}}{f_{\mathrm{A}}}\sum_i\left\{\frac{-\varepsilon_{\mathrm{A}_i}}{k}\left[\frac{\partial(1/T)}{\partial\xi}\right]_{V,E}\omega_{\mathrm{A}_i}\exp(-\varepsilon_{\mathrm{A}_i}/kT)\right\}\\
&=\frac{1}{k}\left[\frac{\partial(1/T)}{\partial\xi}\right]_{V,E}\left[\sum_i\varepsilon_{\mathrm{A}_i}\frac{N_{\mathrm{A}}}{f_{\mathrm{A}}}\omega_{\mathrm{A}_i}\exp(-\varepsilon_{\mathrm{A}_i}/kT)\right]\\
&=\frac{1}{k}\left[\frac{\partial(1/T)}{\partial\xi}\right]_{V,E}\left(\sum_i n_{\mathrm{A}_i}\varepsilon_{\mathrm{A}_i}\right)\,.
\end{aligned} \tag{9.7.10}$$

同理,对于B,G,H,也有完全类似的等式

$$bN_{\mathrm{B}}\left(\frac{\partial\ln f_{\mathrm{B}}}{\partial N_{\mathrm{B}}}\right)_{V,E}=\frac{1}{k}\left[\frac{\partial(1/T)}{\partial\xi}\right]_{V,E}\left(\sum_j n_{\mathrm{B}_j}\varepsilon_{\mathrm{B}_j}\right)\,, \tag{9.7.11}$$

$$gN_{\mathrm{G}}\left(\frac{\partial \ln f_{\mathrm{G}}}{\partial N_{\mathrm{G}}}\right)_{V,E}=-\frac{1}{k}\left[\frac{\partial(1/T)}{\partial \xi}\right]_{V,E}\left(\sum_k n_{\mathrm{G}_k}\varepsilon_{\mathrm{G}_k}\right), \tag{9.7.12}$$

$$hN_{\mathrm{H}}\left(\frac{\partial \ln f_{\mathrm{H}}}{\partial N_{\mathrm{H}}}\right)_{V,E}=-\frac{1}{k}\left[\frac{\partial(1/T)}{\partial \xi}\right]_{V,E}\left(\sum_l n_{\mathrm{H}_l}\varepsilon_{\mathrm{H}_l}\right). \tag{9.7.13}$$

由(9.7.10)～(9.7.13)式，即得

$$\begin{aligned}&-aN_{\mathrm{A}}\left(\frac{\partial \ln f_{\mathrm{A}}}{\partial N_{\mathrm{A}}}\right)_{V,E}-bN_{\mathrm{B}}\left(\frac{\partial \ln f_{\mathrm{B}}}{\partial N_{\mathrm{B}}}\right)_{V,E}+gN_{\mathrm{G}}\left(\frac{\partial \ln f_{\mathrm{G}}}{\partial N_{\mathrm{G}}}\right)_{V,E}+hN_{\mathrm{H}}\left(\frac{\partial \ln f_{\mathrm{H}}}{\partial N_{\mathrm{H}}}\right)_{V,E}\\&=-\frac{1}{k}\left[\frac{\partial(1/T)}{\partial \xi}\right]_{V,E}\left(\sum_i n_{\mathrm{A}_i}\varepsilon_{\mathrm{A}_i}+\sum_j n_{\mathrm{B}_j}\varepsilon_{\mathrm{B}_j}+\sum_k n_{\mathrm{G}_k}\varepsilon_{\mathrm{G}_k}+\sum_l n_{\mathrm{H}_l}\varepsilon_{\mathrm{H}_l}\right)\\&=-\frac{E}{k}\left[\frac{\partial(1/T)}{\partial \xi}\right]_{V,E}.\end{aligned} \tag{9.7.14}$$

将(9.7.14)式代入(9.7.9)式，则得

$$\left(\frac{\partial \ln\Omega}{\partial \xi}\right)_{V,E}=-a\ln\frac{f_{\mathrm{A}}}{N_{\mathrm{A}}}-b\ln\frac{f_{\mathrm{B}}}{N_{\mathrm{B}}}+g\ln\frac{f_{\mathrm{G}}}{N_{\mathrm{G}}}+h\ln\frac{f_{\mathrm{H}}}{N_{\mathrm{H}}}=0.$$

或者写成

$$a\ln\frac{f_{\mathrm{A}}}{N_{\mathrm{A}}}+b\ln\frac{f_{\mathrm{B}}}{N_{\mathrm{B}}}=g\ln\frac{f_{\mathrm{G}}}{N_{\mathrm{G}}}+h\ln\frac{f_{\mathrm{H}}}{N_{\mathrm{H}}}. \tag{9.7.15}$$

这就是化学反应达平衡时，$N_{\mathrm{A}}, N_{\mathrm{B}}, N_{\mathrm{G}}, N_{\mathrm{H}}$ 所必须满足的条件，通常称为化学平衡条件.

根据理想混合气体中各组分的化学势统计表式，化学平衡条件(9.7.15)可用化学势表示为

$$a\mu_{\mathrm{A}}+b\mu_{\mathrm{B}}=g\mu_{\mathrm{G}}+h\mu_{\mathrm{H}}. \tag{9.7.16}$$

这与热力学的结果完全一致.

9.7.3 化学反应平衡的稳定条件

根据 $\ln\Omega$ 的一级变分等于零所得到的(9.7.15)或(9.7.16)式是 $\ln\Omega$ 为极值(稳定)所必须的条件，据此并不能断定 $\ln\Omega$ 为极大，也就是说该条件并不能断定平衡究竟能否实现. 要得出 $\ln\Omega$ 极大充分条件，必须讨论 $\ln\Omega$ 的二级变分. 我们将恒能使 $(\delta^2\ln\Omega)_{V,E}<0$ 得到满足的条件称为化学反应体系平衡的稳定条件.

我们已在前节得出

$$\left(\frac{\partial \ln\Omega}{\partial \xi}\right)_{V,E}=-a\ln\frac{f_{\mathrm{A}}}{N_{\mathrm{A}}}-b\ln\frac{f_{\mathrm{B}}}{N_{\mathrm{B}}}+g\ln\frac{f_{\mathrm{G}}}{N_{\mathrm{G}}}+h\ln\frac{f_{\mathrm{H}}}{N_{\mathrm{H}}}, \tag{9.7.17}$$

因此

$$\begin{aligned}\left(\frac{\partial^2 \ln\Omega}{\partial \xi^2}\right)_{V,E}&=\left[\frac{\partial}{\partial \xi}\left(-a\ln\frac{f_{\mathrm{A}}}{N_{\mathrm{A}}}-b\ln\frac{f_{\mathrm{B}}}{N_{\mathrm{B}}}+g\ln\frac{f_{\mathrm{G}}}{N_{\mathrm{G}}}+h\ln\frac{f_{\mathrm{H}}}{N_{\mathrm{H}}}\right)\right]_{V,E}\\&=-a\left(\frac{\partial}{\partial N_{\mathrm{A}}}\ln\frac{f_{\mathrm{A}}}{N_{\mathrm{A}}}\right)_{V,E}\frac{\partial N_{\mathrm{A}}}{\partial \xi}-b\left(\frac{\partial}{\partial N_{\mathrm{B}}}\ln\frac{f_{\mathrm{B}}}{N_{\mathrm{B}}}\right)_{V,E}\frac{\partial N_{\mathrm{B}}}{\partial \xi}\\&\quad+g\left(\frac{\partial}{\partial N_{\mathrm{G}}}\ln\frac{f_{\mathrm{G}}}{N_{\mathrm{G}}}\right)_{V,E}\frac{\partial N_{\mathrm{G}}}{\partial \xi}+h\left(\frac{\partial}{\partial N_{\mathrm{H}}}\ln\frac{f_{\mathrm{H}}}{N_{\mathrm{H}}}\right)_{V,E}\frac{\partial N_{\mathrm{H}}}{\partial \xi}\\&=a^2\left(\frac{\partial \ln f_{\mathrm{A}}}{\partial N_{\mathrm{A}}}\right)_{V,E}+b^2\left(\frac{\partial \ln f_{\mathrm{B}}}{\partial N_{\mathrm{B}}}\right)_{V,E}+g^2\left(\frac{\partial \ln f_{\mathrm{G}}}{\partial N_{\mathrm{G}}}\right)_{V,E}+h^2\left(\frac{\partial \ln f_{\mathrm{H}}}{\partial N_{\mathrm{H}}}\right)_{V,E}\\&\quad-\left(\frac{a^2}{N_{\mathrm{A}}}+\frac{b^2}{N_{\mathrm{B}}}+\frac{g^2}{N_{\mathrm{G}}}+\frac{h^2}{N_{\mathrm{H}}}\right).\end{aligned} \tag{9.7.18}$$

用(9.7.10)～(9.7.13)式，则(9.7.18)式即可变为

$$\left(\frac{\partial^2 \ln \Omega}{\partial \xi^2}\right)_{V,E} = \frac{1}{k}\left[\frac{\partial\left(\frac{1}{T}\right)}{\partial \xi}\right]_{V,E}\left(a\frac{\sum_i n_{A_i}\varepsilon_{A_i}}{N_A} + b\frac{\sum_j n_{B_j}\varepsilon_{B_j}}{N_B} - g\frac{\sum_k n_{G_k}\varepsilon_{G_k}}{N_G} - h\frac{\sum_l n_{H_l}\varepsilon_{H_l}}{N_H}\right) - \left(\frac{a^2}{N_A} + \frac{b^2}{N_B} + \frac{g^2}{N_G} + \frac{h^2}{N_H}\right). \tag{9.7.19}$$

用下列符号分别表示 A,B,G,H 分子的平均能量

$$\bar{\varepsilon}_\alpha = \frac{\sum_i n_{\alpha_i}\varepsilon_{\alpha_i}}{N_\alpha} \quad (\alpha = \mathrm{A,B,G,H}).$$

这样，(9.7.19)式即为

$$\begin{aligned}\left(\frac{\partial^2 \ln \Omega}{\partial \xi^2}\right)_{V,E} &= \frac{1}{kT^2}\left(\frac{\partial T}{\partial \xi}\right)_{V,E}(g\bar{\varepsilon}_G + h\bar{\varepsilon}_H - a\bar{\varepsilon}_A - b\bar{\varepsilon}_B) - \left(\frac{a^2}{N_A} + \frac{b^2}{N_B} + \frac{g^2}{N_G} + \frac{h^2}{N_H}\right) \\ &= \frac{1}{kT^2}\left(\frac{\partial T}{\partial \xi}\right)_{V,E}\Delta\bar{\varepsilon} - \left(\frac{a^2}{N_A} + \frac{b^2}{N_B} + \frac{g^2}{N_G} + \frac{h^2}{N_H}\right),\end{aligned} \tag{9.7.20}$$

其中$\Delta\bar{\varepsilon} = g\,\bar{\varepsilon}_G + h\,\bar{\varepsilon}_H - a\,\bar{\varepsilon}_A - b\,\bar{\varepsilon}_B$是化学反应以分子计的平均能量的改变.

由于，$kT^2 > 0$，$\frac{a^2}{N_A} + \frac{b^2}{N_B} + \frac{g^2}{N_G} + \frac{h^2}{N_H} > 0$，要使(9.7.20)式恒小于零，只能是下列不等式恒能成立

$$\left(\frac{\partial T}{\partial \xi}\right)_{V,E}\Delta\bar{\varepsilon} < 0. \tag{9.7.21}$$

这就是理想气体反应体系的平衡稳定条件.也就是说，只有满足这个条件的反应平衡体系才是能够实现的体系，不满足此条件的反应体系在自然界是不可能存在的.

平衡稳定条件(9.7.21)式表明，理想气体反应能够达平衡的是具有下列特性的体系：

- 若$\Delta\bar{\varepsilon} > 0$，则$\left(\frac{\partial T}{\partial \xi}\right)_{V,E} < 0$；
- 若$\Delta\bar{\varepsilon} < 0$，则$\left(\frac{\partial T}{\partial \xi}\right)_{V,E} > 0$.

这就是说，在V,E恒定下，正向($\delta\xi > 0$)是能量增加的反应，则体系的温度必然降低；若正向是能量降低的反应，则体系的温度必然升高.这些结论完全与实验事实相符.顺便指出，这里所说的平衡包括亚稳平衡在内.

9.8　化学反应体系的能量标度

一个分子或一个体系的能量绝对值无法确定，只能取相对值.这就需要选能量的零点.只有能量零点选定后，能量的值才能得到标度.选分子或体系的什么状态的能量作为能量零点呢？由于我们总是求一个体系在两个状态下的热力学函数的差值，从而决定了能量零点的选择在原则上具有任意性.因为尽管能量零点选择的不同，使分子或体系的能量值就不同，相应的配分函数的数值也就不同，从而所得的热力学函数值也随着不同.但是，选择不同的能量零点并不影响配分函数在两个状态下的比值，所以热力学函数在不同状态的差值与能量零点的选法无关(M-B 分布律与能量零点的选择也无关).

究竟在具体情况下如何选能量零点？现在我们分两种情况讨论.

9.8.1　纯组分或组成不变的混合物

这种体系的特点是体系始、终态的分子相同，相态相同. 这种情况既可以选择体系的某一状态作为体系的能量零点，它是各个分子的公共能量零点；也可以分别对各种分子选其自身的某一状态作为能量零点. 在后一情况下，通常都选分子的基态能量作为零，也就是各分子在 0 K状态的能量规定为零，因为 0 K 时平动、转动、振动、电子都处于基态. 显然，这样选定的能量零点的状态都是不可能实现的假想状态.

9.8.2　化学反应的体系

设体系中发生下列的反应

$$a\mathrm{A} + b\mathrm{B} \longrightarrow g\mathrm{G} + h\mathrm{H}\ .$$

这种体系的特点是反应前后的分子不同，但原子实相同. 为了能够表示出产物与反应物的能量及其他热力学函数的差值，这时就不能对各个分子选各自的能量零点了，而必须选择公共的能量零点. 只有这样，化学平衡条件(9.7.15)及(9.7.16)的等式才有意义.

假设我们选定了反应体系的某个状态为能量零点. 相对于该零点，各个反应物与产物分子基态的能量(也就是 0 K 的能量)就可得到标度(能测量出来). 我们用下列符号表示各分子基态相对于公共能量零点的能值

$$\varepsilon_{0,\mathrm{L}} = \{\varepsilon_{0,\mathrm{A}},\varepsilon_{0,\mathrm{B}},\varepsilon_{0,\mathrm{G}},\varepsilon_{0,\mathrm{H}}\}\ .$$

另外，如果选各个分子的基态(0 K 的态)作为能量零点，则各个反应物与产物分子的能级将分别为

$$\varepsilon_{\mathrm{L},j} = \{\varepsilon_{\mathrm{A},j},\varepsilon_{\mathrm{B},j},\varepsilon_{\mathrm{G},j},\varepsilon_{\mathrm{H},j}\}\quad (j = 0,1,2,3,\cdots)\ .$$

而且按此规定，有

$$\varepsilon_{\mathrm{L},0} = 0,\ 即\ \varepsilon_{\mathrm{A},0} = \varepsilon_{\mathrm{B},0} = \varepsilon_{\mathrm{G},0} = \varepsilon_{\mathrm{H},0} = 0\ .$$

这样，各分子以公共能量零点所标度的能级即为(见图 9.8.1)

$$\varepsilon_{0,\mathrm{L}} + \varepsilon_{\mathrm{L},j}\quad (\mathrm{L} = \mathrm{A,B,G,H};\ j = 1,2,3,\cdots)\ .$$

综上所述，分子的能值(相对值)依赖于所选的能量零点，能量零点选的不同，所表示分子

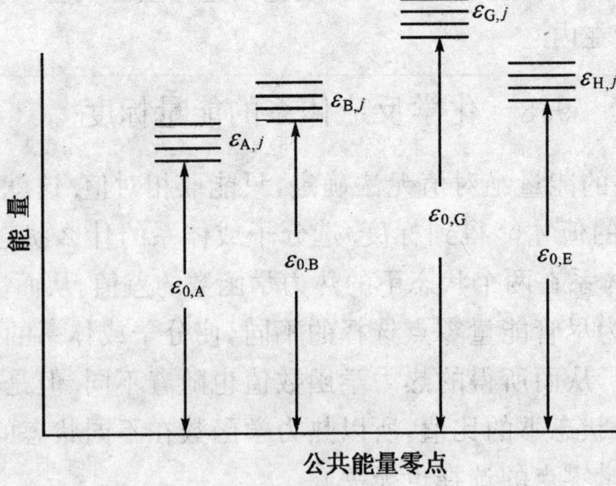

图 9.8.1　两种能量零点下分子能级示意图

的能值也就不同.分子在上述两种能量零点下的能值之差就是分子基态相对于公共能量零点的能值 ε_{0L}.

1. 在不同能量标度下,分子配分函数和热力学函数之间的关系

首先讨论在不同能量标度下分子配分函数间的关系,选分子基态为能量零点时,分子配分函数为

$$q_L = \sum_j \omega_{L,j} e^{-\varepsilon_{L,j}/kT} \quad (L = A,B,G,H) . \tag{9.8.1}$$

若以公共能量零点标度各分子的能级,则各分子配分函数为

$$f_L = \sum_j \omega_{L,j} e^{-(\varepsilon_{0,L}+\varepsilon_{L,j})/kT} \quad (L = A,B,G,H) . \tag{9.8.2}$$

显而易见,上述两种能量标度下的分子配分函数之间的关系为

$$f_L = e^{-\varepsilon_{0,L}/kT} q_L , \tag{9.8.3}$$

从而

$$\ln f_L = \ln q_L - \frac{\varepsilon_{0,L}}{kT} , \tag{9.8.4}$$

$$\left(\frac{\partial \ln f_L}{\partial T}\right)_V = \left(\frac{\partial \ln q_L}{\partial T}\right)_V + \frac{\varepsilon_{0,L}}{kT^2} , \tag{9.8.5}$$

$$\left(\frac{\partial \ln f_L}{\partial V}\right)_T = \left(\frac{\partial \ln q_L}{\partial V}\right)_T . \tag{9.8.6}$$

这样,体系的热力学函数既可以用 f_L 表示,也可用 q_L 表示,现分别列出如下(以公共能量零点的热力学函数)

$$\begin{aligned} U &= \sum_L N_L kT^2 \left(\frac{\partial \ln f_L}{\partial T}\right)_V \\ &= \sum_L N_L kT^2 \left(\frac{\partial \ln q_L}{\partial T}\right)_V + \sum_L N_L \varepsilon_{0,L} \\ &= \sum_L N_L kT^2 \left(\frac{\partial \ln q_L}{\partial T}\right)_V + E_0 , \end{aligned} \tag{9.8.7}$$

其中 $E_0 = \sum_L N_L \varepsilon_{0,L}$ 是体系在基态(0 K)的能量.

$$\begin{aligned} S &= \sum_L N_L k \ln \frac{f_L e}{N_L} + \frac{U}{T} \\ &= \sum_L N_L k \ln \frac{f_L e}{N_L} + \sum_L N_L kT \left(\frac{\partial \ln f_L}{\partial T}\right)_V \\ &= \sum_L N_L k \ln \frac{q_L e}{N_L} + \sum_L N_L kT \left(\frac{\partial \ln q_L}{\partial T}\right)_V , \end{aligned} \tag{9.8.8}$$

$$\begin{aligned} F &= -\sum_L N_L k \ln \frac{f_L e}{N_L} \\ &= -\sum_L N_L k \ln \frac{q_L e}{N_L} + \sum_L N_L \varepsilon_{0,L} \\ &= -\sum_L N_L k \ln \frac{q_L e}{N_L} + E_0 , \end{aligned} \tag{9.8.9}$$

$$p = \sum_L N_L kT \left(\frac{\partial \ln f_L}{\partial V}\right)_T = \sum_L N_L kT \left(\frac{\partial \ln q_L}{\partial V}\right)_T , \tag{9.8.10}$$

$$H=\sum_{\mathrm{L}}N_{\mathrm{L}}kT\left[\left(\frac{\partial\ln f_{\mathrm{L}}}{\partial\ln T}\right)_V+\left(\frac{\partial\ln f_{\mathrm{L}}}{\partial\ln V}\right)_T\right]$$

$$=\sum_{\mathrm{L}}N_{\mathrm{L}}kT\left[\left(\frac{\partial\ln q_{\mathrm{L}}}{\partial\ln T}\right)_V+\left(\frac{\partial\ln q_{\mathrm{L}}}{\partial\ln V}\right)_T\right]+E_0,\tag{9.8.11}$$

$$G=\sum_{\mathrm{L}}N_{\mathrm{L}}kT\left[-\ln\frac{f_{\mathrm{L}}\mathrm{e}}{N_{\mathrm{L}}}+\left(\frac{\partial\ln f_{\mathrm{L}}}{\partial\ln V}\right)_T\right]$$

$$=\sum_{\mathrm{L}}N_{\mathrm{L}}kT\left[-\ln\frac{q_{\mathrm{L}}\mathrm{e}}{N_{\mathrm{L}}}+\left(\frac{\partial\ln q_{\mathrm{L}}}{\partial\ln V}\right)_T\right]+E_0,\tag{9.8.12}$$

$$C_V=\sum_{\mathrm{L}}\left[2N_{\mathrm{L}}kT\left(\frac{\partial\ln f_{\mathrm{L}}}{\partial T}\right)_V+N_{\mathrm{L}}kT^2\left(\frac{\partial^2\ln f_{\mathrm{L}}}{\partial T^2}\right)_V\right]$$

$$=\sum_{\mathrm{L}}\left[2N_{\mathrm{L}}kT\left(\frac{\partial\ln q_{\mathrm{L}}}{\partial T}\right)_V+N_{\mathrm{L}}kT^2\left(\frac{\partial^2\ln q_{\mathrm{L}}}{\partial T^2}\right)_V\right],\tag{9.8.13}$$

$$\mu_{\mathrm{L}}=-kT\ln\frac{f_{\mathrm{L}}}{N_{\mathrm{L}}}=-kT\ln\frac{q_{\mathrm{L}}}{N_{\mathrm{L}}}+\varepsilon_{0,\mathrm{L}}.\tag{9.8.14}$$

上述结果表明,若分别用f_{L}及q_{L}求算热力学函数时,对于熵、压力、热容,两者所得结果相同(即这些量与能量零点的选择无关);而其他热力学函数U,H,F,G,μ_{L},两者所得结果不同,要差一个0 K(基态)时的能量常量项E_0(对各分子化学势差的是$\varepsilon_{0,\mathrm{L}}$).因此在求热力学函数时,必须要明确配分函数中的能级是以什么能量零点标度的,这一点应特别注意.

能量零点不同导致了分子的能值不同,从而分子配分函数的数值也就不同,进而有些热力学函数值随着也就不同.但是,能量零点并不影响分子配分函数在不同状态下的比值,因而也就不影响热力学函数在不同状态下的差值.简言之,热力学函数在不同状态的差值与能量零点无关.这个结论读者可自行论证.

2. 反应体系中各分子公共能量零点(即体系的能量零点)的具体选法

通常选取参与反应的A,B,G,H分子共同离解的产物——原子在相距无限远时的基态作为分子的公共能量零点.令$D_{0,\mathrm{A}},D_{0,\mathrm{B}},D_{0,\mathrm{G}},D_{0,\mathrm{H}}$分别为A,B,G,H分子在0 K(基态)的离解能,则A,B,G,H分子在基态的能量将分别为

$$\varepsilon_{0\mathrm{L}}=-D_{0,\mathrm{L}}\quad(\mathrm{L}=\mathrm{A},\mathrm{B},\mathrm{G},\mathrm{H}).$$

这样,L分子的分子化学势即为

$$\mu_{\mathrm{L}}=-kT\ln\frac{q_{\mathrm{L}}}{N_{\mathrm{L}}}-D_{0,\mathrm{L}}\quad(\mathrm{L}=\mathrm{A},\mathrm{B},\mathrm{G},\mathrm{H}).\tag{9.8.15}$$

例如,对于下列反应体系

$$\mathrm{H_2(g)+D_2(g)\longrightarrow 2HD(g)},$$

公共能量零点及各分子的基态能量表示于图9.8.2中.

所以在0 K时,上述反应按分子计量的能量改变值为

$$\begin{aligned}\Delta\varepsilon_0&=2\varepsilon_0(\mathrm{HD})-\varepsilon_0(\mathrm{H_2})-\varepsilon_0(\mathrm{D_2})\\&=-2D_0(\mathrm{HD})+D_0(\mathrm{H_2})+D_0(\mathrm{D_2})\\&=0.007\ \mathrm{eV}=0.007\times1.602\times10^{-19}\mathrm{J}\\&=11.214\times10^{-22}\mathrm{J}.\end{aligned}$$

若按物质的量的单位摩尔计量,则能量改变值为

$$\Delta E_{\mathrm{m}}(0\ \mathrm{K})=11.214\times10^{-22}\times6.022\times10^{23}\mathrm{J\cdot mol^{-1}}=675.3\ \mathrm{J\cdot mol^{-1}}.$$

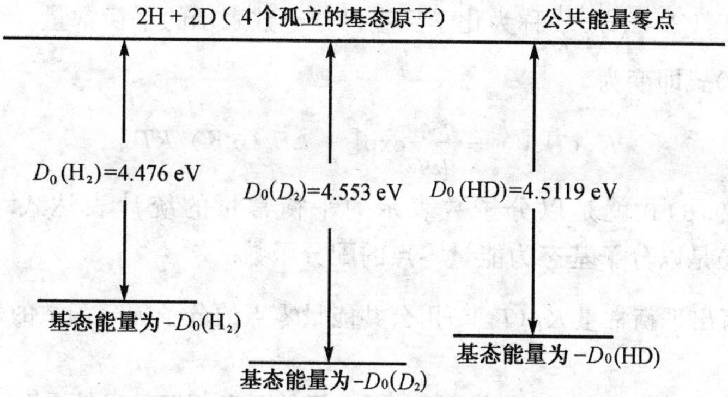

图 9.8.2　H_2,D_2,HD 分子的公共能量零点及基态能量

9.9　平衡常量的统计表式

用配分函数表达平衡常量可从两个途径得到. 本节先介绍一种,另一种在 9.10 节讨论.

1. 分子数表示的平衡常量的统计表达式

我们仍以化学反应

$$aA + bB \longrightarrow gG + hH$$

为例进行论述. 该反应的化学平衡条件为

$$a\mu_A + b\mu_B = g\mu_G + h\mu_H. \tag{9.9.1}$$

由于此式只有在公共能量零点下才有意义,因而平衡时各分子的化学势也必须采用相对于公共能量零点的表达式

$$\begin{aligned} \mu_A &= -kT\ln\frac{q_A}{N_A} + \varepsilon_{0,A}, \\ \mu_B &= -kT\ln\frac{q_B}{N_B} + \varepsilon_{0,B}, \\ \mu_G &= -kT\ln\frac{q_G}{N_G} + \varepsilon_{0,G}, \\ \mu_H &= -kT\ln\frac{q_H}{N_H} + \varepsilon_{0,H}. \end{aligned} \tag{9.9.2}$$

将它们代入(9.9.1)式,整理,即得

$$\begin{aligned} \frac{N_G^g N_H^h}{N_A^a N_B^b} &= \frac{q_G^g q_H^h}{q_A^a q_B^b}\exp[-(g\varepsilon_{0,G} + h\varepsilon_{0,H} - a\varepsilon_{0,A} - b\varepsilon_{0,B})/kT] \\ &= \frac{q_G^g q_H^h}{q_A^a q_B^b}\exp[-\Delta\varepsilon(0\text{ K})/kT] \\ &= \frac{q_G^g q_H^h}{q_A^a q_B^b}\exp[-\Delta E_m(0\text{ K})/RT]. \end{aligned} \tag{9.9.3}$$

式中

$$\Delta\varepsilon(0\text{ K}) = g\varepsilon_{0,G} + h\varepsilon_{0,H} - a\varepsilon_{0,A} - b\varepsilon_{0,B}, \tag{9.9.4}$$

$$\Delta E_m(0\text{ K}) = N_A\Delta\varepsilon(0\text{ K}). \tag{9.9.5}$$

上两式分别表示在 0 K 或在基态时,反应按分子计量与按摩尔计量的能量改变.

对于确定的化学反应,(9.9.3)式的右边只是温度 T 与体积 V 的函数,而与平衡时各个组分的数量无关. 因此,(9.9.3)式左边由分子数 N_L 组成的量也只是 T,V 的函数,而与平衡时各组分的数量无关. 于是,我们可以引入下面的概念.

定义　$K_N(T,V)=\dfrac{N_G^g N_H^h}{N_A^a N_B^b}$ 称为化学反应以分子数表示的平衡常量.

这样,(9.9.3)式即变为

$$K_N(T,V)=\frac{q_G^g q_H^h}{q_A^a q_B^b}\exp[-\Delta E_m(0\text{ K})/RT].\tag{9.9.6}$$

(9.9.3)式或(9.9.6)式就是以分子数表示的平衡常量的统计表达式. 必须记住,式中的 q_L(L=A,B,G,H)是以分子基态为能量零点的配分函数.

【练习1】请写出平衡常量 $K_N(T,V)$ 用公共能量零点的分子配分函数的表达式,并由此得出(9.9.6)式.

【练习2】请论证:若理想气体反应前后的总分子数不变,则 K_N 只是温度的函数.

2. 其他平衡常量的统计表达式

(1) 用浓度(单位体积中的分子数)表示的平衡常量

其统计表达式为

$$K_c(T)\equiv\frac{c_G^g c_H^h}{c_A^a c_B^b}=\frac{q_G'^g q_H'^h}{q_A'^a q_B'^b}\exp\left(\frac{-\Delta E_m(0\text{ K})}{RT}\right),\tag{9.9.7}$$

式中 $q_L'=q_L/V$ 是单位体积的分子配分函数. 显然

$$K_c(T)\equiv K_N(T,V)V^{-\Delta\nu},\tag{9.9.8}$$

式中 $\Delta\nu=(g+h)-(a+b)$ 是产物与反应物的化学计量数之差.

(2) 用相对压力表示的平衡常量

其统计表达式为

$$\begin{aligned}K_{p/p^*}(T)&\equiv\frac{\left(\dfrac{p_G}{p^*}\right)^g\left(\dfrac{p_H}{p^*}\right)^h}{\left(\dfrac{p_A}{p^*}\right)^a\left(\dfrac{p_B}{p^*}\right)^b}=\frac{\left(\dfrac{N_G}{V}\dfrac{kT}{p^*}\right)^g\left(\dfrac{N_H}{V}\dfrac{kT}{p^*}\right)^h}{\left(\dfrac{N_A}{V}\dfrac{kT}{p^*}\right)^a\left(\dfrac{N_B}{V}\dfrac{kT}{p^*}\right)^b}\\&=\frac{\left(\dfrac{q'_G kT}{p^*}\right)^g\left(\dfrac{q'_H kT}{p^*}\right)^h}{\left(\dfrac{q'_A kT}{p^*}\right)^a\left(\dfrac{q'_B kT}{p^*}\right)^b}\exp\left(\frac{-\Delta E_m(0\text{ K})}{RT}\right)\\&=K_c(T)\left(\frac{kT}{p^*}\right)^{\Delta\nu}.\end{aligned}\tag{9.9.9}$$

习惯上选 $p^*=p^\ominus$ 的状态为标准态,这时则有

$$K_{p/p^\ominus}(T)=\frac{p_G^g p_H^h}{p_A^a p_B^b}(p^\ominus)^{\Delta\nu}=\frac{q_G'^g q_H'^h}{q_A'^a q_B'^b}\left(\frac{kT}{p^\ominus}\right)^{\Delta\nu}\exp\left(\frac{-\Delta E_m(0\text{ K})}{RT}\right)=K_c(T)\left(\frac{kT}{p^\ominus}\right)^{\Delta\nu}.\tag{9.9.10}$$

$K_{p/p^\ominus}$ 只是温度的函数,它仍是相对压力表示的平衡常量,因此它是个量纲为一的物理量.

(3) 用摩尔分数表示的平衡常量

$$\begin{aligned}K_x(T,p)&\equiv\frac{x_G^g x_H^h}{x_A^a x_B^b}=\frac{(p_G/p)^g(p_H/p)^h}{(p_A/p)^a(p_B/p)^b}=\frac{p_G^g p_H^h}{p_A^a p_B^b}p^{-\Delta\nu}\\&=\frac{q_G'^g q_H'^h}{q_A'^a q_B'^b}\left(\frac{kT}{p}\right)^{\Delta\nu}\exp\left(\frac{-\Delta E_m(0\text{ K})}{RT}\right)\\&=K_{p/p^\ominus}(p/p^\ominus)^{-\Delta\nu}.\end{aligned}\tag{9.9.11}$$

显然,各种平衡常量之间存在着下列的关系

$$K_N = K_c V^{\Delta\nu} = K_{p/p^\ominus}\left(\frac{p^\ominus V}{kT}\right)^{\Delta\nu} = K_x\left(\frac{pV}{kT}\right)^{\Delta\nu} = K_x\left(\sum_{\mathrm{L}} N_{\mathrm{L}}\right)^{\Delta\nu}. \tag{9.9.12}$$

由此可见,只要用统计力学方法求出一种平衡常量,其他平衡常量也就容易求得了.

若反应前后分子数不变,即 $\Delta\nu=0$,据(9.9.12)式,即得

$$K_N = K_c = K_{p/p^\ominus} = K_x. \tag{9.9.13}$$

这时,各种平衡常量都只是温度的函数.

9.10　化学平衡等温式及平衡常量的另一推引法

根据(9.9.2)式,反应平衡时以公共能量零点的各组分化学势为

$$\begin{aligned}\mu_{\mathrm{L}}(T,p_{\mathrm{L}}) &= RT\ln\frac{f_{\mathrm{L}}}{N_{\mathrm{L}}} = -RT\ln\frac{q_{\mathrm{L}}}{N_{\mathrm{L}}} + N_{\mathrm{A}}\varepsilon_{0,\mathrm{L}} \\ &= -RT\ln\left(\frac{q'_{\mathrm{L}}kT}{p_{\mathrm{L}}}\right) + N_{\mathrm{A}}\varepsilon_{0,\mathrm{L}} \\ &= -RT\ln\left(\frac{q'_{\mathrm{L}}kT}{p^\ominus}\right) + N_{\mathrm{A}}\varepsilon_{0,\mathrm{L}} + RT\ln\frac{p_{\mathrm{L}}}{p^\ominus} \\ &= \mu_{\mathrm{L}}^\ominus(T) + RT\ln\frac{p_{\mathrm{L}}}{p^\ominus},\end{aligned} \tag{9.10.1}$$

式中

$$\mu_{\mathrm{L}}^\ominus(T) = -RT\ln\left(\frac{q'_{\mathrm{L}}kT}{p^\ominus}\right) + N_{\mathrm{A}}\varepsilon_{0,\mathrm{L}} \tag{9.10.2}$$

为标准态下组分 L 的化学势.

将(9.10.1)式代入化学平衡条件(9.9.1)式,即得

$$\Delta G_{\mathrm{m}}^\ominus = g\mu_{\mathrm{G}}^\ominus + h\mu_{\mathrm{H}}^\ominus - a\mu_{\mathrm{A}}^\ominus - b\mu_{\mathrm{B}}^\ominus = -RT\ln\frac{(p_{\mathrm{G}}/p^\ominus)^g(p_{\mathrm{H}}/p^\ominus)^h}{(p_{\mathrm{A}}/p^\ominus)^a(p_{\mathrm{B}}/p^\ominus)^b},$$

或者写成为

$$\Delta G_{\mathrm{m}}^\ominus = -RT\ln K_{p/p^\ominus}. \tag{9.10.3}$$

式中 $\Delta G_{\mathrm{m}}^\ominus$ 称为化学反应的标准摩尔 Gibbs 自由能变,即 $T, p_{\mathrm{m}}^\ominus$ 状态的 a (mol) 纯 A、b (mol) 纯 B 完全生成 $T, p_{\mathrm{m}}^\ominus$ 状态下的 g (mol) 纯 G 与 h (mol) 纯 H 的 Gibbs 自由能变.

(9.10.3) 式称为化学平衡等温式. 这里是从统计力学上得到的,它与化学热力学中得到的完全一致.

化学平衡等温式表明了 $\Delta G_{\mathrm{m}}^\ominus$ 与 $K_{p/p^\ominus}$ 可以相互求算. 这里感兴趣的是从 $\Delta G_{\mathrm{m}}^\ominus$ 求 $K_{p/p^\ominus}$ 的问题. 在统计力学中,求算 $\Delta G_{\mathrm{m}}^\ominus$ 有两种途径(两者的实质相同,只是求算的程序不同).

(1) 从物质的标准摩尔 Gibbs 自由能函数 $-\dfrac{G_{\mathrm{m}}^\ominus(T) - E_{\mathrm{m}}^\ominus(0\ \mathrm{K})}{T}$ 及反应的 $\Delta E_{\mathrm{m}}(0\ \mathrm{K})$ 求算

我们仍以反应

$$a\mathrm{A} + b\mathrm{B} \longrightarrow g\mathrm{G} + h\mathrm{H}$$

为例进行讨论. 该反应在 T 的标准摩尔 Gibbs 自由能变为

$$\begin{aligned}\Delta G_{\mathrm{m}}^\ominus = -T\Bigg\{ & g\left[-\frac{G_{\mathrm{m}}^\ominus(T) - E_{\mathrm{m}}^\ominus(0\ \mathrm{K})}{T}\right]_{\mathrm{G}} + h\left[-\frac{G_{\mathrm{m}}^\ominus(T) - E_{\mathrm{m}}^\ominus(0\ \mathrm{K})}{T}\right]_{\mathrm{H}} \\ & - a\left[-\frac{G_{\mathrm{m}}^\ominus(T) - E_{\mathrm{m}}^\ominus(0\ \mathrm{K})}{T}\right]_{\mathrm{A}} - b\left[-\frac{G_{\mathrm{m}}^\ominus(T) - E_{\mathrm{m}}^\ominus(0\ \mathrm{K})}{T}\right]_{\mathrm{B}} + \frac{\Delta E_{\mathrm{m}}^\ominus(0\ \mathrm{K})}{T}\Bigg\},\end{aligned} \tag{9.10.4}$$

其中 $\Delta E_m^\ominus(0\ \mathrm{K}) = gE_{0,G}^\ominus + hE_{0,H}^\ominus - aE_{0,A}^\ominus - bE_{0,B}^\ominus$ 为 0 K 时标准状态下反应的能量增加. 它可用各种方法得到，但不能完全用统计力学的方法求得，这将在 9.11 节专题讨论.

求得 $\Delta G_m^\ominus$ 后，据化学平衡等温式，即可求出 $K_{p/p^\ominus}$.

(2) 从标准化学势的统计表式出发，得 $\Delta G_m^\ominus$ 的求算式

$$\Delta G_m^\ominus = g\mu_G^\ominus(T) + h\mu_H^\ominus(T) - a\mu_A^\ominus(T) - b\mu_B^\ominus(T) .$$

应用(9.10.2)式

$$\mu_L^\ominus(T) = -RT\ln\frac{q'_L kT}{p^\ominus} + N_A\varepsilon_{0,L}\quad (L = A,B,G,H),$$

则得

$$\begin{aligned}\Delta G_m^\ominus &= -RT\ln\left[\frac{\left(\dfrac{q'_G kT}{p^\ominus}\right)^g\left(\dfrac{q'_H kT}{p^\ominus}\right)^h}{\left(\dfrac{q'_A kT}{p^\ominus}\right)^a\left(\dfrac{q'_B kT}{p^\ominus}\right)^b}\right] + N_A(g\varepsilon_{0,G} + h\varepsilon_{0,H} - a\varepsilon_{0,A} - b\varepsilon_{0,B}) \\ &= -RT\ln\left[\frac{q_G'^g q_H'^h}{q_A'^a q_B'^b}\left(\frac{kT}{p^\ominus}\right)^{\Delta\nu}\right] + \Delta E_m(0\ \mathrm{K}) .\end{aligned} \tag{9.10.5}$$

这是直接从分子配分函数 q'_L 及 $\Delta E_m(0\ \mathrm{K})$ 求算 $\Delta G_m^\ominus$ 的方法.

现在我们介绍平衡常量统计式的另一推导法. 由已经得到的(9.10.3)和(9.10.5)两式

$$\Delta G_m^\ominus = -RT\ln K_{p/p^\ominus},$$

$$\Delta G_m^\ominus = -RT\ln\left[\frac{q_G'^g q_H'^h}{q_A'^a q_B'^b}\left(\frac{kT}{p^\ominus}\right)^{\Delta\nu}\right] + \Delta E_m(0\ \mathrm{K}) ,$$

立即可得 $K_{p/p^\ominus}$ 的统计表示式为

$$K_{p/p^\ominus} = \frac{q_G'^g}{q_A'^a}\frac{q_H'^h}{q_B'^b}\left(\frac{kT}{p^\ominus}\right)^{\Delta\nu}\exp\left(\frac{-\Delta E_m(0\ \mathrm{K})}{RT}\right) .$$

这就是前面得到的(9.9.9)式. 在此基础上，很易得出 K_N, K_c, K_x 的统计表式.

9.11　$\Delta E_m^\ominus(0\ \mathrm{K})$的求算法

用配分函数求算平衡常量的公式中，指数项中的 $\Delta E_m^\ominus(0\ \mathrm{K})$ 不能由统计力学方法得出，现介绍求算它的三种方法.

9.11.1　量热法

在 T 时，下列理想气体反应

$$\nu_A A + \nu_B B \longrightarrow \nu_G G + \nu_H H$$

的标准摩尔焓变为

$$\begin{aligned}\Delta_r H_m^\ominus &= \nu_G\{H_m^\ominus(T)\}_G + \nu_H\{H_m^\ominus(T)\}_H - \nu_A\{H_m^\ominus(T)\}_A - \nu_B\{H_m^\ominus(T)\}_B \\ &= \nu_G\{E_m^\ominus(T)\}_G + \nu_H\{E_m^\ominus(T)\}_H - \nu_A\{E_m^\ominus(T)\}_A - \nu_B\{E_m^\ominus(T)\}_B + (\Delta\nu)RT \\ &= \Delta_r E_m^\ominus(T) + (\Delta\nu)RT .\end{aligned} \tag{9.11.1}$$

由于 $T=0$ K 时，$(\Delta\nu)RT=0$，据(9.11.1)式知

$$\Delta_r H_m^\ominus(0\ \mathrm{K}) = \Delta_r E_m^\ominus(0\ \mathrm{K}) . \tag{9.11.2}$$

将(9.11.2)式用于热力学中的 Kirhhoff(基尔霍夫)公式，有

$$\Delta_r H_m^\ominus(T) = \Delta_r H_m^\ominus(0\ \mathrm{K}) + \int_0^T \Delta_r C_{p,m}^\ominus \mathrm{d}T = \Delta_r E_m^\ominus(0\ \mathrm{K}) + \int_0^T \Delta_r C_{p,m}^\ominus \mathrm{d}T ,$$

则得

$$\Delta_r E_m^\ominus(0\ K) = \Delta_r H_m^\ominus(T) - \int_0^T \Delta_r C_{p,m}^\ominus dT\ . \tag{9.11.3}$$

由此可知，只要知道一个温度的 $\Delta_r H_m^\ominus(T)$ 及有关 $C_{p,m}^\ominus(T)$，就可求出 $\Delta_r E_m^\ominus(0\ K)$. 由于根据的全是量热数据，故称为量热法. 此法误差较大.

9.11.2　由标准摩尔热力学函数求算 $\Delta_r E_m^\ominus(0\ K)$

根据物质的标准摩尔焓函数与标准摩尔生成焓数据可求出 $\Delta_r E_m^\ominus(0\ K)$. 标准摩尔函数有两种表，一种以 0 K 为参考态，另一种以 298 K 为参考态.

(1) 以 0 K 为参考态的标准摩尔焓函数为

$$H_m^\ominus(T) - H_m^\ominus(0\ K) = H_m^\ominus(T) - E_m^\ominus(0\ K)\ .$$

一个化学反应的标准摩尔焓函数变为

$$\Delta_r\{H_m^\ominus(T) - H_m^\ominus(0\ K)\} = \Delta_r H_m^\ominus(T) - \Delta_r H_m^\ominus(0\ K) = \Delta_r H_m^\ominus(T) - \Delta_r E_m^\ominus(0\ K)\ .$$

由此即得

$$\Delta_r E_m^\ominus(0\ K) = \Delta_r H_m^\ominus(T) - \Delta_r\{H_m^\ominus(T) - H_m^\ominus(0\ K)\}\ , \tag{9.11.4}$$

式中的 $\Delta_r H_m^\ominus(T)$ 可由各物质的标准摩尔生成焓求得.

(2) 以 298 K 为参考态的标准摩尔焓函数为 $H_m^\ominus(T) - H_m^\ominus(298\ K)$，在 0 K 时的标准摩尔焓函数为 $H_m^\ominus(0\ K) - H_m^\ominus(298\ K)$，一个化学反应在 0 K 的标准摩尔焓函数变为

$$\begin{aligned}\Delta_r\{H_m^\ominus(0\ K) - H_m^\ominus(298\ K)\} &= \Delta_r H_m^\ominus(0\ K) - \Delta_r H_m^\ominus(298\ K) \\ &= \Delta_r E_m^\ominus(0\ K) - \Delta_r H_m^\ominus(298\ K)\ ,\end{aligned}$$

因此得

$$\Delta_r E_m^\ominus(0\ K) = \Delta_r H_m^\ominus(298\ K) + \Delta_r\{H_m^\ominus(0\ K) - H_m^\ominus(298\ K)\}\ , \tag{9.11.5}$$

式中的 $\Delta_r H_m^\ominus(298\ K)$ 由各物质在 298 K 的标准摩尔生成焓求算.

这是求算 $\Delta_r E_m^\ominus(0\ K)$ 常用的一种方法. 由于造标准摩尔热力学函数表时需要知道一个温度的标准摩尔焓变，所以由此法得出的 $\Delta_r E_m^\ominus(0\ K)$ 也不属于纯粹统计力学的结果.

9.11.3　由分子的离解能求算 $\Delta_r E_m^\ominus(0\ K)$

一个分子在 0 K 的离解能就是将基态的该分子分解成为孤立原子基态所需的能量，通常用符号 D_0 表示. 对于理想气体反应，若选孤立原子基态为参与反应分子的公共能量零点，则分子 L 的基态能量(也就是分子在 0 K 的能量)即为

$$\varepsilon_L(0\ K) = -D_{0,L}.$$

因此理想气体反应

$$\nu_A A + \nu_B B \longrightarrow \nu_G G + \nu_H H$$

在 0 K 时按分子计量的能量改变为

$$\begin{aligned}\Delta_r\varepsilon(0\ K) &= \nu_G\varepsilon_G(0\ K) + \nu_H\varepsilon_H(0\ K) - \nu_A\varepsilon_A(0\ K) - \nu_B\varepsilon_B(0\ K) \\ &= \nu_A D_{0,A} + \nu_B D_{0,B} - \nu_G D_{0,G} - \nu_H D_{0,H}\ ,\end{aligned}$$

从而

$$\begin{aligned}\Delta_r E_m^\ominus(0\ K) &= N_A \Delta_r\varepsilon(0\ K) \\ &= N_A(\nu_A D_{0,A} + \nu_B D_{0,B} - \nu_G D_{0,G} - \nu_H D_{0,H})\ .\end{aligned} \tag{9.11.6}$$

由此可知，只要知道分子在0 K的离解能数据就可求出$\Delta_r E_m(0\ \mathrm{K})$，它也就是$\Delta_r E_m^{\ominus}(0\ \mathrm{K})$. 本法常用于双原子分子间的气体反应的$\Delta_r E_m(0\ \mathrm{K})$求算，因为双原于分子的离解能由光谱数据已积累丰富的资料.

最后指出，因为$\Delta_r H_m^{\ominus}$及分子的离解能数据不如配分函数中所含分子参数($m,\theta_r,\sigma,\theta_v$等)的准确度高，因此，用统计力学方法求算平衡常量的主要误差来源于$\Delta_r E_m^{\ominus}(0\ \mathrm{K})$的数值.

9.12　温度及压力对平衡常量的影响

现在应用统计力学方法导出平衡常量随温度及压力变化的规律. 理想气体反应

$$\nu_A A + \nu_B B \longrightarrow \nu_G G + \nu_H H$$

用相对压力表示的平衡常量为

$$K_{p/p^{\ominus}} = \frac{q_G'^{G}}{q_A'^{A}} \frac{q_H'^{H}}{q_B'^{B}} \left(\frac{kT}{p^{\ominus}}\right)^{\Delta\nu} \exp\left(\frac{-\Delta_r E_m(0\ \mathrm{K})}{RT}\right),$$

从而

$$\ln K_{p/p^{\ominus}}(T) = \nu_G \ln q_G' + \nu_H \ln q_H' - \nu_A \ln q_A' - \nu_B \ln q_B' + \Delta\nu \ln\left(\frac{kT}{p^{\ominus}}\right) - \frac{\Delta_r E_m^{\ominus}(0\ \mathrm{K})}{RT},$$

$$\begin{aligned}\frac{\mathrm{d}\ln K_{p/p^{\ominus}}(T)}{\mathrm{d}T} &= \nu_G \frac{\mathrm{d}\ln q_G'}{\mathrm{d}T} + \nu_H \frac{\mathrm{d}\ln q_H'}{\mathrm{d}T} - \nu_A \frac{\mathrm{d}\ln q_A'}{\mathrm{d}T} - \nu_B \frac{\mathrm{d}\ln q_B'}{\mathrm{d}T} + \Delta\nu \frac{\mathrm{d}\ln(kT/p^{\ominus})}{\mathrm{d}T} - \frac{\mathrm{d}}{\mathrm{d}T}\left\{\frac{\Delta_r E_m^{\ominus}(0\ \mathrm{K})}{RT}\right\} \\ &= \frac{1}{RT^2}\{\nu_G E_G(T) + \nu_H E_H(T) - \nu_A E_A(T) - \nu_B E_B(T)\} + \frac{\Delta\nu}{T} + \frac{\Delta_r E_m^{\ominus}(0\ \mathrm{K})}{RT^2} \\ &= \frac{1}{RT^2}\{\nu_G[E_G(T) + E_G^{\ominus}(0\ \mathrm{K})] + \nu_H[E_H(T) + E_H^{\ominus}(0\ \mathrm{K})] \\ &\quad - \nu_A[E_A(T) + E_A^{\ominus}(0\ \mathrm{K})] - \nu_B[E_B(T) + E_B^{\ominus}(0\ \mathrm{K})] + (\Delta\nu)RT\} \\ &= \frac{1}{RT^2}\{\Delta_r E_m^{\ominus}(T) + \Delta_r(p^{\ominus}V_m)\} = \frac{\Delta_r H_m^{\ominus}(T)}{RT^2}.\end{aligned} \tag{9.12.1}$$

这正是化学热力学中所熟知的van't Hoff(范特荷夫)公式，推引过程中的能量关系示意于图9.12.1中.

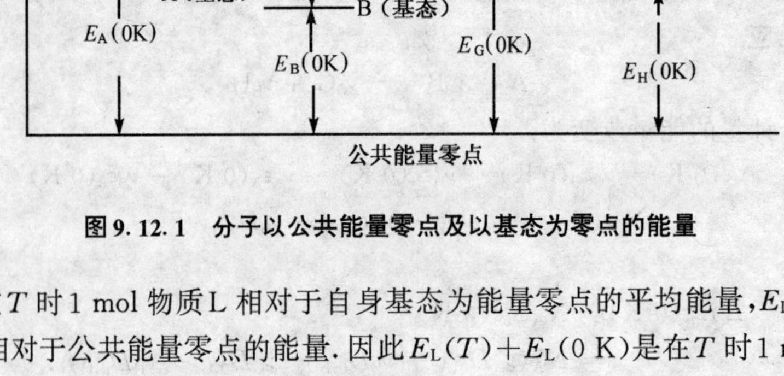

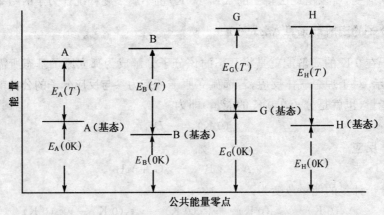

图9.12.1　分子以公共能量零点及以基态为零点的能量

$E_L(T)$是在T时1 mol物质L相对于自身基态为能量零点的平均能量，$E_L(0\ \mathrm{K})$是1 mol物质L的基态相对于公共能量零点的能量. 因此$E_L(T)+E_L(0\ \mathrm{K})$是在$T$时1 mol物质L相对

于公共能量零点的平均能量，故

$$\Delta_r E_m(T) = \nu_G\{E_G(T) + E_G(0\,K)\} + \nu_H\{E_H(T) + E_H(0\,K)\} - \nu_A\{E_A(T) + E_A(0\,K)\} - \nu_B\{E_B(T) + E_B(0\,K)\}\,.$$

由于理想气体的内能、焓都只是温度的函数，故

$$\Delta_r E_m(T) = \Delta_r E_m^{\ominus}(T)\,.$$

上述结果在推导(9.12.1)式中已用到.

根据 $K_{p/p^{\ominus}}$，K_c，K_x 之间的关系(9.9.12)式，不难得出 K_c，K_x 随温度的变化规律为

$$\frac{\mathrm{d}\ln K_c(T)}{\mathrm{d}T} = \frac{\Delta_r E_m^{\ominus}(T)}{RT^2}\,, \tag{9.12.2}$$

$$\left\{\frac{\partial \ln K_x(T,p)}{\partial T}\right\}_p = \frac{\Delta_r H_m^{\ominus}(T)}{RT^2}\,. \tag{9.12.3}$$

现在讨论压力对平衡常量的影响. 根据 $K_{p/p^{\ominus}}$，K_c 只是温度的函数以及它们与 $K_x(T,p)$ 的关系(9.9.12)式，可得

$$\left\{\frac{\partial \ln K_{p/p^{\ominus}}}{\partial p}\right\}_T = \left\{\frac{\partial \ln K_c}{\partial p}\right\}_T = 0\,, \tag{9.12.4}$$

$$\left\{\frac{\partial \ln K_x}{\partial p}\right\}_T = -\frac{\Delta\nu}{p}\,. \tag{9.12.5}$$

这些结果与化学热力学得的结果完全相同.

9.13　平衡常量求算实例

【例 9.13.1】请由下表中的标准摩尔热力学量求算理想气体反应

$$CO(g) + H_2O(g) \xlongequal{\quad} CO_2(g) + H_2(g)$$

的 $\Delta E_m^{\ominus}(0\,K)$ 及平衡常量 $K_{p/p^{\ominus}}(600\,K)$.

物　质	$\Delta_f H_m^{\ominus}(298\,K)$	$\dfrac{H_m^{\ominus}(298\,K) - E_m^{\ominus}(0\,K)}{298\,K}$	$\dfrac{G_m^{\ominus}(600\,K) - H_m^{\ominus}(298\,K)}{600\,K}$
$CO(g)$	$-110.54\ kJ\cdot mol^{-1}$	$29.09\ J\cdot K^{-1}\cdot mol^{-1}$	$-203.68\ J\cdot K^{-1}\cdot mol^{-1}$
$H_2O(g)$	$-241.84\ kJ\cdot mol^{-1}$	$33.20\ J\cdot K^{-1}\cdot mol^{-1}$	$-195.48\ J\cdot K^{-1}\cdot mol^{-1}$
$CO_2(g)$	$-393.51\ kJ\cdot mol^{-1}$	$31.41\ J\cdot K^{-1}\cdot mol^{-1}$	$-221.67\ J\cdot K^{-1}\cdot mol^{-1}$
$H_2(g)$	0	$28.40\ J\cdot K^{-1}\cdot mol^{-1}$	$-136.29\ J\cdot K^{-1}\cdot mol^{-1}$

解　298 K 时，反应的标准摩尔焓变及标准摩尔焓函数变分别为

$$\begin{aligned}\Delta H_m^{\ominus}(298\,K) &= \Delta_f H_m^{\ominus}(298\,K, CO_2) + \Delta_f H_m^{\ominus}(298\,K, H_2) - \Delta_f H_m^{\ominus}(298\,K, CO) - \Delta_f H_m^{\ominus}(298\,K, H_2O)\\ &= [-393.51 + 0 - (-110.54) - (-241.84)]\ kJ\cdot mol^{-1}\\ &= -41130\ J\cdot mol^{-1},\end{aligned}$$

$$\begin{aligned}\Delta\left\{\frac{H_m^{\ominus}(298\,K) - E_m^{\ominus}(0\,K)}{298\,K}\right\} &= [31.41 + 28.40 - 29.09 - 33.20]\ J\cdot K^{-1}\cdot mol^{-1}\\ &= -2.48\ J\cdot K^{-1}\cdot mol^{-1}.\end{aligned}$$

依据下列等式

$$\Delta E_m^{\ominus}(0\,K) = \Delta H_m^{\ominus}(T) - T\Delta\left\{\frac{H_m^{\ominus}(T) - E_m^{\ominus}(0\,K)}{T}\right\}\,,$$

即得

$$\Delta E_m^\ominus(0\text{ K}) = \{-41130 - 298 \times (-2.48)\}\text{ J}\cdot\text{mol}^{-1} = -40391\text{ J}\cdot\text{mol}^{-1}.$$

依据(9.10.4)式，可得

$$\Delta G_m^\ominus(600\text{ K}) = [600 \times \{(-221.67 - 136.29) - (-203.68 - 195.48)\} - 41130]\text{ J}\cdot\text{mol}^{-1}$$
$$= -16410\text{ J}\cdot\text{mol}^{-1}.$$

再由(9.10.3)式，即得

$$K_{p/p^\ominus}(600\text{ K}) = \exp\left(-\frac{-16410}{8.314\times 600}\right) = 26.8\,.$$

【例 9.13.2】Na 的摩尔质量为 0.02299 kg·mol^{-1}. Na_2 的核间平衡距离 $R=3.077\times 10^{-10}$ m，振动基本频率 $\nu=4.734\times10^{12}$Hz. Na_2 及 Na 的电子最低能级的简并度分别为 1 与 2，高电子能级可忽略. 求算反应

$$Na_2(g) \Longrightarrow 2Na(g)$$

在 1200 K 的平衡常量 $K_{p/p^\ominus}$. 该反应的 $\Delta E_m^\ominus(0\text{ K}) = 73200\text{ J}\cdot\text{mol}^{-1}$.

解　首先求出 Na_2 分子的转动惯量和振动特征温度

$$I = \mu R^2 = \frac{m(\text{Na})m(\text{Na})}{m(\text{Na})+m(\text{Na})}R^2 = \frac{1}{2}m(\text{Na})R^2$$
$$= \frac{1}{2}\times\frac{0.02299}{6.023\times10^{23}}\times(3.077\times10^{-10})^2\text{ kg}\cdot\text{m}^2$$
$$= 180.7\times10^{-47}\text{ kg}\cdot\text{m}^2,$$
$$\theta_r = \frac{h^2}{8\pi^2 Ik}$$
$$= \frac{(6.626\times10^{-34})^2}{8\times3.1416^2\times180.7\times10^{-47}\times1.381\times10^{-23}}\text{ K}$$
$$= 0.223\text{ K},$$
$$\theta_v = \frac{h\nu}{k} = \frac{6.626\times10^{-34}\times4.734\times10^{12}}{1.381\times10^{-23}}\text{ K} = 227\text{ K}.$$

其次写出 Na 原子及 Na_2 分子以基态为能量零点的单位体积的配分函数. 由于满足 $T\gg\theta_r$ 的条件，故 Na_2 的转动配分函数可用经典形式

$$q'(\text{Na}) = \left\{\frac{2\pi m(\text{Na})kT}{h^2}\right\}^{3/2}\times 2,$$
$$q'(\text{Na}_2) = \left\{\frac{2\pi m(\text{Na}_2)kT}{h^2}\right\}^{3/2}\left(\frac{T}{2\theta_r}\right)\left(\frac{1}{1-e^{-\theta_v/T}}\right).$$

根据(9.9.10)式，并注意到 $\Delta\nu=1$，得

$$K_{p/p^\ominus}(T) = \frac{q'^2(\text{Na})}{q'(\text{Na}_2)}\left(\frac{kT}{p^\ominus}\right)\exp\left\{-\frac{\Delta E_m^\ominus(0\text{ K})}{RT}\right\}$$
$$= 8\left\{\frac{\pi m(\text{Na})kT}{h^2}\right\}^{3/2}\left(\frac{k\theta_r}{p^\ominus}\right)(1-e^{-\theta_v/T})\times\exp\left\{-\frac{\Delta E_m^\ominus(0\text{ K})}{RT}\right\}$$
$$= 8\left\{\frac{3.1416\times0.02299\times1.381\times10^{-23}\times1200}{6.022\times10^{23}\times(6.626\times10^{-34})^2}\right\}^{3/2}\times\left(\frac{1.381\times10^{-23}\times0.223}{1.01325\times10^5}\right)$$
$$\times(1-e^{-227/1200})\times\exp\left(-\frac{73200}{8.314\times1200}\right)$$
$$= 8.31\,.$$

【例 9.13.3】求下列电离反应

$$Cs(g) = Cs^+(g) + e^-$$

的平衡常量 $K_{p/p^\ominus}(3000\ K)$. 电子可作为单原子理想气体处理，电子的质量 $m_e = 9.1091 \times 10^{-31}$ kg，电子有两种自旋态，即 $\omega_{e,0} = 2$. Cs 原子与 Cs^+ 的质量相差甚微，可当相等处理. Cs 原子与 Cs^+ 的电子最低能级的简并度分别为 2 与 1，电子激发态都可忽略. Cs 原子的第一电离能为 3.893 eV.

解　各单粒子以基态为能量零点的单位体积的配分函数为

$$q'(Cs) = \left\{\frac{2\pi m(Cs)kT}{h^2}\right\}^{3/2} \times 2,$$

$$q'(Cs^+) = \left\{\frac{2\pi m(Cs^+)kT}{h^2}\right\}^{3/2} \times 1 = \frac{1}{2}q'(Cs),$$

$$q'_e = \left(\frac{2\pi m_e kT}{h^2}\right)^{3/2} \times 2.$$

电离反应的 $\Delta\nu = 1$，在 0 K 的准标摩尔能量变为

$$\Delta E_m^\ominus(0\ K) = 3.893 \times 1.602 \times 10^{-19} \times 6.022 \times 10^{23}\ J \cdot mol^{-1} = 375.6\ kJ \cdot mol^{-1}.$$

根据(9.9.10)式，则有

$$K_{p/p^\ominus}(T) = \left\{\frac{q'(Cs^+)q'_e}{q'(Cs)}\right\}\left(\frac{kT}{p^\ominus}\right)\exp\left\{-\frac{\Delta E_m^\ominus(0\ K)}{RT}\right\}$$

$$= \left(\frac{2\pi m_e kT}{h^2}\right)^{3/2}\left(\frac{kT}{p^\ominus}\right)\exp\left\{-\frac{\Delta E_m^\ominus(0\ K)}{RT}\right\}.$$

由此，即得

$$K_{p/p^\ominus}(3000\ K) = 4.69 \times 10^{-5}.$$

【例 9.13.4】H_2, D_2, HD 的分子参数列于下表中.

分　子	H_2	D_2	HD
M_r	2.0156	4.0282	3.0219
$R/10^{-10}$ m	0.7414	0.7417	0.7413
$I/(10^{-47} kg \cdot m^2)$	0.4599	0.9199	0.6129
θ_r/K	87.57	43.78	65.71
$\tilde{\nu}/cm^{-1}$	4405	3119	3817
θ_v/K	6338	4488	5492
q_e	1	1	1
D_0/eV	4.4763	4.5536	4.5112

(1) 请据表中数据得出下列反应的 $K_{p/p^\ominus}(T)$ 与 T 的关系式.

$$H_2(g) + D_2(g) = 2HD(g)$$

(2) 求算下表中所示温度的 $K_{p/p^\ominus}$，并与表中所列的实验值比较.

T/K	83	195	298	670	1000
$K_{p/p^\ominus}$(实验)	2.24	2.95	3.28	3.78	3.8
$K_{p/p^\ominus}$(计算)*	1.48	2.71	3.16	3.72	3.86
$K_{p/p^\ominus}$(计算)**	1.89	3.05	3.17		

*用经典转动配分函数求算，

**用量子的核-转配分函数求算.

解

$$\Delta E_{\mathrm{m}}^{\ominus}(0\ \mathrm{K})=-2D_0(\mathrm{HD})-[-D_0(\mathrm{H_2})-D_0(\mathrm{D_2})]$$
$$=0.075\times96485\ \mathrm{J\cdot mol^{-1}}$$
$$=724\ \mathrm{J\cdot mol^{-1}}.$$

假设各个分子都可用经典转动配分函数，则有

$$q'(\mathrm{H_2})=\left[\frac{2\pi m(\mathrm{H_2})kT}{h^2}\right]^{3/2}\left[\frac{T}{\sigma(\mathrm{H_2})\theta_{\mathrm{r}}(\mathrm{H_2})}\right]\left[\frac{1}{1-\mathrm{e}^{-\theta_{\mathrm{v}}(\mathrm{H_2})/T}}\right],$$
$$q'(\mathrm{D_2})=\left[\frac{2\pi m(\mathrm{D_2})kT}{h^2}\right]^{3/2}\left[\frac{T}{\sigma(\mathrm{D_2})\theta_{\mathrm{r}}(\mathrm{D_2})}\right]\left[\frac{1}{1-\mathrm{e}^{-\theta_{\mathrm{v}}(\mathrm{D_2})/T}}\right],$$
$$q'(\mathrm{HD})=\left[\frac{2\pi m(\mathrm{HD})kT}{h^2}\right]^{3/2}\left[\frac{T}{\sigma(\mathrm{HD})\theta_{\mathrm{r}}(\mathrm{HD})}\right]\left[\frac{1}{1-\mathrm{e}^{-\theta_{\mathrm{v}}(\mathrm{HD})/T}}\right].$$

反应的$\Delta\nu=0$，根据(9.9.10)式，可得

$$K_{p/p^\ominus}(T)=\left[\frac{m^2(\mathrm{HD})}{m(\mathrm{H_2})m(\mathrm{D_2})}\right]^{3/2}\left[\frac{\sigma(\mathrm{H_2})\sigma(\mathrm{D_2})}{\sigma^2(\mathrm{HD})}\right]\left[\frac{\theta_{\mathrm{r}}(\mathrm{H_2})\theta_{\mathrm{r}}(\mathrm{D_2})}{\theta_{\mathrm{r}}^2(\mathrm{HD})}\right]$$
$$\times\frac{[1-\mathrm{e}^{-\theta_{\mathrm{v}}(\mathrm{H_2})/T}][1-\mathrm{e}^{-\theta_{\mathrm{v}}(\mathrm{D_2})/T}]}{[1-\mathrm{e}^{-\theta_{\mathrm{v}}(\mathrm{HD})/T}]^2}\mathrm{e}^{-\Delta E_{\mathrm{m}}^{\ominus}(0\ \mathrm{K})/RT}$$
$$=4.236\times\frac{(1-\mathrm{e}^{-6338\mathrm{K}/T})(1-\mathrm{e}^{-4488\mathrm{K}/T})}{(1-\mathrm{e}^{-5492\mathrm{K}/T})^2}\mathrm{e}^{-87.1\mathrm{K}/T}.$$

用上式求得不同温度的$K_{p/p^\ominus}$值列入前表. 计算值在低温下与实验值的偏差较大，其原因是用了经典转动配分函数，特别在$T=83$ K时，$T<\theta_{\mathrm{r}}(\mathrm{H_2})$，根本不符合经典极限$T\gg\theta_{\mathrm{r}}$的条件. 为了得到更加准确的计算值，需要用量子的核-转配分函数.

H原子的核自旋$I_{\mathrm{H}}=1/2$，D原子的核自旋$I_{\mathrm{D}}=1$；各分子的核-转配分函数如下：

$$q_{\mathrm{n,r}}(\mathrm{H_2})=I_{\mathrm{H}}(2I_{\mathrm{H}}+1)\sum_{J=0,2,\cdots}(2J+1)\mathrm{e}^{-J(J+1)\frac{\theta_{\mathrm{r}}(\mathrm{H_2})}{T}}$$
$$+(I_{\mathrm{H}}+1)(2I_{\mathrm{H}}+1)\sum_{J=1,3,\cdots}(2J+1)\mathrm{e}^{-J(J+1)\frac{\theta_{\mathrm{r}}(\mathrm{H_2})}{T}}$$
$$=\sum_{J=0,2,\cdots}(2J+1)\mathrm{e}^{-J(J+1)\frac{\theta_{\mathrm{r}}(\mathrm{H_2})}{T}}+3\sum_{J=1,3,\cdots}(2J+1)\mathrm{e}^{-J(J+1)\frac{\theta_{\mathrm{r}}(\mathrm{H_2})}{T}},$$

$$q_{\mathrm{n,r}}(\mathrm{D_2})=(I_{\mathrm{D}}+1)(2I_{\mathrm{D}}+1)\sum_{J=0,2,\cdots}(2J+1)\mathrm{e}^{-J(J+1)\frac{\theta_{\mathrm{r}}(\mathrm{D_2})}{T}}$$
$$+I_{\mathrm{D}}(2I_{\mathrm{D}}+1)\sum_{J=1,3,\cdots}(2J+1)\mathrm{e}^{-J(J+1)\frac{\theta_{\mathrm{r}}(\mathrm{D_2})}{T}}$$
$$=6\sum_{J=0,2,\cdots}(2J+1)\mathrm{e}^{-J(J+1)\frac{\theta_{\mathrm{r}}(\mathrm{D_2})}{T}}+3\sum_{J=1,3,\cdots}(2J+1)\mathrm{e}^{-J(J+1)\frac{\theta_{\mathrm{r}}(\mathrm{D_2})}{T}},$$

$$q_{n,r}(HD) = (2I_H + 1)(2I_D + 1)\sum_{J=0}^{\infty}(2J+1)e^{-J(J+1)\frac{\theta_r(HD)}{T}}$$

$$= 6\sum_{J=0}^{\infty}(2J+1)e^{-J(J+1)\frac{\theta_r(HD)}{T}}.$$

用这些核-转配分函数代替前面的经典转动配分函数作计算，求得的 $K_{p/p^\ominus}$ 值与实验值更为接近. 请完成 670 K 和 1000 K 的计算.

【例 9.13.5】由平衡常量求分子的离解能.

理想气体反应 $I_2(g)=2I(g)$ 的 $K_{p/p^\ominus} = 0.0480$. I 原子的摩尔质量为 $0.1269\ kg\cdot mol^{-1}$，电子最低能级四重简并，电子第一激发能级二重简并，能量比最低能级的高 $7603\ cm^{-1}$，更高电子能级可忽略. I_2 分子的 $\theta_r=0.0538\ K$，$\theta_v=308\ K$，电子只处在非简并的基态，求算 I_2 分子的离解能 D_0.

解　I_2 分子的离解能 D_0 就是是一个基态 I_2 分子离解为 2 个孤立的基态 I 原子所需的能量，因此

$$D_0 = 2\varepsilon(I, 0\ K) - \varepsilon(I_2, 0\ K) = \Delta\varepsilon(0\ K).$$

由于反应的温度远比 θ_r 高. 所以 I_2 分子可用经典转动配分函数. 因此 I_2 分子与 I 原子以基态为能量零点的单位体积的配分函数为

$$q'(I_2) = \left\{\frac{2\pi m(I_2)kT}{h^2}\right\}^{3/2}\left(\frac{T}{2\theta_r}\right)\left(\frac{1}{1-e^{-\theta_v/T}}\right),$$

$$q'(I) = \left\{\frac{2\pi m(I)kT}{h^2}\right\}^{3/2}\left(4 + 2e^{-\frac{hc\tilde{\nu}}{kT}}\right).$$

根据(9.9.10)式，得

$$K_{p/p^\ominus}(T) = \frac{[q'(I)]^2}{q'(I_2)}\left(\frac{kT}{p^\ominus}\right)^{\Delta\nu}e^{-\Delta\varepsilon(0\ K)/kT}$$

$$= \left\{\frac{\pi m(I)k}{h^2}\right\}^{3/2}\left(\frac{2k\theta_r}{p^\ominus}\right)T^{3/2}(1-e^{-\theta_v/T})\times\left(4+2e^{-\frac{hc\tilde{\nu}}{kT}}\right)^2 e^{-D_0/kT}$$

$$= 1.394\left(\frac{T}{K}\right)^{3/2}(1-e^{-308K/T})\times\left(4+2e^{-10939K/T}\right)^2 e^{-D_0/kT}.$$

将 $T = 1173\ K$，$K_{p/p^\ominus}(1173\ K) = 0.0480$ 代入上式，即可求得

$$D_0 = 2.474\times10^{-10}\ J = 1.544\ eV.$$

【例 9.13.6】吸附相与气相的两相平衡体系，气相中的分子数为 N；吸附相共有 M_s 个吸附中心，其中有 M 个被吸附的分子占据. 假设吸附相均匀而且是独立定域的单分子层吸附，请导出 Langmuir(朗格缪尔)吸附等温式

$$p = \left(\frac{1-\theta}{\theta}\right)\left\{\frac{q'(g)kT}{q(s)}\right\}e^{-\Delta\varepsilon(0\ K)/kT}.$$

式中 p 为平衡气相的压力，$\theta=M/M_s$ 是吸附中心被分子的覆盖分数，$q'(g)$ 为气相分子以基态为能量零点的单位体积配分函数，$q(s)$ 为吸附相分子以基态为能量零点的配分函数，$\Delta\varepsilon(0\ K)$ 是一个 I_2 分子在气相和吸附相中基态能量之差.

解　以吸附相中分子的基态作为两相分子的公共能量零点. 这样，气相分子基态的能量便为 $\Delta\varepsilon(0\ K)$，气相分子的配分函数即为

$$q(g)e^{-\Delta\varepsilon(0\ K)/kT}.$$

其中 $q(g)$ 是气相分子以基态为能量零点的配分函数. 根据体系配分函数与单粒子配分函数的

关系,气相物质的配分函数即为

$$\Phi(\mathrm{g})=\frac{\left[q(\mathrm{g})\mathrm{e}^{-\Delta\varepsilon(0\,\mathrm{K})/kT}\right]^N}{N!}.$$

吸附相需要考虑构型状态数,这就是M_s吸附中心每次取M个的组合数.因此,吸附相物质的配分函数为

$$\Phi(\mathrm{s})=\frac{M_s!}{(M_s-M)!M!}[q(\mathrm{s})]^M.$$

气相与吸附相物质的Helmholtz自由能分别为

$$F^{\mathrm{g}}=-kT\ln\Phi(\mathrm{g})=-kT\ln\frac{\left[q(\mathrm{g})\mathrm{e}^{-\Delta\varepsilon(0\,\mathrm{K})/kT}\right]^N}{N!},$$

$$F^{\mathrm{s}}=-kT\ln\Phi(\mathrm{s})=-kT\ln\left\{\frac{M_s!}{(M_s-M)!M!}[q(\mathrm{s})]^M\right\}.$$

气相物质与吸附相物质的化学势为

$$\mu^{\mathrm{g}}=\left(\frac{\partial F^{\mathrm{g}}}{\partial N}\right)_{T,V}=-kT\ln\left\{\frac{q(\mathrm{g})\mathrm{e}^{-\Delta\varepsilon(0\,\mathrm{K})/kT}}{N}\right\},$$

$$\mu^{\mathrm{s}}=\left(\frac{\partial F^{\mathrm{s}}}{\partial M}\right)_{T,A}=-kT\ln\left\{\frac{M_s-M}{M}q(\mathrm{s})\right\}.$$

依据相平衡条件

$$\mu^{\mathrm{g}}=\mu^{\mathrm{s}},$$

即得

$$\frac{M_s-M}{M}q(\mathrm{s})=\frac{q(\mathrm{g})\mathrm{e}^{-\Delta\varepsilon(0\,\mathrm{K})/kT}}{N}=\frac{q'(\mathrm{g})V}{N}\mathrm{e}^{-\Delta\varepsilon(0\,\mathrm{K})/kT}=\frac{q'(\mathrm{g})kT}{p}\mathrm{e}^{-\Delta\varepsilon(0\,\mathrm{K})/kT},$$

故

$$p=\left(\frac{M}{M_s-M}\right)\left\{\frac{q'(\mathrm{g})kT}{q(\mathrm{s})}\right\}\mathrm{e}^{-\Delta\varepsilon(0\,\mathrm{K})/kT}=\left(\frac{1-\theta}{\theta}\right)\left\{\frac{q'(\mathrm{g})kT}{q(\mathrm{s})}\right\}\mathrm{e}^{-\Delta\varepsilon(0\,\mathrm{K})/kT}.$$

本例是关于气体与吸附层两相平衡的统计力学处理问题.在解决步骤上与化学平衡具有共同性:这就是选平衡分子的公共能量零点,写出以该能量零点标度能量的各分子配分函数,得出各物质的化学势用配分函数的表达式,最后依据有关化学势的相平衡条件或化学平衡条件得出所要求的结果.

【例9.13.7】设固体物质B的原子为三维各向同性的谐振子,其振动频率为ν.与固体物质平衡的气相为单原子理想气体.固、气中的原子都各自处在非简并的电子基态,请导出固体的蒸气压公式为

$$p=\left(\frac{2\pi m}{h^2}\right)^{3/2}(kT)^{5/2}(1-\mathrm{e}^{-h\nu/kT})^3\mathrm{e}^{-\Delta_{\mathrm{s}}^{\mathrm{g}}H_{\mathrm{m}}(0\,\mathrm{K})/RT}.$$

若$kT\gg h\nu$,则上式可化为

$$p=\frac{(2\pi m)^{3/2}}{(kT)^{1/2}}\nu^3\mathrm{e}^{-\Delta_{\mathrm{s}}^{\mathrm{g}}H_{\mathrm{m}}(0\,\mathrm{K})/RT},$$

式中$\Delta_{\mathrm{s}}^{\mathrm{g}}H_{\mathrm{m}}(0\,\mathrm{K})$是固体物质在0 K的摩尔升华焓.

解　固体物质的原子是定域三维各向同性谐振子.选气态原子基态为能量零点,设$\Delta\varepsilon(0\,\mathrm{K})$为固态一个原子在0 K(即在基态)的升华能,则固体原子最低能级的能量即为$-\Delta\varepsilon(0\,\mathrm{K})$,从而固体中原子B的配分函数为

$$q_{\mathrm{B}}^{\mathrm{s}}=\frac{1}{(1-\mathrm{e}^{-h\nu/kT})^{3}}\mathrm{e}^{\Delta\varepsilon(0\ \mathrm{K})/kT}.$$

假设固体原子的振动频率与体积无关，则固体物质B的化学势(偏分子Gibbs自由能)为

$$\mu_{\mathrm{B}}^{\mathrm{s}}=-kT\ln q_{\mathrm{B}}^{\mathrm{s}}=-kT\ln\left\{\frac{1}{(1-\mathrm{e}^{-h\nu/kT})^{3}}\mathrm{e}^{\Delta\varepsilon(0\ \mathrm{K})/kT}\right\}.$$

气体原子B的配分函数为

$$q_{\mathrm{B}}^{\mathrm{g}}=\left(\frac{2\pi mkT}{h^{2}}\right)^{3/2}V=\left(\frac{2\pi mkT}{h^{2}}\right)^{3/2}\left(\frac{NkT}{p}\right),$$

而化学势为

$$\mu_{\mathrm{B}}^{\mathrm{g}}=-kT\ln\frac{q_{\mathrm{B}}^{\mathrm{g}}}{N}=-kT\ln\left\{\left(\frac{2\pi mkT}{h^{2}}\right)^{3/2}\frac{kT}{p}\right\}.$$

根据物质B的固、气相平衡条件 $\mu_{\mathrm{B}}^{\mathrm{s}}=\mu_{\mathrm{B}}^{\mathrm{g}}$，则得

$$\frac{1}{(1-\mathrm{e}^{-h\nu/kT})^{3}}\mathrm{e}^{\Delta\varepsilon(0\ \mathrm{K})/kT}=\left(\frac{2\pi mkT}{h^{2}}\right)^{3/2}\frac{kT}{p},$$

从而固体物质的蒸气压为

$$p=\left(\frac{2\pi mkT}{h^{2}}\right)^{3/2}(kT)(1-\mathrm{e}^{-h\nu/kT})^{3}\mathrm{e}^{-\Delta\varepsilon(0\ \mathrm{K})/kT}.$$

由于

$$\begin{aligned}\Delta_{\mathrm{s}}^{\mathrm{g}}H_{\mathrm{m}}(0\ \mathrm{K})&=\Delta_{\mathrm{s}}^{\mathrm{g}}E_{\mathrm{m}}(0\ \mathrm{K})+\Delta(pV_{\mathrm{m}})\\&=\Delta_{\mathrm{s}}^{\mathrm{g}}E_{\mathrm{m}}(0\ \mathrm{K})+(pV_{\mathrm{m}}^{\mathrm{g}}-pV_{\mathrm{m}}^{\mathrm{s}})\\&=\Delta_{\mathrm{s}}^{\mathrm{g}}E_{\mathrm{m}}(0\ \mathrm{K})-pV_{\mathrm{m}}^{\mathrm{s}}\\&\approx\Delta_{\mathrm{s}}^{\mathrm{g}}E_{\mathrm{m}}(0\ \mathrm{K})\\&\approx N_{\mathrm{A}}\Delta\varepsilon(0\ \mathrm{K}),\end{aligned}$$

故有

$$\Delta\varepsilon(0\ \mathrm{K})=\frac{\Delta_{\mathrm{s}}^{\mathrm{g}}H_{\mathrm{m}}(0\ \mathrm{K})}{N_{\mathrm{A}}}.$$

于是得

$$p=\left(\frac{2\pi m}{h^{2}}\right)^{3/2}(kT)^{5/2}(1-\mathrm{e}^{-h\nu/kT})^{3}\mathrm{e}^{-\Delta_{\mathrm{s}}^{\mathrm{g}}H_{\mathrm{m}}(0\ \mathrm{K})/RT}.$$

当 $kT\gg h\nu$ 时，$1-\mathrm{e}^{-h\nu/kT}\approx h\nu/kT$，上式即化为

$$p=\frac{(2\pi m)^{3/2}}{(kT)^{1/2}}\nu^{3}\mathrm{e}^{-\Delta_{\mathrm{s}}^{\mathrm{g}}H_{\mathrm{m}}(0\ \mathrm{K})/RT}.$$

习　题

9.1　对于组成不变的由物质A，B组成的理想混合气体，请阐明 q_{A}，q_{B} 都是只是 T，V 的函数；并论证Helmholtz自由能 F 是体系以 T，V 为独立变量的特性函数.

9.2　请根据理想混合气体熵的统计表达式

$$S=\sum_{i}N_{i}k\ln\frac{q_{i}\mathrm{e}}{N_{i}}+\frac{U}{T}.$$

证明下列等式

$$\left(\frac{\partial S}{\partial U}\right)_{N,V}=\frac{1}{T},\quad\left(\frac{\partial S}{\partial V}\right)_{N,U}=\frac{p}{T}.$$

9.3　请根据理想混合气体的热力学函数统计表达式，证明下列的Maxwell关系式

$$\left(\frac{\partial T}{\partial V}\right)_{N,S}=-\left(\frac{\partial p}{\partial S}\right)_{N,V}.$$

9.4　请从统计力学上论证理想混合气体的焓，C_V，C_p 都只是温度的函数.

9.5　请根据热力学函数的统计表达式，导出理想气体等温等容混合规律.

9.6　用透热板隔开的两种纯理想气体A和B，其分子数分别为N_A和N_B，而温度都为T，压力分别p_A和p_B. 若将隔板抽去使之混合，混合后的平衡总压力为p_f，请写出混合后各热力学函数的改变公式.

9.7　请根据理想气体物质的化学势统计表达式，论证化学势是强度量.

9.8　请根据熵的统计表达式，得出下列混合的熵变公式

(1) N_A 个A分子与 N_B 个B分子等温等容混合；

(2) N_A 个A分子与 N_B 个A分子等温等容混合；

(3) N_A 个A分子与 N_B 个B分子等温等压混合；

(4) N_A 个A分子与 N_B 个A分子等温等压混合.

9.9　对于理想气体反应

$$\nu_A A+\nu_B B \xlongequal{\quad} \nu_G G+\nu_H H\ ,$$

请证明用物质的量浓度表示的平衡常量K_c与$K_{p/p^\ominus}$的关系为

$$K_c\equiv\frac{c_G^{\nu_G}c_H^{\nu_H}}{c_A^{\nu_A}c_B^{\nu_B}}=K_{p/p^\ominus}\left(\frac{p^\ominus}{kT}\right)^{\Delta\nu}.$$

9.10　F_2分子的摩尔离解能为153.68 kJ·mol^{-1}，核间平均距离$R=1.418\times10^{-10}$m，基本振动波数$\tilde{\nu}=892$ cm^{-1}，电子只处于非简并的基态. F原子的摩尔质量为0.018998 kg·mol^{-1}，电子最低能级四重简并，第一激发能级二重简并，能量比最低能级高404 cm^{-1}，更高电子能级可忽略. 求算1115 K时F_2分子离解反应

$$F_2(g) \xlongequal{\quad} 2F(g)$$

的平衡常量$K_{p/p^\ominus}$（实验值为7.55×10^{-2}）.

9.11　H_2与HCl的分子参数列入下表：

分　子	M_r	θ_r/K	θ_v/K	D_0/eV
H_2	2.016	87.53	6338	4.476
HCl	36.461	15.24	4302	4.425

Cl原子的电子最低能级四重简并，第一激发能级二重简并，能量比最低能级高881 cm^{-1}，更高电子能级可忽略. H原子的电子只处在二重简并的最低能级，试求算下列理想气体反应

$$Cl(g)+H_2(g) \xlongequal{\quad} HCl(g)+H(g)$$

在1000 K的平衡常量K_c.

[答案：1.04]

9.12　请依据下表所列数据求算合成氨理想气体反应

$$N_2(g)+3H_2(g) \xlongequal{\quad} 2NH_3(g)$$

在500 K的平衡常量$K_{p/p^\ominus}$.

分　子	M_r	θ_r/K	θ_v/K	q_e
N_2	28.02	2.874	3395	1
H_2	2.016	87.53	6338	1
NH_3	17.03	14.30(2)	4912(2),4801	1
		9.08	2342(2),1367	

NH_3(g)的 $\Delta_f H_m^{\ominus}(0\ \text{K}) = -39.2\ \text{kJ}\cdot\text{mol}^{-1}$.

9.13　请得出下列同位素交换反应

$$O_2^{16}(g) + O_2^{18}(g) \longrightarrow 2O^{16}O^{18}(g)$$

的 $K_{p/p^{\ominus}}$ 与T 的关系式，并求出298 K 的 $K_{p/p^{\ominus}}$ 值. 已知反应的 $\Delta E_m^{\ominus}(0\ \text{K}) = 71.9\ \text{J}\cdot\text{mol}^{-1}$，各分子中的核间平均距离近似相等. O_2^{16}，O_2^{18}，$O^{16}O^{18}$分子的基本振动波数依次为1580.4 cm^{-1}，1490.0 cm^{-1}，1535.8 cm^{-1}. 各分子中的电子都是只处在三重简并的最低能级.

请指出这种交换反应的 $K_{p/p^{\ominus}}$ 主要取决于分子的哪个参数. 若不作具体计算，你能否大致说出该反应的 $K_{p/p^{\ominus}}$ 数值.

9.14　由下表数据求算理想气体反应

$$CO(g) + H_2O(g) \longrightarrow CO_2(g) + H_2(g)$$

的平衡常量 $K_{p/p^{\ominus}}$（600 K），请与[例 9.13.1]的结果比较.

物　质	M_r	$I/(10^{-47}\ \text{kg}\cdot\text{m}^2)$	$\tilde{\nu}$/cm^{-1}	$\Delta_f H_m^{\ominus}(0\ \text{K})/(\text{kJ}\cdot\text{mol}^{-1})$
CO(g)	28.01	14.500	2170	−113.81
H_2(g)	2.016	0.460	4405	0
H_2O(g)	18.01	1.028,2.957	3652,3756	−238.94
		1.928	1595	
CO_2(g)	44.01	71.497	1351,2396	−393.17
			672(2)	

9.15　请由下表中T=500 K 的数据求算反应

$$N_2(g) + 3H_2(g) \longrightarrow 2NH_3(g)$$

的平衡常量 $K_{p/p^{\ominus}}$(500 K)，并与习题 9.12 的结果比较.

物　质	$\dfrac{G_m^{\ominus}(T) - H_m^{\ominus}(298\ \text{K})}{T}$	$H_m^{\ominus}(T) - H_m^{\ominus}(298\ \text{K})$	$\Delta_f H_m^{\ominus}(298\ \text{K})$
N_2(g)	−194.803 J·K^{-1}·mol^{-1}	5.912 kJ·mol^{-1}	0
H_2(g)	−133.875 J·K^{-1}·mol^{-1}	5.883 kJ·mol^{-1}	0
NH_3(g)	−196.857 J·K^{-1}·mol^{-1}	7.824 kJ·mol^{-1}	−45.69 kJ·mol^{-1}

9.16　由下表所列的分子参数，求算反应

$$H_2(g) + OH\cdot(g) \longrightarrow H_2O(g) + H\cdot(g)$$

的 $\Delta E_m^{\ominus}(0\ \text{K})$，$\Delta G_m^{\ominus}(2000\ \text{K})$ 及 $K_{p/p^{\ominus}}(2000\ \text{K})$.

分　子	M_r 或 A_r	θ_r/K	θ_v/K	q_e	D_0/eV
H_2	2.016	87.53	6338	1	4.4763
OH	17.008	26.7	5622	2	
H	1.008			2	
H_2O	18.016	39.17	5255	1	5.112*
		13.62	5404		
		20.88	2295		

* H_2O 分子变成H·＋OH·的离解能.

9.17　设气态的双原子分子 A_2 被吸附在表面相中都分解为单原子A,该A原子有两个自由度的平行于吸附表面的振动,一个自由度的垂直于吸附表面的振动,其振动频率分别用 $\nu_{/\!/}$ 与 $\nu_{\perp}$ 表示. A_2 分子和A原子中的电子都处在非简并的基态.

(1) 请写出吸附相物质A的配分函数 $\Phi(\mathrm{s})$,Helmholtz 自由能 F^{s} 及化学势 $\mu_{\mathrm{A}}^{\mathrm{s}}$;

(2) 写出气相中 A_2 分子的配分函数 $q(\mathrm{A}_2)$ 及化学势 $\mu^{\mathrm{g}}(\mathrm{A}_2)$;

(3) 导出吸附平衡时气相的压力公式

$$p=\left\{\left(\frac{M}{M_s-M}\right)(1-\mathrm{e}^{-h\nu_{/\!/}/kT})^2(1-\mathrm{e}^{-h\nu_{\perp}/kT})\right\}^2$$
$$\times\left\{\left(\frac{2\pi mkT}{h^2}\right)^{3/2}\left(\frac{kT^2}{2\theta_r}\right)\left(\frac{1}{1-\mathrm{e}^{-\theta_v/T}}\right)\right\}\times\mathrm{e}^{-\Delta\varepsilon(0\,\mathrm{K})/kT},$$

及Langmuir 吸附等温式

$$\theta=\frac{K(T)\sqrt{p}}{1+K(T)\sqrt{p}},$$

并标明 $K(T)$ 的具体形式. 式中 $\Delta\varepsilon(0\,\mathrm{K})$ 是气相中的一个基态 A_2 分子分解为吸附基态A原子所需的能量,其他符号参见[例 9.13.6].

9.18　固体氩的标准摩尔熵 $S_{\mathrm{m}}^{\ominus}(\mathrm{s},84\,\mathrm{K})=38.3\,\mathrm{J\cdot K^{-1}\cdot mol^{-1}}$,摩尔升华焓 $\Delta_{\mathrm{s}}^{\mathrm{g}}H_{\mathrm{m}}(84\,\mathrm{K})=7940\,\mathrm{J\cdot mol^{-1}}$. 氩的相对原子质量为39.95, $q_e=1$. 请用下列两种方法求算固体氩在84 K 的蒸气压.

(1) 假设 $\Delta_{\mathrm{s}}^{\mathrm{g}}H_{\mathrm{m}}$ 与 T 无关,根据[例 9.13.7]的公式求算;

(2) 用统计方法先求氩理想气体在 84 K 的标准摩尔熵 $S_{\mathrm{m}}^{\ominus}(\mathrm{g},84\,\mathrm{K})$,然后得出氩升华的 $\Delta G_{\mathrm{m}}^{\ominus}(\mathrm{g},84\,\mathrm{K})$,再进行求算.

[答案:(1) 44 kPa; (2) 59 kPa]

第三篇

统计系综理论

第10章 统计系综原理

第二篇介绍了独立子体系的统计理论，奠定了统计力学原理与方法的一定基础. 相依子体系谈单粒子能级等性质失去意义，应如何作统计？采用对体系作整体处理的方法，引入统计系综概念. 这是Gibbs 在1902 年首创的统计理论. 它是统计力学中最普遍的方法，既可处理独立子体系，也可处理相依子体系.

10.1 统计系综及其类型

统计力学的基本观点是体系的宏观量都是在测量时间间隔内，体系所有可及微观状态相应微观量的统计平均值，其公式为

$$\bar{l}=\lim_{\tau\to\infty}\frac{1}{\tau}\int_{t_0}^{t_0+\tau}l(t)\mathrm{d}t\ ,\tag{10.1.1}$$

其中$l(t)$是时刻t体系力学状态的微观量. 对于一个力学体系，如果已知初时t_0的状态，原则上就可求出在任一时刻t的状态及相应力学量的值[或$l(t)$随时间变化的关系]，从而时间平均便可计算. 但是，由于无法确切知道大量粒子的全部相互作用，即便知道所有相互作用，求解动力学方程也非常困难，故此路难以行通，而且事实上也无必要.

Boltzmann 采用了状态平均方法. 物理量的宏观测量虽然在宏观上时间短，但在微观上则是时间充分长，体系已经历了非常多的微观状态，而且这些微观态的出现完全是随机的. 于是，统计力学中引入了如下的基本假设："体系的宏观可测物理量都是在一定宏观约束条件下，体系所有可及微观态的相应微观量的统计平均值(状态平均法). "第二部分独立子体系的统计理论便是采用这一方法讨论的.

1902 年，Gibbs 提出了另外一种求统计平均的方法，即统计系综法，其想法是不把注意力集中在所研究的单个体系S 的一切可及微观态上，而是考查与体系S"相似"的大量体系上(其数目$N\to\infty$). 设想每个体系各处在某一个特定的可及微观态，而且体系间彼此是独立的(即体系间无相互作用或者相互作用可忽略). 所谓的"相似"，是指每个体系都满足体系S 所满足的宏观约束条件，这意味着每个体系被想像为用制备体系S 的相同方法制备成的，而且将接受体系S 所要接受的一切实验. 这样就将满足一定宏观约束下，对体系的一切可及微观态相应微观量的统计平均转换成满足相同宏观条件下对极大量独立体系的微观量的统计平均，于是引入了统计系综的概念.

统计系综是满足相同宏观约束条件的大量彼此独立相似体系的集合，其中每个体系各处在一个可及微观力学态上.

统计系综是为求统计平均而设计出来的体系集合，它是概念化体系的集合. 应用统计系综求平均是统计理论的一种表达方式，是统计理论处理问题的一种常用而主要的方法与手段. 它使得处理问题形象化. 系综不是所研究的实际体系，实际体系是组成系综中的一个单元——标本力学体系.

宏观量是否是时间平均，状态平均或系综平均？目前无法加以证明，只能假设它们彼此是

相等的，这称为统计力学中的等效原理.

统计系综的类型由体系的宏观约束而定.

系综中各体系都满足同样的宏观约束条件. 因此，不同类型的宏观约束对应不同类型的系综，所以可有各种各样的系综，最主要而且最常用的是三种系综：

(1) 微正则系综. 具有同样的E,V,N值的体系组成的系综，其标本体系是孤立体系.

(2) 正则系综. 具有同样的T,V,N值的体系组成的系综，其标本体系是与热源接触的封闭体系.

(3) 巨正则系综. 具有同样的T,V,μ值的体系组成的系综，其标本体系是与一个热源兼物质库接触的开放体系.

当然，也可设计具有同样的T,p,N值的体系组成的系综. 它称为等温等压系综，其标本体系是与热源接触的压力恒定的封闭体系.

10.2　统计分布函数及系综求统计平均的普遍公式

量子统计　假设系综的N个体系中有N_r个体系处在第r个可及微观状态上，或N_i个体系处在第i能级上.

体系处在态r的概率
$$\rho_r=\frac{N_r}{N}\quad (N\to\infty)\ , \tag{10.2.1}$$

体系处在能级i的概率
$$\rho_i=\frac{N_i}{N}\quad (N\to\infty)\ . \tag{10.2.2}$$

设某微观量u在微观态r上的值为u_r，在能级i上的值为u_i，则体系微观量u的系综平均值为
$$\bar{u}=\sum_r\rho_r u_r=\sum_i\rho_i u_i, \tag{10.2.3}$$
其中的ρ_r和ρ_i满足归一化条件
$$\sum_r\rho_r=\sum_i\rho_i=1\ . \tag{10.2.4}$$
这就是量子系综求统计平均的普遍公式，$\bar{u}$就是宏观上观察到的宏观量.

经典统计　在时刻t，系综中各体系的微观状态在Γ空间中将有N个点代表，它们是系综力学态的形象化代表，它们分布在Γ空间的可及连续区域Ω内.

在时刻t，系综中体系处在相体积元$\mathrm{d}\Omega$中的概率为
$$\rho(q_i,p_i,t)\mathrm{d}\Omega\ ,$$
其中$\rho(q_i,p_i,t)$称为在时刻t系综中体系处在q_i,p_i处的概率密度(或称统计分布函数).

如果体系某微观量u在时刻t处在q_i,p_i的值为$u(q_i,p_i,t)$，则体系微观量u的系综统计平均值为
$$\overline{u(t)}=\int\cdots\int_\Omega u(q_i,p_i,t)\rho(q_i,p_i,t)\mathrm{d}\Omega\ , \tag{10.2.5}$$
而且
$$\int\cdots\int_\Omega\rho(q_i,p_i,t)\mathrm{d}\Omega=1\quad (\rho(q_i,p_i,t)\ 是归一化的). \tag{10.2.6}$$
这就是经典统计中系综求统计平均的普遍公式.

统计力学是由微观力学量求宏观物理量的科学. 为此，需要知道统计分布函数. 统计力学的根本问题就是求统计分布函数ρ的具体形式. 显然，ρ的形式与体系的宏观约束有关，也就是

说，不同类型的统计系综，其统计分布函数ρ的形式也不同. 在具体确定各类系综的分布函数形式之前，先讨论ρ的普遍性质，它对确定和检验ρ的形式是有益的.

1. 对于定态或平衡态，ρ与t无关

定态或平衡态体系的宏观量与时间t无关. 由(10.2.5)式知，ρ必不显含t，它只能是广义坐标q和广义动量p的函数，这时有

$$\partial\rho/\partial t = 0, \tag{10.2.7}$$

此式称为统计平衡条件. 满足该条件的系综称为稳定系综，平衡态统计力学中研究的都是这类系综.

2. 统计独立性和$\ln\rho$的可加性

对于两个彼此独立的系综A_1和A_2，其统计分布函数分别为ρ_1和ρ_2. 若A_1和A_2组合成一个新系统A，其统计分布函数为ρ_{12}. 统计独立性是指一个系统A_1所处的状态不影响其他系统A_2处于不同状态的概率. 依据概率相乘定理，则有

$$\rho_{12} = \rho_1\rho_2. \tag{10.2.8}$$

显然，对于多个彼此独立的系综集合，也可以写出类似的关系式. 将(10.2.8)式取对数，得

$$\ln\rho_{12} = \ln\rho_1 + \ln\rho_2. \tag{10.2.9}$$

此式表明，统计分布函数的对数是可加性的量.

统计分布函数ρ的另一个重要性质是它在运动中不变，10.3节专题讨论.

10.3 Liouville 定理

1. Liouville 定理

完整保守力学体系组成的系统，相空间中代表点的密度$\rho(q_i,p_i,t)$在运动中不变，数学式为

$$\frac{\mathrm{d}\rho}{\mathrm{d}t} = \frac{\partial\rho}{\partial t} + \sum_{i=1}^{f}\left\{\frac{\partial\rho}{\partial q_i}\dot{q}_i + \frac{\partial\rho}{\partial p_i}\dot{p}_i\right\} = 0, \tag{10.3.1}$$

其中f为体系的自由度，q_i，p_i为体系的广义坐标和广义动量.

证 考虑相空间中的任一固定体积元

$$\mathrm{d}\Omega = \mathrm{d}q_1\mathrm{d}q_2\cdots\mathrm{d}q_f\mathrm{d}p_1\mathrm{d}p_2\cdots\mathrm{d}p_f,$$

它是以下列$2f$对平面为边界构成的

$$\begin{cases} q_i, q_i + \mathrm{d}q_i; \\ p_i, p_i + \mathrm{d}p_i \end{cases} \quad (i = 1,2,\cdots,f).$$

在时刻t，$\mathrm{d}\Omega$内的代表点数为$\rho\mathrm{d}\Omega$，经过$\mathrm{d}t$时间后，有些代表点走出了体积元$\mathrm{d}\Omega$，另外一些代表点走进了此体积元，使这个固定体积元中的代表点数变为$\left(\rho+\frac{\partial\rho}{\partial t}\mathrm{d}t\right)\mathrm{d}\Omega$. 因而，经过$\mathrm{d}t$时间后，$\mathrm{d}\Omega$内代表点数的增加为

$$\frac{\partial\rho}{\partial t}\mathrm{d}t\mathrm{d}\Omega. \tag{10.3.2}$$

另一方面，$\mathrm{d}\Omega$内代表点数的增加也可从代表点在运动中通过这个固定体积元的边界的数目进行求算.

首先计算通过q_i平面进入$\mathrm{d}\Omega$内的代表点数，这个平面的面积为

$$\mathrm{d}A = \mathrm{d}q_1\cdots\mathrm{d}q_{i-1}\mathrm{d}q_{i+1}\cdots\mathrm{d}q_f\mathrm{d}p_1\mathrm{d}p_2\cdots\mathrm{d}p_f.$$

在dt时间内通过dA进入$d\Omega$的代表点必须位于以dA为底、以$\dot{q}_i dt$为高的柱体内的代表点数为

$$\rho\dot{q}_i dt dA . \tag{10.3.3}$$

同理，在dt时间内通过q_i+dq_i平面走出$d\Omega$的代表点数为

$$(\rho\dot{q}_i)_{q_i+dq_i} dt dA = \left\{(\rho\dot{q}_i)_{q_i} + \frac{\partial}{\partial q_i}(\rho\dot{q}_i)dq_i\right\}dt dA . \tag{10.3.4}$$

(10.3.3)式－(10.3.4)式，即得通过一对平面q_i及q_i+dq_i而净进入$d\Omega$的代表点数为

$$-\frac{\partial}{\partial q_i}(\rho\dot{q}_i)dq_i dt dA = -\frac{\partial}{\partial q_i}(\rho\dot{q}_i)dt d\Omega . \tag{10.3.5}$$

类似的讨论，可得dt时间内通过一对平面p_i及p_i+dp_i而净进入$d\Omega$的代表点数为

$$-\frac{\partial}{\partial p_i}(\rho\dot{p}_i)dt d\Omega . \tag{10.3.6}$$

将(10.3.5)和(10.3.6)两式相加并对i求和，则得在dt时间内由于代表点的运动净进入$d\Omega$的代表点数，它应等于式(10.3.2)，即

$$\frac{\partial\rho}{\partial t}dt d\Omega = -\sum_i\left\{\frac{\partial(\rho\dot{q}_i)}{\partial q_i} + \frac{\partial(\rho\dot{p}_i)}{\partial p_i}\right\}dt d\Omega .$$

消去上式两边的$dt d\Omega$，并移项，即得

$$\frac{\partial\rho}{\partial t} + \sum_i\left\{\frac{\partial(\rho\dot{q}_i)}{\partial q_i} + \frac{\partial(\rho\dot{p}_i)}{\partial p_i}\right\} = 0 . \tag{10.3.7}$$

由 Hamilton 方程知

$$\frac{\partial\dot{q}_i}{\partial q_i} + \frac{\partial\dot{p}_i}{\partial p_i} = 0 \quad (i = 1,2,\cdots,f) . \tag{10.3.8}$$

将(10.3.8)式应用于(10.3.7)式，即得 Liouville 定理

$$\frac{\partial\rho}{\partial t} + \sum_i\left(\frac{\partial\rho}{\partial q_i}\dot{q}_i + \frac{\partial\rho}{\partial p_i}\dot{p}_i\right) = 0 . \tag{10.3.9}$$

将 Hamilton 方程应用于(10.3.9)，即得 Liouville 定理的另一数学表达式

$$\frac{\partial\rho}{\partial t} + \sum_i\left(\frac{\partial\rho}{\partial q_i}\frac{\partial H}{\partial p_i} - \frac{\partial\rho}{\partial p_i}\frac{\partial H}{\partial q_i}\right) = 0 . \tag{10.3.10}$$

Liouville 定理表明，相空间中代表点的密度即统计分布函数$\rho(q_i,p_i,t)$在运动中不变. 这就是说，代表点密度在运动中没有集中或分散的倾向，而是保持原来的密度不变. 如果在起初时刻代表点密度是均匀的，那么在以后的任何时刻密度也是均匀的. 这一结果用力学语言表述为ρ是力学不变量，它是力学运动方程的首次积分或运动积分. 将其与(10.2.9)式表示的可加性质相结合，即得重要结论：统计分布函数ρ的对数是具有可加性的运动积分.

一个力学体系可能存在许多的其他运动积分，ρ可表成所有其他运动积分的函数. 第1章1.11节中已经证明，稳定完整保守力学体系的 Hamilton 量是体系的总能量E，而且它是运动方程的可加性运动积分，因此ρ依赖于E. 对于不做整体运动的热力学体系，显然不考虑体系整体运动的动量和动量矩的守恒. 考虑到$\ln\rho$与E都是可加性的量，于是$\ln\rho$与E的关系只能是线性关系，因此可得

$$\ln\rho = \alpha + \beta E + f(q_i,p_i) , \tag{10.3.11}$$

其中的α,β为常量.

迄今为止，力学规律能够提供的关于ρ的信息就是如此，纯力学规律并不能确定ρ的具体

形式.事实上,Liouville 定理对于变换 $t \to -t$ 保持不变,这表明该定理在时间上是可逆的,它完全是纯力学规律,并不能引出任何统计概念.

2. Liouville 定理的推论

若 ρ 仅是Hamilton 量 H 的函数,则

$$\frac{\partial \rho}{\partial t} = 0 . \tag{10.3.12}$$

事实上,由 $\rho = \rho(H)$,对于 $i = 1, 2, \cdots, f$ 的 q_i 和 p_i 都有

$$\frac{\partial \rho}{\partial q_i} = \frac{\mathrm{d}\rho}{\mathrm{d}H}\frac{\partial H}{\partial q_i}, \quad \frac{\partial \rho}{\partial p_i} = \frac{\mathrm{d}\rho}{\mathrm{d}H}\frac{\partial H}{\partial p_i} . \tag{10.3.13}$$

将(10.3.13)式代入(10.3.10)式,则得

$$\frac{\partial \rho}{\partial t} + \frac{\mathrm{d}\rho}{\mathrm{d}H}\sum_i \left(\frac{\partial H}{\partial q_i}\frac{\partial H}{\partial p_i} - \frac{\partial H}{\partial p_i}\frac{\partial H}{\partial q_i} \right) = 0 , \tag{10.3.14}$$

从而即得(10.3.12)式的结论.

对于稳定完整保守力学体系,其Hamilton 量 H 就是体系的总能量 E. 于是得出,若 ρ 仅是 E 的函数,即 $\rho = \rho(E)$,则上述推论仍然成立.

应当指出,上述推论的逆定理未必成立.因此,对于定态或平衡态的力学体系,不能由 $\partial \rho / \partial t = 0$ 推断 ρ 仅是 H 或 E 的函数.

10.4 微正则系综的分布函数与等概率原理

微正则系综是对孤立体系设计的系综.本节解决其分布函数 $\rho(q_i, p_i, t)$ 或 ρ_r 的具体形式问题.

对于平衡态的孤立体系,微正则系综的分布函数必不显含 t,而且 ρ 在相空间能量曲面上运动中保持不变. ρ 的这一特性不能确定它的具体形式,因为 ρ 沿相空间能量曲面上不同轨道运动时各自保持的常量彼此是否相同仍无法证明.因此,纯力学规律Liouville 定理并不能确定微正则系综的分布函数形式.这时,具有广泛实践基础的概率论进入统计力学.

孤立体系的宏观约束条件是具有确定的粒子数 N,体积 V 和能量(按量子力学,精确地说能量在 E 附近的一个狭窄范围内,或能量在 $E \to E + \Delta E$ 之间,而 $\Delta E \to 0$).满足该宏观约束条件的微观力学状态是大量的,在某时刻我们不可能肯定体系一定处在或一定不处在某个微观力学状态,而只可能确定体系在某时刻处在各个微观力学状态的概率.对于孤立体系平衡态,现在还没有任何科学依据能够指出哪一个微观力学状态出现的概率更大或更小,因此,提出孤立体系平衡态的各个微观力学状态出现的概率都相等(平权的)是自然的一种假设.

等概率原理 "对于平衡态的孤立体系,其各个可能到达的微观量子态出现的概率彼此相等.或者在可及的相空间中,相等的相体积具有相同出现的概率."

显然,如果我们假设统计系综的 ρ 仅是 E 的函数,即 $\rho = \rho(E)$,则等概率原理便为此假设的必然结果.

令 Ω 表示孤立体系平衡态在 $N, V, E \to E + \Delta E$ 的微观量子态数.依据等概率原理,量子态 r 出现的概率为

$$P_r = \frac{1}{\Omega} . \tag{10.4.1}$$

而经典统计分布函数则为

$$\rho(q_i,p_i)=\begin{cases}C\ , & (E\leqslant H(q_i,p_i)\leqslant E+\Delta E\ ,\\ 0\ , & H(q_i,p_i)\leqslant E, H(q_i,p_i)\geqslant E+\Delta E\ .\end{cases}\tag{10.4.2}$$

式(10.4.1)和(10.4.2)就是等概率原理的数学表达式.

由微正则系综的分布函数求算微观量的统计平均值(宏观物理量)公式为

$$\bar{u}=\frac{1}{\Omega}\sum_r u_r,\tag{10.4.3}$$

$$\bar{u}=\lim_{\Delta E\to 0}\frac{\int_{E\leqslant H\leqslant E+\Delta E}u\mathrm{d}\Omega}{\int_{E\leqslant H\leqslant E+\Delta E}\mathrm{d}\Omega}\ .\tag{10.4.4}$$

应用上两式求统计平均值是统计力学理论的结果.但在实际计算上相当复杂且不方便,特别是后者还需要求极限的运算,因此,我们将采用另外的方法求算热力学函数,这在10.5和10.6节讨论.

等概率原理是平衡态统计力学的基本假设,它是平衡态统计力学理论的基础,其正确性只能靠由它推出的结论与客观实际相符合来检验.

10.5　微观状态数与热力学量的关系

微正则系综中体系的微观状态数Ω是宏观态变量的函数.对于全同粒子的体系,宏观态用粒子数N、内能U、体积V描述,因此

$$\Omega=\Omega(N,U,V)\ .$$

为了找到Ω与热力学量的关系,考虑一个孤立体系A.为简便起见,设A由两个(也可多个)弱相互作用的系统A_1和A_2组成,A、A_1、A_2的粒子数、内能、体积、微观状态数分别为

体　系	粒子数	内　能	体　积	微观状态数
A	N	U	V	$\Omega(N,U,V)$
A_1	N_1	U_1	V_1	$\Omega_1(N_1,U_1,V_1)$
A_2	N_2	U_2	V_2	$\Omega_2(N_2,U_2,V_2)$

由于A为孤立体系,A_1和A_2为弱相互作用,因而存在下列关系

$$N_1+N_2=N\ ,$$

$$U_1+U_2=U\ ,$$

$$V_1+V_2=V\ ,$$

而且　　$\Omega(N,U,V)=\Omega_1(N_1,U_1,V_1)\Omega_2(N_2,U_2,V_2)$,

或者　　$\Omega(N,U,V)=\Omega_1(N_1,U_1,V_1)\Omega_2(N-N_1,U+U_1,V-V_1)$.

依据等概率原理,平衡态孤立体系的一切可及微观状态出现的概率都相等.假设孤立体系的微观状态数最大的态是平衡态,其必要条件为

$$\delta\Omega=\delta\{\Omega_1(N_1,U_1,V_1)\Omega_2(N-N_1,U-U_1,V-V_1)\}=0\ .$$

注意到N_1,U_1,V_1为独立变量,上式即为

$$\left(\frac{\partial\Omega_1}{\partial N_1}\Omega_2-\frac{\partial\Omega_2}{\partial N_2}\Omega_1\right)\delta N_1+\left(\frac{\partial\Omega_1}{\partial U_1}\Omega_2-\frac{\partial\Omega_2}{\partial U_2}\Omega_1\right)\delta U_1+\left(\frac{\partial\Omega_1}{\partial V_1}\Omega_2-\frac{\partial\Omega_2}{\partial V_2}\Omega_1\right)\delta V_1=0\ .$$

上式用$\Omega_1\Omega_2$除,即得

$$\left(\frac{\partial\ln\Omega_1}{\partial N_1}-\frac{\partial\ln\Omega_2}{\partial N_2}\right)\delta N_1+\left(\frac{\partial\ln\Omega_1}{\partial U_1}-\frac{\partial\ln\Omega_2}{\partial U_2}\right)\delta U_1+\left(\frac{\partial\ln\Omega_1}{\partial V_1}-\frac{\partial\ln\Omega_2}{\partial V_2}\right)\delta V_1=0\,. \tag{10.5.1}$$

由于N_1,U_1,V_1为独立变量，所以$\delta N_1,\delta U_1,\delta V_1$可任意取值，它们可正可负，在此情况下要保证(10.5.1)式恒为零，则$\delta N_1,\delta U_1,\delta V_1$的系数必恒为零，因此得$A_1$与$A_2$达平衡的条件为

$$\left(\frac{\partial\ln\Omega_1}{\partial N_1}\right)_{U_1,V_1}=\left(\frac{\partial\ln\Omega_2}{\partial N_2}\right)_{U_2,V_2}, \tag{10.5.2}$$

$$\left(\frac{\partial\ln\Omega_1}{\partial U_1}\right)_{N_1,V_1}=\left(\frac{\partial\ln\Omega_2}{\partial U_2}\right)_{N_2,V_2}, \tag{10.5.3}$$

$$\left(\frac{\partial\ln\Omega_1}{\partial V_1}\right)_{N_1,U_1}=\left(\frac{\partial\ln\Omega_2}{\partial V_2}\right)_{N_2,U_2}. \tag{10.5.4}$$

定义

$$\alpha=\left\{\frac{\partial\ln\Omega(N,U,V)}{\partial N}\right\}_{U,V}, \tag{10.5.5}$$

$$\beta=\left\{\frac{\partial\ln\Omega(N,U,V)}{\partial U}\right\}_{N,V}, \tag{10.5.6}$$

$$\gamma=\left\{\frac{\partial\ln\Omega(N,U,V)}{\partial V}\right\}_{N,U}, \tag{10.5.7}$$

则平衡条件(10.5.2)～(10.5.4)即为

$$\alpha_1=\alpha_2,\quad \beta_1=\beta_2,\ \gamma_1=\gamma_2. \tag{10.5.8}$$

此结果应与热力学中的平衡条件相当. 现在确定α,β,γ的物理意义，为此，将$\ln\Omega$的全微分

$$\mathrm{d}\ln\Omega=\beta\mathrm{d}U+\gamma\mathrm{d}V+\alpha\mathrm{d}N \tag{10.5.9}$$

与熟知的热力学基本方程

$$\mathrm{d}S=\frac{1}{T}\mathrm{d}U+\frac{p}{T}\mathrm{d}V-\frac{\mu}{T}\mathrm{d}N \tag{10.5.10}$$

相对比，即得

$$\beta=\frac{1}{kT},\quad \gamma=\frac{p}{kT},\quad \alpha=-\frac{\mu}{kT}. \tag{10.5.11}$$

将(10.5.11)的结果代入(10.5.9)式，得

$$\mathrm{d}(k\ln\Omega)=\frac{1}{T}\mathrm{d}U+\frac{p}{T}\mathrm{d}V-\frac{\mu}{T}\mathrm{d}N. \tag{10.5.12}$$

比较(10.5.10)和(10.5.12)两式，即得体系的熵

$$S=k\ln\Omega+S_0, \tag{10.5.13}$$

其中S_0为体系在$\Omega=1$时的熵. 尽管S_0的物理意义很明确，但由于物质及其运动形态是无穷尽的，实际上无法具体明确$\Omega=1$是何状态，从而S_0的值也就无法确定. 这就表明了熵的绝对值是无法确定的. 幸运的是在实际应用中只需熵的差值. 既然如此，S_0便可任意选择，最简单的选择就是规定$\Omega=1$时的熵为零，这时即得

$$S=k\ln\Omega, \tag{10.5.14}$$

这就是著名的Boltzmann关系式. 应当说明，这里的讨论未涉及体系的具体特性，因此该关系式是普遍的，而且可以证明，k就是Boltzmann常量.

10.6 微正则系综求体系的热力学函数

确立了Boltzmann关系式后，微正则系综求热力学函数的方法如下.

(1) 求出体系的可及微观状态数$\Omega(N,E,V)$.

(2) 根据Boltzmann关系式，得出体系的熵

$$S = k\ln\Omega(N,E,V).$$

(3) 根据S是以N,E,V为状态变量的特性函数，采用特性函数法便可得出体系的所有热力学函数，例如

$$T = 1\bigg/\left(\frac{\partial S}{\partial E}\right)_{N,V},\quad p = T\left(\frac{\partial S}{\partial V}\right)_{N,E},\quad \mu = -T\left(\frac{\partial S}{\partial N}\right)_{E,V}.$$

(4) 或者从(10.5.14)式解出$E=E(N,S,V)$，根据E是以N,S,V为状态变量的特性函数求体系全部的热力学函数.

【例10.6.1】求N个全同单原子分子理想气体的热力学函数.

解 理想气体的分子间无相互作用(或相互作用可忽略)，因而体系的势能函数为常量，我们取为零. 用$q_1,q_2,\cdots,q_{3N};p_1,p_2,\cdots,p_{3N}$表示体系的广义坐标和广义动量，体系的Hamilton函数为

$$H = \sum_{i=1}^{3N}\frac{p_i^2}{2m}.$$

依据量子态数与相空间体积的关系，并应用n维球体积公式，即得体系在$N,E\to E+\Delta E,V$的微观状态数为

$$\begin{aligned}\Omega(N,E,V) &= \frac{1}{N!h^{3N}}\int\cdots\int_{E\leqslant H\leqslant E+\Delta E}\mathrm{d}q_1,\cdots\mathrm{d}q_{3N}\mathrm{d}p_1,\cdots\mathrm{d}p_{3N}\\ &= \left(\frac{V}{h^3}\right)^N\frac{(2\pi mE)^{3N/2}\Delta E}{\left(\frac{3N}{2}-1\right)!N!E}.\end{aligned}\tag{10.6.1}$$

依据Boltzmann关系式，并应用Stirling近似式$N! = (N/\mathrm{e})^N$，即得

$$\begin{aligned}S = k\ln\Omega(N,E,V) &= k\ln\left\{\left(\frac{V}{h^3}\right)^N\frac{(2\pi mE)^{3N/2}\Delta E}{\left(\frac{3N}{2}-1\right)!N!E}\right\}\\ &= Nk\ln\left\{\frac{V}{Nh^3}\left(\frac{4\pi mE}{3N}\right)^{3/2}\right\}+\frac{5}{2}Nk+Nk\ln\left(\frac{3N\Delta E}{2E}\right)^{1/N}.\end{aligned}$$

对于粒子数$N\approx10^{23}$的宏观体系，上式右边最后一项相对于前两项可忽略，因此即得

$$S = Nk\ln\left\{\frac{V}{Nh^3}\left(\frac{4\pi mE}{3N}\right)^{3/2}\right\}+\frac{5}{2}Nk.\tag{10.6.2}$$

由上式解得

$$E = \frac{3h^3N^{5/3}}{4\pi mV^{2/3}}\exp\left(\frac{2S}{3Nk}-\frac{5}{3}\right).\tag{10.6.3}$$

应用体系的内能E(前节用U表示)是以N,S,V为状态变量的特性函数，即得体系所有的热力学函数

$$T = \left(\frac{\partial E}{\partial S}\right)_{N,V} = \frac{2}{3}\frac{E}{Nk},$$

$$p = -\left(\frac{\partial E}{\partial V}\right)_{N,S} = \frac{2}{3}\frac{E}{V} = \frac{NkT}{V},$$

$$H = E + pV = \frac{5}{2}NkT,$$

$$F = E - TS = -NkT\ln\left\{\frac{V}{Nh^3}(2\pi mkT)^{3/2}\right\} - NkT,$$

$$G = H - TS = -NkT\ln\left\{\frac{V}{Nh^3}(2\pi mkT)^{3/2}\right\}.$$

这些都是热力学中熟知的结果,其他的热力学函数这里就不再求算了.

本节表明,求算Ω在数学上比较复杂,因此本节求算热力学函数的方法在实用上也是不方便的,我们将介绍其他系综求热力学函数的方法.

【练习1】论证微正则系综中体系的熵可表述为

$$S = -k\sum_r \rho_r \ln \rho_r. \tag{10.6.4}$$

解

$$-k\sum_r \rho_r \ln\rho_r = -k\sum_r \frac{1}{\Omega}\ln\frac{1}{\Omega} = -k\frac{\sum_r 1}{\Omega}\ln\frac{1}{\Omega}$$

$$= -k\ln\frac{1}{\Omega} = k\ln\Omega = S.$$

【练习2】求N个全同双原子分子理想气体的热力学函数,假设两原子之间的作用力遵守Hooke定律.

10.7　正则系综的分布函数

正则系综是对具有同样T,V,N值的体系设计的系综.它可设想为与温度T的热源t接触而达到热平衡的封闭体系组成,体系与热源接触可交换能量,因而体系的可及微观状态可以具有不同的能量,但热源的温度不会改变.当体系与热源达到平衡后,体系与热源的温度相等.

正则系综是宏观量T,V,N确定的各个不同微观状态的体系组成的系综,因此正则系综的分布函数也就是一个T,V,N值确定的体系的微观状态的分布.

现在以孤立体系平衡态的等概率原理为基础,确定正则系综的分布函数.为此,将体系与热源合起来构成一个复合的孤立体系,它的能量E_0是固定的.假设体系与热源之间的作用很弱,可予忽略,复合孤立体系的总能量E_0可表示为体系能量E和热源能量E_t之和,即

$$E + E_t = E_0.$$

由于热源的物质的量很大,必然有$E_0 \gg E$或$E_0 \approx E_t$.

当体系处在能量为E_r的微观状态r时,热源可处在能量为$E_t = E_0 - E_r$的任何一个微观状态.设能量为$E_0 - E_r$的热源的微观状态数为$\Omega_t(E_0 - E_r)$,则当体系处在微观状态r时,复合体系的可能的微观状态数仍为$\Omega_t(E_0 - E_r)$.因为复合体系是孤立体系,在平衡态下它的每一个可能的微观状态出现的概率彼此相等(等概率原理),所以体系处在微观状态r的概率ρ_r与$\Omega_t(E_0 - E_r)$成正比,即

$$\rho_r \propto \Omega_t(E_0 - E_r). \tag{10.7.1}$$

由于$\Omega_t(E_0 - E_r)$是极大的数,且随$E_t = E_0 - E_r$的增大迅速增加.因此不能将Ω_t在$E_t = E_0$处展成Taylar级数而只取前两项,这是因为高次项不能忽略.于是讨论随E_t变化较缓慢的$\ln\Omega_t$在$E_t = E_0$处展成Taylar级数,且只取前两项,得

$$\ln\Omega_t(E_0 - E_r) = \ln\Omega_t(E_0) + \left(\frac{\partial\ln\Omega_t}{\partial E_t}\right)_{E_t = E_0}(-E_r) = \ln\Omega_t(E_0) - \beta E_r. \tag{10.7.2}$$

其中

$$\beta = \left(\frac{\partial \ln \Omega_t}{\partial E_t}\right)_{E_t = E} = \frac{1}{kT}.$$

这里，T 是热源 t 的温度，也是体系的温度. 由于 $\ln\Omega_t(E_0)$ 是常量，所以由(10.7.1)和(10.7.2)两式，得

$$\rho_r \propto \exp(-\beta E_r),$$

或者

$$\rho_r = A\exp(-\beta E_r). \tag{10.7.3}$$

依据 ρ_r 的归一化条件，得

$$A = \frac{1}{\sum_r \exp(-\beta E_r)}.$$

令

$$\Phi = \sum_r \exp(-\beta E_r), \tag{10.7.4}$$

则

$$\rho_r = \frac{1}{\Phi}\exp(-\beta E_r). \tag{10.7.5}$$

此式称为正则系综的量子态分布函数，Φ 称为体系的配分函数.

如果以 $E_i(i=1,2,\cdots)$ 表示体系的能级，Ω_i 表示能级 E_i 的简并度，则正则系综的能级分布函数为

$$\rho_i = \frac{1}{\Phi}\Omega_i\exp(-\beta E_i). \tag{10.7.6}$$

体系的配分函数为

$$\Phi = \sum_i \Omega_i\exp(-\beta E_i) = \sum_r \exp(-\beta E_r), \tag{10.7.7}$$

式中的 $\sum_i$ 是对体系的能级求和.

根据正则系综的概念，ρ_r，ρ_i 就是正则系综的量子统计分布函数. 应用量子态数与 Γ 空间的相体积之间的关系，即得正则系综的经典统计分布律(体系分布在体积元 $dq_1\cdots dq_f dp_1\cdots dp_f$ 中的概率)为

$$\rho(q_1,\cdots,q_f;p_1,\cdots,p_f)dq_1\cdots dq_f dp_1\cdots dp_f = \frac{1}{Z}\exp[-\beta E(q_1,\cdots,p_f)]dq_1\cdots dq_f dp_1\cdots dp_f, \tag{10.7.8}$$

式中的 Z 称为经典配分函数，其定义式为

$$Z = \int\cdots\int \exp[-\beta E(q_1,\cdots,p_f)]dq_1\cdots dq_f dp_1\cdots dp_f. \tag{10.7.9}$$

正则系综的经典统计分布函数为

$$\rho(q_1,\cdots,q_f;p_1,\cdots,p_f) = \frac{1}{Z}\exp[-\beta E(q_1,\cdots,p_f)]. \tag{10.7.10}$$

10.8　正则分布与热力学函数

应用正则分布求体系微观量 u 的统计平均值公式为

$$\bar{u} = \frac{1}{\Phi}\sum_r u_r\exp(-\beta E_r) = \frac{1}{\Phi}\sum_i u_i\Omega_i\exp(-\beta E_i), \tag{10.8.1}$$

$$\bar{u} = \frac{1}{Z}\int\cdots\int u(q_i,p_i)\exp[-\beta E(q_i,p_i)]dq_1\cdots dq_f dp_1\cdots dp_f. \tag{10.8.2}$$

具体求算方法与第 5 章所讨论的方法相同，此处直接给出结果.

1. 内能是体系可及微观态能量的统计平均值

$$U=\frac{1}{\Phi}\sum_{r}E_r\exp(-\beta E_r)=-\left(\frac{\partial\ln\Phi}{\partial\beta}\right)_{y_\lambda}. \tag{10.8.3}$$

2. 外界对体系的广义力 Y_λ 是微观量 $\partial E_r/\partial y_\lambda$ 的统计平均值

$$Y_\lambda=\frac{1}{\Phi}\sum_{r}\left(\frac{\partial E_r}{\partial y_\lambda}\right)_{\beta,y_{j\neq\lambda}}\exp(-\beta E_r)=-\frac{1}{\beta}\left(\frac{\partial\ln\Phi}{\partial y_\lambda}\right)_{\beta,y_{j\neq\lambda}}. \tag{10.8.4}$$

重要的特例是体系的压力 p，它是 Y 的负值，即

$$p=-Y=\frac{1}{\beta}\left(\frac{\partial\ln\Phi}{\partial V}\right)_{\beta,y_\lambda\neq V}. \tag{10.8.5}$$

3. 可逆过程中外界对体系做的微功

$$\begin{aligned}\delta W&=\sum_{\lambda}Y_\lambda\mathrm{d}y_\lambda=\sum_{\lambda}\left\{\sum_{r}\left(\frac{\partial E_r}{\partial y_\lambda}\right)\rho_r\right\}\mathrm{d}y_\lambda\\&=\sum_{r}\rho_r\left\{\sum_{\lambda}\frac{\partial E_r}{\partial y_\lambda}\mathrm{d}y_\lambda\right\}=\sum_{r}\rho_r\mathrm{d}E_r.\end{aligned} \tag{10.8.6}$$

或者应用(10.8.4)式，得

$$\begin{aligned}\delta W&=\sum_{\lambda}Y_\lambda\mathrm{d}y_\lambda=\sum_{\lambda}\left\{-\frac{1}{\beta}\left(\frac{\partial\ln\Phi}{\partial y_\lambda}\right)_{\beta,y_{j\neq\lambda}}\mathrm{d}y_\lambda\right\}\\&=-\frac{1}{\beta}\sum_{\lambda}\left(\frac{\partial\ln\Phi}{\partial y_\lambda}\right)_{\beta,y_{j\neq\lambda}}\mathrm{d}y_\lambda.\end{aligned} \tag{10.8.7}$$

4. 可逆过程中体系吸的热量

$$\mathrm{d}U=\mathrm{d}\left(\sum_{r}\rho_rE_r\right)=\sum_{r}\rho_r\mathrm{d}E_r+\sum_{r}E_r\mathrm{d}\rho_r=\delta W+\sum_{r}E_r\mathrm{d}\rho_r. \tag{10.8.8}$$

将该式与封闭体系的热力学第一定律

$$\mathrm{d}U=\delta W+\delta Q$$

对比，即得

$$\delta Q=\sum_{r}E_r\mathrm{d}\rho_r. \tag{10.8.9}$$

或者用体系配分函数 Φ 表示为

$$\delta Q=\mathrm{d}U-\delta W=\mathrm{d}\left\{-\left(\frac{\partial\ln\Phi}{\partial\beta}\right)_{y_\lambda}\right\}+\frac{1}{\beta}\sum_{\lambda}\left(\frac{\partial\ln\Phi}{\partial y_\lambda}\right)_{\beta,y_{j\neq\lambda}}\mathrm{d}y_\lambda. \tag{10.8.10}$$

5. 熵的统计表达式

体系的熵无直接的微观力学量对应，它的统计表达式是根据统计热力学结果与唯象热力学对比得到的. 由于配分函数 Φ 是 β, y_λ 的函数，故有

$$\mathrm{d}\ln\Phi=\left(\frac{\partial\ln\Phi}{\partial\beta}\right)_{y_\lambda}\mathrm{d}\beta+\sum_{\lambda}\left(\frac{\partial\ln\Phi}{\partial y_\lambda}\right)_{\beta,y_{j\neq\lambda}}\mathrm{d}y_\lambda. \tag{10.8.11}$$

应用(10.8.11)式，不难证明 β 是 δQ 线性微分式(10.8.10)的一个积分因子

$$\begin{aligned}\beta\delta Q&=-\beta\mathrm{d}\left(\frac{\partial\ln\Phi}{\partial\beta}\right)_{y_\lambda}+\sum_{\lambda}\left(\frac{\partial\ln\Phi}{\partial y_\lambda}\right)_{\beta,y_{j\neq\lambda}}\mathrm{d}y_\lambda\\&=-\beta\mathrm{d}\left(\frac{\partial\ln\Phi}{\partial\beta}\right)_{y_\lambda}+\mathrm{d}\ln\Phi-\left(\frac{\partial\ln\Phi}{\partial\beta}\right)_{y_\lambda}\mathrm{d}\beta\\&=\mathrm{d}\ln\Phi-\mathrm{d}\left\{\beta\left(\frac{\partial\ln\Phi}{\partial\beta}\right)_{y_\lambda}\right\}\\&=\mathrm{d}\left\{\ln\Phi-\beta\left(\frac{\partial\ln\Phi}{\partial\beta}\right)_{y_\lambda}\right\}.\end{aligned} \tag{10.8.12}$$

将此结果与唯象热力学的下列方程

$$\frac{\delta Q}{T}=\mathrm{d}S=\frac{1}{T}(\mathrm{d}U-\delta W)$$

比较，并依据积分因子的理论，即得

$$\beta=\frac{1}{k(S)T}.$$

按β的定义式(10.5.6)及其特性式(10.5.8)，它只与热源性质有关，而与所讨论体系的特性无关，从而k与体系的熵S无关，因此k必为常量，称为Boltzmann常量，且熵的统计表达式为

$$S=k\left\{\ln\Phi-\beta\left(\frac{\partial\ln\Phi}{\partial\beta}\right)_{y_\lambda}\right\}. \tag{10.8.13}$$

6. Helmholtz自由能的统计表达式

$$\begin{aligned}F&=U-TS=U-\frac{1}{k\beta}S\\&=-\left(\frac{\partial\ln\Phi}{\partial\beta}\right)_{y_\lambda}-\frac{1}{\beta}\ln\Phi+\left(\frac{\partial\ln\Phi}{\partial\beta}\right)_{y_\lambda}\\&=-\frac{1}{\beta}\ln\Phi=-kT\ln\Phi.\end{aligned} \tag{10.8.14}$$

7. 体系热力学函数的统计表达式

对于T,V,N描述状态的封闭体系，F是T,V,N为状态变量的特性函数. 因此，由式(10.8.14)知，只要得出配分函数Φ作为T,V,N的具体形式，便可由F的统计表达式[即(10.8.14)]得出体系的所有热力学函数. 现将主要的结果列出

$$\begin{aligned}F&=-kT\ln\Phi,\\p&=-\left(\frac{\partial F}{\partial V}\right)_{T,N}=kT\left(\frac{\partial\ln\Phi}{\partial V}\right)_{T,N},\\S&=-\left(\frac{\partial F}{\partial T}\right)_{V,N}=k\ln\Phi+kT\left(\frac{\partial\ln\Phi}{\partial T}\right)_{V,N},\\U&=F+TS=kT^2\left(\frac{\partial\ln\Phi}{\partial T}\right)_{V,N},\\H&=U+pV=kT^2\left(\frac{\partial\ln\Phi}{\partial T}\right)_{V,N}+kT\left(\frac{\partial\ln\Phi}{\partial V}\right)_{T,N}V,\\G&=H-TS=-kT\ln\Phi+kT\left(\frac{\partial\ln\Phi}{\partial V}\right)_{T,N}V.\end{aligned}$$

【练习】论证正则系综中体系的熵可表述为

$$S=-k\sum_r\rho_r\ln\rho_r. \tag{10.8.15}$$

解

$$\begin{aligned}-k\sum_r\rho_r\ln\rho_r&=-k\left\{\sum_r\frac{1}{\Phi}\mathrm{e}^{-\beta E_r}\ln\left(\frac{1}{\Phi}\mathrm{e}^{-\beta E_r}\right)\right\}\\&=-k\left\{\sum_r\frac{1}{\Phi}\mathrm{e}^{-\beta E_r}(-\beta E_r-\ln\Phi)\right\}\\&=k(\beta U+\ln\Phi)\\&=k\left\{\ln\Phi-\beta\left(\frac{\partial\ln\Phi}{\partial\beta}\right)_{y_\lambda}\right\}\\&=S.\end{aligned}$$

对于熵，可理解其相应的微观量为$-k\ln\rho_r$.

10.9　涨落及有关公式

热力学体系的热力学量 A 一般都有起伏或涨落，它可用偏差表示，令 $\overline{A}$ 为 A 的系综平均，可定义各种各样的偏差.

A 的偏差为

$$\alpha_A = A - \overline{A}.$$

A 的相对偏差

$$r_A = (A - \overline{A})/\overline{A}.$$

A 的标准偏差或平方偏差也称涨落为

$$\mathrm{d}_A^2 = (A - \overline{A})^2.$$

A 的相对标准偏差为

$$r_A^2 = (A - \overline{A})^2/(\overline{A})^2.$$

A 的平均标准偏差为

$$\overline{\mathrm{d}_A^2} = \overline{(A - \overline{A})^2}.$$

A 的相对平均标准偏差或相对涨落为

$$\overline{r_A^2} = \overline{(A - \overline{A})^2}/(A)^2.$$

根据系综求统计平均的普遍公式，可得下列重要结果

$$\begin{aligned}\overline{(A - \overline{A})^2} &= \int (A - \overline{A})^2 \rho \mathrm{d}\Omega = \int (A^2 - 2A\overline{A} + (\overline{A})^2) \rho \mathrm{d}\Omega \\ &= \overline{A^2} - 2\overline{A}\,\overline{A} + (\overline{A})^2 = \overline{A^2} - (\overline{A})^2,\end{aligned} \tag{10.9.1}$$

从而有

$$\overline{r_A^2} = \overline{(A - \overline{A})^2}/(\overline{A})^2 = \{\overline{A^2} - (\overline{A})^2\}/(\overline{A})^2. \tag{10.9.2}$$

10.10　正则系综中体系能量的涨落

现在讨论正则系综总能量的相对涨落. 正则系综总能量为 $N\overline{E}$，N 为正则系综的体系数. 体系能量的正则系综平均值为

$$\overline{E} = \frac{1}{N}\sum_j n_j E_j = kT^2\left(\frac{\partial \ln \Phi}{\partial T}\right)_{N,V} = \frac{1}{\Phi}\sum_j (\Omega_j \mathrm{e}^{-E_j/kT} E_j),$$

从而有

$$\overline{E}\Phi = \sum_j (\Omega_j \mathrm{e}^{-E_j/kT} E_j).$$

将上式在 N,V 恒定下对 T 微商，则得

$$\overline{E}\left(\frac{\partial \Phi}{\partial T}\right)_{N,V} + \Phi\left(\frac{\partial \overline{E}}{\partial T}\right)_{N,V} = \frac{1}{kT^2}\sum_j (\Omega_j E_j^2 \mathrm{e}^{-E_j/kT}).$$

上式两边乘以 kT^2，同时被 Φ 除，即得

$$\overline{E}\left\{kT^2 \frac{1}{\Phi}\left(\frac{\partial \Phi}{\partial T}\right)_{N,V}\right\} + kT^2\left(\frac{\partial \overline{E}}{\partial T}\right)_{N,V} = \frac{1}{\Phi}\sum_j (\Omega_j E_j^2 \mathrm{e}^{-E_j/kT}),$$

即

$$(\overline{E})^2 + kT^2 C_V = \overline{E^2},$$

故

$$\overline{E^2} - (\overline{E})^2 = kT^2 C_V,$$

从而
$$\overline{r_E^2}=\{\overline{E^2}-(\overline{E})^2\}/(\overline{E})^2=kT^2C_V/(\overline{E})^2. \tag{10.10.1}$$

对于单原子理想气体，有

$$C_V=\frac{3}{2}Nk,\quad \overline{E}=\frac{3}{2}NkT\ ,$$

因此得

$$\overline{r_E^2}=\frac{2}{3N}\ . \tag{10.10.2}$$

结果表明，单原子理想气体的相对涨落取决于粒子的数目N.

式(10.10.1)表明，由于C_V和$\overline{E}$都是广度量，它们与粒子数N成正比，因此，能量的相对涨落$\overline{r_E^2}$与N成反比. 对于$N\approx10^{23}$的宏观体系，能量的相对涨落是极小的.

宏观体系与热源接触达到热平衡，体系的能量可以具有不同的值，但其与$\overline{E}$发生显著偏差的概率是极小的. 这可由$\rho(E)$的表达式(10.7.6)加以说明. 体系具有能量E的概率与$\Omega(E)\mathrm{e}^{-\beta E}$成正比，$\mathrm{e}^{-\beta E}$随$E$的增加而迅速减小，但$\Omega(E)$却随$E$的增加而迅速增大，两者的乘积使$\rho(E)$在$\overline{E}$处具有尖锐的极大值. 这就是说，正则系综的所有体系，其能量几乎都在$\overline{E}$附近. 该事实表明，正则系综与微正则系综在实际应用上是等效的，用这两种统计系综求得的热力学函数是相同的，其差别是所选体系的特性函数不同. 微正则系综体系的特性函数是以N,E,V为状态变量的熵S，而正则系综体系的特性函数则是以N,T,V为状态变量的Helmholtz自由能F.

理论上，用微正则系综和正则系综求微观量的统计平均值结果相同. 实际上，微正则系综求算$\Omega(E)$比较复杂或困难，而正则系综的配分函数相对比较容易求算，所以一般采用正则系综求统计平均.

涨落公式(10.10.1)表明C_V是恒正的，这与唯象热力学中的热平衡稳定条件C_V恒正一致. 另外，在临界点附近C_V发生突变，式(10.10.1)表明此时体系的能量涨落显著，这是临界奇异性的根源.

【练习】对单原子分子理想气体，利用(10.6.1)式求出使

$$\rho(E)=\frac{1}{\Phi}\Omega(E)\mathrm{e}^{-\beta E}$$

为极大的E值，从而验证正则系综的全部体系，其能量几乎都在$\overline{E}$附近的结论.

10.11　巨正则系综的分布函数

巨正则系综是为开放体系设计的系综，体系的宏观约束条件是体系具有确定的温度T，体积V及各物质具有确定的化学势μ. 这种体系可设想为与热源和粒子源接触而达到平衡的体系. 体系与热源兼粒子源S不仅可以交换能量，而且还可以交换粒子，因此，体系的各个可能的微观状态，其能量和粒子数可具有不同的数值.

体系的宏观约束要求热源兼粒子源充分大，使其与体系交换能量及粒子时不会改变源的温度及各物质的化学势. 体系与源达平衡后，体系与源的温度相等，任一物质B在体系与源内的化学势μ_B也相等.

我们考虑全同粒子体系，将其与源构成一个孤立的复合体系，它具有确定的粒子数N_0和E_0，以E和E_t及N和N_t分别表示体系和源的能量及粒子数. 假设体系和源的相互作用很弱，

在忽略相互作用的条件下，则有

$$E + E_t = E_0, \tag{10.11.1}$$

$$N + N_t = N_0. \tag{10.11.2}$$

因为源的物质的量很大，必有$E \ll E_0, N \ll N_0$.

当体系处在粒子数为N，能量为E_r的一个微观状态r时，源可处在N_0-N, E_0-E_r的任何一个微观状态(统计独立性). 以$\Omega_t(N_0-N, E_0-E_r)$表示$N_t=N_0-N, E_t=E_0-E_r$的源所拥有的微观状态数，它也就是体系处在特定N, E_r微观状态r时复合孤立体系的微观状态数. 根据平衡态孤立体系的等概率原理，体系处在微观状态r的概率$\rho_{N,r}$与$\Omega_t(N_0-N, E_0-E_r)$成正比，即

$$\rho_{N,r} \propto \Omega_t(N_0 - N, E_0 - E_r). \tag{10.11.3}$$

将Ω_t取对数后，在$N_t=N_0, E_t=E_0$处作 Taylor 级数展开，只取前两项，并应用(10.5.5)，(10.5.6)，(10.11.1)，(10.11.2)式，即得

$$\begin{aligned}\ln\Omega_t(N_t, E_t) &= \ln\Omega_t(N_0, E_0) + \left(\frac{\partial \ln\Omega_t}{\partial N_t}\right)_{N_t=N_0}(N_t - N_0) + \left(\frac{\partial \ln\Omega_t}{\partial E_t}\right)_{E_t=E_0}(E_t - E_0) \\ &= \ln\Omega_t(N_0, E_0) + \alpha N - \beta E_r.\end{aligned} \tag{10.11.4}$$

由(10.5.11)式，知

$$\alpha = -\frac{\mu}{kT}, \quad \beta = \frac{1}{kT}.$$

这里的T是热源t的温度，μ是物质在粒子源中的化学势. 由于体系与源达热平衡和物质平衡，所以T, μ也是体系的温度及体系中物质的化学势. 由于$\Omega_t(N_0, E_0)$仅与源有关，对体系是一个常量，将(10.11.4)式用于(10.11.3)式，即得

$$\rho_{N,r} \propto e^{-\alpha N - \beta E_r}. \tag{10.11.5}$$

归一化的分布函数为

$$\rho_{N,r} = \frac{1}{\Xi} e^{-\alpha N - \beta E_r}, \tag{10.11.6}$$

其中

$$\Xi = \sum_{N=0}^{\infty} \sum_r e^{-\alpha N - \beta E_r} \tag{10.11.7}$$

称为体系的巨正则配分函数，它是α, β, y_λ的函数.

设体系的外参量只是体积V，分布函数(10.11.6)给出具有确定T, V, μ的体系处在粒子数为N，能量为E_r的微观状态r上的概率. 巨正则配分函数Ξ包括两重求和：在一定N下，对体系所有可能的微观状态求和，然后再对N求和，N可取$0\sim\infty$的任何数值(因为源很大). 应当注意，求和时要考虑微观粒子全同性原理的要求.

式(10.11.6)是巨正则系综量子态分布的表达式. 若以$E_i(i=1,2,\cdots)$表示体系的能级，Ω_i表示能级E_i的简并度，则体系处在N, E_i上的概率即为

$$\rho_{N,i} = \frac{1}{\Xi} \Omega_i e^{-\alpha N - \beta E_i}, \tag{10.11.8}$$

而巨正则配分函数即为

$$\Xi = \sum_{N=0}^{\infty} \sum_i \Omega_i e^{-\alpha N - \beta E_i}. \tag{10.11.9}$$

其中 $\sum_i$ 表示对体系的能级求和.

巨正则系综的经典分布律为

$$\rho_N(q,p)\mathrm{d}q\mathrm{d}p = \frac{1}{N!h^f\Xi}\mathrm{e}^{-\alpha N-\beta E(q,p)}\mathrm{d}q\mathrm{d}p. \tag{10.11.10}$$

式中的 $N!\,h^f\Xi$ 定义为巨正则系综中体系的经典配分函数,即

$$Z = N!h^f\Xi = \sum_{N=0}^{\infty}\int\cdots\int \mathrm{e}^{-\alpha N-\beta E(q,p)}\mathrm{d}q\mathrm{d}p. \tag{10.11.11}$$

【练习】请得出多组分体系巨正则分布函数及巨正则配分函数的量子和经典表达式.

10.12　巨正则分布与热力学函数

应用巨正则分布函数,不难得出热力学量用巨正则配分函数的表达式.

1. 体系的平均粒子数

$$\begin{aligned}\overline{N} &= \frac{1}{\Xi}\sum_N\sum_r N\mathrm{e}^{-\alpha N-\beta E_r} = \frac{1}{\Xi}\left\{-\frac{\partial}{\partial\alpha}\left(\sum_N\sum_r \mathrm{e}^{-\alpha N-\beta E_r}\right)\right\}\\ &= -\frac{1}{\Xi}\left(\frac{\partial}{\partial\alpha}\Xi\right) = -\frac{\partial}{\partial\alpha}\ln\Xi.\end{aligned} \tag{10.12.1}$$

2. 体系的内能是 E_r 的统计平均值

$$U = \frac{1}{\Xi}\sum_N\sum_r E_r\mathrm{e}^{-\alpha N-\beta E_r} = -\frac{\partial}{\partial\beta}\ln\Xi. \tag{10.12.2}$$

3. 外界对体系的广义力是 $\partial E_r/\partial y$ 的统计平均值

$$\begin{aligned}Y &= \frac{1}{\Xi}\sum_N\sum_r \frac{\partial E_r}{\partial y}\mathrm{e}^{-\alpha N-\beta E_r}\\ &= \frac{1}{\Xi}\left\{-\frac{1}{\beta}\frac{\partial}{\partial y}\left(\sum_N\sum_r \mathrm{e}^{-\alpha N-\beta E_r}\right)\right\}\\ &= -\frac{1}{\Xi}\left(\frac{1}{\beta}\frac{\partial}{\partial y}\Xi\right) = -\frac{1}{\beta}\frac{\partial}{\partial y}\ln\Xi.\end{aligned} \tag{10.12.3}$$

重要特例是外参量只是体积的体系,其压力为 Y 的负值

$$p = -Y = \frac{1}{\beta}\frac{\partial}{\partial V}\ln\Xi. \tag{10.12.4}$$

4. 体系熵的统计表达式

熵无微观力学量与之对应,不能直接用求统计平均值的方法得到,而是通过与唯象热力学基本方程对比得出的. 考虑下列线性微分式,并应用 $U, Y, \overline{N}$ 的统计表达式,即得

$$\begin{aligned}&\beta\left(\mathrm{d}U - Y\mathrm{d}y + \frac{\alpha}{\beta}\mathrm{d}\overline{N}\right)\\ &= -\beta\mathrm{d}\left(\frac{\partial\ln\Xi}{\partial\beta}\right)_{y,\alpha} + \left(\frac{\partial\ln\Xi}{\partial y}\right)_{\alpha,\beta}\mathrm{d}y - \alpha\mathrm{d}\left(\frac{\partial\ln\Xi}{\partial\alpha}\right)_{\beta,y}.\end{aligned} \tag{10.12.5}$$

因为 $\ln\Xi$ 是 α,β,y 的函数,它的全微分为

$$\mathrm{d}\ln\Xi = \frac{\partial\ln\Xi}{\partial\alpha}\mathrm{d}\alpha + \frac{\partial\ln\Xi}{\partial\beta}\mathrm{d}\beta + \frac{\partial\ln\Xi}{\partial y}\mathrm{d}y. \tag{10.12.6}$$

应用(10.12.6)式,则(10.12.5)式即可化为

$$\beta\left(\mathrm{d}U - Y\mathrm{d}y + \frac{\alpha}{\beta}\mathrm{d}\overline{N}\right) = \mathrm{d}\left(\ln\Xi - \alpha\frac{\partial\ln\Xi}{\partial\alpha} - \beta\frac{\partial\ln\Xi}{\partial\beta}\right).$$

该结果表明,β 是线性微分式 $\mathrm{d}U-Y\mathrm{d}y+\frac{\alpha}{\beta}\mathrm{d}\overline{N}$ 的积分因子.

将上式与唯象热力学中开放体系的基本方程

$$\frac{1}{T}(\mathrm{d}U-Y\mathrm{d}y-\mu\,\mathrm{d}\overline{N})=\mathrm{d}S$$

相比较,即得

$$\beta=\frac{1}{kT},$$

$$\alpha=-\frac{\mu}{kT},$$

$$S=k\left(\ln\Xi-\alpha\frac{\partial\ln\Xi}{\partial\alpha}-\beta\frac{\partial\ln\Xi}{\partial\beta}\right). \tag{10.12.7}$$

需要说明,根据积分因子的理论,β 与 $1/T$ 的比例应该是 S 的函数,即 $k(S)$. 但按 β 的定义式(10.11.4),β 只与热源的性质有关,而与所讨论的体系无关,因此 k 是与体系性质无关的普适常量,即 Boltzmann 常量. 将统计力学结果应用于具体的实际问题上,便可确定 k 的数值.

对于确定 T,V,μ 的约束体系组成的巨正则系综,只要得出巨正则配分函数 Ξ 或 $\ln\Xi$ 作为 T,V,μ 的函数形式,就可求得体系的所有热力学函数.

【练习1】对只有体积为外参量的开放体系,若是全同粒子组成,请写出 H,F,G 用 Ξ 的统计表达式.

【练习2】请论证

$$pV=kT\ln\Xi, \tag{10.12.8}$$

并阐述 pV 是体系以 T,V,μ 为独立状态变量的特性函数.

【练习3】请证明巨正则系综中体系的熵可表述为

$$S=-k\sum_{N,r}\rho_{N,r}\ln\rho_{N,r}. \tag{10.12.9}$$

解 由(10.11.6)和(10.11.7)式,知

$$\rho_{N,r}=\frac{\mathrm{e}^{-\alpha N-\beta E_r}}{\sum\limits_{N,r}\mathrm{e}^{-\alpha N-\beta E_r}},$$

因而

$$\begin{aligned}-k\sum_{N,r}\rho_{N,r}\ln\rho_{N,r}&=-k\sum_{N,r}\frac{\mathrm{e}^{-\alpha N-\beta E_r}}{\sum\limits_{N,r}\mathrm{e}^{-\alpha N-\beta E_r}}\ln\frac{\mathrm{e}^{-\alpha N-\beta E_r}}{\sum\limits_{N,r}\mathrm{e}^{-\alpha N-\beta E_r}}\\&=-k\sum_{N,r}\frac{\mathrm{e}^{-\alpha N-\beta E_r}}{\sum\limits_{N,r}\mathrm{e}^{-\alpha N-\beta E_r}}\left(-\alpha N-\beta E_r-\ln\sum_{N,r}\mathrm{e}^{-\alpha N-\beta E_r}\right)\\&=-k\left\{-\alpha\left(-\frac{\partial\ln\Xi}{\partial\alpha}\right)-\beta\left(-\frac{\partial\ln\Xi}{\partial\beta}\right)-\ln\Xi\right\}\\&=k\left\{\ln\Xi-\alpha\left(\frac{\partial\ln\Xi}{\partial\alpha}\right)-\beta\left(\frac{\partial\ln\Xi}{\partial\beta}\right)\right\}\\&=S.\end{aligned}$$

10.13　巨正则系综中体系粒子数的涨落和能量的涨落

10.13.1　巨正则系综中，体系的粒子数 N 的涨落

现在考虑外参量只是体积 V 的单组分开放体系在 T,V 恒定下的粒子数涨落问题. 为此，将 $\overline{N}$ 的公式(10.12.1)改写为

$$\overline{N}\Xi = \sum_N \sum_r N\mathrm{e}^{-\alpha N-\beta E_r}.$$

将上式在 T,V(或 β,V)恒定下对 α 微商，则得

$$\overline{N}\left(\frac{\partial \Xi}{\partial \alpha}\right)_{\beta,V} + \Xi\left(\frac{\partial \overline{N}}{\partial \alpha}\right)_{\beta,V} = -\sum_N \sum_r N^2\mathrm{e}^{-\alpha N-\beta E_r}.$$

上式两边被 Ξ 除，即得

$$-(\overline{N})^2 + \left(\frac{\partial \overline{N}}{\partial \alpha}\right)_{\beta,V} = -(\overline{N^2}).$$

依据(10.9.1)式，则有

$$\begin{aligned}\overline{r_N^2} &= \frac{\overline{(N-\overline{N})^2}}{(\overline{N})^2} = \frac{\overline{N^2}-(\overline{N})^2}{(\overline{N})^2} = -\frac{1}{(\overline{N})^2}\left(\frac{\partial \overline{N}}{\partial \alpha}\right)_{\beta,V} \\ &= -\frac{1}{(\overline{N})^2}\left(\frac{\partial \overline{N}}{\partial \mu}\right)_{\beta,V}\left(\frac{\partial \mu}{\partial \alpha}\right)_{\beta,V} = \frac{1}{\beta(\overline{N})^2}\left(\frac{\partial \overline{N}}{\partial \mu}\right)_{\beta,V} \\ &= \frac{kT}{(\overline{N})^2}\left(\frac{\partial \overline{N}}{\partial \mu}\right)_{T,V}.\end{aligned} \tag{10.13.1}$$

现在将上式化为实验上的可测量. 因为 $\mu=\mu(T,V,N)$ 是关于 V,N 的零次齐函数，依据 Euler 定理，得

$$N\left(\frac{\partial \mu}{\partial N}\right)_{T,V} + V\left(\frac{\partial \mu}{\partial V}\right)_{T,N} = 0.$$

从而有[注意到 $(\partial\mu/\partial p)_{T,N}=V/N$]

$$\left(\frac{\partial \mu}{\partial N}\right)_{T,V} = -\frac{V}{N}\left(\frac{\partial \mu}{\partial V}\right)_{T,N} = -\frac{V}{N}\left(\frac{\partial \mu}{\partial p}\right)_{T,N}\left(\frac{\partial p}{\partial V}\right)_{T,N} = -\left(\frac{V}{N}\right)^2\left(\frac{\partial p}{\partial V}\right)_{T,N}.$$

将上式结果代入(10.13.1)式，即得

$$\overline{r_N^2} = \frac{\overline{(N-\overline{N})^2}}{(\overline{N})^2} = -\frac{kT}{V^2}\left(\frac{\partial V}{\partial p}\right)_{T,N} = \frac{kT}{V}\kappa_T, \tag{10.13.2}$$

其中的 κ_T 为等温压缩系数.

将(10.13.2)式应用于理想气体，此时有

$$\kappa_T = -\frac{1}{V}\left(\frac{\partial V}{\partial p}\right)_{T,N} = \frac{1}{p},$$

从而得

$$\overline{r_N^2} = \frac{\overline{(N-\overline{N})^2}}{(\overline{N})^2} = \frac{kT}{pV} = \frac{1}{N}.$$

此结果表明，粒子数的相对涨落是很小的.

需要指出，κ_T 在临界点趋于无穷，因而临界点附近粒子的涨落则会很显著(临界奇异性). 而且(10.13.2)式表明，κ_T 总大于零，即 $\kappa_T>0$，这与唯象热力学中的力学平衡稳定条件是一致的，或者说统计力学也证明了 $\kappa_T>0$.

10.13.2　巨正则系综中体系能量的涨落

考虑外参量只是体积 V 的单组分开放体系，能量平均值的公式改写为

$$\overline{E}\Xi=\sum_N\sum_r E_r\mathrm{e}^{-\alpha N-\beta E_r}.$$

将上式在 α,V 恒定下对 β 微商，即得

$$\overline{E}\left(\frac{\partial\Xi}{\partial\beta}\right)_{\alpha,V}+\Xi\left(\frac{\partial\overline{E}}{\partial\beta}\right)_{\alpha,V}=-\sum_N\sum_r E_r^2\mathrm{e}^{-\alpha N-\beta E_r}.$$

上式两边用 Ξ 除，得

$$-(\overline{E})^2+\left(\frac{\partial\overline{E}}{\partial\beta}\right)_{\alpha,V}=-(\overline{E^2}),$$

或者

$$(\overline{E^2})-(\overline{E})^2=-\left(\frac{\partial\overline{E}}{\partial\beta}\right)_{\alpha,V}. \tag{10.13.3}$$

应用 Jacobian 行列式作变量变换，而且为书写简便，用 E 代替 $\overline{E}$.

$$\begin{aligned}\left(\frac{\partial E}{\partial\beta}\right)_{\alpha,V}&=\frac{\partial(E,\alpha)}{\partial(\beta,\alpha)}=\frac{\partial(E,\alpha)}{\partial(\beta,N)}\frac{\partial(\beta,N)}{\partial(\beta,\alpha)}\\&=\left(\frac{\partial E}{\partial\beta}\right)_{N,V}-\left(\frac{\partial E}{\partial N}\right)_{\beta,V}\left(\frac{\partial\alpha}{\partial\beta}\right)_{N,V}\left(\frac{\partial N}{\partial\alpha}\right)_{\beta,V}.\end{aligned} \tag{10.13.4}$$

依据 $\mathrm{d}E=T\mathrm{d}S-p\mathrm{d}V+\mu\mathrm{d}N$ 及关于 F 基本方程的 Maxwell 关系式，可得

$$\left(\frac{\partial E}{\partial N}\right)_{T,V}=T\left(\frac{\partial S}{\partial N}\right)_{T,V}+\mu=-T\left(\frac{\partial\mu}{\partial T}\right)_{N,V}+\mu=\left(\frac{\partial E}{\partial N}\right)_{\beta,V}. \tag{10.13.5}$$

依据 $\alpha=-\beta\mu$，可得

$$\left(\frac{\partial\alpha}{\partial\beta}\right)_{N,V}=-\mu-\beta\left(\frac{\partial\mu}{\partial\beta}\right)_{N,V}=-\mu+T\left(\frac{\partial\mu}{\partial T}\right)_{N,V}=-\left(\frac{\partial E}{\partial N}\right)_{\beta,V}. \tag{10.13.6}$$

依据(10.13.1)和(10.13.2)两式，可得

$$\left(\frac{\partial N}{\partial\alpha}\right)_{\beta,V}=-\frac{N^2kT}{V}\kappa_T. \tag{10.13.7}$$

依据 $\beta=\dfrac{1}{kT}$，可得

$$\left(\frac{\partial E}{\partial\beta}\right)_{N,V}=\left(\frac{\partial E}{\partial T}\right)_{N,V}\left(\frac{\partial T}{\partial\beta}\right)_{N,V}=-kT^2C_V. \tag{10.13.8}$$

将(10.13.4)～(10.13.8)诸式结果相继用于(10.13.3)式，即得

$$(\overline{E^2})-(\overline{E})^2=kT^2C_V+\frac{N^2kT\kappa_T}{V}\left(\frac{\partial E}{\partial N}\right)_{T,V}^2. \tag{10.13.9}$$

将上结果应用于单原子分子理想气体，此情况下有

$$E=\frac{3}{2}NkT,\quad C_V=\frac{3}{2}Nk,\quad \kappa_T=\frac{1}{p},$$

从而

$$\frac{(\overline{E^2})-(\overline{E})^2}{(\overline{E})^2}=\frac{5}{3}\frac{1}{N}. \tag{10.13.10}$$

结果表明，能量的相对涨落也是很小的.

类似于 10.10 节的讨论，临界点附近能量涨落显著，而且也证明了 $C_V>0$ 与 $\kappa_T>0$ 的结论.

10.14　巨正则系综在吸附上的应用实例

本节讨论单组分理想气体分子在理想固体表面的单层吸附，应用巨正则系综理论得出 Langmuir 吸附等温式.

设固体表面有N_0个吸附中心，每个中心只能吸附一个分子，被吸附分子之间无相互作用，吸附中心分子的能级不因吸附分子而发生改变. 被吸附分子是定域子，而气相为单分子理想气体.

将吸附相作为研究的对象，它是开放体系. 气相当做热源兼粒子源. 吸附相体系的巨正则配分函数为

$$\Xi = \sum_{N=0}^{N_0}\sum_r \frac{N_0\,!}{(N_0-N)\,!\,N\,!}\mathrm{e}^{-\alpha N-\beta E_r}$$

$$= \sum_{N=0}^{N_0}\frac{N_0\,!}{(N_0-N)\,!\,N\,!}\mathrm{e}^{-\alpha N}\sum_r \mathrm{e}^{-\beta E_r}. \tag{10.14.1}$$

式中$\frac{N_0\,!}{(N_0-N)\,!\;N\,!}$为$N$个被吸附分子随机散落在$N_0$个吸附中心上的可能排列方式数. E_r为吸附相体系的第r个量子态的能级. 吸附平衡时，分子在吸附相与气相（热源兼粒子源）中的化学势相等，吸附相为定域子体系. 令q_a表示吸附相中单个分子的配分函数，当N个分子被吸附时，则有

$$\sum_r \mathrm{e}^{-\beta E_r} = q_a^N. \tag{10.14.2}$$

将(10.14.2)式用于(10.14.1)式，即得

$$\Xi = \sum_{N=0}^{N_0}\frac{N_0\,!}{(N_0-N)\,!\,N\,!}(q_a\mathrm{e}^{-\alpha})^N. \tag{10.14.3}$$

应用二项式定理（见附录D-1），上式便化成为

$$\Xi = (1+q_a\mathrm{e}^{-\alpha})^{N_0}, \tag{10.14.4}$$

$$\ln\Xi = N_0\ln(1+q_a\mathrm{e}^{-\alpha})\,. \tag{10.14.5}$$

吸附相的平均吸附分子数为

$$\overline{N} = -\frac{\partial\ln\Xi}{\partial\alpha} = N_0\frac{q_a\mathrm{e}^{-\alpha}}{1+q_a\mathrm{e}^{-\alpha}}. \tag{10.14.6}$$

今知

$$\alpha = -\beta\mu = -\frac{\mu}{kT} = -\frac{\mu^{\ominus}(T)}{kT} - \ln\frac{p}{p^{\ominus}}, \tag{10.14.7}$$

将此结果代入(10.14.6)式，即得

$$\overline{N} = N_0\frac{q_a\mathrm{e}^{\mu^{\ominus}(T)/kT}\frac{p}{p^{\ominus}}}{1+q_a\mathrm{e}^{\mu^{\ominus}(T)/kT}\frac{p}{p^{\ominus}}} = N_0\frac{K(T)p}{1+K(T)p}, \tag{10.14.8}$$

式中的$K(T)$为

$$K(T) = q_a\mathrm{e}^{\mu^{\ominus}(T)/kT}/p^{\ominus}.$$

吸附平衡时，吸附分子覆盖吸附中心的分数为

$$\theta = \frac{\overline{N}}{N_0} = \frac{K(T)p}{1 + K(T)p}, \qquad (10.14.9)$$

这就是著名的Langmuir 吸附等温式.

实际上,该等温式很容易用化学平衡观点导出.令A代表分子,S代表吸附中心,AS代表被吸附分子与吸附中心的"化合物分子".固体表面相吸附平衡方程式为

$$\mathrm{A\,(g)} \quad + \quad \mathrm{S} \quad = \quad \mathrm{AS}.$$

平衡时　　p　　　$N_0 - N$　　　N

平衡常量

$$K(T) = \frac{N}{p(N_0 - N)} = \frac{\theta}{p(1-\theta)},$$

从而即得

$$\theta = \frac{K(T)p}{1 + K(T)p}.$$

10.15　T, p, N 系综的分布函数及热力学函数的统计表达式

统计力学的科学思维是非常美妙的.我们以微正则系综的等概率原理作为统计力学的唯一基本依据,得出了正则系综和巨正则系综的分布函数,从而解决了相应约束体系的微观量求统计平均值问题.用同样的逻辑思维方式,可对其他宏观约束的体系构造相应的统计系综,得出其分布函数,求算研究体系的宏观物理量.

本节讨论宏观约束为给定T, p, N的体系所构成的系综,通常称为等温等压系综,它相当于体系和热源兼恒定压力源相接触的封闭体系构成的集合.体系与源达热力学平衡后,体系和源的温度相等,压力相等.

我们讨论全同粒子体系,将其与源合起来构成一个孤立的复合体系,它具有确定的能量E_0和体积V_0,以E和E_t及V和V_t分别表示体系和源的能量及体积,假设体系与源的相互作用可忽略,则有

$$E + E_t = E_0, \qquad (10.15.1)$$

$$V + V_t = V_0. \qquad (10.15.2)$$

因为源的物质的量很大,必有$E \ll E_0, V \ll V_0$.

当体系处在V, E_r的一个微观量子态r时,源可处在$V_t = V_0 - V, E_t = E_0 - E_r$的任何一个微观量子态.以$\Omega_t(V_0 - V, E_0 - E_r)$表示$V_0 - V, E_0 - E_r$的源所拥有的微观状态数,它也就是体系处在特定$V, E_r$微观状态$r$时复合孤立体系的微观量子态数.根据平衡态孤立体系的等概率原理,体系处在微观状态r的概率$\rho_{V,r}$与$\Omega_t(V_0 - V, E_0 - E_r)$成正比,即

$$\rho_{V,r} \propto \Omega_t(V_0 - V, E_0 - E_r). \qquad (10.15.3)$$

将$\ln\Omega_t(V_t, E_t)$在$V_t = V_0, E_t = E_0$处作Taylor级数展开,忽略高次项,只取线性的前两项,即得

$$\ln\Omega_t(V_t, E_t) = \ln\Omega_t(V_0, E_0) + \left(\frac{\partial \ln\Omega_t}{\partial V_t}\right)_{V_t = V_0}(V_t - V_0) + \left(\frac{\partial \ln\Omega_t}{\partial E_t}\right)_{E_t = E_0}(E_t - E_0). \qquad (10.15.4)$$

应用(10.5.7),(10.5.8)及(10.15.1),(10.15.2)诸式于(10.15.4),即得

$$\ln\Omega_t(V_t, E_t) = \ln\Omega_t(V_0, E_0) - \gamma V - \beta E_r. \qquad (10.15.5)$$

由于$\ln\Omega_t(V_0, E_0)$仅与源有关,对体系而言它是常量,应用上式后,式(10.15.3)可表示为

$$\rho_{V,r} \propto \mathrm{e}^{-\beta E_r - \gamma V}. \qquad (10.15.6)$$

归一化的分布函数为

$$\rho_{V,r}=\frac{1}{\Delta}e^{-\beta E_r-\gamma V},\tag{10.15.7}$$

其中的Δ由下式定义

$$\Delta=\sum_V\sum_r e^{-\beta E_r-\gamma V},\tag{10.15.8}$$

它称为T,p,N系综中体系的配分函数.

【练习】请写出体系处在体积为V,能级为E_i上的分布函数及体系的配分函数;再写出T,p,N系综的经典分布函数及经典配分函数.

现在讨论用(10.15.7)式的分布函数求体系的热力学函数问题.

1. 体系的平均体积

$$\overline{V}=\frac{1}{\Delta}\sum_V\sum_r Ve^{-\beta E_r-\gamma V}=\frac{1}{\Delta}\left(-\frac{\partial}{\partial\gamma}\sum_V\sum_r e^{-\beta E_r-\gamma V}\right)_{\beta,N}$$

$$=-\frac{1}{\Delta}\left(\frac{\partial\Delta}{\partial\gamma}\right)_{\beta,N}=-\left(\frac{\partial\ln\Delta}{\partial\gamma}\right)_{\beta,N}.\tag{10.15.9}$$

2. 体系的平均能量——内能

$$U=\overline{E}=\frac{1}{\Delta}\sum_V\sum_r E_re^{-\beta E_r-\gamma V}=\frac{1}{\Delta}\left(-\frac{\partial}{\partial\beta}\sum_V\sum_r e^{-\beta E_r-\gamma V}\right)_{\gamma,N}$$

$$=-\frac{1}{\Delta}\left(\frac{\partial\Delta}{\partial\beta}\right)_{\gamma,N}=-\left(\frac{\partial\ln\Delta}{\partial\beta}\right)_{\gamma,N}.\tag{10.15.10}$$

3. 体系熵的统计表达式

采用与唯象热力学基本方程对比的方法得出,为此考虑

$$\beta\left(d\overline{E}+\frac{\gamma}{\beta}d\overline{V}\right)=-\beta d\left(\frac{\partial\ln\Delta}{\partial\beta}\right)_{\beta,N}-\gamma d\left(\frac{\partial\ln\Delta}{\partial\gamma}\right)_{\beta,N}.\tag{10.15.11}$$

因为$\ln\Delta$是β,γ的函数,它的全微分为

$$d\ln\Delta=\left(\frac{\partial\ln\Delta}{\partial\beta}\right)_{\gamma,N}d\beta+\left(\frac{\partial\ln\Delta}{\partial\gamma}\right)_{\beta,N}d\gamma$$

$$=\left(\frac{\partial\ln\Delta}{\partial\beta}\right)_{\gamma,N}d\beta+d\left\{\gamma\left(\frac{\partial\ln\Delta}{\partial\gamma}\right)_{\beta,N}\right\}-\gamma d\left(\frac{\partial\ln\Delta}{\partial\gamma}\right)_{\beta,N}.\tag{10.15.12}$$

将(10.15.12)式应用于(10.15.11)式,即得

$$\beta\left(d\overline{E}+\frac{\gamma}{\beta}d\overline{V}\right)=d\left\{\ln\Delta-\beta\left(\frac{\partial\ln\Delta}{\partial\beta}\right)_{\gamma,N}-\gamma\left(\frac{\partial\ln\Delta}{\partial\gamma}\right)_{\beta,N}\right\}.$$

此式表明β是线性微分式$d\overline{E}+\frac{\gamma}{\beta}d\overline{V}$的积分因子,将上式与唯象热力学中的基本方程

$$\frac{1}{T}(dU+pdV)=dS$$

对比,即得

$$\beta=\frac{1}{kT},\quad\gamma=\frac{p}{kT}.\tag{10.15.13}$$

$$S=k\left\{\ln\Delta-\beta\left(\frac{\partial\ln\Delta}{\partial\beta}\right)_{\gamma,N}-\gamma\left(\frac{\partial\ln\Delta}{\partial\gamma}\right)_{\beta,N}\right\}.\tag{10.15.14}$$

按积分因子理论,k应为熵S的函数.实际上,由(10.15.4)和(10.15.5)两式知,β的定义只与源的性质有关,而与所讨论的体系性质无关,因此k是与研究体系性质无关的普适常量,即

Boltzmann 常量.

4. Gibbs 自由能的统计表达式

应用(10.15.9)~(10.15.14)式,不难得出$G=U-TS+pV$ 的统计表达式

$$G=-kT\ln\Delta=-\frac{1}{\beta}\ln\Delta. \tag{10.15.15}$$

体系配分函数Δ是β,γ的函数,也就是T,p的函数,由于G是以T,p为独立状态变量的特性函数,因此只要求得$\Delta(\beta,\gamma)$或者$\Delta(T,p)$的具体形式,便可求得体系的所有热力学函数.需要时,读者应能自行得出,此处无必要介绍了.

【练习】请证明T,p,N系综中体系的熵可表示为

$$S=-k\sum_V\sum_r\rho_{V,r}\ln\rho_{V,r}. \tag{10.15.16}$$

10.16 等温等压系综中体系体积的涨落

T,p,N系综中体系的体积不固定,我们用另一思路得出其涨落.由于

$$\begin{aligned}\left(\frac{\partial\overline{V}}{\partial\gamma}\right)_{\beta,N}&=\left\{\frac{\partial}{\partial\gamma}\left[\frac{\sum\limits_V\sum\limits_r V\mathrm{e}^{-\beta E_r-\gamma V}}{\sum\limits_V\sum\limits_r\mathrm{e}^{-\beta E_r-\gamma V}}\right]\right\}\\&=-\frac{\sum\limits_V\sum\limits_r V^2\mathrm{e}^{-\beta E_r-\gamma V}}{\sum\limits_V\sum\limits_r\mathrm{e}^{-\beta E_r-\gamma V}}+\frac{\left(\sum\limits_V\sum\limits_r V\mathrm{e}^{-\beta E_r-\gamma V}\right)^2}{\left(\sum\limits_V\sum\limits_r\mathrm{e}^{-\beta E_r-\gamma V}\right)^2}\\&=-(\overline{V^2})+(\overline{V})^2.\end{aligned}$$

因此得

$$\begin{aligned}\overline{(V-\overline{V})^2}=(\overline{V^2})-(\overline{V})^2&=-\left(\frac{\partial\overline{V}}{\partial\gamma}\right)_{\beta,N}\\&=-\left(\frac{\partial\overline{V}}{\partial p}\right)_{\beta,N}\left(\frac{\partial p}{\partial\gamma}\right)_{\beta,N}=-kT\left(\frac{\partial\overline{V}}{\partial p}\right)_{T,N}\\&=kTV\kappa_T.\end{aligned}$$

这里再次证明了$\kappa_T>0$及临界点附近涨落显著的结论.

【练习】请用本节的思路或方法,讨论体系能量的涨落.

10.17 统计系综之间的联系及其在求统计平均上的等效性

1902年,Gibbs 创建的统计系综理论是统计力学中完美的一种理论形式.它是普适性的统计方法,对任何物质的平衡态体系都适用,而且还提供了用多种系综处理问题的途径.

10.17.1 微正则、正则、巨正则系综之间的联系

在各类统计系综中,微正则系综的分布函数(等概率原理)是平衡态统计热力学的唯一基本假设,其他系综的分布函数都是依据它推引出来的.而实际上巨正则系综具有一般性,正则系综和微正则系综都是它的特例.

巨正则系综分布函数为

$$\rho_{N,\gamma} = \frac{e^{-\beta E_r - \alpha N}}{\sum_N \sum_r e^{-\beta E_r - \alpha N}}. \tag{10.17.1}$$

若巨正则系综中的所有体系的粒子数N不变，则(10.17.1)式中分子与分母的$e^{-\alpha N}$便可消去，也不存在对N加和问题，自然得到正则系综的分布函数.

$$\rho_\gamma = \frac{e^{-\beta E_r}}{\sum_r e^{-\beta E_r}}. \tag{10.17.2}$$

若正则系综中的所有体系的能量不变，设都为E_0，此时上式就变为

$$\rho_\gamma = \frac{e^{-\beta E}}{\left(\sum_r 1\right) e^{-\beta E}} = \frac{1}{\Omega}, \tag{10.17.3}$$

这就是微正则系综的分布函数.

因此，不同N的正则系综的集合构成巨正则系综，不同E的微正则系综的集合构成正则系综. 反过来讲，N不变的巨正则系综为正则系综，E不变的正则系综为微正则系综.

10.17.2 不同系综在求统计平均上的等效性

从概念上讲，不同宏观约束设计的系综是不同的，尽管它们之间有联系，毕竟各是各，不能等同. 这里所谈的等效性并不是全同性，而是指实际求统计平均的结果相同，它是建立在围绕平均值的涨落极小基础上的.

对于宏观的平衡态体系，不论何种系综，体系的能量涨落、粒子数涨落、体积涨落都是极小的. 系综中的体系绝大多数都集中处在$\overline{E}$，$\overline{N}$，$\overline{V}$值附近. 如果近似认为巨正则系综的体系粒子数都为$\overline{N}$，这实质上巨正则系综就变为正则系综了. 同理，如果近似认为正则系综的体系能量都为$\overline{E}$，这时正则系综就变为微正则系综了. 因此三种系综求统计平均值的实际效果是相同的，这就是系综等效性的含义.

选用不同系综求统计平均，相当于选不同的特性函数或不同的配分函数. 究竟具体用哪种系综为好，视实际研究的对象与所解决的问题而定，一般以简便为原则.

10.18 由巨正则分布导出近独立子的能级分布

第4章导出近独立子的三种统计分布律时，都假设$\omega_i \gg 1$，$n_i \gg 1$，并使用了Stirling近似公式. 实际上所作的假设未必能满足，因此这是严重的缺陷. 采用巨正则分布导出所述的分布律则不存在数学上人为假设的缺点，而且还为它们的正确性提供了坚实的理论基础.

考虑全同独立子体系构造的巨正则系综，其分布函数为

$$\rho_{N,\gamma} = \frac{1}{\Xi} e^{-\alpha N - \beta E_r}. \tag{10.18.1}$$

配分函数为

$$\Xi = \sum_N \sum_r e^{-\alpha N - \beta E_r}. \tag{10.18.2}$$

设单粒子的能级为$\varepsilon_i (i=1,2,\cdots)$，其简并度为$\omega_i$，粒子的能级分布为$\{n_i\}$时，体系的粒子数$N$和能量$E$为

$$N = \sum_i n_i, \quad E = \sum_i n_i \varepsilon_i \quad . \tag{10.18.3}$$

巨正则系综对体系的 N 与 E 没有加任何限制，所以 $n_i(i=1,2,\cdots)$ 可以独立的取各种可能的值. 因此(10.18.2)式中对所有可能的粒子数N 和量子态r 求和，相当于对一切可能的分布$\{n_i\}$求和. 同时在计算(10.18.2)式级数时，还应当把给定能级分布$\{n_i\}$条件下的总量子态数W 所引起的相等各项都合并起来，这样(10.18.2)式就变为

$$\Xi = \sum_N \sum_r \mathrm{e}^{-\alpha N-\beta E_r} = \sum_{n_i} W\mathrm{e}^{-\sum_i(\alpha+\beta\varepsilon_i)n_i}. \tag{10.18.4}$$

现在利用(10.18.4)式推导独立子的分布律

1. Bose-Einstein 分布律

玻色子的一套能级分布$\{n_i\}$的总量子状态数为

$$W = \prod_i \frac{(n_i+\omega_i-1)!}{(\omega_i-1)!n_i!}. \tag{10.18.5}$$

将(10.18.5)式代入(10.18.4)式，即得

$$\begin{aligned}
\Xi &= \sum_{n_i=0}^{\infty}\left(\prod_i \frac{(n_i+\omega_i-1)!}{(\omega_i-1)!n_i!}\right)\left(\prod_i \mathrm{e}^{-(\alpha+\beta\varepsilon_i)n_i}\right)\\
&= \sum_{n_i=0}^{\infty}\prod_i \frac{(n_i+\omega_i-1)!}{(\omega_i-1)!n_i!}\mathrm{e}^{-(\alpha+\beta\varepsilon_i)n_i}\\
&= \prod_i\sum_{n_i=0}^{\infty} \frac{(n_i+\omega_i-1)!}{(\omega_i-1)!n_i!}\mathrm{e}^{-(\alpha+\beta\varepsilon_i)n_i}\\
&= \prod_i\sum_{n_i=0}^{\infty}(-1)^{n_i} \frac{(-\omega_i)!}{(-\omega_i-n_i)!n_i!}\mathrm{e}^{-(\alpha+\beta\varepsilon_i)n_i}\\
&= \prod_i\sum_{n_i=0}^{\infty} \frac{(-\omega_i)!}{(-\omega_i-n_i)!n_i!}\left(-\mathrm{e}^{-\alpha-\beta\varepsilon_i}\right)^{n_i}\\
&= \prod_i(1-\mathrm{e}^{-\alpha-\beta\varepsilon_i})^{-\omega_i} = \prod_i \Xi_i,
\end{aligned} \tag{10.18.6}$$

其中

$$\Xi_i = (1-\mathrm{e}^{-\alpha-\beta\varepsilon_i})^{-\omega_i}. \tag{10.18.7}$$

能级 ε_i 上的平均粒子数为

$$\begin{aligned}
\overline{n_i} &= \frac{1}{\Xi}\sum_N\sum_r n_i\mathrm{e}^{-\alpha N-\beta E_r}\\
&= \frac{1}{\Xi}\sum_{n_i} n_i\mathrm{e}^{-(\alpha+\beta\varepsilon_i)n_i}\prod_{j\neq i}\left\{\sum_{n_j}\mathrm{e}^{-(\alpha+\beta\varepsilon_j)n_j}\right\}\\
&= \frac{1}{\Xi_i}\sum_{n_i} n_i\mathrm{e}^{-(\alpha+\beta\varepsilon_i)n_i}\\
&= \frac{1}{\Xi_i}\left(-\frac{\partial}{\partial\alpha}\Xi_i\right) = -\frac{\partial\ln\Xi_i}{\partial\alpha}.
\end{aligned} \tag{10.18.8}$$

今知

$$\ln\Xi_i = -\omega_i\ln(1-\mathrm{e}^{-\alpha-\beta\varepsilon_i}),$$

则

$$\overline{n_i} = -\frac{\partial}{\partial\alpha}\{-\omega_i\ln(1-\mathrm{e}^{-\alpha-\beta\varepsilon_i})\} = \frac{\omega_i\mathrm{e}^{-\alpha-\beta\varepsilon_i}}{1-\mathrm{e}^{-\alpha-\beta\varepsilon_i}} = \frac{\omega_i}{\mathrm{e}^{\alpha+\beta\varepsilon_i}-1}. \tag{10.18.9}$$

这就是Bose-Einstein 统计分布律.它与第4章用概率法得到的完全相同,但其导出过程中却没有概率法中人为假设$n_i \gg 1, \omega_i \gg 1$的缺陷.

2. Fermi-Dirac 分布律

费米子遵守Pauli 原理,$\omega_i \geqslant n_i$,一套能级分布$\{n_i\}$的总量子态数为

$$W = \prod_i \frac{\omega_i!}{(\omega_i - n_i)!n_i!}. \tag{10.18.10}$$

将(10.18.10)式代入(10.18.4)式,得巨正则配分函数

$$\begin{aligned}\Xi &= \sum_{n_i=0}^{\omega_i}\left(\prod_i \frac{\omega_i!}{(\omega_i - n_i)!n_i!}\right)\left(\prod_i e^{-(\alpha+\beta\varepsilon_i)n_i}\right) \\ &= \sum_{n_i=0}^{\omega_i}\prod_i \frac{\omega_i!}{(\omega_i - n_i)!n_i!}e^{-(\alpha+\beta\varepsilon_i)n_i} \\ &= \prod_i \sum_{n_i=0}^{\omega_i} \frac{\omega_i!}{(\omega_i - n_i)!n_i!}e^{-(\alpha+\beta\varepsilon_i)n_i} \\ &= \prod_i (1 + e^{-(\alpha+\beta\varepsilon_i)})^{\omega_i} = \prod_i \Xi_i,\end{aligned} \tag{10.18.11}$$

其中

$$\Xi_i = (1 + e^{-\alpha-\beta\varepsilon_i})^{\omega_i}. \tag{10.18.12}$$

能级ε_i上的平均粒子数为

$$\begin{aligned}\overline{n_i} &= -\frac{\partial \ln \Xi_i}{\partial \alpha} = -\frac{\partial}{\partial \alpha}\{\omega_i \ln(1 + e^{-\alpha-\beta\varepsilon_i})\} \\ &= \frac{\omega_i e^{-\alpha-\beta\varepsilon_i}}{1 + e^{-\alpha-\beta\varepsilon_i}} = \frac{\omega_i}{e^{\alpha+\beta\varepsilon_i} + 1},\end{aligned} \tag{10.18.13}$$

这就是Fermi-Dirac 统计分布律.

3. Maxwell-Boltzmann 分布律

离域独立子经典体系,一套能级分布$\{n_i\}$的总量子态数为

$$W = \prod_i \frac{\omega_i^{n_i}}{n_i!}. \tag{10.18.14}$$

将(10.18.14)式代入(10.18.4)式,得巨正则分布函数

$$\begin{aligned}\Xi &= \sum_{n_i=0}^{\infty}\left(\prod_i \frac{\omega_i^{n_i}}{n_i!}\right)\left(\prod_i e^{-(\alpha+\beta\varepsilon_i)n_i}\right) \\ &= \sum_{n_i=0}^{\infty}\prod_i \frac{(\omega_i e^{-\alpha-\beta\varepsilon_i})^{n_i}}{n_i!} \\ &= \prod_i \sum_{n_i=0}^{\infty} \frac{(\omega_i e^{-\alpha-\beta\varepsilon_i})^{n_i}}{n_i!} \\ &= \prod_i \exp(\omega_i e^{-\alpha-\beta\varepsilon_i}) = \prod_i \Xi_i,\end{aligned} \tag{10.18.15}$$

其中

$$\Xi_i = \exp(\omega_i e^{-\alpha-\beta\varepsilon_i}). \tag{10.18.16}$$

能级ε_i上的平均粒子数为

$$\bar{n}_i = -\frac{\partial \ln \Xi_i}{\partial \alpha} = \omega_i e^{-\alpha-\beta\varepsilon_i}, \tag{10.18.17}$$

这就是熟知的Maxwell-Boltzmann统计分布律.

10.19　非理想气体的状态方程

当气体密度不太小时,分子间相互作用不能忽略,气体的性质偏离理想气体,这类非理想实际气体热力学性质的讨论,必须用正则系综或巨正则系综理论.

设气体为单组分体系,由 N 个粒子组成.假定分子间相互作用的势能函数 U 只与分子的坐标有关,和分子的速度及分子的内部运动状态无关.体系的哈密顿量(Hamiltonian)可分为两部分:

$$H = H_t + H_{int},$$

其中 H_t 为平动哈密顿量,H_{int} 为内部运动哈密顿量.H_t 为

$$H_t = \sum_{i=1}^{N} \frac{1}{2m_i}(p_{x_i}^2 + p_{y_i}^2 + p_{z_i}^2) + U(\boldsymbol{r}_1, \boldsymbol{r}_2, \cdots, \boldsymbol{r}_N).$$

依配分函数的析因子性质,可将非理想气体的正则配分函数表述为

$$\Phi = \Phi_t \Phi_{int}.$$

体系内部运动能量是各分子内部运动能量之和,即

$$E_{int} = \sum_{l=1}^{N} (\varepsilon_{int})_l.$$

体系的内部运动配分函数为

$$\Phi_{int} = \sum e^{-E_{int}/kT} = \sum e^{-\sum_l (\varepsilon_{int})_l/kT} = \left(\sum e^{-\varepsilon_{int}/kT}\right)^N = q_{int}^N. \tag{10.19.1}$$

体系的平动配分函数可在相空间中计算

$$\begin{aligned}\Phi_t &= \frac{1}{N!h^{3N}} \int \cdots \int \exp(-H_t/kT) \mathrm{d}q \mathrm{d}p \\ &= \frac{1}{N!h^{3N}} \int \cdots \int \exp\left[-\sum_{i=1}^{N} \frac{1}{2mkT}(p_{x_i}^2 + p_{y_i}^2 + p_{z_i}^2)\right] \prod_{i=1}^{N} \mathrm{d}p_{x_i} \mathrm{d}p_{y_i} \mathrm{d}p_{z_i} \int \cdots \int \exp\left(\frac{-U(r)}{kT}\right) \prod_{i=1}^{N} \mathrm{d}\boldsymbol{r}_i \Big] \\ &= \left(\frac{2\pi mkT}{h^2}\right)^{\frac{3N}{2}} Q_c,\end{aligned} \tag{10.19.2}$$

其中 Q_c 称为构型配分函数或构型积分

$$Q_c = \frac{1}{N!} \int \cdots \int \exp\left[-\frac{U(r)}{kT}\right] \prod_{i=1}^{N} \mathrm{d}\boldsymbol{r}_i. \tag{10.19.3}$$

当 $U(r)=0$,$Q_c=\frac{V^N}{N!}$,(10.19.2)式就还原为理想气体的平动配分函数.对于 $U(r)\neq 0$ 的非理想气体,根据 $U(r)$ 的具体形式,按(10.19.3)式可算出相应 $U(r)$ 的构型配分函数 Q_c 和正则配分函数 Φ

$$\Phi = \left[\left(\frac{2\pi mkT}{h^2}\right)^{3/2} q_{int}\right]^N Q_c. \tag{10.19.4}$$

上述讨论可推广到多组分非理想气体,请读者作为练习,写出多组分非理想气体的正则配分函数.

10.8节已论证,只要已知 $\Phi(T,V,N)$,体系的一切热力学函数及状态方程皆可由 Φ 求得.

由(10.19.4)式可见，求体系的正则配分函数，关键是求与$U(r)$相应的构型积分. 下面介绍计算Q_c的方法.

为了计算构型积分，首先要分析$U(r)$. 为简化计，设体系是单原子气体，并假设分子间的相互作用力是分子对作用的向心力，两个分子间的作用力只取决于它们之间的距离，不受其他分子位置的影响. 因此，气体分子间互作用能$U(r)$是所有分子对互作用能$u(\boldsymbol{r}_{ij})$的总和，$u(\boldsymbol{r}_{ij})$是分子i和j距离$\boldsymbol{r}_{ij}$的函数

$$U(q)=\frac{1}{2}\sum_{i\neq j}u(r_{ij})=\sum_{i<j}u(r_{ij}). \tag{10.19.5}$$

相应于势能函数$U(q)=\sum_{i<j}u(\boldsymbol{r}_{ij})$的构型积分为

$$Q_c=\int\cdots\int\exp\left\{-\sum_{i<j}u(\boldsymbol{r}_{ij})/kT\right\}\prod_{i=1}^{N}\mathrm{d}\boldsymbol{r}_1. \tag{10.19.6}$$

为求算上述Q_c，引入一个新函数，称为Mayer(迈耶)函数f_{ij}

$$f_{ij}=\mathrm{e}^{-u(r_{ij})/kT}-1. \tag{10.19.7}$$

构型积分中的被积函数$\exp\left\{-\sum_{i<j}u(r_{ij})/kT\right\}$通过$f_{ij}$展开为

$$\begin{aligned}\exp\left\{-\sum_{i<j}u(r_{ij})/kT\right\}&=\prod_{i<j}(1+f_{ij})\\&=(1+f_{12})(1+f_{13})\cdots(1+f_{1N})(1+f_{23})(1+f_{24})\cdots(1+f_{2N})\cdots(1+f_{N-1,N})\\&=1+\sum_{i<j}f_{ij}+\sum_{i<j,k<l}f_{ij}f_{kl}+\sum_{i<j,k<l,m<n}f_{ij}f_{kl}f_{mn}+\cdots.\end{aligned}$$

上式中考虑到气体密度不是很大时，分子间作用的短程特性，一个分子同时与两个或两个以上分子作用的机会很小，如$\sum f_{ij}f_{ik}$，$\sum f_{ij}f_{ik}f_{il}$等项均可忽略.

$$\begin{aligned}Q_c=\frac{1}{N!}\int_{(V)}\cdots\int\Big[1&+\frac{1}{2}\frac{N!}{(N-2)!}f_{ij}+\left(\frac{1}{2}\right)^2\frac{N!}{(N-4)!2!}f_{ij}f_{kl}+\cdots\\&+\left(\frac{1}{2}\right)^n\frac{N!}{(N-2n)!n!}f_{ij}f_{kl}f_{mn}+\cdots\Big]\prod_{i=1}^{N}\mathrm{d}\boldsymbol{r}_i\ .\end{aligned}$$

N个全同分子不可区分，分子间作用势u_{ij}以及函数f_{ij}对所有分子对皆相同，上式可以化简为

$$\begin{aligned}Q_c&=\frac{1}{N!}\Big[V^N+\frac{1}{2}\frac{N!V^{N-2}}{(N-2)!}\iint f_{ij}\mathrm{d}\boldsymbol{r}_i\mathrm{d}\boldsymbol{r}_j+\left(\frac{1}{2}\right)^2\frac{N!V^{N-4}}{(N-4)!2!}\iint f_{ij}\mathrm{d}\boldsymbol{r}_i\mathrm{d}\boldsymbol{r}_j\iint f_{kl}\mathrm{d}\boldsymbol{r}_k\mathrm{d}\boldsymbol{r}_l+\cdots\\&\qquad+\left(\frac{1}{2}\right)^n\frac{N!V^{N-2n}}{(N-2n)!n!}\iint f_{ij}\mathrm{d}\boldsymbol{r}_i\mathrm{d}\boldsymbol{r}_j\iint f_{kl}\mathrm{d}\boldsymbol{r}_k\mathrm{d}\boldsymbol{r}_l\iint f_{mn}\mathrm{d}\boldsymbol{r}_m\mathrm{d}\boldsymbol{r}_n+\cdots\Big]\\&=\frac{V^N}{N!}\Big[1+\frac{N!}{(N-2)!}\left(\frac{1}{2V^2}\iint f_{ij}\mathrm{d}\boldsymbol{r}_i\mathrm{d}\boldsymbol{r}_j\right)+\frac{N!}{(N-4)!2!}\left(\frac{1}{2V^2}\iint f_{ij}\mathrm{d}\boldsymbol{r}_i\mathrm{d}\boldsymbol{r}_j\right)^2+\cdots\\&\qquad+\left(\frac{N!}{(N-2n)!n!}\left(\frac{1}{2V^2}\iint f_{ij}\mathrm{d}\boldsymbol{r}_i\mathrm{d}\boldsymbol{r}_j\right)^n+\cdots\right]\\&=\frac{V^N}{N!}\sum_{n=0}^{N/2}\frac{N!}{(N-2n)!n!}\left(\frac{1}{2V^2}\iint_V f_{ij}\mathrm{d}\boldsymbol{r}_i\mathrm{d}\boldsymbol{r}_j\right)^n\\&=\frac{V^N}{N!}\sum_{n=0}^{N/2}\frac{N!}{(N-2n)!n!N^n}\left(\frac{N}{2V^2}\iint f_{ij}\mathrm{d}\boldsymbol{r}_i\mathrm{d}\boldsymbol{r}_j\right)^n.\end{aligned} \tag{10.19.8}$$

令
$$I=\iint_V f_{ij}\mathrm{d}\boldsymbol{r}_i\mathrm{d}\boldsymbol{r}_j=\iint_V(\mathrm{e}^{-u(r_{ij})/kT}-1)\mathrm{d}\boldsymbol{r}_i\mathrm{d}\boldsymbol{r}_j.$$

图10.19.1示出非理想气体分子对互作用的$u(r_{ij})$和f_{ij}的典型曲线. 从图中可见，当r_{ij}较大时，$u(r_{ij})$迅速减小到零，f_{ij}函数也随之变到零. 所以仅当体积元 $\mathrm{d}r_i$ 和 $\mathrm{d}r_j$ 十分靠近，也即分子间距 r_{ij}很小时，I积分才有意义. 因此，可作积分变量的变换，引入两分子i和j的质心坐标$\boldsymbol{r}_C$和相对坐标$\boldsymbol{r}_{ij}$

$$\boldsymbol{r}_C=\frac{m_i\boldsymbol{r}_i+m_j\boldsymbol{r}_j}{m_i+m_j}\quad,\quad \boldsymbol{r}_{ij}=\boldsymbol{r}_j-\boldsymbol{r}_i$$

不难证明　$\mathrm{d}\boldsymbol{r}_i\mathrm{d}\boldsymbol{r}_j=|J|\mathrm{d}\boldsymbol{r}_C\mathrm{d}\boldsymbol{r}_{ij}$，因而

$$\begin{aligned}I&=\iint_V(\mathrm{e}^{-u(r_{ij})/kT}-1)\mathrm{d}\boldsymbol{r}_i\mathrm{d}\boldsymbol{r}_j\\&=\int_V\mathrm{d}\boldsymbol{r}_C\int_V(\mathrm{e}^{-u(r_{ij})/kT}-1)\mathrm{d}\boldsymbol{r}_{ij}\\&=V\int_V(\mathrm{e}^{-u(r_{ij})/kT}-1)\mathrm{d}\boldsymbol{r}_{ij}=V\beta,\end{aligned}\qquad(10.19.9)$$

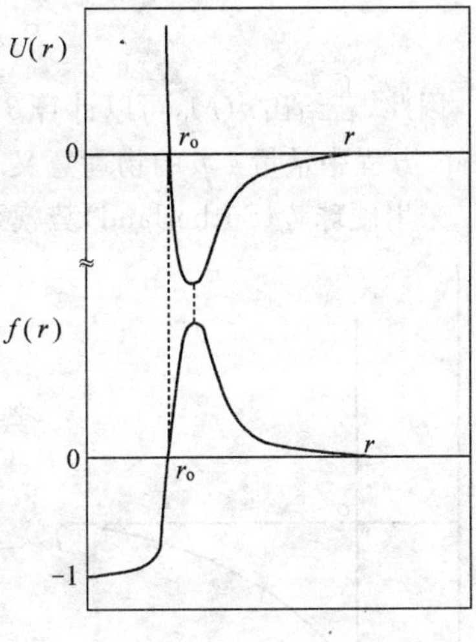

图10.19.1　f函数与势能函数随r的变化

式中

$$\beta=\int_V(\mathrm{e}^{-u(r_{ij})/kT}-1)\mathrm{d}\boldsymbol{r}_{ij}.\qquad(10.19.10)$$

将(10.19.9)式代入(10.19.8)式，得

$$Q_{\mathrm{c}}=\frac{V^N}{N\,!}\sum_{n=0}^{N/2}\frac{N\,!}{(N-2n)\,!\,n\,!\,N^n}\left(\frac{N}{2V}\beta\right)^n.\qquad(10.19.11)$$

因$N=O(10^{23})$，所以$N-1\approx N,N-2\approx N,\cdots$. 化简上式，并利用二项式定理，得

$$Q_{\mathrm{c}}\approx\frac{V^N}{N!}\left[1+N\left(\frac{N}{2V}\beta\right)+\frac{N(N-1)}{2!}\left(\frac{N}{2V}\beta\right)^2+\cdots\right]=\frac{V^N}{N!}\left(1+\frac{N}{2V}\beta\right)^N,\qquad(10.19.12)$$

则

$$\ln Q_{\mathrm{c}}=N\left(\ln\frac{V}{N}+1\right)+\frac{N^2}{2V}\beta.\qquad(10.19.13)$$

由上述讨论可知，只要给定$u(r)$的具体形式，便可计算出β积分，从而获得Q_{c}，并计算出正则配分函数Φ.

原则上，只要已知$\Phi(T,V,N)$，就可以求得体系的所有热力学函数. 以推导van der Waals方程为例，说明研究非理想气体的方法.

实际气体的压力　$p=-\dfrac{\partial F}{\partial V}=kT\left(\dfrac{\partial\ln\Phi}{\partial V}\right)_T=kT\left(\dfrac{\partial\ln Q_{\mathrm{c}}}{\partial V}\right)_T,$

将(10.19.13)式代入上式，即得

$$p=\frac{NkT}{V}\left(1-\frac{N}{2V}\beta\right).\qquad(10.19.14)$$

(10.19.14)式是由统计力学理论推引出的实际气体状态方程的一级近似表达式.

van der Waals 总结出的半经验气体方程为

$$\left(p+\frac{N^2a}{V^2}\right)(V-Nb)=NkT.$$

van der Waals 方程可改写成virial(维里)展开的形式

$$p=\frac{NkT}{V}\left[1+\frac{N}{V}\left(b-\frac{a}{kT}\right)+\cdots\right]=\frac{NkT}{V}\left(1+\frac{B_2}{V}+\cdots\right).\qquad(10.19.15)$$

对比(10.19.14)与(10.19.15)式，可得

$$B_2 = -\frac{1}{2}N\beta = N\left(b - \frac{a}{kT}\right). \qquad (10.19.16)$$

因此，若给出$u(r)$，可以计算β，从而获得气体状态方程的第二维里系数，亦可阐明van der Waals 方程中常量a，b的物理意义.

采用硬球势(Sutherland)势模型来近似推引 van der Waals 方程. 势函数为

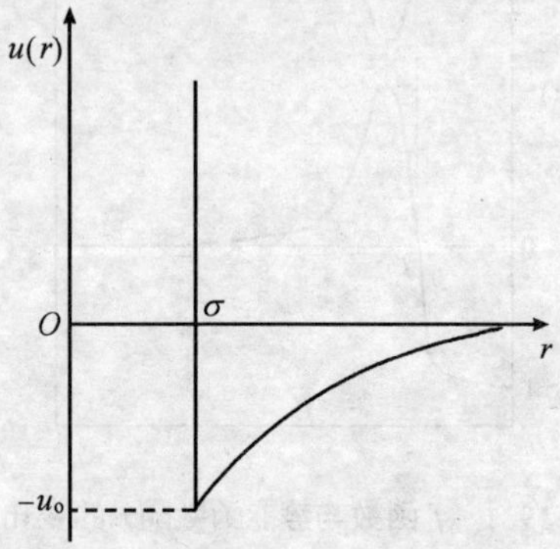

图 10.19.2　硬球势函数

$$u(r) = \begin{cases} \infty & r \leqslant r_0, \\ -u_0\left(\dfrac{r_0}{r}\right)^6 & r > r_0. \end{cases}$$

势能曲线如图 10.19.2 所示. 将硬球势$u(r)$代入(10.19.10)式，求β积分

$$\begin{aligned}\beta &= \int_0^\infty 4\pi r^2\left(e^{-\frac{u(r)}{kT}} - 1\right)dr \\ &= \int_0^{r_0} 4\pi r^2(-1)dr + \int_{r_0}^\infty 4\pi r^2\left[\frac{u_0}{kT}\left(\frac{r_0}{r}\right)^6\right]dr \\ &= -\frac{3}{4}\pi r_0^3 + \frac{3}{4}\pi u_0 r_0^3/kT.\end{aligned}$$

设硬球分子的半径为$\frac{1}{2}r_0$，则分子的体积为 $v_0 = \frac{4}{3}\pi\left(\frac{r_0}{2}\right)^3 = \frac{\pi}{6}r_0^3$，$\beta$积分的结果可用$v_0$表示为

$$\beta = -8v_0 + 8v_0\left(\frac{u_0}{kT}\right).$$

将此β代入(10.19.14)式，得出的物态方程与适当做合理近似的van der Waals 方程进行对比，不难给出

$$b = 4v_0,$$

$$a = 4v_0u_0.$$

常量b是气体分子总体积的 4 倍，a则为最低势能u_0和b的乘积.

前面的讨论给出了构型积分和实际气体第二维里系数计算的近似方法. 20 世纪 30 年代 Mayer 夫妇提出的集团展开，可以严格计算Q_c和高阶维里系数，他们对非理想气体的研究作出了重大贡献，有兴趣者可参阅文献[1,2].

习　题

10.1　试用正则分布求：(1) 单原子理想气体的物态方程、内能和熵；(2) 混合理想气体的物态方程、内能和熵. 设该气体由物质的量分别为n_1和n_2的两种单原子组分构成.

10.2　试用正则分布求van der Waals 气体的内能和熵表达式.

10.3　对于正则系综，试证明

$$\overline{(E-\overline{E})^3} = k^2\left\{T^4\left(\frac{\partial C_V}{\partial T}\right) + 2T^3C_V\right\},$$

$$\frac{\overline{(E-\overline{E})^3}}{\overline{E}^3} = O(N^{-2}).$$

10.4　对于由两组分体系构成的巨正则系综，试证明

$$\overline{N_1N_2}-\overline{N_1}\,\overline{N_2}=kT\left(\frac{\partial \overline{N_1}}{\partial \mu_2}\right)_{V,T,\mu_1}=kT\left(\frac{\partial \overline{N_2}}{\partial \mu_1}\right)_{V,T,\mu_2}.$$

10.5 对于等温等压系综,试证明

$$\overline{H^2}-(\overline{H})^2=kT^2C_p.$$

10.6 利用压力的正则系综统计表达式 $p=kT\dfrac{\partial \ln \Phi}{\partial V}$,证明理想气体的压力相对涨落为

$$\frac{\delta p}{p}=\left(\frac{2}{3}N\right)^{1/2}.$$

10.7 请为非理想气体推引状态方程

$$p=\frac{NkT}{V}\left[1-\frac{1}{2}\left(\frac{N}{V}\right)B_1-\frac{2}{3}\left(\frac{N}{V}\right)^2B_2-\cdots\right].$$

10.8 请根据Lennard-Jones(伦纳德-琼斯)势

$$u(r)=u_0\left[\left(\frac{\sigma}{r}\right)^{12}-\left(\frac{\sigma}{r}\right)^6\right],$$

应用分部积分和Γ函数性质,推引非理想气体的第二维里系数公式

$$B_2(T)=\frac{\sqrt{2}}{6}N\pi\sigma^3\left(\frac{u_0}{kT}\right)^{1/4}\sum_{n=0}^{\infty}\frac{z^n}{n!}\Gamma\left(\frac{n}{2}-\frac{1}{4}\right)\left(\frac{u_0}{kT}\right)^{\frac{n}{2}}.$$

10.9 请按下列步骤阐明非理想气体参数z的意义.

$$z=\lambda Q_{T_r}^*=Q_{T_r}^*\mathrm{e}^{\mu/kT}.$$

(1) 请验证,理想的单原子气体的Gibbs 自由能为

$$G'=-NkT\ln\left[Q_{T_r}^*\left(\frac{V}{N}\right)\right].$$

(2) 请验证,非理想气体的Gibbs 自由能为

$$G=N\mu=-NkT\left[\ln Q_{T_r}\left(\frac{1}{z}\right)\right].$$

(3) 请对比G'和G,然后论证,非理想气体的参数z实际上就是它的活度,而它的活度系数则为

$$\gamma=z\frac{V}{N}=Q_{T_r}\mathrm{e}^{\mu/kT}/N.$$

10.10 现设有一定域独立子体系,其中N个定域子分布在属于同一能级的两个简并的量子态A和B上.若将此体系视为由A和B两组分组成,则这两组分间可以按A⇌B式互相转化并达成平衡,请论证:

(1) 这个表观的二组分体系,其正则配分函数和巨正则配分函数分别为

$$\Phi(N_A,N_B)=2^{N_A+N_B},$$

$$\Xi(\mu_A,\mu_B)=\frac{1}{(1-2\mathrm{e}^{\mu_A/kT})(1-2\mathrm{e}^{\mu_B/kT})};$$

(2) 组分在A态和B态的化学势之间及平均粒子数之间的关系为

$$\mu_A=\mu_B,\quad \overline{N}_A=\overline{N}_B;$$

(3) 组分在A态的涨落、相对涨落以及在$N_A\to N_A+\mathrm{d}N_A$的概然率$P(N_A)$分别为

$$\overline{d_{N_A}^2}=\overline{N}_A,\quad \overline{r_{N_A}^2}=\frac{1}{\overline{N}_A};$$

$$P(N_A)=\frac{1}{\sqrt{2\pi N_A}}\exp\left\{-\frac{(N_A-\overline{N}_A)^2}{2\overline{N}_A}\right\}$$

10.11　应用巨正则系综方法，推引多分子层吸附公式[参阅 Hill, Statistical Mechanics (1956), Appendix 5, p. 405].

设一个拥有 M_s 个等同的吸附位置的平面点阵，气体分子吸附在这些吸附位上的配分函数为 Q_1，而一个被吸附的分子本身也可成为一个新的吸附位置，并这样形成多分子层的吸附相. 现设吸附相中分子的总数为 M，其中第一层的分子数为 M_1，而高层的分子数为 $M_{>1}$，高层吸附分子的配分函数为 $Q_{>1}$，请论证：

(1) 吸附相的正则配分函数为

$$\Phi(T,M_s,M)=\sum_{M_1}\sum_{M_{>1}}\left[\frac{M_s!Q_1^{M_1}}{M_1!(M_s-M_1)!}\right]\left[\frac{(M_1+M_{>1}-1)!Q_{>1}^{M_{>1}}}{M_{>1}!(M_1-1)!}\right].$$

上述公式所应满足的粒子数守恒条件如下：

- 若 $M\leqslant M_s$ 时，$M_1+M_{>1}=M$，$M\geqslant M_1\geqslant 1$，$M-1\geqslant M_{>1}\geqslant 0$；
- 若 $M>M_s$ 时，$M_1+M_{>1}=M$，$M_s\geqslant M_1\geqslant 1$，$M-1\geqslant M_{>1}\geqslant M-M_s$.

(2) 吸附相的巨配分函数可以写成

$$\begin{aligned}\Xi(T,M_s,\mu)&=\sum_{M\geqslant 0}\Phi(T,M_s,M)e^{M\mu/kT}\\&=1+\sum_{M_1=1}^{M_s}\frac{M_s!(Q_1e^{\mu/kT})^{M_1}}{M_1!(M_s-M_1)!(M_1-1)!}\times\sum_{M_{>1}=0}^{\infty}\frac{(M_1+M_{>1}-1)!(Q_{>1}e^{\mu/kT})^{M_{>1}}}{M_{>1}!}.\end{aligned}$$

(3) 利用公式 $\sum_{N_1=0}^{\infty}\frac{(N_1+N_2)!\ x^{N_1}}{N_1!}=\frac{N_2!}{(1-x)^{N_2+1}}$，$(x<1)$，验证下列结果：

$$\sum_{M_{>1}=0}^{\infty}\frac{(M_1+M_{>1}-1)!(Q_{>1}e^{\mu/kT})^{M_{>1}}}{M_{>1}!}=\frac{(M_1-1)!}{(1-Q_{>1}e^{\mu/kT})^{M_1}},$$

$$\Xi(T,M_s,\mu)=\sum_{M_1=0}^{M_s}\frac{M_s!y^{M_1}}{M_1!(M_s-M_1)!}=(1+y)^{M_s},$$

式中

$$y=Q_1e^{\mu/kT}/(1-Q_{>1}e^{\mu/kT}).$$

(4) 利用巨正则系综公式推引下面称为BET 等温吸附式方程

$$\frac{\overline{M}}{M_s}=\frac{Cx}{(1-x+Cx)(1-x)},$$

式中

$$C=Q/Q_{>1},\ x=Q_{>1}e^{\mu/kT}.$$

(5) 若吸附相的分子层数不能超过 m，则相应的巨配分函数和BET 公式为：

$$\Xi(T,M_s,\mu)=[1+Cx(1+x+x^2+\cdots+x^{m-1})]^{M_s},$$

$$\frac{\overline{M}}{M_s}=\frac{Cx[1-(m+1)x^m+mx^{m+1}]}{(1-x)(1-x+Cx-Cx^{m+1})}.$$

参考文献

[1] J. E. Mayer and M. G. Mayer. Statistical Mechanics. Wiley, New York, 1940

[2] 刘光恒，戴树珊. 化学应用统计力学. 北京：科学出版社，2001

第 11 章　涨落的准热力学理论

统计热力学是关于微观量统计平均性质的理论,因此体系的物理量与其统计平均值存在特有的偏差,它们用涨落或相对涨落表述.

围绕统计平均值的涨落有两种理论:(i)涨落的系综理论,它是依据体系分布函数建立的普遍理论,这部分内容已在第 10 章中作了讨论;(ii)本章将要介绍的准热力学理论,它是由 Smoluchowski 和 Einstein 在 20 世纪初建立的. 他们考查了涨落的系综理论结果,发现体系的能量涨落,粒子数涨落等都可由热力学特性函数表达或计算出来. 具体而言,涨落与热力学响应函数 $C_V, \kappa_T, \partial\mu/\partial N$ 等相联系. 涨落的准热力学理论就是直接找出热力学量偏差的概率分布,然后依据该分布函数计算涨落或涨落相关,此法直接而简便.

11.1　封闭体系热力学量偏差的概率分布

本节讨论封闭体系热力学量的涨落问题. 为此,将体系S 和一个大热源t 接触达热平衡,并合起来构成一个复合的孤立体系A,且体系和热源之间的相互作用可忽略. A 具有固定不变的能量和体积. 若体系S 的能量和体积偏离平衡态发生变化 ΔE_{S} 和 ΔV_{S} 时,热源的能量和体积必变化 ΔE_{t} 和 ΔV_{t},使得

$$\Delta E_{\mathrm{S}} + \Delta E_{\mathrm{t}} = 0, \quad \Delta V_{\mathrm{S}} + \Delta V_{\mathrm{t}} = 0\,. \tag{11.1.1}$$

令 $\overline{E}_{\mathrm{S}}$ 和 $\overline{V}_{\mathrm{S}}$ 表示体系能量和体积的统计平均值,它们也就是平衡态下体系的内能和体积. 复合孤立体系A 在平衡态的熵为 S_0,微观状态数为 Ω_0,依据 Boltzmann 关系式,两者之间的关系为

$$S_0 = k\ln\Omega_0. \tag{11.1.2}$$

当体系的能量和体积偏离 $\overline{E}_{\mathrm{S}}$ 和 $\overline{V}_{\mathrm{S}}$ 发生改变 ΔE_{S} 和 ΔV_{S} 时,复合孤立体系A 的熵与微观状态数也发生改变. 令改变后的熵与微观状态数分别为 S 和 Ω,两者之间的关系为

$$S = k\ln\Omega\,. \tag{11.1.3}$$

依据平衡态孤立体系的等概率原理,复合孤立体系A 在平衡下每一个可能的微观态出现的概率相等,因此体系S 的能量和体积对 $\overline{E}_{\mathrm{S}}$ 和 $\overline{V}_{\mathrm{S}}$ 发生偏差 ΔE_{S} 和 ΔV_{S} 的概率 W 与 Ω 成正比. 应用(11.1.3)式,则有

$$W \propto \exp(S/k)\,. \tag{11.1.4}$$

复合孤立体系在平衡态的熵 S_0 最大,因而 Ω_0 也最大. 故平衡态体系S 出现的概率 W_0 与 Ω_0 成正比,从而有

$$W_0 \propto \exp(S_0/k)\,. \tag{11.1.5}$$

由(11.1.4)和(11.1.5)两式,得

$$W = W_0\exp\{(S - S_0)/k\} = W_0\exp(\Delta S/k) = W_0\exp\{(\Delta S_{\mathrm{S}} + \Delta S_{\mathrm{t}})/k\}\,. \tag{11.1.6}$$

其中 ΔS_{S} 和 ΔS_{t} 分别是体系S 和热源t 的熵和平衡态的熵的偏差. 热源的涨落非常小,可将发生偏差当做准静态过程. 应用封闭体系的热力学基本方程,并应用(11.1.1)式,即得

$$\Delta S_t = \frac{\Delta E_t + p\Delta V_t}{T} = -\frac{\Delta E_S + p\Delta V_S}{T}. \tag{11.1.7}$$

其中T 和 p 是热源的温度和压力,也是体系S 的平均温度和平均压力. 将(11.1.7)式用于(11.1.6)式,即得

$$W = W_0\exp\{-(\Delta E_S - T\Delta S_S + p\Delta V_S)/kT\}. \tag{11.1.8}$$

上式中全部为体系S 的性质. 为方便起见,省略脚注S,则有

$$W = W_0\exp\{-(\Delta E - T\Delta S + p\Delta V)/kT\}. \tag{11.1.9}$$

这就是封闭体系的能量和体积对$\overline{E}$ 和$\overline{V}$ 发生偏差ΔE 和ΔV 的概率所遵循的普遍公式,也是准热力学方法求算热力学量涨落的基本公式,即所求的热力学量偏差的概率分布.

只有外参量体积的封闭体系,仅有两个独立变量,将E 作为S 和V 的函数,在平衡态$\overline{S}$,$\overline{V}$ 处作Taylor 展开,忽略二次项以上的高次项,即得

$$\begin{aligned} E &= \overline{E} + \left(\frac{\partial E}{\partial S}\right)_V \Delta S + \left(\frac{\partial E}{\partial V}\right)_S \Delta V + \frac{1}{2}\left\{\left(\frac{\partial^2 E}{\partial S^2}\right)_V (\Delta S)^2\right. \\ &\quad \left. + 2\left(\frac{\partial^2 E}{\partial S\partial V}\right)\Delta V\Delta S + \left(\frac{\partial^2 E}{\partial V^2}\right)_S (\Delta V)^2\right\} \\ &= \overline{E} + T\Delta S - p\Delta V + \frac{1}{2}(\Delta S\Delta T - \Delta V\Delta p), \end{aligned}$$

或者

$$\Delta E = T\Delta S - p\Delta V + \frac{1}{2}(\Delta S\Delta T - \Delta V\Delta p). \tag{11.1.10}$$

将(11.1.10)式结果代入(11.1.9)式,即得

$$W = W_0\exp\{-(\Delta S\Delta T - \Delta V\Delta p)/2kT\}. \tag{11.1.11}$$

这也是计算热力学量涨落和涨落相关的普遍公式. 具体求算方法在下节讨论.

11.2 封闭体系热力学量涨落的求算实例

11.2.1 温度和体积的涨落

在讨论温度和体积的涨落时,直接就选T,V 为独立变量算起来方便,这时将S,p 都当做T,V 的函数,从而有

$$\Delta S = \left(\frac{\partial S}{\partial T}\right)_V \Delta T + \left(\frac{\partial S}{\partial V}\right)_T \Delta V = \frac{C_V}{T}\Delta T + \left(\frac{\partial p}{\partial T}\right)_V \Delta V, \tag{11.2.1}$$

$$\Delta p = \left(\frac{\partial p}{\partial T}\right)_V \Delta T + \left(\frac{\partial p}{\partial V}\right)_T \Delta V = \left(\frac{\partial p}{\partial T}\right)_V \Delta T - \frac{1}{V\kappa_T}\Delta V. \tag{11.2.2}$$

将(11.2.1)和(11.2.2)两式代入(11.1.11)式,得到体系温度和体积偏离平衡态的概率为

$$W = W_0\exp\left\{-\frac{C_V}{2kT^2}(\Delta T)^2 - \frac{1}{2kTV\kappa_T}(\Delta V)^2\right\}, \tag{11.2.3}$$

该式是依赖于$(\Delta T)^2$ 和$(\Delta V)^2$ 两个独立变量的Gauss 分布. 据此分布,不难得出(见附录E.5)

$$\overline{(\Delta T)^2} = \int_{-\infty}^{\infty}(\Delta T)^2 W\mathrm{d}(\Delta T)\Big/\int_{-\infty}^{\infty} W\mathrm{d}(\Delta T) = \frac{kT^2}{C_V}, \tag{11.2.4}$$

$$\overline{(\Delta V)^2} = \int_{-\infty}^{\infty}(\Delta V)^2 W\mathrm{d}(\Delta V)\Big/\int_{-\infty}^{\infty} W\mathrm{d}(\Delta V) = kTV\kappa_T, \tag{11.2.5}$$

$$\overline{(\Delta T)(\Delta V)} = \overline{(\Delta T)}\,\overline{(\Delta V)} = 0. \tag{11.2.6}$$

(11.2.6)式表明ΔT 和ΔV 不相关,这是T,V 为独立变量的必然结果.

温度和体积的相对涨落为

$$\overline{\left(\frac{\Delta T}{T}\right)^2} = \frac{k}{C_V}, \tag{11.2.7}$$

$$\overline{\left(\frac{\Delta V}{V}\right)^2} = \frac{kT\kappa_T}{V}. \tag{11.2.8}$$

由于相对涨落是恒正的，因此从上两式知 $C_V>0$，$\kappa_T>0$，这正是体系的平衡稳定条件. 此外，在临界点附近，$\kappa_T\to\infty$，因而 $\overline{(\Delta V)^2}\to\infty$，但 $\overline{(\Delta T)^2}$ 则是有限的.

11.2.2　压力和熵的涨落

选压力和熵为独立变量，则 T 和 V 都为 S,p 的函数，因而

$$\Delta T = \left(\frac{\partial T}{\partial S}\right)_p \Delta S + \left(\frac{\partial T}{\partial p}\right)_S \Delta p = \frac{T}{C_p}\Delta S + \left(\frac{\partial V}{\partial S}\right)_p \Delta p, \tag{11.2.9}$$

$$\Delta V = \left(\frac{\partial V}{\partial S}\right)_p \Delta S + \left(\frac{\partial V}{\partial p}\right)_S \Delta p = \left(\frac{\partial V}{\partial S}\right)_p \Delta S - V\kappa_S \Delta p, \tag{11.2.10}$$

其中 κ_S 为绝热压缩系数. 将(11.2.9)和(11.2.10)两式代入(11.1.11)式，得到体系的熵和压力偏离平衡值的概率为

$$W = W_0 \exp\left\{-\frac{1}{2kC_p}(\Delta S)^2 - \frac{V\kappa_S}{2kT}(\Delta p)^2\right\}, \tag{11.2.11}$$

这是二维正态分布(高斯分布). 据此，即得(见附录 E)

$$\overline{(\Delta S)^2} = \int_{-\infty}^{\infty}(\Delta S)^2 W \mathrm{d}(\Delta S)\Big/\int_{-\infty}^{\infty} W \mathrm{d}(\Delta S) = kC_p, \tag{11.2.12}$$

$$\overline{(\Delta p)^2} = \int_{-\infty}^{\infty}(\Delta p)^2 W \mathrm{d}(\Delta p)\Big/\int_{-\infty}^{\infty} W \mathrm{d}(\Delta p) = \frac{kT}{V\kappa_S}, \tag{11.2.13}$$

$$\overline{(\Delta S)(\Delta p)} = \overline{(\Delta S)}\ \overline{(\Delta p)} = 0 \quad (S \text{ 与 } p \text{ 不相关}). \tag{11.2.14}$$

涨落理论表明，$C_p>0$，$\kappa_S>0$，这与唯象热力学中的平衡稳定条件相一致. 在临界点附近，$C_p\to\infty$，因而熵的相对涨落是很大的，但压力的涨落则是有限的.

选择不同热力学量作状态的独立变量，用(11.1.11)式可求算这些量的涨落. 当然还可用下列求能量涨落的方法求算.

11.2.3　能量涨落

将体系的能量 E 作为独立变量 T,V 的函数，则有

$$\Delta E = \left(\frac{\partial E}{\partial T}\right)_V \Delta T + \left(\frac{\partial E}{\partial V}\right)_T \Delta V,$$

$$(\Delta E)^2 = C_V^2(\Delta T)^2 + 2C_V\left(\frac{\partial E}{\partial V}\right)_T(\Delta T)(\Delta V) + \left(\frac{\partial E}{\partial V}\right)_T^2(\Delta V)^2.$$

上式表明，E 的涨落可通过求 T 和 V 的涨落而得到，即

$$\begin{aligned}\overline{(\Delta E)^2} &= C_V^2\,\overline{(\Delta T)^2} + 2C_V\left(\frac{\partial E}{\partial V}\right)_T\overline{(\Delta T)(\Delta V)} + \left(\frac{\partial E}{\partial V}\right)_T^2\overline{(\Delta V)^2} \\ &= kT^2C_V + kTV\kappa_T\left(\frac{\partial E}{\partial V}\right)_T^2 \\ &= kT^2C_V - kT\left(\frac{\partial V}{\partial p}\right)_T\left\{T\left(\frac{\partial p}{\partial T}\right)_V - p\right\}^2\end{aligned}$$

$$= kT^2C_p - 2kT^2p\left(\frac{\partial V}{\partial T}\right)_p - kTp^2\left(\frac{\partial V}{\partial p}\right)_T$$

$$= kT^2C_p + kTpV(p\kappa_T - 2T\alpha) . \qquad (11.2.15)$$

其中$\alpha=\frac{1}{V}\left(\frac{\partial V}{\partial T}\right)_p$是膨胀系数，$\kappa_T$是等温压缩系数.

11.3　开放体系热力学量偏差的概率分布

将开放体系S与兼物质库的热源t合起来构成复合孤立体系A，它具有固定不变的粒子数、能量和体积，因而体系和源的这些量的改变必符合下列关系

$$\Delta N_S + \Delta N_t = 0, \quad \Delta E_S + \Delta E_t = 0, \quad \Delta V_S + \Delta V_t = 0 . \qquad (11.3.1)$$

类似于11.1节中得出(11.1.6)式的同样方法，可以得出(11.1.6)式对于开放体系仍然成立，即体系的粒子数N，能量E，体积V对于平衡态发生偏差ΔN_S，ΔE_S，ΔV_S的概率公式为

$$W = W_0\exp(\Delta S/k) = W_0\exp\{(\Delta S_S + \Delta S_t)/k\} . \qquad (11.3.2)$$

现在要将热源的ΔS_t换成体系的热力学量，因为兼物质库的热源涨落非常小，可将发生偏差的过程当做准静态过程，应用单组分开放体系的热力学基本方程，并考虑到(11.3.1)式，便得

$$\Delta S_t = \frac{\Delta E_t + p\Delta V_t - \mu\Delta N_t}{T} = -\frac{\Delta E_S + p\Delta V_S - \mu\Delta N_S}{T} , \qquad (11.3.3)$$

其中T，p，μ既是热源也是体系的温度、压力和物质的化学势. 将(11.3.3)式代入(11.3.2)式，即得

$$W = W_0\exp\{-(\Delta E_S - T\Delta S_S + p\Delta V_S - \mu\Delta N_S)/kT\} ,$$

上式中全部为体系S的性质. 为书写方便，以下省略脚注S，则有

$$W = W_0\exp\{-(\Delta E - T\Delta S + p\Delta V - \mu\Delta N)/kT\} . \qquad (11.3.4)$$

单组分开放体系只有3个独立变量(外参量只有一个体积)，将能量E作为S，V，N的函数，在平衡态作Taylor展开，保持二次项，忽略高次项，即得

$$E = \overline{E} + \left(\frac{\partial E}{\partial S}\right)_0\Delta S + \left(\frac{\partial E}{\partial V}\right)_0\Delta V + \left(\frac{\partial E}{\partial N}\right)_0\Delta N + \frac{1}{2}\left\{\left(\frac{\partial^2 E}{\partial S^2}\right)_0(\Delta S)^2 + 2\left(\frac{\partial^2 E}{\partial S\partial V}\right)_0\Delta S\Delta V\right.$$

$$\left. + 2\left(\frac{\partial^2 E}{\partial S\partial N}\right)_0\Delta S\Delta N + 2\left(\frac{\partial^2 E}{\partial V\partial N}\right)_0\Delta V\Delta N + \left(\frac{\partial^2 E}{\partial V^2}\right)_0(\Delta V)^2 + \left(\frac{\partial^2 E}{\partial N^2}\right)_0(\Delta N)^2\right\}$$

$$= \overline{E} + T\Delta S - p\Delta V + \mu\Delta N + \frac{1}{2}(\Delta S\Delta T - \Delta V\Delta p + \Delta\mu\Delta N) ,$$

$$\Delta E = T\Delta S - p\Delta V + \mu\Delta N + \frac{1}{2}(\Delta S\Delta T - \Delta V\Delta p + \Delta\mu\Delta N) . \qquad (11.3.5)$$

将(11.3.5)式代入(11.3.4)式，即得

$$W = W_0\exp\{-(\Delta S\Delta T - \Delta V\Delta p + \Delta\mu\Delta N)/2kT\} , \qquad (11.3.6)$$

这就是开放体系热力学量偏差的概率分布，也是求算热力学量涨落及涨落相关所依据的基本公式.

11.4　开放体系热力学量涨落的求算实例

选T，V，N作为独立变量，并讨论这些量的涨落. 为此，将S，p，μ都当做T，V，N的函数，则有

$$\Delta S=\left(\frac{\partial S}{\partial T}\right)_{V,N}\Delta T+\left(\frac{\partial S}{\partial V}\right)_{T,N}\Delta V+\left(\frac{\partial S}{\partial N}\right)_{T,V}\Delta N$$

$$=\frac{C_V}{T}\Delta T+\left(\frac{\partial p}{\partial T}\right)_{V,N}\Delta V+\left(\frac{\partial S}{\partial N}\right)_{T,V}\Delta N\ , \tag{11.4.1}$$

$$\Delta p=\left(\frac{\partial p}{\partial T}\right)_{V,N}\Delta T+\left(\frac{\partial p}{\partial V}\right)_{T,N}\Delta V+\left(\frac{\partial p}{\partial N}\right)_{T,V}\Delta N\ , \tag{11.4.2}$$

$$\Delta \mu=\left(\frac{\partial \mu}{\partial T}\right)_{V,N}\Delta T+\left(\frac{\partial \mu}{\partial V}\right)_{T,N}\Delta V+\left(\frac{\partial \mu}{\partial N}\right)_{T,V}\Delta N$$

$$=-\left(\frac{\partial S}{\partial N}\right)_{T,V}\Delta T-\left(\frac{\partial p}{\partial N}\right)_{T,V}\Delta V+\left(\frac{\partial \mu}{\partial N}\right)_{T,V}\Delta N\ . \tag{11.4.3}$$

应用(11.4.1)～(11.4.3)式的结果，即得

$$\Delta S\Delta T-\Delta V\Delta p+\Delta\mu\Delta N$$

$$=\frac{C_V}{T}(\Delta T)^2-\left(\frac{\partial p}{\partial V}\right)_{T,N}(\Delta V)^2+\left(\frac{\partial \mu}{\partial N}\right)_{T,V}(\Delta N)^2-2\left(\frac{\partial S}{\partial N}\right)_{T,V}\Delta T\Delta N-2\left(\frac{\partial p}{\partial N}\right)_{T,V}\Delta V\Delta N\ . \tag{11.4.4}$$

将(11.4.4)式代入(11.3.6)式，即得

$$W=W_0\exp\left[\left\{-\frac{C_V}{T}(\Delta T)^2+\left(\frac{\partial p}{\partial V}\right)_{T,N}(\Delta V)^2-\left(\frac{\partial \mu}{\partial N}\right)_{T,N}(\Delta N)^2\right.\right.$$

$$\left.\left.+2\left(\frac{\partial S}{\partial N}\right)_{T,V}\Delta T\Delta N+2\left(\frac{\partial p}{\partial N}\right)_{T,V}\Delta V\Delta N\right\}\Big/2kT\right]. \tag{11.4.5}$$

应用(11.4.5)式，即得粒子数 N 的涨落

$$\overline{(\Delta N)^2}=\int_{-\infty}^{\infty}(\Delta N)^2W\mathrm{d}(\Delta N)\Big/\int_{-\infty}^{\infty}W\mathrm{d}(\Delta N)$$

$$=kT\left(\frac{\partial N}{\partial \mu}\right)_{T,V}+\left\{\left(\frac{\partial S}{\partial N}\right)_{T,V}\Delta T+\left(\frac{\partial p}{\partial N}\right)_{T,V}\Delta V\right\}^2\left(\frac{\partial N}{\partial \mu}\right)_{T,V}^2$$

$$=kT\left(\frac{\partial N}{\partial \mu}\right)_{T,V}+\left\{\left(\frac{\partial \mu}{\partial T}\right)_{V,N}\Delta T+\left(\frac{\partial \mu}{\partial V}\right)_{T,N}\Delta V\right\}^2\left(\frac{\partial N}{\partial \mu}\right)_{T,V}^2$$

$$=kT\left(\frac{\partial N}{\partial \mu}\right)_{T,V}+\left\{\left(\frac{\partial N}{\partial \mu}\right)_{T,V}\Delta\mu\right\}^2, \tag{11.4.6}$$

式中

$$\Delta\mu=\left(\frac{\partial \mu}{\partial T}\right)_{V,N}\Delta T+\left(\frac{\partial \mu}{\partial V}\right)_{T,N}\Delta V\ . \tag{11.4.7}$$

显然，$\Delta\mu$ 是由于 T，V 发生偏离平衡态而引起的化学势偏差. 因此，(11.4.6)式中的第二项则是 T，V 发生偏差引起粒子数涨落，而第一项是由于化学势偏差直接引起粒子数的涨落.

同理，应用(11.4.5)式，可得出 V 和 T 的涨落

$$\overline{(\Delta V)^2}=\int_{-\infty}^{\infty}(\Delta V)^2W\mathrm{d}(\Delta V)\Big/\int_{-\infty}^{\infty}W\mathrm{d}(\Delta V)=-kT\left(\frac{\partial V}{\partial p}\right)_{T,N}+\left\{\left(\frac{\partial V}{\partial N}\right)_{T,p}\Delta N\right\}^2, \tag{11.4.8}$$

$$\overline{(\Delta T)^2}=\int_{-\infty}^{\infty}(\Delta T)^2W\mathrm{d}(\Delta T)\Big/\int_{-\infty}^{\infty}W\mathrm{d}(\Delta T)=\frac{kT^2}{C_V}+\left\{\left(\frac{\partial T}{\partial N}\right)_{S,V}\Delta N\right\}^2. \tag{11.4.9}$$

显然，如果开放体系的粒子数固定不变，即$(\Delta N)=0$，(11.4.8)和(11.4.9)式中的第二项便为零，其结果就是封闭体系中的(11.2.5)和(11.2.4)式. 因此，封闭体系的涨落是开放体系

涨落的特例.

11.5　关联函数和临界点附近的涨落

考虑单组分宏观均相流体,其整体的密度固定不变,实际上在空间不同位置的密度则可能不同,并对整体密度有偏差.

令$n(\boldsymbol{r})$表示$\boldsymbol{r}$点的粒子数密度,$n(\boldsymbol{r})-\bar{n}(\boldsymbol{r})$表示$\boldsymbol{r}$点粒子数密度对其平均值$\bar{n}(\boldsymbol{r})$的偏差,显然该偏差的统计平均值为零,即

$$\overline{n(\boldsymbol{r})-\bar{n}(\boldsymbol{r})}=0\,. \tag{11.5.1}$$

密度的空间关联函数定义为

$$C(\boldsymbol{r},\boldsymbol{r}')=\overline{\{n(\boldsymbol{r})-\bar{n}(\boldsymbol{r})\}\{n(\boldsymbol{r}')-\bar{n}(\boldsymbol{r}')\}}. \tag{11.5.2}$$

当$\boldsymbol{r}=\boldsymbol{r}'$时,(11.5.2)式即变成

$$C(\boldsymbol{r},\boldsymbol{r})=\overline{\{n(\boldsymbol{r})-\bar{n}(\boldsymbol{r})\}^2}, \tag{11.5.3}$$

此式表示$\boldsymbol{r}$点的密度涨落.

如果在流体内不同点,密度偏差彼此独立,则有

$$C(\boldsymbol{r},\boldsymbol{r}')=\overline{\{n(\boldsymbol{r})-\bar{n}(\boldsymbol{r})\}}\cdot\overline{\{n(\boldsymbol{r}')-\bar{n}(\boldsymbol{r}')\}}=0\,. \tag{11.5.4}$$

反之,如果$C(\boldsymbol{r},\boldsymbol{r}')\neq 0$,则意味着流体内不同点的数密度偏差存在关联.

均匀流体的性质对于空间平移是不变的.因此,关联函数$C(\boldsymbol{r},\boldsymbol{r}')$只是两点之间相对距离绝对值$r=|\boldsymbol{r}-\boldsymbol{r}'|$的函数.这样,则有

$$C(\boldsymbol{r},\boldsymbol{r}')=C(\,|\boldsymbol{r}-\boldsymbol{r}'|\,)=C(r)\,, \tag{11.5.5}$$

$$C(r)=\overline{\{n(r)-\bar{n}\}\{n(0)-\bar{n}\}}, \tag{11.5.6}$$

其中$\bar{n}=\bar{n}(r)=\bar{n}(0)$,即流体中各点的平均数密度彼此相等,也就都等于整体数密度.

关联函数$C(r)$的另一个性质是当$r\to\infty$时,密度偏差的相关性必然消失,此时有

$$C(r\to\infty)=0\,. \tag{11.5.7}$$

依据连续相变的Landau平均场理论和涨落的准热力学理论,可以得出密度关联函数为

$$C(r)=\frac{kT}{4\pi b}\,\frac{1}{r}\exp(-r/\xi)\,, \tag{11.5.8}$$

$$\xi=\sqrt{\frac{b}{a}}\,, \tag{11.5.9}$$

其中a只是温度的函数,b是正常量.它们都是在临界点附近Helmholtz自由能构造函数形式中的系数.关于Landau平均场理论,可参见韩德刚、高执棣,《化学热力学》(北京:高等教育出版社,1997).

(11.5.8)式描述相距r两点数密度涨落的关联.当$r<\xi$时,两点密度涨落的关联显著;$r>\xi$时,关联函数$C(r)$迅速衰减为零.因此,ξ是标志密度涨落关联特征的量.由于ξ具有长度量纲,所以称ξ为关联特征长度,简称关联长度.

在Landau的平均场理论中,假设a与温度的关系为下列形式

$$a=a_0|T-T_c|\,, \tag{11.5.10}$$

(式中T_c为临界温度.)因此,按(11.5.9)式,则得

$$\xi\sim|T-T_c|^{-\nu},\quad \nu=\frac{1}{2}\,, \tag{11.5.11}$$

其中ν为关联长度ξ的临界指数. 此式表明,$T\to T_c$时,关联长度ξ趋于无穷. 这就意味着流体在接近临界点时,宏观距离的两点,其密度存在关联,即涨落在流体的大范围内相关.

Landau 的平均场理论是唯象热力学基础上的理论,在涨落不很大时,(11.5.8)式才有意义. 在临界点附近涨落很大,Landau 理论未必正确,如果强行将其推广应用到临界点附近,则有

$$\xi \approx |T - T_c|^{-1/2},$$

$$C(r) \approx \frac{1}{r}.$$

实验结果为

$$\xi \approx |T - T_c|^{-\nu},$$

$$C(r) \approx r^{-d+2-\eta}.$$

其中d为空间维数,η是新的临界指数. ν的实验值为0.6～0.7,η的实验值为0.1;而平均场理论的ν为0.5,η为0.

Landau 理论与实验结果在定量上存在一定差异,但总的特征基本相符. 当$T\to T_c$时,关联长度ξ趋于无穷,这是临界现象的本质特征. 临界点附近的奇异性都与ξ的发散密切相关.

涨落是宏观物体普遍存在的固有属性,许多自然现象与其有关. 著名的光散射、临界乳光都是涨落的反映,而且临界现象的理论发展直接与涨落成果密切相关. 因此,涨落的理论及其应用仍是值得研究与发展的领域.

习　题

11.1　请得出封闭体系质量密度ρ的相对涨落为

$$\overline{\left(\frac{\Delta\rho}{\rho}\right)^2} = \frac{kT\kappa_T}{V}.$$

11.2　将体系的能量E作为S,p的函数,请得出(11.2.15)式.

11.3　请得出焓涨落$\overline{(\Delta H)^2}$的表达式.

11.4　请证明

(1) $\overline{\Delta T\Delta S} = kT$,　　(2) $\overline{\Delta p\Delta V} = -kT$,

(3) $\overline{\Delta S\Delta V} = kT\left(\frac{\partial V}{\partial T}\right)_p$,　　(4) $\overline{\Delta p\Delta T} = \frac{kT^2}{C_V}\left(\frac{\partial p}{\partial T}\right)_V$.

第 12 章　理想量子气体

不满足非简并条件($n\lambda^3 \ll 1$)的气体称为量子气体，或简并气体. 当量子气体粒子间的相互作用可以忽略时就是理想量子气体. 在量子气体中，由粒子不可分辨性所产生的量子统计效应起重要作用，使量子气体的宏观性质不仅与经典气体的行为大不相同，而且还与组成体系的粒子是玻色子还是费米子有关. 量子Bose 气体的宏观性质与量子Fermi 气体的宏观性质很不相同，它们各自表现出不同的量子效应，因此，我们将分别讨论这两种量子气体.

当非简并条件满足时，即$n\lambda^3 \to 0$ 的极限情况下，两种量子气体的宏观性质就过渡为经典气体的性质，因此，$n\lambda^3$ 是一个合适的参数，通过这个参数可以表达 Bose 气体与 Fermi 气体的各种性质及其与经典气体的差异.

首先我们将推导理想Bose 气体和理想Fermi 气体热力学函数的统计表达式. 因为所用的方法和思路相同，在同一节中对两种量子气体一并进行讨论. 然后，对$n\lambda^3$ 很小但又不可忽略的弱 简并气体，讨论其各热力学函数用 $n\lambda^3$ 参数幂级数展开，借以分析量子气体间以及它们与经典气体间的差异. 最后，分别讨论强简并的Bose 气体和Fermi 气体的热力学性质.

12.1　$n\lambda^3$参数及简并性判据

量子统计过渡到经典统计的条件为

$$n_i \ll \omega_i \quad (i = 1,2,\cdots)\,. \tag{12.1.1}$$

本节将对此引申，得出其等价形式.

依据4.7 节中的三种统计分布律. 非简并条件(12.1.1)式意味着$\exp(\alpha+\beta\varepsilon_i) \gg 1$，此式对所有能级$i$ 都成立，特别对$\varepsilon_i = 0$ 也应成立. 据此，非简并条件便转化为

$$e^{\alpha} \gg 1\,. \tag{12.1.2}$$

现在依据粒子数守恒的约束条件估计e^{α}，以求得非简并条件的具体形式. 由于平动是气体的主要特征，为讨论方便，假设气体的粒子是单原子，因而有

$$N = \sum_i n_i = e^{-\alpha}\sum_i \omega_i e^{-\beta\varepsilon_i} = e^{-\alpha} q_t = e^{-\alpha}\frac{(2\pi mkT)^{3/2}V}{h^3}\,,$$

即

$$e^{-\alpha} = \frac{h^3 N}{(2\pi mkT)^{3/2}V} = \frac{h^3 n}{(2\pi mkT)^{3/2}}\,, \tag{12.1.3}$$

或者

$$e^{\alpha} = \frac{(2\pi mkT)^{3/2}}{h^3 n}\,, \tag{12.1.4}$$

其中$n = N/V$ 是气体的数密度.

采用引入特征温度的方法，对气体引入退化温度的概念，其定义是使$e^{\alpha}=1$ 的温度. 由(12.1.4)式，立即便得退化温度的表式

$$T_0 = \frac{h^2 n^{2/3}}{2\pi mk}\,. \tag{12.1.5}$$

将此结果用于(12.1.4)和(12.1.2)式,即得

$$\mathrm{e}^{\alpha} = \frac{(2\pi mkT)^{3/2}}{h^3 n} = (T/T_0)^{3/2} \gg 1 \,, \tag{12.1.6}$$

由此便得非简并条件用宏观量温度表达的等价形式

$$T \gg T_0. \tag{12.1.7}$$

提请注意,非简并条件绝不只取决于温度这个单一因素,实际上它是由 $T/n^{2/3}$ 比值决定的.温度愈高,数密度愈小,气体的量子效应就越不显著.

依据de Broglie 物质波概念及其波长公式,现在引入粒子热波长概念,其定义为

$$\lambda_{\mathrm{dB}} = \frac{h}{(2\pi mkT)^{1/2}} \,, \tag{12.1.8}$$

将其代入(12.1.4)式,即得用热波长表示的非简并条件

$$n\lambda_{\mathrm{dB}}^3 \ll 1 \quad 或 \quad \lambda_{\mathrm{dB}} \ll (V/N)^{1/3}, \tag{12.1.9}$$

其中的 $(V/N)^{1/3}$ 表示粒子平均运动的线度.当其大于 λ 时,表示粒子的波性不显著,量子过渡到经典.

$n\lambda_{\mathrm{dB}}^3$ 是一个重要的参数,它不仅可用于气体简并性判据,而且常用 $n\lambda_{\mathrm{dB}}^3$ 幂次展开的方法讨论量子体系的性质以及与经典体系的偏离.

任一宏观体系,有两种因素对其宏观性质有重要作用:(i) 由分子间势能函数(u)决定的分子间相互作用;(ii) 分子间的量子效应,可由 T_0 或 $n\lambda_{\mathrm{dB}}^3$ 决定.根据这两方面可将体系划分为不同的类型(见下表):

u		$n\lambda_{\mathrm{dB}}^3$		
$u=0$	$u\neq 0$	$\ll 1$	<1	$\geqslant 1$
理想气体	非理想气体	经典体系	弱简并量子体系	强简并量子体系

【练习】请利用理想气体物质化学势的表达式,论证每个粒子拥有的有效量子态数愈大,体系的量子效应则愈小.这也是非简并性条件的一种表达形式.

12.2 理想量子气体热力学函数的统计表达式

12.2.1 理想量子气体的巨配分函数

本节将从系综理论推导量子气体的热力学函数的统计表达式.当以正则系综或巨正则系综来处理量子气体时,首先就要计算相应系综的配分函数.

考虑由 N 个无相互作用的全同粒子组成的量子气体,n_s 为单粒子态 s 上的粒子占有数.对于玻色子,n_s 不受限制,可取任意的整数值

$$n_s = 0,1,2,\cdots \quad (对所有\ s).$$

对于费米子,任意一个状态中最多只能有一个粒子,即 n_s 取值为

$$n_s = 0,1 \quad (对所有\ s).$$

由一组占有数 $n_1,n_2,\cdots,n_s,\cdots$ 所确定的体系的微观状态,其能量和粒子数满足

$$E(n_1,n_2,\cdots,n_s,\cdots) = \sum_s n_s \varepsilon_s,$$

$$N = \sum_s n_s.$$

注意,这里的 $\sum_s$ 是对所有的单粒子量子态($s = 1,2,\cdots$)求和.满足上述两式的各组占有数的全体确定了量子气体的所有可能的状态.对体积为 V,在温度 T 处于平衡的量子气体,其正则配分函数为

$$\Phi(T,V,N) = \sum_{n_1,n_2,\cdots} \mathrm{e}^{-\beta \sum_s n_s \varepsilon_s}.$$

由于正则配分函数中的 n_s 满足粒子数限制条件,n_s 不是彼此独立变化的,这使得计算 $\Phi(T,V,N)$ 变得相当困难,要采取一些特殊的技巧.

【思考题】为何在经典Boltzmann统计中计算独立可分辨全同粒子的正则配分函数时,不存在粒子数守恒约束条件所带来的困难?

从巨正则系综来讨论理想量子气体的热力学函数较为方便.对于由全同粒子组成的理想量子气体,在恒定体积下与大热源-粒子源接触,并彼此处在平衡时,体系的巨配分函数按第10章的定义

$$\Xi \equiv \sum_{N=0}^{\infty} \Phi(T,V,N)\mathrm{e}^{-\alpha N}, \tag{12.2.1}$$

其中

$$\Phi(T,V,N) = \sum_{n_1,n_2,\cdots}^{\{N\}} \mathrm{e}^{-\beta E_r},$$

而

$$E_r = \sum_s n_s \varepsilon_s.$$

代入(12.2.1)后,巨配分函数可表达为

$$\Xi \equiv \sum_{N=0}^{\infty} \left\{ \sum_{n_1,n_2,\cdots}^{\{N\}} \mathrm{e}^{-\alpha(n_1+n_2+\cdots)} \mathrm{e}^{-\beta(n_1\varepsilon_1+n_2\varepsilon_2+\cdots)} \right\}. \tag{12.2.2}$$

求和 $\sum\limits_{n_1,n_2,\cdots}^{\{N\}}$ 上方的 $\{N\}$ 表示求和中的占有数 $n_1,n_2,\cdots$ 所受到的限制.对所有的 N 求和,等同于对大括号里不受 $N = \sum_s n_s$ 限制的占有数 n_s 求和.因此,上式可改写成

$$\begin{aligned}
\Xi(T,V,\alpha) &\equiv \sum_{n_1,n_2,\cdots} \mathrm{e}^{-\alpha(n_1+n_2+\cdots)} \mathrm{e}^{-\beta(n_1\varepsilon_1+n_2\varepsilon_2+\cdots)} \\
&= \sum_{n_1,n_2,\cdots} \left\{ \mathrm{e}^{-(\alpha+\beta\varepsilon_1)n_1} \mathrm{e}^{-(\alpha+\beta\varepsilon_2)n_2} \cdots \right\} \\
&= \left\{ \sum_{n_1} \mathrm{e}^{-(\alpha+\beta\varepsilon_1)n_1} \right\} \left\{ \sum_{n_2} \mathrm{e}^{-(\alpha+\beta\varepsilon_2)n_2} \right\} \cdots.
\end{aligned} \tag{12.2.3}$$

令　$Z = \mathrm{e}^{-\alpha}$,则(12.2.3)式变换为

$$\Xi(T,V,\alpha) = \sum_{n_1} (Z\mathrm{e}^{-\beta\varepsilon_1})^{n_1} \sum_{n_2} (Z\mathrm{e}^{-\beta\varepsilon_2})^{n_2} \cdots. \tag{12.2.4}$$

对于费米子体系,$n_s = 0,1$,则(12.2.4)中各个乘积项只有两项.

$$\Xi_{\text{F-D}} = (1 + Z\mathrm{e}^{-\beta\varepsilon_0})(1 + Z\mathrm{e}^{-\beta\varepsilon_1})\cdots = \prod_s (1 + Z\mathrm{e}^{-\beta\varepsilon_s}). \tag{12.2.5}$$

对于玻色子体系,$n_s = 0,1,2,\cdots$,巨配分函数中每个因子是一等比级数,利用公式

$$1+x+x^2+\cdots=\frac{1}{1-x}\quad(x<1),$$

$$\begin{aligned}\Xi_{\text{B-E}}&=\Big\{\sum_{n_0}(Ze^{-\beta\varepsilon_0})^{n_0}\Big\}\Big\{\sum_{n_1}(Ze^{-\beta\varepsilon_1})^{n_1}\Big\}\cdots\\&=(1+Ze^{-\beta\varepsilon_0}+Z^2e^{-2\beta\varepsilon_0}+\cdots)\cdot(1+Ze^{-\beta\varepsilon_1}+Z^2e^{-2\beta\varepsilon_1}+\cdots)\cdots\\&=\left(\frac{1}{1-Ze^{-\beta\varepsilon_0}}\right)\left(\frac{1}{1-Ze^{-\beta\varepsilon_1}}\right)\cdots\\&=\prod_s\frac{1}{1-Ze^{-\beta\varepsilon_s}}\\&=\prod_s(1-Ze^{-\beta\varepsilon_s})^{-1}.\end{aligned}\tag{12.2.6}$$

F-D 和 B-E 体系的巨配分函数式(12.2.5)与(12.2.6)可以用一个表达式(12.2.7)给出，以便于统一讨论两类体系.

$$\Xi_{\substack{\text{F-D}\\\text{B-E}}}=\prod_s(1\pm Ze^{-\beta\varepsilon_s})^{\pm1}.\tag{12.2.7}$$

(12.2.7)式是对粒子的量子态 s 连乘，连乘项$(1-Ze^{-\beta\varepsilon_s})$只取决于量子态的能量 ε_s，于是，相同能量的量子态具有相同的连乘项. 令能级 ε_i 的简并度为 ω_i，即具有能量 ε_i 的量子态共有 ω_i 个. 这样，巨配分函数(12.2.7)式中的 ω_i 个相同的连乘项便可合并为一项，从而得出巨配分函数对能级 i 连乘的表达式

$$\Xi_{\substack{\text{F-D}\\\text{B-E}}}=\prod_i(1\pm Ze^{-\beta\varepsilon_i})^{\pm\omega_i}\tag{12.2.8}$$

(12.2.7)和(12.2.8)两式中的正号对应于费米子体系，负号对应于玻色子体系(参见10.12节).

12.2.2 理想量子气体热力学函数的统计表达式

一些热力学量有对应的微观量或其微观量有意义，则可采用求统计平均的方法得出相应的宏观量. 另有一些热力学量则无微观量与之对应，只能采用其他方法求得. 本节将论证，任何热力学量都可用巨配分函数 Ξ 表达或求算.

将(12.2.8)式取对数，得

$$\ln\Xi=\pm\sum_i\omega_i\ln(1\pm Ze^{-\beta\varepsilon_i}).$$

此处的 $\sum\limits_i$ 是对粒子的能级 i 求和.

体系的能量、粒子数、压力有相应的微观量，可依据求统计平均的方法得出它们的统计表达式. 对量子体系，不难证明

$$E=-\frac{\partial\ln\Xi}{\partial\beta},\quad N=-\frac{\partial\ln\Xi}{\partial\alpha},\quad p=\frac{1}{\beta}\frac{\partial\ln\Xi}{\partial V}.\tag{12.2.9}$$

在此只论证第一式，其他两式可自行证明.

事实上，应用(12.2.8)式，得

$$\begin{aligned}-\frac{\partial\ln\Xi}{\partial\beta}&=\sum_i\frac{\omega_i}{1\pm e^{-\alpha-\beta\varepsilon_i}}(-e^{-\alpha-\beta\varepsilon_i})(-\varepsilon_i)\\&=\sum_i\frac{\omega_i}{e^{\alpha+\beta\varepsilon_i}\pm1}\varepsilon_i=\sum_i n_i\varepsilon_i=E.\end{aligned}$$

体系的熵没有可用于求统计平均的微观量与其对应，只得采用其他方法求它的统计表达式. 线性微分式的积分因子理论是一个严密而简捷的方法. 对于量子体系的熵的引入，其论述与结果完全与 10.12 节的相同，在此无需重复，只写出结果. 熵的统计表达式为

$$S = k\left(\ln\Xi - \alpha\frac{\partial\ln\Xi}{\partial\alpha} - \beta\frac{\partial\ln\Xi}{\partial\beta}\right). \tag{12.2.10}$$

当得到 E, N, p, S 的统计表达式后，依据 $H=E+pV, F=E-TS, G=E-TS+pV$ 等的定义式，便可得出它们用巨配分函数 Ξ 的表达式. 因此，巨配分函数 Ξ 是体系以 α, β, V 为状态变量的特性函数. 因此，求算体系的热力学函数，实际上是归结为具体求巨配分函数 Ξ 的问题.

在唯象热力学中，pV 是体系以 T, V, μ 为状态变量的特性函数. 事实上，不难证明

$$pV = kT\ln\Xi. \tag{12.2.11}$$

因为将(12.2.9)式用于熵的统计表达式(12.2.10)式，并注意到 $\beta=1/kT, \alpha=-\mu/kT$，$G=N\mu$，则得

$$\begin{aligned} S &= k\left(\ln\Xi - \alpha\frac{\partial\ln\Xi}{\partial\alpha} - \beta\frac{\partial\ln\Xi}{\partial\beta}\right) \\ &= k(\ln\Xi + \alpha N + \beta E) \\ &= k\left(\ln\Xi - \frac{N\mu}{kT} + \frac{E}{kT}\right) \\ &= k\left(\ln\Xi - \frac{G}{kT} + \frac{E}{kT}\right), \end{aligned} \tag{12.2.12}$$

上式可改写成

$$G = E - TS + kT\ln\Xi.$$

将此结果与 G 的定义式对比，便得所要证明的(12.2.11)式.

理想量子气体熵的另一种表达就是著名的 Boltzmann 关系式.

对于费米子体系，其总微观状态数为

$$\Omega_{\text{F-D}} = \prod_i \frac{\omega_i!}{(\omega_i - n_i)!\,n_i!},$$

式中 n_i 为能级 ε_i 上的最概然分布数. 将上式取对数，并用 Stirling 近似公式，即得

$$\begin{aligned} \ln\Omega_{\text{F-D}} &= \sum_i \{(\omega_i\ln\omega_i - \omega_i) - (\omega_i - n_i)\ln(\omega_i - n_i) + (\omega_i - n_i) - (n_i\ln n_i - n_i)\} \\ &= \sum_i \omega_i \ln\frac{\omega_i}{\omega_i - n_i} + \sum_i n_i \ln\frac{\omega_i - n_i}{n_i} \\ &= \sum_i n_i \ln\left(\frac{\omega_i}{n_i} - 1\right) - \sum_i \omega_i \ln\left(1 - \frac{n_i}{\omega_i}\right) \\ &= \sum_i n_i(\alpha + \beta\varepsilon_i) + \sum_i \omega_i \ln(1 + e^{-\alpha-\beta\varepsilon_i}) \\ &= \alpha N + \beta E + \ln\Xi \\ &= -\alpha\frac{\partial\ln\Xi}{\partial\alpha} - \beta\frac{\partial\ln\Xi}{\partial\beta} + \ln\Xi \\ &= \frac{S}{k}, \end{aligned}$$

因而

$$S = k\ln\Omega_{\text{F-D}}. \tag{12.2.13}$$

【练习】请对玻色子体系,论证

$$S = k \ln \Omega_{\text{B-E}}. \tag{12.2.14}$$

12.3 弱简并量子气体的宏观性质

现讨论$n\lambda_{\text{dB}}^3$很小,但不能忽略时,弱简并Bose、Fermi 气体的宏观性质. 由上节已知,用α,β, V 为独立变量时,量子气体的特性函数是巨配分函数:

$$\ln\Xi(\alpha,\beta,V) = \pm \sum_i \omega_i \ln(1 \pm e^{-\alpha-\beta\varepsilon_i}),$$

其中"+"号对应Fermi 气体,"−"号对应Bose 气体. 体系各热力学量与Ξ 的关系为:

$$N = -\frac{\partial\ln\Xi}{\partial\alpha}, \quad E = -\frac{\partial\ln\Xi}{\partial\beta}, \quad p = \frac{1}{\beta}\frac{\partial\ln\Xi}{\partial V},$$

$$S = k\left(\ln\Xi - \alpha\frac{\partial\ln\Xi}{\partial\alpha} - \beta\frac{\partial\ln\Xi}{\partial\beta}\right).$$

为讨论简便,设粒子只有平动自由度,其能量函数为

$$\varepsilon = \frac{1}{2m}(p_x^2 + p_y^2 + p_z^2).$$

在体积V 内,在ε 到$\varepsilon+d\varepsilon$ 的能量范围内,粒子的可能微观状态数为

$$\omega(\varepsilon)d\varepsilon = J\frac{2\pi V}{h^3}(2m)^{3/2}\varepsilon^{\frac{1}{2}}d\varepsilon,$$

$J=2S+1$ 是粒子自旋状态的简并度. 在粒子能量准连续条件下,

$$\ln\Xi = \pm\frac{2\pi(2m)^{3/2}V}{h^3}J\int_0^\infty \ln(1 \pm e^{-\alpha-\beta\varepsilon})\varepsilon^{\frac{1}{2}}d\varepsilon.$$

当$e^{-\alpha}<1$,上式中的对数可展成级数,利用下式

$$\ln(1 \pm x) = \pm\sum_{l=1}^{\infty}\frac{1}{l}(\mp 1)^{l-1}x^l,$$

得

$$\int_0^\infty \ln(1 \pm e^{-\alpha-\beta\varepsilon})\varepsilon^{\frac{1}{2}}d\varepsilon = \int_0^\infty \varepsilon^{\frac{1}{2}}\sum_{l=1}^{\infty}\frac{1}{l}(\mp 1)^{l-1}e^{-l\alpha}e^{-l\beta\varepsilon}d\varepsilon.$$

经变量变换,并用$n\lambda_{\text{dB}}^3$来展开$e^{-\alpha}$,可求得高温、低密度时量子气体的热力学函数用$n\lambda_{\text{dB}}^3$展开的表达式,详细推导过程可参阅McQuarrie 的著作p. 162~164(见p. 8,参考书目[4]),在此仅列出结果:

$$p = \frac{NkT}{V}\left(1 \pm \frac{1}{2^{5/2}}\frac{n\lambda^3}{J} + \cdots\right), \tag{12.3.1}$$

上式可改写成

$$\frac{p}{kT} = n \pm B_2(T)n^2 + B_3(T)n^3 + \cdots, \tag{12.3.2}$$

$B_j(T)$仅是温度的函数,称为第j 维里系数.

$$E = \frac{3}{2}NkT\left(1 \pm \frac{1}{2^{5/2}}\frac{n\lambda^3}{J} + \cdots\right), \tag{12.3.3}$$

$$S = Nk\left[\left(\ln\frac{J}{n\lambda^3} + \frac{5}{2}\right) \pm \frac{1}{2^{7/2}}\frac{n\lambda^3}{J} + \cdots\right], \tag{12.3.4}$$

$$C_V = \frac{3}{2}Nk\left(1 \mp \frac{1}{8\sqrt{2}}\frac{n\lambda^3}{J} \pm \cdots\right). \tag{12.3.5}$$

上列公式表明，在高温、低密度下量子气体的各项宏观量可以 $n\lambda_{\mathrm{dB}}^3$ 展开表示. 展开式中的主要项是经典结果，修正项显示量子效应引起的对经典的偏差. 在考虑量子效应后，Fermi 气体和 Bose 气体显出差异：在相同温度、密度条件下，Fermi 气体的能量、压强与熵值大于经典结果(Pauli 不相容原理)；Bose 气体对应各量小于经典结果. 同一量子态可以被任意数目的粒子所占据，粒子间好像有吸引力存在. 玻色粒子的相容特性在统计效果上与吸引势引起的统计效果一致.

12.4　强简并理想 Fermi 气体的性质

我们分别就 $T=0$ K，$T\neq 0$ K 两种情况进行讨论.

12.4.1　热力学零度时 Fermi 气体的宏观性质

在温度 T，能级 ε_i 上的平均粒子数

$$n_i=\frac{\omega_i}{\mathrm{e}^{\alpha+\beta\varepsilon_i}+1}.$$

在能级 ε_i 上单个量子态上的粒子平均数

$$f_i=\frac{1}{\mathrm{e}^{\alpha+\beta\varepsilon_i}+1}=\frac{1}{\mathrm{e}^{(\varepsilon_i-\mu)/kT}+1}.$$

令 μ_0 表示费米子在 $T=0$ K 的化学势，在 $T=0$ K 时，

- 当 $\varepsilon<\mu_0$ 时，

$$f=\frac{1}{\mathrm{e}^{(\varepsilon-\mu_0)/kT}+1}\rightarrow 1\ ;$$

- 当 $\varepsilon>\mu_0$ 时，

$$f=\frac{1}{\mathrm{e}^{(\varepsilon-\mu_0)/kT}+1}\rightarrow 0\ .$$

对于 Fermi 体系，$T=0$ K 时，费米子按能级的分布受制于下述情况：费米子尽可能占据低能级，使体系处于最低能量状态，同时又受 Pauli 不相容原理的限制，不可能都集中在最低能级. 费米子最高占有能级称为费米能级 ε_{F}，它等于 0 K 时费米子的化学势 μ_0.

对于 $\varepsilon<\varepsilon_{\mathrm{F}}$ 的量子态完全被费米子填满，$\varepsilon>\varepsilon_{\mathrm{F}}$ 的量子态都是空能级. 图 12.4.1 示出零度时费米子的平均占有数随能级的变化，f 是一阶跃函数.

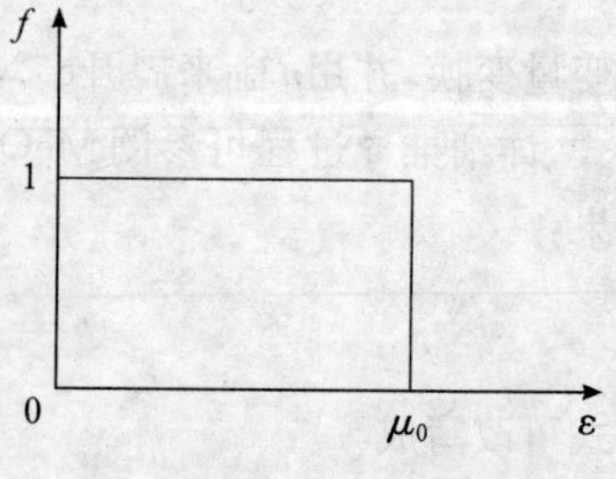

图 12.4.1　在 $T=0$ K 时的费米子的平均占有数

μ_0 的计算　设若不考虑费米子的内部运动，如费米子为单原子分子，或电子等

$$N=\sum_i n_i=\sum_i\frac{\omega_i}{\mathrm{e}^{(\varepsilon_i-\mu_0)/kT}+1}.$$

在费米子运动范围足够大时，可以近似认为其能谱是连续的. 当能级准连续时，

$$\omega(\varepsilon)\mathrm{d}\varepsilon=JV\frac{2\pi(2m)^{3/2}}{h^3}\sqrt{\varepsilon}\,\mathrm{d}\varepsilon\ .$$

对 $S=1/2$ 的费米子，$J=2$，则

$$N=\frac{4\pi V}{h^3}(2m)^{3/2}\left[\int_0^{\mu_0}\frac{\sqrt{\varepsilon}\mathrm{d}\varepsilon}{\mathrm{e}^{(\varepsilon-\mu_0)/kT}+1}+\int_{\mu_0}^{\infty}\frac{\sqrt{\varepsilon}\mathrm{d}\varepsilon}{\mathrm{e}^{(\varepsilon-\mu_0)/kT}+1}\right]$$
$$=\frac{4\pi V}{h^3}(2m)^{3/2}\int_0^{\mu_0}\sqrt{\varepsilon}\mathrm{d}\varepsilon$$
$$=\frac{4\pi V}{h^3}(2m)^{3/2}\frac{2}{3}\mu_0^{3/2}, \tag{12.4.1}$$

$$\mu_0=\frac{h^2}{2m}\left(\frac{3N}{8\pi V}\right)^{2/3}=\varepsilon_{\mathrm{F}}. \tag{12.4.2}$$

以 Cu 为例，估算其 μ_0 值：将 $N/V=8.5\times10^{22}\ \mathrm{cm}^{-3}$，$m_e=9.1094\times10^{-28}$ g 代入(12.4.2)，得

$$\mu_0=\frac{h^2}{2m}\left(\frac{3N}{8\pi V}\right)^{2/3}=1.1\times10^{-18}\ \mathrm{J}.$$

定义 T_F 为 Fermi 温度，$T_F=\mu_0/k$. 由 Cu 的 μ_0 可得，$T_F(\mathrm{Cu})=8.2\times10^4$ K.

$T=0$ K 时，Fermi 气体的能量为

$$\overline{E_0}=\sum_i n_i\varepsilon_i=\sum_i\frac{\omega_i}{\mathrm{e}^{(\varepsilon_i-\mu_0)/kT}+1}\varepsilon_i=\frac{4\pi V}{h^3}(2m)^{3/2}\int_0^{\mu_0}\varepsilon^{1/2}\varepsilon\frac{1}{\mathrm{e}^{(\varepsilon-\mu_0)/kT}+1}\mathrm{d}\varepsilon$$
$$=\frac{4\pi V}{h^3}(2m)^{3/2}\int_0^{\mu_0}\varepsilon^{3/2}\mathrm{d}\varepsilon=\frac{4\pi V}{h^3}(2m)^{3/2}\frac{2}{5}\mu_0^{5/2}$$
$$=\frac{3N}{5}\frac{h^2}{2m}\left(\frac{3N}{8\pi V}\right)^{2/3}=\frac{3}{5}N\mu_0. \tag{12.4.3}$$

由 μ_0 的数量级，可估计出

$$\overline{E}_0\approx6\ N\times(10^{-18}\sim10^{-19})\mathrm{J},\quad \bar{\varepsilon}=\frac{\overline{E}_0}{N}=\frac{3}{5}\mu_0. \tag{12.4.4}$$

因 $\varepsilon_F=\dfrac{p^2}{2m}=\mu_0$，可得费米子在 0 K 时的最大动量 p_m 及 Fermi 速率 v_F.

$$p_m=\left(3\pi^2\frac{N}{V}\right)^{1/3}\frac{h}{2\pi}, \tag{12.4.5}$$

$$v_F=\sqrt{\overline{v_0^2}}=\left(\frac{2\bar{\varepsilon}_0}{m}\right)^{1/2}\approx10^6\ \mathrm{m/s}\quad(\text{均方速率}). \tag{12.4.6}$$

$T=0$ K 时，Fermi 气体的压强为

$$p_0=-\left(\frac{\partial F_0}{\partial V}\right)_T=-\left(\frac{\partial\overline{E}_0}{\partial V}\right)_T=\frac{2}{5}\frac{N}{V}\mu_0\quad(p_0\approx10^4\ \mathrm{atm}). \tag{12.4.7}$$

E_0 和 p_0 是 Fermi 气体的零点能量和零点压强. 上面所估计得的 E_0 和 p_0 值都很大，这是 Pauli 不相容原理引起的一种量子效应.

$T=0$ K 时，Fermi 气体的微观状态数等于 1，处于完全有序状态：$S=k\ln\Omega_{\text{F-D}}=0$.

12.4.2 有限温度范围($T_F\gg T>0$ K)内 Fermi 气体的宏观性质

由 Fermi 分布 $f(\varepsilon)=\dfrac{1}{\mathrm{e}^{(\varepsilon-\mu)/kT}+1}$，可得

- $\varepsilon=\mu$ 时

$$f(\varepsilon)=\frac{1}{\mathrm{e}^{0/kT}+1}=\frac{1}{2};$$

● $\varepsilon=\mu-kT$ 时

$$\frac{1}{2}<f(\varepsilon)=\frac{1}{e^{-1}+1}<1,$$

分布函数开始从1显著下降；

● $\varepsilon=\mu+kT$ 时

$$f(\varepsilon)=\frac{1}{e+1}<\frac{1}{2},$$

分布函数随 ε 的增大而指数地趋于零.

在 $T=0$ K 时，粒子占据从 $0\sim\mu_0$ 的每一量子态；当温度升高时，$T\neq0$ K，粒子有可能跃迁到能量较高但未被占据的量子态；T 时，热运动的平均能量数量级为 kT，一般只有在 $\varepsilon=\mu$ 等能面下，能量为

$$\mu-kT<\varepsilon<\mu$$

的粒子受热运动影响，激发到 $\varepsilon=\mu$ 等能面以上的能量为 $\mu<\varepsilon<\mu+kT$ 的能级上去. 能量为 $\varepsilon<\mu-kT$ 的费米子，只有在能量处在 $\mu-kT<\varepsilon<\mu$ 的粒子已激发到比 μ 更高的能级上，使得在 $\mu-kT<\varepsilon<\mu$ 的能级中出现空穴时，才能被激发. 因此，能量比 $\mu-kT$ 还小的粒子，激发的概率很小，f 仍近似为1. 实际上，只在 μ 附近，数量级为 kT 的能量范围内粒子的分布与 $T=0$ K 时的分布有差异，温度升高时，绝大部分费米子仍然处在原来的量子态上，图12.4.2 直观地显示了Fermi 分布函数随能量和温度变化的特点.

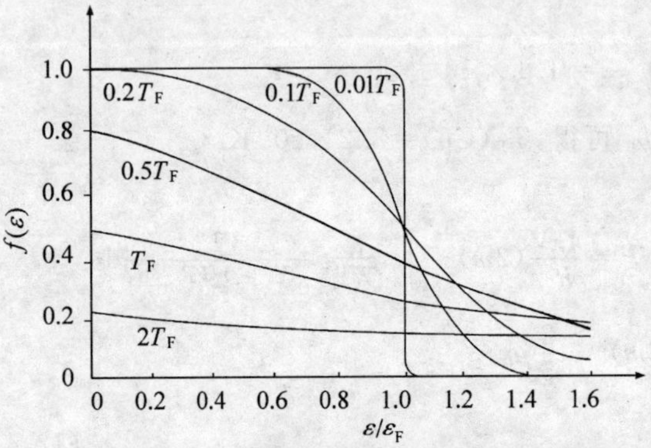

图12.4.2 $T>0$ K 时的Fermi 分布函数

12.4.3 简并Fermi 气体宏观性质的定量计算

下面将利用 Fermi 分布的特点，采用近似方法定量计算 Fermi 气体在有限低温时的热力学性质.

$$\begin{aligned} N&=\sum_i n_i=\sum_i\frac{\omega_i}{e^{(\varepsilon_i-\mu)/kT}+1}\\ &=\frac{4\pi V}{h^3}(2m)^{3/2}\int_0^\infty\frac{\varepsilon^{1/2}}{e^{(\varepsilon-\mu)/kT}+1}d\varepsilon\\ &=CV\int_0^\infty f(\varepsilon)\varepsilon^{1/2}d\varepsilon\quad\left(C=J\,\frac{2\pi(2m)^{3/2}}{h^3}\right). \end{aligned}\tag{12.4.8}$$

$$\begin{aligned} E&=\sum_i n_i\varepsilon_i=\sum_i\varepsilon_i\frac{\omega_i}{e^{(\varepsilon_i-\mu)/kT}+1}\\ &=\frac{4\pi V}{h^3}(2m)^{3/2}\int_0^\infty\frac{\varepsilon^{3/2}}{e^{(\varepsilon-\mu)/kT}+1}d\varepsilon\\ &=CV\int_0^\infty f(\varepsilon)\varepsilon^{3/2}d\varepsilon. \end{aligned}\tag{12.4.9}$$

$$\begin{aligned}\ln\Xi &= \sum_i \omega_i \ln(1+\mathrm{e}^{-\alpha-\beta\varepsilon_i}) \\ &= CV\int_0^\infty \ln(1+\mathrm{e}^{-\alpha-\beta\varepsilon_i})\varepsilon^{1/2}\mathrm{d}\varepsilon \qquad (\text{分部积分}) \\ &= \frac{2}{3}CV\beta\int_0^\infty \varepsilon^{3/2}\frac{1}{\mathrm{e}^{\alpha+\beta\varepsilon}+1}\mathrm{d}\varepsilon \\ &= \frac{2}{3}CV\beta\int_0^\infty f(\varepsilon)\varepsilon^{3/2}\mathrm{d}\varepsilon . \end{aligned} \tag{12.4.10}$$

式(12.4.8)～(12.4.10)的$N,E,\ln\Xi$中的 3 个积分皆涉及一个基本积分式

$$I=\int_0^\infty \varepsilon^l f(\varepsilon)\mathrm{d}\varepsilon \qquad \left(l=\frac{1}{2},\ \frac{3}{2}\right). \tag{12.4.11}$$

图 12.4.3 显示出 Fermi 分布函数f在$\beta\mu=0.10$时的微商$\mathrm{d}f/\mathrm{d}\varepsilon$. f是一台阶函数,$\mathrm{d}f/\mathrm{d}\varepsilon$只在$\varepsilon=\mu$附近不为零. 利用这一特点,(12.4.11)式的积分应用分部积分计算.

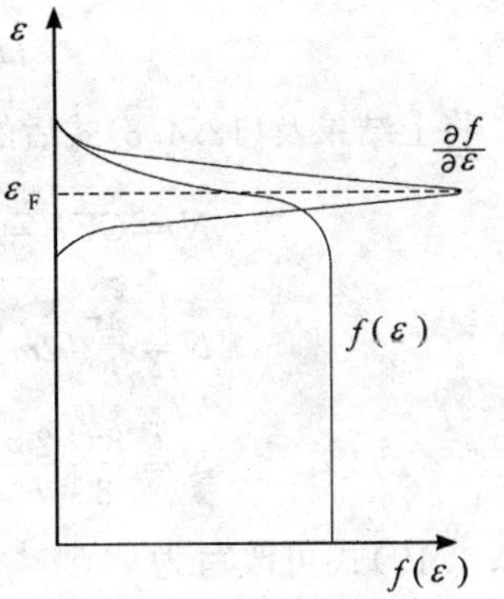

图 12.4.3 Fermi 分布函数的微商

令$u=f(\varepsilon)$, $\mathrm{d}H(\varepsilon)=\varepsilon^l\mathrm{d}\varepsilon$, 则

$$\mathrm{d}u=\frac{\mathrm{d}f(\varepsilon)}{\mathrm{d}\varepsilon}\mathrm{d}\varepsilon,\quad H(\varepsilon)=\int_0^\varepsilon x^l\mathrm{d}x$$

$$\begin{aligned} I &= \left[f(\varepsilon)\int_0^\varepsilon x^l\mathrm{d}x\Big|_0^\infty-\int_0^\infty H(\varepsilon)\frac{\mathrm{d}f(\varepsilon)}{\mathrm{d}\varepsilon}\mathrm{d}\varepsilon\right] \\ &= -\int_0^\infty H(\varepsilon)\frac{\mathrm{d}f(\varepsilon)}{\mathrm{d}\varepsilon}\mathrm{d}\varepsilon . \end{aligned} \tag{12.4.12}$$

$H(\varepsilon)$在$\varepsilon=\mu$点,用 Taylar 级数展开($\mathrm{d}f/\mathrm{d}\varepsilon$在$\varepsilon=\mu$点有极值,仅在$\mu$附近不为零),得

$$H(\varepsilon)=H(\mu)+(\varepsilon-\mu)\left(\frac{\mathrm{d}H}{\mathrm{d}\varepsilon}\right)_{\varepsilon=\mu}+\frac{1}{2}(\varepsilon-\mu)^2\left(\frac{\mathrm{d}^2H}{\mathrm{d}\varepsilon^2}\right)_{\varepsilon=\mu}+\cdots . \tag{12.4.13}$$

将$H(\varepsilon)$代入I积分,得

$$\begin{aligned} I &= -\int_0^\infty\frac{\mathrm{d}f(\varepsilon)}{\mathrm{d}\varepsilon}\left[H(\mu)+(\varepsilon-\mu)\left(\frac{\mathrm{d}H}{\mathrm{d}\varepsilon}\right)_{\varepsilon=\mu}+\frac{1}{2}(\varepsilon-\mu)^2\left(\frac{\mathrm{d}^2H}{\mathrm{d}\varepsilon^2}\right)_{\varepsilon=\mu}+\cdots\right]\mathrm{d}\varepsilon \\ &= H(\mu)L_0+\left(\frac{\mathrm{d}H}{\mathrm{d}\varepsilon}\right)_{\varepsilon=\mu}L_1+\frac{1}{2}\left(\frac{\mathrm{d}^2H}{\mathrm{d}\varepsilon^2}\right)_{\varepsilon=\mu}L_2+\cdots , \end{aligned} \tag{12.4.14}$$

其中

$$L_j=-\int_0^\infty(\varepsilon-\mu)^j\frac{\mathrm{d}f}{\mathrm{d}\varepsilon}\mathrm{d}\varepsilon \quad (j=0,1,2,\cdots). \tag{12.4.15}$$

作变量变换,令$x=(\varepsilon-\mu)/kT$,则

$$f(\varepsilon)=g(x),\qquad g(x)=\frac{1}{\mathrm{e}^x+1},\qquad \mathrm{d}\varepsilon=kT\mathrm{d}x,$$

$$\frac{\mathrm{d}f}{\mathrm{d}\varepsilon}=\frac{\mathrm{d}g}{\mathrm{d}x}\cdot\frac{\mathrm{d}x}{\mathrm{d}\varepsilon}=\frac{1}{kT}\frac{\mathrm{d}g}{\mathrm{d}x},\qquad \frac{\mathrm{d}g}{\mathrm{d}x}=-\frac{\mathrm{e}^x}{(\mathrm{e}^x+1)^2}.$$

因$\dfrac{\mathrm{d}g}{\mathrm{d}x}$在$x$值很大时为零,将积分下限从$\dfrac{-\mu}{kT}$推广到$-\infty$. 改变积分下限后,得

$$L_j=\frac{1}{\beta^j}\int_{-\mu/kT}^\infty\frac{x^j\mathrm{e}^x}{(1+\mathrm{e}^x)^2}\mathrm{d}x=\frac{1}{\beta^j}\int_{-\infty}^\infty\frac{x^j\mathrm{e}^x}{(1+\mathrm{e}^x)^2}\mathrm{d}x \quad (j=0,1,2,\cdots). \tag{12.4.16}$$

所有j为奇数的积分L_j等于零. 而$j=0$时,$L_0=1$;$j=2$时,

$$\int_{-\infty}^{\infty}\frac{x^2\mathrm{e}^x}{(1+\mathrm{e}^x)^2}\mathrm{d}x=\frac{\pi^2}{3},\qquad L_2=\frac{\pi^2}{3}(kT)^2.$$

将 L_j 代入(12.4.14)式,得

$$I=H(\mu)+\frac{\pi^2}{6}(kT)^2H''(\mu)+\cdots. \tag{12.4.17}$$

利用 I 的(12.4.17)式,便可计算Fermi 气体的热力学性质 $N,E,\ln\Xi$ 等.

首先计算 N. 由(12.4.8),(12.4.11)和(12.4.17)式,得

$$N=CVI=CV\int_0^{\infty}\varepsilon^{1/2}f(\varepsilon)\mathrm{d}\varepsilon=CV\left[H(\mu)+\frac{\pi^2}{6}(kT)^2H''(\mu)+\cdots\right]. \tag{12.4.18}$$

由于
$$H(\varepsilon)=\int_0^{\varepsilon}x^{1/2}\mathrm{d}x=\frac{2}{3}\varepsilon^{3/2},\quad H''(\varepsilon)=\frac{1}{2}\varepsilon^{-1/2},$$

因而
$$H(\mu)=\frac{2}{3}\mu^{3/2},\quad H''(\mu)=\frac{1}{2}\mu^{-1/2}.$$

将上结果及(12.4.8)式后的 C(注意 $J=2$)代入 N 的表达式,即得

$$N=CVI=V\frac{4\pi}{h^3}(2m)^{3/2}\left[H(\mu)+\frac{\pi^2}{6}(kT)^2H''(\mu)+\cdots\right],$$

$$N=\frac{4\pi}{h^3}(2m)^{3/2}V\left[\frac{2}{3}\mu^{3/2}+\frac{\pi^2}{6}(kT)^2\frac{1}{2\mu^{1/2}}+\cdots\right],$$

$$N=\frac{8\pi}{3}\left(\frac{2m}{h^2}\right)^{3/2}V\mu^{3/2}\left[1+\frac{\pi^2}{8}(\beta\mu)^{-2}+\cdots\right]. \tag{12.4.19}$$

(12.4.19)式可改写为

$$\frac{N}{V}\frac{3}{8\pi}\left(\frac{h^2}{2m}\right)^{3/2}=\mu^{3/2}\left[1+\frac{\pi^2}{8}(\beta\mu)^{-2}+\cdots\right].$$

由(12.4.2)式知,上式左边为 $\mu_0^{3/2}$,故上式化为

$$\mu_0=\mu\left[1+\frac{\pi^2}{8}(\beta\mu)^{-2}+\cdots\right]^{2/3}. \tag{12.4.20}$$

进一步简化整理,得

$$\mu=\mu_0\left[1-\frac{\pi^2}{12}\left(\frac{kT}{\mu}\right)^2+\cdots\right]. \tag{12.4.21}$$

由上式可见,μ 随 T 改变很小,$\mu\approx\mu_0$,右端二次项以上中的 μ 可用 μ_0 近似,则

$$\mu=\mu_0\left[1-\frac{\pi^2}{12}\eta^2+\cdots\right],\quad \eta=(\beta\mu_0)^{-1}. \tag{12.4.22}$$

类似,可求出 $E,\ln\Xi,p$ 和 S 等热力学函数. 推导过程从略,其结果为

$$\overline{E}=CV\left[H(\mu)+\frac{\pi^2}{6}(kT)^2H''(\mu)+\cdots\right]=E_0\left(1+\frac{5}{12}\pi^2\eta^2+\cdots\right). \tag{12.4.23}$$

对 $\overline{E}$ 求微商,可得热容

$$C_V=\left(\frac{\partial\overline{E}}{\partial T}\right)_V=\frac{\pi^2}{2}Nk\left(\frac{T}{T_{\mathrm{F}}}\right), \tag{12.4.24}$$

$$\ln\Xi=\frac{4}{15}CV\beta\mu^{5/2}\left[1+\frac{5\pi^2}{8}\left(\frac{kT}{\mu}\right)^2+\cdots\right]. \tag{12.4.25}$$

根据 $\ln\Xi$ 与压强的关系,可计算得Fermi 气体的压强

$$p=\frac{1}{\beta}\frac{\partial\ln\Xi}{\partial V}=\frac{4}{15}C\mu^{5/2}\left[1+\frac{5\pi^2}{8}\left(\frac{kT}{\mu}\right)^2+\cdots\right]=\frac{2}{5}\frac{N}{V}\mu_0\left[1+\frac{5}{12}\pi^2\left(\frac{kT}{\mu_0}\right)^2+\cdots\right].$$

从
$$S=k\left(\ln\Xi-\alpha\frac{\partial\ln\Xi}{\partial\alpha}-\beta\frac{\partial\ln\Xi}{\partial\beta}\right),$$
或
$$S=\int_0^T\frac{C_V}{T}\mathrm{d}T=Nk\left[\int_0^T\frac{\pi^2}{2}\left(\frac{k}{\mu_0}\right)\mathrm{d}T-\int_0^T\frac{3\pi^4}{20}\left(\frac{k}{\mu_0}\right)^3T^2\mathrm{d}T+\cdots\right],\tag{12.4.26}$$
得
$$S=Nk\left[\frac{\pi^2}{2}\frac{kT}{\mu_0}-\frac{\pi^4}{20}\left(\frac{kT}{\mu_0}\right)^3+\cdots\right]=\frac{1}{2\mu_0}N\pi^2k^2T+\cdots.\tag{12.4.27}$$

上述结果显示，简并性Fermi气体的热力学函数可以用kT/μ_0的小量来展开，有限温度的热力学量表达成在0 K时的相应量加上温度升高后的修正项，在μ，E和p的表达式中略去的最大项是$(kT/\mu_0)^4$的数量级，在S中略去的最大项是$(kT/\mu_0)^3$的数量级.

12.5　金属电子气的热容

1900年，电子被发现后的三年，Drude（特鲁德）设想金属中存在自由电子气，并用这一自由电子气模型说明金属的导电和导热性质.

1904年，Lorentz（洛伦茨）发展了Drude的观点，构成了Drude-Lorentz自由电子气理论：金属中存在着大量能够自由运动的电子，它们的行为像理想气体，称为自由电子气；除在与离子实发生碰撞的瞬间之外，电子气在离子实之间的运动是自由的；电子-电子的相互作用（碰撞）忽略不计；两次相继碰撞之间所间隔的平均时间τ称为弛豫时间，$1/\tau$表示电子和离子实间的碰撞概率；电子气通过和离子骨架的热碰撞来达到热平衡，电子气遵守Boltzmann统计.

Drude-Lorentz自由电子理论对金属的电导、热导做出了定性说明，并得到与Wiedemann-Franz（维德曼-弗兰兹）经验定律相符的结果.

当电子的平均动能远大于势能，可忽略势能的影响，金属可近似地认为是由固定在点阵上的离子和在金属内自由运动的公有化电子所组成.若按Boltzmann统计，每个电子对热容的贡献应为$(3/2)k$，并与温度无关.但实验结果表明，自由电子气对热容量几乎没有贡献.自由电子有没有热运动？定量说明电子的热容成为20世纪初统计物理的难题.金属的电子气热容和金属自由气顺磁性问题直接动摇了Drude-Lorentz的理论.

Sommerfeld（索末菲）用F-D统计代替金属电子论中的M-B统计，将金属中的电子作为高度简并的电子气处理.他的理论使得大多数经典困难得到了较为满意的解决.

金属电子气的Fermi能级ε_F按上节F-D统计处理的结果(12.4.2)式
$$\varepsilon_F=\left(\frac{3N}{8\pi V}\right)^{2/3}\frac{h^2}{2m_e^*},$$
m_e^*是金属电子气体中电子的有效质量.当把本来和晶格原子有相互作用的电子看成自由电子时，对电子质量必须引入修正.m_e^*/m_e的比值依赖于金属原子和电子之间相互作用的具体形式，大多数金属这个比值与1很接近.

对于立方晶体，其电子的密度由式
$$\frac{N}{V}=\frac{n_en_a}{a^3}$$
决定.式中，n_a为每单位晶胞中的原子数，a是晶胞长度，n_e为每个原子的价电子数.

【例12.5.1】金属钠，$n_a=2$，$a=4.29$ Å，$n_e=1$，则
$$\varepsilon_F(\mathrm{Na})=5.03\times10^{-19}\,\mathrm{J}=3.14\,\mathrm{eV},$$

$$T_F(\text{Na}) = \frac{\varepsilon_F}{k} = 1.16 \times 10^4\ \varepsilon_F(\text{eV}) = 3.64 \times 10^4\ \text{K}.$$

由上计算可知$T_F \approx 10^4 \sim 10^5$，比常温300 K 大得多，金属的传导电子是高度简并的. 其热容不应采用经典公式$C_V=(3/2)Nk$ 计算，而应由高度简并的气体热容公式(12.4.23)计算

$$C_V = \frac{\pi^2}{2}Nk\frac{kT}{\varepsilon_F} = \frac{\pi^2}{2}Nk\left(\frac{T}{T_F}\right).$$

因电子的Fermi 温度$(T_F)_e \approx O(10^4\ \text{K})$，在室温下，$(C_V)_e \approx \frac{\pi^2}{2}NkO(10^{-2})$，与原子的热容$(C_V)_a = \frac{3}{2}Nk$ 相比，$(C_V)_e \approx 10^{-2}(C_V)_a$. 如上节讨论 Fermi 分布函数随温度的趋势所述，从 0 K 升到 T 时，只有那些能量大致位于 ε_F 处的 kT 能量间隔内的电子才可能被激发. $T=300$ K 时，只有百分之几的电子被激发. 因此，室温下金属的热容完全取决于原子的晶格振动；随着温度下降，晶格振动对热容的贡献也随之下降；在极低温度下，晶格振动的热容正比于T^3(参见13.5 节)，电子的热容正比于T.

$$(C_V)_a = \frac{12}{5}\pi^4\frac{Nk^4}{(h\nu)^3}T^3 = \frac{12}{5}\pi^4 Nk\left(\frac{T}{T_D}\right)^3 \quad \left(T_D = \frac{h\nu}{k}\right).$$

$$C_V = (C_V)_a + (C_V)_e,$$

因此

$$C_V = \gamma T + \delta T^3.$$

其中：
$$\delta = \frac{12}{5}\pi^4 Nk\frac{1}{(T_D)^3}, \quad \gamma = \frac{\pi^2}{2}Nk^2\frac{1}{\varepsilon_F}.$$

令$Y=\frac{C_V}{T}$，$x=T^2$，以T^2 为横坐标，$\frac{C_V}{T}$为纵坐标，则

$$Y = \gamma + \delta x.$$

在$(C_V/T, T^2)$坐标系中，可由直线的斜率决定δ 值，在纵轴上的截距定γ 值，由γ 值进一步计算ε_F.

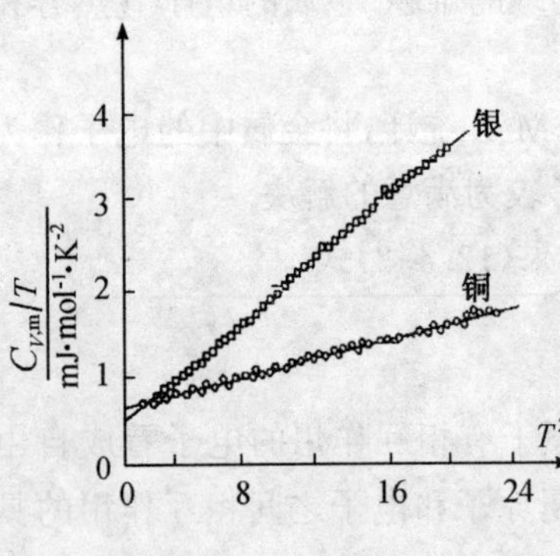

图 12.5.1　铜和银的摩尔热容

1955 年Corok(科克)等人在1～5 K 的低温条件下，对Cu、Ag 和 Au 等作了热容的实验测定. 实验证实了理论的正确性(图12.5.1).

$$\frac{(C_V)_e}{(C_V)_a} = \frac{5}{24\pi^2}\frac{kT}{\mu_0}\left(\frac{T_D}{T}\right)^3 = \frac{4}{24\pi^2}\left(\frac{T}{T_F}\right)\left(\frac{T_D}{T}\right)^3.$$

对Cu，$T_D=345$ K，$T_F=8.2\times10^4$ K，因此，

$$\frac{(C_V)_e}{(C_V)_a} \approx \frac{8}{T^2}.$$

当$T<3$ K 时，自由电子气对热容量的贡献就不能忽略；$T<2$ K 时，$(C_V)_e>(C_V)_a$，电子的热容超过原子晶格振动的热容；$T\to0$ K 时，金属的C_V 以T 的一次方速度趋于零.

12.6　半导体中电子和空穴的平衡统计分布

本节将讨论热平衡时半导体中载流子浓度及其随温度变化的规律.

12.6.1　非简并半导体中电子和空穴的浓度

半导体中电子的数目是非常大的，如单晶硅：5×10^{22} atom/cm^3，价电子数为 $4\times5\times10^{22}$ cm^{-3}. 这些电子彼此不可区分，占据允许的量子态，受到 Pauli 不相容原理的限制. 在一定温度下，导电电子和空穴是靠热激发作用产生的，也可以通过杂质电离方式产生. 当ε_F 给定，则依据 Fermi 分布函数 $f(\varepsilon)$可求出导带的电子浓度 n_e 和空穴浓度 n_p.

$$n_e = \sum_i f(\varepsilon_i)\ ,$$

$$n_p = \sum_j f(\varepsilon_j)\ .$$

半导体的导带和价带中，相邻能级间隔很小，约 10^{-22} eV，可近似认为能级是连续的. 设能带中能量 E 到 $E+\mathrm{d}E$ 之间有 $\mathrm{d}z$ 个量子态，状态密度 $g(\varepsilon)$定义为：

$$g(\varepsilon) = \frac{\mathrm{d}z}{\mathrm{d}E}.$$

它表示能带中能量E 附近单位能量间隔内的量子态数. 从导带底E_c 到导带顶E_c' 的所有量子态的电子求和，可以得到导带的电子浓度 n_e，从导带底开始计算电子能量.

$$n_e = \int_{E_c}^{E_c'} \frac{1}{V} f(\varepsilon) g(\varepsilon) \mathrm{d}\varepsilon\ , \tag{12.6.1}$$

$$\varepsilon = E - E_c.$$

由能带理论，可以求得

$$g_e(\varepsilon) = 4\pi V \frac{(2m^*)^{3/2}}{h^3} (E - E_c)^{1/2}. \tag{12.6.2}$$

$g_e(\varepsilon)$与 ε 之间为抛物线关系. $g_e(\varepsilon)$也依赖有效质量 m^*，m^* 大的，态密度也大. 将 $g_e(\varepsilon)$代入 n_e 的积分式，得

$$n_e = \int_{E_c}^{E_c'} 4\pi \frac{(2m^*)^{3/2}}{h^3} \frac{(E - E_c)^{1/2}\mathrm{d}E}{\mathrm{e}^{(E-E_F)/kT} + 1}\ . \tag{12.6.3}$$

式中，积分限 E_c 是导带底的能量，E_c' 为导带顶的能量.

半导体中，最常遇见的情况 E_F 位于禁带中，而且与导带底 E_c 或价带顶 E_V 的差值远大于 kT，即 $E_c-E_F\gg kT$，$E_F-E_V\gg kT$.

当 $E_c-E_F\gg kT$ 时，$\mathrm{e}^{(E-E_F)/kT}\gg1$（因 $E-E_F>E_c-E_F$），Fermi 分布转化为 Boltzmann 分布

$$f_B(E) = \mathrm{e}^{-(E-E_F)/kT}. \tag{12.6.4}$$

式中，$f_B(E)$称为电子的 Boltzmann 分布函数. $f_B(E)\ll1$ 时，导带中的所有量子态被电子占据的概率很小，这正是 M-B 分布的特点和适用范围. 在 $E-E_F\gg kT$ 的条件下，Pauli 原理失去作用. 另外，随 E 增大，$f_B(E)$迅速减小，所以导带中绝大多数电子分布在导带底附近.

$1-f(E)$是能量为 E 的量子态不被电子占有的概率，就是量子态被空穴占据的概率.

$$1 - f(E) = \frac{\mathrm{e}^{(E-E_F)/kT}}{1 + \mathrm{e}^{(E-E_F)/kT}} = \frac{1}{1 + \mathrm{e}^{(E_F-E)/kT}}.$$

同理，当 $E-E_F\ll kT$ 时，即 $E_F-E\gg kT$，则

$$1 - f(E) = \mathrm{e}^{-(E_F-E)/kT} = B\mathrm{e}^{E/kT} \quad (B = \mathrm{e}^{-E_F/kT})\ . \tag{12.6.5}$$

$1-f(E)\ll1$，半导体价带中所有量子态被空穴占有的概率很小. 能量 E 增大，$1-f(E)$迅速减小，价带中绝大多数空穴分布在价带顶附近. 称满足 Boltzmann 分布的电子系统为非简并系统.

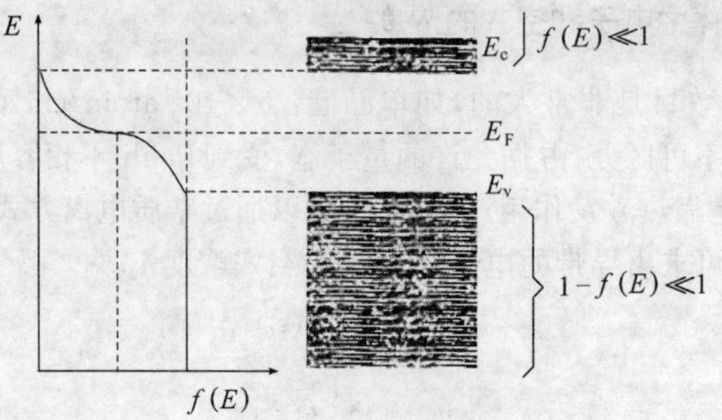

图 12.6.1 半导体的能带和 Fermi 分布

下面求 n_e 表达式

已知：$n_e=\int_{E_c}^{E_c'}\frac{1}{V}f(E)g_e(E)\mathrm{d}E$. 代入(12.6.2)，得

$$n_e=4\pi\frac{(2m_e{}^*)^{3/2}}{h^3}\int_{E_c}^{E_c'}\mathrm{e}^{-(E-E_F)/kT}(E-E_c)^{1/2}\mathrm{d}E. \tag{12.6.6}$$

作变量变换，令 $x=(E-E_c)/kT$，则

$$(E-E_c)^{1/2}=(kT)^{1/2}x^{1/2},$$
$$\mathrm{d}(E-E_c)=kT\mathrm{d}x,$$
$$n_e=4\pi\frac{(2m_e{}^*)^{3/2}}{h^3}(kT)^{3/2}\mathrm{e}^{-(E_c-E_F)/kT}\int_0^{x'}x^{1/2}\mathrm{e}^{-x}\mathrm{d}x,$$

其中 $x'=(E_c'-E_c)/kT$. 为利用 $\int_0^{\infty}x^{1/2}\mathrm{e}^{-x}\mathrm{d}x=\sqrt{\pi}/2$，已将积分上限改为∞. 因为一般导带宽度为 1～2 eV，取 500 K，$kT\approx 0.043$ eV，x' 至少为 1/0.043～23. 具体计算，无论积分上限取 5，10，23，积分结果皆相同. 其物理实质在于导带中的绝大多数电子在导带底附近，电子占据更高能量的概率迅速下降，从 E_c' 到∞能量的电子数可忽略不计.

$$n_e=N_c'\mathrm{e}^{-(E_c-E_F)/kT}\int_0^{\infty}x^{1/2}\mathrm{e}^{-x}\mathrm{d}x=N_c\mathrm{e}^{-(E_c-E_F)/kT}, \tag{12.6.7}$$

其中 $N_c=2\frac{(2\pi m_e{}^*kT)^{3/2}}{h^3}$，$N_c$ 称为导带的有效能级密度.

令 $x=(E_v-E)/kT$，同理，可得非简并半导体的价带中空穴浓度

$$n_p=\int_{E_v'}^{E_v}[1-f(E)]\frac{g_v(E)}{V}\mathrm{d}E$$
$$=4\pi\frac{(2m_p{}^*)^{3/2}}{h^3}\int_{E_v'}^{E_v}\mathrm{e}^{(E-E_F)/kT}(E_v-E)^{1/2}\mathrm{d}E=N_v\mathrm{e}^{(E_v-E_F)/kT}, \tag{12.6.8}$$

其中 $N_v=2\frac{(2\pi m_p{}^*kT)^{3/2}}{h^3}$，$N_v$ 称为价带的有效能级密度.

(12.6.7)和(12.6.8)式揭示了载流子浓度和 Fermi 能级位置的联系，对分析半导体的性能是重要的.

将 n_e 与 n_p 相乘，消去 E_F 后，得到($E_g=E_c-E_v$)

$$n_en_p=N_cN_V\mathrm{e}^{-(E_c-E_v)/kT}=N_cN_v\mathrm{e}^{-E_g/kT}. \tag{12.6.9}$$

将 h，k 等常量值及电子惯性质量 m_0 引入(12.6.9)式，得

$$n_e n_p = 2.33\times 10^{31}\left(\frac{m_e{}^* m_p{}^*}{m_0^2}\right)^{3/2} T^3 e^{-E_g/kT}. \qquad (12.6.10)$$

这是热平衡条件下非简并半导体普遍适用(本征半导体与掺杂半导体)的公式.上式表明 $n_e n_p$ 与 E_F 和杂质无关,对一定半导体材料,$n_e n_p$ 只决定于 T. T 一定,$n_e n_p$ 值一定,n_e 上升,n_p 下降,即半导体中导带电子越多,空穴就要减少;或者空穴增多,则导带电子减少.如对 n 型半导体,施主越多,电子越多,而空穴则越少.

12.6.2　本征半导体的载流子浓度

本征半导体是没有杂质和缺陷的半导体.

当 $T=0\,\mathrm{K}$,价带中的全部量子态被电子占据,导带中的量子态都是空的.当 $T>0\,\mathrm{K}$,价带中的电子热激发到导带产生了空穴称为本征激发,由电中性条件得,$n_e=n_p$.本征半导体中导带中的电子浓度与价带中空穴浓度相等.

由此关系可求得本征半导体的 Fermi 能级 E_F

$$N_c e^{-(E_c-E_F)/kT} = N_v e^{-(E_F-E_v)/kT}.$$

取对数,并代入 N_c 及 N_v 表达式,整理,即得

$$E_i = E_F = \frac{E_c+E_V}{2}+\frac{3kT}{4}\ln\frac{m_p{}^*}{m_e{}^*}.$$

将 E_F 代入 n_e,n_p 表达式,得

$$n_i = n_e = n_p = (N_c N_v)^{1/2} e^{-E_g/2kT}. \qquad (12.6.11)$$

其中 $E_g=E_c-E_v$ 为半导体的带隙,n_i 称为本征载流子浓度.

$$n_i = \left[\frac{2(2\pi kT)^{3/2}(m_e{}^* m_p{}^*)^{3/4}}{h^3}\right] e^{-E_g/2kT}.$$

上述结果说明,本征半导体的 E_F 基本上在禁带中线处,本征载流子浓度 n_i 随 T 的升高而迅速增加.不同半导体,在同一温度时,E_g 越大,n_i 越小.对于本征半导体,$n_e n_p=n_i^2$,由 $\ln(n_i T^{-3/2})$-T^{-1}关系可求 E_g.

12.6.3　简并半导体的载流子浓度

掺杂可以改变半导体能带中电子填充的水平.向半导体中掺进受主,其效果等于从价带里取走电子,留下空穴;掺进施主,等效于向导带中放进电子.

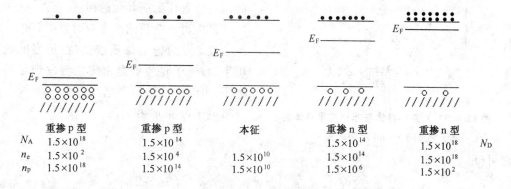

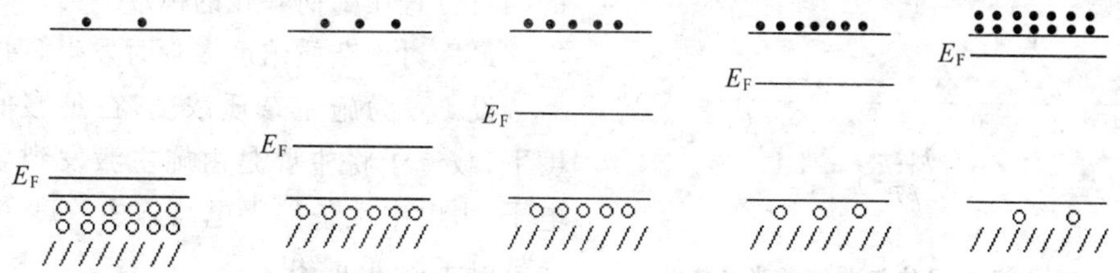

	重掺 p 型	重掺 p 型	本征	重掺 n 型	重掺 n 型	
N_A	1.5×10^{18}	1.5×10^{14}		1.5×10^{14}	1.5×10^{18}	N_D
n_e	1.5×10^{2}	1.5×10^{4}	1.5×10^{10}	1.5×10^{14}	1.5×10^{18}	
n_p	1.5×10^{18}	1.5×10^{14}	1.5×10^{10}	1.5×10^{6}	1.5×10^{2}	

图 12.6.2　Fermi 能级与掺杂类型和掺杂浓度的关系

当掺杂浓度 N_D 超过一定数量后，E_F 进入导带，N_D 很大，导带底附近的量子态基本上已被电子所占据．导带中的电子数已经很多，$f(E)\ll 1$ 的条件不能成立，必须考虑 Pauli 原理的作用，用 Fermi 分布函数分析导带中的电子统计分布问题．

同理，当 E_F 进入价带，N_A 很大，价带顶附近的量子态基本上已被空穴所占据，$1-f(E)\ll 1$ 的条件不能成立，必须使用 Fermi 分布讨论价带中空穴的统计分布问题．这就是载流子的简并化．发生简并化的半导体称为简并半导体．简并半导体的性质与非简并半导体的性质很不相同．当 E_F 非常接近或进入导带时，$E_c-E_F\gg kT$ 的条件不满足，导带电子必须用 Fermi 分布函数计算

$$n_e = 4\pi\frac{(2m_e{}^*)^{3/2}}{h^3}\int_{E_c}^{\infty}\frac{(E-E_c)^{1/2}}{1+e^{(E-E_F)/kT}}dE\,. \tag{12.6.12}$$

作变量变换

$$x=\frac{E-E_c}{kT},\quad \xi=\frac{E_F-E_c}{kT},$$

(12.6.12)式变为

$$n_e = N_c\frac{2}{\sqrt{\pi}}\int_0^{\infty}\frac{x^{1/2}}{1+e^{(x-\xi)}}dx\,. \tag{12.6.13}$$

用下列的 Fermi 积分

$$\int_0^{\infty}\frac{x^{1/2}}{1+e^{(x-\xi)}}dx = F_{1/2}(\xi)=F_{1/2}\left(\frac{E_F-E_c}{kT}\right) \tag{12.6.14}$$

则得

$$n_e = N_c\frac{2}{\sqrt{\pi}}F_{1/2}(\xi)=N_c\frac{2}{\sqrt{\pi}}F_{1/2}\left(\frac{E_F-E_c}{kT}\right)\,. \tag{12.6.15}$$

当 E_F 非常接近或进入价带时，用同样方法可得简并半导体的价带空穴浓度．

$$n_p = N_v\frac{2}{\sqrt{\pi}}F_{1/2}\left(\frac{E_v-E_F}{kT}\right)\,. \tag{12.6.16}$$

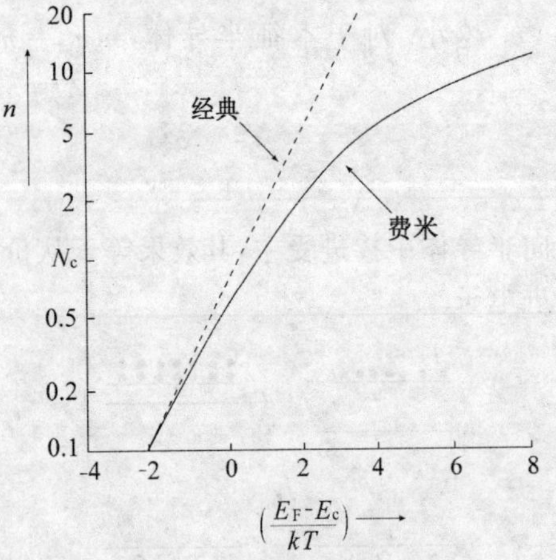

图 12.6.3　简并半导体与非简并半导体的电子浓度与 Fermi 能级的关系

图 12.6.3 中两条曲线的差别就反映了简并化的影响．由图可见，当 $E_F=E_c$ 时，两者的 n_e 值已有显著差别，必须考虑简并化．当 E_F 比 E_c 低 $2kT$ 时，即 $E_c-E_F=2kT$ 时，n_e 值已经开始略有差别了．所以，可将 E_F 与 E_c 的相对位置作为简并化的标准．

最后讨论杂质浓度多少时发生简并．

设 N_D 为施主杂质浓度，在足够低的温度下，载流子将主要是由施主激发到导带的电子，由电中性条件得电离施主浓度 $N_D{}^+$ 与导带电子浓度 n_e 相等．

$$n_e = N_D^+,$$

进而可得

$$N_D=\frac{2N_c}{\sqrt{\pi}}(1+2e^{(E_F-E_c)/kT})e^{\Delta E_D/kT}F_{1/2}\left(\frac{E_c-E_F}{kT}\right)\,. \tag{12.6.17}$$

其中 $\Delta E_D = E_c - E_D$. 选取 $E_F = E_c$ 为简并化条件，则发生简并时的杂质浓度为

$$N_D = \frac{2N_c}{\sqrt{\pi}}(1 + 2e^{\Delta E_D/kT})F_{1/2}(0) = 0.68N_c(1 + e^{\Delta E_D/kT}) \quad [F_{1/2}(0) = 0.6]. \tag{12.6.18}$$

由此可见，当 $N_D \ll N_c$ 时为非简并半导体；N_D 接近或大于 N_c 时，就成为简并半导体. 发生简并的 N_D 与 ΔE_D 有关，ΔE_D 越小，发生简并的 N_D 越小. N_D 与 T 也有关系.

有关常量代入后，N_D 可表示成：

$$N_D = 3.28 \times 10^{15}\left(\frac{m_n{}^*}{m_0}\right)^{3/2} T^{3/2}(1 + 2e^{\Delta E_D/kT}). \tag{12.6.19}$$

将硅的有关参数代入上式，得到Si 的$N_c = 2.8 \times 10^{19}/\text{cm}^3$. 当掺杂浓度$N_D > 10^{18}/\text{cm}^3$ 时，硅表现为简并半导体，此时必须采用Fermi 统计处理该体系.

12.7　热辐射的统计理论

12.7.1　黑体辐射的经典统计理论

一个物体能够完全吸收投射到它上面的全部辐射，则称该物体为绝对黑体(简称黑体). 将一种壁围成密封的空腔上穿一小孔，腔内壁能良好地吸收辐射，这样的空腔几乎能把所有投射到小孔的辐射都吸收掉. 因此，小孔的表面就是绝对黑体.

绝对黑体是一种理想化物体. 它既能吸收任何频率的辐射，又能发射任何频率的辐射，从而能形成辐射源与辐射场的热动平衡. 选择绝对黑体的辐射作为研究对象，一者是能在全频率范围内探索热辐射的性质及其规律性，二者是热辐射具有广泛的实际实用，在生活、技术、工业中比比皆是.

实验表明，辐射场的能量完全由辐射源的温度确定的，而能量在各个频率的分布也是完全确定的. 图12.7.1 示出辐射场能量密度函数与波长之间的关系.

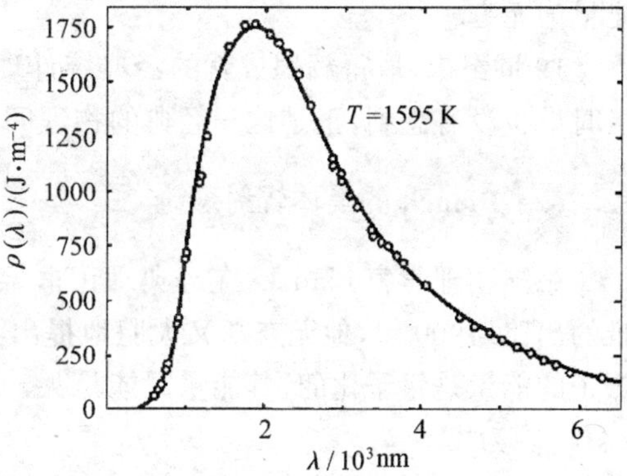

图 12.7.1　黑体辐射

实验证实，热辐射是电磁波. 按经典电动力学，它遵守Maxwell 电磁场方程组(线性方程). 在密闭空腔内，当辐射场与辐射源达平衡后，Maxwell 方程组的解是一组不随时间变化的电磁驻波，它们可分解成彼此线性无关的单色平面波，或者说辐射场是由辐射源的简谐振子发出的单色平面波叠加而成. 因此，辐射场等效于大群简谐振子所组成的力学体系.

假设简谐振子的频率是连续谱，依据经典电磁场理论，在体积 V 内，辐射场中频率处在 $\nu \to \nu + d\nu$ 间隔内的简谐振动数为

$$g(\nu)d\nu = \frac{8\pi V}{c^3}\nu^2 d\nu, \tag{12.7.1}$$

其中 c 为光速，即电磁波在真空中的速度. 顺便指出，(12.7.1)式也可依据辐射场的光量子理论得到，这已在3.4 节中做了论述.

其次，按经典力学，一维简谐振子的能量函数用广义坐标和广义动量表示时，有两个平方项，一个是动量平方项，一个是坐标平方项. 应用经典统计中的能量均分定理，一个谐振子的平均能量为

$$\bar{\varepsilon} = kT. \tag{12.7.2}$$

由(12.7.1)和(12.7.2)两式即得，体积 V 的辐射场，频率在 $\nu \to \nu + d\nu$ 间隔内的辐射能为

$$E(\nu)d\nu = \frac{8\pi V}{c^3}kT\nu^2 d\nu, \tag{12.7.3}$$

而单位体积辐射场，在 $\nu \to \nu + d\nu$ 间隔内的辐射能为

$$\rho(\nu)d\nu = \frac{8\pi kT}{c^3}\nu^2 d\nu, \tag{12.7.4}$$

其中

$$\rho(\nu) = \frac{8\pi kT}{c^3}\nu^2, \tag{12.7.5}$$

称为辐射场能量密度按频率的分布函数.

(12.7.3)～(12.7.5)三式名为 Rayleigh-Jeans 辐射公式. 它在低频率区与实验结果相符，但在高频率区域与实验不符，相差甚远. 历史上将其称之为经典统计的紫外线灾难. 此外，R-J 公式也不能解释热辐射的其他实验事实. 特别是由于频率无高限. 体积 V 内辐射场的总能量

$$E = \int_0^\infty E(\nu)d\nu = \int_0^\infty \frac{8\pi VkT}{c^3}\nu^2 d\nu \to \infty, \tag{12.7.6}$$

这就是说，有限的辐射源物质，即便其温度降到 0 K，辐射源也不会与辐射场达平衡. 因此经典统计无法解释辐射场与辐射源能达平衡的事实. 分析其原因，问题出自能量均分定理. 因为辐射场有无穷多个自由度，能量表式中每个动量或坐标平方项的平均能量为 $kT/2$，必然导致总能量为无穷.

19 世纪末，取得辉煌成就的经典统计理论，却在黑体辐射问题上遇到了尖锐的挑战. 恐怕当时谁也没有想到，正是这一经典的物理问题，诱导了物理学的一场重大革命.

12.7.2 Planck 的黑体辐射理论

德国物理学家 Planck，在经典理论框架中始终找不到解脱经典统计在黑体辐射上所遇困难的出路. 1900 年，他无奈却又大胆地提出了一个与经典框架不相容的新假设，这就是一维谐振子的能量是量子化的，其能量只能是某一最小能量 ε_0（称为能量子）的整数倍，即振子的能量 ε 只可能为

$$\varepsilon = v\varepsilon_0 \quad (v = 0, 1, 2, \cdots). \tag{12.7.7}$$

在此假设下，振子的平均能量就不再等于 kT. 那等于什么呢？Planck 仍在经典统计大厦中找解答. 他认为辐射场的各简谐振动彼此是独立的，可用 Maxwell-Boltzmann 分布律处理.

在经典力学中，每个一维谐振子的能量函数用广义坐标 q 和广义动量 p 表示为

$$\varepsilon = \frac{p^2}{2m} + \frac{1}{2}m\omega^2 q^2. \tag{12.7.8}$$

振子在其 μ 空间中的相轨道（也是等能面）是椭圆，两个半轴的长分别为 $\sqrt{2\varepsilon/m\omega^2}$ 和 $\sqrt{2m\varepsilon}$，椭圆的面积为（见 2.2 节）

$$\frac{2\pi\varepsilon}{\omega} = \frac{\varepsilon}{\nu}. \tag{12.7.9}$$

Planck 既然假设谐振子的能量只能取 ε_0 的整数倍,即(12.7.7)式,这样任何相邻相轨道之间的相体积则彼此相等,都等于 ε_0/ν. 令此相体积为 h. 则有

$$\varepsilon_0 = h\nu , \tag{12.7.10}$$

这里引进的常量 h,后人将其称为 Planck 常量.

将谐振子的 μ 空间划分成大量彼此相等的相体积(相胞)$\Delta\omega_v(v=0,1,2,\cdots)$;而且令这些相体积都相等,就等于 h,即

$$\Delta\omega_0 = \Delta\omega_1 = \Delta\omega_2 = \cdots = \Delta\omega_v = \cdots = h . \tag{12.7.11}$$

分布在 $\Delta\omega_v$ 内具有能量为 $\varepsilon_v = vh\nu$ 的谐振子数服从 M-B 分布律,即

$$n(v) = \Delta\omega_v e^{-\alpha-\beta\varepsilon_v} \quad (v = 0,1,2,\cdots) \tag{12.7.12}$$

因此,一维谐振子的平均能量为

$$\bar{\varepsilon} = \frac{\sum_v n(v)\varepsilon_v}{\sum_v n(v)} = \frac{\sum_v \varepsilon_v e^{-\beta\varepsilon_v}}{\sum_v e^{-\beta\varepsilon_v}} = \frac{\partial \ln q}{\partial \beta} , \tag{12.7.13}$$

其中 $\beta = 1/kT$,而

$$q = \sum_v e^{-\beta\varepsilon_v} = 1 + e^{-\beta h\nu} + e^{-2\beta h\nu} + \cdots = \frac{1}{1 - e^{-h\nu/kT}} . \tag{12.7.14}$$

将 $\beta = 1/kT$ 与(12.7.14)式代入(12.7.13)式,得

$$\bar{\varepsilon} = -kT^2 \frac{\partial \ln q}{\partial T} = \frac{h\nu}{e^{h\nu/kT} - 1} . \tag{12.7.15}$$

在得到一个谐振子的平均能量之后,结合(12.7.1)式,便得

$$E(\nu)d\nu = \frac{8\pi V}{c^3} \frac{h\nu^3}{e^{h\nu/kT} - 1} d\nu , \tag{12.7.16}$$

$$\rho(\nu)d\nu = \frac{8\pi}{c^3} \frac{h\nu^3}{e^{h\nu/kT} - 1} d\nu , \tag{12.7.17}$$

而辐射场能量密度按频率的分布函数为

$$\rho(\nu) = \frac{8\pi}{c^3} \frac{h\nu^3}{e^{h\nu/kT} - 1} , \tag{12.7.18}$$

(12.7.16)~(12.7.18)三式就是著名的 Planck 黑体辐射公式.

当确定了 Planck 常量 h 的数值后,用 Planck 公式计算的 $\rho(\nu)$ 与实验结果完全相符. 而且 Planck 公式将前人的热辐射成果包含无遗,完善地解决了经典统计所遇到的难题. 尽管如此,Planck 的能量子假说还是经历了时间的考验.

Planck 认真分析了"紫外线灾难"产生的原因,认定是来自能量均分定理,于是竭尽全力寻找不使辐射场总能量发散的简谐振子平均能量的公式. 他在传统的经典理论中找不到适当的内容来解决,走投无路了,只得拼凑(实则创新). 他发现,只要假设谐振子的能量是量子化的,便可得到与实验满意符合的结果. Planck 成功了,但其成果的意义却远远超出了黑体辐射. Planck 的能量量子化假设成了物理学新纪元的起点,该假设将我们从传统的连续世界带进了量子化世界,从粒性世界进入了波粒世界,从经典力学走向了量子力学.

Planck 最初提出的量子论只限于物质中的简谐振子的能量具有不连续性,即辐射源(空腔)的能量量子化,辐射源和辐射场交换的能量也是量子化. 而辐射场本身是否量子化,Planck 的量子论没有涉及. 第一个将辐射场量子化,把辐射场看成是光量子的集合,则是 Einstein 的

贡献.

我们在 12.7.3 节中,将依据辐射场由光量子组成的学说,用量子统计的方法讨论辐射场的性质及其规律.它给出了对辐射场更为全面而系统的认识.

【练习1】请依据Planck 公式,论证

(1) Rayleigh-Jeans 公式

$$\rho(\nu)\mathrm{d}\nu = \frac{8\pi kT}{c^3}\nu^2\mathrm{d}\nu,$$

此为Planck 公式在低频区的极限式.

(2) Wien 公式

$$\rho(\nu)\mathrm{d}\nu = \frac{8\pi h\nu^3}{c^3}\mathrm{e}^{-h\nu/kT}\mathrm{d}\nu, \tag{12.7.19}$$

此是1896 年 Wien 用半经验方法归结的公式,它是Planck 公式在高频区的极限式.

(3) Stefan-Boltzmann 定律

单位体积辐射场的能量E与热力学温度T的 4 次方成正比,即

$$E = \frac{8\pi^5 k^4}{15c^3h^3}T^4 = bT^4. \tag{12.7.20}$$

单位时间内通过单位面积向一侧辐射的总能量称为辐射通量密度,符号为$J(E)$.它与辐射场能量密度E的关系,进而与温度T的关系为

$$J(E) = \frac{1}{4}cE = \frac{1}{4}cbT^4 = \sigma T^4,$$

而Stefan(斯特藩)-Boltzmann 常量σ与b的关系为

$$\sigma = \frac{1}{4}cb = \frac{2\pi^5 k^4}{15c^2h^3}. \tag{12.7.21}$$

(4) 辐射场能量密度按波长分布的Planck 公式为

$$\rho(\lambda)\mathrm{d}\lambda = \left(\frac{8\pi hc}{\lambda^5}\right)\frac{\mathrm{d}\lambda}{\mathrm{e}^{hc/\lambda kT}-1}. \tag{12.7.22}$$

(5) Wien 位移定律

使$\rho(\lambda)$最大的波长λ_m(最概然波长)满足如下的位移关系

$$\lambda_m T = 0.28978\ \mathrm{cm}\cdot\mathrm{K}\quad(\text{Wien 常量}), \tag{12.7.23}$$

即提高辐射场温度,分布$\rho(\lambda)$的最大值向低波长方向转移.

再请得出使$\rho(\nu)$最大的频率ν_m所满足的位移关系.

【练习 2】请依据 Wien 辐射公式(12.7.19),得出练习 1 中(3),(4),(5)对应的结果,并与用Planck 公式得的结果进行比较.

【练习3】依据下列实验测得的σ和$\lambda_m T$值,计算Planck 常量和Boltzmann 常量.这是应用热辐射数据求算h和k的方法.

$$\sigma = 5.670\times 10^{-12}\mathrm{J}\cdot\mathrm{cm}^{-2}\cdot\mathrm{K}^{-4}\cdot\mathrm{s}^{-1},\quad \lambda_m T = 0.2898\ \mathrm{cm}\cdot\mathrm{K}.$$

12.7.3　光子气体的Bose-Einstein 统计

Einstein 将辐射场看成是量子化粒子(光子)的集合.他把具有一定的波矢$\boldsymbol{k}$与频率ν的平面单色波与具有一定动量$\boldsymbol{p}$和能量ε的光子相对应,满足de Broglie 关系

$$\varepsilon = h\nu, \quad \boldsymbol{p} = \frac{h}{2\pi}\boldsymbol{k}.$$

光子的静止质量为零,光子之间相互独立.光子气可视为理想Bose 气体,光子具有两个不同的偏振方向,自旋简并度为 2.

空腔壁发射或吸收 $h\nu$ 能量的过程就是物质发射或吸收光子的过程,辐射场的光子总数是个变量.因 N 是个变量,$\delta N \neq 0$,在用最可几法推导Bose 分布时不存在 $N = \sum n_i =$ 常量 的约束,相应于这个约束的Lagrange 不定乘子 $\alpha = 0$,由 $\alpha = \mu/kT$,光子的化学势 μ 恒为零,从而光子气的平衡分布为

$$n(\nu) = \frac{\omega(\nu)}{e^{(\varepsilon_i - \mu)/kT} - 1} = \frac{\omega(\nu)}{e^{h\nu/kT} - 1} \quad (\mu = 0). \tag{12.7.24}$$

空腔中分布在动量间隔 $p \to p + dp$ 和频率间隔 $\nu \to \nu + d\nu$ 中光子的量子状态数可在相空间求得

$$\begin{aligned}\omega(p)dp &= \frac{J}{h^3}\int dx dy dz dp_x dp_y dp_z \\ &= J\frac{V}{h^3}4\pi p^2 dp = J4\pi V\frac{\nu^2}{c^3}d\nu = \omega(\nu)d\nu,\end{aligned}$$

其中自旋简并度 $J = 2$.

因此,频率在 $\nu \to \nu + d\nu$ 范围内的平均光子数为

$$n(\nu)d\nu = \frac{8\pi V\nu^2 d\nu}{c^3}\frac{1}{e^{h\nu/kT} - 1}.$$

分布在 $\nu \to \nu + d\nu$ 间隔的光子,其能量密度为

$$\rho_\nu(\nu)d\nu = [n(\nu)d\nu]h\nu/V = \frac{8\pi}{c^3}\frac{h\nu^3}{e^{h\nu/kT} - 1}d\nu.$$

上式就是Planck 的辐射公式.

辐射场-光子气的热力学性质计算

(1) 光子气的特性函数 $\ln\Xi(\alpha, \beta, V)$,因 $\alpha = 0$,简化为 $\ln\Xi(\beta, V)$.

$$\ln\Xi(\beta, V) = -\int_0^\infty \ln(1 - e^{-\beta\varepsilon})\omega(\varepsilon)d\varepsilon. \tag{12.7.25}$$

由于

$$\omega(\nu)d\nu = \frac{8\pi V}{c^3}\nu^2 d\nu$$

利用 $\varepsilon = h\nu$,则得

$$\omega(\varepsilon)d\varepsilon = \frac{8\pi V}{(hc)^3}\varepsilon^2 d\varepsilon.$$

代入(12.7.25)式后,作分部积分,$\left(\text{利用} \int_0^\infty \frac{y^3 dy}{e^y - 1} = \frac{\pi^4}{15}\right)$ 则

$$\ln\Xi(\beta, V) = \frac{8\pi^5 V}{45(hc)^3}\beta^{-3}. \tag{12.7.26}$$

(2) 光子气的能量 E

$$\overline{E} = -\frac{\partial \ln\Xi}{\partial\beta} = \frac{8\pi^5 V}{15(hc)^3}\beta^{-4} = \frac{8\pi^5 k^4 V}{15(hc)^3}T^4 = VbT^4. \tag{12.7.27}$$

(3) 光子气体的辐射压强

$$p = \frac{1}{\beta}\frac{\partial}{\partial V}\ln\Xi(\beta, V) = \frac{8\pi^5}{45(hc)^3}\beta^{-4} = \frac{b}{3}T^4 = \frac{1}{3}\overline{u}, \tag{12.7.28}$$

式中

$$b=\frac{8\pi^5k^4}{15(hc)^3},\quad \bar{u}=\frac{\overline{E}}{V}=bT^4.$$

(4) 光子气体的熵S

$$S=k\left\{\ln\Xi(\beta,V)-\alpha\frac{\partial\ln\Xi(\beta,V)}{\partial\alpha}-\beta\frac{\partial\ln\Xi(\beta,V)}{\partial\beta}\right\}=\frac{4}{3}bVT^3,\tag{12.7.29}$$

$$S_{T\to0}=0.$$

(5) 光子气的热容

$$C_V=T\left(\frac{\partial S}{\partial T}\right)_V=4bVT^3,$$

或

$$C_V=\left(\frac{\partial\overline{E}}{\partial T}\right)_V=4\frac{8\pi^5k^4}{15(hc)^3}VT^3=4bVT^3.\tag{12.7.30}$$

C_V 随温度增加以T^3 速度增长，光子数随温度增加而增多，$C_V\to\infty$（当$T\to\infty$）.

(6) 光子气的自由能F 和Gibbs 自由能G

$$F=\overline{E}-TS=VbT^4-\frac{4}{3}VbT^4=-\frac{1}{3}VbT^4=-\frac{1}{3}\overline{E},\tag{12.7.31}$$

$$G=\overline{E}+pV-TS=VbT^4+\frac{1}{3}\bar{u}V-\frac{4}{3}VbT^4=0,\tag{12.7.32}$$

$\mu=G/N=0$ （与光子总数不守恒一致）.

12.8　Bose-Einstein 凝聚

Bose-Einstein 凝聚(BEC)是首次由统计物理学推论出的一种相变现象. 1925 年Einstein 将Bose 讨论光子的方法推广到实物粒子，理论上预言当温度降低至某一临界值后，理想气体的原子将在最低能级上凝聚. 半个多世纪来，统计力学的这一重要理论从未得到实验检验，量子理想气体甚至弱相互作用气体的BEC 从来没有被观察到. 1995 年美国三个研究组相继宣布观察到了中性原子的BEC，当年底Science 杂志将BEC 评为1995 年度明星分子，开始了BEC 研究史上最辉煌的时期. 2001 年诺贝尔物理学奖授予实现 BEC 的三位美国科学家——W. Ketterle，E. A. Cornell 和C. E. Wieman.

本节将论述什么是Bose-Einstein 凝聚(BEC)，如何实现BEC，最后讨论Bose 凝聚体的性质.

12.8.1　什么是Bose-Einstein 凝聚

设有N 个全同近独立的Bose 子组成的Bose 气体，论证BEC 就是分析不同温度下Bose 粒子在不同能态的分布问题. 已知T 时ε_i 能级的粒子数n_i 遵守Bose-Einstein 分布，即

$$n_i=\frac{\omega_i}{e^{\alpha+\beta\varepsilon_i}-1}=\frac{\omega_i}{e^{(\varepsilon_i-\mu)/kT}-1}\quad(i=0,1,2,\cdots).$$

分布函数表明，在外参量固定时，ε_i，ω_i 不随T 变化，为探讨n_i 随T 变化的规律，需要了解μ 随T 如何变化. 因$n_i\geqslant0$，ω_i 不能为负，则$e^{(\varepsilon_i-\mu)/kT}>1$ $(i=0,1,2,\cdots)$. 因此$\mu<\varepsilon_i$，其中i 可取任意整数，Bose 气体的化学势必定低于任何能级的能量. 当取ε_0 作能量零点，则$\mu<0$，Bose 气体的化学势必定为负.

进而可以证明，在给定粒子数密度$n=N/V$ 下，温度越低，μ 越大(μ 的绝对值愈小). 依据粒子数N 恒定的条件，有

$$\frac{1}{V}\sum_i \frac{\omega_i}{e^{(\varepsilon_i-\mu)/kT}-1}=\frac{N}{V}=n\,. \tag{12.8.1}$$

从(12.8.1)式,可讨论 μ 随 T 的变化. μ 是温度 T 及粒子数密度 n 的函数,其中 ε_i 和 ω_i 都与 T 无关. 在粒子数密度 n 给定的条件下,温度愈低,上式确定的 μ 必然升高(μ 的绝对值变小),方能维持 n 为常量. Bose 气体的化学势随着 T 的减小而增加($\partial\mu/\partial T<0$),当温度降到某一临界温度 T_c 时,μ 将趋近于零.

下面讨论玻色子在不同能级粒子占有数随 T 变化的规律. 对于宏观 Bose 气体,其能级可近似认为是连续变化的,当 $\mu\to 0$ 时,$e^{-\mu/kT}\to 1$,上面计算粒子数密度的加和用积分代替,即

$$\frac{N}{V}=n=\frac{2\pi}{h^3}(2m)^{3/2}\int_0^\infty \frac{\varepsilon^{1/2}\,d\varepsilon}{e^{\varepsilon/kT_c}-1}\,. \tag{12.8.2}$$

上式应用了在 $\varepsilon\to\varepsilon+d\varepsilon$ 范围内,自由玻色子的可能状态数 $\omega(\varepsilon)d\varepsilon$ 为

$$\omega(\varepsilon)d\varepsilon=\frac{2\pi}{h^3}(2m)^{3/2}\varepsilon^{1/2}d\varepsilon\,.$$

对积分变量作变换,积分中的 T_c 表示化学势开始变为零的温度,令 $x=\varepsilon/kT_c$,积分化为

$$\frac{N}{V}=n=\frac{2\pi}{h^3}(2mkT_c)^{3/2}\int_0^\infty \frac{x^{1/2}\,dx}{e^x-1}. \tag{12.8.3}$$

根据附录 B.5 和 B.7,积分

$$\int_0^\infty \frac{x^{1/2}\,dx}{e^x-1}=\frac{\sqrt{\pi}}{2}\cdot 2.612.$$

对于给定的粒子数密度 n,临界温度 T_c 称为凝结温度. 由(12.8.3)式可得

$$T_c=\frac{h^2}{2\pi mk}\left(\frac{n}{2.612}\right)^{2/3}. \tag{12.8.4}$$

进一步降低温度,使 $T<T_c$,因 $\mu<0$,而且($\partial\mu/\partial T$)<0,在 $T<T_c$ 后,μ 更接近于零. 但由(12.8.2)式得出 n 随温度下降而减少,这与粒子数密度恒定相矛盾. 问题发生在由求和到积分的转换中将最低能级 $\varepsilon=0$ 上的粒子数 N_0 忽略了.

在 $\mu\to 0$ 的条件下,$\varepsilon\to 0$ 时积分 $\int_0^\infty \frac{\varepsilon^{1/2}\,d\varepsilon}{e^{(\varepsilon-\mu)/kT}-1}$ 的被积函数为 0/0 不定式,由 de l'Hospitale(洛必达)法则求其比值为零,因此 $N=0$,在足够高温时,处在 $\varepsilon=0$ 的粒子数与总粒子数相比是一个可忽略的小量. 当 $T\leqslant T_c$,随着温度的降低粒子向最低能级集聚. 到 $T=0$ K 时,所有粒子都集聚到最低能级上. 在足够低的温度($T<T_c$)下,Bose 气体在最低能级上的粒子数不能忽略. 上面的积分只能代表 $\varepsilon>0$ 各能级粒子数的和,因此,在 $T<T_c$ 时,总粒子数应为

$$n(T)=n_0(T)+\frac{2\pi}{h^3}(2m)^{3/2}\int_0^\infty \frac{\varepsilon^{1/2}\,d\varepsilon}{e^{\varepsilon/kT}-1}\,, \tag{12.8.5}$$

$n_0(T)$是 T 时处在 $\varepsilon=0$ 的粒子数密度,第二项为处在激发能级 $\varepsilon>0$的粒子数密度 $n_{\varepsilon>0}$(注意,积分中 μ 已取为零).

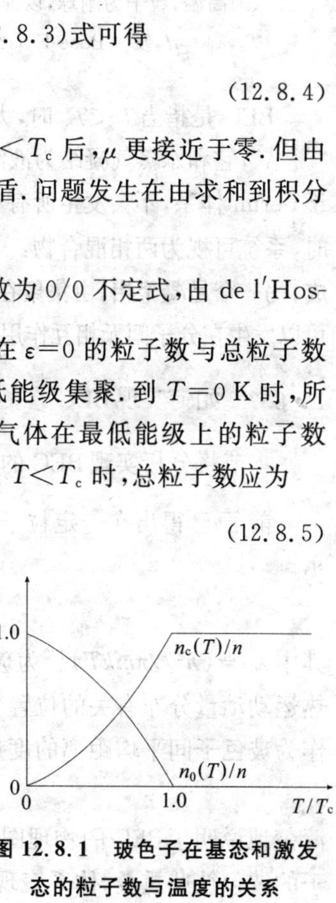

图 12.8.1　玻色子在基态和激发态的粒子数与温度的关系

计算 $n_{\varepsilon>0}$　(令 $x=\varepsilon/kT$):

$$n_{\varepsilon>0}=\frac{2\pi}{h^3}(2m)^{3/2}\int_0^\infty \frac{\varepsilon^{1/2}\,d\varepsilon}{e^{\varepsilon/kT}-1}$$

$$=\frac{2\pi}{h^3}(2m)^{3/2}(kT)^{3/2}\int_0^\infty \frac{x^{1/2}\,dx}{e^x-1}\,. \tag{12.8.6}$$

将(12.8.6)式与前面(12.8.3)关于 n 的公式比较,得

$$\frac{n_{\varepsilon>0}}{n} = \left(\frac{T}{T_c}\right)^{3/2},$$

$$n_0(T) = n\left[1 - \left(\frac{T}{T_c}\right)^{3/2}\right]. \tag{12.8.7}$$

n_0 和 $n_{\varepsilon>0}$ 随 T 的变化如图 12.8.1 所示.

当 $T \gg T_c$ 时,理想量子气体退化为经典理想气体,气体粒子遵守经典力学,粒子间作弹性碰撞(图 12.8.2a).温度降低后,$T > T_c$,占据最低能级的粒子数 n_0 可以忽略.此时与粒子联系的de Broglie 波长 $\lambda_{dB} = (h^2/2\pi mkT)^{1/2}$ 小于粒子间的平均距离,理想Bose 气体的性质将偏离理想经典气体,显示出Bose 量子效应的影响(图12.8.2b).当 $T = T_c$ 时,粒子的de Broglie 波长 λ_{dB} 与粒子间的平均距离可以比较,粒子的 de Broglie 波彼此重叠,粒子向最低能级迅速凝聚,Bose-Einstein 凝聚开始(图 12.8.2c).当 $T = 0$ K 时,形成纯的B-E 凝聚体,所有粒子处在同一量子态,具有相同的相位,体系可用一个宏观波函数描述(图 12.8.2d).

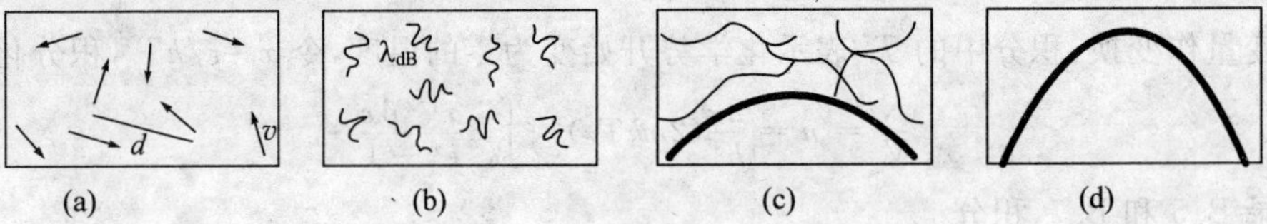

图 12.8.2 Bose-Einstein 凝聚[8]

(a)高温,粒子为刚球,以速度 v 热运动,d:粒子间距;(b)低温,粒子为波包,$\lambda_{dB} < d$;(c)临界温度 T_c,$\lambda_{dB} \approx d$,发生 Bose-Einstein 凝聚;(d)$T = 0$,纯 Bose-Einstein 凝聚体,宏观量相干物质波

BEC 是指当 $T < T_c$ 时,大量粒子凝聚在 $\varepsilon = 0$,即动量 $p = 0$ 的基态.BEC 是在动量空间中的"凝结",它和水蒸气凝结为液滴不同,后者是在坐标空间的凝结.BEC 只在Bose 体系才能发生,对于Fermi 体系,不会发生所有粒子全部占据基态的现象.BEC 是一种相变.T_c 是转变温度,$T < T_c$ 时,系统可视为两相混合物:一个是气相,由分布在激发态($\varepsilon \neq 0$)的 $n_{\varepsilon>0} = N(T/T_c)^{3/2}$ 个粒子组成;另一个是凝聚相,由集聚在基态($\varepsilon = 0$)的 $n_0 = n - n_{\varepsilon>0}$ 个粒子组成.BEC 纯粹是量子起因,甚至可以发生在分子间无相互作用的理想Bose 气体.

12.8.2 如何实现BEC

本节将分析实现BEC 的条件,简要说明涉及的相关技术.

前面已得出在一定粒子密度下,发生 BEC 的临界温度 $T_c = \frac{h^2}{2\pi mk}\left(\frac{n}{2.612}\right)^{2/3}$.该式可改写为

$$\lambda_{dB} n^{1/3} = (2.612)^{1/3},$$

其中 $\lambda_{dB} = (h^2/2\pi mkT)^{1/2}$ 为玻色子在温度 T 时的热运动的 de Broglie 波长,它表征了与粒子的热运动动量分布有关的位置坐标的不确定性,λ_{dB} 与 $T^{-1/2}$ 成正比,λ_{dB} 随温度减小而增加.$n^{-1/3}$ 可作为玻色子间平均距离的度量.出现BEC 的条件

$$\lambda_{dB} n^{1/3} = \lambda_{dB}/n^{-1/3} = (2.612)^{1/3}$$

清楚地说明了BEC 的物理图像,当粒子波包的de Broglie 波长 λ_{dB} 与粒子的平均距离相近时,粒子的波包彼此重叠,体系表现为不可分辨的量子Bose 气体,玻色子发生量子力学相变,在 T_c 时

体系出现了宏观量粒子占据同一基态的状态. 实现 BEC 的条件原则上是简单的，只要不断降低Bose 气体的温度，当粒子的波包开始重叠就会出现BEC.

从Einstein 预言到1995 年，科学家付出了整整70 年的不懈努力，中性原子的BEC 方得以实现，由此可见这一科学追求是何等困难. 实验艰难之处在于在未达到量子简并前，冷却过程中气体就转变成了液体或固体. 为防止在冷却过程中发生通常的气-液或气-固相变，要求气体处在极低的密度. 若比标准状态下的气体密度低5 个量级，可使通过三体碰撞形成粒子簇的时间尺度达到数秒或分钟，同时又有足够的二体弹性碰撞速率，以保证气体粒子的平移自由度的热平衡. 在这种亚稳态的气相中，有可能在通常的相变发生前实现BEC.

式(12. 8. 4)表明，n 越小，T_c 越低. 对于比标准状态气体密度少 5 个量级的 $n\approx10^{14}\sim10^{15}\,\mathrm{cm}^{-3}$，由该式所估算的$T_c$ 为nK(纳开，10^{-9}K)量级，这正是1995 年中性原子实现BEC 的临界温度和临界密度的量级.

^{4}He 是早期研究的Bose 体系，实验发现 2. 17 K 时^{4}He 发生超流相变，其C_V-T 曲线在相变点T_λ 处呈λ形，与Bose 体系的C_V 曲线相似. F. London(伦敦)在1938 年提出用BEC 来解释超流相变，由^{4}He 的$m(6.65\times10^{-27}\mathrm{kg})$和摩尔体积$v(27.6\times10^{-6}\mathrm{m^3/mol})$，用式(12. 8. 4)求得$T_c=3.13$ K，与T_λ 有相同的数量级，但深入研究揭示^{4}He 原子之间存在强的相互作用，不能简单的看成是理想Bose 体系. 弱束缚的电子-空穴对形成的激子是复合玻色子，20 世纪 80 年代初开始将Cu_2O 的激子作为BEC 研究的对象. 虽然在1993 年观察到了有关实验现象，但同样由于复杂的相互作用使Cu_2O 激子的BEC 特性不能得到很好的研究.

氢原子是最简单的Bose 原子，20 世纪50 年代末就被提出作为BEC 的理想研究对象. 由于形成BEC 过程中二体偶极弛豫等原因，使原子数随温度降低迅速减少，虽经30 余载的努力，也未能使氢原子实现BEC.

随着碱金属原子的激光冷却和囚禁技术取得的巨大进步. 1995 年美国科罗拉多大学和国家标准局合办的天体物理研究所(JILA)的 J. Cornell 和 C. E. Wieman 发表于 7 月 14 日的 *Science*上的文章，宣布在172 nK 的^{87}Rb 蒸气中观察到了BEC(图12. 8. 3). 同年8 月底，Rice 大学报道在^{7}Li 中看到了BEC. MIT 的W. Ketterle 在11 月发表了在^{23}Na 蒸气中实现BEC 的文章(图12. 8. 4)，BEC 的研究进入了蓬勃发展的新时期.

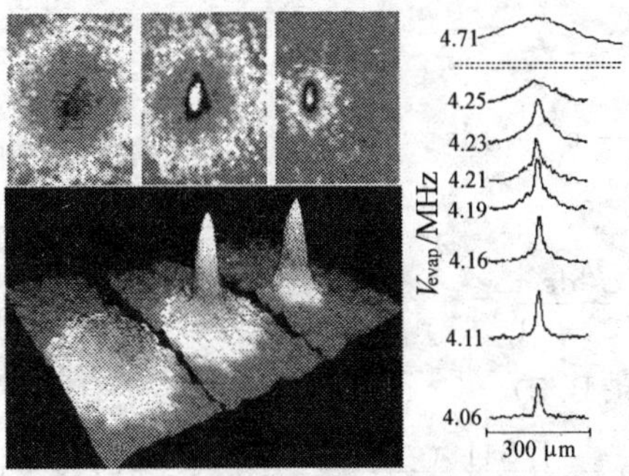

图 12. 8. 3　JILA 研究组的Cornell 和 Wieman 观测到的 Rb 的 BEC[5]

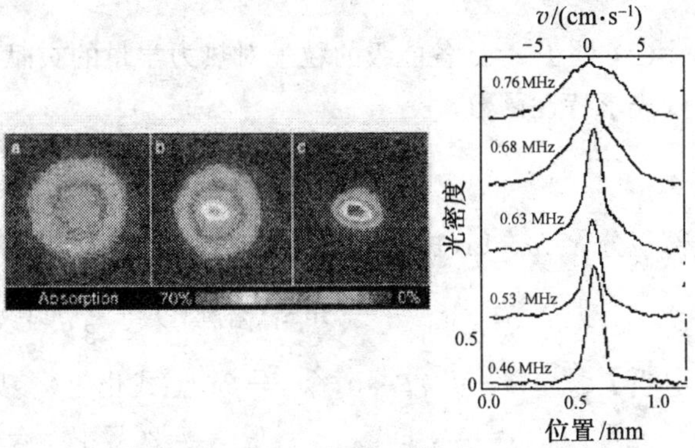

图 12. 8. 4　MIT 的 Ketterle 研究组观察到的 Na 的 BEC[6]

实现BEC分三步进行：(i) 利用激光冷却和囚禁技术，获得大数目(≈10^{10})、高密度(≈10^{11}～$10^{12}\mathrm{cm}^{-3}$)的超冷Bose气体(≈10 μK)；(ii) 将第一步所得样品装入无器壁的静磁阱中；(iii) 用蒸发冷却技术，将阱中的原子继续冷却，直到实现BEC. 现在多采用共振吸收成像法检测BEC的形成. 上述有关实验技术的原理和装置及运行操作参数，读者可参阅三位诺贝尔奖得主的有关研究，此处不再详细介绍.

12.8.3　Bose凝聚体的性质

1. 凝聚后($T\leqslant T_c$)Bose气体的热力学性质

应用Bose气体的特性函数来讨论其热力学性质.

Bose气体的特性函数为

$$\ln\Xi_B(\alpha,\beta,V)=-\sum_i\omega_i\ln(1-e^{-\alpha-\beta\varepsilon_i})$$

$$=\omega_0\ln(1-e^{-\alpha})-CV\int_0^{\infty}\varepsilon^{1/2}\ln(1-e^{-\alpha-\beta\varepsilon})d\varepsilon\,.$$

其中$C=2\pi J(2m)^{3/2}/h^3$，J为自旋简并度. 上式第一项是最低能级$\varepsilon=0$对$\ln\Xi_B$的贡献，第二项为$\varepsilon>0$时各能级对$\ln\Xi_B$的贡献.

(1) 处在$\varepsilon=0$态上的粒子对热力学量的贡献为零

由公式$\overline{E}=-\dfrac{\partial\ln\Xi_B}{\partial\beta}$，$p=\dfrac{1}{\beta}\dfrac{\partial\ln\Xi_B}{\partial V}$可直接得到$\overline{E}_{\varepsilon=0}=0$，$p_{\varepsilon=0}=0$.

基态能级上的粒子对能量$\overline{E}$与p无贡献. 因最低能级上粒子能量与动量都为零，所以处在基态能级上的粒子对系统的能量与压强无贡献.

当$T\leqslant T_c$时，$\mu\to0$

$$G=N\mu=\overline{E}+pV-TS=0\,,$$

$$S=\frac{1}{T}(\overline{E}+pV)=0\,.$$

由上分析可见，凝聚发生后，体系的各热力学量由$\varepsilon>0$各能级上的粒子做出贡献. 处在$\varepsilon=0$态上的粒子对热力学量无贡献，但它起着与$\varepsilon>0$各激发态交换粒子的作用. 基态是粒子源.

(2) 处于$\varepsilon>0$各能级的粒子对热力学量的贡献

先求特性函数

$$\ln\Xi_B(\alpha,\beta,V)=-CV\int_0^{\infty}\varepsilon^{1/2}\ln(1-e^{-\alpha-\beta\varepsilon})d\varepsilon\,.$$

分部积分，令$u=\ln(1-e^{-\alpha-\beta\varepsilon})$，$dv=\varepsilon^{1/2}d\varepsilon$

$$\ln\Xi_B(\alpha,\beta,V)=\frac{2}{3}\beta CV\int_0^{\infty}\frac{\varepsilon^{3/2}d\varepsilon}{e^{\alpha+\beta\varepsilon}-1}\,.$$

当$T\leqslant T_c$，$\alpha=\mu/kT\to0$，令$x=\beta\varepsilon$，上式化为(参见附录B.7)

$$\ln\Xi_B(\alpha=0,\beta,V)=\frac{2CV}{3\beta^{3/2}}\int_0^{\infty}\frac{x^{3/2}}{e^x-1}dx=\frac{1.341}{2}\frac{\pi^{1/2}CV}{\beta^{3/2}}\tag{12.8.8}$$

$$\left(因\int_0^{\infty}\frac{x^{3/2}}{e^x-1}dx=\frac{3}{4}\sqrt{\pi}\times1.341\right).$$

利用特性函数$\ln\Xi_B$，求理想Bose气体的内能及热容.

● 当 $T \leqslant T_c$ 时，应用(12.8.9)式，得

$$\overline{E} = -\frac{\partial \ln \Xi_B}{\partial \beta} = -\frac{\partial}{\partial \beta}\left(\frac{1.341}{2}\frac{\pi^{1/2}CV}{\beta^{3/2}}\right) = 0.770JNkT\left(\frac{T}{T_c}\right)^{3/2},$$

$$C_V = \left(\frac{\partial E}{\partial T}\right)_V = 1.925JNk\left(\frac{T}{T_c}\right)^{3/2}.$$

由上式可见，在此温度范围，热容随 T 变化有以下情形：

$T=0\,\mathrm{K}$，　$C_V=0$；

$T<T_c$，　C_V 随升高温度按 $T^{3/2}$ 的速度增加；

$T=T_c$，　C_V 达最大值 $1.925JNk$，(J 为自旋简并度)；

● 当 $T>T_c$ 时，应利用高温、低密度处理所得(12.3.3)和(12.3.5)式，得

$$\overline{E} = \frac{3}{2}NkT\left(1-\frac{1}{2^{5/2}}\frac{n\lambda^3}{J}+\cdots\right), \tag{12.3.3}$$

$$C_V = \frac{3}{2}Nk\left(1+0.0884\frac{n\lambda^3}{J}+\cdots\right)\quad\left[\lambda=\frac{h}{(2\pi mkT)^{1/2}}\right]. \tag{12.3.5}$$

热容随 T 变化有以下情况

$\infty>T>T_c$，　$1.925JNk>C_V>\frac{3}{2}Nk$；

$T\to\infty$，　$C_V\to\frac{3}{2}Nk$.

C_V 在 T_c 处最大，具有尖点性质，C_V 在 T_c 处对 T 的微商不连续.

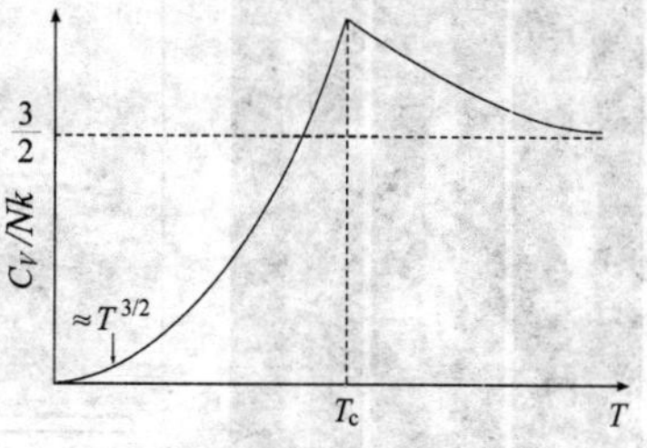

图 12.8.5　理想 Bose 气体的热容 C_V 与 T 的关系

由特征函数 $\ln\Xi$ 还可以讨论理想 Bose 气体的压强. Bose 气体的压强，在 $T\leqslant T_c$ 时为

$$\begin{aligned} p &= \frac{1}{\beta}\frac{\partial \ln \Xi}{\partial V} \\ &= \frac{1}{\beta}\frac{\partial}{\partial V}\left(\frac{1.341}{2}\frac{\pi^{1/2}CV}{\beta^{3/2}}\right) \\ &= 0.514JnkT\left(\frac{T}{T_c}\right)^{3/2}, \end{aligned} \tag{12.8.10}$$

其中 $C=\frac{2\pi J(2m)^{3/2}}{h^3}$.

凝聚发生后，压强只是温度的函数($T^{5/2}$)，与气体的体积无关，这是 Bose 气体在低温所特有的现象，它与水气凝结成液体的现象相似，但应指出，两过程完全不同.

$$T=T_c \text{ 时，}\quad p(T_c)=0.514J\frac{Nk}{V}T_c.$$

凝聚后理想 Bose 气体的(粒子所产生的)压强，大约是等效的 Boltzmann 粒子所产生的压强的一半.

$$T\gg T_c,\quad p=\frac{NkT}{V}\left(1\pm\frac{1}{2^{5/2}}\frac{n\lambda^3}{J}+\cdots\right). \tag{12.3.1}$$

Bose 气体的压强小于经典气体的压强，$T\to\infty$，压强趋于经典值. 上式表明压强 p 随体积的增加而减少. 图 12.8.6 表示出 Bose 气体的等温过程，V_c 称为凝聚体积，它是在 N、T 一定下使 μ 开始趋于零的体积. 用得出 T_c 公式(12.8.4)相同的方法，可得

$$V_c = \frac{N}{2.612}\left(\frac{h^2}{2\pi mkT}\right)^{3/2}.$$

当体积从 V_c 值下降到零时，处在 $\varepsilon>0$ 能级上的粒子数也下降到零，随着体积下降对压强有贡献的粒子数减少，导致 $\mu=0$ 后，体积下降压强不变的现象. $T\to\infty$ 时，$V_c\to 0$，Bose 气体过渡到经典气体，不存在凝聚. Bose 凝聚是量子效应在低温的表现.

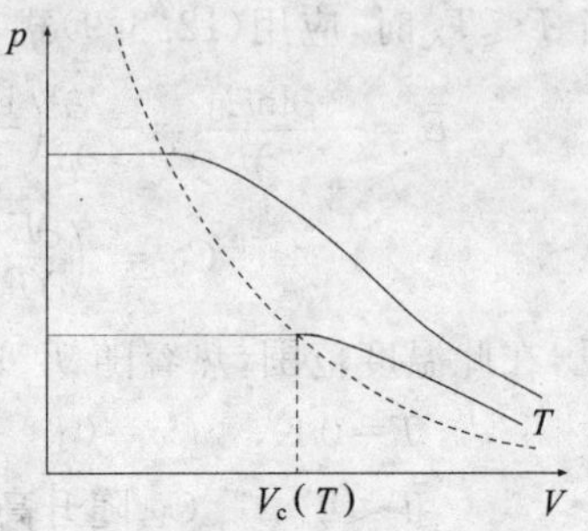

图 12.8.6　量子理想 Bose 气体的等温曲线

2. Bose 凝聚体的相干性与原子激光

Bose 凝聚体是具有完全确定相位的相干物质波. Ketterle 研究组 1997 年实验证实了凝聚体的相干性. 他们在磁-光阱中形成密度为 $5\times10^6\,\mathrm{cm}^{-3}$ 的椭球状的 Na 原子凝聚体，然后用聚焦的激光束将凝聚体一分为二切开(图12.8.7a)；去掉磁光阱后，让两团凝聚体受重力自由下落并膨胀，在它们的重叠区观察到了干涉条纹(图12.8.7b)，显示了Bose 凝聚体是高密度的相干物质波，在其分离处的部分及自由下落时仍很好地保持了相位相干特性.

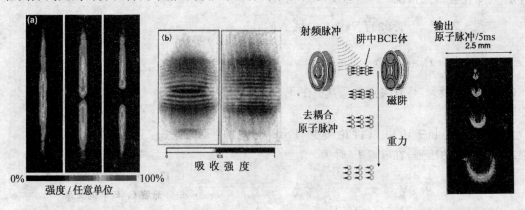

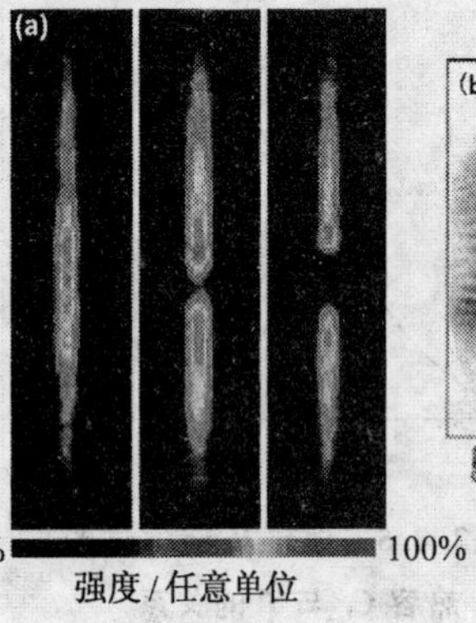

图 12.8.7　Bose 凝聚体的相干性[10]

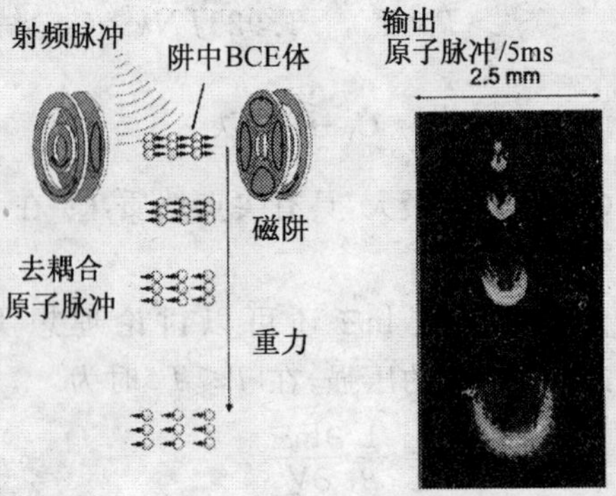

图 12.8.8　MIT的原子激光示意图[9]

Ketterle 的实验揭开了原子激光器(Atom Laser)研制的序幕，这是1995 年实现BEC 之后的又一重大进展. 原子激光器实际上是一种相干物质波发生器，类比激光器而得名，两者皆是相干波发生器，原子激光发射的是相干物质波，激光发射的是相干的光波. 相干原子束具有的基本特性与激光相似，具有高亮度、高单色性和方向性. 像相干光束一样，还可以准直、聚焦、分束、反射、干涉和衍射. 原子激光器得以成功发展，其基础是由于实现了 BEC，从而能够产生出宏观量的相干物质波；另外，就是解决了有效地耦合输出部分 BEC 的技术(图 12.8.8)，这些输出技术并具有保持凝聚体高亮度、高相干性和低发散度的性能.

继Li、Na、Rb 原子BEC 之后，不仅有H、He、K 等原子实现了BEC，分子Bose 凝聚体也初露曙光. 采用受激 Raman(拉曼)跃迁过程，已从 Rb 原子 BE 凝聚体中形成了 100 nK 的 Rb_2 分子凝聚体. BEC 的实现为宏观量子态物质的研究开创了前所未有的局面，BEC 已成为超导体和超流体研究的核心. 发射相干物质波的原子激光器将为原子光学、原子显微镜、高分辨原子刻蚀带来令人振奋的前景，原子钟和基本常量及对称性的测量精度将会得到很大提高. BEC 已成为当今科学技术研究关注的热点，不可能在此详细评述，有兴趣的读者可参阅 2001 年诺贝尔奖得主的工作和相关网站，可获得最新信息.

习　题

12.1　指出下列问题需要何种统计分布处理：

(1) 地表温度为 300 K 下的氮气；

(2) 室温时真空管中的电子(数密度为 $10^{17}/\mathrm{m}^3$)；

(3) 室温下金属中的电子气；

(4) 室温下半导体中的载流子(半导体掺杂浓度为 $10^{16}\ \mathrm{cm}^{-3}$).

12.2　计算温度为 T 的气体所占有的量子态的总数；并证明，如果气体中的粒子数 N 远小于量子态数，则以下不等式成立

$$\frac{1}{n}\left(\frac{2\pi mkT}{h^2}\right)^{3/2} \gg 1 .$$

12.3　已知 Na 的原子量为 23，金属钠的密度为 0.95 $\mathrm{g/cm^3}$，每个 Na 原子有一个自由电子.

(1) 求 Fermi 温度 $T_F=\mu_0/k$；

(2) 问需要蒸发多少液氦才能使 100 $\mathrm{cm^3}$ 的钠从 1 K 冷却到 0.3 K. 设在这样低的温度下，格点上离子振动的热容和电子气的热容比较起来可以忽略不计. 通过和液氦热接触交换热量使钠冷下来，液氦的温度为 0.3 K，蒸发 1 $\mathrm{cm^3}$ 的液氦需要 0.8 J 的热量.

12.4　分别用 Boltzmann 统计和 Fermi-Dirac 统计推导金属顺磁化率 χ 的公式.

提示：$\chi=M/B$. 式中 $M=(n_{\uparrow\downarrow}-n_{\uparrow\uparrow})\mu_B$；

B：外磁场强度，M：电子气体磁矩，μ_B：电子自旋磁矩，$n_{\uparrow\downarrow}$ 与 $n_{\uparrow\uparrow}$ 分别表示自旋磁矩平行于磁场方向与反平行磁场方向的电子数.

12.5　计算温度为 300 K 时，Cu 中能量低于 ϵ_F 的电子能热激发到 ϵ_F 以上的电子百分数.

12.6　已知 Si 的 $m_e{}^*=1.08m_0$，$m_p{}^*=0.59\,m_0$：

(1) 计算 300 K 时 Si 的 N_c，N_v 和本征载流子浓度；

(2) 已知 $E_g=1.12$ eV，掺杂施主浓度 $N_D=1.5\times10^{14}\mathrm{cm}^{-3}$，计算 300 K 和 500 K 时电子和空穴的浓度.

12.7　计算 $T=0$ K 时，钨的自由电子的最大能量；讨论 $T=3000$ K 时，电子对热容 C_V 的贡献.

12.8　证明低温下玻色子化学势与粒子数 N 间存在如下关系：

$$\mu \approx -\frac{kT}{N} .$$

计算 1 K 低温时，$N\approx10^{22}$ 玻色子的化学势.

12.9　证明：

(1) 玻色子的数密度 n 是 μ 的增函数，即 $(\partial n/\partial\mu)>0$；

(2) 玻色子的化学势等于零时的粒子数密度 $n=2.612(2\pi mkT)^{3/2}/h^3$.

12.10　论证二维的理想 Bose 气体不发生 Bose-Einstein 凝聚.

12.11　利用已知的电子气和光子气性质，估计：

(1) 当温度由 200 K 提高到 400 K 时，在金属中的电子气的熵增加了多少倍？

(2) 当温度由 1000 K 提高到 2000 K 时，在密闭空穴中电磁辐射场的熵增加了多少倍？

12.12　试求：

(1) 温度为 T 时，在体积 V 内，光子气体的平均总光子数 N；

(2) 300 K 时，密闭空腔中的光子数密度.

12.13　计算：

(1) ^{4}He 的 Bose-Einstein 凝聚温度 T_c，已知 ^{4}He 的原子密度为 0.14 g/cm^3；

(2) H_2 分子的 Bose-Einstein 凝聚温度 T_c，判断氢分子液体能否具有超流性？

12.14　证明：

(1) 玻色子气体 T 时的能量 $E=\frac{2.012V}{h^3}(2\pi m)^{3/2}(kT)^{5/2}$；

(2) 当 $T<T_c$ 时，粒子的平均能量 $\frac{E}{N}=0.770kT_c\left(\frac{T}{T_c}\right)^{5/2}$.

12.15　计算：

(1) ^{87}Rb 气体的数密度 $n=10^{15}\,cm^{-3}$ 时的 T_c；

(2) ^{23}Na 气体的数密度 $n=10^{14}\,cm^{-3}$ 时的 T_c.

参考文献

[1] I. Duck and E. C. G. Sudarshan. Pauli and The Spin-Statistical Theorem. World Scientific，1997

[2] I. Duck and E. C. G. Sudarshan. Am. J. Phys.，66(1998)284

[3] A. Griffin，D. W. Snoke and S. Stringer. Bose-Einstein Condensation. Cambridge University Press，1995

[4] W. Petrich，M. H. Anderson，J. R. Ensher and E. A. Cornell. Phys. Rev. Lett.，74(1995)3352

[5] M. H. Anderson，J. R. Ensher，M. R. Matthews，C. E. Wieman and E. A. Cornell. Science，269 (1995)198

[6] K. B. Davis，M. O. Mewes，M. R. Andrews，N. J. Van Druten，D. S. Durfee，D. M. Kurn and W. Ketterle. Phys. Rev. lett.，75(1995)3969

[7] E. A. Cornell and C. E. Wieman. Bose-Einstein Condensation in a Dilute Gas；The First 70 Years and Some Recent Experiments. Nobel Lecture，Dec. 8，2001. http：//www. Nobel，Se/Prize/

[8] W. Ketterle. When Atoms Behave as Waves：Bose-Einstein Condensation and The Atom Laser. Nobel Lecutre，Dec. 8，2001，http：//www. Nobel. Se/Prize/

[9] W. Ketterle，Atom Laser. McGraw-Hill，1999，Yearbook of Science of Technology

[10] M. R. Andrews，C. G. Townsend，H. J. Miesener，D. S. Durfee，D. M. Kurn and W. Ketterle. Science，275(1997)637

[11] S. L. Cornish，N. R. Claussen，J. L. Roberts，E. A. Cornell and C. E. Wieman. Phys. Rev. Lett.，85 (2000)1795

[12] A. G. Truscott，K. E. Schecker，W. I. McAlexander，G. B. Partridge and R. G. Hulet. Science，291(2001)2570

[13] B. G. Levi. Phys. Today，Sept.，53(2000)46

[14] J. R. Anglin and W. Ketterle. Nature，416(2002)211

第 13 章　固体的统计理论

X 射线的实验指出，晶体中的原子是被限制在一个很小的空间范围运动. 在此范围内，原子出现概率最大的位置称为它的平衡位置，它们构成有规则的周期排列点阵. 每个原子不停地在平衡位置(晶格格点)附近运动，因此可认为晶体是定域子体系；其次，晶体中的每个原子都可用格点编号加以区分，所以晶体是可分辨的粒子体系.

晶体中相邻原子间的距离很小(约为 10^{-8} cm 数量级). 原子之间存在着强的相互作用力，它是晶体中所有原子集体参与的综合效果. 可将同类原子组成的晶体看成是大分子，因此不能将晶体当做独立子体系，从而不能直接用独立定域子体系 Maxwell-Boltzmann 分布律进行处理. 如何办？统计力学发展了一种方法，就是把粒子间存在强相互作用的体系设法转化成独立的“准粒子”体系，这样就可用成熟的 Maxwell-Boltzmann 分布律进行处理，使晶体的统计力学处理大为简化. 例如原子晶体可转化成独立的声子体系，这是固体物理中常用的方法.

本章先讨论理想原子晶体的 Einstein 理论和 Debye(德拜)理论. 从 13.8 节开始，概述非理想晶体的热缺陷及固溶体合作现象的统计理论.

13.1　晶体的动能与势能

设 N 个原子组成的晶体是保守力学体系，每个原子相对于各自的平衡位置做振动. 令

x_i 为原子偏离平衡位置的位移　$(i=l,2,\cdots,3N)$,

m_i 为坐标是 x_i 的原子的质量，

$m_{1+3k}=m_{2+3k}=m_{3+3k}\quad(k=0,1,2,\cdots,N-1)$；

晶体的动能函数为

$$T=\frac{1}{2}\sum_{i=1}^{3N}m_i\dot{x}_i^2. \tag{13.1.1}$$

利用下列变换

$$q_i=\sqrt{m_i}\,x_i, \tag{13.1.2}$$

则有

$$T=\frac{1}{2}\sum_{i=1}^{3N}\dot{q}_i^2. \tag{13.1.3}$$

晶体势能函数的普遍式为

$$V=V(x_1,x_2,\cdots,x_{3N})=V(q_1,q_2,\cdots,q_{3N})\,.$$

将 $V(q_1,q_2,\cdots,q_{3N})$ 在原子的平衡位置作 Taylor 展开，得

$$V(q_1,q_2,\cdots,q_{3N})=V(0,0,\cdots,0)+\sum_{i=1}^{3N}\left(\frac{\partial V}{\partial q_i}\right)_0 q_i+\frac{1}{2}\sum_{i,j=1}^{3N}\left(\frac{\partial^2 V}{\partial q_i q_j}\right)_0 q_iq_j+\cdots. \tag{13.1.4}$$

令 $V(0,0,\cdots,0)=0$，由于原子在平衡位置受的力为零，故有

$$F_i=-\left(\frac{\partial V}{\partial q_i}\right)_0=0\quad(i=1,2,\cdots,3N)\,. \tag{13.1.5}$$

我们考虑原子做微小振动的情况，此时可忽略(13.1.4)式中二次以上的项．于是，势能函数即为

$$V(q_1,q_2,\cdots,q_{3N})=\frac{1}{2}\sum_{i,j=1}^{3N}\left(\frac{\partial^2 V}{\partial q_i q_j}\right)_0 q_i q_j=\frac{1}{2}\sum_{i,j=1}^{3N}b_{ij}q_i q_j, \tag{13.1.6}$$

其中

$$b_{ij}=\left(\frac{\partial^2 V}{\partial q_i q_j}\right)_0=b_{ji}. \tag{13.1.7}$$

它们都是常量，同时表明(13.1.6)式二次型的系数矩阵是对称矩阵．

根据动能的定义，$T\geqslant 0$，因此由(13.1.3)式知，晶体的动能是广义速度的二次齐函数；其次，由于原子在平衡位置时势能最小，又规定了$V(0,0,\cdots,0)=0$，故$V(q_l,q_2,\cdots q_{3N})$是非负的，即$V\geqslant 0$．因此，由(13.1.6)式知，晶体的势能是广义坐标的二次齐函数．

晶体的机械能是动能与势能之和，即

$$E=\frac{1}{2}\sum_{i=1}^{3N}\dot{q}_i^2+\frac{1}{2}\sum_{i,j=1}^{3N}b_{ij}q_i q_j. \tag{13.1.8}$$

晶体的动能是标准二次型，而势能函数的表达式较复杂，它包括了所有可能坐标的交错乘积项，这正是各个原子间相互作用的反映．要用这样的势能函数计算晶体的配分函数极为困难，实际上是不可能的．但是，考虑到动能与势能都是正定二次型，而且势能函数二次型的系数矩阵是对称矩阵，我们可以利用坐标变换的方法消去(13.1.8)式中的交错项，使其成为标准二次型，这在数学上就是所谓的将二次齐次式化为标准型问题(见附录F)．变换后的坐标称为主坐标或简正坐标(使正则方程简单的坐标)，简正坐标的振动称为简正振动．若用$Q_l(l=1,2,\cdots,3N)$表示简正坐标，则晶体的动能(13.1.3)式和势能(13.1.6)式便分别化为

$$T=\frac{1}{2}\sum_{l=1}^{3N}m_l\dot{Q}_l^2, \tag{13.1.9}$$

$$V=\frac{1}{2}\sum_{l=1}^{3N}m_l\omega_l^2 Q_l^2. \tag{13.1.10}$$

从而，晶体的机械能为

$$E=\frac{1}{2}\sum_{l=1}^{3N}(m_l\dot{Q}_l^2+m_l\omega_l^2 Q_l^2)\ . \tag{13.1.11}$$

其中ω_l为简正振动的角频率，它与简正振动的频率ν_l的关系为

$$\omega_l=2\pi\nu_l\quad(l=1,2,\cdots,3N)\ . \tag{13.1.12}$$

晶体的Lagrange函数为

$$L=\frac{1}{2}\sum_{l=1}^{3N}m_l\dot{Q}_l^2-\frac{1}{2}\sum_{l=1}^{3N}m_l\omega_l^2 Q_l^2. \tag{13.1.13}$$

广义动量为

$$P_l=\frac{\partial L}{\partial\dot{Q}_l}=m_l\dot{Q}_l\quad(l=1,2,\cdots,3N)\ . \tag{13.1.14}$$

晶体的Hamilton函数为

$$H=\frac{1}{2}\sum_{l=1}^{3N}\left(\frac{P_l^2}{m_l}+m_l\omega_l^2 Q_l^2\right)=\frac{1}{2}\sum_{l=1}^{3N}\left(\frac{P_l^2}{m_l}+4\pi^2 m_l\nu_l^2 Q_l^2\right)\ . \tag{13.1.15}$$

这实际上是$3N$个独立的一维简谐振子的能量之和，只不过这些谐振子不是点阵上的原子简

谐振动而已.

需要说明，简正坐标Q_l是各个粒子坐标的线性组合，因而它们是与全体粒子的坐标都有关系的一种集体坐标，并不是单个粒子的特有坐标，所以简正振动不是指各个原子的简谐振动. 但是这$3N$个简正振动是独立的简谐振动，它们等效于原来的原子做的微振动. 应当指出，$3N$个简正坐标中有3个坐标描述整个晶体的平动，还有3个坐标描述整个晶体绕质心的转动，原子间的作用力对上述6个自由度相应的运动不会产生任何作用力. 因此，$3N$个简正振动中的ω_l有6个角频率为零. 实际上，由于$3N\gg6$，故就不谈$3N-6$个简正振动，而是谈$3N$个简正振动.

现在可以得出结论，N个原子做微振动的晶体，都可以通过坐标变换化成$3N$个独立的一维简正振动，实现了把粒子间有强相互作用的体系向无相互作用的"准粒子"体系的转化. 因而便可用独立子体系的统计规律与方法处理.

最后指出，上述保守体系的微振动化为简正振动的方法同样适用于分子中原子微振动化为简正振动的处理.

13.2　原子晶体热容的经典统计理论

我们考虑理想晶体，它没有缺陷，即所有格点都被原子占据，而且原子的平衡位置都在晶体的格点上，晶体中的原子只在各自的平衡位置做振动.

晶体的经典配分函数为

$$\begin{aligned}Z&=\int\cdots\int\exp[-E/kT]\mathrm{d}Q_1\mathrm{d}Q_2\cdots\mathrm{d}Q_{3N}\mathrm{d}P_1\mathrm{d}P_2\cdots\mathrm{d}P_{3N}\\&=\int\cdots\int\exp\left[-\frac{1}{2kT}\sum_{l=1}^{3N}\left(\frac{P_l^2}{m_l}+4\pi^2m_l\nu_l^2Q_l^2\right)\right]\prod_i\mathrm{d}Q_l\mathrm{d}P_l\\&=\prod_{l=1}^{3N}\int\int_{-\infty}^{\infty}\exp\left[-\frac{1}{2kT}\left(\frac{P_l^2}{m_l}+4\pi^2m_l\nu_l^2Q_l^2\right)\right]\mathrm{d}Q_l\mathrm{d}P_l\\&=\prod_{l=1}^{3N}\frac{kT}{\nu_l}.\end{aligned}\tag{13.2.1}$$

晶体的内能为

$$U=kT^2\left(\frac{\partial\ln Z}{\partial T}\right)_V=3NkT.\tag{13.2.2}$$

摩尔内能为

$$U_{\mathrm{m}}=3N_{\mathrm{A}}kT=3RT.\tag{13.2.3}$$

晶体的摩尔等容热容为

$$C_{V,\mathrm{m}}=3R.\tag{13.2.4}$$

早在1819年，P. L. Dulong（杜隆）和 A. T. Petit（珀蒂）得出"室温下，绝大多数元素晶体的摩尔等容热容为$3R$". 原子晶体热容的经典统计理论与Dulong-Petit定律相符，当然也符合能量均分定理. 这表明将晶体当做$3N$个一维简正振动的模型具有一定的合理性. 经典统计理论不能解释热容随温度的变化规律，这是它的严重缺点.

13.3　原子晶体的量子配分函数

将晶体的Hamilton函数(13.1.15)式变为算符，写出晶体的定态Schrödinger方程，用分

离变量法求解,便可得出每个一维简正振动以经典静止为能量零点的能级为

$$\varepsilon_l = \left(v_l + \frac{1}{2}\right) h\nu_l. \tag{13.3.1}$$

其中 $l=1,2,\cdots,3N$;$v_l=0,1,2,\cdots$. 一般而言,可有 $3N$ 个不同的频率.

晶体的能级公式为

$$E = \sum_{l=1}^{3N} \varepsilon_l = \sum_{l=1}^{3N} \left(v_l + \frac{1}{2}\right) h\nu_l. \tag{13.3.2}$$

相应于该能级的晶体配分函数为

$$\Phi = \prod_{l=1}^{3N} \left(\sum_{v_l=1}^{\infty} \mathrm{e}^{-\left(v_l+\frac{1}{2}\right) h\nu_l/kT} \right) = \prod_{l=1}^{3N} \left(\frac{\mathrm{e}^{-h\nu_l/2kT}}{1-\mathrm{e}^{-h\nu_l/2kT}} \right), \tag{13.3.3}$$

从而

$$\ln\Phi = -\sum_{l=1}^{3N} \left\{ \frac{h\nu_l}{2kT} + \ln\left(1-\mathrm{e}^{-h\nu_l/2kT}\right) \right\}. \tag{13.3.4}$$

若选基态为能量零点,晶体的能级公式为

$$E = \sum_{l=1}^{3N} v_l h\nu_l. \tag{13.3.5}$$

相应于该能级公式的晶体配分函数为

$$\Phi = \prod_{l=1}^{3N} \frac{1}{1-\mathrm{e}^{-h\nu_l/kT}}, \tag{13.3.6}$$

从而

$$\ln\Phi = -\sum_{l=1}^{3N} \ln\left(1-\mathrm{e}^{-h\nu_l/kT}\right). \tag{13.3.7}$$

当讨论晶体的相变或化学反应时,选孤立原子基态为能量零点更为方便. 设晶体的离解能为 D_0(由晶体基态到孤立原子基态所需的能量),则 $-D_0$ 为晶体在 0 K 的结合能或束缚能. 若选孤立原子基态为能量零点,则晶体基态的能量为 $-D_0$,晶体的能级公式即为

$$E = -D_0 + \sum_{l=1}^{3N} v_l h\nu_l. \tag{13.3.8}$$

相应于该能级公式的晶体配分函数

$$\Phi = \mathrm{e}^{D_0/kT} \prod_{l=1}^{3N} \frac{1}{1-\mathrm{e}^{-h\nu_l/kT}}. \tag{13.3.9}$$

从而

$$\ln\Phi = \frac{D_0}{kT} - \sum_{l=1}^{3N} \ln\left(1-\mathrm{e}^{-h\nu_l/kT}\right). \tag{13.3.10}$$

(13.3.3),(13.3.6)和(13.3.9)三式表明,要想得出晶体的配分函数 Φ,需要确定出 $3N$ 个简正振动的频率 $\nu_l(l=l,2,\cdots,3N)$. 这是一项极为艰巨的工作. 严格而论,它是属于晶格动力学的课题,当然也有若干种直接实验测量的方法.

假设 $3N$ 个简正振动频率分布在整个频率范围内,而且假设频率 ν 是连续变化的(因为 N 很大). 令 $g(\nu)\mathrm{d}\nu$ 为频率在 $\nu \to \nu+\mathrm{d}\nu$ 间隔内的简正振动数,这样就应有

$$\int_0^{\infty} g(\nu)\mathrm{d}\nu = 3N. \tag{13.3.11}$$

而且以孤立原子基态为能量零点的晶体配分函数即为

$$\ln\Phi = \frac{D_0}{kT} - \int_0^{\infty} g(\nu)\ln(1 - \mathrm{e}^{-h\nu/kT})\mathrm{d}\nu\,. \tag{13.3.12}$$

式中$g(\nu)$称为简正振动频率的分布函数,有时也称为"声谱". 精确得出$g(\nu)$非常困难,我们重点介绍两个理论模型.

13.4　Einstein　理　论

设各向同性的理想晶体由N个质量为m的原子组成,原子只在平衡位置做微振动和电子运动及核运动.

Einstein 理论假设$3N$个简正振动的频率相同,电子都处在非简并的基态,而且不考虑核自旋. 在此模型下,简正振动频率的分布函数为

$$g(\nu) = 3N\delta(\nu_{\mathrm{E}} - \nu)\,. \tag{13.4.1}$$

其中ν_{E}称为Einstein 频率,$\delta(\nu_{\mathrm{E}}-\nu)$为Dirac 函数. 根据(13.3.12)式,即得

$$\ln\Phi = \frac{D_0}{kT} - 3N\ln(1 - \mathrm{e}^{-h\nu_{\mathrm{E}}/kT})\,. \tag{13.4.2}$$

晶体的内能则为

$$U = kT^2\left(\frac{\partial \ln\Phi}{\partial T}\right)_V = -D_0 + \frac{3Nh\nu_{\mathrm{E}}}{\mathrm{e}^{h\nu_{\mathrm{E}}/kT} - 1}\,. \tag{13.4.3}$$

等容热容为

$$C_V = \left(\frac{\partial U}{\partial T}\right)_V = 3Nk\left(\frac{h\nu_{\mathrm{E}}}{kT}\right)^2 \frac{\mathrm{e}^{h\nu_{\mathrm{E}}/kT}}{(\mathrm{e}^{h\nu_{\mathrm{E}}/kT} - 1)^2}\,. \tag{13.4.4}$$

晶体的Einstein 特征温度由下式定义

$$\theta_{\mathrm{E}} = \frac{h\nu_{\mathrm{E}}}{k}\,. \tag{13.4.5}$$

因此,则有

$$C_V = 3Nk\left(\frac{\theta_{\mathrm{E}}}{T}\right)^2 \frac{\mathrm{e}^{\theta_{\mathrm{E}}/T}}{(\mathrm{e}^{\theta_{\mathrm{E}}/T} - 1)^2}\,, \tag{13.4.6}$$

$$C_{V,\mathrm{m}} = 3R\left(\frac{\theta_{\mathrm{E}}}{T}\right)^2 \frac{\mathrm{e}^{\theta_{\mathrm{E}}/T}}{(\mathrm{e}^{\theta_{\mathrm{E}}/T} - 1)^2}\,. \tag{13.4.7}$$

顺便指出,下列函数常称为Einstein 函数

$$f(x) = \frac{x^2\mathrm{e}^x}{(\mathrm{e}^x - 1)^2}\,.$$

现在对(13.4.7)式表示的$C_{V,\mathrm{m}}$作分析讨论.

(1) 不同原子晶体的θ_{E}有所不同,因而$C_{V,\mathrm{m}}$与T关系的曲线图也就不同. 但是$C_{V,\mathrm{m}}$只是θ_{E}/T的函数,即不同原子的晶体,只要θ_{E}/T相同,则$C_{V,\mathrm{m}}$就相同. 因此,对各种原子晶体作$C_{V,\mathrm{m}}$-T/θ_{E}的图都应在同一条曲线上. 这就是说(13.4.7)式是一条对应态定律.

(2) 在高温极限下,即$T\gg\theta_{\mathrm{E}}$或$\theta_{\mathrm{E}}/T\ll 1$,(13.4.7)式近似为

$$C_{V,\mathrm{m}} = 3R\left(\frac{\theta_{\mathrm{E}}}{T}\right)^2 \frac{1 + \frac{\theta_{\mathrm{E}}}{T} + \frac{1}{2!}\left(\frac{\theta_{\mathrm{E}}}{T}\right)^2 + \cdots}{\left\{\frac{\theta_{\mathrm{E}}}{T} + \frac{1}{2!}\left(\frac{\theta_{\mathrm{E}}}{T}\right)^2 + \cdots\right\}^2} \approx 3R\,. \tag{13.4.8}$$

此结果与经典理论的相符,表明$T\gg\theta_{\mathrm{E}}$时量子效应不显著. 同时也与实验总结的Dulong-Petit定律相符.

(3) 在低温极限下,即$T \ll \theta_E$或$\theta_E/T \gg 1$,(13.4.7)式则近似为

$$C_{V,m} = 3R\left(\frac{\theta_E}{T}\right)^2 e^{-\theta_E/T}. \tag{13.4.9}$$

它表明$T \to 0$ K 时,$C_{V,m} \to 0$.这与实验事实定性相符.实验上$T \to 0$ K 时,$C_{V,m}$近似按T^3趋于零,而Einstein 的结果是$C_{V,m}$趋于零要更快.

(4) 按Einstein 的晶体热容公式(13.4.7)式,只用一个温度的$C_{V,m}$实验值,便可掌握$C_{V,m}$与T的关系.因为由一个$C_{V,m}$值可求得θ_E,从而就可求出各温度的$C_{V,m}$值.实际上,这样做的结果出现了新问题,发现用不同温度的$C_{V,m}$值求出的θ_E有所不同.这显然与Einstein 理论所假设的只有单个频率相矛盾.

综上所述,Einstein 理论能够解释经典理论所不能理解的$C_{V,m}$与T的关系,而且在高温下理论与实验相符.这些是理论成功之处.在低温下,定量上与实验不符,表明该理论存在有不足之处.1912 年,Debye 理论向前推进了一大步.

13.5　Debye　理　论

Debye 是第一个实际解决晶体振动频率分布函数$g(\nu)$的科学家,他忽略了晶体的分立结构,将晶体看成是连续的各向同性的弹性介质.它能传播弹性波.有两种弹性波:一种是膨胀波,它是纵波,传播速度为c_l;另一种是扭转波,它是横波,传播速度为c_t.对于每一种频率而言,纵波只有一种振动方式,即在传播方向的振动;而横波则有两种振动方式,即垂直于传播方向的两个互相垂直的振动.

Debye 假设连续弹性体的简正振动的频率分布函数对晶体仍适用,这就是说Rayleigh-Jeans 关系式

$$g(\nu)d\nu = 4\pi V\left(\frac{1}{c_l^3} + \frac{2}{c_t^3}\right)\nu^2 d\nu = B\nu^2 d\nu \tag{13.5.1}$$

对晶体也同样成立.(13.5.1)式中的V是晶体的体积,B为

$$B = 4\pi V\left(\frac{1}{c_l^3} + \frac{2}{c_t^3}\right). \tag{13.5.2}$$

晶体的总振动自由度为$3N-6 \approx 3N$(当N很大时).若晶体中的简正振动可有多种频率时,则应有(13.3.11)式.事实上,对于(13.5.1)式表示的$g(\nu)$,(13.3.11)式不能成立.必须假设存在一个最大的振动频率ν_D,当$\nu > \nu_D$时没有振动,这样便有

$$\int_0^{\nu_D} g(\nu)d\nu = 3N,$$

即

$$\int_0^{\nu_D} B\nu^2 d\nu = \frac{B}{3}\nu_D^3 = 3N,$$

从而

$$\nu_D^3 = \frac{9N}{B} \text{ 或 } B = \frac{9N}{\nu_D^3}. \tag{13.5.3}$$

晶体以孤立原子基态为能量零点的配分函数为

$$\begin{aligned}\ln\Phi &= \frac{D_0}{kT} - \int_0^{\nu_D} g(\nu)\ln(1 - e^{-h\nu/kT})d\nu \\ &= \frac{D_0}{kT} - \int_0^{\nu_D} B\nu^2\ln(1 - e^{-h\nu/kT})d\nu \\ &= \frac{D_0}{kT} - \int_0^{\nu_D} \frac{9N}{\nu_D^3}\nu^2\ln(1 - e^{-h\nu/kT})d\nu.\end{aligned} \tag{13.5.4}$$

晶体的内能为

$$U = kT^2\left(\frac{\partial \ln \Phi}{\partial T}\right)_V = -D_0 + \frac{9N}{\nu_D^3}\int_0^{\nu_D}\frac{h\nu^3 d\nu}{e^{h\nu/kT}-1}. \tag{13.5.5}$$

晶体的等容热容为

$$C_V = \left(\frac{\partial U}{\partial T}\right)_V = \frac{9Nk}{\nu_D^3}\int_0^{\nu_D}\left(\frac{h}{kT}\right)^2\frac{e^{h\nu/kT}\nu^4 d\nu}{(e^{h\nu/kT}-1)^2}. \tag{13.5.6}$$

晶体的 Debye 特征温度(符号为 θ_D)定义为

$$\theta_D = \frac{h\nu_D}{k}. \tag{13.5.7}$$

引进下列符号与函数

$$u = \frac{h\nu_D}{kT} = \frac{\theta_D}{T}, \quad y = \frac{h\nu}{kT}, \quad D(u) = \frac{3}{u^3}\int_0^u \frac{y^3 dy}{e^y - 1}, \tag{13.5.8}$$

$D(u)$称为 Debye 函数.

再利用下列关系式

$$\frac{y^4 e^y dy}{(e^y-1)^2} = -y^4 d\left(\frac{1}{e^y-1}\right), \tag{13.5.9}$$

(13.5.6)式便可化为

$$C_V = \frac{9Nk}{u^3}\int_0^u \frac{e^y y^4 dy}{(e^y-1)^2} = 3Nk\left\{4D(u) - \frac{3u}{e^u-1}\right\}. \tag{13.5.10}$$

这也是一条对应态定律,即不同原子晶体,只要 θ_D/T 相同,$C_{V,m}$也就相同. 现在对(13.5.10)式作进一步讨论.

(1) 在高温极限下,此时 $T \gg \theta_D$,即 $u \ll 1$,从而 $y \ll 1$

$$\frac{1}{e^y-1} = \frac{1}{y+\frac{1}{2!}y^2+\frac{1}{3!}y^3+\cdots} = \frac{1}{y}\,\frac{1}{1+\frac{1}{2}y+\frac{1}{6}y^2+\cdots} \approx \frac{1}{y}\left(1-\frac{y}{2}+\frac{y^2}{12}-\cdots\right)^{①}, \tag{13.5.11}$$

从而

$$\int_0^u \frac{y^3 dy}{e^y-1} = \int_0^u y^2\left(1-\frac{y}{2}+\frac{y^2}{12}-\cdots\right)dy = \frac{1}{3}u^3 - \frac{1}{8}u^4 + \frac{1}{60}u^5 - \cdots. \tag{13.5.12}$$

将(13.5.11)与(13.5.12)式用于 C_V 的表达式(13.5.10)式,即得

$$\begin{aligned} C_V &= 3Nk\left\{4\,\frac{3}{u^3}\int_0^u \frac{y^3 dy}{e^y-1} - \frac{3u}{e^u-1}\right\} \\ &= 3Nk\left(1-\frac{1}{20}u^2+\cdots\right) \\ &= 3Nk\left\{1-\frac{1}{20}\left(\frac{\theta_D}{T}\right)^2+\cdots\right\} \\ &\approx 3Nk. \end{aligned} \tag{13.5.13}$$

故当 $T \gg \theta_D$ 时,则有 $C_{V,m} = 3R$. 这与 Einstein 理论及实验结果是一致的.

(2) 在低温极限下,此时 $T \ll \theta_D$,即 $u = \theta_D/T \gg 1$

① 可用公式$\frac{y}{e^y-1} = 1 - \frac{1}{2}y - \sum_{n=1}^{\infty}\left\{(-1)^n\frac{Bn}{(2n)!}y^{2n}\right\}$,其中 B_n 为 Bernoulli(伯努利)数.

$$\int_0^u \frac{y^3 \mathrm{d}y}{\mathrm{e}^y - 1} = \int_0^u \frac{y^3 \mathrm{e}^{-y} \mathrm{d}y}{1 - \mathrm{e}^{-y}} = \int_0^u y^3 \mathrm{e}^{-y}(1 + \mathrm{e}^{-y} + \mathrm{e}^{-2y} + \cdots)\mathrm{d}y$$
$$= \int_0^u \left(y^3 \sum_{n=1}^{\infty} \mathrm{e}^{-ny} \right) \mathrm{d}y = \sum_{n=1}^{\infty} \left(\int_0^u y^3 \mathrm{e}^{-ny} \mathrm{d}y \right)$$
$$= \sum_{n=1}^{\infty} \left(\int_0^{\infty} y^3 \mathrm{e}^{-ny} \mathrm{d}y \right) - \sum_{n=1}^{\infty} \left(\int_u^{\infty} y^3 \mathrm{e}^{-ny} \mathrm{d}y \right)$$
$$= \sum_{n=1}^{\infty} \frac{\Gamma(4)}{n^4} - \sum_{n=1}^{\infty} \left(\frac{1}{n} u^3 + \frac{3}{n^2} u^2 + \frac{6}{n^3} u + \frac{6}{n^4} \right) \mathrm{e}^{-nu}. \tag{13.5.14}$$

其中的最后等式应用了附录中的(A-2)和(B-1)两式.

将(13.5.14)式代入(13.5.10)式,再利用下列公式(见附录B.5和E.3)

$$\sum_{\gamma=1}^{\infty} \frac{1}{\gamma^{2n}} = \frac{B_n (2\pi)^{2n}}{2(2n)!} \quad (B_n \text{ 为 Bernoulli 数}).$$

当$n=2$时,$B_2=\frac{1}{30}$,$\sum_{\gamma=1}^{\infty} \frac{1}{\gamma^4}=\frac{\pi^4}{90}$,则得

$$C_V = 3Nk\left\{ 4D(u) - \frac{3u}{\mathrm{e}^u - 1} \right\}$$
$$= 3Nk\left[\left\{ \frac{12}{u^3} \sum_{n=1}^{\infty} \frac{\Gamma(4)}{n^4} - \frac{12}{u^3} \sum_{n=1}^{\infty} \left(\frac{1}{n} u^3 + \frac{3}{n^2} u^2 + \frac{6}{n^3} u + \frac{6}{n^4} \right) \mathrm{e}^{-nu} \right\} - \frac{3u}{\mathrm{e}^u - 1} \right]$$
$$= 3Nk\left\{ \frac{4\pi^4}{5u^3} - 3u \sum_{n=1}^{\infty} \left(1 + \frac{4}{nu} + \frac{12}{n^2 u^2} + \frac{24}{n^3 u^3} + \frac{24}{n^4 u^4} \right) \mathrm{e}^{-nu} \right\}. \tag{13.5.15}$$

当$T \ll \theta_{\mathrm{D}}$,即$u \gg 1$时,(13.5.15)式即为

$$C_V \approx 3Nk \frac{4\pi^4}{5u^3} = \frac{12Nk\pi^4}{5} \left(\frac{T}{\theta_{\mathrm{D}}} \right)^3, \tag{13.5.16}$$

从而

$$C_{V,\mathrm{m}} = \frac{12R\pi^4}{5} \left(\frac{T}{\theta_{\mathrm{D}}} \right)^3. \tag{13.5.17}$$

(13.5.16)和(13.5.17)两式为Debye的T^3定律,它与实验结果基本相符.

表13.1列出不同物质晶体的Debye特征温度.图13.5.1示出Einstein及Debye理论与实验结果对比情况.表13.2和图13.5.2给出Debye T^3定律的实验验证.

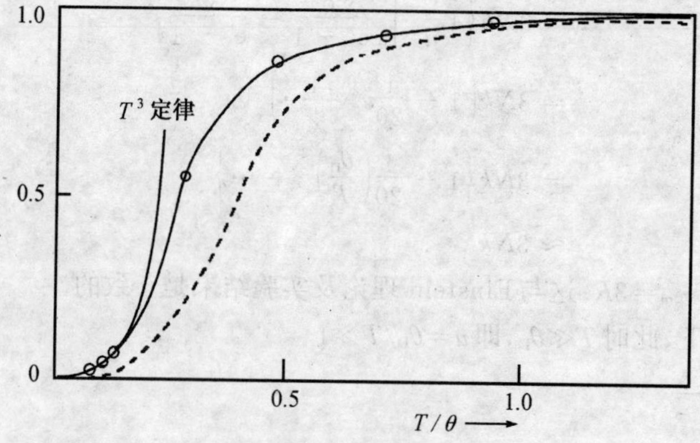

图13.5.1　Einstein和Debye理论与实验点"。"的相符情况

表 13.1　不同物质晶体的 Debye 特征温度

晶　体	θ_D/K	晶　体	θ_D/K	晶　体	θ_D/K
Pb	88	Ca	226	金刚石	1860
Tl	96	Zn	308	KBr	177
Hg	97	Cu	345	KCl	233
I	106	Al	398	NaCl	308
Na	172	Fe	453	CaF_2	474
Ag	215	Be	1160	FeS_2	645

表 13.2　Debye T^3 定律在金属 Cu 上的实验验证

T/K	$C_{V,m}$/(J·K^{-1}·mol^{-1})	$10^2 C_{V,m}^{1/3}/T$	T/K	$C_{V,m}$/(J·K^{-1}·mol^{-1})	$10^2 C_{V,m}^{1/3}/T$
14.51	0.163	3.76	20.20	0.483	3.88
15.60	0.213	3.83	23.50	0.920	4.14
17.50	0.304	3.84	25.37	0.979	3.91
18.89	0.389	3.86	27.70	1.339	3.98

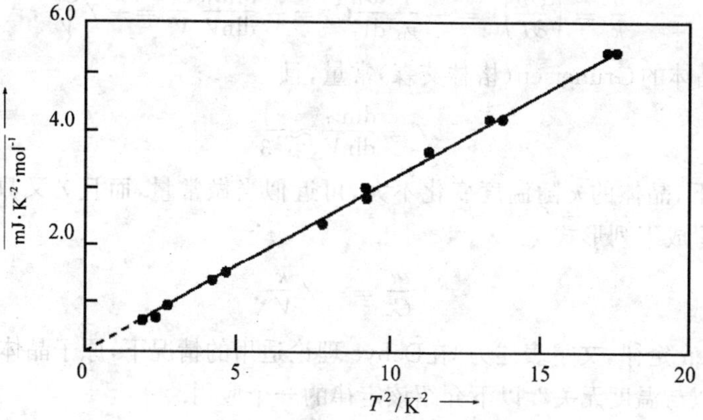

图 13.5.2　KCl 晶体的 $C_{V,m}/T$-T^2 图

Debye 理论通过实验验证可认为是相当好的理论了，具体计算 $C_{V,m}$ 也足够准确. 但实际上由 $C_{V,m}$ 求出的 θ_D 也随温度而变，表明该理论未必完全正确. 该理论适用于一些原子晶体及简单化合物(如卤素盐 KCl). 对复杂化合物的晶体，特别是高度各向异性的晶体(如层状结构、链状结构的晶体)，它们的振动频率谱将不只是一个，而是由多个特征温度 $\theta_1, \theta_2, \cdots$ 来表征. 此时 Debye 理论不能直接应用，但是该理论还是可以用于研究分子晶体的. 设晶体由 N 个分子组成，每个分子包含有 s 个原子. 分子的振动可分解成分子质心在晶格格点平衡位置附近的振动和分子内部的振动，前者可按 Debye 理论处理，后者按气体分子内部振动处理. 因此，Debye 理论的作用不仅仅限于原子晶体.

13.6　原子晶体的物态方程及 Grüneisen 定律

应用(13.5.4)和(13.5.5)式，晶体的 Helmholtz 自由能和内能为

$$F = -kT\ln\Phi = -D_0 + 3NkT\ln(1 - e^{-u}) - NkTD(u), \tag{13.6.1}$$

$$U=-D_0+3NkTD(u). \tag{13.6.2}$$

其中D_0是体积V的函数,u是T,V的函数.

Debye 函数$D(u)$的微商为

$$\frac{\mathrm{d}D(u)}{\mathrm{d}u}=\frac{3}{\mathrm{e}^u-1}-\frac{3}{u}D(u). \tag{13.6.3}$$

利用(13.6.1)～(13.6.3)式,可得晶体的物态方程为

$$\begin{aligned}p&=-\left(\frac{\partial F}{\partial V}\right)_T=kT\left(\frac{\partial\ln\Phi}{\partial V}\right)_T\\&=\frac{\mathrm{d}D_0}{\mathrm{d}V}-3NkT\frac{\mathrm{e}^{-u}}{1-\mathrm{e}^{-u}}\left(\frac{\partial u}{\partial V}\right)_T+NkT\frac{\mathrm{d}D(u)}{\mathrm{d}u}\left(\frac{\partial u}{\partial V}\right)_T\\&=\frac{\mathrm{d}D_0}{\mathrm{d}V}-\frac{1}{u}\left(\frac{\partial u}{\partial V}\right)_T(U+D_0)\\&=\frac{\mathrm{d}D_0}{\mathrm{d}V}-\frac{1}{\nu_\mathrm{D}}\frac{\mathrm{d}\nu_\mathrm{D}}{\mathrm{d}V}(U+D_0),\end{aligned} \tag{13.6.4}$$

其中$\mathrm{d}D_0/\mathrm{d}V$,$\nu_\mathrm{D}$都只是$V$的函数.

依据体膨胀系数α和压缩系数κ的定义,可得

$$\frac{\alpha}{\kappa}=\left(\frac{\partial p}{\partial T}\right)_V=-\frac{1}{\nu_\mathrm{D}}\frac{\mathrm{d}\nu_\mathrm{D}}{\mathrm{d}V}C_V=-\frac{\mathrm{d}\ln\nu_\mathrm{D}}{\mathrm{d}\ln V}\frac{C_V}{V}=-\gamma\frac{C_V}{V}, \tag{13.6.5}$$

式中的γ称为晶体的Grüneisen(格林艾森)常量,且

$$\gamma=\frac{\mathrm{d}\ln\nu_\mathrm{D}}{\mathrm{d}\ln V}\approx\frac{1}{3}. \tag{13.6.6}$$

一般情况下,晶体的κ随温度变化不大,可近似当做常量,而且γ又只是V的函数,因此(13.6.5)式可写成下列形式

$$\frac{\alpha}{C_V}=-\gamma\frac{\kappa}{V}. \tag{13.6.7}$$

这就是Grüneisen 定律,文字表述为"在Debye 理论适用的情况下,原子晶体的体膨胀系数与等容热容之比近似与温度无关".以下介绍该定律的一个应用.

实验上$C_{p,\mathrm{m}}$比$C_{V,\mathrm{m}}$容易测量,理论上应用下式由实验测得的$C_{p,\mathrm{m}}$求算$C_{V,\mathrm{m}}$.

$$C_{p,\mathrm{m}}-C_{V,\mathrm{m}}=TV_\mathrm{m}\alpha^2/\kappa. \tag{13.6.8}$$

实际计算时,α,κ的数据不齐全,往往采用一定的近似进行求算,利用Grüneisen 定律,(13.6.8)式可写成为

$$C_{p,\mathrm{m}}-C_{V,\mathrm{m}}=\frac{\gamma^2\kappa C_{V,\mathrm{m}}^2T}{V_\mathrm{m}}=AC_{V,\mathrm{m}}^2T, \tag{13.6.9}$$

其中A近似为常量,且

$$A=\frac{\gamma^2\kappa}{V_\mathrm{m}}. \tag{13.6.10}$$

Nernst-Lindemann(能斯特-林德曼)总结出下列的半经验公式

$$C_{p,\mathrm{m}}-C_{V,\mathrm{m}}=0.109\frac{C_{V,\mathrm{m}}^2T}{RT_\mathrm{m}}, \tag{13.6.11}$$

其中T_m为晶体的熔点.此式虽不完全精确,但实用上误差不大.

表13.3为计算实例.

表 13.3　原子晶体的$C_{p,m}$与$C_{V,m}$之差

晶　体	T/K	$C_{p,m}/(J\cdot K^{-1}\cdot mol^{-1})$	T_m/K	$(C_{p,m}-C_{V,m})/(J\cdot K^{-1}\cdot mol^{-1})$
硼	300	10.46	2573	0.167
铍	300	14.60	1551	0.541
银	300	24.19	1235	1.864

【练习】请依据Einstein的理论得出原子晶体的物态方程和Grüneisen定律.

13.7　晶体特征温度的求算法

计算晶体特征温度有三种方法. 它们是由热容实验值通过Einstein或Debye热容公式计算,也可由弹性波在晶体中的传播速度利用(13.5.3)式求算,还可以用经验公式估算.

13.7.1　由热容数据求算

【例13.7.1】依据300 K的$C_{V,m}$实验值求算金刚石、硼、铍原子晶体的下表性质,计算公式为

$$C_{V,m}=3R\left(\frac{\theta_E}{T}\right)^2\frac{e^{\theta_E/T}}{(e^{\theta_E/T}-1)^2},\quad \nu=\frac{\theta_E k}{h},$$

$$m=M/N_A,\quad f=4\pi^2\nu^2 m,$$

$$\theta_E=\theta_D\sqrt{3/5}.$$

晶　体	$\frac{M}{kg\cdot mol^{-1}}$	$\frac{C_{V,m}}{J\cdot K^{-1}\cdot mol^{-1}}$	T/θ_E	θ_E/K	θ_D/K	$\nu/10^{12}$ s	$f/(N\cdot m^{-1})$
金刚石	0.012	5.65	0.22	1364	1761	28.4	635
硼	0.01081	10.46	0.30	1000	1291	20.8	307
铍	0.00901	14.6	0.39	769	993	16.0	151

表中物理量都是SI制单位,M为摩尔质量,N_A为Avogadro常量.

13.7.2　用Lindemann经验公式估算

1910年,Lindemann分析了下列的频率公式

$$\nu=\frac{1}{2\pi}\left(\frac{f}{m}\right)^{1/2}.$$

晶体中原子的质量m愈小,弹力常量f愈大,则频率就愈大. 显然,晶体中原子之间的结合力强,f就大,其相应的熔点就高,密度和硬度也就大,且不易压缩. 基于这些考虑,Lindemann总结出与熔点T_m,摩尔质量M的半经验公式为

$$\nu=\frac{A'}{V_m^{1/3}}\left(\frac{T_m}{M}\right)^{1/2},\tag{13.7.1}$$

式中A'为常量. 依据晶体特征温度的定义,得

$$\theta_D=\frac{h\nu_D}{k}=\frac{hA'}{kV_m^{1/3}}\left(\frac{T_m}{M}\right)^{1/2}=(0.042484\ m\cdot K^{1/2}\cdot kg^{1/2}\cdot mol^{-1/2})\left(\frac{T_m}{M}\right)^{1/2}.\tag{13.7.2}$$

【例13.7.2】利用Lindemann半经验公式估算下表中晶体的特征温度(表中全部物理量都是SI制单位).

晶体	$\frac{M}{kg\cdot mol^{-1}}$	$\frac{\rho}{kg\cdot m^{-3}}$	$\frac{V_m}{m^3\cdot mol^{-1}}$	T_m/K	θ_D/K	θ_E/K
硼	0.01081	2.43×10^3	4.62×10^{-3}	2573	1245	964
铍	0.0090122	1.85×10^3	4.87×10^{-3}	1551	1041	806

利用弹性系数求原子晶体的特征温度涉及到弹性固体力学，有兴趣的读者可参考王竹溪著《统计物理学导论》(第60节).

13.8 晶体中的无序和缺陷

具有点阵结构的凝聚态物质称为晶体，它的结构特征是结构基元在三维空间作周期性重复排列.若所有的原子都正确地处于晶格结构所规定的位置上，原子除在平衡位置做小振动外，不存在其他形式的运动，这类不存在任何缺陷的晶体称为理想晶体，又称为完全晶体.理想气体是物质极端无序的结构形式模型；与此相反，理想晶体是物质具有完美有序结构的模型，两者分别表现了物质结构有序性的两个极端.

实际晶体中原子的排列总是或多或少地偏离严格的周期性，呈现出一定的缺陷和无序.只要温度高于绝对零度，但又不太高时，由热力学原因引起的这些无序与缺陷对理想晶体仅产生较小的偏离.本节首先分析热力学原因如何必然导致晶体缺陷的产生，然后介绍热平衡时缺陷浓度的统计理论.有关高浓度缺陷的晶体中的合作现象将在13.10和13.11节中讨论.

依据热力学中等温等压体系的Gibbs自由能减少原理，在一定的温度和压力下，物质将处于Gibbs自由能最低的稳定状态.Gibbs自由能$G(T,p)=H(T,p)-TS(T,p)$，包含熵和焓两部分.当温度趋向绝对零度时，依热力学第三定律，体系的熵趋于零，Gibbs自由能中的熵因素不起作用，决定Gibbs自由能极小的热力学要求就是使粒子间的相互作用充分发挥，以降低体系的焓值，这就是晶态存在的热力学依据.物质在绝对零度时的晶体是完美的理想晶体.晶体的三维点阵结构保证了粒子的最佳结合方式贯彻到整个晶体中，例如金刚石中所有碳原子都采用四面体向的共价键结合方式，由此就形成了立方面心点阵的金刚石晶体(图13.8.1).在NaCl晶体中，每个Na^+离子与周围的6个Cl^-离子形成一个配位八面体，而每个Cl^-离子也要与周围的6个Na^+离子形成一个配位八面体，将这一结合方式贯彻到每个Na^+离子和Cl^-离子就形成了立方面心点阵的NaCl晶体(图13.8.2).又如球形的Ar原子，为降低晶体的能量，采取等径圆球的密堆积方式，形成了立方晶胞的结构形式(图13.8.3).

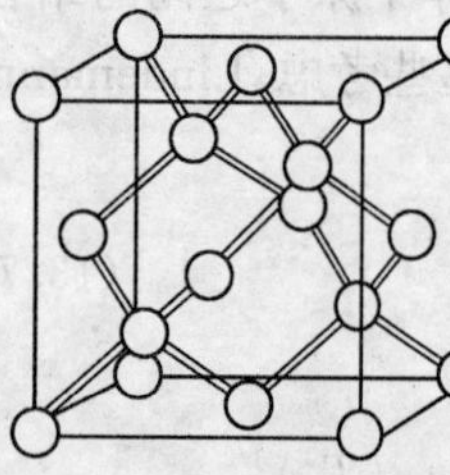

图13.8.1 碳原子的结合方式与金刚石结构

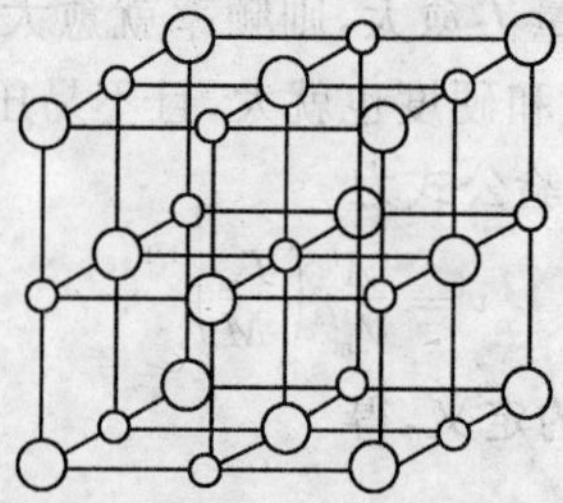

图13.8.2 钠离子和氯离子的配位方式和氯化钠的晶体结构

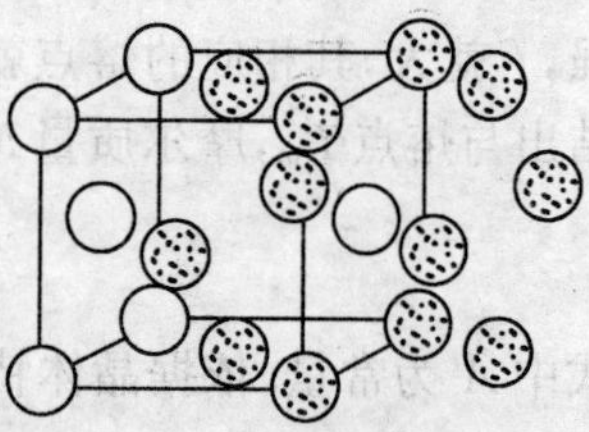

图13.8.3 氩原子的配位方式与氩晶体的立方最密堆积结构

由上可见，晶体之所以具有点阵结构，正是宏观体系遵从热力学平衡原理的结果. 热力学规律既然可以要求理想晶体具有点阵结构，自然也可使晶体的点阵结构产生缺陷和无序.

当温度高于绝对零度时，熵因素也可对降低Gibbs自由能作贡献，特别是晶体结构中允许原子在无序或缺陷中获得构型熵，而原子间的各种结合仍相同时，体系的这些不同微观状态具有相同的能量，也就是说体系的某一能态下存在不同的简并状态，此时必然会出现晶体的无序和缺陷. 甚至虽然原子间的各种结合方式有所削弱，但熵因素的增加仍可抵消焓因素的影响时，亦将导致无序和缺陷的产生. 这就是高温时液态或气态是物质存在的稳定平衡态的原因. 在完全有序的理想晶体和完全无序的理想气体之间存在一系列中间状态，晶体中的无序与缺陷就是这样的一种状态.

获得构型熵的方式不同，就出现不同的无序与缺陷. 如 N_2O 晶体中直线分子NNO的无序取向，冰中 H_2O 分子的H原子的无序分布及顺磁晶体中不成对电子自旋取向的无序分布皆产生出构型熵，偏离理想晶体的点阵周期性，导致非理想晶体的形成或不完全晶体的产生. 另外，晶体中还可以出现偏离点阵结构的点缺陷和线缺陷等. 当晶体周期性的破坏发生在一个或几个晶格常量的线度范围内就称为点缺陷. 晶体中空位和填隙原子的形成所产生的对晶格周期性的破坏就是一般所指的点缺陷，这些缺陷是由原子的热激发引起的涨落所产生的，常又称为热缺陷.

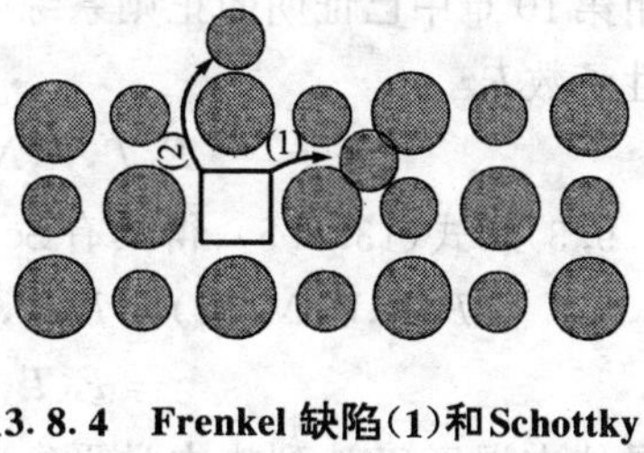

图 13.8.4　Frenkel 缺陷(1)和Schottky 缺陷(2)

空位和填隙原子最早是在研究粒子晶体的导电性提出的，离子晶体的导电和各类固体中扩散正是通过空位和填隙原子的运动实现的. 组成晶体的粒子在平衡位置做振动，粒子热振动的能量有涨落，当能量超过某值后，粒子将能以一定概率越过周围粒子所造成的势垒跑到邻近的原子空隙中去，在晶格中产生出一对靠的很近的空位和填隙原子. 之后，这一暂时的空位和填隙原子或者复合，空位消失，或跳到更远的间隙中去，形成了可长期存在的缺陷——填隙原子和空位，常称这类热缺陷为Frenkel(弗仑克尔)缺陷(见图13.8.4). 显然，在一定温度下Frenkel缺陷产生的填隙原子和空位的数目相等.

当晶格粒子因热涨落脱离晶格平衡位置，不是跑到晶体内部形成填隙原子，而是移到晶体表面上的正常格点位置，构成新的一层表面，这样形成的热缺陷称为Schottky(肖特基)缺陷(见图13.8.4).

下面将进一步讨论热缺陷的定量理论.

13.9　热缺陷的统计理论

晶体热缺陷的平衡分布可用正则系综的统计理论进行分析.

1. Schottky 缺陷的平衡分布

现考虑一理想晶体由 N 个原子组成，其能级和相应的简并度各为

$$E_1,\ E_2,\ \cdots,\ E_i,\ \cdots,$$
$$\Omega_1,\ \Omega_2,\ \cdots,\ \Omega_i,\ \cdots.$$

设这一理想晶体中形成了 N_h 个Schottky缺陷空位，此时非理想晶体的能级和相应的简并度分别变为

$$E_1+N_h\Phi_S,\quad E_2+N_h\Phi_S,\quad \cdots,\quad E_i+N_h\Phi_S,\ \cdots,$$
$$K(N,N_h)\Omega_1,\ K(N,N_h)\Omega_2,\ \cdots,\ K(N,N_h)\Omega_i,\ \cdots.$$

其中 Φ_S 为 Schottky 缺陷的生成能,即将晶格内格点上的原子移到晶面上所需要的能量,$K(N,N_h)$是N 个原子和N_h 个空位分布在$(N+N_h)$个晶格位置上的可能方式数或可能出现的构型数. 由排列组合,得

$$K(N,N_h)=\frac{(N+N_h)!}{N!N_h!}\ . \tag{13.9.1}$$

在取得体系能谱及简并度后,求算体系的正则配分函数. 按(10.7.7)式理想晶体处理,其正则配分函数为

$$\Phi(T,V,N)=\sum_i \Omega_i \exp(-E_i/kT)\ . \tag{13.9.2}$$

而当晶体具有N_h 个Schottky 缺陷时,相应的正则配分函数变为

$$\Phi(T,V,N,N_h)=\sum_i K(N,N_h)\Omega_i \exp[-(E_i+N_h\Phi_S)/kT]$$
$$=\Phi(T,V,N)\Gamma(T,N,N_h)\ , \tag{13.9.3}$$

其中

$$\Gamma(T,N,N_h)=K(N,N_h)\exp(-N_h\Phi_S/kT)\ . \tag{13.9.4}$$

利用第10 章中已证明的正则系综的特性函数F 与正则配分函数的关系,由正则配分函数可得特性函数F.

$$F(T,V,N)=-kT\ln\Phi(T,V,N)\ . \tag{13.9.5}$$

用式(13.9.3)和式(13.9.5),得具有Schottky 缺陷的晶体的自由能$F(T,V,N,N_h)$

$$F(T,V,N,N_h)=F(T,V,N)-kT\ln\Gamma(T,N,N_h)$$
$$=F(T,V,N)+[-kT\ln K(N,N_h)+N_h\Phi_S]. \tag{13.9.6}$$

当晶体在温度T 达到热力学平衡时,依热力学平衡条件,非理想晶体的自由能当趋于极小,即使函数$\Gamma(T,N,N_h)$趋于极大的Schottky 空位数N_h,满足极小的数学条件是$F(T,V,N,N_h)$对N_h 的导数为零.

$$\left(\frac{\partial F}{\partial N_h}\right)_{T,V,N}=-kT\ln\left(\frac{N+N_h}{N_h}\right)+\Phi_S=0\ .$$

由上式,得出非理想晶体温度T 时,Schottky 缺陷N_h 满足的关系

$$\frac{N_h}{N+N_h}=\exp(-\Phi_S/kT)\ . \tag{13.9.7}$$

在一般晶体中,Schottky 缺陷的生成能Φ_S 约在1 eV 左右,因此,$N_h \ll N$,(13.9.7)式中左边分母可用N 代替简化为

$$N_h=N\exp(-\Phi_S/kT)\ . \tag{13.9.8}$$

式(13.9.8)就是温度T 时晶体中Schottky 缺陷的平衡公式.

2. Frenkel 缺陷的平衡分布

因为Frenkel 缺陷产生的填隙原子不是原来的格点位置,从而表现出与Schottky 缺陷不同的构型数公式,这是两种缺陷的基本区别.

现设晶体由N 个相同的A 原子组成,其中有N_i 个原子已进入晶格间隙,形成填隙原子A_i,同时在晶格位置中产生出N_h 个空位h. 当然,空位数N_h 应等于填隙原子数N_i. 在晶体的点阵中

每个点阵位置摊到 α 个间隙. 具有 N_i 填隙原子的非理想晶体的能级和相应的简并度分别变为

$$E_1+N_i\Phi_F,\quad E_2+N_i\Phi_F,\quad \cdots,\quad E_i+N_i\Phi_F,\quad \cdots,$$

和

$$K(N,N_i)\Omega_1,\quad K(N,N_i)\Omega_2,\quad \cdots,\quad K(N,N_i)\Omega_i,\cdots.$$

其中 Φ_F 为 Frenkel 缺陷的生成能，即晶格点上的原子移到间隙位置所需要的能量；$K(N,N_i)$ 是由 N_i 个原子进入晶格间隙所产生的构型数，它应等于晶格原子和填隙原子分别产生的构型数的乘积.

晶体中除去空位外的 $(N-N_h)$ 个 A 原子分布在 N 个晶格位置上，按排列组合，将形成的构型数为

$$\frac{N!}{(N-N_h)!N_h!}.$$

除晶格上 A 原子产生不同构型外，N_i 个填隙原子分布在 αN 个间隙位置上将产生出

$$\frac{(\alpha N)!}{N_i!(\alpha N-N_i)!}$$

种构型. 由 N_i 个 A 原子进入晶格间隙所产生的构型数 $K(N,N_i)$ 应为上述两种构型数的乘积，即

$$\begin{aligned}K(N,N_i)&=\frac{N!}{(N-N_h)!N_h!}\times\frac{(\alpha N)!}{N_i!(\alpha N-N_i)!}\\&=\frac{N!}{(N-N_i)!N_i!}\times\frac{(\alpha N)!}{N_i!(\alpha N-N_i)!}.\end{aligned}\tag{13.9.9}$$

以下处理与 Schottky 缺陷相似，写出晶体的正则配分函数和晶体的自由能

$$\Phi_F(T,V,N,N_i)=\Phi(T,V,N)\Gamma(T,N,N_i),$$

其中

$$\Gamma(T,N,N_i)=K(N,N_i)\exp(-N_i\Phi_F/kT),$$

$$\begin{aligned}F(T,V,N,N_i)&=F(T,V,N)-kT\ln\Gamma(T,N,N_i)\\&=F(T,V,N)+[-kT\ln K(N,N_i)+N_i\Phi_F].\end{aligned}\tag{13.9.10}$$

在温度 T，晶体的 Frenkel 缺陷达到热力学平衡时，满足

$$\left(\frac{\partial F}{\partial N_i}\right)_{T,V,N}=0.$$

F 对 N_i 求导数，得

$$-kT\ln\left[\frac{(N-N_i)(\alpha N-N_i)}{N_i^2}\right]+\Phi_F=0.$$

上式可表为

$$\frac{N_i^2}{(N-N_i)(\alpha N-N_i)}=\exp(-\Phi_F/kT).\tag{13.9.11}$$

对一般晶体，Φ_F 的量级为 1 eV，从而 $N_i\ll N$，上式可简化为

$$N_i=\sqrt{\alpha}\,N\exp(-\Phi_F/2kT).\tag{13.9.12}$$

上面导出的式(13.9.8)和(13.9.12)给出了达到统计热力学平衡时的空位和填隙原子数目. 与实验结果对比，在较高的温度时，理论计算值与实测的结果一致，表明在高温时相当迅速地达到平衡. 若从高温迅速冷却到室温时，使高温时存在于晶格中的空位“冻结”下来，则晶体中空位数远大于室温的平衡值. 这是一种动力学过程造成的非平衡现象.

13.10 正规溶体

许多表面各不相同的现象，如铁磁性、反铁磁性、定域吸附、溶液的临界混合和相分离、合金中的超晶格转变，多肽和核酸中螺旋构型的转变等，它们有着热力学上的等价性，有着共同的本质联系，可以用一个共同的模型来研究. 我们将以二元合金的超晶格为例，说明统计力学处理这类现象的方法. 本节先说明正规溶体的正则系综处理，下一节讨论超晶格转变的统计力学理论.

晶体作为一个相依子体系，其能量函数为

$$E(q,p)=\sum_{i=1}^{N}\frac{1}{2m}(p_{x_i}^2+p_{y_i}^2+p_{z_i}^2)+U(q)\ , \tag{13.10.1}$$

$$U(q)=U_0+\sum_{i=0}^{N}u(x_i,y_i,z_i)\ , \tag{13.10.2}$$

式中 x_i,y_i,z_i 代表第 i 个点阵位置上的粒子的中心偏离点阵点的坐标. 令 $p_i^2=p_{x_i}^2+p_{y_i}^2+p_{z_i}^2$，则

$$E(q,p)=U_0+\sum_{i=1}^{N}\left[\frac{1}{2m}p_i^2+u(x_i,y_i,z_i)\right]=E_k+E_{Ak}, \tag{13.10.3}$$

式中 E_k 或 U_0 称为晶体的构型能，它们的绝对值就是晶体的点阵能，E_{Ak} 为晶体的声能，13.4～13.5 节中晶体热容的问题就是讨论晶体的声能如何随温度变化的问题. 下面将以黄铜固溶体为例，阐明正规溶体的概念及其统计力学处理.

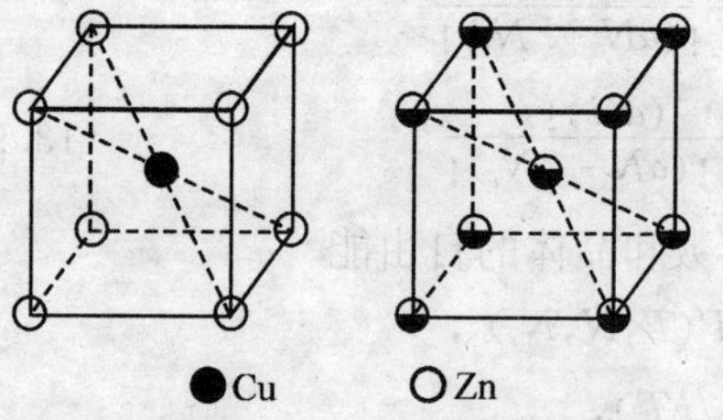

图 13.10.1 β黄铜中原子的排布方式

β黄铜是Cu-Zn 二元合金，具有立方体心点阵结构. 在低温有序状态Cu 原子占据体心位置(a 位)，Zn 占据立方顶角位置(b 位). 在高温无序状态，Cu 和Zn 均以1/2 的概率占据每个格点(图 13.10.1)，形成固溶体. 设β黄铜的格点总数为 N，N_{A} 代表Cu 原子数，N_{B} 代表Zn 原子个数，它们的配位数都为 C. 固溶体点阵构型模型的能量亦可表为构型能和声能之和，即

$$E(q,p)_{\mathrm{A,B}}=(E_k)_{\mathrm{A,B}}+(E_{Ak})_{\mathrm{A,B}}. \tag{13.10.4}$$

固溶体的声能可纳入如下形式

$$(E_{Ak})_{\mathrm{A,B}}=\sum_{i=1}^{N_{\mathrm{A}}}\left[\frac{1}{2m_{\mathrm{A}}}(p_i^2)_{\mathrm{A}}+u_{\mathrm{A}}(x_i,y_i,z_i)\right]+\sum_{i=1}^{N_{\mathrm{B}}}\left[\frac{1}{2m_{\mathrm{B}}}(p_i^2)_{\mathrm{B}}+u_{\mathrm{B}}(x_i,y_i,z_i)\right]. \tag{13.10.5}$$

1. 固溶体的构型能

N_{A} 个A 分子和 N_{B} 个B 分子形成的固溶体，除AA 和BB 近邻对外，还应有AB 近邻对. 设固溶体中AA、BB 和AB 近邻对的数目各为 N_{AA}、N_{BB}和 N_{AB}，每个AA、BB 和AB 近邻对在固溶体的构型能中的贡献各为 $-\phi_{\mathrm{AA}}$、$-\phi_{\mathrm{BB}}$和 $-\phi_{\mathrm{AB}}$. 固溶体的构型能则为

$$(E_k)_{\mathrm{A,B}}=-N_{\mathrm{AA}}\phi_{\mathrm{AA}}-N_{\mathrm{BB}}\phi_{\mathrm{BB}}-N_{\mathrm{AB}}\phi_{\mathrm{AB}}. \tag{13.10.6}$$

固溶体中的分子数 N_{A}，N_{B} 和分子配位数 C 满足如下关系

$$N_{\mathrm{AA}}=\frac{1}{2}CN_{\mathrm{A}}-\frac{1}{2}N_{\mathrm{AB}},$$

$$N_{BB}=\frac{1}{2}CN_B-\frac{1}{2}N_{AB}.$$

将上列关系代入构型能(13.10.6)式,整理后,得

$$(E_k)_{A,B}=-\frac{1}{2}CN_A\phi_{AA}-\frac{1}{2}CN_B\phi_{BB}+N_{AB}\phi\,, \tag{13.10.7}$$

式中固溶体的能量参数ϕ称为分子A和B的互换能

$$\phi=\frac{1}{2}\phi_{AA}+\frac{1}{2}\phi_{BB}-\phi_{AB}. \tag{13.10.8}$$

当A和B占据相仿的点阵位置和大小相近时,

$$(E_k)_{A,B}=(E_k)_A+(E_k)_B+N_{AB}\phi\,. \tag{13.10.9}$$

固溶体(A,B)中N_A个A分子和N_B个B分子分布在(N_A+N_B)个点阵位置的每一种确定的方式,体现了固溶体的一种分子排列状态,称为固溶体的一个排列.对应一个确定的$N_{A,B}$,可有不同的排列来体现,$K(N_A,N_B,N_{AB})$对应N_{AB}的排列数.

2. 固溶体的混合构型配分函数及其与热力学函数的关系

固溶体(A,B)的正则配分函数为

$$\begin{aligned}\Phi_{(A,B)}&=\sum_i[\Omega_i]_{(A,B)}e^{-[E_i]_{(A,B)}/kT}\\&=\sum_{N_{AB}}\sum_{i'}\sum_{i''}K(N_A,N_B,N_{AB})[\Omega_{i'}]_A[\Omega_{i''}]_B\,e^{-\{[E_{i'}]_A+[E_{i''}]_B+N_{AB}\phi\}/kT}\\&=\sum_{N_{AB}}K(N_A,N_B,N_{AB})\,e^{-N_{AB}\phi/kT}\sum_{i'}[\Omega_{i'}]_A\,e^{-[E_{i'}]_A/kT}\sum_{i''}[\Omega_{i''}]_B\,e^{-[E_{i''}]_B/kT}\\&=\Phi_A\Phi_B\sum_{N_{AB}}K(N_A,N_B,N_{AB})\,e^{-N_{AB}\phi/kT}\\&=\Phi_A\Phi_B\Phi_M(T,\phi,N_A,N_B)\,.\end{aligned} \tag{13.10.10}$$

其中Φ_A,Φ_B分别为单组分晶体A和B的正则配分函数,Φ_M称为固溶体的混合构型配分函数.

$$\Phi_M(T,\phi,N_A,N_B)=\sum_{N_{AB}}K(N_A,N_B,N_{AB})e^{-N_{AB}\phi/kT}. \tag{13.10.11}$$

依固溶体的正则配分函数,可得固溶体能量、自由能和熵等热力学函数.

$$E_{(A,B)}=kT^2\left(\frac{\partial\ln\Phi_{(A,B)}}{\partial T}\right)=E_A+E_B+\Delta E\,,$$

$$\Delta E=kT^2\left(\frac{\partial\ln\Phi_M}{\partial T}\right)=\left[\frac{\sum\limits_{N_{AB}}N_{AB}K(N_A,N_B,N_{AB})e^{-N_{AB}\phi/kT}}{\Phi_M}\right]\phi=\overline{N}_{AB}\phi\,. \tag{13.10.12}$$

式中ΔE称为固溶体的混合能,$\overline{N}_{AB}$是固溶体的AB近邻对数N_{AB}的正则系综平均.

$$F_{(A,B)}=-kT\ln\Phi_{(A,B)}=F_A+F_B+\Delta F\,,$$

$$\Delta F=-kT\ln\Phi_M, \tag{13.10.13}$$

$$S_{(A,B)}=k\left(\frac{\partial\ln\Phi_{(A,B)}}{\partial T}\right)=S_A+S_B+\Delta S\,,$$

$$\Delta S=k\left(\frac{\partial\ln\Phi_M}{\partial T}\right)=\frac{\Delta E}{T}+k\ln\Phi_M. \tag{13.10.14}$$

上面的ΔF,ΔS分别称为固溶体的混合自由能和混合熵.这些公式显示固溶体热力学函数中关键性部分是混合自由能、混合能和混合熵,它们决定着固溶体作为一个混合的定域相依子体系的热力学行为.另一方面,它们又取决于混合构型配分函数$\Phi_M(T,\phi,N_A,N_B)$和AB近邻对

数 N_{AB}的系综平均 $\overline{N}_{AB}$. 由此可见,统计热力学处理固溶体的关键就在求混合构型配分函数和 $\overline{N}_{AB}$. 上述建立在点阵结构上,并只考虑最近邻作用的溶体模型称为正规溶体. 这些讨论可推广到溶液体系. 当互换能 $\phi=0$,正规溶体还原为理想溶液.

13.11 固溶体的超晶格转变与Bragg-Williams 近似

迄今尚未能得到AB近邻对数 N_{AB}系综平均 $\overline{N}_{AB}$的严格解析解和 $\Phi_M(T,\phi,N_A,N_B)$的一般表达式,只能通过各种近似法来得它们的近似解. 早期,Bragg(布拉格)和Williams(威廉姆斯)在处理固溶体问题时,首先提出一种平均值近似方法(B-W 近似),其假设A,B两种原子在格点上的排布是完全随机的,不受近邻相互的影响. B-W 近似完全忽略了原子排列的短程有序性,忽略A,B不同组合和排列所给出的构型能的差异.

一般情况下

$$\Phi_M(T,\phi,N_A,N_B)=\sum_{N_{AB}}K(N_A,N_B,N_{AB})e^{-N_{AB}\phi/kT},$$

计算这个求和很困难. 当采用B-W 近似后,由于A,B原子完全随机分布,N_A+N_B 个原子所有可能的排列方式数就是所要求的所有可能的微观状态数,即

$$\sum_{N_{AB}}K(N_A,N_B,N_{AB})=\frac{(N_A+N_B)!}{N_A!N_B!}. \tag{13.11.1}$$

依据B-W 假设,每个点阵位置上出现A原子和B原子的概率分别为

$$P_A=\frac{N_A}{N_A+N_B},\quad P_B=\frac{N_B}{N_A+N_B}.$$

A,B两种原子作为近邻对出现的概率应是A-B近邻对出现的概率和B-A近邻对出现的概率之和,即

$$\frac{N_A}{N_A+N_B}\cdot\frac{N_B}{N_A+N_B}+\frac{N_B}{N_A+N_B}\cdot\frac{N_A}{N_A+N_B}=\frac{2N_AN_B}{(N_A+N_B)^2}.$$

溶体中总共拥有的近邻原子对数为

$$\frac{1}{2}(CN_A+CN_B)=\frac{C}{2}(N_A+N_B),$$

则溶体中AB近邻对的平均值 $\overline{N}_{AB}$当为近邻原子对总数乘AB对出现的概率

$$\overline{N}_{AB}=\frac{C}{2}(N_A+N_B)\frac{2N_AN_B}{(N_A+N_B)^2}=\frac{CN_AN_B}{(N_A+N_B)}. \tag{13.11.2}$$

将(13.11.1)式和(13.11.2)式代入(13.10.11),得B-W 近似下的构型配分函数

$$\Phi_M=\sum_{N_{AB}}K(N_A,N_B,N_{AB})e^{-\overline{N}_{AB}\phi/kT}=\frac{(N_A+N_B)!}{N_A!N_B!}e^{-\left(\frac{N_AN_B}{N_A+N_B}\right)C\phi/kT}. \tag{13.11.3}$$

从而,在B-W 近似下,固溶体的热力学函数可由构型配分函数求出

$$\Delta F=\overline{N}_{AB}\phi-kT\ln\sum_{N_{AB}}K(N_A,N_B,N_{AB})=\left(\frac{N_AN_B}{N_A+N_B}\right)C\phi-kT\ln\frac{(N_A+N_B)!}{N_A!N_B!}, \tag{13.11.4}$$

$$\Delta E=kT^2\left(\frac{\partial\ln\Phi_M}{\partial T}\right)=\overline{N}_{AB}\phi=C\left(\frac{N_AN_B}{N_A+N_B}\right)\phi, \tag{13.11.5}$$

$$\Delta S=k\left(\frac{\partial T\ln\Phi_M}{\partial T}\right)=k\ln\frac{(N_A+N_B)!}{N_A!N_B!}. \tag{13.11.6}$$

正规溶体的临界混合现象、正规溶体的蒸气压及对Raoult(拉乌尔)定律的偏离和固溶体

的超晶格等典型问题，皆可在 B-W 近似的基础上得到阐明. 在此仅就黄铜这一简单而有代表性的实例，说明固溶体的超晶格现象的统计处理.

首先要为固溶体引入有序度概念，以描述其超晶格有序化程度. 设组成为 ZnCu 的 β 黄铜中有 $(N/2)$ 个 Cu 和 $(N/2)$ 个 Zn 原子. 在低温有序状态，A 原子(Cu)全部处在体心位置(a 位)，B 原子(Zn)全部处在立方顶角位置(b 位). 随着温度上升，b 位上出现 A，a 位上出现 B，这样的原子称为差错原子，A、B 差错原子的数目各为 $\omega/2$，仍处在正确位置的 A、B 原子各为 $r/2$，r 是正确位置原子的总数，ω 是差错原子的总数. 下面定义 β 黄铜的有序度 S(或称序参量)

$$S=\frac{r-\omega}{r+\omega}. \tag{13.11.7}$$

当 β 黄铜有序化为超晶格时，$r=N,\omega=0$，则 $S=1$；当高温时，$r=N/2,\omega=N/2$，则 $S=0$，表示 A、B 两种原子完全随机分布，处于无序结构状态. 下面我们将利用正规溶体模型的 B-W 公式讨论 β 黄铜的有序度随温度改变的情况. 为此，应建立固溶体的正则配分函数与 r 和 ω 的联系，先讨论 $\overline{N}_{AB}$ 与 r,ω 的关系.

在 β 黄铜中，r 个位置正确的原子当有 Cr 个近邻原子，其中位置正确的原子当有 $Cr\cdot\dfrac{r}{(r+\omega)}$ 个位置正确的近邻原子，所谓一对位置正确的近邻对必为一个 A-B 的近邻对. 同理，ω 个位置错误的原子当有 $C\omega\cdot\dfrac{\omega}{(r+\omega)}$ 个位置错误的近邻，而一对位置错误的近邻必为一个 B-A 的近邻对. 因此，黄铜中 A-B 型的近邻对的总数为上述两部分之和，即

$$\overline{N}_{AB}(r,\omega)=\frac{1}{2}\cdot\frac{C(r^2+\omega^2)}{r+\omega}, \tag{13.11.8}$$

式中的因子(1/2)表明每一个近邻对体系由 2 个原子参与形成的.

下面将要为一个有序度为 $S(r,\omega)$ 的 β 黄铜给出它的正则配分函数. 根据 B-W 近似，β 黄铜的混合配分函数应为

$$\Phi_M(T,\phi,r,\omega)=K(r,\omega)\mathrm{e}^{-\overline{N}_{AB}(r,\omega)\phi/kT}, \tag{13.11.9}$$

式中 $K(r,\omega)$ 是 β 黄铜位置正确和位置错误的原子数各为 r 和 ω 时给出的原子排列总数. 对于 $(N/2)$ 个 Cu 原子位置上有 $(r/2)$ 个 Cu 原子和 $(\omega/2)$ 个 Zn 原子，而放在 $(N/2)$ 个 Zn 原子位置上的原子中有 $(r/2)$ 个 Zn 原子和 $(\omega/2)$ 个 Cu 原子. $K(r,\omega)$ 就等于 $(N/2)$ 个 Cu 原子位置上给出的原子排列数与 $(N/2)$ 个 Zn 原子位置上给出的原子排列数的乘积，即

$$K(r,\omega)=\left[\frac{(N/2)!}{(r/2)!(\omega/2)!}\right]\times\left[\frac{(N/2)!}{(r/2)!(\omega/2)!}\right].$$

整理，得

$$\ln K(r,\omega)=\ln\frac{N!}{r!\omega!}. \tag{13.11.10}$$

代入(13.11.9)式，得

$$\Phi_M(T,\phi,r,\omega)=\frac{N!}{r!\omega!}\mathrm{e}^{-(r^2+\omega^2)C\phi/2(r+\omega)kT}. \tag{13.11.11}$$

由混合配分函数可得由 r,ω 表示的 β 黄铜的混合自由能、混合能和混合熵

$$\Delta F=\overline{N}_{AB}\phi-kT\ln K(r,\omega)=\frac{1}{2}\frac{[r^2+(1-r)^2]C\phi}{N}-kT\ln\frac{N!}{r!\omega!}, \tag{13.11.12}$$

$$\Delta E = \overline{N}_{AB}\phi = \frac{1}{2}\frac{(r^2+\omega^2)C\phi}{r+\omega}, \tag{13.11.13}$$

$$\Delta S = \frac{\Delta E}{T} + k\ln\Phi_M = k\ln\frac{N!}{r!\omega!}. \tag{13.11.14}$$

利用平衡时$\left(\frac{\partial \Delta F}{\partial r}\right)_{T,\Phi}=0$的关系,可以分析有序度随温度变化的情况

$$\left(\frac{\partial \Delta F}{\partial r}\right)_{T,\Phi} = \left(\frac{r-\omega}{r+\omega}\right)C\phi - kT\ln\frac{\omega}{r} = 0.$$

上式整理后,得

$$\frac{\omega}{r} = e^{\left(\frac{r-\omega}{r+\omega}\right)C\phi/kT}. \tag{13.11.15}$$

按有序度定义式(13.11.7),上式结果可改变为

$$\frac{1-S}{1+S} = e^{\frac{C\phi}{kT}S}, \tag{13.11.16}$$

或 $$S = \frac{1-e^{\left(\frac{C\phi}{kT}\right)S}}{1+e^{\left(\frac{C\phi}{kT}\right)S}} = \frac{e^{\frac{1}{2}\left(\frac{C|\phi|}{kT}\right)S} - e^{-\frac{1}{2}\left(\frac{C|\phi|}{kT}\right)S}}{e^{\frac{1}{2}\left(\frac{C|\phi|}{kT}\right)S} + e^{-\frac{1}{2}\left(\frac{C|\phi|}{kT}\right)S}}.$$

令 $$T_c = \frac{1}{2}\left(\frac{C|\phi|}{k}\right),$$

则上式为 $$S = \tanh\left(\frac{T_c}{T}S\right). \tag{13.11.17}$$

(13.11.17)式表示了β黄铜的有序度S和温度之间的关系,图(13.11.1)给出了S与T/T_c的关系. 由图可见,在$T\leqslant 0.3T_c$时,S近似为1,β黄铜以完全有序的超晶格形式存在,然后,S随T/T_c的增加缓慢下降,在T趋近于T_c时迅速下降为零. $T\geqslant T_c$时,S皆为零,β黄铜处于完全无序的固溶体状态. T_c就是有序化转变的温度,称为有序化的临界温度.

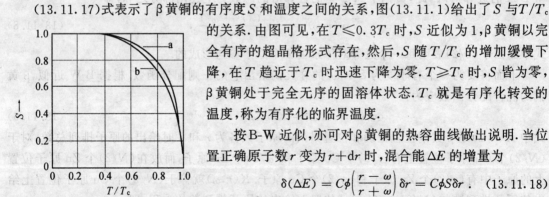

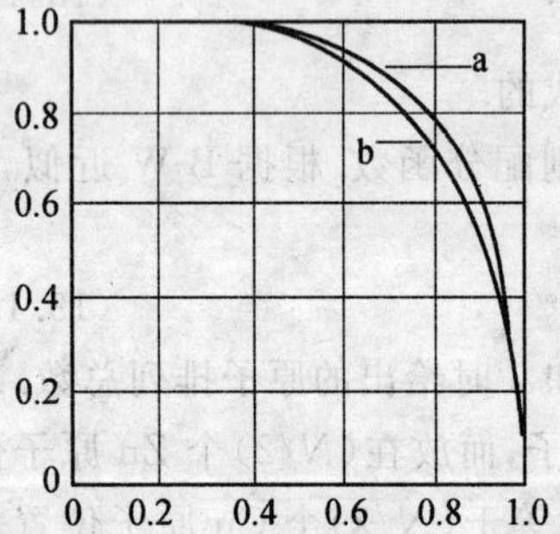

图 13.11.1 β黄铜有序度S与温度的关系

按B-W近似,亦可对β黄铜的热容曲线做出说明. 当位置正确原子数r变为$r+\mathrm{d}r$时,混合能ΔE的增量为

$$\delta(\Delta E) = C\phi\left(\frac{r-\omega}{r+\omega}\right)\delta r = C\phi S\delta r. \tag{13.11.18}$$

因 $\delta r = \frac{1}{2}N\mathrm{d}S$,由式(13.11.18)可用有序度表达

$$\delta\Delta E = -\frac{1}{2}(NC|\phi|)S\mathrm{d}S. \tag{13.11.19}$$

上式推导应用了$\phi<0$的结果(见习题13.10).

构型热容为

$$C_c = \frac{\mathrm{d}(\Delta E)}{\mathrm{d}T} = \frac{\mathrm{d}(\Delta E)}{\mathrm{d}S}\frac{\mathrm{d}S}{\mathrm{d}T} = -NkT_cS\frac{\mathrm{d}S}{\mathrm{d}T} = -\frac{1}{2}Nk\frac{\mathrm{d}S}{\mathrm{d}(T/T_c)}. \tag{13.11.20}$$

图(13.11.2)和(13.11.3)分别给出了β黄铜的实验曲线和理论曲线,可见B-W近似的结果定性的和实验相符. B-W近似完全忽略了短程作用,因而结果是比较粗糙的. 更好的近似方法,如Bathe(贝特)近似、准化学近似等,读者可参阅A. Munter及唐有祺先生的《统计力学及其在物理化学中的应用》.

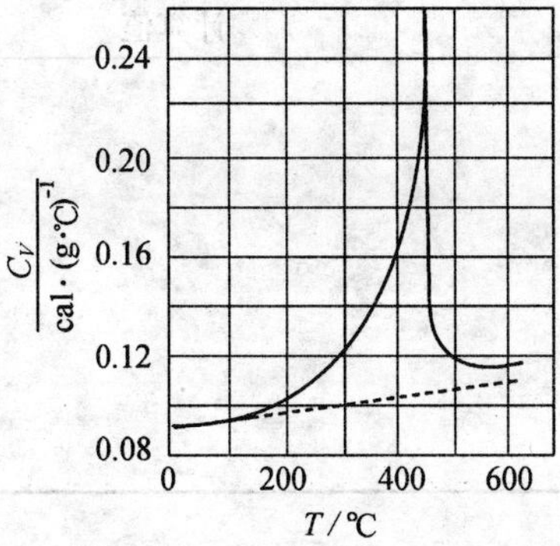

图 13.11.2　β 黄铜热容的实验曲线

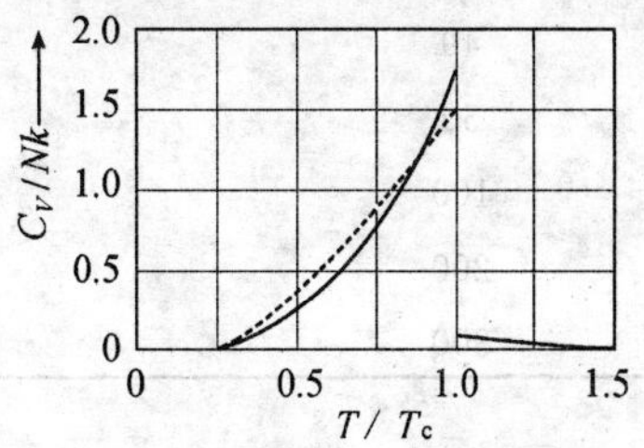

图 13.11.3　β 黄铜热容的理论曲线

最后我们将简要说明一下固溶体合金有序-无序转变的合作特性. 在绝对零度的低温条件下，合金将处于完全有序的超晶格状态，A 原子处在 a 位，B 原子处在 b 位，$S=1$. 当温度升高，a 位上会出现 B 原子，b 位上会出现 A 原子，但只要温度距 T_c 较远，这种偏离正确位置的原子出现的概率很小. 因此，在 $T\leqslant 0.3T_c$，S 仍可近似为 1. 随着温度的不断升高，错位原子出现的概率增大，当 $T<T_c$ 时，正确位置原子数仍多于位置错误原子的数目. 但当 b 位上出现 A 原子后，由于A 原子和B 原子的相互作用降低了B 原子占据该A 原子周围近邻a 位所必须克服的势垒，使B 原子容易占据这些a 位而形成为差错原子. 因此，已经转变的差错原子会以一种合作的方式使正确原子转变成差错. 由于这种合作效应，产生一种正反馈，晶体的长程无序度愈高，无序度增加就愈容易，最后导致长程有序在确定的临界温度下，完全的突然的消失. 表现为构型热容曲线在 T_c 时呈 λ 状.

除了合金的有序-无序转变外，铁磁体的铁磁性、格子气的相变、二元溶液的临界混合和相分离等都具有这类合作效应，故将它们统称为合作现象(cooperative phenomena). 由于这些体系的合作现象本质相同，已证明这些体系的热力学性质间存在着等价的对应关系. 有关等价性的证明和其他合作现象不再讨论，请参阅上述参考书目.

习　题

13.1　请证明 Einstein 晶体的下列公式：

(1) $F_m(T)-U_m(0\ \text{K})=3RT\ln\{1-\exp(-\theta_E/T)\}$;

(2) $S_m(T)=-3R\ln\{1-\exp(-\theta_E/T)\}+3R\left(\dfrac{\theta_E}{T}\right)\dfrac{1}{\exp(\theta_E/T)-1}$.

13.2　Al 的 $\theta_E=260$ K，试求算 Al 的 $S_m^{\ominus}(298\ \text{K})$.

13.3　高温下 Pb-Ag 合金的 $C_V=0.1602\ \text{J}\cdot\text{K}^{-1}\cdot\text{g}^{-1}$，Pb 与 Ag 的摩尔质量分别为 0.2072× kg·mol^{-1}与 0.1079 kg·mol^{-1}，请计算该合金中 Pb 的摩尔分数.

13.4　Al 和 Pb 金属 θ_D 的分别为 398 K 和 88 K，根据原子晶体的 Debye 理论，试问 Al 在多高温度下的 $C_{V,m}$ 与 Pb 在 298 K 的 $C_{V,m}$ 相等?

13.5　Ag 晶体在 103.14 K 的 $C_{V,m}=20.09\ \text{J}\cdot\text{K}^{-1}\cdot\text{mol}^{-1}$，求算该温度下的 θ_E；假设 θ_E 为常量，求算 Ag 晶体在下表所列温度的 $C_{V,m}$ 值，并与表中的实验值比较.

T/K	$C_{V,\mathrm{m}}/(\mathrm{J\cdot K^{-1}\cdot mol^{-1}})$	
	实验值	计算值
20	1.67	
30	4.81	
40	8.49	
50	11.80	
100	19.87	
200	23.39	
300	24.19	

13.6　请证明

$$\theta_{\mathrm{D}}=\frac{h\bar{c}}{k}\left(\frac{3N}{4\pi V}\right)^{1/3}=\frac{h\bar{c}}{k}\left(\frac{3N_{\mathrm{A}}}{4\pi V_{\mathrm{m}}}\right)^{1/3},$$

其中$\bar{c}$为平均波速，它由下式定义

$$\frac{3}{\bar{c}^3}=\frac{1}{c_l^3}+\frac{2}{c_t^3}.$$

13.7　设将晶体内原子移至表面格子位置需1.0 eV能量，求300 K和1000 K时每摩尔晶体中的Schottky缺陷数.

13.8　由正规溶体模型出发，证明当$\phi=0$时，正规溶体就成为理想溶液，并从正规溶体的混合自由能和混合熵导出理想溶液的混合熵和混合能公式.

13.9　推引一维正规溶体的巨配分函数公式

$$\Xi(T,\mu_{\mathrm{A}},\mu_{\mathrm{B}},\alpha)=\frac{1}{(1-\lambda_{\mathrm{A}})(1-\lambda_{\mathrm{B}})-\lambda_{\mathrm{A}}\lambda_{\mathrm{B}}y^{-2}}.$$

其中 $\lambda_{\mathrm{A}}=p_{\mathrm{A}}\mathrm{e}^{\mu_{\mathrm{A}}/kT},\lambda_{\mathrm{B}}=p_{\mathrm{B}}\mathrm{e}^{\mu_{\mathrm{B}}/kT}$；$p_{\mathrm{A}}=f_{\mathrm{A}}\mathrm{e}^{\phi_{\mathrm{AA}}/kT},p_{\mathrm{B}}=f_{\mathrm{B}}\mathrm{e}^{\phi_{\mathrm{BB}}/kT}$；$y=\mathrm{e}^{\phi/kT}=\mathrm{e}^{\left(\frac{1}{2}\phi_{\mathrm{AA}}+\frac{1}{2}\phi_{\mathrm{BB}}-\phi_{\mathrm{AB}}\right)/kT}$；$f_{\mathrm{A}}=(Q_t)_{\mathrm{A}}\int\mathrm{e}^{-\mu_{\mathrm{A}}(x,y,z)/kT}\mathrm{d}\tau$，$f_{\mathrm{B}}=(Q_t)_{\mathrm{B}}\int\mathrm{e}^{-\mu_{\mathrm{B}}(x,y,z)/kT}\mathrm{d}\tau$.

13.10　推导β黄铜有序度S的方程，并讨论(1)～(3)中给出的结果：

$$S=\tanh\left(-\frac{C\phi}{2kT}S\right)$$

(1) β黄铜的互换能$\phi<0$，

(2) 有序化的临界温度$T_{\mathrm{c}}=-\dfrac{C\phi}{2k}$，

(3) 有序-无序转化是一种合作现象.

13.11　Schottky缺陷的生成过程可以纳入准化学反应的形式中

$$\boxed{}_{\mathrm{s}}+\boxed{\mathrm{A}}\longrightarrow\boxed{\mathrm{A}}_{\mathrm{s}}+\boxed{\mathrm{h}},$$

其中$\boxed{}_{\mathrm{s}}$和$\boxed{\mathrm{A}}_{\mathrm{s}}$分别代表未被原子A和已被原子A占据的晶体表面位置；而$\boxed{\mathrm{A}}$和$\boxed{\mathrm{h}}$代表已被原子A和未被原子A占据的内部点阵位置，它们已形式化为反应物和生成物分子. 根据化学平衡常量的统计力学表达式，求出

$$\frac{N_{\boxed{\mathrm{A}}_{\mathrm{s}}}N_{\boxed{\mathrm{h}}}}{N_{\boxed{}_{\mathrm{s}}}N_{\boxed{\mathrm{A}}}}=\frac{N_{\mathrm{s}}N_{\mathrm{h}}}{N_{\mathrm{s}}N}=\frac{N_{\mathrm{h}}}{N}=\mathrm{e}^{-\Phi/kT}.$$

(提示：参考唐有祺，《统计力学及其在物理化学中的应用》，北京：科学出版社，1964，p. 526)

13.12 溴化银晶体的结构属于 NaCl 型,在 AgBr 晶体中,Ag 和 Br 都可以生成 Frenkel 缺陷,请论证:

(1) 缺陷的生成过程可以模拟为准化学反应

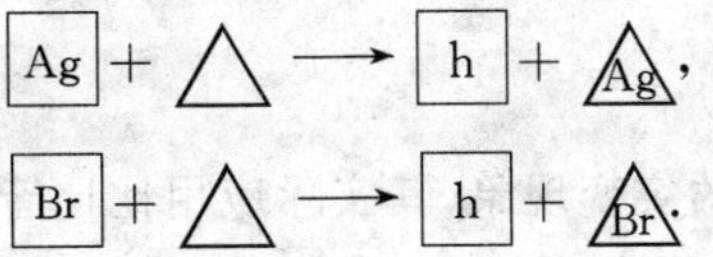

$$\boxed{Ag} + \triangle \longrightarrow \boxed{h} + \triangle\!\!\!\!{}_{Ag},$$

$$\boxed{Br} + \triangle \longrightarrow \boxed{h} + \triangle\!\!\!\!{}_{Br}.$$

(2) 缺陷的平衡公式为

$$(N_h)_{Ag} = (N_i)_{Ag} = N\sqrt{2\alpha}\,e^{-(\phi_f)_{Ag}/2kT},$$

$$(N_h)_{Br} = (N_i)_{Br} = N\sqrt{2\alpha}\,e^{-(\phi_f)_{Br}/2kT}.$$

(提示:参考唐有祺,《统计力学及其在物理化学中的应用》,北京:科学出版社,1964,p.528)

13.13 Fowler 在理想定域单分子吸附模型的基础上参考了近邻分子间的相互作用能 ϕ_{AA},提出了正规定域单分子层吸附模型. 请按 B-W 近似,逐步完成下列讨论:

(1) 定域单分子层吸附相中,有三种相邻的吸附位置对,分别以 OO,AO 和 AA 表示,O 代表空的吸附位置,A 代表吸附一个分子的吸附位置. 若吸附相中三种相邻位置对的数目各为 N_{OO},N_{AO},N_{AA},并满足

$$2N_{AA} + N_{AO} = CM,$$

$$2N_{OO} + N_{AO} = C(N_s - M),$$

其中 C 是吸附中心的配位数.

(2) 按 B-W 近似引出

$$\overline{N}_{AA} = \frac{1}{2}CM^2/M_s.$$

(3) 依正规定域单分子层模型讨论吸附相的构型能和正则配分函数为

$$E_k = -\overline{N}_{AA}\phi_{AA} = -\frac{1}{2}C\phi_{AA}M^2/M_s,$$

$$\Phi = \frac{M_s!}{M!(M_s-M)!}q_A^M e^{C\phi_{AA}M^2/2M_s kT}.$$

(4) 设吸附的平衡气相为理想气体,用正则配分函数引出 Fowler 吸附等温式

$$p = \frac{\theta}{1-\theta}\left[\frac{q_A^{(g)}}{q_A^{(s)}}\right]e^{-(\Delta\varepsilon_1)_A/kT}e^{-C\phi_{AA}\theta/kT}.$$

[提示:参考 Fowler and Guggenhium,Statistical Thermodynamics (1939),429~431]

第 14 章　相变的统计理论

相变是普遍存在于自然界的突变现象，其实际应用比比皆是，但它的理论却差的很远. 相变是充满难题的研究领域，非常诱人. 本章通过著名的 Ising（伊辛）模型介绍相变的系综理论及重正化群理论，说明统计力学可以解释或描述相变.

统计热力学的方法是先确定体系的力学状态或能级谱，这纯属力学范畴；其次是计算配分函数；最后建立热力学与统计之间的关系. 求统计平均总是消除原有的参差不齐，使结果变得更光滑. 具体而言，配分函数是对有效状态的求和或对有效相体积积分，其中的 Boltzmann 因子本身是温度 T 的很光滑的函数，对大量的指数函数 求和或积分，只能使得到的函数变得更光滑. 与此不同，相变是一种突变，表现为热力学量的中断、无穷尖峰或有限跳跃. 因此问题非常尖锐，能否用光滑函数得到突变？能否用统计力学的原理和方法描述与解释相变？该问题在 20 世纪 30 年代还无定论. 于禄和郝柏林在《相变和临界现象》（本章后参考文献[4]）一书中简述了那时的状况.

1937 年，荷兰举行纪念 van der Waals 诞生 100 周年的国际学术会议，会上对上述问题展开了激烈不休的争论. 会议主席 Kramers（克雷默斯）将问题交付会议"表决"，结果赞成和反对的意见各半. 持赞成态度者（包括 Kramers）认为，相变的信息已包含在配分函数之内，只有取了"热力学极限"，即 $N\to\infty, V\to\infty$，但 N/V 保持有限，热力学量的尖峰、断裂等突变才能明显地表现出来，后来的发展表明此看法是正确的.

实际上，数学中早就知道，连续函数可能具有不连续行为，例如与相变理论有关的双曲正切函数

$$y=\tanh(ax)=\frac{e^{ax}-e^{-ax}}{e^{ax}+e^{-ax}},$$

当参数 a 愈大，函数拐的弯也会愈陡，但始终是连续变化的. 只有在 $a\to\infty$ 的极限下，变成为不连续的"台阶函数"，即为

$$\varepsilon(x)=\lim_{a\to\infty}\tanh(ax)=\begin{cases}1 & (x>0),\\ -1 & (x<0).\end{cases}$$

这是一种"广义函数". $x=0$ 时，$\varepsilon(0)$ 可在 $-1\sim+1$ 之间取任意值. 为确定起见，通常规定 $\varepsilon(0)=0$.

数学上的连续函数可能具有不连续的极限行为，这并不等于说用配分函数就一定能解释相变的发生. 统计力学究竟能否描述相变，还是需要研究实际的物理体系. 由于目前得出实际体系能级谱的困难，因此最好采用比较合乎实际的物理模型，而其能级谱又容易得到. 铁磁体的 Ising 模型就是符合该条件的模型之一.

14.1　铁磁体相变及临界奇异性

铁磁体是无外磁场存在下磁化强度不为零的物体，也就是存在自发磁化强度的物体. 铁磁体的磁化强度是温度的函数，而且随温度升高而减小. 当温度升到某一特定值 T_c 时，铁磁体的

磁化强度 m 变为零，此时物体变成顺磁体. T_c 称为铁磁体物质的临界温度，也称为 Curie(居里)温度. Fe 的 Curie 温度为 1044 K.

我们讨论单轴各向异性的铁磁体相变，此类铁磁体具有一个容易磁化的晶轴，磁矩的取向只能平行或者反平行于这个轴. 两个相邻磁矩平行时能量较低，反平行时能量较高. 在 $T\to 0$ K 时，所有磁矩的取向都相同，或者全都向上，或者全都向下，$m(0\ \mathrm{K})$ 的值最大，此时铁磁体处于完全有序的状态. 当升高温度时，完全有序的取向状态即被破坏，为数较多的磁矩沿某一取向，而为数较少的磁矩则沿相反取向，因此磁化率强度 m 减小. 当 $T=T_c$ 时，$m(T_c)=0$，此时铁磁体转变成顺磁体.

上述讨论表明，T_c 以上为无序的顺磁体，取向向上和向下的磁矩数相等或对称的，它具有反射对称性. 在 T_c 以下为有序的铁磁体，向上和向下取向的磁矩数不再相等或不对称，反射对称性被破坏. 在相变中称为对称破缺.

相变理论中，Landau 引入序参量的概念，表征物质有序程度的改变及与之相伴随的物质对称性的变化. 序参量是宏观参量，理论中用符号 η 表示. 对于连续相变，η 在临界点是连续变化的，系统以低温趋向于临界点，η 连续地趋于零；在临界点以上，η 恒为零，即序参量

$$\eta=\begin{cases}=0 & (T\geqslant T_c),\\ \neq 0 & (T<T_c);\end{cases}$$

若系统有下临界点，序参量正好与上述定义相反.

铁磁体相变的序参量是磁化强度 m，它是自旋磁矩的平均值.

磁系统趋近临界点时热力学量呈现的奇异性列于表 14.1 中.

表 14.1　磁系统趋近临界点时热力学量的规律性及临界指数

热力学量	临界指数及其数值	规律及定义	趋近临界点的路径
热　容	$\alpha\approx 0$	$C_H\propto(T-T_c)^{-\alpha}$	$T>T_c, H=0, m=0$
	$\alpha'\approx 0$	$C_H\propto(T_c-T)^{-\alpha'}$	$T<T_c, H=0, m\neq 0$
磁化强度	$\beta\approx 1/3$	$m\propto(T_c-T)^{\beta}$	$T<T_c, H=0, m\neq 0$
等温磁化率	$\gamma\approx 1.3$ $\gamma'\approx 1.3$	$\kappa_T\propto(T-T_c)^{\gamma}$ $\kappa_T\propto(T_c-T)^{\gamma'}$	$T>T_c, H=0, m=0$ $T<T_c, H=0, m\neq 0$

14.2　Ising 模型及其能谱

1920 年，德国物理学家 Lenz(楞次)为了理论上解释铁磁体的相变，提出一个简单的物理模型. 后来，他将此模型的相变研究交于他的学生 Ising 作博士论文. Ising 完成了一维模型配分函数的求算，所以后人直接称其为 Ising 模型.

设磁系统是 N 个格点组成的点阵，每个格点 $i(i=1,2,\cdots,N)$ 上有一个自旋磁矩为 μ 的粒子，自旋变量为 σ_i，自旋磁矩只能取两个方向，它可以取向上($\sigma_i=+1$)或取向下($\sigma_i=-1$)两种状态. 一个具体的微观状态 $\sigma=\{\sigma_1,\sigma_2,\cdots,\sigma_N\}$ 就是指定每个格点上的 σ_i 是 $+1$ 或 -1. N 个格点上的每个 σ_i 都可以独立地取 2 种状态，因此体系总共有 2^N 种微观状态.

Ising 模型假设自旋磁矩之间只存在最邻近的相互作用，并认为两个相邻磁矩的方向相同时能量较低，令其等于 $-J$；而方向相反时能量较高，等于 J. 正数 J 是磁矩间的相互作用强度. 对于体系的任一具体微观状态 σ，在无外磁场存在下，体系的能量为

$$E'(\sigma) = -J\sum_{(i,j)}\sigma_i\sigma_j, \tag{14.2.1}$$

其中(i,j)表示对一切最邻近的自旋磁矩求和.

如果铁磁体处于外磁场H中,铁磁体物质的总能量除了自旋磁矩间的相互作用能外,还包括各自旋磁矩在外磁场H中的势能,每个自旋磁矩的势能正比于它的磁矩μ、方向σ_i以及外磁场H.因此,对微观状态σ,体系的总能量为

$$E(\sigma) = -J\sum_{(i,j)}\sigma_i\sigma_j - \mu H\sum_{i=1}^{N}\sigma_i. \tag{14.2.2}$$

无外磁场存在时,体系的正则配分函数为

$$Z = \sum_{(\sigma)}\exp\{-E'(\sigma)/kT\}, \tag{14.2.3}$$

有外磁场存在时,体系的配分函数为

$$Z = \sum_{(\sigma)}\exp\{-E(\sigma)/kT\}. \tag{14.2.4}$$

直接利用Ising模型本身的特点写出了体系的能谱,避开了力学方法求能谱的艰难步骤,这是本模型的优点.但是,每个磁矩最邻近的自旋磁矩的数目却与晶体的空间维数、点阵类型有关.因此容易想像,该模型的行为与空间维数及点阵模型有关.

Ising模型很简单,能量表达式也不复杂,配分函数也容易写出,但严格求解配分函数却很困难.Ising本人在1925年解决了一维模型的配分函数精确解问题,并证明了一维情况下不会产生相变.

1944年,Onsager解决了各向异性,即水平和垂直方向相互作用不等($J_1 \neq J_2$)的长方形格子在无外磁场下的二维模型配分函数求解问题.他用了非常精美的数学技巧,结果证明了二维Ising模型可以产生相变,而且所得结果却与相变的平均场理论不符.Onsager的工作具有重要的历史意义,一是宣告了统计力学方法可以解释相变,二是对平均场理论的正确性提出了怀疑.因此有人认为它是20世纪中最重大的科学成就之一.

三维Ising模型的配分函数严格解,迄今仍是未解决的难题.

14.3 一维Ising模型的配分函数和热力学函数

设自旋系统的N个格点构成一维周期点阵,一维直线链上每个格点的自旋可向上(↑),也可向下(↓),于是一直线链最邻近自旋相互作用能量可以逐个格点地求出来.而每对相邻的格点,其相接处的自旋不外乎有4种可能,即

↑↑　　↓↓　　↑↓　　↓↑

这可用2×2矩阵描述.直线链上每增加一个格点就增加一个2×2矩阵.这样,对一维直线链设置周期性边界条件$\sigma_{N+1}=\sigma_1$,它相当于一维圆链,这样的一维模型就构成了$(2\times2)^N$矩阵.

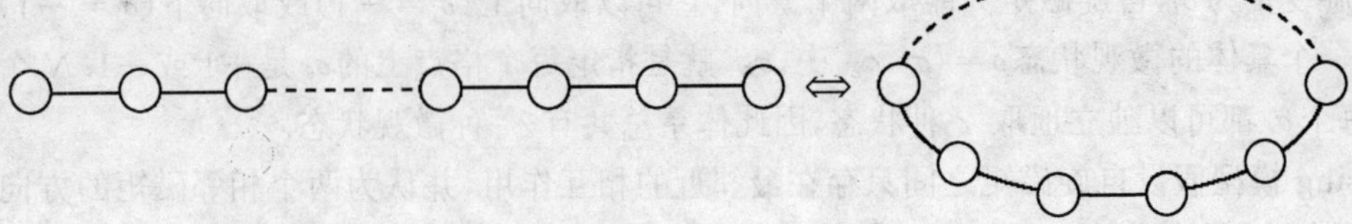

图14.3.1 一维闭合Ising模型

1. 一维 Ising 模型的配分函数

在外磁场 H 下的磁系统，依据(14.2.2)和(14.2.4)式，体系的配分函数为

$$Z=\sum_{\sigma_1=\pm1}\cdots\sum_{\sigma_N=\pm1}\exp\left\{\frac{J}{kT}\sum_{i=1}^{N}\sigma_i\sigma_{i+1}+\frac{\mu H}{kT}\sum_{i=1}^{N}\sigma_i\right\}. \tag{14.3.1}$$

应用下列关系式

$$\sum_{i=1}^{N}\sigma_i=\frac{1}{2}\sum_{i=1}^{N}(\sigma_i+\sigma_{i+1}),$$

(14.3.1)式的配分函数便化为下列对称形式

$$Z=\sum_{\sigma_1=\pm1}\sum_{\sigma_2=\pm1}\cdots\sum_{\sigma_N=\pm1}\exp\left\{\frac{J}{kT}\sum_{i=1}^{N}\sigma_i\sigma_{i+1}+\frac{\mu H}{2kT}\sum_{i=1}^{N}(\sigma_i+\sigma_{i+1})\right\}. \tag{14.3.2}$$

1941 年，Kramers 和 Wannier(万尼尔)将矩阵方法应用于求解 Ising 模型的配分函数，该法最为方便. 为此，引入下列 2×2 矩阵 P_m，其矩阵元为

$$\langle\sigma_m\mid P_m\mid\sigma_1\rangle=\sum_{\sigma_2=\pm1}\cdots\sum_{\sigma_{m-1}=\pm1}\exp\left\{\frac{J}{kT}\sum_{i=1}^{m-1}\sigma_i\sigma_{i+1}+\frac{\mu H}{2kT}\sum_{i=1}^{m-1}(\sigma_i+\sigma_{i+1})\right\}. \tag{14.3.3}$$

● 当 $m=2$ 时，由(14.3.3)式，得

$$\langle\sigma_2\mid P_2\mid\sigma_1\rangle=\exp\left\{\frac{J}{kT}\sigma_1\sigma_2+\frac{\mu H}{2kT}(\sigma_1+\sigma_2)\right\},$$

从而矩阵 P_2 的定义式为

$$P_2=\begin{pmatrix}e^{J/kT+\mu H/kT} & e^{-J/kT}\\ e^{-J/kT} & e^{J/kT-\mu H/kT}\end{pmatrix}. \tag{14.3.4}$$

● 当 $m=3$ 时，由(14.3.3)式，得

$$\begin{aligned}\langle\sigma_3\mid P_3\mid\sigma_1\rangle&=\sum_{\sigma_2=\pm1}\exp\left[\frac{J}{kT}(\sigma_1\sigma_2+\sigma_2\sigma_3)+\frac{\mu H}{2kT}\{(\sigma_1+\sigma_2)+(\sigma_2+\sigma_3)\}\right]\\&=\sum_{\sigma_2=\pm1}\exp\left\{\frac{J}{kT}\sigma_2\sigma_3+\frac{\mu H}{2kT}(\sigma_2+\sigma_3)\right\}\langle\sigma_2\mid P_2\mid\sigma_1\rangle,\end{aligned}$$

从而则有

$$\langle\sigma_3=+1\mid P_3\mid\sigma_1\rangle=\exp\left(\frac{J}{kT}+\frac{\mu H}{2kT}\right)\langle\sigma_2=+1\mid P_2\mid\sigma_1\rangle+\exp\left(-\frac{J}{kT}\right)\langle\sigma_2=-1\mid P_2\mid\sigma_1\rangle,$$

$$\langle\sigma_3=-1\mid P_3\mid\sigma_1\rangle=\exp\left(-\frac{J}{kT}\right)\langle\sigma_2=+1\mid P_2\mid\sigma_1\rangle+\exp\left(\frac{J}{kT}-\frac{\mu H}{kT}\right)\langle\sigma_2=-1\mid P_2\mid\sigma_1\rangle.$$

据此，可得　　$P_3=P_2^2,$

同理，得　　$P_4=P_3P_2=P_2^3,$

…………

$$P_{N+1}=P_2^N. \tag{14.3.5}$$

因为 $\sigma_{N+1}=\sigma_1$，故一维圆链 Ising 模型的配分函数(14.3.2)式即为

$$Z=\sum_{\sigma_1=\pm1}\langle\sigma_2\mid P_2^N\mid\sigma_1\rangle=\mathrm{Tr}P_2^N=\lambda_+^N+\lambda_-^N, \tag{14.3.6}$$

其中 λ_+ 和 λ_- 是矩阵 P_2 的两个本征值. 它们由下列的久期方程(本征值有异于零的解，下列行列式必须为零)求得

$$\begin{vmatrix}e^{J/kT+\mu H/kT}-\lambda & e^{-J/kT}\\ e^{-J/kT} & e^{J/kT-\mu H/kT}-\lambda\end{vmatrix}=0. \tag{14.3.7}$$

由(14.3.7)式,求得

$$\lambda_{\pm} = e^{J/kT}\left\{\cosh(\mu H/kT) \pm \sqrt{\cosh^2(\mu H/kT) - 2e^{-2J/kT}\sinh(2J/kT)}\right\}. \qquad (14.3.8)$$

不难论证

$$\sqrt{\cosh^2(\mu H/kT) - 2e^{-2J/kT}\sinh(2J/kT)} > 0,$$

因而,有

$$\lambda_+ > \lambda_-. \qquad (14.3.9)$$

所以,当 $N\to\infty$ 时,配分函数即为

$$Z = \lambda_+^N + \lambda_-^N = \lambda_+^N\left(1 + \frac{\lambda_-^N}{\lambda_+^N}\right) \approx \lambda_+^N. \qquad (14.3.10)$$

在此极限下,只有大的本征值 λ_+ 对热力学量有贡献.

磁系统处在外磁场 H 中,并与温度为 T 的热源接触,用 T,H 系综处理,体系的特性函数为 Gibbs 自由能,它与配分函数($N\to\infty$)的关系为

$$G(T,H) = -kT\ln Z(T,H) = -kT\ln\lambda_+^N = -NkT\ln\lambda_+. \qquad (14.3.11)$$

单个格点的Gibbs 自由能为

$$\begin{aligned} g(T,H) &= -kT\ln\lambda_+ \\ &= -J - kT\ln\left\{\cosh(\mu H/kT) + \sqrt{\cosh^2(\mu H/kT) - 2e^{-2J/kT}\sinh(2J/kT)}\right\}. \end{aligned} \qquad (14.3.12)$$

体系的全部热力学函数都可由特性函数 $G(T,H)$ 或 $g(T,H)$ 得出,这里无必要再作讨论了.

2. 一维Ising 模型相变的讨论

令 $M = \sum_{i=1}^{N}\sigma_i$,此量表示体系中向上自旋和向下自旋数目的差. 单个格点 M 的平均值为

$$m = \frac{\langle M\rangle}{N} = \frac{\langle \sum_{i=1}^{N}\sigma_i\rangle}{N}. \qquad (14.3.13)$$

它是反映体系中在单个格点上向上自旋和向下自旋平均数之差的量,m 实际上就是体系的序参量. 提醒注意,这里的 m 与14.1节中的磁化强度用了同一个符号,请不要混淆. 事实上,这里的 m 与磁化强度相关,成正比关系.

根据等 T,H 系综的统计分布律,处在微观态 σ 上的体系的概率为

$$p_\sigma = \frac{1}{Z}e^{-E(\sigma)/kT} = \frac{1}{Z}\exp\left[\frac{J\sum_{i,j}\sigma_i\sigma_j + \mu H\left(\sum_{i=1}^{N}\sigma_i\right)}{kT}\right]. \qquad (14.3.14)$$

因此 $\left(\sum_{i=1}^{N}\sigma_i\right)/N$ 的统计平均值为

$$\begin{aligned} m &= \frac{1}{N}\sum_{(\sigma)}\frac{1}{Z}\left(\sum_{i=1}^{N}\sigma_i\right)\exp\left[\frac{J\sum_{i,j}\sigma_i\sigma_j + \mu H\left(\sum_{i=1}^{N}\sigma_i\right)}{kT}\right] \\ &= \frac{kT}{N}\left\{\frac{\partial\ln Z}{\partial(\mu H)}\right\}_T = kT\left\{\frac{\partial\ln\lambda_+}{\partial(\mu H)}\right\}_T = -\left\{\frac{\partial g(T,H)}{\partial(\mu H)}\right\}_T \\ &= \frac{\sinh(\mu H/kT)}{\sqrt{\cosh^2(\mu H/kT) - 2e^{-2J/kT}\sinh(2J/kT)}}. \end{aligned} \qquad (14.3.15)$$

此式表明，当 $H\to 0$ 时，由于 $\sinh(\mu H/kT)\to 0$，从而序参量 m 也随之趋于零，即不可能得出序参量 m 的非零值. 因此，一维 Ising 模型不会产生相变.

按(14.3.15)式，序参量 m 具有下列性质：

(1) $m(-H)=-m(H)$ (H 反演是对称的)；

(2) 若 $T\neq 0$，但 $T\to 0$ 时

如 $H=0$，则 $m=0$，

如 $H=\pm\infty$，则 $m=\pm 1$；

(3) 若 $T=0$ 时

如 $\mu H>0$，则 $m=+1$，

如 $\mu H<0$，则 $m=-1$.

一维闭合 Ising 模型的 m-μH 关系式(14.3.15)式示于图14.3.2. 在 $T\to 0$ 的极限下，连续函数成为"台阶函数".

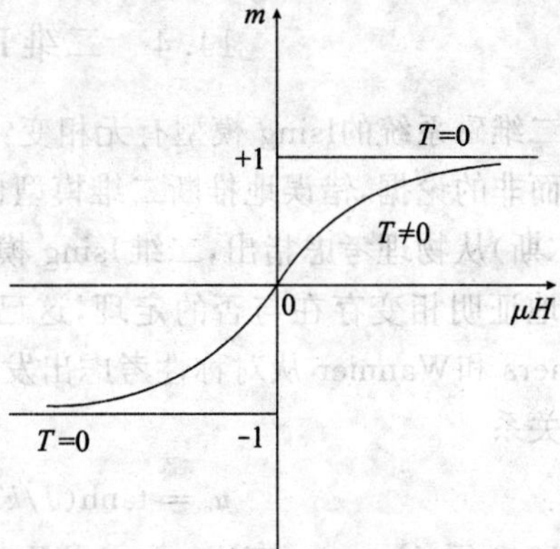

图 14.3.2 一维闭合 Ising 模型的 m-μH 图

当 $H=0$ 而 $T\to 0$ 时，按 P_2 的定义(14.3.4)式

$$P_2=\begin{pmatrix} e^{J/kT} & 0 \\ 0 & e^{J/kT} \end{pmatrix},\ P_2^N=\begin{pmatrix} e^{NJ/kT} & 0 \\ 0 & e^{NJ/kT} \end{pmatrix}.$$

从而矩阵 P_2 的两个本征值 λ_+ 和 λ_- 之比为

$$\frac{\lambda_+}{\lambda_-}\to 1\,.$$

此结果表示 $H\to 0$，在 $T\to 0$ 的情况下，参序量 m 出现跳跃现象，即

当 $H\to 0^+$ 时，$m=+1$

当 $H\to 0^-$ 时，$m=-1$

其物理意义表示矩阵 P_2^N 的(1,1)位置上的矩阵元 x_{11}^N 代表 N 个自旋磁矩的取向均向上的状态；而(2,2)位置上的矩阵元 x_{22}^N 则代表 N 个自旋磁矩的取向均朝下的状态. 如果 $H=0$，$T=0$，此时 N 个自旋磁矩处在 $m=+1$ 和 $m=-1$ 之间的垂直线上，这在物理上表示自旋向上与自旋向下的混合.

无外磁场存在下的一维圆链 Ising 模型是上述结果中 $H=0$ 的特例. 此时由(14.3.8)式得

$$\lambda_\pm = e^{J/kT}\pm e^{-J/kT},\tag{14.3.16}$$

再据(14.3.6)式，得配分函数

$$Z=\lambda_+^N+\lambda_-^N=2^N\{\cosh^N(J/kT)+\sinh^N(J/kT)\}.\tag{14.3.17}$$

当 $N\to\infty$ 时，$\lambda_+\gg\lambda_-$，从而有

$$Z=2^N\cosh^N(J/kT),\tag{14.3.18}$$

$$F=-kT\ln Z=-NkT\ln\{2\cosh(J/kT)\},$$

$$S=-\left(\frac{\partial F}{\partial T}\right)_{N,V}=-NkT\ln\{2\cosh(J/kT)\}-\frac{NJ\sinh(J/kT)}{T\cosh(J/kT)},$$

$$E=-NJ\tanh(J/kT),$$

$$C=\frac{dE}{dT}=(NJ^2/kT^2)/\{\cosh^2(J/kT)\}.\tag{14.3.19}$$

如果 $T\neq 0$，$\cosh(J/kT)$ 是 T 的连续可微函数，因此热容 C 是 T 的连续函数，故一维 Ising 模型体系不会呈现相变.

一维模型的研究绝不只限于理论意义,客观上确实存在一些现象需当做一维体系处理,例如线性高分子、生物链蛋白质等.

14.4 二维Ising模型的Onsager理论

二维磁系统的Ising模型有无相变?1925年Ising证明一维模型没有相变后,他列举了一些似是而非的论据,错误地推断二维模型也没有相变.事隔10年后,1936年英国物理学家Peierls(派尔斯)从物理考虑指出,二维Ising模型应当有相变.他不是正面求解模型的配分函数,而是严格地证明相变存在与否的定理,这已发展成为统计模型理论中的一个专门分支.1941年,Kramers和Wannier从对称性考虑出发,严格算出二维正方晶格上Ising模型的相变点T_c满足下列关系

$$u_c = \tanh(J/kT) = \sqrt{2} - 1 = 0.4142\cdots. \tag{14.4.1}$$

1944年,Onsager在Kramers和Wannier研究成果的基础上,用矩阵方法得出了二维Ising模型配分函数的严格解,得出热容的临界奇异性呈现为无穷的对数尖峰,而不是平均场理论给出的有限跳跃.Onsager的这项成果是他1968年获诺贝尔物理学奖的主要原因之一.

二维Ising模型配分函数的严格求解比一维的困难得多.Onsager求出了外磁场等于零的配分函数严格解.1952年,杨振宁求出了有外磁场的严格解.现时人们已知,二维Ising模型的配分函数有很多种解法.有一篇论文的标题就称"Ising模型的第399种解法".我们不准备介绍求解过程,只列出理论结果.

我们讨论二维正方形点阵的Ising模型.它由n行n列共n^2个自旋组合,各向同性,最邻近自旋的相互作用参数都相同,周期边界条件为

$$\sigma_{n+1}^l = \sigma_1^l.$$

即第l行的第$n+1$格点和第1格点的自旋相同.

设磁系统处在外磁场H下,只考虑自旋最邻近作用,其能量参数为J,体系的总能量为

$$E = -J\sum_{(i,j)}\sum_{(l,l')}\sigma_i^l\sigma_j^{l'} - \mu H\sum_{i,l=1}^{n}\sigma_i^l. \tag{14.4.2}$$

其中(i,j)、(l,l')分别表示对一切最邻近的自旋求和.

体系的配分函数为

$$Z = \sum_{(M)}\exp\left\{\frac{J}{kT}\sum_{(i,j)}\sum_{(l,l')}\sigma_i^l\sigma_k^{l'} + \frac{\mu H}{kT}\sum_{i,l=1}^{n}\sigma_i^l\right\}. \tag{14.4.3}$$

符号(M)表示对$2^{n\times n}$项微观状态求和.

Onsager用矩阵法求得(14.4.3)式当$H=0$的解为

$$\ln Z = N\ln\{2\cosh(2\beta J)\} + \frac{N}{2\pi}\int_0^{\pi}\mathrm{d}\varphi\ln\left\{\frac{1}{2}\left(1+\sqrt{1-\delta^2\sin^2\varphi}\right)\right\}, \tag{14.4.4}$$

式中$\beta = 1/kT$,δ为积分模量

$$\delta = \frac{2\sinh(2\beta J)}{\cosh^2(2\beta J)}. \tag{14.4.5}$$

单个自旋的Helmholtz自由能为

$$f(T) = -kT\ln\{2\cosh(2\beta J)\} - \frac{kT}{2\pi}\int_0^{\pi}\mathrm{d}\varphi\ln\left\{\frac{1}{2}\left(1+\sqrt{1-\delta^2\sin^2\varphi}\right)\right\}. \tag{14.4.6}$$

单个自旋的内能为

$$u(T) = -T^2 \frac{\mathrm{d}\{f(T)/T\}}{\mathrm{d}T} = \frac{\mathrm{d}}{\mathrm{d}\beta}\{\beta f(T)\}$$

$$= -J\coth(2\beta J)\left\{1 + \frac{2}{\pi}\left[2\tanh^2(2\beta J) - 1\right]\int_0^{\pi/2} \frac{\mathrm{d}\varphi}{\sqrt{1-\delta^2\sin^2\varphi}}\right\}. \quad (14.4.7)$$

单个自旋的热容为

$$C(T) = \frac{2k}{\pi}\{\beta J\coth(2\beta J)\}^2\left[2\int_0^{\pi/2}\frac{\mathrm{d}\varphi}{\sqrt{1-\delta^2\sin^2\varphi}} - 2\int_0^{\pi/2}\mathrm{d}\varphi\sqrt{1-\delta^2\sin^2\varphi}\right.$$

$$\left. - \{2 - 2\tanh(2\beta J)\}\left\{\frac{\pi}{2} + (2\tanh^2(2\beta J) - 1)\int_0^{\pi/2}\frac{\mathrm{d}\varphi}{\sqrt{1-\delta^2\sin^2\varphi}}\right\}\right]. \quad (14.4.8)$$

其中：$K(\delta) = \int_0^{\pi/2}\frac{\mathrm{d}\varphi}{\sqrt{1-\delta^2\sin^2\varphi}}$　（第一类全椭圆积分）；　(14.4.9)

$E(\delta) = \int_0^{\pi/2}\mathrm{d}\varphi\sqrt{1-\delta^2\sin^2\varphi}$　（第二类全椭圆积分）；　(14.4.10)

$\delta' = 2\tanh^2(2\beta J) - 1$　（δ 的互补模量）.　(14.4.11)

应当指出，δ' 与 δ 存在如下关系

$$\delta^2 + \delta'^2 = 1. \quad (14.4.12)$$

应用(14.4.9)～(14.4.11)引入的符号，热容 $C(T)$ 的表达式即为

$$C(T) = \frac{2k}{\pi}\{\beta J\coth(2\beta J)\}^2\left[2K(\delta) - E(\delta) - (1-\delta')\left\{\frac{\pi}{2} + \delta' K(\delta)\right\}\right]. \quad (14.4.13)$$

第一类全椭圆积分 $K(\delta)$ 在 $\delta=1$ 时出现奇异性，它对应着相变. 依据(14.4.5)式，则有

$$\delta_c = \frac{2\sinh(2\beta_c J)}{\cosh^2(2\beta_c J)} = 1. \quad (14.4.14)$$

由(14.4.14)式不难求出发生相变时的温度 T_c 或 β_c，即

$$\frac{kT_c}{J} = 2.269185, \quad (14.4.15)$$

或者

$$\frac{J}{kT_c} = 0.44069.$$

这与 Kramers 和 Wannier 的结果(14.4.1)是一致的.

在临界温度附近，$T\to T_c$ 时，单个自旋的热容式(14.4.8)化为

$$C(T) = \frac{8k}{\pi}\left(\frac{J}{kT_c}\right)^2\left[-\ln\left|1-\frac{T}{T_c}\right| + \left\{\ln\left(\frac{\sqrt{2}\,kT_c}{J}\right) - \left(1+\frac{\pi}{4}\right)\right\}\right]$$

$$= -0.4945\ln\left|1-\frac{T}{T_c}\right| + 常量. \quad (14.4.16)$$

此结果表明，$T\to T_c$ 时热容呈对数发散，临界指数 α 为零.

相变的第二个重要特性是序参数，本问题中是自发磁化强度 $m(T)$. 1949 年，Onsager 得出了其精确表达式，但推导一直没有发表. 1952 年，杨振宁发表了在外磁场 H 存在下的二维 Ising 模型研究结果，求得 $H\to 0$ 时单个自旋的序参数为

$$m(T) = \begin{cases}\left[1 - \{\sinh(2\beta J)\}^{-4}\right]^{1/8} & (T \leqslant T_c), \\ 0 & (T > T_c).\end{cases} \quad (14.4.17)$$

其等价形式为

$$m(T) = \begin{cases}\dfrac{(1+\mathrm{e}^{-4\beta J})^{1/4}(1-6\mathrm{e}^{-4\beta J}+\mathrm{e}^{-8\beta J})^{1/8}}{(1-\mathrm{e}^{-4\beta J})^{1/2}} & (T\leqslant T_c), \\ 0 & (T > T_c).\end{cases} \quad (14.4.18)$$

依据(14.4.17)式,当$T=T_c$时有

$$\sinh(2\beta_c J)=1, \tag{14.4.19}$$

由此即得

$$\beta_c J=\frac{1}{2}\ln(1+\sqrt{2})=0.44069.$$

这与由热容得出的相变温度完全相符.

现在讨论序参量$m(T)$的极限行为.可以证明,$T\to 0$ K 时

$$m(T)\approx 1-2e^{-8\beta J}. \tag{14.4.20}$$

此结果表明,$m(T)$随温度由0 K升高时,其数值从1极缓慢地减小.当$T\to T_c$时

$$m(T)\approx\left\{8\sqrt{2}\left(\frac{J}{kT_c}\right)\left(1-\frac{T}{T_c}\right)\right\}^{1/8}\approx 1.2224\left(1-\frac{T}{T_c}\right)^{1/8}. \tag{14.4.21}$$

它表明$m(T)$随温度升高时极速减小到零.图14.4示意$m(T)$与T的关系.序参量的临界指数为1/8.

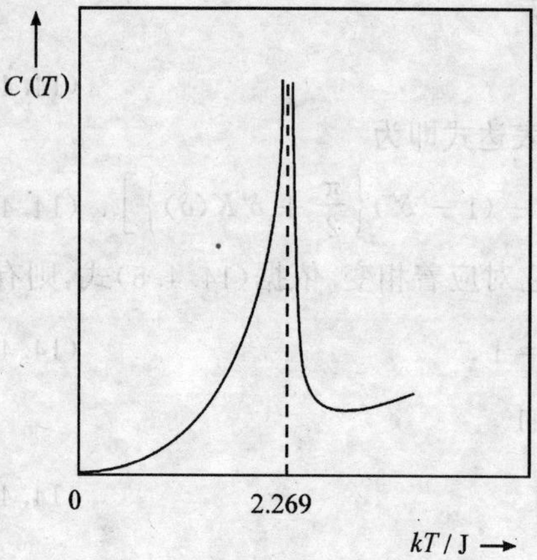

图14.4.1　热容与温度的关系

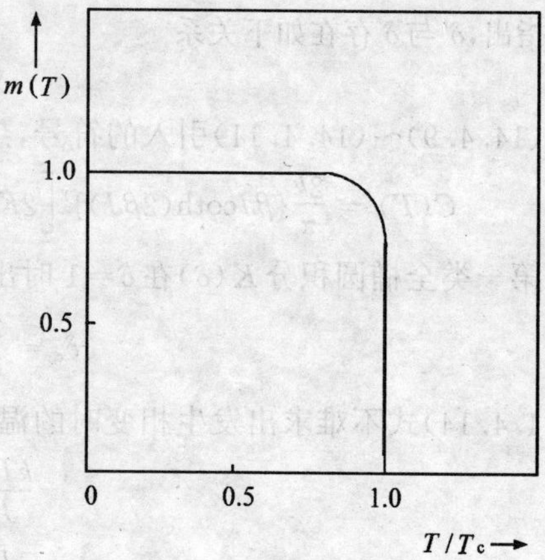

图14.4.2　序参量与温度的关系

14.5　相变的重正化群理论引述

20世纪中期前后,连续相变和临界现象引起了科学家们的极大兴趣.1971年,美国物理学家K. G. Wilson,在Kadanoff的相变标度理论(特别是直观的标度图像)基础上,将研究多体问题的重正化群理论引进研究相变获得了巨大成功.10年之后,Wilson因此成果荣获1982年诺贝尔物理学奖.本节先对重正化群的思想与方法作一概述.

一个物理系统的能量为Hamilton量,通常它含有若干个参数.例如无外磁场H存在下的一维Ising模型,在只考虑自旋最邻近的作用下,系统的Hamilton量为

$$H=-J\sum_{(i,j)}\sigma_i\sigma_j.$$

其中J即是所述的参数.如果还考虑次邻近、再次邻近等的相互作用,则Hamilton量还需引入含参数$K,L,\cdots$等的项.因此,Hamilton量与参数$J,K,L,\cdots$成1-1对应关系.我们可以取$J,K,L,\cdots$等为坐标轴,构成一个"参数空间",其中每个点代表Hamilton量的一个值.

重正化群变换群的作用对象就是Hamilton量的参数空间.

相变重正化群理论的基本思想是把关联长度发散的临界点或连续相变点与重正化变换(非线性变换)的不动点联系起来.该方法并不是直接计算配分函数,而是研究保持配分函数(或Hamilton 函数)不变的变换性质.连续相变和临界现象的研究归结为分析这种非线性变换的不动点和在不动点附近线性化后的本征值,由它计算临界指数.重正化群理论为统计物理学研究相变开辟了另一条分析途径.

重正化群是研究多体问题的一种有效武器. Wilson 称"重正化群是处理包含多种长度标度问题的一种方法,……,它依次积分掉涨落".多体指许多相互作用的"体",它可以是分子、原子、电子、核子、高分子链段等具体物质,也可以是想像中的作用体.

重正化群方法是从古老的数学中解代数方程的"迭代法"及"不动点"理论发展起来的.对初次触及重正化群理论者,重温代数学中的迭代法是有益的.读者可参阅本章最后的附录.

14.6　一维Ising 模型的重正化群理论

该模型只考虑自旋最邻近相互作用,在无外磁场存在下,系统的能量为

$$E=-J\sum_{(i,j)}\sigma_i\sigma_j. \tag{14.6.1}$$

体系的配分函数为

$$Z=\sum_{(\sigma)}\exp\left\{\frac{J}{kT}\sum_{(i,j)}\sigma_i\sigma_j\right\}. \tag{14.6.2}$$

现在对一维Ising 模型作重正化群计算,我们将温度 T 吸收到耦合常量中,令

$$K=J/kT, \tag{14.6.3}$$

这样,体系配分函数(14.6.2)式就变成

$$\begin{aligned}Z&=\sum_{(\sigma)}\mathrm{e}^{K\sum\limits_{(i,j)}\sigma_i\sigma_j}\\&=\sum_{(\sigma_{奇})}\sum_{(\sigma_{偶})}\mathrm{e}^{K(\cdots+\sigma_1\sigma_2+\sigma_2\sigma_3+\sigma_3\sigma_4+\sigma_4\sigma_5+\cdots)}\\&=\sum_{(\sigma_{奇})}\cdots\left\{\mathrm{e}^{K(\sigma_1+\sigma_3)}+\mathrm{e}^{-K(\sigma_1+\sigma_3)}\right\}\left\{\mathrm{e}^{K(\sigma_3+\sigma_5)}+\mathrm{e}^{-K(\sigma_3+\sigma_5)}\right\}\cdots.\end{aligned} \tag{14.6.4}$$

此式是把一维链上偶数位置的自旋变量 $\sigma_{偶}$ 求和掉,只保留奇数位置上的自旋 $\sigma_{奇}$.这相当于把原来的一维晶格"粗粒化"了,晶格常量增加一倍,把原来的奇数自旋变量定义为新的集团变量.为了使配分函数保持原来的形式与数值,并得出能量参数的变换(重正化变换),需要新定义自旋变量

$$\sigma_1'=\sigma_1,\ \sigma_2'=\sigma_3,\ \sigma_3'=\sigma_5. \tag{14.6.5}$$

这样能量参数的变换即为(重正化变换)

$$\left.\begin{array}{l}\mathrm{e}^{K(\sigma_1'+\sigma_2')}+\mathrm{e}^{-K(\sigma_1'+\sigma_2')}=\Phi(K)\mathrm{e}^{K'\sigma_1'\sigma_2'}\\\mathrm{e}^{K(\sigma_2'+\sigma_3')}+\mathrm{e}^{-K(\sigma_2'+\sigma_3')}=\Phi(K)\mathrm{e}^{K'\sigma_2'\sigma_3'}\\\cdots\cdots\cdots\cdots\cdots\cdots\cdots\cdots\cdots\cdots\end{array}\right\}. \tag{14.6.6}$$

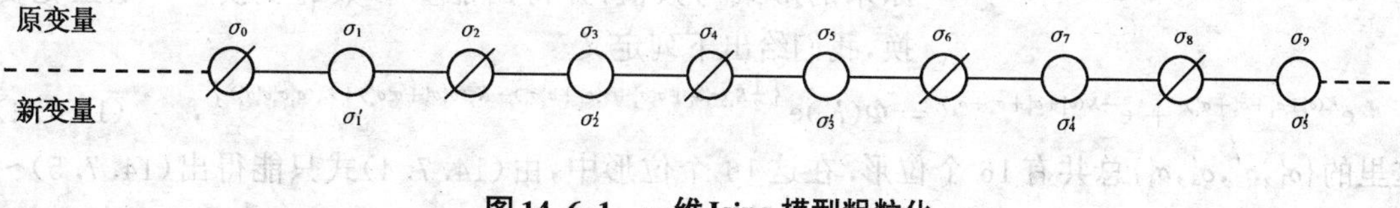

图 14.6.1　一维 Ising 模型粗粒化

因为$\{\sigma_i', \sigma_{i+1}'\}$总共有 4 个位形，即$\{+1,+1\}$，$\{+1,-1\}$，$\{-1,+1\}$，$\{-1,-1\}$；对于(14.6.6)式，只有 2 个独立的关系式

$$e^{2K} + e^{-2K} = \Phi(K)e^{K'}, \tag{14.6.7}$$

$$2 = \Phi(K)e^{-K'}. \tag{14.6.8}$$

由此可确定出参数K'及$\Phi(K)$为

$$\Phi(K) = 2\cosh^{1/2}(2K), \tag{14.6.9}$$

$$K' = \frac{1}{2}\ln\cosh(2K). \tag{14.6.10}$$

(14.6.10)式就是保持配分函数形式与数值不变下经过集团结构粗粒化的重正化变换，它将参数K变到新参数K'，此是非线性变换. (14.6.10)式可改写成

$$e^{2K'} = \cosh(2K) = \frac{1}{2}(e^{2K} + e^{-2K}). \tag{14.6.11}$$

上式表示的重正化变换，将耦合常量K变为K'，而且越变越小($K' < K$). 同时，该变换有2个不动点

$$K^* = 0 \quad 或 \quad \infty.$$

依据K的物理含义，一维 Ising 模型不会出现相变.

14.7 二维 Ising 模型的重正化群理论

1. 对二维正方形点阵的 Ising 模型作重正化群计算

讨论无外磁场存在且只有最邻近自旋的相互作用，体系的总能量为

$$E = -J\sum_{(i,j)}\sum_{(l,l')}\sigma_i^l\sigma_j^{l'}. \tag{14.7.1}$$

体系的配分函数为

$$Z = \sum_{(\sigma)}\exp\left\{K\sum_{(i,j)}\sum_{(l,l')}\sigma_i^l\sigma_j^{l'}\right\}, \tag{14.7.2}$$

其中 $K = J/kT$.

我们可按图 14.7.1 对二维晶格"粗粒化". 先对图中用"∅"表示的自旋变量求和掉，将留下的自旋变量定义为新的基团变量，用σ'表示.

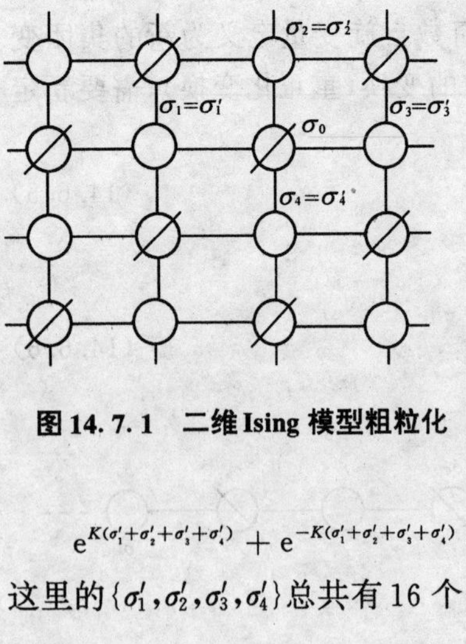

图 14.7.1 二维 Ising 模型粗粒化

经粗粒化后用新自旋变量$\sigma_i'(i=1,2,\cdots,N/2)$表示的配分函数为

$$\begin{aligned} Z &= \sum_{(\sigma)}\exp\left\{K\sum_{(i,j)}\sum_{(l,l')}\sigma_i^l\sigma_j^{l'}\right\} \\ &= \sum_{(\sigma)}\cdots e^{K\sigma_0(\sigma_1+\sigma_2+\sigma_3+\sigma_4)}\cdots \\ &= \sum_{(\sigma')}\cdots\{e^{K(\sigma_1'+\sigma_2'+\sigma_3'+\sigma_4')} + e^{-K(\sigma_1'+\sigma_2'+\sigma_3'+\sigma_4')}\}\cdots. \end{aligned} \tag{14.7.3}$$

晶格粗粒化的长度标度因子为$\sqrt{2}$. 为使配分函数保持原来的形式与数值，并得出能量参数的变换——重正化变换，我们给出下列定义

$$e^{K(\sigma_1'+\sigma_2'+\sigma_3'+\sigma_4')} + e^{-K(\sigma_1'+\sigma_2'+\sigma_3'+\sigma_4')} = \Phi(K)e^{\left\{\frac{1}{2}K_1(\sigma_1'\sigma_2'+\sigma_2'\sigma_3'+\sigma_3'\sigma_4'+\sigma_4'\sigma_1')+K_2(\sigma_1'\sigma_3'+\sigma_2'\sigma_4')+K_3(\sigma_1'\sigma_2'\sigma_3'\sigma_4')\right\}}, \tag{14.7.4}$$

这里的$\{\sigma_1', \sigma_2', \sigma_3', \sigma_4'\}$总共有 16 个位形. 在这 16 个位形中，由(14.7.4)式只能得出(14.7.5)～

(14.7.8)这 4 个独立的关系式

$$\sigma'_1 = \sigma'_2 = \sigma'_3 = \sigma'_4 = +1\,,\quad e^{4K} + e^{-4K} = \Phi(K)e^{2K_1+2K_2+K_3}. \tag{14.7.5}$$

$$\sigma'_1 = \sigma'_2 = \sigma'_3 + 1,\sigma'_4 = -1\,,\quad e^{2K} + e^{-2K} = \Phi(K)e^{-K_3}. \tag{14.7.6}$$

$$\sigma'_1 = \sigma'_2 = +1,\sigma'_3 = \sigma'_4 = -1\,,\quad 2 = \Phi(K)e^{-2K_2+K_3}. \tag{14.7.7}$$

$$\sigma'_1 = \sigma'_3 = +1,\sigma'_2 = \sigma'_4 = -1\,,\quad 2 = \Phi(K)e^{-2K_1+2K_2+K_3}. \tag{14.7.8}$$

由(14.7.5)～(14.7.8)式,不难确定出 $K_1,K_2,K_3,\Phi(K)$ 与 K 的下列关系

$$K_1 = \frac{1}{4}\ln\cosh(4K)\,, \tag{14.7.9}$$

$$K_2 = \frac{1}{8}\ln\cosh(4K)\,, \tag{14.7.10}$$

$$K_3 = \frac{1}{8}\ln\cosh(4K) - \frac{1}{2}\ln\cosh(2K)\,, \tag{14.7.11}$$

$$\Phi(K) = 2\cosh^{1/2}(2K)\cosh^{1/8}(4K) \tag{14.7.12}$$

能量参数的变换导致配分函数的变换为

$$Z(N,K) = \{\Phi(K)\}^{N/2}Z'(N/2,K_1,K_2,K_3)\,. \tag{14.7.13}$$

配分函数原来只有一个耦合常量 K,经过重正化变换(14.7.4)式,出现了 3 个耦合常量:最邻近作用 K_1,次邻近作用 K_2 及四自旋耦合作用 K_3. 一般而论,重复进行重正化变换,将会使配分函数越来越复杂(耦合常量变多). 因此,在任何一种计算中,为了能进一步作计算,都需要采取某一种截断近似.

本问题中,我们将采用一个很简单的截断近似,即略去 K_3 项,把 K_2 并入 K_1,令

$$K' = K_1 + K_2 = \frac{3}{8}\ln\cosh(4K)\,. \tag{14.7.14}$$

此式就是截断近似下的重正化变换方程 $K'=R(K)$,它有3 个不动点,即 $K_1{}^*=0, K_2{}^*=K_c=0.50698, K_3{}^*=\infty$. 其中的不动点 K_c 对应临界点. 由于作了粗略的截断近似,因而这里的 K_c 值与精确解的值 $K_c=0.44069$ 存在一定的误差,K_c 是不稳定不动点.

图 14.7.2　二维闭合 Ising 模型重正化变换的不动点

2. 求算热容的临界指数 α 及其数值

由配分函数可得出单个自旋的Helmholtz 自由能,依据(14.7.13)式,有

$$\ln Z(N,K) = \frac{N}{2}\ln\Phi(K) + \ln Z'(N/2,K_1,K_2,K_3) = \frac{N}{2}\ln\Phi(K) + \ln Z'(N/2,K')\,,$$

$$Nf(K) = \frac{N}{2}\ln\Phi(K) + \frac{N}{2}f'(K')\,,$$

$$2f(K) = \ln\Phi(K) + f'(K')\,. \tag{14.7.15}$$

热容的临界指数是由 Helmholtz 自由能在临界点附近的奇异部分决定的,因此,在临界点附近,热容 C 为

$$C \approx \frac{\partial^2 f(K)}{\partial K^2} \approx |K - K_c|^{-\alpha}, \tag{14.7.16}$$

因而即得 $f(K)$ 在临界点附近的主要部分为

$$f(K) \approx |K-K_c|^{2-\alpha}. \tag{14.7.17}$$

由于平滑部分$\Phi(K)$对$f(K)$的奇异部分无贡献，因而略去. 对于$f'(K')$，在临界点附近有

$$f'(K') \approx |K'-K_c|^{2-\alpha}. \tag{14.7.18}$$

依据(14.7.15)式并略去对$f(K)$奇异部分无贡献的$\Phi(K)$，则得

$$2|K-K_c|^{2-\alpha} \approx |K'-K_c|^{2-\alpha}. \tag{14.7.19}$$

将重正化变换(14.7.14)式在不动点K_c处展开，取线性部分，即得

$$(K'-K_c) = \left(\frac{dK'}{dK}\right)_{K_c}(K-K_c). \tag{14.7.20}$$

将(14.7.20)式代入(14.7.19)式，得

$$2|K-K_c|^{2-\alpha} \approx \left(\frac{dK'}{dK}\right)_{K_c}^{2-\alpha}|K-K_c|^{2-\alpha}. \tag{14.7.21}$$

由此式，即得

$$2 = \left(\frac{dK'}{dK}\right)_{K_c}^{2-\alpha},$$

从而热容的临界指数为

$$\alpha = 2 - \ln 2 \Big/ \ln\left(\frac{dK'}{dK}\right)_{K_c}. \tag{14.7.22}$$

依据(14.7.14)式，得($K_c = 0.50698$)

$$\left(\frac{dK'}{dK}\right)_{K_c} = \frac{3}{2}\,\frac{e^{4K_c}-e^{-4K_c}}{2e^{4K_c}+e^{-4K_c}} = 1.4489.$$

将此结果代入(14.7.22)式，得

$$\alpha = 0.131.$$

这里的α值与精确解$\alpha=0$的差异来源于计算过程中的截断近似.

重正化群理论计算临界指数的程序可归纳为：

(1) 写出体系的Hamilton函数即能量函数，进而写出体系的配分函数用能量耦合参数K的表达式.

(2) 选定重正化的块体，例如d维自旋系统的正方形Ising模型，每个自旋最邻近的自旋数为r(二维时为4). 设格点数(即自旋数)为N，将点阵分成长度为L_a的方块体，a为点阵中最邻近两自旋的距离，L为长度标度因子. 在本节二维正方形Ising模型中，$L=\sqrt{2}$，每个块体中的自旋数都是L^d(二维时为2)，总块体数为NL^{-d}(二维时为$N/2$). 选择L，使$L_a \ll \xi$，ξ是点阵中自旋涨落的关联长度，每个块体中的自旋彼此相关，第l个块体的总自旋是$\sigma_l = \sum_{i\in l}\sigma_i$，其取值在$-L^d \sim L^d$之间.

(3) "粗粒化"，将体系的自旋分成两类：一类是要求和掉的自旋，用σ_i表示(本节中用图"∅"表示)；另一类是粗粒化仍保留的自旋，用σ_l'表示(本节中用图"○"表示)，此为新定义的自旋变量，写出新自旋变量的配分函数.

(4) 确定格点自旋系统能量耦合参数K与块体能量耦合参数$K_1, K_2, K_3, \cdots$之间的关系，也就是定义重正化变换

$$K_L = T(K).$$

将上述过程多次重复，变换到相当大的块体nL. n次变换后，则有

$$K_{nL} = T(K_{(n-1)L}) .$$

实际计算中可作截断近似.

(5) 写出重正化变换前后的配分函数之间的关系

$$Z(N,K) = \{\Phi(K)\}^{NL^{-d}} Z'(NL^{-d}, K_1, K_2, K_3, \cdots) .$$

(6) 写出临界点或连续相变点时的 K_c，即按下式求出不动点 K_c

$$K_c = T(K_c) .$$

变换 T 的序列称为重正化群，它只有半群的性质.

(7) 写出单自旋Helmholtz 自由能的表达式

$$Nf(K) = NL^{-d}\ln\Phi(K) + NL^{-d}f'(K_1, K_2, K_3, \cdots) .$$

(8) 依据热力学量的临界指数定义式，求出单自旋自由能的奇异部分表达式，并将 $K_L = T(K)$ 在临界点 K_c 处展开，取线性部分

$$(K_L - K_c) = \left(\frac{\mathrm{d}K_L}{\mathrm{d}K}\right)_{K_c} (K - K_c) ,$$

然后再利用 $f(K)$ 和 $f'(K_1, K_2, \cdots)$ 奇异部分的关系便可求得临界指数.

我们在本节和 14.6 节通过 Ising 模型简述了相变的重正化群理论. 欲深入了解，可参考本章后所列的文献[5]、[8]和[11～13].

Ising 模型最早是为模拟铁磁-顺磁相变提出来的，但该模型的用处远不止此，它还可用来研究其他类型的相变. 一个明显的例子是二元合金的有序-无序相变. 将磁系统中"向上"和"向下"自旋磁矩换成二元合金体系中的两种组分原子，并假定只有相邻的原子间才有相互作用，则可以直接把铁磁-顺磁相变的讨论搬用到二元合金体系的有序-无序相变的讨论. 类似地，将格点上占据的原子当做自旋"向上"，而将空的格点当做自旋"向下"，则 Ising 模型便可讨论格子气体. 此外，还可以用于DNA 的"融化"等等.

14.8 附录——迭代法与不动点

14.8.1 迭代过程与不动点的求法

我们用实例介绍. 考虑下列抛物线方程(logistic equation)

$$y = \lambda x(1 - x) . \tag{14.8.1}$$

此为非线性方程，其中的 λ 是可调节的参数. 令 x 的变化范围为 $0 \leqslant x \leqslant 1$，在此区间的 $x = 1/2$ 处，函数有极大值 $y_{\max} = \lambda/4$.

迭代就是连续反馈，将自变量的值代入方程，得到的函数值作为自变量的值再引入原方程求函数值，如此不断反复进行就构成迭代过程.

对方程(14.8.1)式，取自变量的初值为 x_0，迭代过程如下：

$$x_1 = \lambda x_0(1 - x_0)$$

$$x_2 = \lambda x_1(1 - x_1)$$

$$\cdots\cdots$$

$$x_n = \lambda x_{n-1}(1 - x_{n-1})$$

若具体取 $\lambda = 2, x_0 = 0.1$，则得到下表结果

迭代次数 n	自变量 x_{n-1}	函数值 $y=x_n$
1	0.1	0.18
2	0.18	0.2952
3	0.2952	0.41611392
4	0.41611392	0.4859262512
5	0.4859262512	0.499038592
6	0.499038592	0.4999996861
7	0.4999996861	0.5
8	0.5	0.5

经 7 次迭代后，结果不再变动，即自变量与函数值相等，此时称迭代达到了“不动点”(fixed point)，$x^*=0.5$.

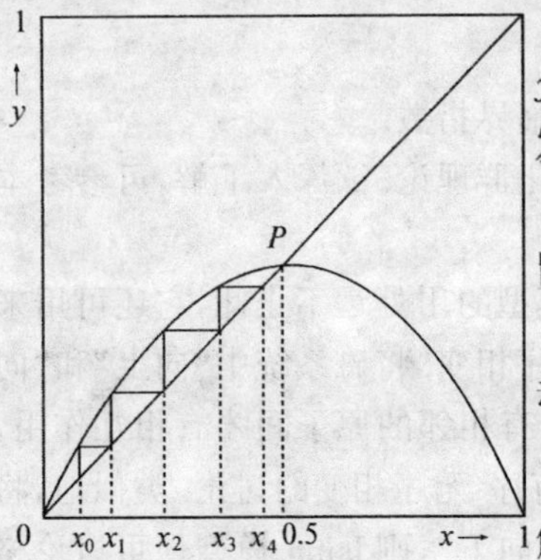

图 14.8.1 抛物线方程的迭代过程

本例的迭代过程可用图表示. 图 14.8.1 中除抛物线方程 $y=2x(1-x)$ 外，还画出了一条 $y=x$ 的分角线. 从初值 x_0 出发，只要 x_0 不为 0 或 1，多次迭代后都逼近 P 点.

显然，如果初值就取 $x_0=1/2$，则不论如何迭代，将永远停留在 $x_0=1/2$ 不动. 因此，P 点就是不动点.

根据不动点的定义 $x_{n+1}=x_n=x^*$，很容易由原方程求出不动点. 不动点 x^* 满足下列方程

$$x^* = \lambda x^*(1-x^*) . \tag{14.8.2}$$

解此方程，得两个根，$x_1{}^*=0$ 和 $x_2{}^*=1-\dfrac{1}{\lambda}$. 若 $\lambda=2$，则 0 和 1/2 都是不动点.

14.8.2 不动点的稳定性及其判据

不动点有稳定与不稳定之分. 本例的迭代过程中总是向 $x_2{}^*=1/2$ 逼近，而离开 $x_1{}^*=0$ 愈来愈远. 前者称为稳定不动点，后者称为不稳定不动点. 下面讨论不动点的稳定性判据.

考虑一般的非线性方程

$$y=f(x) , \tag{14.8.3}$$

其迭代过程为

$$x_{n+1}=f(x_n) . \tag{14.8.4}$$

可能达到不动点 x^*，即

$$x^*=f(x^*) . \tag{14.8.5}$$

在离不动点很近时，可设

$$x_n = x^* + \varepsilon_n, \tag{14.8.6}$$

$$x_{n+1} = x^* + \varepsilon_{n+1}, \tag{14.8.7}$$

式中的 ε_n 和 ε_{n+1} 都是小量. 将(14.8.6)和(14.8.7)两式代入迭代方程(14.8.4)式，并将函数在不动点 x^* 处展开，即得

$$x^* + \varepsilon_{n+1} = f(x^*+\varepsilon_n) = f(x^*) + f'(x^*)\varepsilon_n + \cdots . \tag{14.8.8}$$

利用不动点方程(14.8.5)式，将(14.8.8)式中等式两边的第一项消去，即得

$$\varepsilon_{n+1} = f'(x^*)\varepsilon_n + \cdots . \tag{14.8.9}$$

由此式即可得出不动点稳定性的判据.

● 若$|f'(x^*)|>1$,则$|\varepsilon_{n+1}|>|\varepsilon_n|$,因而迭代过程将离不动点的距离更远,这时$x^*$为不稳定不动点.

● 若$|f'(x^*)|<1$,则$|\varepsilon_{n+1}|<|\varepsilon_n|$,因而迭代过程将逼近不动点,这时$x^*$为稳定不动点.

本节讨论的抛物线方程(14.8.1)式,其$f'(x)$为

$$f'(x) = \lambda(1-2x) .$$

● 若$0<\lambda<1$,则$x_1{}^*=0$是稳定不动点,$x_2{}^*=1-\dfrac{1}{\lambda}$是不稳定不动点;

● 若$1<\lambda<3$,则$x_1{}^*=0$是不稳定不动点,$x_2{}^*=1-\dfrac{1}{\lambda}$是稳定不动点;

● 若$\lambda>3$,则$x_1{}^*=0$和$x_2{}^*=1-\dfrac{1}{\lambda}$都是不稳定不动点;

● 若$3<\lambda<1+\sqrt{6}$,不管从除不动点外的任何初始值出发,迭代的结果总是在两个数$\left\{1+\lambda+\sqrt{(1+\lambda)(\lambda-3)}\right\}/2a$和$\left\{1+\lambda-\sqrt{(1+\lambda)(\lambda-3)}\right\}/2a$之间来回跳跃,称为达到稳定的两点周期,或称方程(14.8.1)有一个周期双解.从不动点到两点周期,可以看做发生了一次分岔,$\lambda=3$定义了一个分岔点.

● 若$1+\sqrt{6}<\lambda<3.544090359$时,两点周期又变得不稳定了,代之以稳定的四点周期,或称方程(14.8.1)有一个周期四解,又发生了一次分岔.此时$\lambda=1+\sqrt{6}$定义了一个新的分岔点.

● 若$\lambda>3.544090359$时,又会发生新分岔,出现八点,十六点,…周期.

● 若$\lambda_n<\lambda<\lambda_{n+1}$,迭代过程结果是稳定的$2^n$点周期.这种现象称为倍周期分岔.随着参数$\lambda$的增加,逐级分岔点便越来越靠近.当$\lambda=3.569945672$时,达到一个无穷周期,即不再有周期出现,我们将此值记为$\lambda_\infty=3.569945672\cdots$.

● 若$\lambda>\lambda_\infty$时,对许多λ值,迭代结果是随机的分布在一定区域内的数(混沌区);而对另一些λ值,又可能出现明显的周期.

综上所述,逐级分岔可出现混沌,在混沌区又可能出现分岔.因此,可以说混沌区具有自相似结构.顺便说明,这一现象并非本例方程特有.

从20世纪60年代以来,人们发现所谓的确定性方程居然包含有内在的随机性,呈现出不确定行为,可出现混沌.本节实例表明,λ值由小变大过程中,混沌是经过一系列突变(分岔)而出现的,在λ_∞处的突变可看做是一种"反相变".

不同的非线性方程,λ_∞的数值当然不同,但λ趋近λ_∞的方式却一致,都是几何级数收敛的,即

$$\lambda_n = \lambda_\infty - \frac{\text{常量}}{\delta^n} .$$

其中δ称为临界指数,它由下式定义

$$\lim_{n\to\infty}\frac{\lambda_n-\lambda_{n-1}}{\lambda_{n+1}-\lambda_n} = \delta ,$$

式中λ_n是第n次分岔时的λ值.许多研究发现,对于一大类非线性方程,δ的值是一样的.本例题类,$\delta=4.66920\cdots$;对另一大类非线性方程,$\delta=8.7210\cdots$.这就是说,非线性方程和迭代也有普适类,每一类具有相同的临界指数δ,这种常量最早是Feigenbaum(费根鲍姆)发现的,因而

称为Feigenbaum常量.

除倍周期分岔外,还有其他类型通向混沌的道路,它们也存在一些普适常量,即也有普适类. 另外,非线性微分方程的迭代也出现非线性代数方程出现的类似图像或现象. 探索非线性方程的普适特性是当前统计力学的前沿领域之一.

习 题

14.1 扩充表14.1,使其除铁磁相变外,还包括气液相变及^{4}He、两元流体、黄铜合金等相变的临界指数,有关数据可从参考文献[8]的4.11节及文献[11]的1.5节查找.

14.2 说明相变的标度律与普适性,如何划分普适类. 论证格子气与铁磁体属于同一普适类.

14.3 证明对于零场,一维N个格点的自旋系统,当N很大时,体系的配分函数为

$$Z = [2\cosh(\beta J)]^N$$

14.4 推导一维Ising模型体系的热容统计表达式(14.3.19)式,给出无外场时Ising模型的热容随T变化的曲线,讨论结果的意义.

14.5 计算一维Ising模型体系下列(a)与(b)两种状态的能量和磁化强度,讨论计算结果的意义.

$$\text{状态(a)}\quad \underset{1}{\uparrow}\,\underset{2}{\uparrow}\,\uparrow\cdots\underset{\frac{N}{2}}{\uparrow}\,\uparrow\cdots\underset{N}{\uparrow}$$

$$\text{(b)}\quad \underset{1}{\uparrow}\,\underset{2}{\uparrow}\,\uparrow\cdots\underset{\frac{N}{2}}{\uparrow}\,\downarrow\cdots\underset{N}{\downarrow}$$

14.6 论证一维Ising模型体系不存在相变.

14.7 重正化变换是什么变换,论证重正化变换序列构成半群.

14.8 下列方程(a)和(b)是一维Ising模型的重正化群方程

$$K' = \frac{1}{2}\ln\cosh(2K)\,, \tag{a}$$

$$g(K') = 2g(K) - \ln[2\sqrt{\cosh(2K)}]\,, \tag{b}$$

式中$g(K)=\frac{1}{N}\ln Z$, Z是体系配分函数; $K=J/kT$,当$K=10$时,$Z(10,N)\approx Z(\infty,N)=2e^{NK}$,

(1) 论证$g(10)\approx 10$.

(2) 应用(a)和(b)重正化群方程,从$K=10$开始,迭代计算K'和$g(K')$,并将K'和$g(K')$序列作成表,分析结果的意义.

(3) 论证$K=\infty$,$K=0$是不动点.

14.9 参阅参考文献[12],讨论无规行走的重正化群分析.

14.10 参阅参考文献[13],说明重正化群理论在大分子中的应用.

14.11 参阅文献Phys. Lett. A,41(1979)252,说明重正化群理论在Sol-Gel相变中的应用.

参考文献

[1] E. Z. Ising. Physik,1925,31,253

[2] H. A. Kramers. and G. H. Wannier. Phys. Rev., 1941,60,252,263

[3] L. Onsager. Phys. Rev., 1944,65,117

[4] C. N. Yang. Phys. Rev., 1952,85,809

[5] K. Wilson. Phys. Rev., 1971,B4 3174,3184

[6] K. Huang. Statistical Mechanics. John Wiley, New York, 1963
[7] R. K. Pathria. Statistical Mechanics. Pergamon Press, Oxford, 1972
[8] L. E. Reichl. A Modern Course in Statistical Physics. University of Texas Press, 1980, 黄畇等译. 中译本:统计物理现代教程(上、下册). 北京大学出版社, 1983
[9] 李政道. 统计力学. 北京师范大学出版社, 1984
[10] 于禄, 郝柏林. 相变和临界现象. 北京:科学出版社, 1984
[11] J. J. Binney, N. J. Dowrick, A. J. Fisher and M. E. J. Newman. Theory of Critical Phenomena, An Introduction to The Renormalization Group. Clarendon Press, Oxford, 1992
[12] R. J. Creswick, H. A. Farach and C. P. Poole, Jr.. Introduction to Renormalization Group Methods in Physics. Wiley, New York, 1992
[13] K. F. Freed. Renormalization Group Theory of Macromolecules. Wiley, New York, 1987

第 15 章　液　　体

液体是物质存在的一种重要形态，许多化学化工过程、生物过程、材料加工与制备过程、甚至地球的生态与演化都涉及到液体物质. 在气体和晶体探讨获得成功之后，研究对象自然就扩展到液体. 物质的气态和固态是结构特征和运动形式都比较明确的两个状态，已建立了相应的理想气体和理想晶体模型，代表了气体和固体的极限，可作为实际体系的零级近似. 液体是介乎于气态和固态之间的一种中间状态，它既不是完全无序、也不是完全有序，不存在一种极限状态，难以建立理想液体模型. 这一基本困难使液体的统计理论发展较晚，直到20 世纪30 年代中期才得以系统发展，但至今仍不完善，还处于发展之中，是现代统计力学最具挑战性的活跃领域之一.

在液体的统计理论中，既有脱胎于气体理论的，也有从晶体的点阵模型演化过来的. 理论上大致可分为两类：一类是结构模型理论，假设液体具有某种结构型式，在合适结构模型的基础上计算构型积分，再依据系综理论算出液体的热力学平衡性质；另一类是分布函数理论，它是现代液体理论的活跃方向，在正则系综和巨正则系综中建立分布函数，特别是径向分布函数与体系热力学性质的联系，将 N 体问题化为少体问题. 通过散射实验，计算模拟和解积分方程三种途径可获得径向分布函数.

本章限于简单液体的讨论. 满足以下条件的液体称为简单液体：(i) 分子的内部运动不干扰分子的质心运动，正则配分函数可分解为内自由度和平动自由度配分函数的乘积，平动自由度可按经典处理；(ii) 分子间相互作用势只是分子间质心间距的函数，与分子内自由度无关. 单原子分子及小的近似球状的多原子分子形成的液体，可满足这些条件.

以下将以简单液体为对象，介绍上述两类理论. 对电解质溶液、极性液体、液晶、胶体等其他复杂液体有兴趣的读者可参看文献[1～3].

15.1　对应状态原理及其统计力学诠释

液态是分子力和分子运动两种竞争趋势处于均势的状态. 理想气体中分子运动占绝对优势，因而采用完全无序的模型. 理想晶体是分子力占主导，分子处在完全有序的晶格上. 液体介于这两个极端之间，至今尚无统一的理想液体模型. 通常从两头逼近，将液体看做非常稠密的实际气体，或将其视为热运动剧烈的晶格. 对应状态原理就是脱胎于气体的理论.

van der Waals 在提出其著名的气态方程后，引申出了对应状态方程，成为对应状态原理的最初形式. 下面首先从 van der Waals 方程引出对应状态方程，讨论对应状态方程的意义，最后说明它的统计力学基础. van der Waals 方程为

$$\left(p + \frac{n^2 a}{V^2}\right)(V - nb) = nRT. \tag{15.1.1}$$

van der Waals 等温线如图 15.1.1 所示，临界点是临界等温线上的拐点，在该点曲线的一阶与二阶微商皆为零：

$$\left(\frac{\partial p}{\partial V}\right)_c = 0,\quad \left(\frac{\partial^2 p}{\partial V^2}\right)_c = 0.$$

从方程(15.1.1),可得

$$\left(\frac{\partial p}{\partial V}\right)_c = -\frac{nRT}{(V-nb)^2} + \frac{2n^2a}{V^3} = 0,$$

$$\left(\frac{\partial p^2}{\partial V^2}\right)_c = \frac{2nRT}{(V-nb)^3} - \frac{6n^2a}{V^4} = 0. \tag{15.1.2}$$

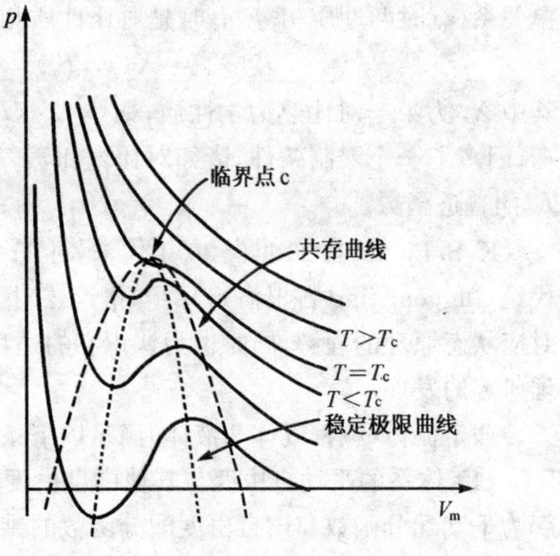

图 15.1.1　van der Waals 气体的等温曲线

由(15.1.2)与(15.1.1)式,3 个联立方程解得临界点处的温度、体积、压力与参数 a,b 的关系

$$T_c = \frac{8a}{27Rb},$$
$$V_c = 3nb,$$
$$p_c = \frac{a}{27b^2}. \tag{15.1.3}$$

临界温度 T_c、临界体积 V_c 及临界压力 p_c 间还存在一个简单关系

$$Z = \frac{nRT_c}{p_cV_c} = \frac{8}{3}. \tag{15.1.4}$$

其中 Z^{-1} 为临界压缩因子.

利用临界参量 T_c,V_c,p_c,引入量纲一参量,将 van der Waals 方程量纲一化,为此,定义

$$\text{对比温度}\quad T_r = T/T_c,$$
$$\text{对比体积}\quad V_r = V/V_c, \tag{15.1.5}$$
$$\text{对比压力}\quad p_r = p/p_c.$$

van der Waals 方程化为

$$\left(p_r + \frac{3}{V_r^2}\right)(3V_r - 1) = 8T_r, \tag{15.1.6}$$

或

$$p_r = \frac{8T_r}{3V_r - 1} - \frac{3}{V_r^2}.$$

式(15.1.6)中表征物质特性的参数 a,b 已经消失,代之的是与物质本性无关的普适性函数关系.当任何两个不同的流体若处于相同的对比温度 T_r 和对比体积 V_r,则称这两个流体处于对应状态,它们的 p_r 也应相等.这就是对应原理的一种表述.p_r 可表示为 T_r 和 V_r 的普适函数 $p(T_r,V_r)$:

$$p_r = p(T_r,V_r). \tag{15.1.7}$$

对应状态原理揭示了不同流体之间的共性,它使我们能够从一些流体的热力学性质预测另一些处在对应状态的不同流体的热力学性质.另外,若已知一种流体的 p-V-T 关系及 C_p 热容数据,依据热力学理论可以求得该体系所有的其他热力学性质.既然 p-V-T 关系存在对应状态原理,则可由 p-V-T 导出的有关性质也可使用对应状态原理.对维里系数、压缩因子、相对于理想气体的焓差、相对于理想气体的熵差、逸度系数及饱和蒸气压等热力学性质都可表示为 p_r,T_r 的普适函数.对应状态原理所包含的内涵是相当广泛的,它可表述为:当不同流体具有相同的对比温度和对比压力时(有时只需要相同的对比温度),它们的一些性质之间具有简

单关系(有时两性质相等,有时是对比性质相等),即

$$X_r = X(p_r, T_r) \quad 或 \quad X_r = X(T_r, V_r), \tag{15.1.8}$$

其中 X_r 为某一对比热力学性质,如 $p_r, Z, (H-H^{\ominus})/RT_c, (S-S^{\ominus})/R, \ln\gamma$(逸度).对于气-液平衡,因多了一个限制条件,诸如对比饱和蒸气压、饱和蒸气与饱和液体的对比密度都可仅表为 T_r 的普适函数.[4]

K. S. Pitzer 在20世纪30年代末,对Ar,Kr,Xe等重惰性气体进行了统计力学处理.40年代经Guggenheim(古根海姆)的严格论述,揭示了对应状态原理的统计力学基础,不仅加深了对应状态原理的理解,同时也为认识它的适用范围和改进方向提供了启示,推动了对应状态原理研究的发展.

假定流体(稠密气体和液体)满足以下条件:

(1) 体系的平动自由度与其他内自由度相互独立,彼此无相互作用,正则配分函数可以分解为平动配分函数和内自由度配分函数的乘积.内部自由度配分函数与体积无关.当温度不太低时,单原子分子和近球形多原子分子通常满足此条件.对于高度不对称的分子,强极性的分子或有氢键的分子,分子转动受到近邻的强烈影响,配分函数分解因子不能成立.

(2) 平动配分函数可按经典力学方法计算,量子效应可忽略不计.除少数质量很小的分子流体,如 H_2,D_2,He,Ne 等量子流体外,其他流体皆可满足此条件.

(3) 分子的内自由度与密度无关,仅位形积分与密度有关.这一条件保证了由配分函数的微商求压力时,状态方程与内自由度无关.

(4) 体系的势能可表述为分子能量特征参数 ε^* 和分子尺度特征参数 r^* 的普适函数

$$U_p = \varepsilon^* U\left(\frac{r}{r^*}\right) = \varepsilon^* U\left(\frac{x_1}{r^*}, \frac{y_1}{r^*}, \frac{z_1}{r^*}, \cdots, \frac{x_N}{r^*}, \frac{y_N}{r^*}, \frac{z_N}{r^*}\right). \tag{15.1.9}$$

作为特例,当体系的势能等于分子对作用势能之和,分子间互作用势仅只是分子间距的函数,并可表为 $U_p = \sum_{i<j} \varepsilon^* u\left(\frac{r_{ij}}{r^*}\right)$ 时,则(15.1.9)条件必成立.

下面将论证,满足上述4个条件的流体将遵守对应状态原理.流体的配分函数

$$\Phi = \left[\left(\frac{2\pi mkT}{h^2}\right)^{3/2} q_{\text{int}}\right]^N Q_c,$$

$$Q_c = \int\cdots\int e^{-U_p/kT} dx_1 dy_1 dz_1 \cdots dx_N dy_N dz_N.$$

代入(15.1.9)式,并将变量量纲一化,引入对比坐标 $\left(\frac{x_i}{r^*}, \frac{y_i}{r^*}, \frac{z_i}{r^*}\right)$,$i=1,2,\cdots,N$,则有

$$Q_c = (r^*)^{3N} \int_0^{V/r^{*3}} \cdots \int \exp\left[-\frac{\varepsilon^*}{kT} U\left(\frac{x_1}{r^*}, \frac{y_1}{r^*}, \frac{z_1}{r^*}, \cdots, \frac{x_N}{r^*}, \frac{y_N}{r^*}, \frac{z_N}{r^*}\right)\right] \cdot$$

$$d\left(\frac{x_1}{r^*}\right) d\left(\frac{y_1}{r^*}\right) d\left(\frac{z_1}{r^*}\right) \cdots d\left(\frac{x_N}{r^*}\right) d\left(\frac{y_N}{r^*}\right) d\left(\frac{z_N}{r^*}\right). \tag{15.1.10}$$

在(15.1.10)式的积分中,U/kT 是常量,当应出现在积分结果中.积分是从零积到 V/r^{*3},积分结果必为 V/r^{*3} 的函数.积分涉及 N 个分子,N 也应在结果中表现.因此,构型积分将是 U^*/kT,V/r^{*3} 和 N 变量的普适函数.

$$Q_c = r^{*3N} g\left(\frac{kT}{U^*}, \frac{V}{r^{*3}}, N\right). \tag{15.1.11}$$

另外,构型积分和构型自由能之间满足

$$F_c = -kT\ln Q_c.$$

但自由能是容量性质，即 $F_c = Nf(T,v)$，f 仅是与强度量 T 和 $v=V/N$ 有关. 因此，(15.1.11)式中的 N 只能作为幂指数出现在 Q_c 中，(15.1.11)式应为

$$Q_c = r^{*3N}\left[g\left(\frac{kT}{u^*},\frac{v}{r^{*3}}\right)\right]^N. \tag{15.1.12}$$

式中，g 是具有相同势函数的不同流体的普适函数.

下面定义 3 个对比参数

$$T^* = \frac{u^*}{k},\quad V^* = Nr^{*3},\quad p^* = \frac{u^*}{r^{*3}}. \tag{15.1.13}$$

相应的对比温度、对比体积和对比压力为

$$T_r = \frac{T}{T^*} = \frac{kT}{u^*},\quad V_r = \frac{V}{V^*} = \frac{v}{r^{*3}},\quad p_r = \frac{p}{p^*} = \frac{pr^{*3}}{u^*}. \tag{15.1.14}$$

将(15.1.12)式和(15.1.14)式代入压力的系综表达式，得

$$p = kT\left(\frac{\partial\ln\Phi}{\partial V}\right)_T = kT\left(\frac{\partial\ln Q_c}{\partial V}\right)_T = kT\left(\frac{\partial\ln Q_c}{\partial(Nv)}\right)_T$$

$$= kT\frac{\partial\ln g}{\partial v} = kT\left(\frac{\partial\ln g}{\partial V_r}\right)_T\left(\frac{\partial V_r}{\partial v}\right)_T = u^*T_r\left(\frac{\partial\ln g}{\partial V_r}\right)_T\frac{1}{r^{*3}},$$

$$p_r = \frac{p}{p^*} = T_r\left(\frac{\partial\ln g}{\partial V_r}\right)_T. \tag{15.1.15}$$

依对比参数定义，g 是 T_r, V_r 的函数，即 $g(T_r,V_r)$，因此 $\left(\frac{\partial\ln g}{\partial V_r}\right)_T$ 仍应是 V_r 和 T_r 的函数，从而可将上式改为

$$p_r = P(T_r,V_r). \tag{15.1.16}$$

$P(T_r,V_r)$ 是与分子特性无关的不同流体的普适函数，这就是由统计力学引出的对应状态原理. (15.1.16)式与(15.1.7)式完全等价，差别仅在于定义对比参数时所选择的参比状态不同. (15.1.16)式的对比参数由(15.1.13)规定，而(15.1.7)式的对比参数是临界参数(T_c, V_c, p_c). 可以证明，从(15.1.16)式可以推导出(15.1.7)式(参见习题15.1.3). 实际上，任何一组特定的压力、温度、体积均可作为对比参数.

上面推导得的对应状态原理是两参数的对应状态原理. 显然它是建立在两参数的普适势能函数等4 条假设的基础上. 这些条件仅对简单流体才完全适用. 对于非简单流体，自Pitzer 和 Guggenheim 之后. 已有了许多进展. 包括引入第三、第四参数；引入形状因子等新概念及保形溶液新理论等，使这一古老的领域不断更新发展. 特别是由于对应状态原理形式简单，计算方便，在工程上得到广泛应用. [7]

15.2 液体的晶格模型理论

由 15.1 节已知，为求算液体的平衡态热力学性质，就得知道配分函数. 求配分函数最后又归结为如何计算构型积分 Q_c 的问题. 若能对液体的结构建立合适的模型，在这结构模型的基础上可以直接计算 Q_c. 从液体的不同结构模型就引出了不同的液体理论.

液体的晶格模型是建立在液体的 X 射线衍射实验的基础上，设想液体分子按类似于晶体的密堆积方式排列，每个分子占据晶格的格点位置，并处于由邻近分子围成的囚胞(cell)或笼子(cave)中，围绕格点作热运动. 在温度远低于临界温度时，每个液体分子周围有相对稳定的

近邻,也就是具有确定的平均配位数,可将液体视为受到热运动破坏的准晶体.统称这样的理论为液体的晶格(或称点阵,lattice)模型理论.若设每个囚胞中都有一个分子,则称其为囚胞理论,当假设不是所有囚胞中都有分子,存在少数空腔时,则称为空腔理论.本节将讨论囚胞理论.

囚胞理论假设每个囚胞中有一个分子,并处在周围配位分子所产生的势阱中,鉴于分子间相互作用的短程性质,这个势场主要由第一层配位分子和中心分子的相互作用所决定.假定最近邻配位分子处于平衡的晶格位置上,可用一平均势场来简化随时间变化的相互作用.这个平均势场对囚胞中心具有球对称性.

在点阵模型的基础上,体系的势能函数$U(q)$可以写成

$$U(q)=U_0+\sum_{i=1}^{N}u(r_i)=U_0+\sum_{i=1}^{N}u(x_i,y_i,z_i). \tag{15.2.1}$$

其中x_i,y_i,z_i代表以第i个点阵点为坐标原点的分子中心的坐标.$u(x_i,y_i,z_i)$表示分子坐标偏离原点达x_i,y_i,z_i时该分子对体系势能的贡献,U_0为各个分子的中心正处在点阵点处体系的势能值.这个势能称为构型能,$|U_0|$就是点阵能.利用(15.2.1)式,构型积分可表达为

$$Q_c=\frac{1}{N!}\sum{}'\exp(-U_0/kT)\prod_{i=1}^{N}\iiint\exp[-u(x_i,y_i,z_i)/kT]\mathrm{d}x_i\mathrm{d}y_i\mathrm{d}z_i.$$

式中$\sum{}'$为分子在各囚胞间的排列组合方式总和.设液体的N个分子在相互独立的囚胞中运动,囚胞的势阱$u(r)$皆相同,上式的积分可化为对N个分子在各自的囚胞中积分的乘积,并由于采用晶格模型,液体是定域的相依子体系,当考虑囚胞中的分子交换产生体系的不同构型,上式化为

$$\begin{aligned}Q_c&=\exp(-U_0/kT)\left\{\iiint\exp[-u(x_i,y_i,z_i)/kT]\mathrm{d}x_i\mathrm{d}y_i\mathrm{d}z_i\right\}^N\\&=\exp(-U_0/kT)v_f^N,\end{aligned} \tag{15.2.2}$$

其中 $$v_f=\iiint\exp[-u(x_i,y_i,z_i)/kT]\mathrm{d}x_i\mathrm{d}y_i\mathrm{d}z_i. \tag{15.2.3}$$

(15.2.3)式积分具有体积的量纲,用v_f表示.

依据点阵模型,给出液体的正则系综配分函数为

$$\Phi=[(2\pi mkT/h^2)^{3/2}q_{\text{int}}]^N\exp(-U_0/kT)v_f^N. \tag{15.2.4}$$

现讨论在低密度的极限情况下(15.2.4)式的性质.在低密度的极限情况,相当于液体经由超临界区变成了理想气体,此时密度极低,分子间的相互作用可以忽略,相依子液体变成了离域的独立子体系,即$U_0\to0,v_f\to V/N$时,(15.2.4)式变为

$$\Phi=[(2\pi mkT/h^2)^{3/2}q_{\text{int}}]^N\left(\frac{V}{N}\right)^N. \tag{15.2.5}$$

理想气体的正则配分函数是

$$\Phi=[(2\pi mkT/h^2)^{3/2}q_{\text{int}}]^NV^N/N!=[(2\pi mkT/h^2)^{3/2}q_{\text{int}}]^N\left(\frac{eV}{N}\right)^N. \tag{15.2.6}$$

对比(15.2.5)和(15.2.6)两式,两者相差因子e^N.当点阵模型给出的配分函数向低密度极限过渡时,少了因子e^N,在熵函数中表现为差Nk.这个差额一般称为沟通熵(communal entrop).下面对沟通熵的起源做些说明.在晶体中,每个分子定域在晶格点上,只能在平衡位置附近做小振动.

在稀薄气体中，每个分子都可在整个容器中自由地运动，由于运动的自由程度增加，导致气体沟通熵的出现. 液体介于气体与固体之间，液体获得多大沟通熵并不清楚，早期，Eyring（艾林）等人认为液体具有全部的沟通熵，后来的改进模型，可为液体的这份额外熵做出满意解释. 为保证由囚胞理论的配分函数在过渡到低密度时能和气体理论一致，因此需要将 e^N 加到(15.2.4)式，得

$$\Phi = [(2\pi mkT/h^2)^{3/2} q_{\text{int}}]^N e^N \exp(-U_0/kT) v_f^N. \tag{15.2.7}$$

依据10.8节所导出的正则配分函数与热力学性质的关系，利用液体的正则配分函数表达式(15.2.7)，可以求算出液体的所有热力学性质. 液体的自由能为

$$F = -kT\ln\Phi = -\{NkT\ln[(2\pi mkT/h^2)^{3/2} q_{\text{int}} e]\} + U_0 - NkT\ln v_f.$$

液体的能量函数和熵函数各为

$$E = kT^2\left(\frac{\partial \ln\Phi}{\partial T}\right)_{V,N} = U_0 + \frac{3}{2}NkT + kT^2\left(\frac{\partial \ln q_{\text{int}}}{\partial T}\right)_{V,N},$$

$$S = -\left(\frac{\partial F}{\partial T}\right)_{V,N} = Nk\left[\ln\{(2\pi mkT/h^2)^{3/2} q_{\text{int}} e\} + T\left(\frac{\partial \ln q_{\text{int}}}{\partial T}\right)_{V,N} + \ln v_f + \frac{3}{2}\right].$$

液体的压力为

$$p = -\left(\frac{\partial F}{\partial V}\right)_{T,N} = -\left(\frac{\partial U_0}{\partial V}\right)_{T,N} + NkT\left(\frac{\partial \ln v_f}{\partial V}\right)_{T,N}.$$

从上述公式可见，欲得到液体的热力学性质，获得液体的 v_f 和构型能 U_0 已成为关键所在了. 显然这必须给出液体的平均势函数 $u(r)$ 的具体形式. 下面就简单的硬球势液体进行讨论.

设囚胞中的平均势函数具有硬球势的形式，即

$$u(r) = \begin{cases} 0 & 0 \leqslant r < (a-\sigma) \\ \infty & (a-\sigma) \leqslant r. \end{cases} \tag{15.2.8}$$

式中，a 是囚胞半径，σ 是硬球(分子)直径(图 15.2.1). 它实际上是一个方势阱模型. 将(15.2.8)式代入(15.2.3)式，并将坐标变为球极坐标，得

$$v_f = \iiint \exp[-u(x,y,z)/kT]\,dx\,dy\,dz$$
$$= \int_0^{a-\sigma} r^2 dr \int_0^{\pi} \sin\theta d\theta \int_0^{2\pi} d\varphi$$
$$= \frac{4}{3}\pi(a-\sigma)^3. \tag{15.2.9}$$

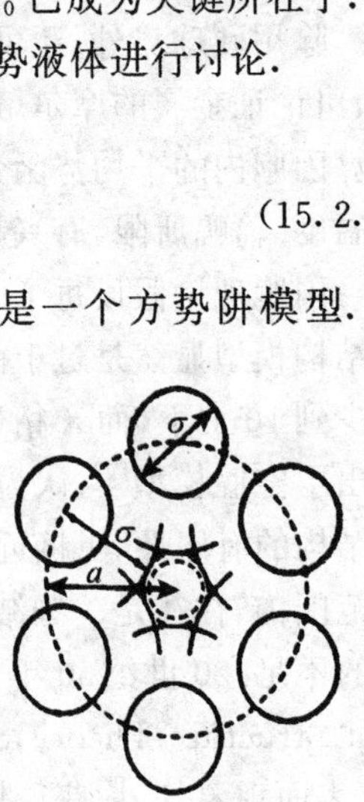

图 15.2.1　囚胞与自由容积

v_f 就是图 15.2.1 中所示虚线圆球的体积，它是分子中心在囚胞中可以自由运动的空间，称其为自由容积. 因而，囚胞理论又称为自由容积理论. 自由容积半径 $r_f = a - \sigma$，由液体的X 射线衍射可实验获得该值.

在获得硬球势 $u(r)$ 的具体表达式后，进而可求液体的配分函数和各种热力学函数了. 在此仅就液体与其蒸气的相平衡作些讨论，推引液体的蒸气压公式和论证经验的 Trouton（特鲁顿）规则.

利用(10.8.4)式，可得液体的化学势统计表达式，并代入(15.2.7)式，得

$$\mu_l = -kT\left(\frac{\partial \ln\Phi}{\partial N}\right)_{T,V} = -kT\ln[(2\pi mkT/h^2)^{3/2} q_{\text{int}} e] - kT\ln v_f + \varepsilon_0,$$

其中 $\varepsilon_0 = U_0/N$.

设液体的蒸气为理想气体，由(8.7.7)式，得蒸气的化学势

$$\mu_g = -kT\ln\left[(2\pi mkT/h^2)^{3/2}q_{int}\frac{kT}{p}\right].$$

依相平衡条件 $\mu_l = \mu_g$，由上两式，得

$$v_f = (kT/ep)\exp(-\varepsilon_0/kT). \tag{15.2.10}$$

设液体的摩尔蒸发热为 ΔH_m，由

$$\Delta H_m = \Delta(E_m + pV) \approx N_A\varepsilon_0 + N_A kT,$$

得

$$\varepsilon_0 = (\Delta H_m - N_A kT)/N_A.$$

将 ε_0 代入 v_f 表达式(15.2.10)，可得液体的蒸气压和摩尔蒸发热

$$p = \frac{kT}{v_f}\exp(-\Delta H_m/RT), \tag{15.2.11}$$

$$\Delta H_m = RT\ln\frac{kT}{pv_f}. \tag{15.2.12}$$

式中 v_f 可由液体的状态方程推出，或由X射线衍射实验测定. 利用该式已计算了一些液体在正常沸点时的摩尔蒸发热 ΔH_m. 理论计算值与实验值基本符合，说明以晶格模型为基础的囚胞理论在相当程度上反映了液体的结构特征. 另外，由 $\Delta H_m/RT$ 值给出液体的摩尔蒸发熵. Trouton 规则指出，在沸点下，正常液体的摩尔蒸发熵大同小异，约为 $10R$，囚胞理论的上述计算可以论证 Trouton 规则[8](参考习题15.6).

除用硬球势外，还可用其他势函数来计算囚胞的自由容积 v_f. 若采用谐振子势计算自由容积，可论证金属的摩尔熔化熵一般约为1.7～2.3 熵单位(见习题15.5). 已用Lannard-Jones 势计算囚胞内的平均势函数和自由容积，论证了 L-J 液体的对应状态方程，获得了惰性气体的临界温度. 篇幅所限，有兴趣的读者可参阅文献[8].

囚胞理论假设每个囚胞内有并只有一个分子，各囚胞中的分子彼此独立地运动. 这样的液体结构模型显然是过于简单化了. 鉴于固体熔化为液体时体积一般膨胀12%左右，配位数从12减少到10上下，而X衍射实验测得的液体最邻近分子间距和固体中的基本相同. H. J. Eyring 提出了空腔模型[9]，认为液体中一定存在无分子占据的囚胞，他称为空腔. 空腔模型降低了液体结构的有序性，更接近液体的真实结构. 以空腔模型为基础，已发展各种近似方法. 在液体密度范围内，往往是一些结果得到改进，而另一些结果却变得更坏，暴露出空腔模型作为液体结构的不足. 20世纪50年代末，Eyring 等人在空腔模型基础上，发展出了有效结构理论(Significant Structure Theory，SS 理论)，该液体的理论已广泛地用来研究液体的热力学性质、输运性质、表面现象等，均获得较好的结果. 下节将介绍这一理论.

15.3　液体的有效结构理论

液体的有效结构理论，简称SS 理论. 假定液体具有准晶格结构，晶格由分子和空穴占据，空穴大小与分子相同，这点与空腔理论是相同的。但SS 理论赋予空穴更多的结构和动力学性质. 一个完全由空穴包围的空穴没有动力学性质，而一个完全由分子包围的空穴则具有流动性. 当周围分子跳入空穴时，空穴便移动到该分子原来的位置，空穴表现出三维平移自由度. 空穴在效果上等效于蒸气分子，从液体中蒸发一个分子，留下一个分子大小的空穴，产生一个空穴所需要的能量就等于分子的蒸发能. 在蒸气中，分子在空穴间运动，在液体中，空穴在分子间运动. 蒸气中分子的运动和液体中空穴的运动互为镜像(图15.3.1).

SS 理论依据分子与空穴的关系,将液体分子分为似气体分子和似固体分子.空穴周围的分子可以跳入空穴,空穴使跃入的分子具有三维平动自由度,空穴赋予该分子类似气体的性质,称这些分子为似气体分子,而将其余的分子称为似固体分子.设分子和空穴的分布是随机分布,似固体分子和空穴交换位置仍是一种液体的可及构型,因而空穴使似固体分子具有位置简并度.通过空穴引入晶格的这些无序和动力学性质,将原来晶格结构改造为容纳了液体的无序和流动特性的有效结构模型.下面将在此结构模型的基础上引出液体的配分函数.

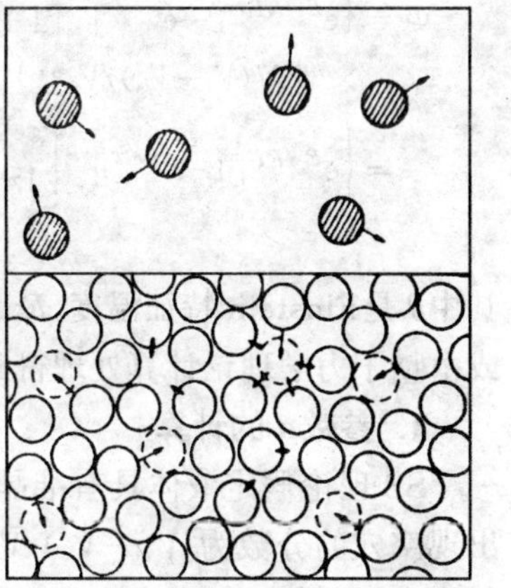

图 15.3.1 液体中的运动空穴和蒸气中的分子运动示意图

设某物质液体和其固体的摩尔体积分别为 V_l 和 V_s.由于 SS 理论模型假定空穴大小与分子相同.因此液体中有 $(V_l-V_s)/V_s$ 分数的空穴.另外,分子和空穴呈随机分布,空穴周围任一位置被分子占据的分数为 V_s/V_l,由此可得似气体分子数为

$$N\left(\frac{V_s}{V_l}\right)\left(\frac{V_l-V_s}{V_s}\right)=N\frac{V_l-V_s}{V_l}, \tag{15.3.1}$$

从液体分子总数中扣除似气体分子数就是似固体分子数

$$N-N\left(\frac{V_l-V_s}{V_l}\right)=N\frac{V_s}{V_l}. \tag{15.3.2}$$

任一似固体分子,由于和空穴交换而产生的一个位置也是该分子的一种可能位置,设该似固体分子周围有 n_h 个空穴,ε_h 为该似固体分子在与其他分子竞争取得某空穴位置时必需具有的能量,则该分子通过与空穴交换的可及位置数等于

$$1+n_h\exp(-\varepsilon_h/kT), \tag{15.3.3}$$

这就是此似固体分子的位置简并度.

基于上述SS 模型,液体的正则配分函数可表示为

$$\begin{aligned}\Phi&=[q_s(1+n_h\exp(-\varepsilon_h/kT)]^{NV_s/V_l}(q_g)^{N(V_l-V_s)/V_l}\left[\left(N\frac{V_l-V_s}{V_l}\right)!\right]^{-1}\\&=[\Phi_s\{1+n_h\exp(-E_h/RT)\}^N]^{V_s/V_l}(\Phi_g)^{(V_l-V_s)/V_l},\end{aligned} \tag{15.3.4}$$

其中,q_s,q_g 分别是似固体分子和似气体分子的配分函数;Φ_s 和 Φ_g 为体系在固态和气态时的配分函数.

为求正则配分函数 Φ,还要利用 n_h 和 E_h(或 ε_h)的以下关系.n_h 应和空穴数成正比.设比例系数为 n,即

$$n_h=n\frac{V_l-V_s}{V_s}.$$

ε_h 应和每分子的升华能 E_s/N 成正比,与 n_h 成反比.设比例系数为 a,即

$$\varepsilon_h=\frac{aE_sV_s}{N(V_l-V_s)},$$

或

$$E_h=N\varepsilon_h=\frac{aE_sV_s}{(V_l-V_s)}.$$

现已可依据液体分子间的具体相互作用势,给出液体的正则配分函数,从而按系综理论获得液体的各种热力学性质.

对于简单液体、似固体分子采用谐振子模型势，将能量零点取在气态原子基态能级上，则似固体分子的配分函数为

$$q_s = \exp(E_s/RT)/[1-\exp(-\theta/T)]^3. \tag{15.3.5}$$

设似气体分子为理想气体，其配分函数为

$$q_g = (2\pi mkT/h^2)^{3/2}(V_1 - V_s)\ . \tag{15.3.6}$$

将(15.3.5)和(15.3.6)式代入(15.3.4)式，得

$$\begin{aligned}\Phi &= \{e^{E_s/RT}[1-e^{-\theta/T}]^{-3}[1+n_h e^{-E_h/RT}]\}^{NV_s/V_1}\{(2\pi mkT/h^2)^{3/2}(V_1-V_s)\}^{N(V_1-V_s)/V_1}\\ &\quad\times\{[N(V_1-V_s)/V_1]!\}^{-1}\\ &= \left\{e^{E_s/RT}[1-e^{-\theta/T}]^{-3}\left[1+\frac{n(V_1-V_s)}{V_s}e^{\frac{-aE_sV_s}{(V_1-V_s)RT}}\right]\right\}^{NV_s/V_1}\times\{(2\pi mkT/h^2)^{3/2}eV_1/N\}^{N(V_1-V_s)/V_1}.\end{aligned} \tag{15.3.7}$$

其中θ是Einstein特征温度，E_s是固体的晶格能，V_s是固体的摩尔体积，三者皆可由实验获得，或由量子力学理论计算处理得到. 对简单液体，a，n可由理论计算得到.

1. 参数n的计算

SS理论假定液体具有准晶格结构，空穴和分子随机分布在晶格的各个格点上，每个格点出现空穴的分数为$(V_m-V_s)/V_m$，其中V_m是熔点附近液体的摩尔体积. 若晶格配位数为z，则每格点周围的空穴数应为

$$n_h = z(V_m - V_s)/V_m = (zV_s/V_m)[(V_m - V_s)/V_s].$$

按n的比例系数性质，得

$$n = z(V_s/V_m)\ . \tag{15.3.8}$$

(15.3.8)式说明n为液体准晶格的一个格点周围的最近邻分子数. 值得指出，这个格点既可以由分子占据，也可以为空穴占据.

2. 比例系数a的计算

对于简单经典液体，似固体分子采用爱因斯坦谐振子摸型时，一个似固体分子的平均动能就等于三维谐振子的平均动能$(3/2)kT$. 一个分子要进入它邻近的空穴，其动能必须超过平均动能，方有机会离开格点位置. 这一超额部分的动能至少应为$(2z)^{-1}\left(\frac{3}{2}kT\right)(n-1)$. 注意，每个似固体分子有$z$个配位，意味着它有$z$个可能方向的运动，向空穴运动仅是某一运动方向中的一半机会，因此出现$(2z)^{-1}$因子. 乘$(n-1)$体现了该分子要先于其他$(n-1)$个空穴近邻进入空穴，它的超额部分的动能至少要等于$(n-1)$个分子组合的动能. 于是有

$$\varepsilon_h = \frac{aE_sV_s}{N(V_m - V_s)} = \frac{1}{2z}\left(\frac{3}{2}kT\right)(n-1)\ ,$$

或

$$E_h = \frac{aE_sV_s}{(V_m - V_s)} = \frac{1}{2z}\left(\frac{3}{2}RT\right)(n-1)\ . \tag{15.3.9}$$

为求得系数a的关系，要分析E_s和E_m熔化能，V_m，V_s等的联系. 在熔化过程中温度不变，体系的动能不变，增加的能量是熔化能E_m，它等于势能. 按维里定律，体系的势能和动能相等，所以

$$E_m = \frac{3}{2}RT\ . \tag{15.3.10}$$

另外，产生一个空穴所需的能量等于一个分子的蒸发能. 设液体的蒸发能为E_v，则产生

$N(V_m-V_s)/V_s$ 空穴所需能量应等于熔化能,即

$$E_m = N\frac{V_m - V_s}{V_s}\frac{E_V}{N} = \frac{V_m - V_s}{V_s}E_v.$$

按热化学定律,由

$$E_s = E_m + E_v.$$

可得

$$E_m = \frac{V_m - V_s}{V_m}E_s \tag{15.3.11}$$

将(15.3.10)式,(15.3.11)式代入(15.3.9)式,得

$$\frac{aE_sV_s}{V_m - V_s} = \frac{E_m}{2}\left(\frac{n-1}{z}\right) = \frac{(n-1)}{2z}\left(\frac{V_m - V_s}{V_m}\right)E_s.$$

由上式,解得

$$a = \frac{1}{2}\frac{(n-1)}{z}\frac{(V_m - V_s)^2}{V_mV_s}. \tag{15.3.12}$$

当已知固体的晶格能 E_s、Einstein 特征温度 θ、固体的摩尔体积 V_s 以及参数 a 与 n,(15.3.7)式就给出了液体的正则配分函数 $\Phi(T,V,N)$ 的表达式. 利用 10.8 节所推引的正则系综体系热力学函数的统计公式,可计算各种简单液体的热力学函数. 如 Helmholtz 自由能、压力、熵等

$$F = -kT\ln\Phi,\quad p = kT\left(\frac{\partial\ln\Phi}{\partial V}\right)_{T,V},\quad S = k\ln\Phi + kT\left(\frac{\partial\ln\Phi}{\partial T}\right)_{V,N}.$$

临界性质可利用临界点的条件 $\left(\frac{\partial p}{\partial V}\right)_T = 0$ 和 $\left(\frac{\partial^2 p}{\partial V^2}\right)_T = 0$ 获得.

对于惰性元素的单原子简单液体,有关的 E_s,θ 和 V_s 列在表 15.3.1 中.

表 15.3.1 惰性元素液体的有关参数 E_s,θ 和 V_s

	Ar	Kr	Xe
$E_s/(\mathrm{cal\cdot mol^{-1}})$*	1888.6	2740	3897.7
$V_s/(\mathrm{cm^3\cdot mol^{-1}})$	24.98	29.6	36.5
θ/K	60.0	45.0	39.2

* 1cal=4.1840 J(下同).

利用(15.3.8)和(15.3.12)式,可计算参数 n 和 a. 例如 Ar 的

$$n = z\frac{V_s}{V_m} = 10.7,$$

$$a = \frac{n-1}{z}\frac{1}{2}\frac{(V_m - V_s)^2}{V_mV_s} = 0.0054.$$

将上述数据及参数代入(15.3.7)式的正则配分函数,计算惰性元素液体的蒸气压,摩尔容积、蒸发熵及临界参数等热力学性质,结果列在表 15.3.2 中. 数据表明,除临界压力之外,理论和实验符合甚好. 临界压力的计算值高于实验值,这是由于在临界点附近,空穴要聚集成簇,Grosh(格罗什)考虑了空穴二聚体的影响,改进了计算结果[10]. 另外,Henderson(亨德森)改用 L-J-D 空穴模型,代替 Einstein 谐振子模型,获得了改进的正则配分函数[11].

表 15.3.2 惰性元素液体的热力学性质计算值与实验值对比*

T/K	p/atm		$V/(\mathrm{cm^3\cdot mol^{-1}})$		$\Delta S/(\mathrm{cal\cdot K^{-1}\cdot mol^{-1}})$	
	计算	实验	计算	实验	计算	实验
			Ar			
83.96(mp)	0.6874	0.6739	28.84	28.03	20.07	19.43
87.49(bp)	1.040	1.000	29.36	28.69	18.90	18.65
97.76	2.883	2.682	31.04	30.15	15.92	—
			Kr			
116.0(mp)	0.7605	0.7220	34.31	34.31	20.14	—
119.93(bp)	1.0660	1.000	34.90	—	19.15	17.99
			Xe			
161.3(mp)	0.8372	0.804	42.24	42.68	20.25	—
165.1(bp)	1.0623	1.000	42.84	—	19.50	18.29
	T_c/K		p_c/atm		$V_c/(\mathrm{cm^3\cdot mol^{-1}})$	
	计算	实验	计算	实验	计算	实验
Ar	149.5	150.7	52.9	48.0	83.5	75.3
Kr	209.5	210.6	62.4	54.24	101.0	—
Xe	292.4	289.8	69.6	58.2	125.0	113.8

* H. Eyring, et al.. Physical Chemistry, An Advanced Treatise, vol ⅧA, Academic Press, p. 349, 1971

15.4 正则系综中的 n 体分布函数及其性质

统计热力学的重要任务之一就是预测体系(包括各种流体及固体)的平衡性质. 系综理论原则上解决了这个问题. 若能给出体系的配分函数,体系的热力学性质皆可由配分函数获得. 但对于实际体系,如液体,这样的计算往往十分困难. 为此发展各种近似方法,分布函数就是其中的一种近似理论. 以下各节将分别介绍分布函数及其性质、分布函数与热力学函数的关系、分布函数的计算方法.

15.4.1 n 体分布函数

已知离域相依子体系的正则配分函数为

$$\Phi = \frac{(Q_t)^N}{N!}Q_c,$$

$$Q_c = \int_{(V)}\cdots\int e^{-U(r)/kT}\mathrm{d}\boldsymbol{r}_1\cdots\mathrm{d}\boldsymbol{r}_N = \int_{(V)}\cdots\int e^{-U(\boldsymbol{r}_1,\cdots,\boldsymbol{r}_N)/kT}\mathrm{d}\boldsymbol{r}_1\cdots\mathrm{d}\boldsymbol{r}_N.$$

对于 N,V,T 恒定的液体,如不考虑动能变化,只涉及分子位置不同引起的势能变化,由正则配分函数可以讨论液体的各种空间构型出现的概率. 第 1 个分子出现在 $\boldsymbol{r}_1$ 处的体积元 $\mathrm{d}\boldsymbol{r}_1$ 内;第 2 个分子出现在 $\boldsymbol{r}_2$ 处的微元 $\mathrm{d}\boldsymbol{r}_2$ 内(图 15.4.1);…;第 N 个分子处在 $\boldsymbol{r}_N$ 的微元 $\mathrm{d}\boldsymbol{r}_N$ 的概率为

$$P^{(N)}(\boldsymbol{r}_1,\boldsymbol{r}_2,\cdots,\boldsymbol{r}_N)\prod_{i=1}^{N}\mathrm{d}\boldsymbol{r}_i = \frac{e^{-U(r)/kT}\prod_{i=1}^{N}\mathrm{d}\boldsymbol{r}_i}{Q_c}. \tag{15.4.1}$$

体系的平衡性质与时间无关,不涉及各个分子的动量状态,只考虑 N 个分子的空间分布,因此,可在坐标子相宇中进行讨论. 当分析体系的动力学行为时,则要在包括动量子空间在内的

相空间进行.

由(15.4.1)式,不难给出 h 个特定分子以某种空间构型出现的概率

$$P^{(h)}(\boldsymbol{r}_1,\boldsymbol{r}_2,\cdots,\boldsymbol{r}_h)\prod_{i=1}^{h}\mathrm{d}\boldsymbol{r}_i=\frac{1}{Q_{\mathrm{c}}}\left[\int\cdots\int_{(V)}\mathrm{e}^{-U(r)/kT}\mathrm{d}\boldsymbol{r}_1\cdots\mathrm{d}\boldsymbol{r}_{\mathrm{h}}\right]\mathrm{d}\boldsymbol{r}_{h+1}\cdots\mathrm{d}\boldsymbol{r}_N. \tag{15.4.2}$$

函数

$$P^{(h)}(\boldsymbol{r}_1,\boldsymbol{r}_2,\cdots,\boldsymbol{r}_h)=\frac{1}{Q_{\mathrm{c}}}\int\cdots\int_{(V)}\mathrm{e}^{-U(r)/kT}\mathrm{d}\boldsymbol{r}_{h+1}\cdots\mathrm{d}\boldsymbol{r}_N$$

称为 h 重标明分布函数,或 h 粒子标明分布函数. $P^{(h)}(\boldsymbol{r}_1,\boldsymbol{r}_2,\cdots,\boldsymbol{r}_h)$是第1个分子出现在$\boldsymbol{r}_1$ 的$\mathrm{d}\boldsymbol{r}_1$ 内;第 2 个分子处在$\boldsymbol{r}_2$ 的$\mathrm{d}\boldsymbol{r}_2$ 内,…;第h 个分子出现在$\boldsymbol{r}_h$ 的$\mathrm{d}\boldsymbol{r}_h$ 内,而不管其余$(N-h)$个分子出现在何处的概率.

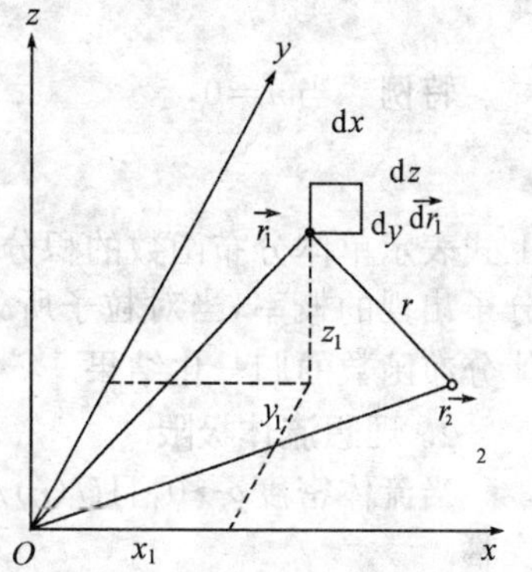

图 15.4.1　体积元和粒子坐标示意图

显然,标明分布函数是归一化的,即

$$\int\cdots\int P^{(h)}(\boldsymbol{r}_1,\boldsymbol{r}_2,\cdots,\boldsymbol{r}_h)\mathrm{d}\boldsymbol{r}_1\mathrm{d}\boldsymbol{r}_2\cdots\mathrm{d}\boldsymbol{r}_h=1. \tag{15.4.3}$$

若不计分子标号,任意 h 个分子在$\boldsymbol{r}_1,\boldsymbol{r}_2,\cdots,\boldsymbol{r}_h$ 处的体积元$\mathrm{d}\boldsymbol{r}_1,\mathrm{d}\boldsymbol{r}_2,\cdots,\mathrm{d}\boldsymbol{r}_h$ 中,各有一个分子同时出现,而不管其余$(N-h)$个分子在何处的概率为

$$\rho^{(h)}(\boldsymbol{r}_1,\boldsymbol{r}_2,\cdots,\boldsymbol{r}_h)\prod_{i=1}^{h}\mathrm{d}\boldsymbol{r}_2.$$

$\rho^{(h)}(\boldsymbol{r}_1,\boldsymbol{r}_2,\cdots,\boldsymbol{r}_h)$称为$h$ 阶(或h 粒子)分布函数,或h 体密度函数,它可由 h 阶标明分布函数求得

$$\begin{aligned}\rho^{(h)}(\boldsymbol{r}_1,\boldsymbol{r}_2,\cdots,\boldsymbol{r}_h)&=N(N-1)(N-2)\cdots(N-h+1)P^{(h)}(\boldsymbol{r}_1,\boldsymbol{r}_2,\cdots,\boldsymbol{r}_h)\\&=\frac{N!}{(N-h)!}\frac{1}{Q_{\mathrm{c}}}\int\cdots\int_{(V)}\mathrm{e}^{-U(r)/kT}\mathrm{d}\boldsymbol{r}_{h+1}\cdots\mathrm{d}\boldsymbol{r}_N.\end{aligned} \tag{15.4.4}$$

$\rho^{(h)}$归一化到$\dfrac{N!}{(N-h)!}$,即

$$\int\cdots\int_{(V)}\rho^{(h)}(\boldsymbol{r}_1,\boldsymbol{r}_2,\cdots,\boldsymbol{r}_h)\mathrm{d}\boldsymbol{r}_1\cdots\mathrm{d}\boldsymbol{r}_h=\frac{N!}{(N-h)!}. \tag{15.4.5}$$

经常使用的密度函数是一体、二体和三体密度函数,它们分别为

$$\rho^{(1)}(\boldsymbol{r}_1)=\frac{N}{Q_{\mathrm{c}}}\int\cdots\int_{(V)}\mathrm{e}^{-U(r)/kT}\mathrm{d}\boldsymbol{r}_2\cdots\mathrm{d}\boldsymbol{r}_N, \tag{15.4.6}$$

$$\rho^{(2)}(\boldsymbol{r}_1,\boldsymbol{r}_2)=\frac{N(N-1)}{Q_{\mathrm{c}}}\int\cdots\int_{(V)}\mathrm{e}^{-U(r)/kT}\mathrm{d}\boldsymbol{r}_3\cdots\mathrm{d}\boldsymbol{r}_N, \tag{15.4.7}$$

$$\rho^{(3)}(\boldsymbol{r}_1,\boldsymbol{r}_2,\boldsymbol{r}_3)=\frac{N(N-1)(N-2)}{Q_{\mathrm{c}}}\int\cdots\int_{(V)}\mathrm{e}^{-U(r)/kT}\mathrm{d}\boldsymbol{r}_4\cdots\mathrm{d}\boldsymbol{r}_N. \tag{15.4.8}$$

在讨论分布函数性质之前,再引入一个称为h 粒子的相关函数$g^{(h)}(\boldsymbol{r}_1,\boldsymbol{r}_2,\cdots,\boldsymbol{r}_h)$. 它定义为

$$g^{(h)}(\boldsymbol{r}_1,\boldsymbol{r}_2,\cdots,\boldsymbol{r}_h)=\frac{\rho^{(h)}(\boldsymbol{r}_1,\boldsymbol{r}_2,\cdots,\boldsymbol{r}_h)}{\rho^{(1)}(\boldsymbol{r}_1)\rho^{(1)}(\boldsymbol{r}_2)\cdots\rho^{(1)}(\boldsymbol{r}_h)}. \tag{15.4.9}$$

作为特例,单粒子、双粒子和三粒子相关函数分别为

$$g^{(1)}(\boldsymbol{r}_1)=\frac{\rho^{(1)}(\boldsymbol{r}_1)}{\rho^{(1)}(\boldsymbol{r}_1)}=1, \tag{15.4.10}$$

$$g^{(2)}(\boldsymbol{r}_1,\boldsymbol{r}_2)=\frac{\rho^{(2)}(\boldsymbol{r}_1,\boldsymbol{r}_2)}{\rho^{(1)}(\boldsymbol{r}_1)\rho^{(1)}(\boldsymbol{r}_2)}, \tag{15.4.11}$$

$$g^{(3)}(\boldsymbol{r}_1,\boldsymbol{r}_2,\boldsymbol{r}_3)=\frac{\rho^{(3)}(\boldsymbol{r}_1,\boldsymbol{r}_2,\boldsymbol{r}_3)}{\rho^{(1)}(\boldsymbol{r}_1)\rho^{(1)}(\boldsymbol{r}_2)\rho^{(1)}(\boldsymbol{r}_3)}. \tag{15.4.12}$$

15.4.2　分布函数的性质

1. 递推关系

n 体分布函数存在递推关系，从 $\rho^{(n+1)}$ 通过对 $\mathrm{d}r_{n+1}$ 的积分可得 $\rho^{(n)}$.

$$\begin{aligned}\int\rho^{(n+1)}(\boldsymbol{r}_1,\boldsymbol{r}_2,\cdots,\boldsymbol{r}_{n+1})\mathrm{d}\boldsymbol{r}_{n+1}&=\frac{N!}{(N-n-1)!Q_c}\int(\mathrm{e}^{-U(r)/kT}\mathrm{d}\boldsymbol{r}_{n+2}\cdots\mathrm{d}\boldsymbol{r}_N)\mathrm{d}\boldsymbol{r}_{n+1}\\&=(N-n)\rho^{(n)}(\boldsymbol{r}_1,\boldsymbol{r}_2,\cdots,\boldsymbol{r}_n).\end{aligned} \tag{15.4.13}$$

特例　当 $n=0$，

$$\int\rho^{(1)}(\boldsymbol{r}_1)\mathrm{d}r_1=N. \tag{15.4.14}$$

上式表示单体分布函数的积分给出总的粒子数.这一结果是很自然的，因为 $\rho^{(1)}(r)$ 给出在 r 处分子出现的概率，当对粒子所处全部空间积分时，当然获得总粒子数.这也就是(15.4.5)式单体分布函数的归一化结果.

2. 理想流体极限

当流体密度 $\rho\to0$，且 $U(r)/kT\to0$ 的极限情况下，$Q_c=V^N$. n 体分布函数 $\rho^{(n)}$ 就是数密度的 n 次幂.

$$\begin{aligned}\rho^{(n)}(\boldsymbol{r}_1,\boldsymbol{r}_2,\cdots,\boldsymbol{r}_n)&=\frac{N!}{(N-n)!Q_c}\int1\cdot\mathrm{d}\boldsymbol{r}_{n+1}\cdots\mathrm{d}\boldsymbol{r}_N\\&=\frac{N!V^{N-n}}{(N-n)!V^N}=\frac{N(N-1)\cdots(N-n-1)}{V^n}\\&=\left(\frac{N}{V}\right)^n\left(1-\frac{1}{N}\right)\left(1-\frac{2}{N}\right)\cdots\left(1-\frac{N-n-1}{N}\right)\\&=\rho^n\left\{1-O\left(\frac{1}{N}\right)\right\}.\end{aligned} \tag{15.4.15}$$

3. 无穷远距离极限

若总的势能函数 $U(r_1,r_2,\cdots,r_N)$ 可表示为对势能项的加和 $U(r)=\sum\limits_{i<j}u(r_{ij})$，且对势能项是短程性质，即当 r_{ij} 足够大时，$u(r_{ij})=0$，将有无穷远距离极限.

$$\lim_{r_{n+1}\to\infty}\rho^{(n+1)}(\boldsymbol{r}_1,\boldsymbol{r}_2,\cdots,\boldsymbol{r}_{n+1})=\rho\rho^{(n)}(\boldsymbol{r}_1,\boldsymbol{r}_2,\cdots,\boldsymbol{r}_n)\quad\left(\rho=\frac{N}{V}\right). \tag{15.4.16}$$

上式证明见习题(15.8).

4. 平移不变性

当无外场存在时，n 体分布函数与坐标原点的选择无关，也就是原点的平移不改变 n 体分布函数.这一性质称为 $\rho^{(n)}(\boldsymbol{r}_1,\boldsymbol{r}_2,\cdots,\boldsymbol{r}_n)$ 的平移不变性或均匀性.对于平移不变函数 $f(r)$，对任一向量 $\boldsymbol{a}$，下式皆成立

$$f(\boldsymbol{r}-\boldsymbol{a})=f(\boldsymbol{r}). \tag{15.4.17}$$

5. 分布函数的各向同性

若 $f(\boldsymbol{r})=f(r,\theta,\phi)=f(r)$，函数 f 称为各向同性，也就是说 f 与取向无关.对于均匀流体，分子间的相互作用势是各向同性，又无外场作用，则其所有的分布函数都是各向同性.

例如二体分布函数

$$\rho^{(2)}(\boldsymbol{r}_1,\boldsymbol{r}_2)=\rho^{(2)}(\boldsymbol{r}_1-\boldsymbol{r}_1,\boldsymbol{r}_2-\boldsymbol{r}_1)=\rho^{(2)}(0,\boldsymbol{r}_2-\boldsymbol{r}_1)$$
$$=\rho^{(2)}(\boldsymbol{r}_{12})=\rho^{(2)}(r_{12},\theta,\phi)=\rho^{(2)}(r_{12}). \tag{15.4.18}$$

其中$r_{12}=|r_2-r_1|$.对于三体分布函数,可得类似结果

$$\rho^{(3)}(\boldsymbol{r}_1,\boldsymbol{r}_2,\boldsymbol{r}_3)=\rho^{(3)}(r_{12},r_{23},r_{31}). \tag{15.4.19}$$

对于各向同性流体,分布函数仅取决于分子间距离,与取向无关,使分布函数的表达式简化.均匀各向流体的单体分布函数就等于数密度.

$$\rho^{(1)}(\boldsymbol{r}_1)=\frac{N}{V}=\rho. \tag{15.4.20}$$

分子对相关函数$g^{(2)}(\boldsymbol{r}_1,\boldsymbol{r}_2)$可简化为

$$g^{(2)}(r_{12})=\frac{\rho^{(2)}(r_{12})}{\rho^2},$$

或

$$\rho^2 g(r)=\rho^{(2)}(r). \tag{15.4.21}$$

$g(r)$称为径向分布函数.它实际就是二体(分子对)相关函数,可从X射线衍射或中子衍射实验获得.图15.4.2给出的是液氩的径向分布.由图可见,$g(r)$具有3个特征区域:(i)当r小于分子的有效碰撞直径时,$g(r)$迅速趋于零;(ii)当r足够大,$g(r)$振荡着趋近于1,此处,分子的局部数密度与平均数密度相等;(iii)在中间区,$g(r)$呈现几个峰值,最大的一个峰值对应于分子间相互作用势$u(r)$的最低点.$g(r)$这一概率函数的变化,刻画出了液体的稳定短程有序结构特征.当r小于分子的直径σ时,分子间的强大斥力,使其他分子不可能在小于σ处出现.几个峰值分别代表中心分子的第一、第二、…配位圈.它们的迅速衰减表示液体分子的有序排列随r增加而很快减小.当r足够大时,$g(r)\to 1$,表示在离中心分子足够远处,分子的分布已呈无序.从$g(r)$的曲线可以获得流体的配位数信息(图15.4.3).参考文献[21]给出了液体金属最近邻配位数的实验测定结果.

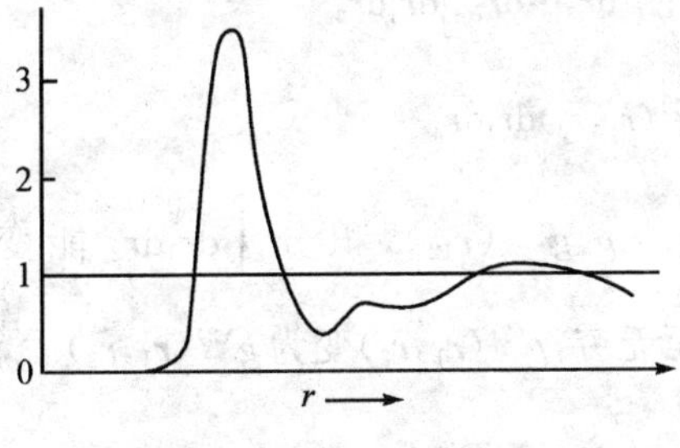

图 15.4.2 液氩的径向分布函数

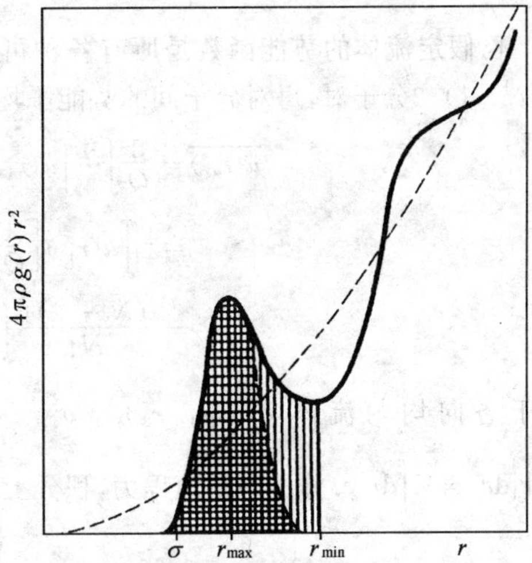

图 15.4.3 径向分布函数与配位数的关系

对n体相关函数也存在类似于n体分布函数的递推关系、归一化、理想流体极限、无穷远距离极限等性质(见习题15.7).

15.5　径向分布函数与流体的热力学性质

本节将在径向分布函数的基础上给出流体的热力学性质.假设流体的势能U等于各分子对相互作用势能之和,

$$U(r) = \sum_{i<j} u(r_{ij}). \tag{15.5.1}$$

并将讨论限于N个分子构成的简单流体.

15.5.1　流体的能量

在正则系综中,离域相依子体系的能量可由正则配分函数表达为

$$E = kT^2\left(\frac{\partial \ln \Phi}{\partial T}\right)_{V,N} = \frac{3}{2}NkT + kT^2\left(\frac{\partial \ln Q_c}{\partial T}\right)_{V,N},$$

其中$Q_c = \int\cdots\int_{(V)} e^{-U(r)/kT}d\boldsymbol{r}_1 d\boldsymbol{r}_2\cdots d\boldsymbol{r}_N$为构型积分.

$$\left(\frac{\partial Q_c}{\partial T}\right)_{V,N} = \int\cdots\int_{(V)}\left[\frac{\partial}{\partial T}e^{-U(r)/kT}\right]d\boldsymbol{r}_1\cdots d\boldsymbol{r}_N = \frac{1}{kT^2}\int\cdots\int_{(V)} U(\boldsymbol{r})e^{-U(r)/kT}d\boldsymbol{r}_1\cdots d\boldsymbol{r}_N,$$

$$kT^2\left(\frac{\partial \ln Q_c}{\partial T}\right)_{V,N} = \frac{1}{Q_c}\int\cdots\int_{(V)} U(\boldsymbol{r})e^{-U(r)/kT}d\boldsymbol{r}_1\cdots d\boldsymbol{r}_N = \overline{U}(T,V,N). \tag{15.5.2}$$

$\overline{U}(T,V,N)$为势能函数$U(r)$在热力学参数为T,V,N的正则系综中的平均,因此,体系的能量函数为

$$E = \frac{3}{2}NkT + \overline{U}(T,V,N). \tag{15.5.3}$$

已假定流体的势能函数是所有各种可能的分子对势能之和,由N个分子组成的流体有$N(N-1)/2$分子对,每对分子间的势能平均都为

$$\begin{aligned}\overline{u(r_{12})} &= \frac{1}{Q_c}\int\cdots\int u(r_{12})e^{-U(r)/kT}d\boldsymbol{r}_1\cdots d\boldsymbol{r}_N \\ &= \iint u(r_{12})\left[\frac{1}{Q_c}\int\cdots\int e^{-U(r)/kT}d\boldsymbol{r}_3\cdots d\boldsymbol{r}_N\right]d\boldsymbol{r}_1 d\boldsymbol{r}_2 \\ &= \frac{(N-2)!}{N!}\iint u(r_{12})\rho^{(2)}(\boldsymbol{r}_1,\boldsymbol{r}_2)d\boldsymbol{r}_1 d\boldsymbol{r}_2.\end{aligned}$$

对于各向均匀流体$\rho^{(2)}(\boldsymbol{r}_1,\boldsymbol{r}_2) = \rho^2 g^{(2)}(\boldsymbol{r}_1,\boldsymbol{r}_2) = \rho^2 g^{(2)}(r_{12})$,积分$\int d\boldsymbol{r}_1 d\boldsymbol{r}_2$能变换为$\int d\boldsymbol{r}_1 d\boldsymbol{r}_2 = V\int dr_{12}$.分子间是短程力,积分上限可取至无穷,$\rho^{(2)}(\boldsymbol{r}_1,\boldsymbol{r}_2)$变为$g^{(2)}(\boldsymbol{r}_1,\boldsymbol{r}_2)$后,得

$$\overline{u(r_{12})} = \frac{1}{V^2}\iint u(r_{12})g^{(2)}(r_{12})d\boldsymbol{r}_1 d\boldsymbol{r}_2 = \frac{1}{V}\int_0^\infty u(r)g(r)4\pi r^2 dr,$$

$$kT^2\left(\frac{\partial \ln Q_c}{\partial T}\right)_{V,N} = \frac{1}{2}N(N-1)\overline{u(r_{12})} = \frac{N}{2}\rho\int_0^\infty u(r)g(r)4\pi r^2 dr. \tag{15.5.4}$$

将上式代入(15.5.3),得

$$E = N\left[\frac{3}{2}kT + \frac{1}{2}\rho\int_0^\infty u(r)g(r)4\pi r^2 \mathrm{d}r\right]. \tag{15.5.5}$$

(15.5.5)式就是流体的能量与径向分布函数 $g(r)$ 的关系式，常称为能量方程式. 亦可表示为

$$E/V = \frac{3}{2}\rho kT + \frac{1}{2}\rho^2\int_0^\infty u(r)g(r)4\pi r^2 \mathrm{d}r. \tag{15.5.6}$$

这个方程给出 E/V 作为温度 T 和密度 ρ 的函数，只要知道径向分布函数 $g(r)=g(r,T,\rho)$ 和 $u(r)$，就可求得体系的能量函数. 第一项是动能对内能的贡献，第二项是构型势能. 值得注意，宏观体系的 N 体问题，现在已转化为与径向分布函数 $g(r)$ 和分子对势函数有关的少体问题. 后面将进一步分析，在径向分布函数的基础上推出了一系列积分方程，而配分函数却不存在这些关系.

15.5.2 流体的压力方程式

在正则系综中，离域相依子体系的平衡压力用配分函数表达为

$$p = kT\left(\frac{\partial \ln \Phi}{\partial V}\right)_{N,T} = kT\left(\frac{\partial \ln Q_c}{\partial V}\right)_{N,T} = \frac{kT}{Q_c}\left(\frac{\partial Q_c}{\partial V}\right)_{N,T}. \tag{15.5.7}$$

为讨论方便，但并不失普遍性，假设盛满流体的容器是立方体，其体积 $V=a^3$，

$$Q_c = \int_0^a \cdots \int_0^a \mathrm{e}^{-U(q)/kT}\mathrm{d}x_1\mathrm{d}y_1\mathrm{d}z_1\cdots\mathrm{d}x_N\mathrm{d}y_N\mathrm{d}z_N.$$

采用Green(格林)的方法[12]，以 a 作为尺度单位，将分子的空间坐标化为分数坐标，令

$$x'_i = (x_i/a),\ y'_i = (y_i/a),\ z'_i = (z_i/a).$$

构型积分变换为

$$Q_c = V^N\int_0^1 \cdots \int_0^1 \mathrm{e}^{-U(q)/kT}\mathrm{d}x'_1\mathrm{d}y'_1\mathrm{d}z'_1\cdots\mathrm{d}x'_N\mathrm{d}y'_N\mathrm{d}z'_N = V^N Q'_c.$$

由上式，可得

$$\left(\frac{\partial Q_c}{\partial V}\right)_{N,T} = NV^{N-1}Q'_c + V^N\left(\frac{\partial Q'_c}{\partial V}\right)_{N,T} = \frac{N}{V}Q_c + V^N\left(\frac{\partial Q'_c}{\partial V}\right)_{N,T}. \tag{15.5.8}$$

引入分数坐标后，求 $\left(\frac{\partial Q_c}{\partial V}\right)_{N,T}$ 已转化为计算 $\left(\frac{\partial Q'_c}{\partial V}\right)_{N,T}$，即

$$\begin{aligned}\left(\frac{\partial Q'_c}{\partial V}\right)_{N,T} &= \int_0^1 \cdots \int_0^1 \frac{\partial}{\partial V}\left[\mathrm{e}^{-U(q)/kT}\right]\mathrm{d}x'_1\cdots\mathrm{d}z'_N \\ &= -\frac{1}{kT}\int_0^1 \cdots \int_0^1 \left[\frac{\partial U(q)}{\partial V}\right]_{x'_1,\cdots,z'_N}\mathrm{e}^{-U(q)/kT}\mathrm{d}x'_1\cdots\mathrm{d}z'_N,\end{aligned}$$

式中

$$\left[\frac{\partial U(q)}{\partial V}\right]_{x'_1,\cdots,z'_N} = \sum_{i<j}\frac{\mathrm{d}u(r_{ij})}{\mathrm{d}(r_{ij})}\left[\frac{\partial r_{ij}}{\partial V}\right]_{x'_1,\cdots,z'_N}.$$

r_{ij} 可由分数坐标找到与 V 的联系

$$\begin{aligned}r_{ij} &= \left[(x_i - x_j)^2 + (y_i - y_j)^2 + (z_i - z_j)^2\right]^{1/2} \\ &= V^{1/3}\left[(x'_i - x'_j)^2 + (y'_i - y'_j)^2 + (z'_i - z'_j)^2\right]^{1/2},\end{aligned}$$

则

$$\left[\frac{\partial r_{ij}}{\partial V}\right]_{x'_1,\cdots,z'_N}=\frac{1}{3}V^{-\frac{2}{3}}\left[(x'_i-x'_j)^2+(y'_i-y'_j)^2+(z'_i-z'_j)^2\right]^{1/2}=\frac{1}{3}\left(\frac{r_{ij}}{V}\right),$$

因此 $$\left(\frac{\partial U(q)}{\partial V}\right)_{x'_1,\cdots,z'_N}=\frac{1}{3V}\sum_{i<j}\frac{\mathrm{d}u(r_{ij})}{\mathrm{d}r_{ij}}r_{ij},$$

$$\begin{aligned}\left(\frac{\partial Q'_c}{\partial V}\right)_{N,T}&=-\frac{1}{3kTV}\int_0^1\cdots\int_0^1\left[\sum_{i<j}\frac{\mathrm{d}u(r_{ij})}{\mathrm{d}r_{ij}}r_{ij}\right]\mathrm{e}^{-U(q)/kT}\,\mathrm{d}x'_1\cdots\mathrm{d}z'_N\\
&=-\frac{N(N-1)}{6kTV}\int_0^1\cdots\int_0^1\left[\frac{\mathrm{d}u(r_{21})}{\mathrm{d}r_{21}}r_{21}\right]\mathrm{e}^{-U(q)/kT}\,\mathrm{d}x'_1\cdots\mathrm{d}z'_N\\
&=-\frac{N(N-1)}{6kTV^{N+1}}\int\cdots\int\frac{\mathrm{d}u(r_{21})}{\mathrm{d}r_{21}}r_{21}\mathrm{e}^{-U(r_1,\cdots,r_N)/kT}\mathrm{d}\boldsymbol{r}_1\cdots\mathrm{d}\boldsymbol{r}_N\\
&=-\frac{N(N-1)}{6kTV^{N+1}}\iint\frac{\mathrm{d}u(r_{21})}{\mathrm{d}r_{21}}r_{21}\left[\int\cdots\int\mathrm{e}^{-U(r_1,\cdots,r_N)/kT}\mathrm{d}\boldsymbol{r}_3\cdots\mathrm{d}\boldsymbol{r}_N\right]\mathrm{d}\boldsymbol{r}_1\mathrm{d}\boldsymbol{r}_2\\
&=-\frac{N(N-1)Q_c}{6kTV^{N+1}}\iint\frac{\mathrm{d}u(r_{21})}{\mathrm{d}r_{21}}r_{21}p^{(2)}(\boldsymbol{r}_1,\boldsymbol{r}_2)\mathrm{d}\boldsymbol{r}_1\mathrm{d}\boldsymbol{r}_2\\
&=-\frac{Q_c}{6kTV^{N+1}}\iint\frac{\mathrm{d}u(r_{21})}{\mathrm{d}r_{21}}r_{21}\rho^2g(r_{21})\mathrm{d}\boldsymbol{r}_1\mathrm{d}\boldsymbol{r}_2\\
&=-\frac{Q_c}{6kTV^N}\rho^2\int_0^\infty\frac{\mathrm{d}u(r)}{\mathrm{d}r}g(r)4\pi r^3\mathrm{d}r\\
&=-\frac{2\pi\rho^2Q_c}{3kTV^N}\int_0^\infty\frac{\mathrm{d}u(r)}{\mathrm{d}r}g(r)r^3\mathrm{d}r\,.\end{aligned}$$

将上式代入(15.5.8)式，整理，得

$$\left(\frac{\partial Q_c}{\partial V}\right)_{N,T}=\frac{N}{V}Q_c\left[1-\frac{2\pi}{3kT}\rho\int_0^\infty\frac{\mathrm{d}u(r)}{\mathrm{d}r}g(r)r^3\mathrm{d}r\right],\tag{15.5.9}$$

$$\left(\frac{\partial\ln Q_c}{\partial V}\right)_{N,T}=\frac{N}{V}\left[1-\frac{2\pi}{3kT}\rho\int_0^\infty\frac{\mathrm{d}u(r)}{\mathrm{d}r}g(r)r^3\mathrm{d}r\right],$$

最后，得到体系的压力方程为

$$p=\frac{NkT}{V}\left[1-\frac{2\pi}{3kT}\rho\int_0^\infty\frac{\mathrm{d}u(r)}{\mathrm{d}r}g(r)r^3\mathrm{d}r\right].\tag{15.5.10}$$

(15.5.10)式建立了流体的压力与径向分布函数的联系.借助该公式可从流体的分子对势函数$u(r)$和径向分布函数$g(r)$来表达流体的压力，建立起流体的状态方程，因此，该式又称为压力方程式.当将$g(r,\rho,T)$展开成密度ρ的级数，与压力的维里方程式对比，可得维里系数与径向分布的关系(见习题15.10).

为了获得除内能和压力以外的所有其他热力学函数，如自由能F，可以利用

$$\left[\frac{\partial(F/T)}{\partial(1/T)}\right]_{N,V}=E,\quad 或\quad \left[\frac{\partial(F/N)}{\partial V}\right]_{N,V}=-p\,.$$

当$g(r,\rho,T)$在全部温度范围内的关系已知时，积分这两式，可以获得$F(N,T,V)$函数.再由特性函数$F(N,T,V)$可求得全部其他热力学性质.然而$g(r,\rho,T)$通常是得不到的.

下面采用耦合参数的方法来推引化学势表达式.

15.5.3 流体的化学势

从流体中选取一特定分子,并标记为分子 1,假设分子 1 和其余 $N-1$ 个分子的相互作用可用一耦合参数 ξ 来调节,ξ 取值范围为 0~1. 引入参数后,流体的总势能变为参数的函数

$$U_N(\boldsymbol{r}_1,\boldsymbol{r}_2,\cdots,\boldsymbol{r}_N,\xi) = \sum_{j=2}^{N}\xi u(\boldsymbol{r}_1,\boldsymbol{r}_j) + \sum_{2\leqslant i<j}^{N} u(r_{ij}) \tag{15.5.11}$$

当 $\xi=0$,分子 1 去耦,与其他分子间完全没有相互作用,总势能与分子 1 无关,$U_N=U_{N-1}$. 当 $\xi=1$,分子 1 与其他分子完全耦合,此时分子 1 与其余分子完全等价. $U_N(\boldsymbol{r}_1,\cdots,\boldsymbol{r}_N,\xi=1)$与 $U_N(\boldsymbol{r}_1,\cdots,\boldsymbol{r}_N)$相等.

由热力学已知流体的化学势是自由能对分子数的微商(在 T,V 恒定条件下),即

$$\mu = \left(\frac{\partial F}{\partial N}\right)_{T,V}.$$

大 N 时,可用差分来近似微分

$$\left(\frac{\partial F}{\partial N}\right)_{T,V} = F(N,V,T) - F(N-1,V,T). \tag{15.5.12}$$

利用自由能的统计表达式可得

$$F(N,V,T) = -kT\ln\Phi(N,V,T) = -kT\ln\left[\frac{Q_c(N,V,T)}{\lambda^{3N}N!}\right],$$

$$F(N-1,V,T) = -kT\ln\Phi(N-1,V,T) = -kT\ln\left[\frac{Q_c(N-1,V,T)}{\lambda^{3(N-1)}(N-1)!}\right],$$

则

$$-\frac{\mu}{kT} = \ln\left[\frac{Q_c(N,V,T)}{Q_c(N-1,V,T)}\right] - \ln N - 3\ln\lambda. \tag{15.5.13}$$

式中

$$\lambda = \left(\frac{h^2}{2\pi mkT}\right)^{1/2},$$

$$Q_c(N,V,T) = \int\cdots\int \exp\{-U_N(\boldsymbol{r}_1,\cdots,\boldsymbol{r}_N)/kT\}\mathrm{d}\boldsymbol{r}_1\cdots\mathrm{d}\boldsymbol{r}_N = Q_c(N,V,T,\xi)_{\xi=1},$$

$$Q_c(N-1,V,T) = \int\cdots\int \exp\{-U_{N-1}(\boldsymbol{r}_2,\cdots,\boldsymbol{r}_N)/kT\}\mathrm{d}\boldsymbol{r}_1\cdots\mathrm{d}\boldsymbol{r}_N = Q_c(N-1,V,T,\xi)_{\xi=0}/V.$$

下面将证明构型积分的比可用耦合参数 ξ 来表达.

$$\frac{Q_c(N,V,T)}{Q_c(N-1,V,T)} = V\frac{Q_c(N,V,T,\xi)_{\xi=1}}{Q_c(N-1,V,T,\xi)_{\xi=0}},$$

$$\ln\frac{Q_c(N,V,T)}{Q_c(N-1,V,T)} = \ln V + \ln\frac{Q_c(N,V,T,\xi)_{\xi=1}}{Q_c(N-1,V,T,\xi)_{\xi=0}} = \ln V + \int_0^1 \frac{\partial \ln Q_c(N,V,T,\xi)}{\partial\xi}\mathrm{d}\xi. \tag{15.5.14}$$

这里需要寻求有关 $\frac{\partial Q_c(N,T,V,\xi)}{\partial\xi}$ 的表达式

$$\frac{\partial Q_c(N,V,T,\xi)}{\partial\xi} = \int\cdots\int\frac{\partial}{\partial\xi}\exp\{-U(\boldsymbol{r}_1,\cdots,\boldsymbol{r}_N,\xi)/kT\}\mathrm{d}\boldsymbol{r}_1\cdots\mathrm{d}\boldsymbol{r}_N$$

$$= -\frac{1}{kT}\int\cdots\int\left[\sum_{j=2}^{N}u(r_{ij})\right]\exp\{-U(\boldsymbol{r}_1,\cdots,\boldsymbol{r}_N,\xi)/kT\}\mathrm{d}\boldsymbol{r}_1\cdots\mathrm{d}\boldsymbol{r}_N$$

$$= -\frac{(N-1)}{kT}\iint u(r_{12})\left[\int\cdots\int \exp\{-U(\boldsymbol{r}_1,\cdots,\boldsymbol{r}_N,\xi)/kT\}\mathrm{d}\boldsymbol{r}_3\cdots\mathrm{d}\boldsymbol{r}_N\right]\mathrm{d}\boldsymbol{r}_1\mathrm{d}\boldsymbol{r}_2$$

$$= -\frac{(N-1)}{kT}\iint u(r_{12})\left[\frac{\rho^2 g(r,\xi)Q_c(N,V,T,\xi)}{N(N-1)}\right]\mathrm{d}\boldsymbol{r}_1\mathrm{d}\boldsymbol{r}_2$$

$$= -\frac{N}{kT}\frac{1}{V^2}Q_c(N,V,T,\xi)\iint u(r_{12})g(r_{12},\xi)\mathrm{d}\boldsymbol{r}_1\mathrm{d}\boldsymbol{r}_2,$$

则

$$\frac{\partial \ln Q_c(N,V,T,\xi)}{\partial \xi} = -\frac{N}{kTV^2}\iint u(r_{12})g(r_{12},\xi)\mathrm{d}\boldsymbol{r}_1\mathrm{d}\boldsymbol{r}_2$$

$$= -\frac{4\pi N}{kTV}\int_0^\infty u(r)g(r,\xi)r^2\mathrm{d}r = -\frac{4\pi\rho}{kT}\int_0^\infty u(r)g(r,\xi)r^2\mathrm{d}r.$$

将上式代入(15.5.14)式,就得出由ξ耦合参数表达的构型积分比

$$\ln\frac{Q_c(N,T,V)}{Q_c(N-1,T,V)} = \ln V - \frac{4\pi\rho}{kT}\int_0^1\int_0^\infty u(r)g(r,\xi)r^2\mathrm{d}r\mathrm{d}\xi \tag{15.5.15}$$

将(15.5.15)代入(15.5.13)式,便得到由耦合参数ξ表达的μ和相关函数$g(r,\xi)$的关系式

$$\frac{\mu}{kT} = \ln\lambda^3\rho + \frac{4\pi\rho}{kT}\int_0^1\int_0^\infty u(r)g(r,\xi)r^2\mathrm{d}r\mathrm{d}\xi. \tag{15.5.16}$$

上式中的第一项代表了当$\rho\to 0$,且$u(r)=0$时,理想流体的贡献;第二项是由于相互作用$u(r)\neq 0$对理想行为的偏离.若能获得不同ξ值的相关函数$g(r,\xi)$,则可由(15.5.16)式计算μ,从而获得其他热力学性质.问题就在于如何求得$g(r,\xi)$,这正是15.6节中积分方程所要讨论的问题.

按照上述正则系综的方法,类似可以定义巨正则系综中的n重标明分布函数、n重分布函数和n重相关函数,并推引出流体的压缩性方程.简要情况请参考习题15.11及所引文献.

15.6 积 分 方 程

从上述讨论已知,求流体热力学性质的问题的关键在于获得径向分布函数.$g(r)$可由实验测定,通过X射线衍射或中子衍射获得流体的结构因子$s(k)$,再由$s(k)$的Fourier(傅里叶)变换就可求得径向分布函数

$$g(r) = 1 + (2\pi^2\rho r)^{-1}\int_0^\infty [s(k)-1]k\sin kr\mathrm{d}k.$$

式中的$k=\lambda^{-1}4\pi\sin(\theta/2)$.有关衍射方法的原理与实验结果请参阅有关文献[13,14].用Monte-Carlo(M-C)或分子动力学(MD)求$g(r)$的方法将在下章讨论,本节介绍获得$g(r)$的积分方程理论.

15.6.1 Kirkwood 积分方程

15.4中讨论了分布函数的定义和性质.分布函数的定义是通过相互作用势给定的.积分方程就是势函数和分布函数之间的一种关系.随着计算机和计算方法的发展,积分方程已成为获得分布函数的最快速方法之一.20世纪30年代,Kirkwood(柯克伍德)推引出了$g(r)$的一个积分方程,至今仍是$g(r)$的重要方程.

首先,求$\rho^{(h)}(\boldsymbol{r}_1,\cdots,\boldsymbol{r}_h,\xi)$对参数$\xi$的偏导,它表示分子1对相互作用的影响.

$$\frac{\partial\rho^{(h)}(\boldsymbol{r}_1,\cdots,\boldsymbol{r}_h,\xi)}{\partial\xi}=\frac{N!}{(N-h)!}\left(\frac{\partial}{\partial\xi}\frac{1}{Q_c}\right)\int\cdots\int \mathrm{e}^{-U(r,\xi)/kT}\mathrm{d}\boldsymbol{r}_{h+1}\cdots\mathrm{d}\boldsymbol{r}_N$$

$$+\frac{N!}{(N-h)!}\frac{1}{Q_c}\frac{\partial}{\partial\xi}\int\cdots\int \mathrm{e}^{-U(r,\xi)/kT}\mathrm{d}\boldsymbol{r}_{h+1}\cdots\mathrm{d}\boldsymbol{r}_N$$

$$=\frac{N!}{(N-h)!}\frac{Q_c^{-2}}{kT}\int\cdots\int \mathrm{e}^{-U(r,\xi)/kT}\mathrm{d}\boldsymbol{r}_{h+1}\cdots\mathrm{d}\boldsymbol{r}_N\left[\int\cdots\int\sum_{j=2}^{N}u(r_{1j})\mathrm{e}^{-U(r,\xi)/kT}\mathrm{d}\boldsymbol{r}_1\cdots\mathrm{d}\boldsymbol{r}_N\right]$$

$$-\frac{N!}{(N-h)!}\frac{Q_c^{-1}}{kT}\int\cdots\int\sum_{j=2}^{N}u(r_{1j})\mathrm{e}^{-U(r,\xi)/kT}\mathrm{d}\boldsymbol{r}_{h+1}\cdots\mathrm{d}\boldsymbol{r}_N$$

$$=\frac{\rho^{(h)}(\boldsymbol{r}_1,\cdots,\boldsymbol{r}_h,\xi)}{kTQ_c}(N-1)\int\cdots\int u(r_{12})\mathrm{e}^{-U(r,\xi)/kT}\mathrm{d}\boldsymbol{r}_1\cdots\mathrm{d}\boldsymbol{r}_N$$

$$-\frac{N!}{(N-h)!}\frac{Q_c^{-1}}{kT}\sum_{j=2}^{h}u(r_{1j})\int\cdots\int \mathrm{e}^{-U(r,\xi)/kT}\mathrm{d}\boldsymbol{r}_{h+1}\cdots\mathrm{d}\boldsymbol{r}_N$$

$$-\frac{N!(N-h)}{(N-h)!}\frac{Q_c^{-1}}{kT}\int\cdots\int u(r_{1,h+1})\mathrm{e}^{-U(r,\xi)/kT}\mathrm{d}\boldsymbol{r}_{h+1}\cdots\mathrm{d}\boldsymbol{r}_N$$

$$=\frac{\rho^{(h)}(\boldsymbol{r}_1,\cdots,\boldsymbol{r}_h,\xi)}{NkT}\iint u(r_{12})\rho^{(2)}(\boldsymbol{r}_1,\boldsymbol{r}_2,\xi)\mathrm{d}\boldsymbol{r}_1\mathrm{d}\boldsymbol{r}_2-\frac{\rho^{(h)}(\boldsymbol{r}_1,\cdots,\boldsymbol{r}_h,\xi)}{kT}\sum_{j=2}^{h}u(r_{1j})$$

$$-\frac{1}{kT}\int u(r_{1,h+1})\rho^{(h+1)}(\boldsymbol{r}_1,\cdots,\boldsymbol{r}_{h+1},\xi)\mathrm{d}\boldsymbol{r}_{h+1}.$$

上式两边同除以$\dfrac{\rho^{(h)}(\boldsymbol{r}_1,\cdots,\boldsymbol{r}_h,\xi)}{kT}$，得

$$kT\frac{\partial\ln\rho^{(h)}(\boldsymbol{r}_1,\cdots,\boldsymbol{r}_h,\xi)}{\partial\xi}=\frac{1}{N}\iint u(r_{12})\rho^{(2)}(r_{12},\xi)\mathrm{d}\boldsymbol{r}_1\mathrm{d}\boldsymbol{r}_2-\sum_{j=2}^{h}u(r_{1j})$$

$$-\frac{1}{\rho^{(h)}(\boldsymbol{r}_1,\cdots,\boldsymbol{r}_h,\xi)}\int u(r_{1,h+1})\rho^{(h+1)}(\boldsymbol{r}_1,\cdots,\boldsymbol{r}_{h+1},\xi)\mathrm{d}\boldsymbol{r}_{h+1}.$$

这是一个微分积分方程. 等式两边乘以$\mathrm{d}\xi$，并积分后，得一积分方程

$$kT\ln\rho^{(h)}(\boldsymbol{r}_1,\cdots,\boldsymbol{r}_h,\xi)-kT\ln\rho^{(h)}(\boldsymbol{r}_1,\cdots,\boldsymbol{r}_h,0)$$

$$=-\xi\sum_{j=2}^{h}u(r_{1j})+\frac{1}{N}\int_0^{\xi}\iint u(r_{12})\rho^{(2)}(r_{12},\xi)\mathrm{d}\boldsymbol{r}_1\mathrm{d}\boldsymbol{r}_2\mathrm{d}\xi-\int_0^{\xi}\int u(r_{1,h+1})\frac{\rho^{(h+1)}(\boldsymbol{r}_1,\cdots,\boldsymbol{r}_{h+1},\xi)}{\rho^{(h)}(\boldsymbol{r}_1,\cdots,\boldsymbol{r}_h,\xi)}\mathrm{d}\boldsymbol{r}_{h+1}\mathrm{d}\xi. \tag{15.6.1}$$

因

$$\rho^{(h)}(\boldsymbol{r}_1,\cdots,\boldsymbol{r}_h,0)=\frac{N!}{(N-h)!}\frac{\int\cdots\int \mathrm{e}^{-u(r_2,\cdots,r_N)/kT}\mathrm{d}\boldsymbol{r}_{h+1}\cdots\mathrm{d}\boldsymbol{r}_N}{\int\mathrm{d}r_1\int\cdots\int \mathrm{e}^{-u(r_2,\cdots,r_N)/kT}\mathrm{d}\boldsymbol{r}_2\cdots\mathrm{d}\boldsymbol{r}_N}$$

$$=\frac{N!}{(N-h)!}\frac{1}{V}P_{N-1}^{(h-1)}(\boldsymbol{r}_2,\cdots,\boldsymbol{r}_h)$$

$$=\rho\cdot\rho_{N-1}^{(h-1)}(\boldsymbol{r}_2,\cdots,\boldsymbol{r}_h),$$

即

$$kT\ln\rho^{(h)}(\boldsymbol{r}_1,\cdots,\boldsymbol{r}_h,0)=kT\ln\rho+kT\ln\rho_{N-1}^{(h-1)}(\boldsymbol{r}_2,\cdots,\boldsymbol{r}_h),$$

式中$\rho_{N-1}^{(h-1)}(r_2,\cdots,r_h)$代表$(N-1)$个分子组成的体系的$(h-1)$重分布函数. 代入(15.6.1)，得

$$kT\ln\rho^{(h)}(\boldsymbol{r}_1,\cdots,\boldsymbol{r}_h,\xi)=kT\ln\rho+kT\ln\rho_{N-1}^{(h-1)}(\boldsymbol{r}_2,\cdots,\boldsymbol{r}_h)-\xi\sum_{j=2}^{n}u(r_{1j})$$

$$+\frac{1}{N}\int_0^{\xi}\iint u(r_{12})\rho^{(2)}(r_{12},\xi)\mathrm{d}\boldsymbol{r}_1\mathrm{d}\boldsymbol{r}_2\mathrm{d}\xi-\int_0^{\xi}\int u(r_{1,h+1})\frac{\rho^{(h+1)}(\boldsymbol{r}_1,\cdots\boldsymbol{r}_{h+1},\xi)}{\rho^{(h)}(\boldsymbol{r}_1,\cdots\boldsymbol{r}_h,\xi)}\mathrm{d}\boldsymbol{r}_{h+1}\mathrm{d}\xi. \tag{15.6.2}$$

注意,(15.6.2)式的推导中,除流体势能满足对加和性外,没有引入其他假设.

当$h=2$时,这是径向分布的特别重要情形,此时$\rho^{(2)}(r_{12},\xi)=\rho^2 g(r_{12},\xi)$,上式化为

$$kT\ln g^{(2)}(r_{12},\xi)=-\xi u(r_{12})-\rho\iint_0^{\xi} u(r_{13})\left[\frac{g^{(3)}(\boldsymbol{r}_1,\boldsymbol{r}_2,\boldsymbol{r}_3,\xi)}{g^{(2)}(r_{12},\xi)}-g^{(2)}(r_{13},\xi)\right]\mathrm{d}\boldsymbol{r}_3\mathrm{d}\xi. \tag{15.6.3}$$

(15.6.2)和(15.6.3)两式是联系$g^{(h)}(r)$与$g^{(h+1)}(r)$的积分方程,要求$g^{(h)}$,就得知道$g^{(h+1)}(r)$.如此耦合的一组方程称为非封闭方程,因为不知道$g^{(h+1)}$和$g^{(h)}$的其他关系,单从这组方程是不可能由$g^{(h+1)}(r)$求得$g^{(h)}(r)$的,因为求$g^{(h+1)}(r)$还要求$g^{(h+2)}(r)$,如此等等.为了走出这一困境,Kirkwood 引入一个称为叠加近似的假设,找到 3 个分子的概率等于相应的 3 个分子对的概率之积,即

$$g^{(3)}(\boldsymbol{r}_1,\boldsymbol{r}_2,\boldsymbol{r}_3)=g^{(2)}(\boldsymbol{r}_1,\boldsymbol{r}_2)g^{(2)}(\boldsymbol{r}_2,\boldsymbol{r}_3)g^{(2)}(\boldsymbol{r}_3,\boldsymbol{r}_1). \tag{15.6.4}$$

当为分子 1 引入耦合参数ξ,则

$$g^{(3)}(\boldsymbol{r}_1,\boldsymbol{r}_2,\boldsymbol{r}_3,\xi)=g(r_{12},\xi)g(r_{13},\xi)g(r_{23}). \tag{15.6.5}$$

该式提供了独立于(15.6.3)方程,将$g^{(3)}(\boldsymbol{r}_1,\boldsymbol{r}_2,\boldsymbol{r}_3)$用$g^{(2)}(r)$表达的关系式.应用此式,方程(15.6.3)则变为

$$kT\ln g(r_{12},\xi)=-\xi u(r_{12})-\rho\iint_0^{\xi} u(r_{13})g(r_{13},\xi)[g(r_{23})-1]\mathrm{d}\boldsymbol{r}_3\mathrm{d}\xi. \tag{15.6.6}$$

上式就是所谓的 Kirkwood 方程式.原则上,用此方程可由势函数$u(r)$求得径向分布函数$g(r,\xi)$.若不用耦合参数时,就令$\xi=1$,则得$g(r)$.

若$\rho^{(h)}(\boldsymbol{r}_1,\cdots,\boldsymbol{r}_h,\xi)$不是对$\xi$求偏导,而是对选定的特定分子的坐标,如分子1,求偏导,方法与推导Kirkwood 积分方程完全相似,可得另一微分积分方程,称为Born-Green-Yvon(伊芬)微分积分方程,简称BGY 方程[15].采用Kirkwood 叠加近似后,BGY 方程为

$$kT\frac{\partial}{\partial r_1}\ln g(r_{12},\xi)=-\xi\frac{\partial u(r_{12})}{\partial r_1}-\xi\rho\int\frac{\partial u(r_{13})}{\partial r_1}g(r_{13},\xi)g(r_{23})\mathrm{d}\boldsymbol{r}_3.$$

该方程与Kirkwood 方程一样,原则上也可利用分子对势函数求得径向分布函数.应用结果将在后面与其他积分方程一并讨论.

15.6.2　PY 方程和HNC 方程

20 世纪 50 年代后,相继又发展出两个由分子间势函数计算分布函数的方法.即 Percus-Yevick(珀卡斯-耶维克)方程(简称PY 方程)和超网链方程(Hypernetted Chain,简称HNC 方程),它们都是在Ornstein-Zernike(奥恩斯坦-策尼克)关系的基础上,引入合理近似得到的,因此,首先介绍OZ 关系,严格推导参阅文献[16,22～24].

现要引入一个新的相关函数$h(r)$,将其定义为:

$$h(\boldsymbol{r}_1,\boldsymbol{r}_2)=g(\boldsymbol{r}_1,\boldsymbol{r}_2)-1, \tag{15.6.8}$$

$h(\boldsymbol{r}_1,\boldsymbol{r}_2)$称为总相关函数.

● 对于无外场、均匀各向同性的流体

$$h(\boldsymbol{r}_1,\boldsymbol{r}_2)=h(|\boldsymbol{r}_2-\boldsymbol{r}_1|)=h(r_{12}),$$

则
$$h(r_{12})=g(r_{12})-1.$$

● 对随机分布的理想流体

$$g(r_{12})=1,\quad h(r_{12})=0,$$

因此，总相关函数$h(r)$度量了对随机分布的偏离. 由于体系中分子间存在相互作用，对任一选定中心分子r_1，距离r_{12}处的分子密度将与平均值不同，$h(r_{12})=g(r_{12})-1=[\rho(r_{12})-\rho]/\rho$就是局域分子密度对平均密度的相对偏离.

1914 年，Ornstein 和 Zernike 提出将总相关函数分为直接相关与间接影响两部分，直接相关函数用$C(r_{12})$表示，它度量处在$\mathrm{d}\boldsymbol{r}_1$的中心分子对处在$\mathrm{d}\boldsymbol{r}_2$中分子密度的直接影响. 间接影响部分则表示中心分子 1 直接影响分子 3，分子 3 处在$\mathrm{d}\boldsymbol{r}_3$，分子 1 对分子 3 是直接影响，可用$C(r_{13})$表示，然后分子 3 又影响处在$\mathrm{d}\boldsymbol{r}_2$中的分子 2，将分子 1 通过分子 3 对分子 2 产生的作用称为间接影响. 分子 3 可能出现在各种位置，间接部分应对分子 3 的所有可能的位置平均，即

$$h(\boldsymbol{r}_1,\boldsymbol{r}_2)-C(\boldsymbol{r}_1,\boldsymbol{r}_2)\equiv\rho\int h(\boldsymbol{r}_2,\boldsymbol{r}_3)C(\boldsymbol{r}_1,\boldsymbol{r}_3)\mathrm{d}\boldsymbol{r}_3. \tag{15.6.9}$$

(15.6.9)式称为 Ornstein-Zernike(OZ)关系，亦称做 OZ 方程. 对于具有平移不变性的各向同性流体

$$h(r)-C(r)=\rho\int h(s)C(|r-s|)\mathrm{d}s\,. \tag{15.6.10}$$

图 15.6.1 显示出了总相关函数和直接相关函数的形状，由于$C(r)$只涉及两个分子的直接作用，所以形状比$h(r)$简单. $C(r)$非常类似于无限稀气体($\rho=0$)的$g(r)$. 这卷积可由标准的 Fourier 变换或 Laplace 变换求解. OZ 方程也是非封闭的，为求得$h(r)$，进而获得$g(r)$，必须引入另外独立的$h(r)$与$C(r)$的关系.

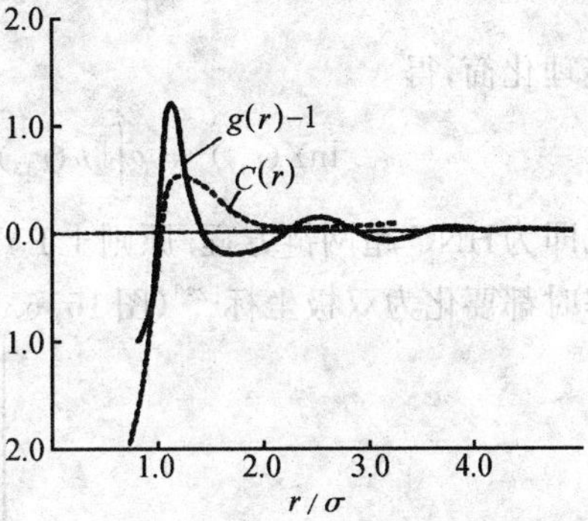

图 15.6.1　总相关函数与直接相关函数曲线

PY 方程　实质上就是在 OZ 关系中另引入新的$h(r)$与$C(r)$的关系，结果综合为一个新的方程，使原 OZ 方程封闭可解. 直接相关函数可认为是总相关函数和间接影响部分的差值，可表达为

$$C(r)=g_{\mathrm{tot}}(r)-g_{\mathrm{ind}}(r), \tag{15.6.11}$$

$g_{\mathrm{tot}}(r)$是径向分布函数. 由$g_{\mathrm{tot}}(r)$定义一个对应于平均势能函数，$g(r)=\mathrm{e}^{-W(r)/kT}$. 间接影响部分是将直接作用的分子对势能从平均力势能中扣除后产生的作用，可表示为

$$g_{\mathrm{ind}}(r)=\mathrm{e}^{-[W(r)-u(r)]/kT}.$$

因此，$C(r)$可近似表达为

$$C(r)=\mathrm{e}^{-W(r)/kT}-\mathrm{e}^{[-W(r)-u(r)]/kT}. \tag{15.6.12}$$

现定义一个新的相关函数，$Y(r_1,r_2)=\mathrm{e}^{u(r_1,r_2)}g(r_1,r_2)$，称做$Y$相关函数，或间接相关函数，或背景相关函数(background correlation function). Y函数在所有的r取值范围内皆连续. 这对数值计算很有价值. $Y(r)$与$f(r)$和$u(r)$一样也为短程函数，并有相同范围. $\rho\to 0$时，$Y(r)=1$. 直接相关函数$C(r)$用Y函数表达为

$$C(r)=g_{\mathrm{tot}}(r)-g_{\mathrm{ind}}(r)=\mathrm{e}^{-u(r)/kT}Y(r)-Y(r)=f(r)Y(r). \tag{15.6.13}$$

其中$f(r)=[\mathrm{e}^{-u(r)/kT}-1]$，称为 Meyer 函数. 将(15.6.13)式代入 OZ 关系，得

$$h(r_{12})=f(r_{12})Y(r_{12})+\rho\int f(r_{13})Y(r_{13})h(r_{23})\mathrm{d}r_3.$$

应用$h(r_{12})=g(r_{12})-1$及$g(r_{12})=\mathrm{e}^{-W(r_{12})/kT}$，整理上式，得

$$f(r_{12})=1+\rho\int f(r_{13})Y(r_{13})h(r_{23})\mathrm{d}r_3.$$

这就是Percus-Yevick积分方程.

将$g_{\mathrm{ind}}(r)=\mathrm{e}^{-[W(r)-u(r)]/kT}$作级数展开,并只取线性项,则$g_{\mathrm{ind}}$近似表示为

$$g_{\mathrm{ind}}\approx 1-[W(r)-u(r)]/kT,$$

因此,$C(r)$就获得一种与PY近似不同的近似

$$\begin{aligned}C(r)&=g_{\mathrm{tot}}-g_{\mathrm{ind}}=\mathrm{e}^{-W(r)/kT}-\{1-[W(r)-u(r)]\}\\&=g(r)-1-\ln Y(r)\\&=f(r)Y(r)+[Y(r)-1-\ln Y(r)].\end{aligned}\tag{15.6.15}$$

将此直接相关函数代入OZ方程,得

$$\begin{aligned}h(r_{12})&=f(r_{12})Y(r_{12})+[Y(r_{12})-1-\ln Y(r_{12})]\\&\quad+\rho\int\{f(r_{13})Y(r_{13})+[Y(r_{13})-1-\ln Y(r_{13})]\}h(r_{23})\mathrm{d}r_3.\end{aligned}$$

整理化简,得

$$\ln Y(r_{12})=\rho\int[h(r_{13})-\ln g(r_{13})-u(r_{13})/kT][g(r_{23})-1]\mathrm{d}r_3,\tag{15.6.16}$$

此即为HNC超网链方程.原则上PY方程和HNC方程可由分子作用势$u(r)$求得$g(r)$.具体求解时都要化为双极坐标[22](图15.6.2).

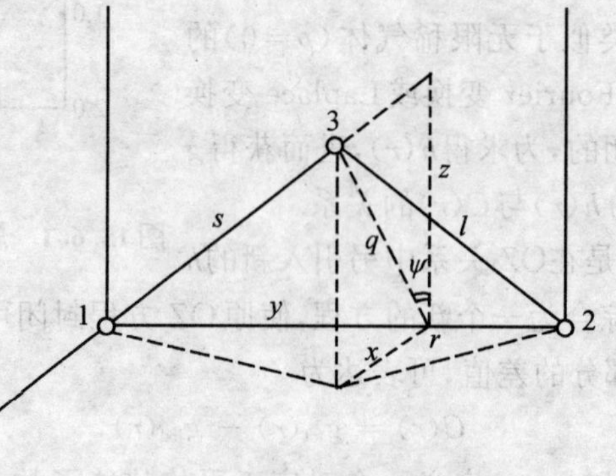

图15.6.2　双极坐标与笛卡儿坐标的关系

上述4个积分方程都是非线性方程,它们的求解是很困难的.伴随着计算方法和计算机技术的发展,近来已有相当进展.多数研究集中在硬球势和L-J势.对硬球流体的PY方程,应用Laplace变换,得到了解析解,求出了直接相关函数和状态方程的表达式[16,18]

$$C(r)=-(1+\eta)^{-4}\Big[(1+2\eta)^2-\frac{3}{2}\eta(2+\eta)^2r+\frac{1}{2}\eta(1+2\eta)^2r^3\Big].\tag{15.6.17}$$

$$\frac{pV}{NkT}=\frac{1+2\eta+3\eta^2}{(1-\eta)^2}\tag{15.6.18}$$

$$\left(\eta=\frac{1}{6}\pi\rho\sigma^3\right).$$

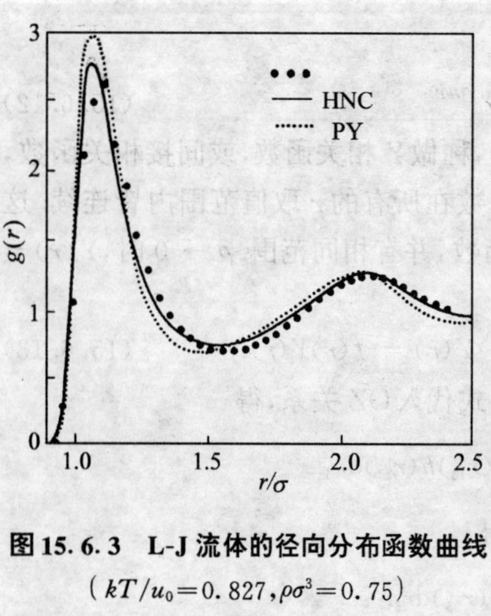

图15.6.3　L-J流体的径向分布函数曲线

($kT/u_0=0.827,\rho\sigma^3=0.75$)

除PY方程对硬球势给出解析解外,一般只能得到数值解.图15.6.3给出了径向分布函数,图15.6.4给出了状

态方程，表(15.6.1)给出了热力学函数的一些结果. 有关这 4 个积分方程的更多结果和评述，有兴趣者可参阅文献[17,19].

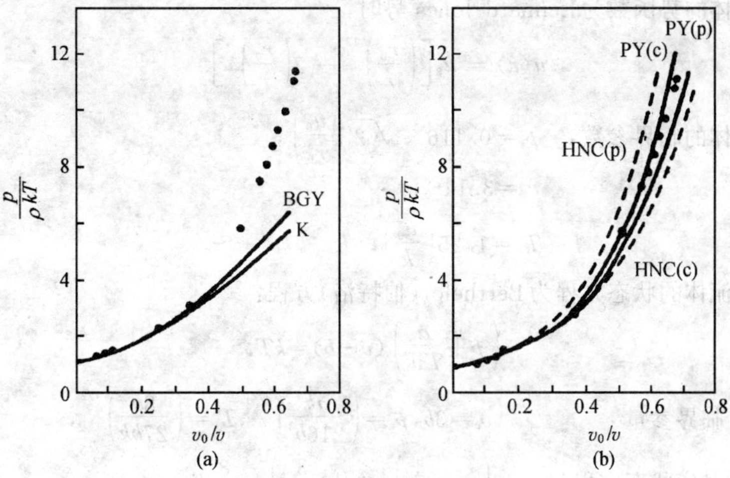

图 15. 6. 4 几种状态方程

(a) BGY 和 K 积分方程求得的状态方程与 MD 模拟结果(点线)的比较

(b) PY 和 HNC 积分方程求得的硬球流体的状态方程与 MD 模拟结果(点线)的比较

表 15. 6. 1 氩的压力、内能与熵的 PY 方程计算值与实验值对比[20,23]

	ρ^*	$T^*=1.3$		$T^*=1.4$		$T^*=1.5$		$T^*=2.0$	
		实验	计算	实验	计算	实验	计算	实验	计算
p^*/kT^*	0.1	0.070	0.071	0.075	0.075	0.078	0.079	0.089	0.090
	0.2	0.097	0.098	0.113	0.114	0.125	0.127	0.167	0.169
	0.3	0.106	0.105	0.136	0.137	0.161	0.164	0.250	0.254
	0.4	0.115	0.118	0.164	0.170	0.207	0.215	0.362	0.369
	0.5	0.153	0.172	0.233	0.249	0.303	0.317	0.546	0.552
	0.6	0.311	0.326	0.431	0.437	0.535	0.532	0.881	0.865
E^*	0.1	−0.825	−0.781	−0.785	−0.748	−0.755	−0.723	−0.665	−0.647
	0.2	−1.581	−1.534	−1.499	−1.451	−1.442	−1.400	−1.287	−1.266
	0.3	−2.233	−2.181	−2.129	−2.081	−2.063	−2.024	−1.879	−1.805
	0.4	−2.785	−2.734	−2.705	−2.640	−2.647	−2.622	−2.457	−2.455
	0.5	−3.337	−3.322	−3.278	−3.271	−3.229	−3.226	−3.030	−3.042
	0.6	−3.934	−3.938	−3.876	−3.885	−3.826	−3.835	−3.593	−3.613
S^E/Nk	0.1	−0.317	−0.298	−0.285	−0.274	−0.266	−0.256	−0.213	−0.212
	0.2	−0.621	−0.604	−0.560	−0.544	−0.521	−0.510	−0.429	−0.431
	0.3	−0.887	−0.866	−0.810	−0.795	−0.764	−0.757	−0.656	−0.665
	0.4	−1.116	−1.096	−1.056	−1.053	−1.015	−1.022	−0.904	−0.925
	0.5	−1.380	−1.396	−1.336	−1.362	−1.302	−1.331	−1.188	−1.220
	0.6	−1.728	−1.772	−1.684	−1.733	−1.694	−1.694	−1.516	−1.556

$\varepsilon/k=119.8$ K；$\sigma=3.405$ Å.

$T^*=kT/\varepsilon$，$\rho^*=\rho\sigma^3$，$E^*=E/N\varepsilon$，S^E 指相互作用对熵的贡献.

习　题

15.1 设流体的势函数为Lennard-Jones势时，

$$u(r)=u_0\left[\left(\frac{r_0}{r}\right)^{12}-2\left(\frac{r_0}{r}\right)^{6}\right].$$

请证明该流体的临界参数：$p_c=0.116\times\sqrt{2}\left(\frac{u_0}{r_0^3}\right)$，

$v_c=3.14r_0^3$，

$T_c=1.25\left(\frac{u_0}{k}\right)$.

15.2 设一流体的状态方程为Berthelot（伯特洛）方程：

$$\left(p+\frac{a}{Tv^2}\right)(v-b)=kT.$$

请推引：(1) 临界参量　$v_c=3b,\ p_c=\left(\frac{ak}{216b^3}\right)^{1/2},\ T_c=\left(\frac{8a}{27bk}\right)^{1/2}$，

(2) 对应状态方程　$\left(v_r-\frac{1}{3}\right)\left(p_r+\frac{3}{T_r v_r}\right)=\frac{8}{3}T_r$，

(3) 二阶维里系数　$B(T)=\frac{NkT_c}{8p_c}\left[1-\frac{27}{8}\left(\frac{T_c}{T}\right)^2\right]$.

15.3 试证明，以(15.1.13)规定的对比参数所表达的对应状态方程(15.1.16)与由临界参数(15.1.3)式为参考的对应状态方程(15.1.7)等价.

15.4 请论证，只要体系中分子间的互作用可以表为成对作用的双倒幂势能形式，体系的正则配分函数可以分解为平动配位函数和内自由度配分函数的乘积，平动配分函数可在相空间计算，分子的内自由度又与密度无关，这样的流体一定会遵守对应状态原理.

$$u(r)=u_0\left[\frac{m}{n-m}\left(\frac{r_0}{r}\right)^{n}-\frac{n}{n-m}\left(\frac{r_0}{r}\right)^{m}\right].$$

15.5 设液体分子围绕囚胞中心的运动为三维各向同性谐振子的振动，分子在离囚胞中心 r 处的势能为 $2\pi^2 m\nu^2 r^2$，计算自由容积 v_f，并论证金属摩尔熔化熵一般约为

$$\Delta S\approx 1.7\sim 2.3\ \text{熵单位}$$

（提示：参阅 R. H. Fowler，E. A. Guggenheim. Statistical Thermodynamics，Cambridge，p. 330，1956）

15.6 从液体的状态方程 $\left(p+\frac{N_0^2 a}{V_m^2}\right)\left(\frac{1}{2}v_f^{1/3}V_m^{2/3}\right)=kT$，推引囚胞的自由体积 v_f，并论证Trouton规则.

提示：(1) 由状态方程证明 $v_f=8N_0^2(kT)^3V_m^{-2}\left(p+\frac{N_0^2 a}{V_m}\right)^{-3}$，

(2) 利用Hildebrand（希耳德布兰）近似 $\Delta H=\frac{N_0^2 a}{V_m}$，推引 $v_f\approx 8\left(\frac{V_m}{N_0}\right)\left(\frac{\Delta H}{kT}-1\right)^{-3}$，

(3) 求气-液平衡的蒸气压公式 $p_g=\left(\frac{RT}{8V_m}\right)\left(\frac{\Delta H}{RT}-1\right)^{-3}e^{-\Delta H/RT}$，

(4) 论证 $\Delta H/T\approx 10R$.

（参考：唐有祺，《统计力学及其在物理化学中的应用》，北京：科学出版社，1964，p. 473）

15.7 论证，n 体相关函数的下列性质：

(1) 递推关系　$\int g^{(n+1)}(\boldsymbol{r}_1,\boldsymbol{r}_2,\cdots,\boldsymbol{r}_{n+1})\mathrm{d}\boldsymbol{r}_{n+1}=Vg^{(n)}(\boldsymbol{r}_1,\boldsymbol{r}_2,\cdots,\boldsymbol{r}_n)\left[1-O\left(\frac{1}{N}\right)\right]$，

(2) 归一化 $\int g^{(n)}(\boldsymbol{r}_1,\boldsymbol{r}_2,\cdots,\boldsymbol{r}_n)\mathrm{d}\boldsymbol{r}_1\cdots\mathrm{d}\boldsymbol{r}_n=V^n\left\{1-O\left(\frac{1}{N}\right)\right\}$,

(3) 理想流体极限 $g^{(n)}(\boldsymbol{r}_1,\boldsymbol{r}_2,\cdots,\boldsymbol{r}_n)=1$,

(4) 无穷远距离极限 $\lim\limits_{r_{n+1}\to\infty} g^{(n+1)}(\boldsymbol{r}_1,\boldsymbol{r}_2,\cdots,\boldsymbol{r}_{n+1})=g^{(n)}(\boldsymbol{r}_1,\boldsymbol{r}_2,\cdots,\boldsymbol{r}_n)$.

15.8 论证 n 体分布函数的无穷远距离极限

$$\lim_{r_{n+1}\to\infty}\rho^{(n+1)}(\boldsymbol{r}_1,\boldsymbol{r}_2,\cdots,\boldsymbol{r}_{n+1})=\rho\rho^{(n)}(\boldsymbol{r}_1,\boldsymbol{r}_2,\cdots,\boldsymbol{r}_n).$$

15.9 证明,对三体势,下列方程成立:

$$pV/NkT=1-\frac{\rho}{6kT}\int_0^\infty\frac{\mathrm{d}u(r_{12})}{\mathrm{d}r_{12}}g^{(2)}(r_{12})4\pi r_{12}^3\mathrm{d}r_{12}$$

$$-\frac{\rho^2}{18kT}\int\mathrm{d}r_{12}\int\left[\left\{r_{12}\frac{\mathrm{d}u^{(3)}}{\mathrm{d}r_{12}}+r_{23}\frac{\mathrm{d}u^{(3)}}{\mathrm{d}r_{23}}+r_{31}\frac{\mathrm{d}u^{(3)}}{\mathrm{d}r_{31}}\right\}g^{(2)}(r_{12}r_{23},r_{31})\right]\mathrm{d}r_{13}.$$

15.10 请完成下列内容:

(1) 将径向分布函数 $g(r,\rho,T)$ 展成密度 ρ 的级数,

$$g(r,\rho,T)=g_0(r,T)+\rho g_1(r,T)+\rho^2 g_2(r,T)+\cdots=\sum_{i=0}^{\infty}\rho^i g_i(r,T).$$

(2) 论证压力维里系数和径向分布函数展开式的系数存在如下关系

$$B_{i+2}(T)=-\frac{2\pi N^{i+1}}{3kT}\int_0^\infty\frac{\mathrm{d}u(r)}{\mathrm{d}r}g_i(r,T)r^3\mathrm{d}r.$$

(3) 当 $\rho\to0$ 时,径向分布函数等于 Boltzmann 因子

$$g_0(r,T)=\mathrm{e}^{-u(r)/kT}.$$

[提示:对 $B_2(T)=2N\pi\int_0^\infty(1-\mathrm{e}^{-u/kT})r^2\mathrm{d}r$ 作分部积分,将结果与(2)中的 $B_{i+2}(T)$ 式对比]

15.11 由 T,V,μ 恒定的体系所构成的巨正则系综中,具有 N 个分子的体系呈现的概率为

$$P^N=\frac{1}{\Xi}\mathrm{e}^{N\mu/kT}\Phi(N,T,V),$$

其中 $\Phi(N,T,V)$ 是分子数为 N 的正则配分函数. Ξ 是巨正则配分函数

$$\Xi(T,V,\mu)=\sum_{N=0}\mathrm{e}^{N\mu/kT}\Phi(N,T,V)=\sum_{N=0}(N!)^{-1}Z^N Q_{\mathrm{c}}(N),$$

$$Z=\lambda^{-3}\mathrm{e}^{-\mu/kT},Q_{\mathrm{c}}=\int\cdots\int\mathrm{e}^{-U(r)/kT}\mathrm{d}\boldsymbol{r}_1\cdots\mathrm{d}\boldsymbol{r}_N.$$

(1) 请给出 N 个分子中,分子 1 在空间 $\boldsymbol{r}_1$ 处的 $\mathrm{d}\boldsymbol{r}_1$;分子 2 在 $\boldsymbol{r}_2$ 处的 $\mathrm{d}\boldsymbol{r}_2$;…;分子 h 在 $\boldsymbol{r}_h$ 处的 $\mathrm{d}\boldsymbol{r}_h$,而不管其余 $(N-h)$ 个分子位置的概率, $P^h(\boldsymbol{r}_1,\boldsymbol{r}_2,\cdots,\boldsymbol{r}_h)$ 的表达式.

(2) 不计标号,只问 h 个分子在 $\boldsymbol{r}_1,\boldsymbol{r}_2,\cdots,\boldsymbol{r}_h$ 处的体积元 $\mathrm{d}\boldsymbol{r}_1,\mathrm{d}\boldsymbol{r}_2,\cdots,\mathrm{d}\boldsymbol{r}_n$ 中各有一个分子同时出现,而不管其余分子在何处出现的概率 $\rho^h(\boldsymbol{r}_1,\boldsymbol{r}_2,\cdots,\boldsymbol{r}_h)$.

(3) 证明

(a) $\int\cdots\int\rho^{(h)}(\boldsymbol{r}_1,\cdots,\boldsymbol{r}_h)\mathrm{d}\boldsymbol{r}_1\cdots\mathrm{d}\boldsymbol{r}_h=\frac{N!}{(N-h)!}$, (b) $\rho^{(1)}(r)=\frac{\langle N\rangle}{V}$.

(4) 利用 $\langle N\rangle=kT\left(\frac{\partial\ln\Xi}{\partial\mu}\right)_{V,T}$,证明

(a) $\frac{\partial\langle N\rangle}{\partial\mu}=\frac{\langle N^2\rangle-\langle N\rangle^2}{kT}$, (b) $\langle N\rangle kT\left(\frac{\partial\rho}{\partial p}\right)_{T,V}=\langle N^2\rangle-\langle N\rangle^2$.

(5) 定义巨正则系综中的相关函数

$$g^{(h)}(\boldsymbol{r}_1,\boldsymbol{r}_2,\cdots,\boldsymbol{r}_h)=\frac{V^h}{\langle N\rangle^h}\rho^{(h)}(\boldsymbol{r}_1,\boldsymbol{r}_2,\cdots,\boldsymbol{r}_h).$$

证明：(a) $\iint[\rho^{(2)}(\boldsymbol{r}_1,\boldsymbol{r}_2)-\rho^{(1)}(\boldsymbol{r}_1)\rho^{(1)}(\boldsymbol{r}_2)]\mathrm{d}\boldsymbol{r}_1\mathrm{d}\boldsymbol{r}_2=\langle N^2\rangle-\langle N\rangle^2-\langle N\rangle$,

(b) $\iint[\rho^{(2)}(\boldsymbol{r}_1,\boldsymbol{r}_2)-\rho^{(1)}(\boldsymbol{r}_1)\rho^{(1)}(\boldsymbol{r}_2)]\mathrm{d}\boldsymbol{r}_1\mathrm{d}\boldsymbol{r}_2=\langle N\rangle\rho\int[g(\boldsymbol{r})-1]\mathrm{d}\boldsymbol{r}$,

(c) $kT\left(\frac{\partial\rho}{\partial p}\right)_{T,V}=1+4\pi\rho\int_0^\infty[g(r)-1]r^2\mathrm{d}r.$

(提示：参阅文献[22]～[24])

15.12 请从Ann. Rev. Phys. Chem.，15(1964)31，查阅图(15.6.4)中原始数据的文献，了解如何求解Kirkwood等积分方程及结果的分析讨论.

参考文献

[1] K.S. Schweitzer and P. Curro. Adv. Chem. Phys.，98，1(1997)

[2] D-M Duh，D.N. Perera and A.D.J. Haymet. J. Chem. Phys.，102，3736(1995)

[3] Y.V. Kalyuzhnyi，P.T. Cummings. J. Chem. Phys.，105，2011(1996)

[4] R.C. Reid，J.M. Prausnitz，T.K. Sherwood. The Properties of Gases and Liquid. 3rd ed.，McGraw-Hill，1977

[5] K.S. Pitzer. J. Chem. Soc.，7，583(1939)；JACS，77，3427(1955)

[6] E.A. Guggenheim. J. Chem. Phys.，13，253(1945)

[7] 项红卫. 流体的热物理化学性质——对应态原理与应用. 北京：科学出版社，2003，7

[8] R.H. Fowler，E.A. Guggenheim. Statistical Thermodynamics. Cambridge，1956，

[9] H.J. Eyring. J. Chem. Phys.，7，547(1939)；H.J. Eyring，et al.. Proc. Natl. Acad. Sci.，48，501(1962)

[10] J. Grosh，et al.. Proc. Acad. Sic. (US)，57，(1967)1566

[11] D. Henderson. J. Chem. Phys.，39(1963)1857

[12] H.S. Green. The Molecular Theory of Liquid. North Holland，Amsterdam，1952，pp. 51～53

[13] Y. Marcus. Introductim to Liquid State Chemistry. John Wiley Son，1977

[14] P. Kruus. Liquids and Solutions——Structure and Dynamics. Marrel Dekker，Inc. 1977

[15] M. Born，H.S. Green. Proc. Roy. Soc.，A188，10(1946)

[16] J.P. Hanson and I.R McDonald. Theory of Simple Liquids. 2nd. ed，Academic Press，1986

[17] D. Henderson et al.. Integral Equations in the Theory of Simple Fluids，in "Computational Methods in Surfacl and Colloid Science". M. Borowko ed.，Marcel Dekker，2000

[18] E. Thiels. J. Chem，Phys.，39，(1963)474；M.S. Wertheim，Phys. Rev. Lett. 10，(1963)321

[19] T. Boublik et al.. Statistical Thermodynamics of Simple Liquids and Their Mixtares，Elsevier Scientific Publish，Amsterdam，1980

[20] R.O. Watts. J. Chem. Phys.，50，(1969)984

[21] Y. Marcus. Introduction to Liquid State Chemistry，Wiley，1977

[22] L. Lee. Lloyd. Molecular Thermodynamics of Nonideal Fluids. Butterworth Publisher，1988

[23] 胡英等编著. 应用统计力学. 北京：化学工业出版社，1990

[24] 刘光恒，戴树珊. 化学应用统计力学. 北京：科学出版社，2001

第 16 章　统计力学中的计算模拟

16.1　Monte-Carlo(M-C)方法

Monte-Carlo 方法又称统计试验法(Statistical Test Method)，或随机抽样技术(Random Sampling Technique). 开始它是和掷骰子等游戏联系在一起的. 18 世纪的 Buffon(蒲丰)随机投针试验，发现了随机投针的概率与 π 之间的关系，提供了早期随机试验的范例. 但要真正实现随机抽样是很困难的，甚至几乎是不可能的. 直到 20 世纪中期，电子计算机的出现才使这种统计试验的方法成为可能. Metropolis(米特罗波利斯)，Ulam(乌勒姆)和 Von Neumann(冯·诺依曼)等人为模拟中子链式反应，设计了第一个随机试验的程序，在计算机上对中子的行为进行了随机抽样模拟，并借用欧洲赌城的名字将其称为 Monte-Carlo 方法.

随着计算技术的迅速进展，Monte-Carlo 方法的应用范围日趋广阔，越来越受到人们的重视. 它已被广泛地应用到各类科学研究与工程设计中，成为计算数学和计算物理的一个重要分支.[1,2]

16.1.1　Monte-Carlo 方法的一般原理和基本步骤

Monte-Carlo 方法是一种计算机随机模拟的方法，当所要求解的问题是某种事件出现的概率，或者是某个随机变量的期望值时，可以建立一个概率模型或随机过程，通过对这模型或过程的观察或抽样试验，计算有关参数的统计特征，给出所求解的近似值. Monte-Carlo 的计算过程就是用数学方法在计算机上实现对随机变量的模拟，以求得对问题的近似解. 因此，对于需要昂贵设备，或难以实现的物理过程，这类计算机实验就显示出了特点和优势.

Monte-Carlo 方法解题可归结为三个步骤进行：构造或描述概率过程；实现从已知概率分布抽样；建立各种估计量，得到问题的解.

构造或描述概率过程. Monte-Carlo 方法处理的问题有两类：第一类是随机性问题，如中子在介质中的扩散过程、原子核裂变、动物的生态竞争和传染病的蔓延等都属于此类. 对于这类问题主要是正确描述和模拟这个概率过程，虽然有时这些过程可表示为多重积分或函数方程，进而用随机抽样方法求解，一般情况都不采用这种间接模拟方法，而是采用直接模拟方法，用计算机进行抽样试验. 第二类是确定性的问题. Monte-Carlo 法求解时，首先要求建立一个有关的概率模型，使所求的解是所建立模型的概率分布或期望值，然后对这个模型进行随机抽样，产生随机变量，最后用其平均值作为所求解的近似估计值. 如计算多重积分、求逆矩阵、解线性代数方程组、解积分方程组等都属于此类.

实现从已知概率分布抽样是 Monte-Carlo 法解题的第二步，即按构造的概率模型进行大量的计算随机模拟实验，从中获得随机变量的大量试验值，由此产生出所构造概率空间的一个简单子集，这就是所谓的从已知概率分布抽样. 由于各种概率模型对应各种不同的概率分布，因此产生已知概率分布的随机变量，就成为实现 Monte-Carlo 方法模拟的关键步骤. 最简单、最基本、最重要的一个概率分布是(0,1)上的均匀分布(又称矩形分布). 随机数就是具有这种均匀分布的随机变量. 随机数序列就是具有这种分布总体的一个简单子样，从均匀分布抽样就是产生随机数序列的问题. 对不同的概率模型，有不同的概率分布，需要不同的方法和技巧实现不均匀随机变量抽样，这是Monte-Carlo 方法最重要的研究内容之一. 但这些抽样方法都要借助随机数序列来实现，也就是说都是以产生随机数为前提. 随机数是实现 Monte-Carlo 模拟的基本工具.

对所得抽样值集合进行统计处理，从而产生待求数字特征的估计量，给出问题的解及解的精度估计，这是Monte-Carlo 法解题的第三步.

Monte-Carlo 方法的理论基础是概率论中的大数定理和中心极限定理. 按大数定理，若ξ_1，ξ_2，…ξ_n…为一相互独立随机变量序列，服从同一分布，数学期望值 $E\xi_i=a$ 存在，则对任意$\varepsilon>0$，有

$$\lim_{n\to\infty}p\left\{\left|\frac{1}{n}\sum_{i=1}^{n}\xi_i-a\right|<\varepsilon\right\}=1. \tag{16.1.1}$$

Monte-Carlo 方法就是用某个随机变量X 的简单子样$x_1,x_2,\cdots x_n$ 的算术平均值作为随机变量X 期望值$E(x)$的近似. 大数定理指出，当$n\to\infty$时，x_i 的算术平均值$\bar{x}_n$ 以概率1 收敛到期望值.

中心极限定理是指若$\xi_1,\xi_2,\cdots\xi_n\cdots$为一相互独立随机变量序列，服从同一分布，具有有限数学期望a 及有限方差$\sigma^2\neq0$，则当$n\to\infty$时

$$p\left(\left|\frac{1}{n}\sum_{i=1}^{n}\xi_i-a\right|<\frac{\lambda_\alpha\sigma}{\sqrt{n}}\right)=\frac{1}{\sqrt{2\pi}}\int_{-\lambda_\alpha}^{\lambda_\alpha}\mathrm{e}^{-\frac{t^2}{2}}\mathrm{d}t=1-\alpha. \tag{16.1.2}$$

依据中心极限定理，当n 很大时，不等式

$$\left|\frac{1}{n}\sum_{i=1}^{n}\xi_i-a\right|<\frac{\lambda_\alpha\sigma}{\sqrt{n}} \tag{16.1.3}$$

成立的概率为$1-\alpha$. α 称为可信度，$(1-\alpha)$就是可信水平，α 和λ_α 的关系可在正态分布的积分表中查得. 如$\alpha=0.5$，$\lambda_\alpha=1.9600$.

Monte-Carlo 方法的误差是指在一定概率保证下的误差. 由上可知，$\bar{\xi}_n$ 值落在

$$\left(a-\frac{\lambda_\alpha\sigma}{\sqrt{n}}\ ,\quad a+\frac{\lambda_\alpha\sigma}{\sqrt{n}}\right)$$

内的概率为$1-\alpha$. 置信水平$(1-\alpha)$越接近于1，在误差允许范围内估计量$\bar{\xi}_n$ 的可靠性就越大. 由(16.1.3)式得知，Monte-Carlo 方法的误差由σ 和$\sqrt{n}$ 决定，为了减少误差，就应当选取最优的随机变量，使其方差σ 最小. 在方差固定时，增加模拟次数可以有效地减少误差. 当然还得考虑机时耗费，通常以方差和费用的乘积作为衡量方法优劣的标准.

16.1.2　随机数与随机抽样

上节说明Monte-Carlo 方法是一种以概率论为其理论基础，以随机抽样为其手段的计算机随机模拟. 用Monte-Carlo 方法模拟某过程时，需要产生具有各种概率分布的随机变量. 最简单、但又最重要的随机变量是在[0,1]上均匀分布又称单位矩形分布的随机变量. 这些随机变量的抽样值就称为随机数. 单位矩形分布的分布密度函数以下式表示

$$f(x)=\begin{cases}1, & 0\leqslant x\leqslant 1;\\ 0, & \text{其他}.\end{cases}$$

其分布函数为

$$p(\xi < x) = F(x) = \begin{cases} 0, & x < 0 \\ x, & 0 \leqslant x \leqslant 1 \\ 1, & x > 1. \end{cases}$$

其图形如图16.1.1(a)和(b)所示，相应的数学期望值$E(\xi)$和方差$D(\xi)$分别取下列值

$$E(\xi) = \frac{1}{2},\quad D(\xi) = \frac{1}{12}.$$

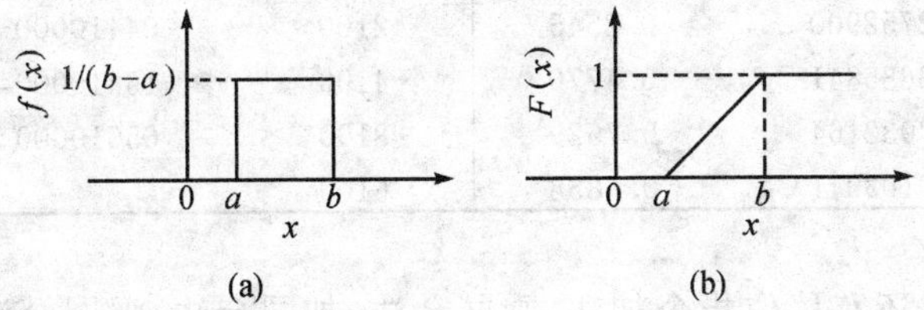

图16.1.1　(a) 矩形分布密度函数　(b) 矩形分布函数

为了产生随机数，可以列一张随机数表(又称随机抽样数表)，该表由0,1,2,…,9拾个数字随机排列而成，表中任意一位上的数字为$x(x=0,1,2,\cdots,9)$的概率皆为1/10，并与上下左右相邻的其他数的出现无关. 若将相邻4个随机数字合并，并用10^4除，由此就产生出[0,1]区间中均匀分布的随机数. 当将随机数表存入磁盘中，需要随机数时可直接调用. 但这需要占用计算机相当多的存储单元，所以一般不采用这种方法.

真随机数列是不可预计的，也不可能重复产生. 这种随机数序可用某些随机物理过程产生，如放射性衰变、电子设备的热噪声等随机信号源作为随机数发生器，理论上不存在问题. 但要做出速度快且准确的随机数物理产生器，还是非常困难，设备价格昂贵，自然也就不适用了.

在实际应用中常用的方法是根据确定的递推公式来产生. 显然，这样的数列存在周期现象，初值确定后所有的随机数便被唯一地确定下来，不满足真正随机数的要求，因此称用数学方法产生的随机数为伪随机数. 但只要能通过随机数的一系列统计检验，我们就可以把它们当作"真正"的随机数使用. 这种产生伪随机数的特点是占用内存少，产生速度快，又便于重复产生，不大受计算条件的限制，从而被广泛使用.

产生伪随机数的迭代过程，最初是由Neumann和Metropolis提出的平方取中法. 其递推公式为

$$x_{n+1} \equiv \left[\frac{x_n^2}{10^m}\right] (\mathrm{mod}\ 10^{2m}),$$
$$\xi_{n+1} = x_{n+1}/10^{2m}. \tag{16.1.4}$$

其中$[x]$表示取整，$x \equiv a(\mathrm{mod}\ M)$表示$x$等于$a$被$M$除的余数.

【例16.1.1】十进制初值$x_0=6406$，$2m=4$，则按(16.1.4)式得表16.1.1所示随机数列. 自x_{20}起出现重复周期，从初值到发生重复前，序列中伪随机数的个数称做序列长度. 以6406四位数为初值的序列长度为20. 若初值不同，所得伪随机数的序列长度，出现周期部位都将不同. 一般来说，位数越多，周期越长. Metropolis对38位二进制数，产生出较长的序列，可以有50万次迭代，最后才退化为零.

x_n	x_n^2	ξ_{n+1}	x_n	x_n^2	ξ_{n+1}
6406	41036836		1030	01060900	0.0321
0368	00135426	0.6406	3708	13749264	0.1030
1354	01833316	0.368	7492	56130064	0.3708
8333	69438889	0.1354	1300	01690000	0.7492
4388	19254544	0.8333	6900	47610000	0.1300
2545	06477025	0.4388	6100	37210000	0.6900
4770	22752900	0.2545	2100	04410000	0.6100
7529	56685841	0.4770	4100	16810000	0.2100
6858	47032164	0.7529	8100	65610000	0.4100
0321	00103041	0.6858	6100		

除平方取中法外，还有移位指令加法、乘同余法、加同余法、混同余法等伪随机数产生方法. 对于产生出的伪随机数是否具有[0,1]上均匀分布随机抽样所应具有的性质和规律，还需要经过随机性检验，即均匀性检验，独立性检验、组合规律检验和无连惯性检验等. 各种伪随机数的产生方法和统计检验可参考有关文献，在此不再赘述. 下面将通过例子说明Monte-Carlo方法如何利用伪随机数实现进行计算机模拟.

16.1.3 简单取样与定积分计算

设 $f(x)$ 是[0,1]上的连续函数，且 $0\leqslant f(x)\leqslant 1$，需要计算的积分为

$$I=\int_0^1 f(x)\mathrm{d}x.$$

定积分计算是一个确定性问题. 在用Monte-Carlo 方法解决确定性问题时，首先要建立一个概率模型，设向图16.1.2的单位正方形内随机均匀投点，随机点落在 $f(x)$ 曲线所围区域 S 内的概率正好就是所要计算区域的面积. 这样计算定积分的确定性问题就转变成求人为设计的掷点命中给定区域 S 的概率问题.

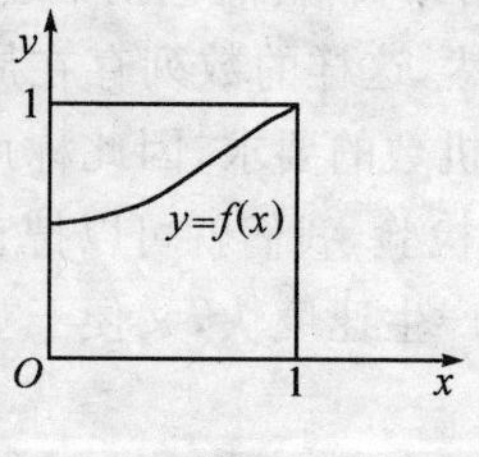

图16.1.2 函数 $f(x)$ 的定积分

然后，在电子计算机上进行计算机模拟实验，即在计算机上实现掷点. 具体操作就是由计算机产生2个伪随机数，x_i，y_i，并把 (x_i,y_i) 作为随机点 (ξ,η) 的可取坐标，检验所掷点是否落入区域 S，如条件

$$y_i\leqslant f(x_i)$$

满足，则掷点落入 S 区域.

最后，对 N 次掷点进行统计，其中有 m 次随机点满足上式，落入 S 区域，由模拟试验可求得点落在区域 S 的频率为

$$\bar{I}=\frac{m}{N}.$$

依大数定律，当 N 足够大时，$\bar{I}\approx\int_0^1 f(x)\mathrm{d}x=\lim\limits_{N\to\infty}\frac{m}{N}$，由算术平均求得的频率 $\bar{I}$ 可作为掷点命中 S 区的概率近似估计.

按中心极限定理估计计算的精度，对于随机投点法，积分的近似 $\bar{I}$ 渐近地服从正态分布 $(N\to\infty)$，因此模拟结果的误差为

$$\Delta = \frac{\lambda_\alpha \sigma}{\sqrt{N}},$$

$$\bar{\sigma} = \sqrt{\bar{I}(1-\bar{I})}.$$

对于给定的误差Δ,N值应取为

$$N = \frac{\lambda_\alpha^2 \sigma^2}{\Delta^2}.$$

上式表明,要把模拟结果的精度提高1位,N需要增大100倍.

16.1.4 重要取样与铁磁相变的Ising模型

统计力学求平均值将要在相空间计算多重积分,不能利用上节所述简单取样方法.从统计力学的观点,随机取样就是用随机数来选定体系的微观状态,确定体系中每个子在子相空间中的分布方式,一种分布确定后,就可对此分布进行统计平均.以铁磁相变的Ising模型为例,在20×20的二维格子上,每格点可取+1(自旋向上)或-1(自旋向下)两种状态,整个体系的微观状态数为2^{400},这是一个天文数字,其数量级大于10^{100}.即使计算如此模型的全部微观状态,使用当今世界上最快的计算机,所费机时也将超过宇宙年龄的时间.另外,状态出现的概率密度ρ是与Boltzmann因子$e^{-\beta E}$成正比的,概率密度ρ随能量急剧变化.在统计求和或积分时,只有极少数能量很低的分布方式占有较大的比重.若按均匀分布的随机变量取样,并在所取样品有限时,那样取得的绝大部分样品对统计求和的贡献极小.因此,简单取样方法,即从均匀分布的随机变量取样方法不能用来处理统计力学中计算平均值问题.

1953年,N. Metropolis等提出的重要取样方法解决了这一问题.他们建立了在Markov(马尔可夫)链基础上的迭代抽样方法,整个抽样过程就是在位形空间构造一个Markov链,链中前一个位形到后一位形的转移概率只依赖于两个状态的位形能,与系统以前所处的状态无关.由分立时间,产生出的状态离散、无后效的随机事件(状态)序列,在概率论中称为Markov链.已证明Markov链具有转移概率的遍历性,即不管体系初始状态如何,在经过了一段时间后,系统将趋向于与初始状态无关的极限分布,这就是体系的平衡分布,并也证明,随着Markov链的无限增长,某一物理量在链上的平均值将逼近平衡分布下的系综平均值[1,2].下面以Ising模型为例,简要介绍Metropolis抽样的基本步骤.

(1) 选择一个任意的初始分布,计算与该分布对应的能量E_p;

(2) 从N个格点随机地选取一个格点,使它的初始状态(如+,自旋向上)改变为-,自旋向下;

(3) 计算变化后新位形(新分布)的能量E'_p;

(4) 比较变化前后的能量,如果$E'_p<E_p$,则$e^{-\beta E'_p}>e^{-\beta E_p}$,转移至新位形,接受新位形作为Markov链的一个状态点;

(5) 如果$E'_p>E_p$,则以正比于$e^{-\beta(E'_p-E_p)}$的概率接受新位形,将$e^{-\beta(E'_p-E_p)}$与由均匀分布产生的随机数比较,若前者大于后者,接受新位移;反之,放弃新位形;

(6) 重复2~5步,构造出一个$S(t_1)$,$S(t_2)$,$\cdots S(t)$,$\cdots$Markov链,计算物理量沿链的平均值.

现利用16.1.5节中的程序(1),模拟(20×20)的二维Ising模型.400个磁矩排列在二维格点上,每格点可随机选取两个状态"+"(自旋向上)和"-"(自旋向下)之一.程序在执行过程中

要输入温度T和总的取样次数N步，输出取样次数t，向上磁矩的占有率$N(\mathrm{up})/N(\mathrm{total})$.

设初始时刻($t=0$)，有200个磁矩向上(+)，200磁矩向下为(−)，并在格点上交替排列，处于完全无序状态，如图16.1.3所示. 输入温度和总的取样次数，程序起动，图16.1.4～16.1.6，给出了不同温度下，不同运行步数后的磁矩取向构型空间. 图16.1.4(a)和16.1.4(b)是温度为$T=0.5\,\mathrm{J\cdot K^{-1}}$的情况下，运行$10^4$步和$5\times10^4$后的磁矩取向构型图，可以观察到体系在该温度下发生了相变，从磁矩的均匀分布的状态转变成了全部磁矩朝下的状态. 当

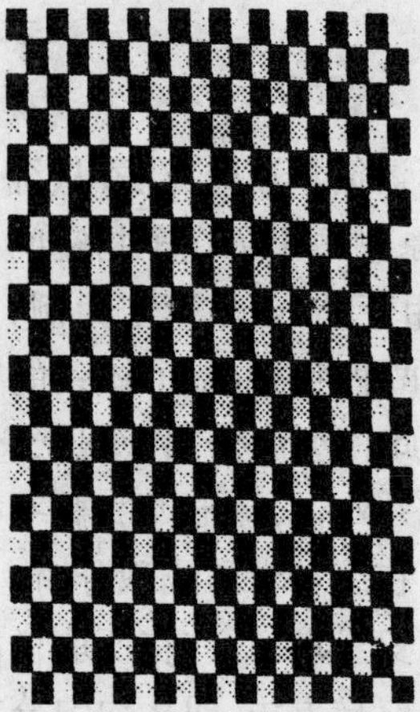

图16.1.3　$T=1\,\mathrm{J\cdot K^{-1}}$初始时刻的取向构型图

$N(\mathrm{up})/N(\mathrm{total})=0.5$

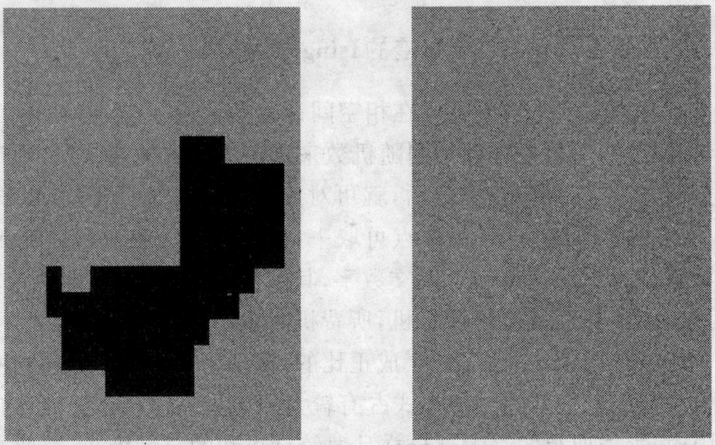

(a)　　　　(b)

图16.1.4　$T=0.5\,\mathrm{J\cdot K^{-1}}$时的取向构型图

(a) $t=10\,000$步，$N(\mathrm{up})/N(\mathrm{total})=0.2025$

(b) $t=50\,000$步，$N(\mathrm{up})/N(\mathrm{total})=0$

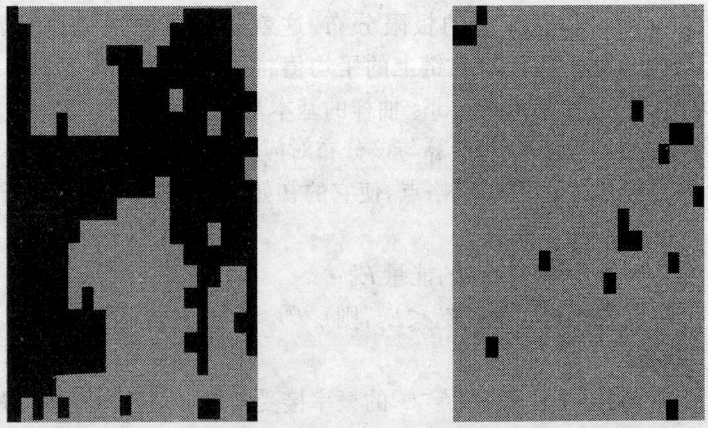

(a)　　　　(b)

图16.1.5　$T=1\,\mathrm{J\cdot K^{-1}}$时的取向构型图

(a) $t=1000$步，$N(\mathrm{up})/N(\mathrm{total})=0.5425$；(b) $t=50\,000$步，$N(\mathrm{up})/N(\mathrm{total})=0.04$

$T=1\,\mathrm{J}\cdot\mathrm{K}^{-1}$时，运行$5\times10^4$步的构型空间磁矩向上的占有率仅为0.04，如图16.1.5(b)所示. 也就是说磁矩的96%皆变成磁矩向下的状态，此温度也低于临界温度，将会发生相变. 当$T=2\,\mathrm{J}\cdot\mathrm{K}^{-1}$，$5\,\mathrm{J}\cdot\mathrm{K}^{-1}$，各运行$5\times10^4$步的构型空间中. 磁矩向上的占有率均为0.495，如图16.1.6和16.1.7所示. 在这两种温度下，磁矩上下取向均匀的状态基本保持，未发生相变. 也就是说，临界温度在$1\,\mathrm{J}\cdot\mathrm{K}^{-1}$和$2\,\mathrm{J}\cdot\mathrm{K}^{-1}$之间.

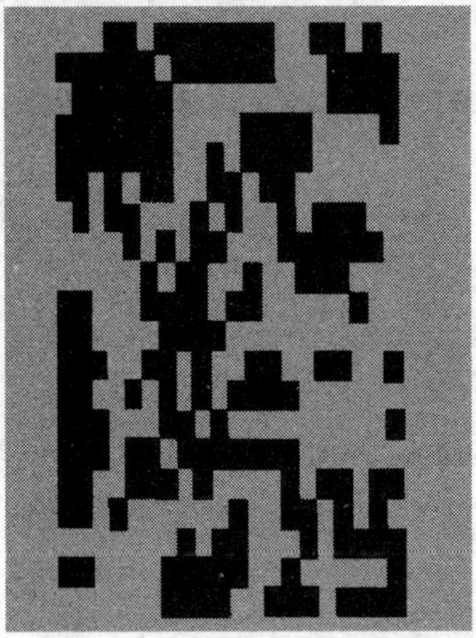

图 16.1.6　$T=2\,\mathrm{J}\cdot\mathrm{K}^{-1}$时取向构型图

$t=50\,000$步，$N(\mathrm{up})/N(\mathrm{total})=0.495$

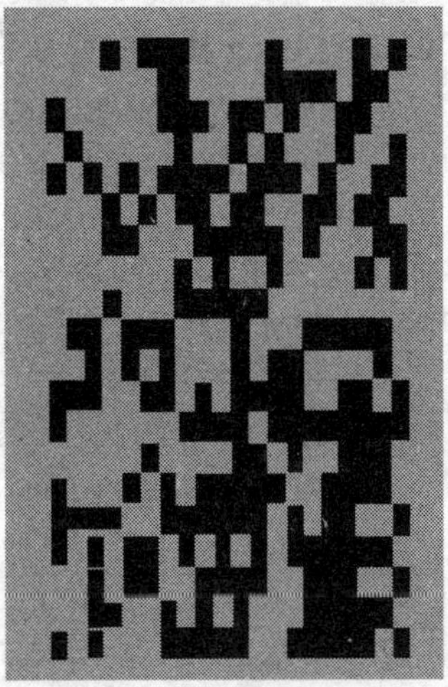

图 16.1.7　$T=5\,\mathrm{J}\cdot\mathrm{K}^{-1}$时取向构型图

$t=50\,000$步，$N(\mathrm{up})/N(\mathrm{total})=0.495$

虽然1944年Onsager给出了二维Ising模型的严格解，证明了二维Ising模型可呈现相变，但对未接受专门训练的人来讲，要完全理解那些证明仍很困难. 而计算机随机模拟不仅可以直观地显示二维Ising模型所呈现的相变现象，更细的模拟还可以大致地确定相变温度，讨论临界点附近的涨落性质. 利用16.1.5中的程序(ii)就可以计算Ising模型的相关函数，讨论涨落问题以及初始条件对模拟的影响等(见习题16.3).

最后值得指出，计算模拟还有许多具体技巧. 边界条件的选取就是其中非常重要的技巧之一. 计算模拟的目的是提供宏观性质的微观模型. 迄今，计算机通常还只能处理几百至上万个粒子体系的结构和热力学性质. 这样体系与热力学极限相距甚远，不能忽略边界条件对体系性能的影响，例如在1000个粒子构成的简单立方晶体中，49%的粒子处在界面上，为了用有限粒子数模拟宏观体系，人们经常采用周期边界条件.

设模拟系统的几何长度为L，设想整个空间由无数个相同的系统紧密排列而成. 所谓周期边界条件，是指若在r_i处有一个粒子，则在r_i+nL处也将会有一个同样粒子，此处n为某一任意整数. 如果一个粒子经一边界离开系统，则设想它会从该边界相对的边界重新进入系统，图16.1.8给出了二维周期边界条件的示意. 利用周期边界条件显然消去了表面效应的影响，但却引入了某种长程的周期性. 对模拟结果的分析要区分系统的真实

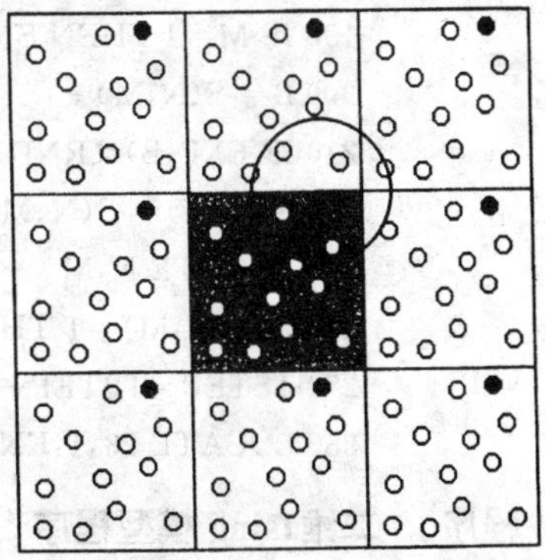

图 16.1.8　周期边界示意图

性质和虚假的相关性.原则上边界条件的选择取决于具体问题的要求,对于不同边界条件的讨论可参阅参考文献[2].

16.1.5 M-C 模拟的几个程序

本节给出了几个 M-C 模拟的程序,供学习 M-C 方法练习使用.

程序 1. 二维 Ising 模型的简单程序[3]

```
5 REN TWO DIMENSIONAL ISING MODEL WITH 20 * 20
10 DEFINT S,I,J,M,N
20 RANDOMIZE TIMER
30 TSTEP=O:NUP=200
35 DIM S(22,22)
40 INPUI"TEMPERATURE,ENDSTEP=";T,ENDSTEP
50 KEY OFF:CLS
55 REM LINES 60-140FOR SETTING INITIAL PATTERN
60 S(1,1)=1
70 FOR I=1 to 20:S(I+1,1)=-S(I,1)
80 FOR J=1 TO20:S(I,J+1)=-S(I,J)
90 NEXT J,I
100 FOR I=1 TO 20
110 FOR J=1 TO 20
130 LOCATE I,J
135 IF S(I,J)=1 THEN PRINT CHR $(219) ELSE PRINT CHR $ (176)
140 NEXT J,I
150 LOCATE 10,50:PRINT "TEMPERATUE="T"J/K"
160 LOCATE 12,50:PRINT"N(up)/N(total)="NUP/400
162 LOCATE 14,50:PRINT"at"TSTEP"th STEP"
165 IF TSTEP>=ENDSTEP THEN GOTO 280
170 M=INT(20 * RND+1):N=INT(20 * RND+1)
175 REM LINES 180-190 FOR SETTING PERIODIC BOUNDARY CONDITION
180 IF N=1 THEN S(O,M)=S(20,M) ELSE IF N=20 THEN S(21,M)=S(1,M)
190 IF M=1 THEN S(N,0)=S(N,20) ELSE IF M=20 THEN S(N,21)=S(S,1)
200 B=-S(N,M) * (S(N-1,M)+S(N+1,M)+S(N,M-1)+S(N,M+1)/T
210 IF EXP(B)<RND GOTO 270
220 S(N,M)=-S(N,M):NUP=NUP+S(N,M)
250 LOCATE N,M
260 IF S(N,M)=1 THEN PRINT CHR $(219)ELSE PRINT CHR$(176)
270 TSTEP=TSTEP+1:GOTO 160
280 LOCATE 23,1:END
```

程序 2. 二维 Ising 模型程序[4]

本程序可改变初始条件和计算相关函数,讨论临界点附近的涨落.

Monte-Carlo Program for the Two-Dimensional Ising Model *

```
10    DEFINT A,S,I,J,K,M,N
20    DIM A(22,22),SUMC(5),KI(5),KJ(5)
30 ON KEY(1) GOSUB 40
40    ICOUNT=0 'initialize counter
50 CLS:KEY OFF
60 LOCATE 25,50: PRINT"-PRESS F1 TO RESTART-"
70 COLOR 15,0: LOCATE 2,15; PRINT "MONTE CARLO ISING MODEL "
80 COLOR 7: PRINT:PRINT  "Monte Carlo Statistics for a 20X20 ISING MODEL with"
90 PRINT "              periodic boundary conditions."
100 PRINT: PRINT" The critical temperature is approximately 2.0."
110 PRINT:PRINT "CHOOSE THE TEMPERATURE FOR YOUR RUN.  Type a number between "
120 INPUT"      0.1 and 100, and then press  'ENTER'.",T
130 IF T<.1 THEN T=.1 ELSE IF T>100 THEN T=100
140 PRINT ">>>>> temperature=" T: T=1/T
150 KEY(1) ON
160 PRINT:PRINT "DO YOU WANT TO STUDY THE CORRELATION FUNCTION (Y OR N)?"
170 COR$=INPUT$(1)
180 IF COR$="y" THEN COR$="Y"
190 IF COR$="Y" THEN PRINT ">>>> correlation data will be shown" ELSE PRINT
200 PRINT:PRINT "PICK THE TYPE OF INITIAL SPIN CONFIGURATION"
210 PRINT,"TYPE c FOR 'CHECKERBOARD' PATTERN, OR"
220 PRINT,"TYPE i FOR 'INTERFACE' PATTERN"
230 PRINT,"TYPE u FOR 'UNEQUAL INTERFACE' PATTERN"
240 X$=INPUT$(1)
250 IF X$="C" OR X$="c" GOTO 370
260 IF X$="u" THEN X$="U"
270 IF X$="i" THEN X$="I"
280 IF X$="I" OR X$="U" THEN 290 ELSE 210 'ROUTING TO PROPER INITIAL SETUP
290 CLS 'initial INTERFACE setup
300   IF X$="U" THEN MAXJ=14 ELSE MAXJ=10
310   FOR I=0 TO 22
320   FOR J=0 TO MAXJ: A(I,J)=+1: NEXT
330   FOR J=MAXJ+1 TO 22: A(I,J)=-1: NEXT
340   A(I,0)=-1: A(I,21)=1:
350   NEXT
360 GOTO 420
370 CLS 'INITIAL checkerboard PATTERN
380   A(0,0)=1
390   FOR I=0 TO 20: A(I+1,0)=-A(I,0)
400   FOR J=0 TO 20: A(I,J+1)=-A(I,J):NEXT
410   NEXT
420 REM initial display:
430        LOCATE 25,50:PRINT"-PRESS F1 TO RESTART-"
440        FOR I=1 TO 20
450        FOR J=1 TO 20
460        FOR JZ=2*J-1 TO 2*J
470      LOCATE I,JZ: IF A(I,J)=1 THEN PRINT CHR$(219) ELSE PRINT CHR$(176)
480      NEXT JZ,J,I
490      LOCATE 10,50: PRINT"TEMP="1/T
500 TIME$="00:00:00"
510 IF X$="U" THEN NPLUS=280 ELSE NPLUS=200
520 IF COR$="Y" THEN GOSUB 710
530 M=INT(20*RND+1):N=INT(20*RND+1): S=-A(N,M): ICOUNT=ICOUNT+1 '**flip a spin
540 B=T*S*(A(N-1,M)+A(N+1,M)+A(N,M-1)+A(N,M+1))
550 IF EXP(B)<RND GOTO 620                              'test against random#
560 A(N,M)=S: NPLUS=NPLUS+S
570 IF N=1 THEN A(21,M)=S ELSE IF N=20 THEN A(0,M)=S
580 IF M=1 THEN A(N,21)=S ELSE IF M=20 THEN A(N,0)=S
590  FOR IX=2*M-1 TO 2*M  'update the display
600  LOCATE N,IX:IF A(N,M)=1 THEN PRINT CHR$(219) ELSE PRINT CHR$(176)
610  NEXT
620 LOCATE 23,21: PRINT ICOUNT: LOCATE 23,30: PRINT TIME$
630 IF (ICOUNT MOD 100)=0 THEN GOSUB 670
640 IF COR$="Y" AND (ICOUNT MOD 400)=0 THEN GOSUB 750
650 GOTO 530
660 END
670 LOCATE 12,50: PRINT "AT "ICOUNT;
680 XN=NPLUS/400!
690 PRINT USING "  N+/N=.###";XN
700 RETURN
710 LOCATE 14,47: PRINT "Correlation Function:"
720 LOCATE 15,51: PRINT "d  <s(0)s(d)>": LOCATE 16,50: PRINT"-------------"
730 GOSUB 750
740 RETURN
750 FOR M=1 TO 5: SUMC(M)=0:   'Correlation calculation
760 LOCATE 14,69: PRINT"(at "ICOUNT")"
770 FOR I=1 TO 20
780 FOR J=1 TO 20:KJ=(J+M) MOD 20: KI=(I+M) MOD 20: CC%=A(KI,J)+A(I,KJ)
790 IF CC%=0 THEN GOTO 810
800 SUMC(M)=SUMC(M)+A(I,J)*CC%
810 NEXT J,I
820 LOCATE 16+M,50: PRINT M: LOCATE 16+M,54: PRINT USING "+#.###"; SUMC(M)/800
830 NEXT M: RETURN
```

程序3. d 维Ising 模型[5]

本程序模拟外场存在时 d 维空间的Ising 模型.

```
c    general dimensionality d=idim up to 5, Ising model parameter(idim=3, L=101, n=L * *
     idim), nplane=L * * (idim-1),
     1 npL=n+nplane, id2=2 * idim)
     dimension is(-nplane: npl), iex(-id2:id2)
c    byte is
     data ttc, h, mcstep, ibm/0.9,2.0,100,1/
     print *, ttc, idim, L, mcstep, ibm
c    ttc is T/Tc, while t is J/kT;
c    h is 2 * (magnetic field)/kT=(chemic. pot. )/kT
     if(idim. ep. 2)t=0.4406868/ttc
     if(idim. ep. 3)t=0.2216544/ttc
     if(idim. ep. 4)t=0.149695/ttc
     if(idim. ep. 5)t=0.113915/ttc
     ibm=2 * ibm-1
     L2=L * L
     L3=L2 * L
     L4=L3 * L
     do 2 ie=-id2, id2
     ibm=ibm * 65539
     ex=exp(-2.0 * ie * t-h)
2    iex(ie)=(2.0 * ex/(1.0+ex)-1.0) * 2147483648.0d0
     do 7 i=-nplane, npL
7    is(i)=1
     do 3 mc=1, mcstep
     do 5 i=1, nplane
5    is (i-nplane)=is(i+N-nplane)
     do 4 i=1, n
     if(i. ep. nplane+1) then
       do 8 j=1, nplane
8      is(j+N)=is(j)
         end if
           ie=is(i-1)+is(i+1)
           if(idim. eq. 1)goto 11
           ie=ie+is(i-L)+is(i+L)
           if(idim. eq. 2)goto 11
           ie=ie+is(i-L2)+is(i+L2)
           if(idim. eq. 3)goto 11
           ie=ie+is(i-L3)+is(i+L3)
           if(idim. eq. 4)goto 11
           ie=ie+is(i-L4)+is(i+L4)
```

```
11    ibm=ibm * 16807
      is(i)=1
4     if(ibm. It. iex(ie))is(i)=-1
      mag=0
      do 6 i=1, n
6     mag=mag+is(i)
      xm=mag * 1. 0/n
3     print  * , mc, mag, xm
      stop
      end
```

程序 4. 随机行走的 M-C 程序[5]

无规行走在高分子链的讨论中很有启发，该程序用 Fortron 语言.

```
      parameter(mxtime=100, mxconf=1, iseed1=4711)
      dimension idelx(4), idely(4), ir2(mxtime)
c
      real ran
      integer * 4 iseed1
c
      idelx(1)=1
      idely(1)=0
      idelx(2)=-1
      idely(2)=0
      idelx(3)=0
      idely(3)=1
      idelx(4)=0
      idely(4)=-1
c
      do itime=1, mxtime
         ir2(itime)=0
      enddo
c
      do iconf=1, mxconf
c
      ix=0
      iy=0
c
      do itime=1, mxtime
c
      idir=(4. * ran(iseed1)
```

```
c
      ix=ix+idelx(idir)
      iy=iy+idely(idir)
c
      ir2(itime)=ir2(itime)+((ix**2)+(iy**2))
c
      enddo
      enddo
c
      do itime=1, mxtime
         r2=ir2(itime)/float(mxconf)
      print *, itime, r2
      enddo
c

c
      stop
      end
```

16.2 分子动力学(MD)方法

分子动力学(Molecular Dynamics,MD)方法是直接求解体系所有粒子的运动方程,得到各个时刻每个粒子的坐标与速度,这些不同时刻的坐标与动量数据刻画了体系不同时刻的微观状态.体系的宏观性质通过对微观状态的时间平均获得.

最早的MD模拟是在1957年,由Alder(阿德勒)和Wainwright(温莱特)实现的硬球势模型[6].之后,Rahman(拉赫曼)采用MD模拟了L-J流体[7],Verlet(维勒特)改进了模拟L-J流体的算法[8],Gear(吉尔)提出了预测-校正算法,他们的算法都在后来的MD模拟中得到了广泛的应用.惰性分子是早期模拟的对象,然后才拓展到双原子分子.Singer(圣格尔)等提出的逐点近似(Site to Site Approximation)可通用于双原子分子[9].Evans(埃文思)和Murad(莫瑞德)提出的四元数(quaternions)方法可以处理较小的多原子分子[10],Ciccotti(塞柯蒂)等发展的约束法则将体系拓宽到柔性更强的较大分子[11].相对于非极性分子,极性分子间长程力的处理较为复杂.20世纪60年代,Barker(巴克尔)和Watts(瓦茨)用反应场法处理离子体系,后来,Nose(诺斯)和Klein(克莱因)采用Ewald(埃瓦尔德)加和法[12].Eastwood(伊斯特伍德)等的PPPM方法(Particle-Particle and Particle Mesh)也是一种处理离子体系的有效方法[13].

最初的MD方法主要用于模拟体积、粒子数和能量都恒定的孤立体系,即处理微正则系综中的体系.20世纪80年代,经Anderson(安德森),Nose,Hoover(胡维尔),Berendsen(贝让德森),Parinello(帕利尼罗)等人的工作,发展了正则系综、巨正则系综等不同系综的MD模拟方法,将分子动力学模拟推向了实用的阶段[14,15].

为讨论简单,考虑体系由N个全同粒子组成,粒子放置在体积为V、空间维数是d的容器内,体系的温度是T.设粒子的坐标和动量满足经典力学的Hamilton正则运动方程

$$\frac{\partial r_i}{\partial t}=\frac{\partial H}{\partial p_i},\quad \frac{\partial p_i}{\partial t}=-\frac{\partial H}{\partial r_i}\quad (i=1,2,\cdots,N).$$

如若考虑粒子间的相互作用为两体势$u(r_{ij})$，Hamilton 函数H则为

$$H(r,p)=\sum_{i=1}^{N}p_i^2/2m+\sum_{i<j}^{N}u(r_{ij}).$$

其中m为粒子的质量，$u(r_{ij})$是分别处于r_i和r_j的两粒子间的相互作用能，$r_{ij}=|r_i-r_j|$，正则方程具体化为

$$\frac{\partial r_i}{\partial t}=\frac{p_i}{m},\quad \frac{\partial p_i}{\partial t}=-\sum_{j\neq i}\nabla_i u(r_{ij}).$$

上式中的∇_i为梯度算符，$\nabla_i=\frac{\partial}{\partial r_{x_i}}\boldsymbol{i}_x+\frac{\partial}{\partial r_{y_i}}\boldsymbol{i}_y+\frac{\partial}{\partial r_{z_i}}\boldsymbol{i}_z$. 合并上两式，得

$$\partial^2 r_i/\partial t^2=-(1/m)\sum_{j\neq i}\nabla_i u(r_{rj})=\sum_{j\neq i}f_i(r_{ij})/m\quad,\quad (i=1,2,\cdots,N).\qquad(16.2.1)$$

(16.2.1)式的左边是第i个粒子的加速度，方程的右边是第i个粒子受到的其他粒子的作用力之和除以粒子的质量，表明该方程就是第i个粒子所满足的Newton 运动方程.

在势函数、初始条件和边界条件给定后，原则上就可以利用计算机求解粒子运动的微分方程组了. MD 模拟中的关键步骤就是解粒子运动方程，获取体系在不同时刻的微观状态. 计算机解微分方程的基本方法是将时间和空间离散化，用差商代替微商，将微分方程简化为差分方程. 数学上标准的差分算法，如Runge-Kutta(龙格-库塔)法在MD 模拟中很少应用，因为这些算法需要进行多次力的计算. MD 模拟中力的计算是最耗时的步骤，所以每步计算一次以上力的算法都是不可取的方法. 针对MD 模拟，已发展了多种有限差分方法. 所有这些算法都假定位置和速度、加速度等动力学性质能用 Taylor 级数展开近似. 下面就两种最基本算法作一简要介绍，以说明这些运算的方法.

$t+\delta t$ 时刻的坐标可由t时刻的位置，经 Taylor 展开求得

$$r_i(t+\delta t)=r_i(t)+\dot{r}_i(t)\delta t+\frac{1}{2!}\ddot{r}_i(t)(\delta t)^2+\frac{1}{3!}\dddot{r}_i(t)(\delta t)^3+O(\delta t)^4.$$

其中$\dot{r}_i=\mathrm{d}r_i/\mathrm{d}t=v_i$是第$i$个粒子的速度，$\ddot{r}_i=a_i$是粒子的加速度. 类推，可得$t-\delta t$时刻的坐标

$$r_i(t-\delta t)=r_i(t)-\dot{r}_i(t)\delta t+\frac{1}{2!}\ddot{r}_i(t)(\delta t)^2-\frac{1}{3!}\dddot{r}_i(t)(\delta t)^3+O(\delta t)^4.$$

加和上两式，得第i粒子的坐标关系，$(t+\delta t)$时刻的坐标可由t时刻的坐标与加速度及$(t-\delta t)$的位置求得

$$r_i(t+\delta t)=2r_i(t)-r_i(t-\delta t)+\frac{1}{m}F_i(t)(\delta t)^2.$$

由上两式之差，得到速度关系

$$\dot{r}_i(t)=\frac{1}{2\delta t}[r_i(t+\delta t)-r_i(t-\delta t)]+O(\delta t)^3.$$

略去高次项，并让$\delta t=h$, $t_n=nh$, $r_i^n=r_i(t_n)$, $F_i^n=F_i(t_n)$及$v_i^n=v(t_n)$，可将上述结果表述为清晰的代数表达式

$$r_i^{n+1}=2r_i^n-r_i^{n-1}+\frac{h^2}{m}F_i^n,\qquad(16.2.2)$$

$$v_i^n=(r_i^{n+1}-r_i^{n-1})\,\frac{1}{2h}.\qquad(16.2.3)$$

(16.2.2)式和(16.2.3)式构成了Verlet 算法. 给定r_i^0和r_i^1,计算第n步的F_i^n,按照(16.2.2)式计算r_i^{n+1},再由(16.2.3)式计算v_i^n. r_i^1由初始条件算得

$$r_i^1 = r_i^o + hv_i^0 + \frac{h^2}{2m}F_i^o.$$

另外一种预测-校正法在MD中也得到广泛应用,该算法由预测和校正两步组成. 按如下预测公式计算t^{n+1}时刻的预测位置

$$r_i^{n+1} = r_i^{n-1} + 2hv_i^n.$$

根据给定的势函数$u(r)$,由r_i^{n+1}计算第i个粒子受到的作用力及a_i^{n+1},然后利用下列校正公式计算v_i^{n+1}和r_i^{n+1}的校正值

$$v_i^{n+1} = v_i^n + \frac{h}{2}(a_i^{n+1} + a_i^n),$$

$$r_i^{n+1} = r_i^n + \frac{h}{2}(v_i^{n+1} + v_i^n). \qquad (16.2.4)$$

重复这一预测与校正运算,直至r_i^{n+1}的预测值与校正值之差小于先设置的精度要求. 在Verlet 算法和预测-校正算法的基础上,又衍生出了各种运动方程的初值问题算法,如蛙跳算法及速度Verlet 算法等. 有关不同算法的速度、精度和执行的容易程度已有深入的分析比较. 改进和发展各种算法至今仍是一个活跃的领域,有兴趣的读者可以参阅文献[14,15].

粒子间相互作用势是MD模拟的基础,它体现了具体问题的特性,并影响到计算结果的正确性和精度. 为适应MD模拟的需要,对从简单的单原子分子,到复杂的有机分子及高分子(包括生物大分子),已研究出多种势能函数,在此仅能作一简要说明. 硬球势、软球势、带吸引项的硬球势及L-J势是单原子分子和简单分子常用的势函数(见表16.2.1).

表16.2.1　常见的原子和简单分子对势能函数

名　称	势能函数公式	势能函数参数
硬球势	$u(r)=\begin{cases}\infty, & r\leqslant\sigma\\ 0, & r>\sigma\end{cases}$	硬球半径σ
软球势	$u(r)=\begin{cases}\varepsilon(\sigma/r)^n, & r\leqslant\sigma\\ 0, & r>\sigma\end{cases}$	球半径σ,n为常量,ε表征分子间作用强弱
带吸引项的硬球势	$u(r)=\begin{cases}\infty, & r\leqslant\sigma\\ -\varepsilon, & \sigma<r\leqslant\lambda\sigma\\ 0, & r>\sigma\end{cases}$	λ为参数
Lennard-Jones 势	$u(r)=\varepsilon\left[\left(\frac{m}{n-m}\right)\left(\frac{r}{r_{\min}}\right)^{-n}-\left(\frac{n}{n-m}\right)\left(\frac{r}{r_{\min}}\right)^{-m}\right]$	$r_{\min}$是能量最低点的位置

复杂分子的势能常分为分子内势能和分子之间势能两部分. 当然,这种区分不是绝对的,一般规定两个原子之间距超过4个键,就认为它们之间只存在非键相互作用,也就是分子间作用. 因此,成键相互作用是指直接成键的原子间的(1,2)相互作用,通过一个公用原子经过2个键相链的原子间的(1,3)相互作用及(1,4)相互作用,它是经过3个键相连的原子间的相互作用. 这些成键相互作用与键长、键角和双面角有关,常以Hooke定律为基础给出分子内势函数的形式.

$$u(x) = \frac{1}{2}K(x-x_0)^2,$$

或

$$u(x) = \frac{1}{2}K(x-x_0)^2\left[1-\alpha(x-x_0)+\left(\frac{7}{12}\right)\alpha^2(x-x_0)^2+\cdots\right]. \qquad (16.2.5)$$

其中 x 可表示两原子间的键长 l、两个键之间的键角 θ，或原子偏离成键平面的 ω 角.

更复杂的势能函数是 Morse 势函数

$$u_b(l) = D_e[1 - e^{-\alpha(l-l_0)}]^2. \tag{16.2.6}$$

(16.2.6)式更好地描写了键长的拉伸与断裂，但计算时间迅速上升. 因此，通常采用(16.2.5)式. 表现二面角 ϕ 扭转的势函数形式之一为

$$u_\phi(\phi) = \frac{1}{2}\sum_j V_j[1 + (-1)^{j+1}\cos(j\phi)]. \tag{16.2.7}$$

分子间非键相互作用势主要由两部分构成：(i) 因粒子间静电力产生的势能；(ii) 由色散作用与排斥作用引起的 van der Waals 力产生的势函数. 前者用(16.2.8)～(16.2.10)表示，后者可用 L-J 势表示(16.2.11)：

$$u(r) = \frac{q_a q_b}{r}, \tag{16.2.8}$$

$$u(r) = \frac{q_a \mu_b \cos\theta_b}{r^2}, \tag{16.2.9}$$

$$u(r) = \frac{\mu_a \mu_b[2\cos\theta_a\cos\theta_b - \sin\theta_a\sin\theta_b\cos(\phi_a - \phi_b)]}{r^3}, \tag{16.2.10}$$

$$u[(r_\alpha)_\beta] = \sum_\alpha^m \sum_\beta^m 4\varepsilon\left[\left(\frac{\sigma}{r_{\alpha\beta}}\right)^{12} - \left(\frac{\sigma}{r_{\alpha\beta}}\right)^6\right]. \tag{16.2.11}$$

(16.2.8)式表示荷电 q_a 和荷电 q_b 的分子间的静电相互作用势，(16.2.9)式为荷电 q_a 的分子与偶极矩为 μ_b 的分子间的势函数. (16.2.10)式则为偶极子之间的相互作用势. (16.2.11)式是由色散作用和排斥作用产生的势函数. 上面仅是分子势函数的粗略说明，有关各种势函数的详细讨论可参阅专著[16,17].

相互作用势的具体形式当由具体问题给定. 一旦势函数确定后，所有粒子的运动方程组(16.2.1)式就给定了. 解此耦合微分方程组，还要规定初始条件和边界条件. 指定初始时刻每个粒子的坐标与速度，对于平衡状态问题，平衡态的性质不会受初始条件选取的影响(当然终态不惟一时是例外)，但会影响模拟的收敛速度. 因此，选择概率较大的状态作为初始态可节省模拟时间，所以选取使 Boltzmann 因子 $\exp[-\beta U(r_1,\cdots,r_N)]$ 具有较大值的状态作为初始条件. 边界条件的选取与 M-C 模拟相似，不再重复. MD 模拟是一项计算量很大的运算过程，对于二体势，计算量级是 $O(N^2)$，现今 MD 模拟的粒子数约为 $10^2 \sim 10^5$ 个粒子，这个 MD 计算量是相当可观的，在模拟时要采用各种优化方法来减小计算量. 有关短程力和长程力的不同模拟技术，有兴趣的读者可参阅参考文献[17].

对式(16.2.1)运动方程组求解，可得不同时刻体系的微观状态，即体系在相空间运动的轨迹. 微正则系综是分子动力学模拟的自然选择. 因为，在运动方程求解过程中，粒子数 N、体积 V 和能量 E 守恒. 体系的力学量 M 是体系中各粒子的坐标 r 和动量 p 的函数，$M[r(t), p(t)]$，当已知不同时刻的 $r_i(t)$，$p_i(t)$，则 M 的时间平均由下式给出

$$\langle M\rangle = \frac{1}{t}\int_0^t M[r(t), p(t)]\mathrm{d}t.$$

依据系综理论，M 的时间平均应等于 M 的系综平均，由此可得系综中体系的力学量 M. 例如体系的动能平均值

$$\langle E_k\rangle = \frac{1}{t}\int_0^t \frac{1}{2m}\sum_{i=1}^N p_i^2(t)\mathrm{d}t = \frac{1}{Z}\left(\frac{1}{N!h^{3N}}\right)\int\cdots\int \sum_{i=1}^N \frac{p_i}{2m}\exp\left[-\frac{\sum \frac{p_i}{2m} - u(r_{ij})}{kT}\right]\mathrm{d}r\mathrm{d}p. \tag{16.2.12}$$

类似地，可用分子运动学方法得到体系的其他力学量的宏观平均值，如内能和压力. 还可以计算径向分布函数 $g(r)$

$$ng(r)4\pi r^2\Delta r=\lim_{\tau\to\infty}\frac{1}{\tau}\int_0^{\tau}\Delta N(r,t)\mathrm{d}t. \tag{16.2.13}$$

$ng(r)4\pi r^2\Delta r$ 给出了与中心分子间距 r、厚度为 Δr 的球壳内的分子数，上式给出了它的平均值，其中 $\Delta N(r,t)$ 是距中心分子 r 处、体积为 $4\pi r^2\Delta r$ 的球壳内的瞬时分子数目. 利用 MD 模拟可得到各个时刻 $\Delta N(r,t)$ 的值，由(16.2.13)式计算得到径向分布函数. MD 方法还可用来计算各种输运性质.[18]

微正则系综中的粒子数、体积和能量保持常量、粒子数与体积的守恒是直接的，由初值化时给定. 运动方程组的求解过程不会改变粒子数和体积的初值. 但对于给定的能量，一般并不知道何种初始条件能与给定的能量值相匹配. 另外，在求解运动方程的过程中，每步要计算分子间的作用力，而计算结果的不准确性也会使体系的能量飘移. 因此，不仅初值化开始，并在以后的计算过程中也要不断的通过调整分子的动能，借以达到调整体系的能量，以保持体系能量不变的要求. 具体实施方法是通过标度因子来调整所有分子的速度，详细讨论见文献[17,19]. 正则系综和巨正则系综的 MD，请有兴趣的读者参阅文献[17].

总起来讲，分子动力学模拟方法将自然产生出微正则系综，其计算步骤大致分为初值化和模拟两部分：

(1) 初值化部分. 包括给定体系的 N,V,E，给定粒子的初始坐标 $r_i(t=0)$ 和初始速度 $v_i(t=0)$，标定粒子的速度，使满足给定的能量 E. 另外，计算初始时刻粒子所受的作用力 f_i 及初始时刻粒子的加速度 a_i 也是初值化的内容.

(2) 模拟过程. 即利用差分近似积分运动方程，由初值化数据所得 f_i^0, v_i^0，计算下一时刻的坐标、速度、加速度、及新坐标下的作用力. 然后，再一次计算又一时刻粒子的坐标、速度、加速度及在新位置下粒子所受的作用力，如此不断进行. 粒子一步接一步的运动，记录下体系在不同时刻的微观状态. 当达到了平衡态判据的要求时，终止运动方程的求解，对体系的力学量求时间平均，以获得体系力学量的系综平均. 有关 NVE 系综运用预测-校正法的 MD 源程序可参阅文献[20]的附录C，在互联网上有大量分子动力学模拟的软件可供学术研究，可免费下载使用，如 DL-POLY[21] 和 MOLDY[22].

16.3 Monte-Carlo(M-C)方法和分子动力学(MD)方法模拟实例

16.3.1 液体水的模拟

液体水是最重要的流体，水溶液化学的关键问题就是揭示液体水的结构，化学科学、生命科学、材料科学和地球科学等涉及水溶液，因此，对液体水结构的研究一直是人们极为关注的问题. 这个貌似简单的三原子分子，由于水分子具有偶极矩、又可形成氢键，分子并有柔性，从而分子间呈现出复杂的相互作用，致使直到 20 世纪 60 年代后，才开始用 M-C[23] 和 MD[24] 模拟水. 到了 20 世纪 80 年代，对水的模拟才有了一些积累，科学家们找到了描述水的势能函数，Jorgensen(乔根森)[25] 的工作堪称为一典型. 他用 M-C 模拟了 25℃、0.1 MPa(1 atm)的 NPT 系综中液体水的热力学性质，又用 MD 计算了水的自扩散关系，得到了可与实验比较的结构、热力学与动力学数据. 文中对比了 6 种势函数,其中 5 种势函数在不同程度上都可对液体水提供合理的描述. 2000 年,又是这位 Jorgensen 进一步改善了水的势函数[26],模拟结果具有相当高的精度,标志着模拟水的研究达到了新的水平. 下面将简要引述这篇论文的工作. 两个水分子间的作用势由(16. 3. 1)式表示：

$$E_{ab} = \sum_{ij} \frac{q_i q_j e^2}{r_{ij}} + 4\varepsilon_0 \left[\left(\frac{\sigma_0}{r_{OO}} \right)^{12} - \left(\frac{\sigma_0}{r_{OO}} \right)^{6} \right], \tag{16. 3. 1}$$

其中 i 和 j 分别代表 a,b 分子中荷电的位置,r_{OO}是氧与氧间的距离. 水分子的几何结构如图 16. 3. 1所示,有关势函数的参数列在表 16. 3. 1 中.

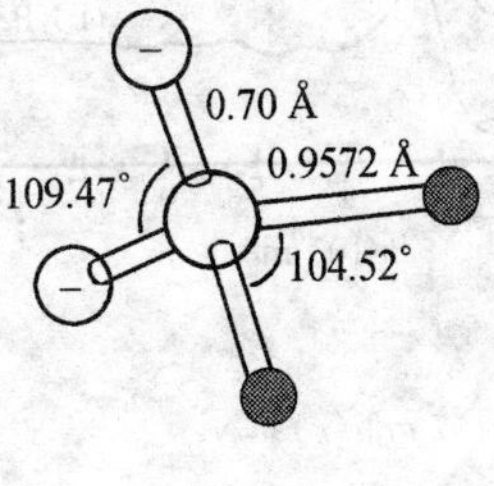

图 16. 3. 1　水分子的 TIP5P 几何参数[26]

表 16. 3. 1　水分子的几何与势函数参数[26]

	TIP3P	TIP4P	TIP5P
q_H(e)	0. 417	0. 502	0. 241
σ_0/Å	3. 15061	3. 15365	3. 12
ε_0/(kcal · mol^{-1})	0. 1521	0. 1550	0. 16
r_{OH}/Å	0. 9572	0. 9572	0. 9572
θ_{HOH}/(°)	104. 52	104. 52	104. 52
r_{OL}/Å		0. 15	0. 70
θ_{LOL}/(°)			109. 47

采取NPT 系综M-C,N=512,压力0. 1 MPa(1 atm),温度从－37. 5～75. 0℃,每12. 5℃改变一次温度. 氧与氧间的截断距离为0. 9 nm(9 Å). 模拟程序采用Boss 3. 8. 模拟的方法及具体细节可参阅原始文献,在此仅列出主要结果. 表 16. 3. 2 给出了 0. 1 MPa(1 atm)下水的热力学性质,其中密度 ρ、蒸发能 ΔH_{vap}及能量 E 的模拟值与实验值符合相当好. 特别是势函数 TIP5P 可给出水密度随温度变化的极值位置 4℃(图 16. 3. 2). 在－37. 5～62. 5℃范围内,TIP5P 模型模拟的ρ 的平均误差仅0. 006 g · cm^{-3},表明该模型模拟的结果精度很高,比以往的其他模型有了很大改进.

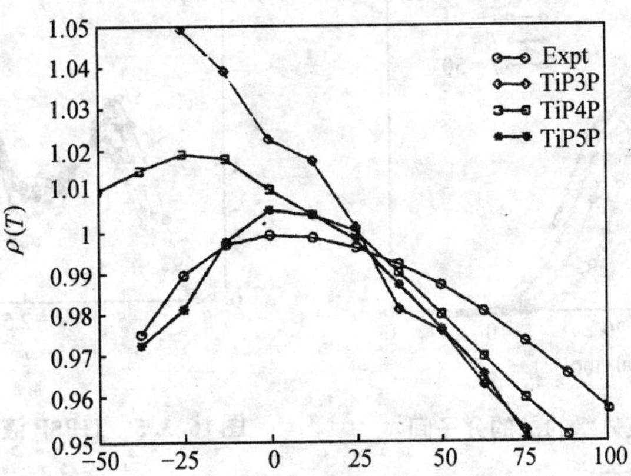

图 16. 3. 2　TIP5P 水模型的密度与实测值随温度的变化[26]

图 16. 3. 3 显示出水的氧-氧、氧-氢径向分布函数. 氢-氢径向分布函数及所有径向分布随温度的变化可参阅原文,在此省略. 与实验结果相比,TIP5P 和 TIP4P 相似,总体上比 TIP3P 模型的结果好. 从第一个峰的积分可获得最近邻的分子数,在文献[25]中得到的最近邻分子数

为5.1，与实验值5.0相当接近. 积分第一个氧-氧径向分布峰，可以到得每个水分子的平均氢键数. TIP4P 模型所得平均氢键数为3.9[25].

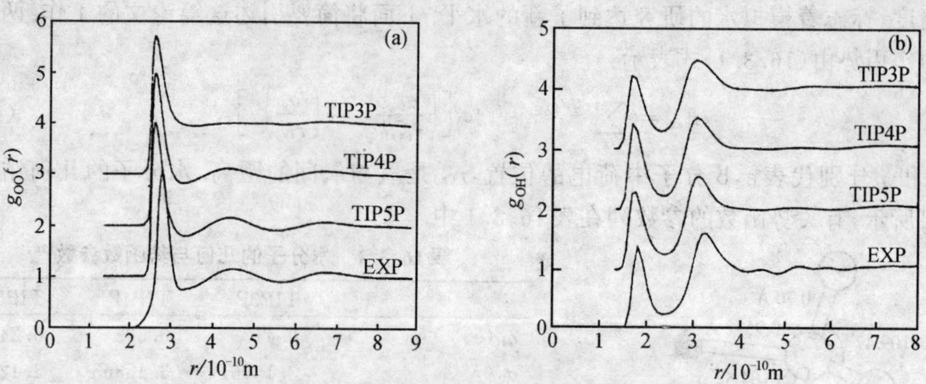

图 16.3.3 水的径向分布函数[26]

(a) 氧-氧径向分布函数 $g_{OO}(r)$，(b) 氧-氢径向分布函数 $g_{OH}(r)$

在标准压力下，不同温度液体TIP5P 水的总的分子间结合能分布显示在图16.3.4. 单个水分子间的相互作用能分布给在图16.3.5. 当温度降低时，总的结合能分布变狭窄，低能量构型的部分增加，分子对相互作用能分布的极小值随温度降低而变低，也就是说成氢键的最邻近分子与较远分子间的区分越明显. 极小值约为$-2.3\ \text{kcal}\cdot\text{mol}^{-1}$. 从分子对相互作用能分布求得的平均氢键强度为$-3.95\sim-4.34\ \text{kcal}\cdot\text{mol}^{-1}$[25]. 积分至极小值，可以求得每个水分子周围的平均氢键数，模拟得到不同温度下的平均氢键数为3.9(−25℃)、3.8(0℃)、3.7(25℃)和3.6(50℃)，表明随着温度的增加，氢键的强度和几何构型皆要有适当的变化.

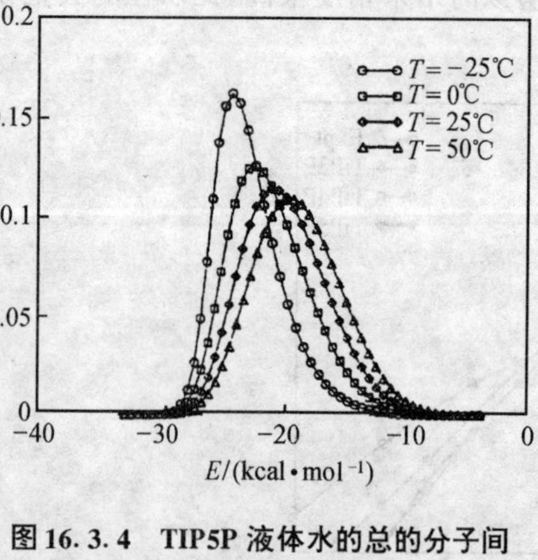

图 16.3.4 TIP5P 液体水的总的分子间结合能分布[26]

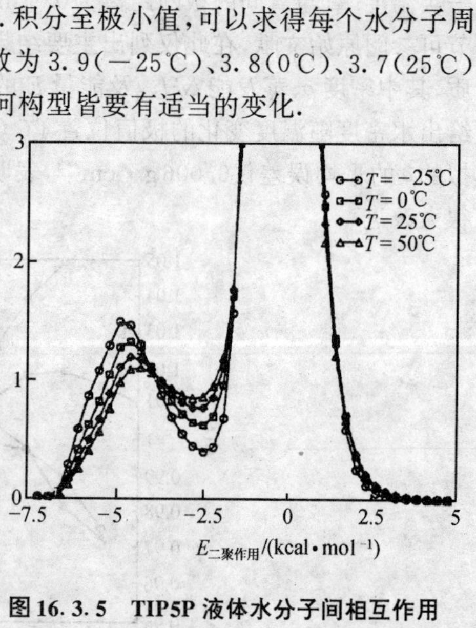

图 16.3.5 TIP5P 液体水分子间相互作用能分布[26]

其他有关压力对水热力学性质和结构的影响、介电常量及自扩散系数等的计算模拟，有兴趣的读者可参阅文献[25]和[26]. 最后值得指出的是，虽然TIP5P 模型取得了进展，但仍有一些模拟结果还与实验有明显的差别，它还不是一个完美的模型. 实际上，在Jorgensen 的前后尚有其他工作，但皆可从Jorgensen 的参考文献及对该文献([26])的引文追踪中获得了解，在此就不详细引述了.

表 16.3.2　液体水的热力学性质(25 ℃,0.1 MPa),计算值与实验值比较[26]

	TIP3P	TIP4P	TIP5P	Expt.[27]
$\rho/(\text{g}\cdot\text{cm}^{-3})$	1.002±0.001	1.001±0.001	0.999±0.001	0.997
$-E/(\text{kcal}\cdot\text{mol}^{-1})$	9.82±0.01	10.06±0.01	9.87±0.01	9.92
$\Delta H_{\text{vap}}/(\text{kcal}\cdot\text{mol}^{-1})$	10.41±0.01	10.65±0.01	10.46±0.01	10.51
$C_p/[\text{cal}\cdot(\text{mol}\cdot\text{K})^{-1}]$	20.0±0.6	20.4±0.7	29.1±0.8	18.0
$10^6\kappa/\text{atm}^{-1}$	64±5	60±5	41±2	45.8
$10^5\alpha/(°)$	92±8	44±8	63±6	25.7

16.3.2　苯在ITQ-1型分子筛中的吸附与扩散

沸石(zeolities)是指一类硅铝酸盐微孔晶体,由于它具有良好的热稳定性和水热稳定性,可调变的酸性及酸性中心数量,具有较好的吸附性能,规则的孔道结构产生出选择性催化的作用,从而使分子筛在吸附、催化、离子交换及传感器等领域有广泛应用.沸石分子筛的合成与性能研究引起了科学与技术界的浓厚兴趣,其中包括用M-C和MD模拟吸附物在分子筛的吸附及扩散研究[28~30].下面介绍模拟苯在ITQ-1型分子筛的吸附与扩散,[30]借以说明M-C和MD的应用.

模拟的势函数采用CVFF(Consistent-Valence Force Field),体系的势能由四部分组成,如(16.3.2)式所示.

$$V_{\text{总}} = V_{\text{沸石}} + V_{\text{吸附物}} + V_{\text{沸石-吸附物}} + \text{V}_{\text{吸附物-吸附物}}. \tag{16.3.2}$$

分子筛和苯的成键部分由二体、三体和四体三种相互作用构成:

$$\begin{aligned} V_{\text{成键}} &= V_{\text{双体}} + V_{\text{三体}} + V_{\text{四体}} \\ &= k_{ij}(r_{ij} - r_{ij}^0)^2 + k_{ijk}(\theta_{ijk} - \theta_{ijk}^0)^2 + k_{ijkl}[1 + \cos(n\delta_{ijkl} - \delta_{ijkl}^0)]. \end{aligned} \tag{16.3.3}$$

体系中的非键相互作用由van der Waals 项和Coulomb 项两部分构成,两者分别用(16.3.3)式和(16.3.4)式表示

$$V_{\text{非键}} = R_{\text{范}} + E_{\text{库}} = \frac{A_{ij}}{R_{ij}^{12}} - \frac{B_{ij}}{R_{ij}^6} + \frac{q_i q_j}{R_{ij}}. \tag{16.3.4}$$

有关参数分别列在表16.3.3 和表16.3.4 中.

表 16.3.3　分子筛骨架和苯的成键相互作用参数[25]

双体参数	$R_{ij}^0/\text{Å}$		$k_{ij}/(\text{eV}\cdot\text{Å}^{-2})$
sz-sz	3.0900		392.8000
sz-oz	1.6150		392.8000
cp-cp	1.3400		480.0000
cp-h	1.0800		363.4164
三体参数	$\theta/(°)$		k_{ijk}/eV
sz-oz-sz	149.8000		31.1000
oz-sz-oz	109.4700		100.3000
cp-cp-cp	120.0000		90.0000
cp-cp-h	120.0000		37.0000
四体参数	k_{ijkl}/eV	n	$\delta_{ijkl}/(°)$
-sz-oz-	1.0000	3	0.0000
-sz-sz-	1.0000	3	0.0000
-cp-cp-	12.0000	2	180.0000

表 16.3.4　分子筛骨架和苯的非键相互作用参数[25]

原子类型	$A/(\text{eV}\cdot\text{Å}^{-2})$	$B/(\text{eV}\cdot\text{Å}^{-6})$	$q(\lvert e\rvert)$
sz	3149175.0000	710.00000	−0.3000
oz	272894.7846	498.87880	+0.6000
cp	1981049.2250	1125.99800	−0.1000
h	7108.4660	32.87076	+0.1000

选用巨正则系综的Monte-Carlo 方法模拟苯在分子筛中的吸附与扩散，巨正则系综由恒温恒容、化学势相等的体系构成，允许体系和环境间物质交换，适合研究吸附问题.具体模拟过程由下列四步循环组成[30]：

(1) 分子吸附产生的构象.随机地从吸附物种(苯)中选择一个分子，将它以随机的位置和取向放于分子筛中，按(16.3.5)式判据，决定是否接受此构象.

$$P=\min\left[1;\exp\left(-\frac{\Delta E}{kT}-\ln\frac{(N_i+1)kT}{f_iV}\right)\right]. \tag{16.3.5}$$

其中P 为接受概率；ΔE 为放入物种后，构象不同引起的体系能量的变化；k 为Boltzmann 常量 T 是模拟的温度；N_i 为分子筛中物种i 的现行分子数；f_i 是气相中组分i 的逸度；V 为分子筛晶胞体积.

(2) 吸附分子脱附产生的构象.随机地从已吸附的分子中移走一个分子，按(16.3.6)式判据，决定是否接受新构象.

$$P=\min\left[1;\exp\left(-\frac{\Delta E}{kT}+\ln\frac{N_ikT}{f_iV}\right)\right]. \tag{16.3.6}$$

(3) 吸附分子平移产生的构象.随机地从已吸附的分子中选择一个分子，在边长为2δ 的立方体内随机地平移一步长，δ 为最大平移步长，按(16.3.7)式判据，决定是否接受新构象.

$$P=\min\left[1;\exp\left(-\frac{\Delta E}{kT}\right)\right]. \tag{16.3.7}$$

(4) 吸附分子转动产生的构象.从吸附的分子中随机地选择一个分子，并随机地选择一旋转轴，绕此旋转轴在$-\delta\sim+\delta$ 范围内随机地旋转一角度(δ 为最大旋转步长)，按(16.3.7)式判据，决定是否接受新构象.

(1)～(4)步完成一个吸附循环，然后再从(1)步开始，直到满足计算精度.模拟在分子筛的8 个晶胞大小的箱中进行，采用周期边界条件.1 nm(10 Å)为截断距离.库仑长程作用力用Ewald求和处理.具体模拟细节省略，下面引用主要结果[30].

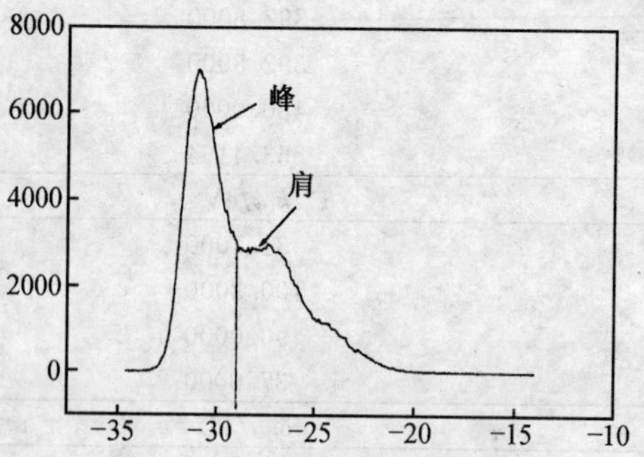

图 16.3.6　苯-分子筛相互作用能分布曲线[30]

应用巨正则系综 M-C 模拟获得苯在ITQ-1分子筛中的吸附能和吸附位，图 16.3.6 显示出苯与分子筛相互作用能的分布函数.由图可见，最可几相互作用能为−31 kcal/mol.平均相互作用能约为−29.16 kcal/mol.

用"苯分子云"(mass cloud of benzene)来表征苯的吸附位，如图 16.3.7 所示，被吸附的苯分子的位置用其分子的质心坐标来表示，模型空间的一个点代表一个苯分子. 分子云密的位置，表示苯吸附的优势位. 从图16.3.7(a)可见苯在分子筛中的吸附是不均匀的，苯的吸附位置的分布可以分为 4 个区域，用 S_1，S_2～S_4 表示，S_1 处在10MR 通道，S_2～S_4 处在 12 MR 超笼中. 图 16.3.7(b)给出相互作用能低于 −31 kcal，mol^{-1}的吸附苯分子云分布，与(a)相比，超笼中心区的苯分子减少了许多，S_1 位的苯分子分布变化不大，表明 S_1 位的相互作用能较低. 对比(a)与(b)，处在超笼 S_2、S_3 位的苯分子的相互作用也相对 S_4 位的要低. S_4 位是超笼的中心部位，苯分子在这里有较大活动范围. 在两个超笼之间的 10 MR 连接区未发现苯分子[30].

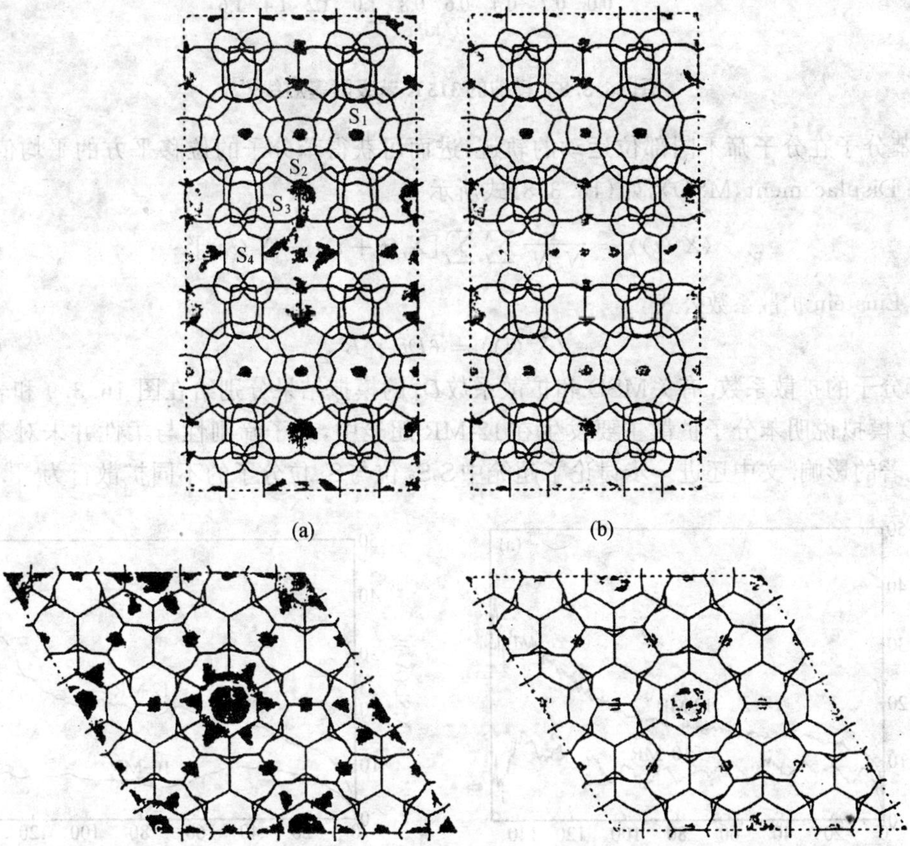

图 16.3.7 苯分子云分布

(a) 沿分子筛 yz 方向的苯分子云分布；(b) 沿分子筛 yz 方向的苯分子(作用能在 −100～−31.0 kJ · mol^{-1})云分布；(c) 沿分子筛 xy 方向的苯分子云分布；(d) 沿分子筛 xy 方向的苯分子(作用能在 −100～−31.0 kJ · mol^{-1})云分布[30]

通过系列模拟可以得到吸附等温线，如图 16.3.8 所示. 该工作选用了两种力场，模拟得的吸附等温线有明显的差别，说明力场的选取对 M-C 模拟是十分重要的. 虽然有实验曲线作参考，但所用的是甲苯吸附等温线，现有的工作尚无法判定哪种力场更佳.

按同一CVFF 势函数，用MD 模拟了苯在ITQ-1 中的扩散行为，讨论了刚性分子筛骨架和柔性分子筛骨架对扩散的影响. 从 MD 计算，可获得不同时刻苯分子在分子筛不同部位的坐

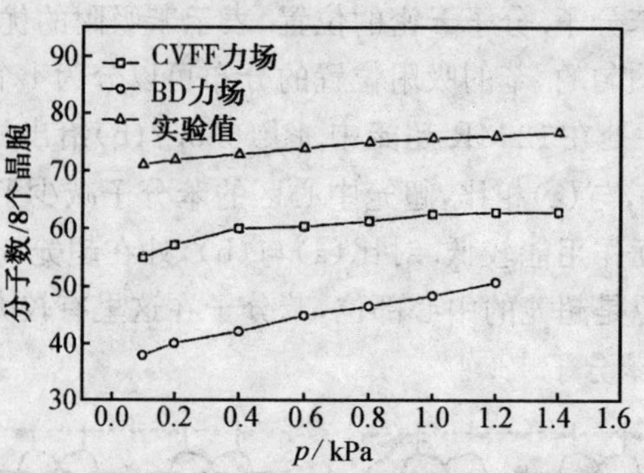

图 16.3.8　模拟的315 K 苯吸附等温线[25]

标,即苯分子在分子筛不同部位运动的轨迹,进而可获得苯分子的位移平方的平均值(Mean-Square Displacement,MSD),如(16.3.8)式所示

$$\langle X^2(t)\rangle = \frac{1}{N_m N_{t_0}}\sum_m \sum_{t_0}[X_i(t+t_0)-X_i(t_0)]^2. \tag{16.3.8}$$

再利用 Einstein 扩散系数公式

$$\langle X^2(t)\rangle = 6Dt + B\ , \tag{16.3.9}$$

可得苯分子的扩散系数.有关MSD和扩散系数D_d的模拟结果分别给在图 16.3.9 和表16.3.5中.MD 模拟说明苯分子扩散主要发生在12-MR 超笼中,分子筛刚性与柔性并未对苯的扩散产生显著的影响.文中还进一步讨论了超笼中S_2S_3位与S_4位分子的不同扩散行为[30].

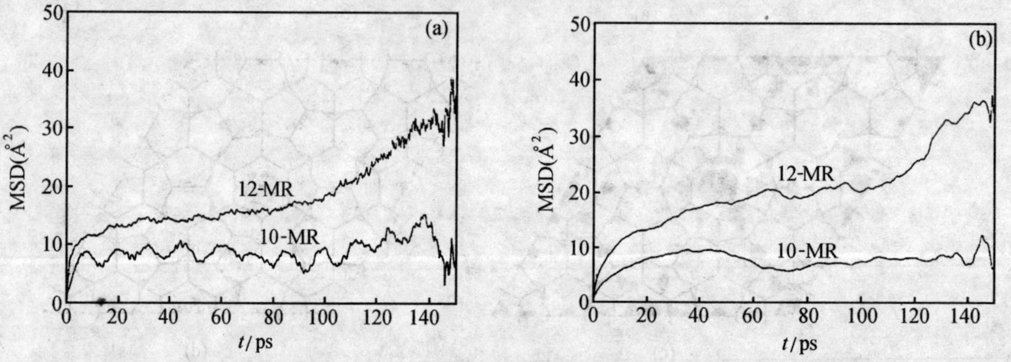

图 16.3.9　苯分子在分子筛不同部位的位移平方平均值

(a)刚性骨架,(b)柔性骨架[30]

表 16.3.5　苯在分子筛中的扩散系数[30]

	$D_d/(\mathrm{cm^2\cdot s^{-1}})$	
	10-MR	12-MR
刚性骨架	4.00×10^{-7}	2.32×10^{-6}
柔性骨架	2.06×10^{-7}	2.56×10^{-6}

16.3.3　分子吸附对表面二维岛形状控制的动力学 Monte-Carlo 模拟

大规模集成电路中的材料和器件都是通过薄膜生长而获得的，薄膜材料的制备归根到底是一个表面动力学过程，膜的质量与生长初期沉积原子在亚单层的扩散及成岛的形状有关．金属同质外延生长是研究亚单层薄膜性质的最佳体系．Pt/Pt(Ⅲ)外延生长中，低温时形成分形岛，而在高温时形成紧密岛．经典的扩散限制集聚(Diffusion Limited Aggregation，DLA)理论对此可做出满意的解释，但对新近的实验结果，CO 吸附引起 Pt/Pt(Ⅲ)体系岛及取向有规律的变化，却显得无能为力．我国物理学家提出的反应限制聚集(Reaction Limited Aggregation，RLA)理论解释了这一有趣现象[31,32]．本节将简要介绍这一成果，并以此例说明 M-C 不仅可以模拟体系的平衡性质，还可模拟非平衡生长过程．

当用 M-C 模拟体系的平衡性质时，寻找的是体系处于最小能量的位形，即使模拟的时间步长 t_s 与体系演化的真实时间步长 t_r 间有差别也不会影响计算结果．在模拟非平衡态的动力学过程时，t_s 必须正确反映体系真实的时间演化步长 t_r．对于给定的体系，若已知体系从态 i 转变到其他几个态的转变速率为 k_{i-j}(简写为 k_j)，则体系发生态转变所需的平均时间 τ_i 为

$$\tau_i = \Big[\sum_j^n k_j\Big]^{-1}. \tag{16.3.10}$$

转变到特定态 j 的概率 $p_{i\to j}$(简写为 p_j)可由下式求得

$$p_j = k_j / \Big[\sum_j k_j\Big] = k_j \tau_i. \tag{16.3.11}$$

KMC 方法(Kinetic Monte Carlo，KMC)就是利用(16.3.10)和(16.3.11)两个方程，模拟体系的动力学过程：首先，设定体系起始态为 i，经过时间 τ_i，体系按方程(16.3.11)给出的概率随机地转变到态 j；然后重新计算体系从态 j 转变到所有其他 m 个新态的速率常量 $\sum_l^m k_l$；再重复第一步，计算从态 j 随机地转变到 l 特定态的概率．如此不断进行下去，就实现了对体系动力学过程的模拟．若需要研究的时间尺度相对于时间步长不是足够长，时间步长可取为 $\Delta t_i^{\mathrm{KMC}} = -\tau_i \ln(r)$，其中 r 是[0,1]之间的随机数[31]．

用 KMC 方法研究表面生长过程时，假定对于体系的每个态，原子的位置可用理想晶格上的格点表示；体系的态转变概率是局域的，即原子的跳步速度仅取决于它的近邻环境．

对于有表面活性剂介入的外延生长，RLA 理论模型还包含另外三个基本假定：

(1) 沉积原子需要克服一个较大的能量势垒，与表面活性剂原子发生位置交换后，才能成为稳定的成核中心．

(2) 后到来的沉积原子仍需克服一个能量势垒，与表面活性剂原子发生位置交换，然后才能成为稳定岛的一部分．

(3) 仅那些发生了位置交换的沉积原子才能形成岛，即只有处于表面活性剂内的岛才是稳定的．

如此，RLA 模型包括 3 个最基本的原子过程：沉积原子在表面活性剂原子层上快速扩散；沉积原子与表面活性剂原子交换位置成为形核中心；粘在核或岛边缘的沉积原子与表面活性剂原子交换位置，成为稳定岛的一部分，使岛继续长大，如图(16.3.10)所示[31]．

上述 3 个原子过程的相应速率常量分别用 k_{d}，k_{se} 和 k_{ac} 表示，并存在如下关系式

$$k_j = \nu \exp(-V_j/kT), \quad j = \mathrm{d}, \mathrm{se}, \mathrm{ae}. \tag{16.3.12}$$

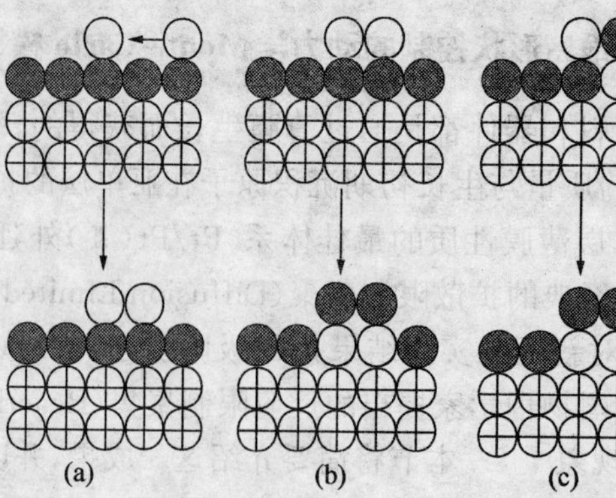

图 16.3.10　临界尺寸为 1 时,生长表面上的基本原子过程[31]

(a) 沉积原子在表面活性剂原子层上快速扩散;(b) 沉积原子与表面活性剂原子交换位置成为形核中心;(c) 沉积在核边缘的原子与表面活性剂交换位置,成为稳定岛的一部分

其中 V_d,V_{se} 和 V_{ae} 分别为沉积原子在表面活性剂上扩散所要克服的势垒、原子交换成核所需克服的势垒和原子交换成稳定岛所需克服的势垒;ν 为尝试频率. 按(16.3.11)式,过程 j 发生的概率为

$$p_j = \frac{\nu}{\sum_j k_j}\exp(-V_j/kT).$$

KMC 的基本算法可总结为:

(1) 确定体系中可能发生的所有原子过程 j;

(2) 对每个原子过程,计算相应的速率常量 k_j,并求体系组态 $R = \sum_j k_j$;

(3) 选取[0,1]间的两个随机数 ρ_1,ρ_2,并找到满足条件 $\sum_{j=0}^{l-1} k_j \leqslant \rho_1 R < \sum_{j=0}^{l} k_j$ 的整数 l;

(4) 完成过程 l,更新体系组态使体系过渡到新态;

(5) 更新模拟时间 $t=t+\Delta t$,其中 $\Delta t = -\frac{1}{R}\ln\rho_2$;

(6) 回到(1),进行新一轮循环[31].

由上述基本算法,可给出同质表面外延生长初期单层原子岛生长 KMC 模拟程序流程图,在流程图的框架下,用 Fortran 语言写出了 KMC 主程序(http://surface.iphy.ac.cn/schinese/CSF01/index,htm).

用该程序,在 200×200 的正方格子上,3 个能垒 V_d、V_{se}、V_{ae} 分别取 0.59 eV、0.90 eV 和 0.82 eV,沉积流量固定为 $F=0.005$ mL/s,覆盖率 $\theta=0.1$ mL,试探频率 $\nu=4.1671\times10^{10}T$,T 是生长温度(K),用 KMC 方法模拟得到了原子岛形状随温度变化的示意图(16.3.11). 类似地模拟,还可以得到原子岛形状随沉积流量变化的关系[31]. 这些结果与实验观测一致,即升温或降低沉积速率时,基底上形成分形岛,在降温或升高沉积速率时得到的是紧密岛,而这是 DLA 模型所不能解释的[31].

对 Pt(111)面上 Pt 二维岛密堆积台阶类型及边-边扩散;边-角扩散和角-边扩散原子过程的分析,相应过程的能量参数采用第一原理的计算结果,如图 16.3.12 及表 16.3.6 所示. 应用这些参数,由 KMC 方法模拟了 Pt(111)面上二维岛形状随温度的变化(图 16.3.13). 所得

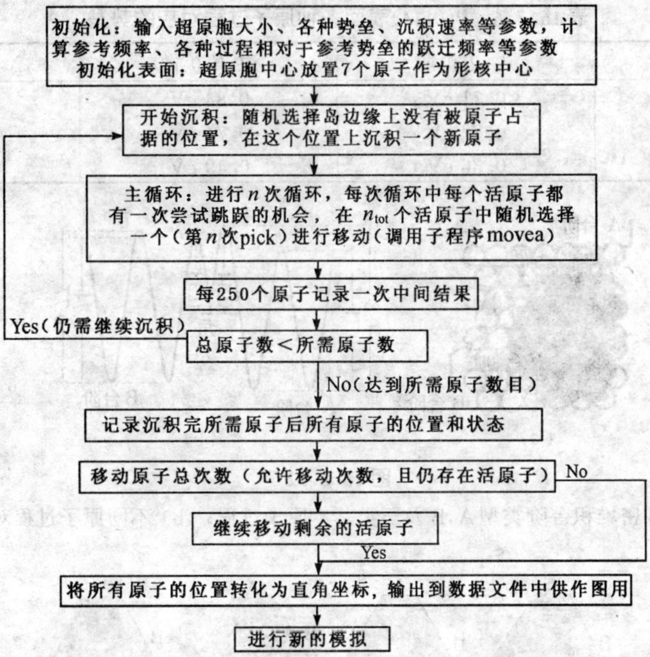

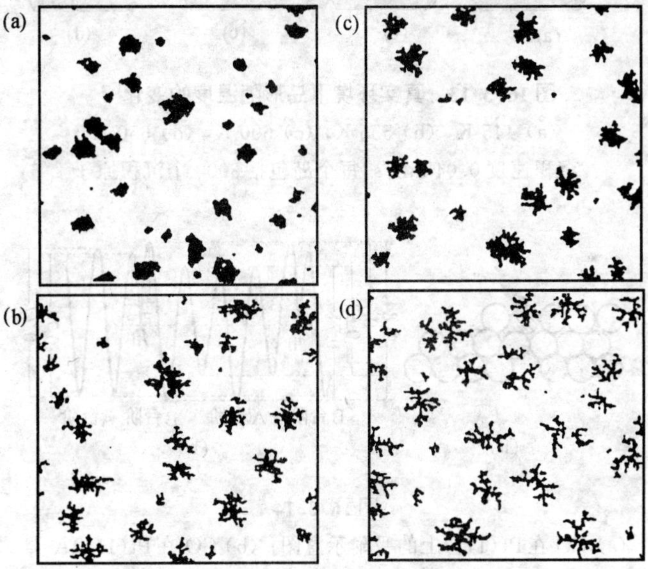

图 16.3.11　200×200 正方格子，沉积速率为 0.005 mL/s，覆盖率为 0.1 时，岛形状随温度变化示意图

(a) 300 K，(b) 310 K，(c) 320 K，(d) 340 K

二维岛的形状和取向与没有CO吸附时的实验结果吻合；当有CO吸附时，从CO在Pt(111)的热脱附谱，推断CO优先吸附在A类台阶上，吸附导致Pt原子与A边结合能降低（图16.3.14）[31,32]。

表 16.3.6 Pt(111)表面各种原子过程对应的势垒

	边-边扩散	边-角扩散	角-边扩散
A 台阶(无CO)	0.71 eV	0.84 eV	0.44 eV
B 台阶(无CO)	0.77 eV	0.74 eV	0.38 eV
A 台阶(有CO)	0.36 eV	0.49 eV	—

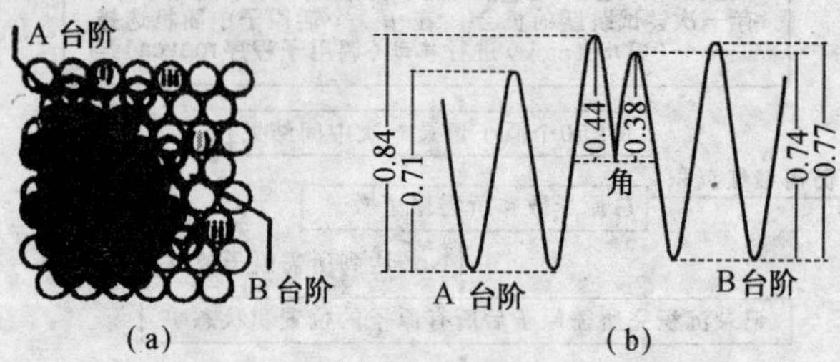

图 16.3.12

(a) Pt(111)的两种密堆积台阶类型A,B及三类基本原子过程；(b) 不同原子过程对应的激活能[32]

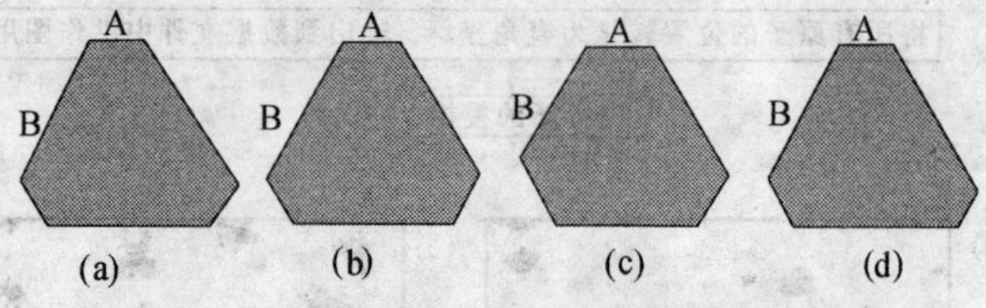

图 16.3.13 真实环境下岛形随温度的变化[32]

(a) 445 K，(b) 555 K，(c) 600 K，(d) 650 K

沉积速度 0.04 mL/s,每个岛包括 3000 个沉积原子

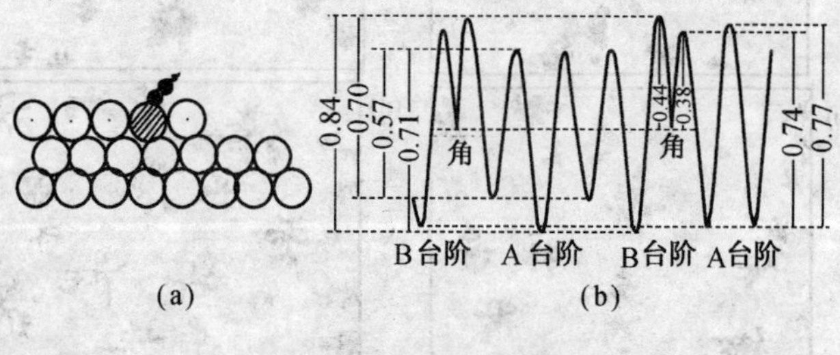

图 16.3.14

(a) CO 在 Pt(111)上的吸附示意图；(b) CO 在 Pt(111)A 类台阶边上的吸附导致 Pt 原子结合能降低[32]

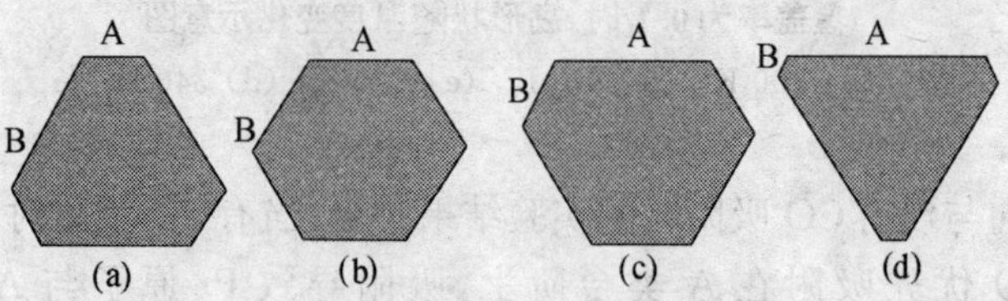

图 16.3.15 岛形状随 CO 覆盖率的变化[32]

θ_A(CO)分别为：(a) 0.02，(b) 0.08，(c) 0.3，(d) 0.8

依据这些能量参数，通过KMC模拟得到了岛形状随CO覆盖率的变化，从正三角形到六边形、到倒三角形的转变图(16.3.15)，说明了新近的实验发现，揭示了CO不同分压所造成的Pt/Pt(111)面上各种取向的三角形变化，是由于生长过程中不同的原子动力学过程所决定的，而不能归结为体系的生长自由能变化[32]. 上述模拟的细节、过程与结果讨论可参阅文献[31，32]及习题16.5～16.7.

习　题

16.1　参考文献([4]，[5]及[15])，讨论MD方法和M-C方法的异同点.

16.2　应用16.1.5节中的程序(2)，讨论不同初始条件对M-C模拟结果的影响.

16.3　应用16.1.5节中的程序(2)，计算不同温度时，Ising模拟的相关函数，讨论临界点附近的相关长度的变化.

16.4　参考文献Surface Science，228(1990)28，说明用M-C和MD模拟分子束外延生长的结果.

16.5　从http://surface.iphy.ac.cn/schinese/CSF01/index.htm下载RLA模型的KMC程序并运行它. 在200×200的正方格子上，沉积温度T固定为300 K；覆盖率$\theta=0.1$ mL；V_d，V_{se}，V_{ae}势垒分别取0.59 eV，0.90 eV和0.82 eV. 计算模拟沉积速率为：0.0001，0.001，0.0025，0.028 mL/s时的岛形，参考文献[31]，讨论结果的物理意义.

16.6　参考文献[31，32]，应用16.5题下载的KMC程序，利用表16.3.6中的数据，模拟清洁Pt(111)表面同质生长岛形随温度的变化，验证图16.3.13的结果.

16.7　参考文献[31，32]，应用16.5题下载的KMC程序，利用表16.3.6中有CO吸附时的能量参数，模拟有CO吸附时，生长岛形随CO覆盖率的变化，验证图16.3.15的结果. 结合文献说明习题16.6和16.7模拟的物理实质和讨论模拟的结果.

16.8　改变16.5题下载的KMC程序，用于模拟DLA模型，比较RLA模型和DLA模型模拟结果的差别，讨论这些差异的物理实质.

16.9　应用16.1.5节中程序(4)，计算一维无规则行走N步后的距离；参考[33]，[34]文献，讨论高分子的无规则行走链和自回避行走链模型.

16.10　指出用MD方法模拟Lennard-Jones流体静态性质时，势能、总动量、体系质心的位置及总角动量中哪一些量守恒.

16.11　利用Taylor展开，证明蛙跳算法公式.

令
$$v\left(t+\frac{\Delta t}{2}\right)\equiv\frac{\boldsymbol{r}(t+\Delta t)-\boldsymbol{r}(t)}{\Delta t},\quad v\left(t-\frac{\Delta t}{2}\right)\equiv\frac{\boldsymbol{r}(t)-\boldsymbol{r}(r-\Delta t)}{\Delta t},$$
求证
$$r(t+\Delta t)\equiv r(t)+v\left(t+\frac{\Delta t}{2}\right)\Delta t,$$
$$v(t+\Delta t)=v\left(t-\frac{\Delta t}{2}\right)+\frac{f(t)}{m}\Delta t.$$

16.12　若粒子对间的势函数为Lennard-Jones势：
$$u(r)=4\varepsilon\left[\left(\frac{\sigma}{r}\right)^{12}-\left(\frac{\sigma}{r}\right)^{6}\right]$$
其中，ε是势阱深度，σ是粒子直径. 求粒子间的相互作用力为
$$f=24\varepsilon\left[2\left(\frac{\sigma}{r}\right)^{12}-\left(\frac{\sigma}{r}\right)^{6}\right]\frac{1}{r}.$$

16.13　参考文献Chem. Phys. Lett.,30(1975)123,说明n-丁烷液体的MD的模拟中,Rychaert和Bellemans使用的势函数形式,计算模拟所得反式构象份额是多少.并与气相时反式n-丁烷的比例比较,MD模拟还能讨论丁烷的构象转变(参阅Clarke, J. H. R, Chem., in Britain, 1990,349).

16.14　水是最重要的流体,它已成为许多计算模拟的对象.1971年Rahman和Stillinger(斯替林格)是用MD模拟液体水的先驱,请参阅文献J. Chem. Phys., 55(1971)3336,说明他们使用何种势函数及模拟的主要结果.并与Berendsen [J. Chem. Phys., 91(1987)6269]和Liu [J. Chem. Phys., 100(1996)5139]的模拟对比,说明他们使用的势函数有何不同,模拟结果有何差异.

参考文献

[1] K. Binder, ed.. Monte Carlo Methods in Statistical Physics. 2nd ed. Springer-Verlag, 1986

[2] K. Binder and D. W. Heermann. Monte Carlo Simulation in Statistical Physics——An Introduction. Fourth ed., Springer-Verlag, 2002

[3] 李如生. 平衡与非平衡统计力学,北京:清华大学出版社,1995

[4] D. Chandler. Introduction to Modern Statistical Mechanics. Oxford University Press, 1987

[5] D. Chowdhury, D. Stauffer. Principles of Equilibrium Statistical Mechanics. Wiley-VCH, 2000

[6] B. J. Alder and T. E. Wainwright. J. Chem. Phys., 27,(1957)1208

[7] A. Rahman. Phys. Rev., 136,(1964)405

[8] L. Verlet. Phys. Rev., 165,(1967)201.

[9] C. W. Gear. Numerical Initial Value Problems in Ordinary Differential Equations. Prentice-Hall, Englewood Cliffs, 1971

[10] D. J. Evans and S. Murad. Singularity Mechanics of Nonequilibrium Liquid. Academic Press, 1977

[11] G. Ciccotti, M. Ferrario and J. P. Ryckaert. Mol. Phys., 47, (1982)1253

[12] S. Nose and M. L. Klein. Mol. Phys., 50, (1983)1055

[13] J. W. Eastwood, R. W. Kockney and D. Lawrence. Comp. Phys. Commun., 19,(1980)215

[14] D. C. Rapaport. The Art of Molecular Dynamics Simulation. Cambridge University Press, Cambridge, 2nd ed. 2003

[15] D. Frankel and B. Smit. Understanding Molecular Simulation-From Algorithms to Applications. Academic Press, San Diego, 2nd ed, 2002

[16] A. J. Stone. The Theory of Intermolecular Forces, Clarendon Press, Oxford, 1996

[17] R. J. Sadus. Molecular Simulation of Fluids, Theory, Algorithms and Objects-Oriention. Elsevier Science, 1999

[18] M Meyer and V. Pontikis. Computer Simulation in Material Science. 1991, Kluwer Academic Publis

[19] D. W. Heerman. Computer Simulation Methods in Theoretical Physics. 2nd ed. Springer-Verlag, 1990

[20] L. Lee Lloyd. Molecular Thermodynamics of Nonideal Fluids. Butter Worths, 1988

[21] W. Smith and T. R. Forester. J. Mol. Graphics, 14(1996)136

[22] K. Refson. Computer Physics Communications, 126(2000)310

[23] J. A. Barker and R. O. Watts. Chem. Phys. Letts., 3(1969)144

[24] A. Rahman and F. H. Stillinger. J. Chem. Phys., 55(1971)3336. F. H. Stillinger and A. Rahman. J. Chem,Phys., 60(1974)1545

[25] W. L. Jorgensen J. Chandrasekhar, et al.. J. Chem. Phys., 79(1983)926

[26] M. W. Mahoney and W. L. Jorgensen. J. Chem. Phys., 112(2000)8910

[27] W. L. Jorgensen and C. Jenson. J. Comput. Chem., 19(1998)1179
[28] Q. S. Randall, T. B. Alexis and N. T. Doros. J. Phys. Chem., 97(1993)13742
[29] G. Sastre, C. Catlow and A. Corma. J. Phys. Chem. B, 103(1999)5187
[30] Tingjun Hou, Lili Zhu and Xiaojie Xu. J. Phys. Chem., B, 104(2000)9356
[31] 王恩哥. 物理学进展, 23(2003)1
[32] B. G. Liu, J. Wu, E. G. Wang and Z. Y. Zhang. Phys. Rev. Lett., 89(2002)1195
[33] P. J. Flory, 吴大诚等译. 链状分子的统计力学, 成都：四川科技出版社, 1990
[34] 杨玉良, 张红东. 高分子科学中的Monte-Carlo方法, 上海：复旦大学出版社, 1995

附　录

附录A　Γ(Gamma)函数和B(Beta)函数

A.1　Γ函数由Euler第二类积分定义

$$\Gamma(x) = \int_0^\infty t^{x-1} e^{-t} dt \qquad (x > 0) . \tag{A-1}$$

$$\Gamma(n+1) \equiv n! = \int_0^\infty t^n e^{-t} dt \qquad (n > -1) . \tag{A-2}$$

Γ函数也称为阶乘函数.

A.2　Γ函数的重要性质

(1) $\Gamma(x+1) = x\Gamma(x)$ （递推关系）. (A-3)

(2) $\Gamma(x)\Gamma(1-x) = \dfrac{\pi}{\sin x\pi}$ $(\sin x\pi \neq 0)$. (A-4)

(3) $\Gamma(x)\Gamma\left(x+\dfrac{1}{2}\right) = \dfrac{\pi}{2^{2x-1}}\Gamma(2x)$ （倍乘公式）. (A-5)

这三条是Γ函数的基本特性，三者合起来与Γ函数的定义是等价的. 可以证明，任意连续函数$\Phi(x)$ $(x>0)$，若具有这三项性质，则$\Phi(x)$必为Γ函数.

(4) $\Gamma(1) = 0! = 1$. (A-6)

(5) $\Gamma\left(\dfrac{1}{2}\right) \equiv \left(-\dfrac{1}{2}\right)! = \sqrt{\pi}$. (A-7)

(6) $\Gamma(n+1) \equiv n! = n(n-1)\cdots(1+p)p\Gamma(p)$. (A-8)

其中p为n的分数部分，即$1 \geqslant p > 0$.

(7) 当$n=0,1,2,\cdots$，时

$$\Gamma(n+1) \equiv n! = n(n-1)(n-1)\cdots 3 \times 2 \times 1 . \tag{A-9}$$

(8) 当$n = m - \dfrac{1}{2}$时

$$\Gamma\left(m+\frac{1}{2}\right) = \left(m-\frac{1}{2}\right)\left(m-\frac{3}{2}\right)\cdots\frac{3}{2}\times\frac{1}{2}\Gamma\left(\frac{1}{2}\right)$$

$$= \frac{(2m-1)(2m-3)\cdots 3 \times 1}{2^m}\sqrt{\pi} . \tag{A-10}$$

A.3　B函数由Euler第一类积分定义

$$B(m,n) = \int_0^\infty t^{m-1}(1-t)^{n-1} dt \quad , \quad (m > 0, n > 0) . \tag{A-11}$$

作变换$t = \dfrac{u}{1+u}$，B函数可表示为

$$B(m,n) = \int_0^\infty \frac{u^{m-1}}{(1+u)^{m+n}} du . \tag{A-12}$$

作变换$t = \cos^2\theta$，B函数又可表示为

$$B(m,n) = 2\int_0^{\pi/2} \cos^{2m-1}\theta \sin^{2n-1}\theta d\theta . \tag{A-13}$$

A. 4　B 函数的重要性质

$$B(m,n) = B(n,m) \quad (\text{对称性}) . \tag{A-14}$$

证　在(A-11)中作变换$t=1-x$,即得上结果.

A. 5　B 函数与Γ函数的关系

$$B(m,n) = \frac{\Gamma(m)\Gamma(n)}{\Gamma(m+n)} = B(n,m) . \tag{A-15}$$

证

$$\Gamma(p) = \int_0^\infty t^{p-1} e^{-t} dt .$$

令$t=ux$ $(u>0)$,则

$$\Gamma(p) = u^p \int_0^\infty x^{p-1} e^{-ux} dx .$$

令$u=1+y$ $(y>-1)$,$p=m+n$,则得

$$\Gamma(m+n) = (1+y)^{m+n} \int_0^\infty x^{m+n-1} e^{-(1+y)x} dx ,$$

$$\frac{\Gamma(m+n)}{(1+y)^{m+n}} = \int_0^\infty x^{m+n-1} e^{-(1+y)x} dx .$$

两边乘y^{m-1},并从0→∞积分

$$\int_0^\infty \frac{\Gamma(m+n) y^{m-1}}{(1+y)^{m+n}} dy = \int_0^\infty y^{m-1} dy \int_0^\infty x^{m+n-1} e^{-(1+y)x} dx .$$

从而,可得

$$\begin{aligned}\Gamma(m+n)B(m,n) &= \int_0^\infty x^{m+n-1} e^{-x} dx \int_0^\infty y^{m-1} e^{-xy} dy \\ &= \int_0^\infty x^{m+n-1} e^{-x} dx \frac{\Gamma(x)}{x^m} \\ &= \Gamma(m) \int_0^\infty x^{n-1} e^{-x} dx = \Gamma(m)\Gamma(n) .\end{aligned}$$

经证明,$\Gamma(m+n)$与$B(m,n)$的次序可以交换,因此即得

$$B(m,n) = \frac{\Gamma(m)\Gamma(n)}{\Gamma(m+n)} .$$

习　题

A. 1　请根据(A-15),证明$\Gamma\left(\frac{1}{2}\right)=\sqrt{\pi}$.

A. 2　请根据(A-10),导出(A-5).

附录B　定积分公式

B. 1　$\int_0^\infty x^n e^{-ax} dx = \frac{n!}{a^{n+1}}$.

证　在(A-2)式中,令$t=ax$,则得

$$\Gamma(n+1) \equiv n! = \int_0^\infty a^{n+1} x^n e^{-ax} dx ,$$

从而

$$\int_0^\infty x^n e^{-ax} dx = \frac{n!}{a^{n+1}} .$$

B. 2 $\int_0^\infty x^{2n+1}e^{-ax^2}dx = \frac{n!}{2a^{n+1}}$.

证 在(A-2)式中令$t=ax^2$,则得

$$\Gamma(n+1) \equiv n! = \int_0^\infty a^n x^{2n} e^{-ax^2} 2ax dx,$$

从而

$$\int_0^\infty x^{2n+1}e^{-ax^2}dx = \frac{n!}{2a^{n+1}}.$$

B. 3 $\int_0^\infty x^{2n}e^{-ax^2}dx = \frac{1 \cdot 3 \cdot 5 \cdots (2n-1)}{2^{n+1}a^n}\sqrt{\frac{\pi}{a}}$.

证 据(A-10)式

$$\Gamma\left(n+\frac{1}{2}\right) = \int_0^\infty t^{n-\frac{1}{2}}e^{-t}dt = \frac{1 \times 3 \times 5 \cdots (2n-1)}{2^n}\sqrt{\pi},$$

令$t=ax^2$,则得

$$\int_0^\infty (ax^2)^{n-\frac{1}{2}}e^{-ax^2}2axdx = \frac{1 \times 3 \times 5 \cdots (2n-1)}{2^n}\sqrt{\pi},$$

从而

$$\int_0^\infty x^{2n}e^{-ax^2}dx = \frac{1 \times 3 \times 5 \cdots (2n-1)}{2^{n+1}a^{n+\frac{1}{2}}}\sqrt{\pi}.$$

B. 4 定积分表

$$\int_0^\infty x^n e^{-ax}dx = \frac{n!}{a^{n+1}}, \tag{B-1}$$

$$\int_0^\infty x^{2n}e^{-ax^2}dx = \frac{1 \times 3 \times 5 \cdots (2n-1)}{2^{n+1}a^n}\sqrt{\frac{\pi}{a}}, \tag{B-2}$$

$$\int_0^\infty x^{2n+1}e^{-ax^2}dx = \frac{n!}{2a^{n+1}}, \tag{B-3}$$

$$\int_0^\infty e^{-ax^2}dx = \frac{1}{2}\sqrt{\frac{\pi}{a}}, \tag{B-4}$$

$$\int_0^\infty x^2 e^{-ax^2}dx = \frac{1}{4}\sqrt{\frac{\pi}{a^3}}, \tag{B-5}$$

$$\int_0^\infty x^4 e^{-ax^2}dx = \frac{3}{8}\sqrt{\frac{\pi}{a^5}}, \tag{B-6}$$

$$\int_0^\infty x e^{-ax^2}dx = \frac{1}{2a}, \tag{B-7}$$

$$\int_0^\infty x^3 e^{-ax^2}dx = \frac{1}{2a^2}, \tag{B-8}$$

$$\int_0^\infty x^5 e^{-ax^2}dx = \frac{1}{a^3}. \tag{B-9}$$

B. 4 中,(B-4)～(B-6)是(B-2)的特例;(B-7)～(B-9)是(B-3)的特例.

B. 5 ζ函数[Riemann(黎曼)函数]

$$\zeta(x) = \sum_{m=1}^{\infty}\frac{1}{m^x} \quad (x>1). \tag{B-10}$$

特例 当x为偶数,$x=2n$时,ζ函数可用Bernoulli数表示

$$\zeta(2n)=\sum_{m=1}^{\infty}\frac{1}{m^{2n}}=\frac{B_n(2\pi)^{2n}}{2(2n)!}. \tag{B-11}$$

一些ζ函数的值

ζ(3/2)	ζ(5/2)	ζ(7/2)	ζ(3)	ζ(5)	ζ(7)
2.612	1.341	1.127	1.202	1.037	1.008

B.6 $$\int_0^{\infty}\frac{y^{x-1}\mathrm{d}y}{\mathrm{e}^y+1}=(1-2^{1-x})\Gamma(x)\zeta(x)\quad(x>0). \tag{B-12}$$

证
$$\begin{aligned}\int_0^{\infty}\frac{y^{x-1}\mathrm{d}y}{\mathrm{e}^y+1}&=\int_0^{\infty}\frac{y^{x-1}\mathrm{e}^{-y}}{1+\mathrm{e}^{-y}}\mathrm{d}y=\int_0^{\infty}y^{x-1}\mathrm{e}^{-y}\sum_{n=0}^{\infty}(-1)^n\mathrm{e}^{-ny}\mathrm{d}y\\&=\int_0^{\infty}y^{x-1}\sum_{n=0}^{\infty}(-1)^n\mathrm{e}^{-(n+1)y}\mathrm{d}y=\int_0^{\infty}\frac{t^{x-1}}{(n+1)^x}\sum_{n=0}^{\infty}(-1)^n\mathrm{e}^{-t}\mathrm{d}t\\&=\int_0^{\infty}t^{x-1}\mathrm{e}^{-t}\mathrm{d}t\sum_{n=0}^{\infty}(-1)^n\frac{1}{(n+1)^x}=\Gamma(x)\sum_{n=0}^{\infty}(-1)^n\frac{1}{(n+1)^x}\\&=\Gamma(x)\sum_{m=1}^{\infty}(-1)^{m-1}\frac{1}{m^x}=\Gamma(x)\left\{(1-2^{1-x})\sum_{m=1}^{\infty}\frac{1}{m^x}\right\}\\&=(1-2^{1-x})\Gamma(x)\zeta(x).\end{aligned}$$

特例　当 x 为偶数，$x=2n$ 时
$$\int_0^{\infty}\frac{y^{2n-1}\mathrm{d}y}{\mathrm{e}^y+1}=(2^{2n-1}-1)\frac{\pi^{2n}B_n}{2n}. \tag{B-13}$$

B.7 $$\int_0^{\infty}\frac{y^{x-1}\mathrm{d}y}{\mathrm{e}^y-1}=\Gamma(x)\zeta(x)\quad(x>1). \tag{B-14}$$

特例　当 x 为偶数，$x=2n$ 时
$$\int_0^{\infty}\frac{y^{2n-1}\mathrm{d}y}{\mathrm{e}^y-1}=\Gamma(2n)\zeta(2n)=\frac{(2\pi)^{2n}B_n}{4n}. \tag{B-15}$$

习　题

B.1　请由 $\Gamma\left(\frac{1}{2}\right)=\sqrt{\pi}$，得到公式(B-4).

B.2　令 $I_n\equiv\int_0^{\infty}x^n\mathrm{e}^{-ax^2}\mathrm{d}x$，请证明 $I_{n+2}=-\frac{\partial}{\partial a}I_n$.

B.3　令 $I_n\equiv\int_0^{\infty}x^n\mathrm{e}^{-ax^2}\mathrm{d}x$，请证明
$$\int_{-\infty}^{\infty}x^n\mathrm{e}^{-ax^2}\mathrm{d}x=\begin{cases}0 & (n\text{ 为奇数}),\\ 2I_n & (n\text{ 为偶数}).\end{cases}$$

附录C　排列和组合

在自然科学与社会科学中的许多问题都属于排列或组合的问题.

C.1　排列是指一组有次序的物件

物件参与排列时不能重复者称为非重复排列，能重复参与排列者称为可重复排列.

从n个彼此不同的物件中每次取出r个物件作排列，而且每个物件不能重复参与排列，其可能的排列总数为

$$P_r^n = n(n-1)(n-2)\cdots(n-r+1) = \frac{n!}{(n-r)!}$$

$$(1 \leqslant r \leqslant n) . \tag{C-1}$$

因为n个物件取r个作排列时

第1个位置可有n种取法，

第2个位置只有$n-1$种取法 （因排在第一位置的物体不能再参加排了），

第3个位置只有$n-2$种取法，

第r个位置只能有($n-r+1$种取法)，

所以n个物件中每次取出r个物件作不重复排列的总数为(C-1)式所示.

n个物件都参与的排列称为全排列，其可能的排列总数为

$$P_r^n = n(n-1)(n-2)\cdots 3 \cdot 2 \cdot 1 = \frac{n!}{0!} = n! . \tag{C-2}$$

从n个物件中每次取出r个物件作成排列，若每个物件都能重复参与排列，则总的排列数为

$$\overbrace{n \times n \times \cdots \times n}^{r个} = n^r . \tag{C-3}$$

这是求算可重复排列的公式. 显然n个物件可重复的全排列数为n^n.

C.2 组合是一组不计次序的物件

从n个物件中每次取出r个物件作成组合，若组合物件不能重复，则共有可能的组合数为

$$C_r^n = \frac{n!}{(n-r)!r!} = \frac{P_r^n}{r!} = \frac{P_r^n}{P_r^r} . \tag{C-4}$$

先假设考虑次序时得出总的排列数P_r^n，实际上r个物件不计次序，因此，在计次序时所得的排列数中，$r!$个排列实际上只是一种组合，故得(C-4)结果.

【例C.1】四种颜色的球(可分辨)任取 2 个，其排列数与组合数各为几？

解 排列数 $P_2^4 = \frac{4!}{(4-2)!} = 12$，

组合数 $C_2^4 = \frac{4!}{(4-2)!\ 2!} = 6$.

以A,B,C,D表示四种颜色的球，下表给出具体的排列与组合.

排列				组合	
AB	BA	CA	DA	AB	BC
AC	BC	CB	DB	AC	BD
AD	BD	CD	DC	AD	CD

【例C.2】 (1) 在52张桥牌中任取 3 张，可有多少种取法？

(2) 拿到红心A，方块Q，黑桃9这三张牌的概率是多大？

(3) 拿到三张的点数相同的取法有多少种？Ω_3

拿到三张中两张点数相同的取法有多少种？Ω_2

拿到三张各不相同的取法有多少种？Ω_1

解 (1) 这是求52张桥牌中每次取3张的组合数，总共的取法数为

$$\Omega = C_3^{52} = \frac{52!}{(52-3)!3!} = 22100 .$$

(2) 根据等概率原理，其数学概率为$\frac{1}{22100}$.

(3) $\Omega_3 = 13C_3^4 = 13\times\frac{4!}{(4-3)!\ 3!} = 52$，

$\Omega_2 = 13C_2^4\times 48 = 13\times\frac{4!}{(4-2)!\ 2!}\times 48 = 3744$，

$\Omega_1 = (52\times 48\times 44)/3! = 18304$，

$\Omega_1 + \Omega_2 + \Omega_3 = \Omega = 22100$.

故每一种取法的数学概率为

$$W_3 = \frac{\Omega_3}{\Omega} = \frac{52}{22100},\quad W_2 = \frac{\Omega_2}{\Omega} = \frac{3744}{22100},\quad W_1 = \frac{\Omega_1}{\Omega} = \frac{18304}{22100}.$$

数学概率 W_3, W_2, W_1 的值在 $0\to 1$ 之间？而热力学几率 $\Omega_1, \Omega_2, \Omega_3$ 可大于 1.

C.3　排列组合的几个定理

(1) 在 N 个物体中，如有 $n_1, n_2, \cdots, n_r$ 的物体是全同的(不能分辨)，则其排列方式数为

$$\frac{N!}{n_1!n_2!\cdots n_r!} = \frac{N!}{\prod_i n_i!} = \frac{P_N^N}{\prod_i P_{n_i}^{n_i}}. \tag{C-5}$$

假设 N 个物体全能分辨，其排列方式数为 $P_N^N = N!$ 今知 n_i 个物体彼此不能区分，因而在认为能区分的排列中间，有 $n_i!$ 种排列方式实际上只是一种，故可能的排列方式数为(C-5)式表示.

特例　设有 N 个物体，其中 M 个全同(不可分辨)，另外 $N-M$ 个也相同，则其排列方式数(或在 N 个位置上的排列数)为

$$\frac{N!}{M!(N-M)!} = \frac{P_N^N}{P_M^M P_{N-M}^{N-M}}. \tag{C-6}$$

(2) N 个可分辨的物体，分配到 G 个带有标号的容器中，在每个容器内所放物体的数目不加限制，其可能的分配方式数为 G^N ($N\geqslant G$，结果应用于定域子体系的统计).

因为每个物体都可能处在 G 个容器中的任何一个中，所以在放置第一个物体时有 G 个可能的方法，而当第一个物体放置定以后，第二个物体仍然有 G 个放置的方法. 依次类推，每个物体都有 G 个放置的方法，故共有 G^N 个放置法.

【例 C.3.1】$N=2$, $G=1$ 则 $\Omega = G^N = 1$.

OX

【例 C.3.2】$N=2$, $G=2$ 则 $\Omega = G^N = 2^2 = 4$.

X	O		O	X		XO				OX

【例 C.3.3】$N=2$, $G=3$ 则 $\Omega = G^N = 3^2 = 9$.

XO					XO					XO
X	O			O	X				O	X
X		O			X	O		O		X

(3) N 个不可分辨的物体，分配到 G 个带有标号的容器中，在每个容器内所放物体的数目不加限制，其可能的分配方式数为

$$\frac{(G+N-1)!}{(G-1)!N!}=C_{G-1}^{G+N-1} \quad (N \gtreqless G). \tag{C-7}$$

此结果应用于Bose-Einstein 统计.

本问题可考虑成为物体与容器的混合排列,由于必须在容器中放物体,这个条件就意味着 G 个容器中只能有 $G-1$ 个容器参与排列,因而实际上是求 N 个全同物体(不可分辨)与 $G-1$ 个全同容器的所有可能的排列数.应用(C-6)式,即得上述结果.

(4) N 个可分辨的物体(彼此能区别),分配到 G 个带有标号的容器中,在每个容器内不得超过一个物体(即只能放一个或不放),则其可能的分配方式数为

$$\frac{G!}{(G-N)!}=P_N^G. \tag{C-8}$$

第 1 个物体可有 G 种不同的放法,

第 2 个物体仅有 $G-1$ 种不同的放法(因为不能重排),

…………

第 N 个物体仅有 $G-(N-1)$ 种不同的放法,

根据几率相乘原则,得总的分配方式数为

$$G(G-1)(G-2)\cdots(G-N+1)=\frac{G!}{(G-N)!}.$$

(5) N 个不可分辨的物体(彼此无法区别),分配到 G 个带有标号的容器中,在每个器内不得超过一个物体,则其可能的分配方式数为

$$\frac{G!}{(G-N)!N!}=\frac{P_N^G}{P_N^N}=C_N^G. \tag{C-9}$$

此结果应用于Fermi-Dirac 统计.

先假设 N 个物体可分辨,其分配方式数就是(4)中的(C-8)式.然后再考虑 N 个物体不能分辨,故应除 $N!$,这样即得(C-9)式.

习　题

C.1　请证明下列各式:

(1) $C_0^n=C_n^n=1$,

(2) $C_{n-r}^n=C_r^n$,

(3) $C_r^n+C_{r-1}^n=C_r^{n+1}$.

C.2　在 52 张桥牌中任取 5 张,试求算获得 4 张相同的数学概率是多大?获得 5 张同花顺子的数学概率是多大?并比较两个结果何者大?

C.3　今有只能放 1 个物体的箱子 m_1 个,

只能放 2 个物体的箱子 m_2 个,

…………

只能放 k 个物体的箱子 m_k 个,

…………

试求将 $N=\sum_{k\geqslant 1} k m_k$ 个可分辨的物体放置在各箱子中的可能分配方式数.

C.4　设有 2 只鸟、3 个位置固定的鸟笼,请求算下列 4 种情况下各有多少种不同的陈展方式,并图示结果.

(1) 鸟可分辨,每个笼子中放鸟的数目无限制;

(2) 鸟不可分辨,每个笼子中放鸟的数目无限制;

(3) 鸟可分辨,每个笼子中最多只能放一只鸟;

(4) 鸟不可分辨,每个笼子中最多只能放一只鸟.

C.5　请证明

$$G^N \geqslant \frac{(G+N-1)!}{(G-1)!N!},$$

并讨论这个不等式的意义.

C.6　请写出$\frac{(G+N-1)!}{(G-1)!\ N!}$和$\frac{G!}{(G-N)!\ N!}$当$G \gg N$时的近似式.

附录D　二项式及多项式定理

二项式定理(可用数学归纳法证明)

$$(X+Y)^N = \sum_{r=0}^{N} \frac{N!}{(N-r)!r!} X^r Y^{N-r} = \sum_{r=0}^{N} C_r^N X^r Y^{N-r}. \tag{D-1}$$

应用二项式定理,可得下列求和公式.

在(D-1)中,令$X=Y=1$,即得

$$\sum_{r=0}^{N} \frac{N!}{(N-r)!r!} = \sum_{r=0}^{N} C_r^N = 2^N. \tag{D-2}$$

在(D-1)中,令$X=1, Y=-1$,即得

$$\sum_{r=0}^{N} \frac{N!}{(N-r)!r!} (-1)^{N-r} = 0. \tag{D-3}$$

多项式定理

$$\underbrace{(a+b+c+\cdots+l)^N}_{P\text{项}} = \sum_{m_i=0}^{N} \frac{N!}{m_1!m_2!\cdots m_P!} a^{m_1} b^{m_2} \cdots l^{m_P} \qquad \left(\sum_{i=1}^{P} m_i = N\right). \tag{D-4}$$

应用多项式定理,可得下列求和公式.

在(D-4)中,令$a=b=c=\cdots=l=1$,即得

$$\sum_{m_i=0}^{N} \frac{N!}{\prod_{i=1}^{P} m_i!} = P^N \qquad \left(\sum_{i=1}^{P} m_i = N\right). \tag{D-5}$$

附录E　几个数学公式

E.1　$$\sum_{i=1}^{m} \sum_{j=1}^{n} x_i y_j = \left(\sum_{i=1}^{m} x_i\right)\left(\sum_{j=1}^{n} y_j\right). \tag{E-1}$$

E.2　$$\frac{1}{1-x} = 1+x+x^2+x^3+\cdots \qquad (|x|<1). \tag{E-2}$$

$$\frac{1}{(1-x)^3} = \frac{1}{2}\frac{\mathrm{d}^2}{\mathrm{d}x^2}\left(\frac{1}{1-x}\right) = 1+3x+6x^2+10x^3+15x^4+\cdots. \tag{E-3}$$

E.3 Euler-MacLaurin 公式

$$\sum_{k=m}^{n} f(k) = \int_{m}^{n} f(x)\mathrm{d}x + \frac{1}{2}\{f(m)+f(n)\} + \sum_{l\geqslant 1}(-1)^{l}\frac{B_l}{(2l)!}\{f^{2l-1}(m) - f^{2l-1}(n)\}. \tag{E-4}$$

式中 m, n 为整数，B_l 为 Bernoulli 数. 利用下列递推公式，可以逐个求出 Bernoulli 数.

$$(-1)^{n-1}\frac{4^n B_n}{(2n)!} + (-1)^{n-2}\frac{4^{n-1}B_{n-1}}{3!(2n-2)!} + (-1)^{n-3}\frac{4^{n-2}B_{n-2}}{5!(2n-4)!} + \cdots + \frac{4B_1}{(2n-1)!2!}$$

$$+ \frac{B_0}{(2n+1)!} = \frac{1}{(2n)!}. \tag{E-5}$$

公式(E-4)的特例 $m=0, n=\infty, f(\infty)=0,\ f^{2l-1}(\infty)=0$

$$\sum_{k=0}^{\infty} f(k) = \int_{n}^{m} f(x)\mathrm{d}x + \frac{1}{2}f(0) - \frac{1}{12}f'(0) + \frac{1}{720}f'''(0) - \frac{1}{30240}f\,(V)(0) + \cdots. \tag{E-6}$$

Euler-MacLaurin 公式的作用是将函数求和转化为函数的积分和微分.

12 个 Bernoulli 数

B_1	B_2	B_3	B_4	B_5	B_6	B_7	B_8	B_9	B_{10}	B_{11}	B_{12}
$\frac{1}{6}$	$\frac{1}{30}$	$\frac{1}{42}$	$\frac{1}{30}$	$\frac{5}{66}$	$\frac{691}{2730}$	$\frac{7}{6}$	$\frac{3617}{510}$	$\frac{43867}{798}$	$\frac{174611}{300}$	$\frac{854513}{138}$	$\frac{236364091}{2730}$

E.4 半径为 R 的 n 维球体积与表面积公式

以 $x_1, x_2, \cdots, x_n$ 为正交坐标轴的 n 维空间中的体积元为 $\prod_{i=1}^{n}\mathrm{d}x_i$，半径为 R 的 n 维球体积为

$$V_n(R) = \int\cdots\int_{0\leqslant\sum_{i=1}^{n}x_i^2\leqslant R^2}\prod_{i=1}^{n}\mathrm{d}x_i = \frac{\pi^{n/2}}{\left(\frac{n}{2}\right)!}R^n. \tag{E-7}$$

而球的表面积为

$$S_n(R) = \frac{\mathrm{d}V_n(R)}{\mathrm{d}R} = \frac{2\pi^{n/2}}{\left(\frac{n}{2}-1\right)!}R^{n-1}. \tag{E-8}$$

E.5 二维正态分布(二维 Gauss 分布)及有关积分

(1) 二维正态分布

$$P(x,y) = A\exp\left\{-\frac{1}{2}(ax^2 + 2bxy + cy^2)\right\}. \tag{E-9}$$

(2) 二维正态分布的积分

$$\iint_{-\infty}^{\infty} P(x,y)\mathrm{d}x\mathrm{d}y = \iint_{-\infty}^{\infty} A\exp\left\{-\frac{1}{2}(ax^2+2bxy+cy^2)\right\}\mathrm{d}x\mathrm{d}y$$

$$= (2\pi A)\sqrt{ac-b^2}. \tag{E-10}$$

(3) x^2, xy, y^2 的平均值

$$\begin{pmatrix} \langle x^2\rangle & \langle xy\rangle \\ \langle yx\rangle & \langle y^2\rangle \end{pmatrix} = \frac{1}{ac-b^2}\begin{pmatrix} c & -b \\ -b & a \end{pmatrix}. \tag{E-11}$$

特例 若 $b=0$，则有

$$\langle x^2\rangle = 1/a,\ \langle xy\rangle = 0,\ \langle y^2\rangle = 1/c. \tag{E-12}$$

E.6　Stirling 公式

该公式给出了$n!$的近似计算方法，$n!$可由Euler第二类积分定义式计算

$$n! = \Gamma(n+1) = \int_0^\infty x^n e^{-x} dx \qquad (n > -1). \tag{E-13}$$

将被积函数作变量变换后再作近似与级数展开，便可得

$$n! = \sqrt{2\pi n}(n/e)^n \left\{1 + \frac{1}{12n} + \frac{1}{288n^2} - \frac{139}{51840n^3} - \frac{571}{2488320n^4} + \cdots\right\}.$$

当$n \gg 1$时，得Stirling近似公式

$$n! = \sqrt{2\pi n}(n/e)^n, \tag{E-14}$$

$$\ln(n!) \approx n\ln n - n. \tag{E-15}$$

习　题

E.1　请利用 Euler-MacLaurin 公式(E-4)得出 $\ln(n!) = \sum_{x=1}^{n} \ln x$ 的求算公式. 将本式与(E-14)式都取前 5 项对$n=10$进行计算，并连同$10!$的准确值一起进行对比.

附录F　强相互作用粒子的微振动

强相互作用粒子的振动是自然界普遍存在的现象. 分子、晶体中的原子振动均属此列. 今以原子晶体为例讨论.

我们在13.1节已得出了晶体动能和势能的表达式

$$T = \frac{1}{2}\sum_{i=1}^{3N} \dot{q}_i^2 \geqslant 0, \quad V = \frac{1}{2}\sum_{i,j=1}^{3N} b_{ij} q_i q_j \geqslant 0 \tag{F-1}$$

动能和势能分别是广义速度和广义坐标的正定二次齐次式，而且势能函数二次项的系数矩阵是对称的，即

$$b_{ij} = \left(\frac{\partial V^2}{\partial q_i \partial q_j}\right)_0 = b_{ji} \tag{F-2}$$

势能函数含有全部坐标的交错乘积项，用它计算配分函数相当复杂或者实际上不可能. 幸运的是可以利用坐标变换的方法消去势能函数中的坐标交错项，使势能函数变为标准二次型. 在数学中就是化二次型为标准型问题. 变换后的坐标称为主坐标或简正坐标，也就是使正则运动方程简单化的坐标.

F.1　简正坐标的简正振动

依据(F-1)式的动能和势能，原子晶体的Lagrange函数为

$$L = T - V = \frac{1}{2}\sum_{i=1}^{3N} \dot{q}_i^2 - \frac{1}{2}\sum_{i,j=1}^{3N} b_{ij} q_i q_j. \tag{F-3}$$

而Lagrange运动方程为

$$\ddot{q}_i + \sum_{j=1}^{3N} b_{ij} q_j = 0 \qquad (i = 1, 2, \cdots, 3N). \tag{F-4}$$

此是齐次线性微分方程组.

为了求解(F-4)方程，我们先找它具有如下形式的特解

$$q_i = A_i \sin(\omega t + \alpha) \qquad (i = 1, 2, \cdots, 3N). \tag{F-5}$$

该特解表明晶体中所有原子都在各自围绕其平衡位置做简谐振动，并且具有相同的频率ω和相同的相位α，但振幅A_i不一定相同. 这是原子晶体最简单的一种振动方式.

将特解(F-5)式代入Lagrange方程组(F-4)，然后消去不为零的$\sin(\omega t+\alpha)$，便得下列决定ω与b_{ij}关系的一组代数方程，它们关于振幅A_j是线性的

$$-\omega^2 A_i+\sum_{j=1}^{3N} b_{ij}A_j=0 \qquad (i=1,2,\cdots,3N). \tag{F-6}$$

或者写成

$$\sum_{j=1}^{3N}(b_{ij}-\omega^2\delta_{ij})A_j=0 \qquad (i=1,2,\cdots,3N), \tag{F-7}$$

其中

$$\delta_{ij}=\begin{cases}1 & \text{当 } i=j\\ 0 & \text{当 } i\neq j.\end{cases}$$

(F-7)是$3N$个含有$3N$个未知量A_j的齐次线性方程组，因为待求振动的振幅$A_j(j=1,2,\cdots,3N)$不应全为零，所以齐次线性方程组的系数行列式必须等于零，即

$$\begin{vmatrix} b_{11}-\omega^2 & b_{12} & b_{13} & \cdots & b_{13N}\\ b_{21} & b_{22}-\omega^2 & b_{23} & \cdots & b_{23N}\\ \cdots & \cdots & \cdots & \cdots & \cdots\\ b_{3N1} & b_{3N2} & b_{3N3} & \cdots & b_{3N3N}-\omega^2 \end{vmatrix}=0. \tag{F-8}$$

此行列式展开后是ω^2的$3N$次多项式. 所求简谐振动的解，其频率平方ω^2都应满足代数方程(F-8)，所以该方程称为频率方程或久期方程.

频率方程具有$3N$个根$\omega_1,\omega_2,\cdots,\omega_{3N}$. 这些根可能全不相同，也可能有部分相同. 对于每一个根，都将有Lagrange方程组(F-4)的一组特解与之对应，令第l根的特解为

$$q_i^{(l)}=A_i^{(l)}\sin(\omega_l t+\alpha_l) \qquad (i=1,2,\cdots,3N). \tag{F-9}$$

根据动能及势能的系数矩阵都是对称矩阵以及动能系数矩阵的正定性，可以证明频率方程(F-8)仅有实根.

对于每一个根ω_l，可由(F-6)或(F-7)式求出一组$A_i^{(l)}$. 由于方程组(F-6)和(F-7)是齐次方程，所以$A_i^{(l)}$具有一个常数的不确定性. 也就是说，实际上只能求出$A_i^{(l)}$之间的比值，而不能确定其数值. 如果任选$Q_l^{(0)}$为一组$A_i^{(l)}$(l一定，$i=1,2,\cdots,3N$)的公因子，则可令

$$A_i^{(l)}=B_i^{(l)}Q_l^{(0)}. \tag{F-10}$$

显然，这里的$B_i^{(l)}$数值仍不确定，但可以采用下列关系式的方法确定

$$\sum_{i=1}^{3N}(B_i^{(l)})^2=1. \tag{F-11}$$

尽管如此，由于$A_i^{(l)}$只能确定它们之间的比值，从而$Q_l^{(0)}$仍是任意的.

在引入$Q_l^{(0)}$和$B_i^{(l)}$后，特解$q_i^{(l)}$便可表成

$$q_i^{(l)}=B_i^{(l)}Q_l^{(0)}\sin(\omega_l t+\alpha_l) \quad (i=1,2,\cdots,3N). \tag{F-12}$$

于是，Lagrange运动方程组的通解即为

$$q_i=\sum_{i=1}^{3N}B_i^{(l)}Q_l^{(0)}\sin(\omega_l t+\alpha_l) \qquad (i=1,2,\cdots,3N). \tag{F-13}$$

此通解包括了系统所有的运动. 通解中包含$6N$个待定的任意常数，即$3N$个$Q_l^{(0)}$和$3N$个α_l，它

们可以从 N 个原子的初始位置和 N 个初始速度进行确定.

现在引入一组新的坐标

$$Q_l \equiv Q_l^{(0)} \sin(\omega_l t + \alpha_l) \qquad (l = 1,2,\cdots,3N)\ , \tag{F-14}$$

则通解(F-13)式便可写成为

$$q_i = \sum_{i=1}^{3N} B_i^{(l)} Q_l \qquad (i = 1,2,\cdots,3N)\ . \tag{F-15}$$

由此可见,每个原子的微振动都可以分解成 $3N$ 个简谐振动的线性叠加. 新引入的坐标 Q_l 称为简正坐标,而 Q_l 的振动称为简正振动,或者称为主坐标及主振动.

采用简正坐标,通过变换,(F-15)式即可将原子晶体的动能和势能同时化为标准型

$$T = \frac{1}{2}\sum_{l=1}^{3N} \dot{Q}_l^2, \tag{F-16}$$

$$V = \frac{1}{2}\sum_{l=1}^{3N} \omega_l^2 Q_l^2. \tag{F-17}$$

而原子晶体的总振动能即为

$$E = \frac{1}{2}\sum_{l=1}^{3N} (\dot{Q}_l^2 + \omega_l^2 Q_l^2)\ . \tag{F-18}$$

Lagrange 函数为

$$L = \frac{1}{2}\sum_{l=1}^{3N} \dot{Q}_l^2 - \frac{1}{2}\sum_{l=1}^{3N} \omega_l^2 Q_l^2. \tag{F-19}$$

广义动量为

$$P_{Q_l} = \frac{\partial L}{\partial \dot{Q}_l} = \dot{Q}_l. \tag{F-20}$$

Hamilton 函数为

$$H = \sum_{l=1}^{3N} \left(\frac{1}{2} P_{Q_l}^2 + \frac{1}{2}\omega_l^2 Q_l^2 \right)\ . \tag{F-21}$$

这是独立谐振子的 Hamilton 函数,但这些谐振子并不是晶格上的原子. 因为简正坐标 Q_l 是各个原子原坐标的线性组合,它们是与全体原子的原坐标都有关系的一种集体贡献的坐标,并不是单个原子的特有坐标,所以简正振动不是指各个原子的简谐振动. 但是独立的简正振动等效于原子在平衡位置的微振动. 需要指出,$3N$ 个简正坐标中有 3 个坐标描述整个晶体的平动,还有 3 个坐标描述整个晶体的转动,原子间的作用力对此 6 个自由度相应的运动不会产生任何作用力. 因此,$3N$ 个 ω_l 中有 6 个角频率为零. 实际上,由于 $3N \gg 6$,所以就不强调 $3N-6$ 个简正振动,而直接用 $3N$ 个简正振动作计算了.

现在可以得出结论,N 个原子作微振动的晶体,都可以通过特定的坐标变换化成 $3N$ 个独立的一维简正振动,实现了把粒子间有强相互作用的体系转化成无相互作用的所谓"准粒子"体系,因而便可用独立子体系的统计规律与方法处理. 这是固体物理中常用的方法,当然也适用于分子中原子的微振动.

F.2　实例

讨论图F.1所示的两粒子耦合的一维振子体系:两个粒子的质量相同都为 m,f 和 f_{12} 为弹力常数,每个粒子的平衡位置作为它的坐标原点,偏离平衡位置的位移 x_1,x_2 表示. 规定平衡位置的势能为零,粒子做微振动.

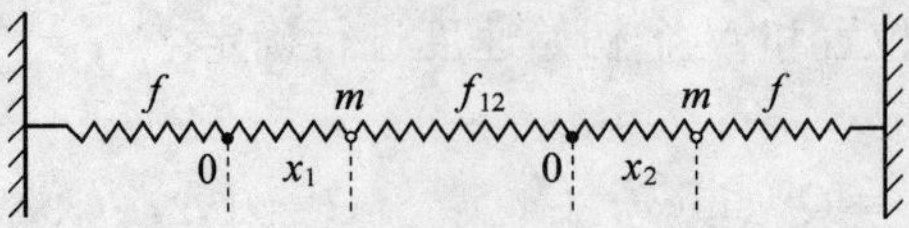

图F.1 两粒子耦合的一维振子体系

$$T=\frac{1}{2}m\dot{x}_1^2+\frac{1}{2}m\dot{x}_2^2,\tag{F-22}$$

$$\begin{aligned}V(x_1,x_2)&=\frac{1}{2}\left(\frac{\partial^2 V}{\partial x_1^2}\right)_0 x_1^2+\left(\frac{\partial^2 V}{\partial x_1\partial x_2}\right)_0 x_1x_2+\frac{1}{2}\left(\frac{\partial^2 V}{\partial x_2^2}\right)_0 x_2^2\\&=\frac{1}{2}b_{11}x_1^2+b_{12}x_1x_2+\frac{1}{2}b_{22}x_2^2.\end{aligned}\tag{F-23}$$

本例给出了弹力常数f,f_{12},实际上就是给出了b_{11},b_{12},b_{22}.我们可以具体求出势能函数$V(x_1,x_2)$用f,f_{12}的表示式.依据势能函数的定义及Hooke定律,分别对两个粒子,有

$$-\left(\frac{\partial V}{\partial x_1}\right)_{x_2}=F_{x_1}=-fx_1-f_{12}(x_1-x_2),$$

$$-\left(\frac{\partial V}{\partial x_2}\right)_{x_1}=F_{x_2}=-fx_2-f_{12}(x_2-x_1),$$

从而

$$\begin{aligned}\mathrm{d}V&=\left(\frac{\partial V}{\partial x_1}\right)_{x_2}\mathrm{d}x_1+\left(\frac{\partial V}{\partial x_2}\right)_{x_1}\mathrm{d}x_2\\&=\{fx_1+f_{12}(x_1-x_2)\}\mathrm{d}x_1+\{fx_2+f_{12}(x_2-x_1)\}\mathrm{d}x_2,\end{aligned}$$

故

$$V=\frac{1}{2}fx_1^2+\frac{1}{2}fx_2^2+\frac{1}{2}f_{12}(x_2-x_1)^2+C.$$

因为$V(0,0)=0$,故$C=0$,从而

$$V=\frac{1}{2}(f+f_{12})x_1^2-f_{12}x_1x_2+\frac{1}{2}(f+f_{12})x_2^2.\tag{F-24}$$

由此即得

$$b_{11}=\left(\frac{\partial^2 V}{\partial x_1^2}\right)_0=f+f_{12},$$

$$b_{12}=\left(\frac{\partial^2 V}{\partial x_1\partial x_2}\right)_0=-f_{12},$$

$$b_{22}=\left(\frac{\partial^2 V}{\partial x_2^2}\right)_0=f+f_{12},$$

$$L=T-V=\frac{1}{2}m(\dot{x}_1^2+\dot{x}_2^2)-\frac{1}{2}(f+f_{12})x_1^2+f_{12}x_1x_2-\frac{1}{2}(f+f_{12})x_2^2.$$

Lagrange 方程为

$$\begin{cases}m\ddot{x}_1+(f+f_{12})x_1-f_{12}x_2=0\\m\ddot{x}_2+(f+f_{12})x_2-f_{12}x_1=0.\end{cases}\tag{F-25}$$

找该方程组下列形式的特解

$$\begin{cases}x_1=A_1\sin(\omega t+\alpha)\\x_2=A_2\sin(\omega t+\alpha).\end{cases}$$

将其代入Lagrange方程组,即得

$$\begin{cases}\{(f+f_{12})-m\omega^2\}A_1-f_{12}A_2=0\\-f_{12}A_1+\{(f+f_{12})-m\omega^2\}A_2=0.\end{cases}\tag{F-26}$$

频率方程为

$$\begin{vmatrix} (f+f_{12})-m\omega^2 & -f_{12} \\ -f_{12} & (f+f_{12})-m\omega^2 \end{vmatrix} = 0 \,. \tag{F-27}$$

由此求出两个角频率及频率为

$$\begin{cases} \omega_1 = \sqrt{\dfrac{f}{m}}\,, \\ \omega_2 = \sqrt{\dfrac{f+2f_{12}}{m}}\,, \end{cases} \qquad \begin{cases} \nu_1 = \dfrac{1}{2\pi}\sqrt{\dfrac{f}{m}}\,, \\ \nu_2 = \dfrac{1}{2\pi}\sqrt{\dfrac{f+2f_{12}}{m}}\,. \end{cases} \tag{F-28}$$

对于每一个角频率，都有Lagrange方程组的一组特解相对应

$$\begin{cases} x_1^{(1)} = A_1^{(1)}\sin(\omega_1 t+\alpha_1) \\ x_2^{(1)} = A_2^{(1)}\sin(\omega_1 t+\alpha_1)\,, \end{cases} \tag{F-29}$$

$$\begin{cases} x_1^{(2)} = A_1^{(2)}\sin(\omega_2 t+\alpha_2) \\ x_2^{(2)} = A_2^{(2)}\sin(\omega_2 t+\alpha_2)\,. \end{cases} \tag{F-30}$$

而且对每一个频率 ω_1 或 ω_2，可分别求出一组 $A_i^{(l)}(l,i=1,2)$.

将 $\omega_1=\sqrt{f/m}$ 代入(F-26)式，得

$$\begin{cases} \{(f+f_{12})-f\}A_1^{(1)} - f_{12}A_2^{(1)} = 0\,, \\ -f_{12}A_1^{(1)} + \{(f+f_{12})-f\}A_2^{(1)} = 0\,. \end{cases}$$

解得

$$A_1^{(1)} = A_2^{(1)} \quad 或 \quad A_2^{(1)}/A_1^{(1)} = 1\,.$$

将 $\omega_2=\sqrt{(f+2f_{12})/m}$ 代入(F-26)式，得

$$\begin{cases} \{(f+f_{12})-(f+2f_{12})\}A_1^{(2)} - f_{12}A_2^{(2)} = 0\,, \\ -f_{12}A_1^{(2)} + \{(f+f_{12})-(f+2f_{12})\}A_2^{(2)} = 0\,. \end{cases}$$

解得

$$A_1^{(2)} = -A_2^{(2)} \quad 或 \quad A_2^{(2)}/A_1^{(2)} = -1\,.$$

令 $Q_1^{(0)}$ 为 $A_1^{(1)},A_2^{(1)}$ 的公因子，且

$$\begin{cases} A_1^{(1)} = B_1^{(1)}Q_1^{(0)}, \\ A_2^{(1)} = B_2^{(1)}Q_1^{(0)}. \end{cases}$$

由规定 $(B_1^{(1)})^2+(B_2^{(1)})^2=1$ 及 $A_1^{(1)}=A_2^{(1)}$，得 $B_1^{(1)}=B_2^{(1)}=\dfrac{1}{\sqrt{2}}$.

令 $Q_2^{(0)}$ 为 $A_1^{(2)},A_2^{(2)}$ 的公因子，且

$$\begin{cases} A_1^{(2)} = B_1^{(2)}Q_2^{(0)}, \\ A_2^{(2)} = B_2^{(2)}Q_2^{(0)}. \end{cases}$$

由规定 $(B_1^{(2)})^2+(B_2^{(2)})^2=1$ 及 $A_1^{(1)}=-A_2^{(2)}$，得 $B_1^{(2)}=\dfrac{1}{\sqrt{2}},B_2^{(2)}=-\dfrac{1}{\sqrt{2}}$.

当引入 $Q_i^{(0)}$ 及 $B_i^{(l)}$ 后，Lagrange方程的两组特解(F-29)和(F-30)即变为

$$\begin{cases} x_1^{(1)} = \dfrac{1}{\sqrt{2}}Q_1^{(0)}\sin(\omega_1 t+\alpha_1)\,, \\ x_2^{(1)} = \dfrac{1}{\sqrt{2}}Q_1^{(0)}\sin(\omega_1 t+\alpha_1)\,, \end{cases}$$

$$\begin{cases} x_1^{(2)} = \dfrac{1}{\sqrt{2}} Q_2^{(0)} \sin(\omega_2 t + \alpha_2)\ , \\ x_2^{(2)} = -\dfrac{1}{\sqrt{2}} Q_2^{(0)} \sin(\omega_2 t + \alpha_2)\ . \end{cases}$$

于是Lagrange 方程的通解即为

$$\begin{cases} x_1 = \dfrac{1}{\sqrt{2}} Q_1^{(0)} \sin(\omega_1 t + \alpha_1) + \dfrac{1}{\sqrt{2}} Q_2^{(0)} \sin(\omega_2 t + \alpha_2)\ , \\ x_2 = \dfrac{1}{\sqrt{2}} Q_1^{(0)} \sin(\omega_1 t + \alpha_1) - \dfrac{1}{\sqrt{2}} Q_2^{(0)} \sin(\omega_2 t + \alpha_2)\ . \end{cases} \tag{F-31}$$

此通解包括了系统所有的运动，其中的4个待定常数$Q_1^{(0)}$，$Q_2^{(0)}$，α_1，α_2由系统的初始位置及初始速度确定.

现在引入简正坐标Q_1和Q_2，令

$$\begin{cases} Q_1 = Q_1^{(0)} \sin(\omega_1 t + \alpha_1)\ , \\ Q_2 = Q_2^{(0)} \sin(\omega_2 t + \alpha_2)\ , \end{cases} \tag{F-32}$$

这样，通解(F-31)式便成为

$$\begin{cases} x_1 = \dfrac{1}{\sqrt{2}} Q_1 + \dfrac{1}{\sqrt{2}} Q_2, \\ x_2 = \dfrac{1}{\sqrt{2}} Q_1 - \dfrac{1}{\sqrt{2}} Q_2, \end{cases} \tag{F-33}$$

而简正坐标Q_1，Q_2用原坐标x_1，x_2的表示式为

$$\begin{cases} Q_1 = \dfrac{1}{\sqrt{2}} x_1 + \dfrac{1}{\sqrt{2}} x_2, \\ Q_2 = \dfrac{1}{\sqrt{2}} x_1 - \dfrac{1}{\sqrt{2}} x_2. \end{cases} \tag{F-34}$$

利用简正坐标表示系统的动能和势能为

$$T = \frac{1}{2} m \dot{x}_1^2 + \frac{1}{2} m \dot{x}_2^2 = \frac{1}{2} m \dot{Q}_1^2 + \frac{1}{2} m \dot{Q}_2^2,$$

$$V = \frac{1}{2}(f + f_{12}) x_1^2 - f_{12} x_1 x_2 + \frac{1}{2}(f + f_{12}) x_2^2 = \frac{1}{2} f Q_1^2 + \frac{1}{2}(f + 2f_{12}) Q_2^2.$$

系统的总能量为

$$E = T + V = \left\{ \frac{1}{2} m \dot{Q}_1^2 + \frac{1}{2} f \dot{Q}_2^2 \right\} + \left\{ \frac{1}{2} m Q_1^2 + \frac{1}{2}(f + 2f_{12}) Q_2^2 \right\}.$$

系统的Lagrange 函数为

$$L = T - V = \left\{ \frac{1}{2} m \dot{Q}_1^2 + \frac{1}{2} f \dot{Q}_2^2 \right\} - \left\{ \frac{1}{2} m Q_1^2 + \frac{1}{2}(f + 2f_{12}) Q_2^2 \right\}.$$

广义动量为

$$\begin{cases} P_{Q_1} = \dfrac{\partial L}{\partial \dot{Q}_1} = m \dot{Q}_1, \\ P_{Q_2} = \dfrac{\partial L}{\partial \dot{Q}_2} = m \dot{Q}_2. \end{cases}$$

系统的Hamilton 函数为

$$H(Q_1, Q_2, P_{Q_1}, P_{Q_2}) = \left\{ \frac{P_{Q_1}^2}{2m} + \frac{1}{2} f Q_1^2 \right\} + \left\{ \frac{P_{Q_2}^2}{2m} + \frac{1}{2}(f + 2f_{12}) Q_2^2 \right\}.$$

到此，我们完成了用简正坐标将动能和势能同时化为标准型问题. 这样，正则运动方程便为最简单形式，故称简正坐标，而且原系统的运动就等效于ν_1和ν_2的两个独立谐振子组成的运动. 实际上是下列两个独立的简正振动(主振动)

$$\begin{cases} Q_1 = Q_1^{(0)}\sin(\omega_1 t + \alpha_1)\ , \\ Q_2 = Q_2^{(0)}\sin(\omega_2 t + \alpha_2)\ , \end{cases}$$

由主振动可构成系统的任何振动.

第一种简正振动方式$\omega_1=\sqrt{f/m}$，相位为α_1，对应$Q_2^{(0)}=0$的振动. 按(F-33)式，两粒子的原坐标即为

$$\begin{cases} x_1 = \dfrac{1}{\sqrt{2}}Q_1^{(0)}\sin(\omega_1 t + \alpha_1)\ , \\ x_2 = \dfrac{1}{\sqrt{2}}Q_1^{(0)}\sin(\omega_1 t + \alpha_1)\ . \end{cases}$$

它表明两粒子以相同的频率、相同的相位，并向相同的方向运动.

第二种简正振动方式$\omega_2=\sqrt{(f+2f_{12})/m}$，相位为$\alpha_2$，对应$Q_1^{(0)}=0$的振动. 按(F-33)式，两粒子的原坐标为

$$\begin{cases} x_1 = \dfrac{1}{\sqrt{2}}Q_1^{(0)}\sin(\omega_2 t + \alpha_2)\ , \\ x_2 = -\dfrac{1}{\sqrt{2}}Q_2^{(0)}\sin(\omega_2 t + \alpha_2)\ . \end{cases}$$

它表明两个粒子以相同的频率、相同的相位，并以相反的方向运动.

现将两种简正振动图示于下：

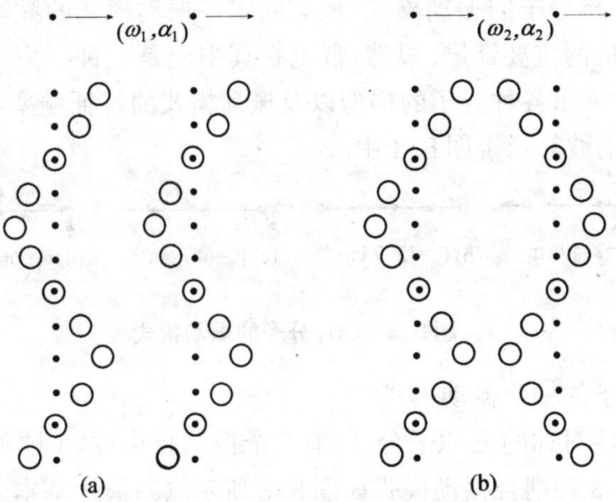

图 F.2　实例的两种简正振动模式

(a) 第一种简正振动模式，(b) 第二种简正振动模式

F.3　分子内的原子振动

简正坐标处理微振动的方法原则上适用于多原子分子内的原子振动，只是定量计算较繁. 该方法的物理实质是用耦合振子体系替代了分子中实际原子的振动. 基于这一物理图像上的认识，使我们能简便地确定分子的耦合振动模式(即简正振动方式)，特别是对一些简单对称分

子的振动分析更为有用.现举例说明.

【例F.1】CO_2分子的耦合振动模式.

CO_2分子是线性对称的三原子分子,有4个振动自由度,故有4种独立的简正振动方式.由它们可以决定CO_2分子的任何简谐振动形式.根据CO_2分子的对称性,4种独立的振动模式只能分配于3个相互垂直的方向上:一个是分子轴的方向(y轴),其他2个是彼此垂直且垂直y轴方向的x轴和z轴,如图F.3所示.

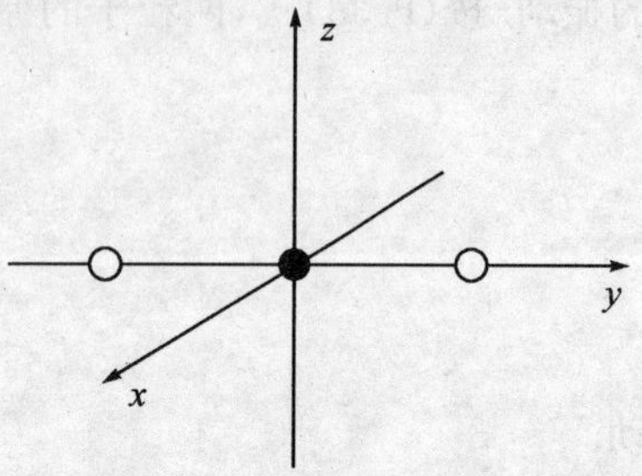

图F.3　CO_2的三个简正振动方向

在CO_2轴上存在两种振动模式(a)和(b).

(a)两个O原子相对于C原子沿y轴同向运动.这等效于两个O原子不动,只是C原子做振动.此是键长改变的伸缩振动.

(b)两个O原子相对于C原子沿y轴反向运动.这等效于C原子不动,只是两个O原子做反向振动.这也是键长改变的伸缩振动.但由于O原子的质量比C原子的大,因此,这一振动模式的频率应比(a)模式的小(参见6.6.3节).

(c)在x方向上,存在C原子与2个O原子的反向运动.此为弯曲振动,其振动频率应比(b)的振动频率小.

(d)在z方向上,同样存在C原子与两个O原子的反向运动.此运动方向可通过绕y轴$\pi/2$转动与x方向上的振动互换.因而(c)和(d)是两个频率彼此相等的振动模式.两者的能量相同,或者说该能级是二重简并的.

分子振动能级的简并性产生于分子的各种对称性.对称性始终是各独立振动模式能相互变换的必要条件.因此,具有简并振动模式的分子必然存在某种对称性.反之,非对称分子一定不具有简并振动模式.

依据分子结构,分析分子的振动模式,从而确定各振动模式的频率及能级简并的特性,是分子物理学和物质结构的重要课题.显然,群论在其中应是一种有力的工具.在一些物质结构或物理化学手册中,常列出各种分子的构型以及振动模式的特征频率数据供采用.CO_2分子的振动模式及相应的振动波数示于图F.4中.

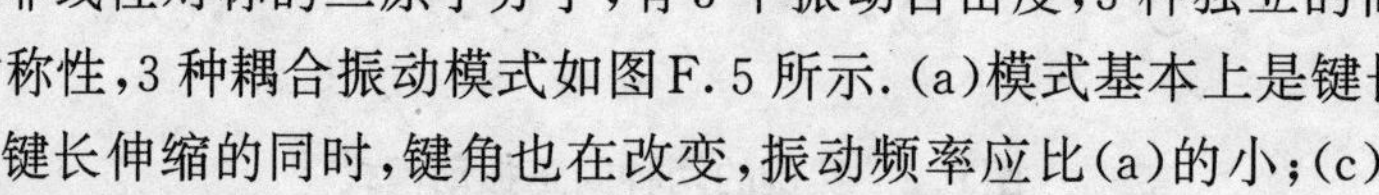

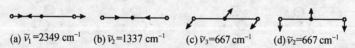

图F.4　CO_2分子的振动模式

【例F.2】H_2O分子的耦合振动模式

H_2O分子是非线性对称的三原子分子,有3个振动自由度,3种独立的简正振动方式.依据H_2O分子的对称性,3种耦合振动模式如图F.5所示.(a)模式基本上是键长伸缩振动.频率最大;(b)模式在键长伸缩的同时,键角也在改变,振动频率应比(a)的小;(c)模式主要是键角改变,属弯曲振动,振动频率更小.

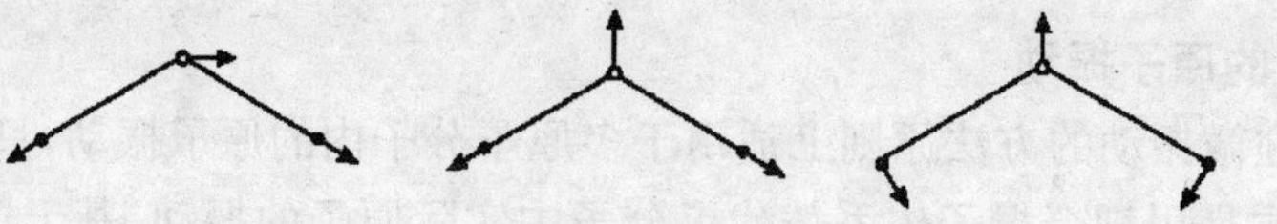

图F.5　H_2O分子的振动模式

为进一步分析分子振动的特性，表F.1列出了一些多原子分子的构型及振动特征参数. 由表中数据可以看出，分子构型是决定分子振动模式及振动频率分布的主要因素. 相同构型的分子具有相同的简正振动方式，而且对简单分子，其简正振动波数(或频率)的分布规律也近似相同. 至于具体的频率数值，则与分子中原子的质量及原子间键型等因素有关. 显然，原子质量小的，振动频率则大，σ 键比 π 键的振动频率应大等等.

表F.1　一些多原子分子的结构及振动特征参数

分子及态	构　型	振　动 自由度	振动 编号	振动波数 $\tilde{\nu}/\mathrm{cm}^{-1}$	简并度	振动波数分布 $\tilde{\nu}_1:\tilde{\nu}_2:\tilde{\nu}_3:\cdots$
CO_2 (气态)	O═C═O	4	1	2349	1	3.5 : 2.0 : 1
			2	1337	1	
			3	667	2	
CS_2 (气态)	S═C═S	4	1	1523	1	3.8 : 1.7 : 1
			2	656	1	
			3	397	2	
N_2O (气态)	N≡N═O	4	1	2224	1	3.8 : 2.2 : 1
			2	1285	1	
			3	589	2	
NO_2 (气态)	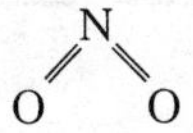	3	1	1615	1	2.5 : 2.1 : 1
			2	1370	1	
			3	640	1	
H_2O (气态)	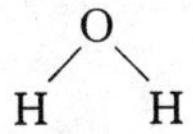	3	1	3756	1	2.4 : 2.3 : 1
			2	3652	1	
			3	1592	1	
H_2S (气态)	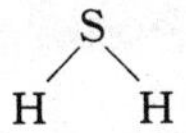	3	1	2685	1	2.2 : 2.1 : 1
			2	2610	1	
			3	1236	1	
SO_2 (液态)	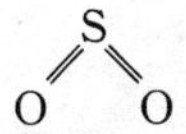	3	1	1334	1	2.5 : 2.2 : 1
			2	1145	1	
			3	525	1	
NH_3 (气态)	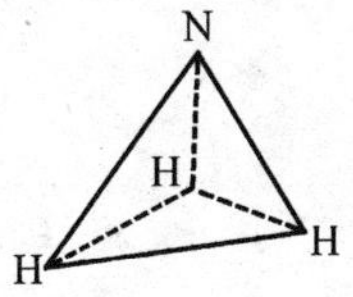	6	1	3413	2	3.6 : 3.5 : 1.7 : 1
			2	3337	1	
			3	1628	2	
			4	950	1	
PCl_3 (液态)	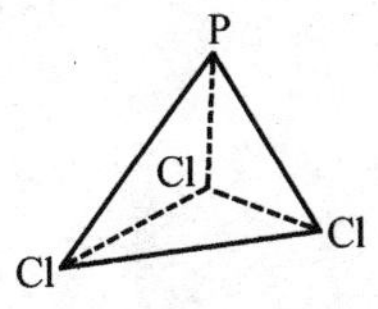	6	1	511	1	2.7 : 2.6 : 1.4 : 1
			2	484	2	
			3	258	1	
			4	190	2	
C_2H_2 (气态)	H—C≡C—H	7	1	3372	1	5.5 : 5.4 : 3.2 : 1.2 : 1
			2	3285	1	
			3	1947	1	
			4	730	2	
			5	612	2	

附录G　基本物理常量

常　量	符　号	数　值	单　位
摩尔气体常量	R	8.314472	$J \cdot K^{-1} \cdot mol^{-1}$
Avogadro 常量	N_A	6.02214199	$10^{23} mol^{-1}$
Boltzmann 常量	k	1.3806503	$10^{-23} J \cdot K^{-1}$
元电荷	e	1.602176462	$10^{-19} C$
电子质量	m_e	9.10938188(72)	$10^{-28} g$
Faraday 常量	F	9.64853415	$10^{4} C \cdot mol^{-1}$
Planck 常量	h	6.62606876(52)	$10^{-34} J \cdot s$
真空中光速	c	2.99792458	$10^{8} m \cdot s^{-1}$
第二辐射常量	$c_2 = hc/k$	1.438790	$cm \cdot K$

人名姓氏英汉对照

(数字为正文中人名首次出现的页码)

Alder 阿德勒 400
Anderson 安德森 400
Avogadro 阿佛加德罗 185

Barker 巴克尔 400
Bathe 贝特 340
Berendsen 贝让德森 400
Bernoulli 伯努利 327
Berthelot 伯特洛 386
Bohr 玻尔 63
Boltzmann 玻尔兹曼 1
Bonhoeffer 邦霍菲 152
Born 玻恩 57
Bose 玻色 2
Bragg 布拉格 338
Brown 布朗 3
Buffon 蒲丰 389

Ciccotti 塞柯蒂 400
Clausius 克劳修斯 1
Cooper 库珀 78
Cornell 科尼尔 2
Corok 科克 302
Coulomb 库仑 37
Curie 居里 345

de Broglie 德布罗意 55
de Donder 德唐 227
de Gennes 德让纳 4
de l'Hospitale 洛必达 313
Darwin 达尔文 115
Debye 德拜 321
Dennison 丹尼森 151
Dirac 狄拉克 2
Donkin 唐肯 32
Drude 特鲁德 301
Dulong 杜隆 323

Eastwood 伊斯特伍德 400
Ehrenfest 厄伦菲斯特 44
Einstein 爱因斯坦 2
Euclidean 欧几里得 41
Euler 欧拉 21
Evans 埃文思 400
Ewald 埃瓦尔德 400
Eyring 艾林 367

Faraday 法拉第 436
Feigenbaum 费根鲍姆 359
Fermi 费米 2
Folry 弗洛里 4
Fourier 傅里叶 380
Fowler 福勒 116
Franz 弗兰兹 301
Frenkel 弗仑克尔 333
Galileo 伽利略 5

Gauss 高斯 7
Gear 吉尔 400
Giaugue 乔克 195
Gibbs 吉布斯 2
Green 格林 377
Grosh 格罗什 371
Grüneisen 格林艾森 330
Guggenheim 古根海姆 364

Haken 哈肯 3
Hamilton 哈密顿 11
Harteck 哈提克 152
Heisenberg 海森伯 58
Helmholtz 亥姆霍兹 133
Henderson 亨德森 371
Hermite 厄米 58
Hertz 赫兹 184
Hildebrand 希耳德布兰 386
Hooke 胡克 24
Hoover 胡维尔 400
Huggins 哈金斯 4

Ising 伊辛 4

Jacobian 雅可比 46
Jeans 金斯 54
Jones 琼斯 281
Jorgensen 乔根森 404
Joule 焦耳 133

Kadanoff 卡丹诺夫 4
Ketterle 开德尔 2
Kirhhoff 基尔霍夫 236
Kirkwood 柯克伍德 380
Klein 克莱因 400
Kramers 克雷默斯 344
Kutta 库塔 401

Lagrange 拉格朗日 11
Landau 朗道 4
Langmuir 朗格缪尔 243
Laplace 拉普拉斯 52
Legendre 勒让德 31
Lennard 伦纳德 281
Lenz 楞次 345
Lindemann 林德曼 330
Liouville 刘维尔 47
London 伦敦 315
Lorentz 洛伦兹 301

MacLaurin 麦克劳林 139
Markov 马尔可夫 393
Maxwell 麦克斯韦 1
Mayer 迈耶 278
Metropolis 米特罗波利斯 389
Mizushima 水岛 167
Monte-Carlo 蒙特-卡罗 4
Morse 莫尔斯 39
Mulholland 马尔霍兰德 142
Murad 莫瑞德 400

Nernst 能斯特 330
Newton 牛顿 5
Nose 诺斯 400

Onsager 昂萨格 3
Ornstein 奥恩斯坦 382

Parinello 帕利尼罗 400
Pauli 泡利 2
Peierls 派尔斯 350
Percus 珀卡斯 382
Perrin 皮兰 185
Petit 珀蒂 323
Pitzer 皮策 166
Planck 普朗克 2
Poisson 泊松 7
Prigogine 普里戈金 3

Rahman 拉赫曼 400
Raman 拉曼 318
Raoult 拉乌尔 339
Rayleigh 瑞利 54
Riemann 黎曼 420
Rodringues 罗巨格 67
Runge 龙格 401

Schottky 肖特基 205
Schrödinger 薛定谔 55
Singer 圣格尔 400
Slater 斯莱特 78
Smoluchowski 斯莫卢霍夫斯基 3
Sommerfeld 索末菲 301
Staudinger 斯托丁格 4
Stefan 斯特藩 310
Stillinger 斯替林格 416
Stirling 斯特林 108

Taylor 泰勒 113
Thom 托姆 3
Thomson 汤姆孙 54
Tolman 托耳曼 109
Trouton 特鲁顿 367

Ulam 乌勒姆 389

van der Waals 范德瓦耳斯 3
van't Hoff 范特荷夫 238
Verlet 维勒特 400
Von Neumann 冯·诺依曼 389

Wainwright 温莱特 400
Wannier 万尼尔 347
Watts 瓦茨 400
Weiss 外斯 4
Wiedemann 维德曼 301
Wieman 维曼 2
Wien 维恩 54
Wilson 威尔孙 4
Williams 威廉姆斯 338

Yevick 耶维克 382
Yvon 伊芬 382

Zernike 策尼克 382